U0307809

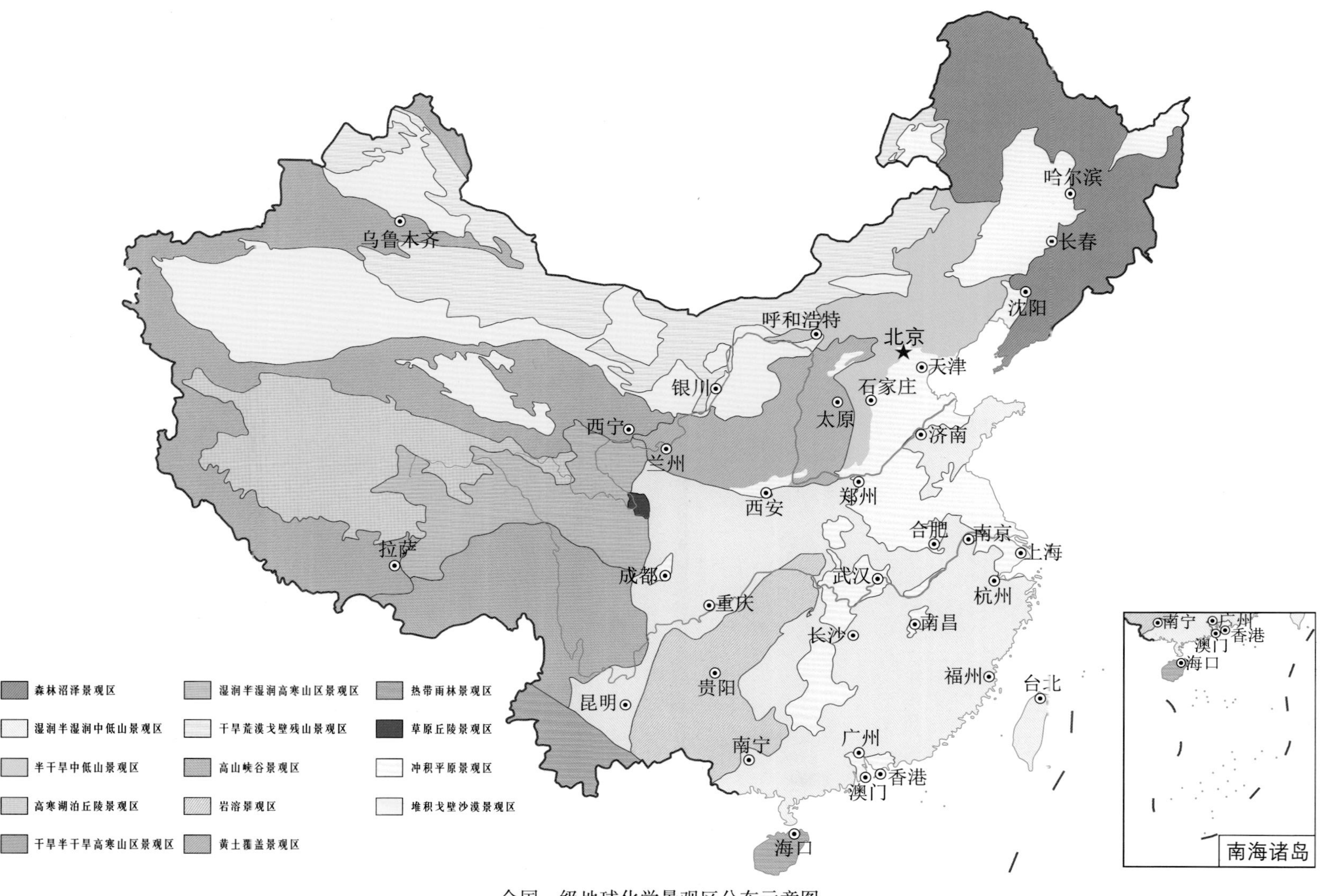

全国一级地球化学景观区分布示意图

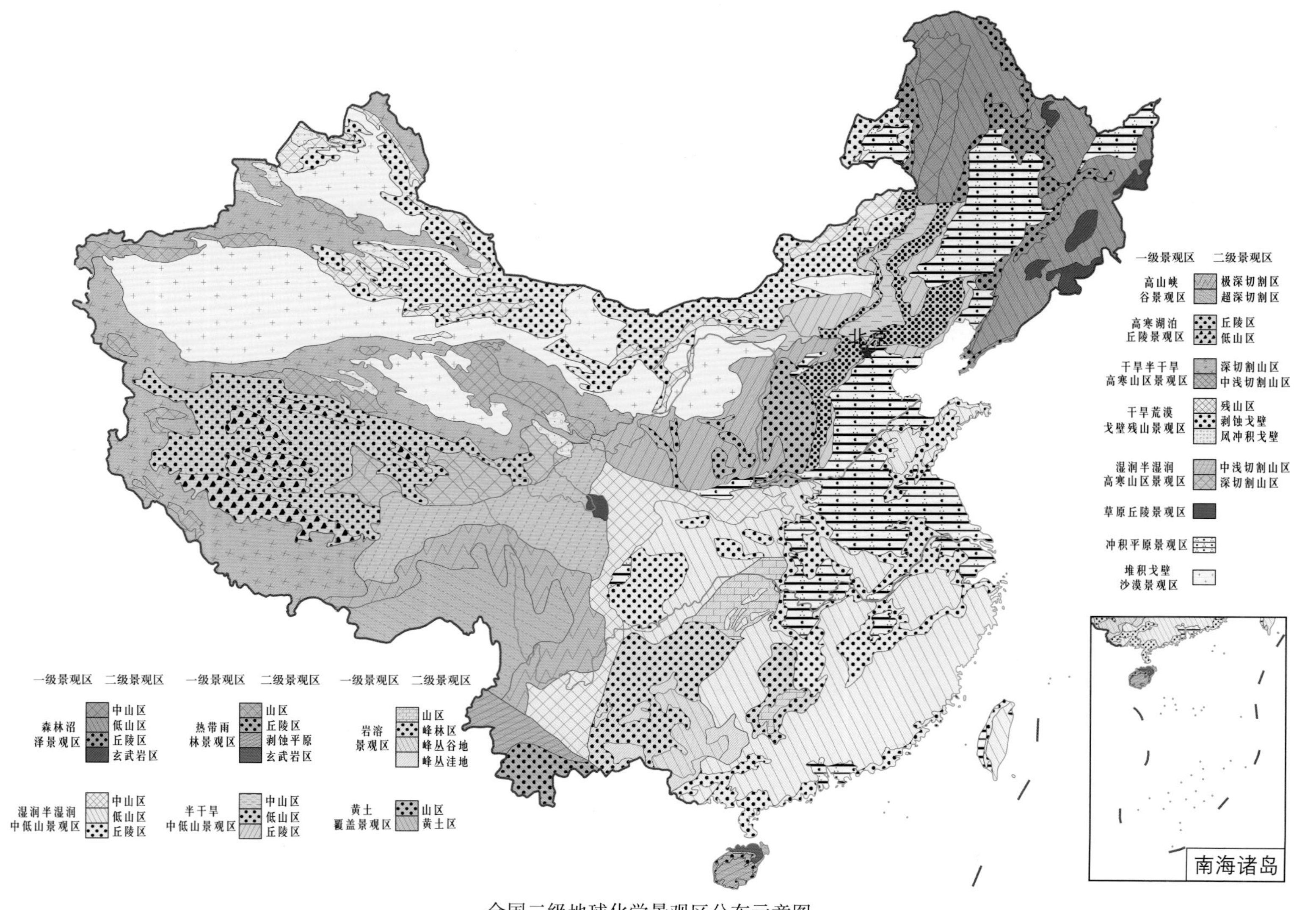

全国二级地球化学景观区分布示意图

中国主要景观区
区域地球化学勘查理论与方法

张　华　孔　牧　杨少平　赵羽军　任天祥
孙忠军　刘华忠　徐仁廷　杨　帆　喻劲松　编著
张学君　赵　云　李　清　奚小环　徐　宁
王乔林　宋云涛　王成文　郭志娟

地质出版社
·北　京·

内 容 提 要

本书以区域地球化学勘查相关的理论与方法为基础，针对森林沼泽景观区、半干旱中低山景观区、干旱荒漠戈壁残山景观区、干旱半干旱高寒山区景观区、湿润半湿润高寒山区景观区和高寒湖泊丘陵景观区，以水系沉积物和土壤为主要研究对象，对不同景观区地球化学勘查理论及方法展开研究，对水系沉积物和土壤的粒级构成、干扰物掺入特点及排除方法进行探讨，查明干扰机理，提出排除有机质、黏土质、风积物和盐积物等干扰因素的方法，并在不同景观区进行示范测量，以证实这些方法技术的适用性与有效性。

本书可供地球化学、矿产勘查专业技术人员学习、参考使用。

图书在版编目（CIP）数据

中国主要景观区区域地球化学勘查理论与方法 / 张华等编著. —北京：地质出版社，2017. 11

ISBN 978 - 7 - 116 - 10703 - 8

Ⅰ. ①中… Ⅱ. ①张… Ⅲ. ①区域地质 - 地球化学勘探 - 研究 - 中国 Ⅳ. ①P632

中国版本图书馆 CIP 数据核字（2017）第 289797 号

Zhongguo Zhuyao Jingguanqu Quyu Diqiu Huaxue Kancha Lilun yu Fangfa

责任编辑：徐 洋
责任校对：关风云
出版发行：地质出版社
社址邮编：北京海淀区学院路 31 号，100083
电　　话：(010)66554646（邮购部）；(010)66554579（编辑室）
网　　址：http://www.gph.com.cn
传　　真：(010)66554582
印　　刷：固安华明印业有限公司
开　　本：787mm×1092mm 1/16
印　　张：21.75　　彩图：2 面
字　　数：555 千字
版　　次：2017 年 11 月北京第 1 版
印　　次：2017 年 11 月河北第 1 次印刷
审 图 号：GS（2017）2187 号
定　　价：106.00 元
书　　号：ISBN 978 - 7 - 116 - 10703 - 8

前　　言

《中国主要景观区区域地球化学勘查理论与方法》一书是以区域地球化学勘查技术研究为基础编写而成，主要集中了1999年以来地质大调查不同景观区的方法技术研究成果。为了技术的完整性，又融入了1982～1986年“内蒙古中西部荒漠半荒漠景观区域化探扫面方法技术研究”和“内蒙古东部半干旱景观区区域化探扫面方法研究”两项成果。本书所阐述的方法技术是中国地质科学院地球物理地球化学勘查研究所区域化探研究组30余年几代科研工作者以区域化探为主的理论与方法技术研究的集体智慧结晶。

中国主要景观区系指分布在我国除东南部以外的西部和北部的几个重要景观区，包括森林沼泽景观区、半干旱中低山景观区、干旱荒漠戈壁残山景观区、干旱半干旱高寒山区景观区、湿润半湿润高寒山区景观区和高寒湖泊丘陵景观区等。这些景观区分布在东北、华北、西北和西南的相关省区，范围约占我国陆地面积的三分之二。

为适应我国重新开展区域地球化学勘查工作的需要，从1982年起先后完成十余项不同景观区地球化学勘查技术的研究，取得的研究成果已通过编写为行业标准和主管部门下发通知的形式在全国各地勘单位推广应用，为区域地球化学勘查提供了关键性理论与技术支撑，取得十分显著的地质与找矿效果。收集的研究成果及主要编写成员为：

《内蒙古中西部荒漠半荒漠区域化探扫面方法技术研究》，任天祥、赵云、张华、杨少平等，1982～1986年；

《内蒙古东部半干旱景观区区域化探扫面方法研究》，李清、奚小环、赵玉清、车广军、洪海军等，1983～1986年；

《我国青藏高原西北部干旱荒漠景观区域化探方法技术研究》，张华、刘应汉、杨少平、刘华忠、孔牧等，1999～2001年；

《我国东北部森林沼泽景观区域化探工作方法技术研究》，杨少平、孔牧、张华、孙忠军、刘华忠等，1999～2000年；

《东北森林沼泽景观区区域化探资料评估研究》，杨少平、张华、刘华忠、孔牧、张学君等，2002～2003年；

《新疆东天山地区地球化学勘查技术及资源潜力评价方法研究》，张华、刘拓、孔牧、刘华忠等，2001～2002年；

《阿尔金干旱荒漠景观寻找隐伏矿化探技术方法研究》，张德会、张华、杨少平、刘华忠等，2002 ~ 2003 年；

《青藏高原地球化学勘查技术及资源潜力评价方法研究》，张华、孙忠军、杨少平、孔牧、刘华忠等，2002 ~ 2003 年；

《新疆西天山、阿尔泰山干旱荒漠景观区化探方法研究》，张华、徐宁、岑况、孔牧、徐仁廷、刘华忠等，2003 ~ 2005 年；

《辽宁、河北和山西三省区域化探方法技术试验》，张华、孔牧、杨少平、喻劲松、刘华忠等，2007 ~ 2008 年；

《重要成矿区带区域化探资料开发与利用及 1∶5 万化探方法技术研究》，张华、孔牧、徐仁廷、杨帆、喻劲松、刘华忠等，2006 ~ 2008 年；

《青藏高原物化探勘查方法技术研究（化探部分）》，张华、杨帆、刘华忠、徐仁廷、孔牧、喻劲松等，2008 ~ 2010 年；

《全国景观图编制及说明书》，张华、郭志娟，2011 ~ 2013 年。

这些科研工作成果的积累，丰富了我国地球化学勘查基础理论和以区域化探为主的方法技术，是一笔宝贵的财富。通过编写《中国主要景观区区域地球化学勘查理论与方法》一书，将为我国地球化学勘查工作者的生产实践和教学提供重要的理论与方法技术参考。

我国主要景观区地球化学勘查理论与方法以水系沉积物和土壤为研究对象，以水系沉积物测量和土壤测量两种常规测量方法为基础。多年以来，在我国主要景观区，地球化学勘查技术受到多种物质的干扰，地球化学勘查效果受到较为严重的影响。干扰物质主要为风积物、盐积物、有机质、黏土质和流水搬运产生的机械分选。在主要景观区基本围绕如何排除干扰这一关键难题开展了地球化学勘查方法技术研究，对水系沉积物和土壤中元素的分布与迁移特点、粒级构成、干扰物掺入及排除方法等基础理论问题进行了深入研究和逐一解剖，基本查明了元素分布规律、干扰物的干扰机理，相继提出了排除有机质、黏土质、风积物和盐积物等的方法技术。经过数十年的推广应用，在地球化学勘查、地质与找矿等方面已经取得显著效果，证实了这些方法技术的适用性和有效性，使理论与实践相结合，指导实践并取得实效。

我国与区域地球化学勘查相关的工作仍将持续一个时期，还有一些基础理论与技术问题尚待解决，从事地球化学勘查的工作人员仍将会在工作中遇到这样或那样的技术问题。本书旨在通过对多年积累的研究成果进行整理与综合，提供多年来的完整研究思路、研究途径、经验与教训，最后形成较为完整的方法技术研究成果，以期为地球化学勘查工作人员提供借鉴，为在校学生学习、实践提供参考。

编著者

2016 年 2 月

目　　录

第一章 地球化学景观区划分和特点

我国幅员辽阔，东西南北跨度巨大，在地壳运动和自然营力的多重长期作用下，形成了我国特有的多种多样的自然景观类型。各种景观区在地形、地貌、气候、植被等诸多方面差异十分显著，形成了我国特有的多种地球化学景观类型，从而对地球化学勘查的影响十分显著。

第一节 地球化学景观区划分

一、一级地球化学景观区

全国地球化学景观区划分图主要适用于我国地球化学勘查以及方法技术研究和应用，适用于地球化学勘查资料的解释推断、图件编制，适用于地球化学勘查工作部署、工作布置等项工作。

因此，依据地球化学勘查的需要，对全国的不同地球化学景观区（以下简称“景观区”）进行划分。

1. 一级景观区划分基本原则

（1）表生地球化学作用及其特点

主要依据物理与化学风化作用强弱的特点。

（2）地形、地貌特点

包括海拔、相对高差、侵（剥）蚀程度和特点等。

（3）气候

主要划分依据为年均降水量、干燥度和平均气温等指标，并结合中国地图出版社出版的《中华人民共和国地图集》划分为干旱、半干旱、半湿润和湿润四种气候类型。

（4）植被

指森林面积覆盖率大于60%，主要在南方的热带雨林和东北寒温带的森林等地有所体现。

（5）地质

主要用于碳酸盐岩组成的喀斯特地貌和大面积黄土厚覆盖的分布区。

（6）湖泊、沼泽等水文条件

适用于湖泊和沼泽较为集中的藏北高原、东北大兴安岭和小兴安岭等地区。

（7）土壤

只具有参考价值，景观区划分时未参与定名。

在确定景观区名称时，上述基本原则作用程度不同，或占主导地位，或为从属地位。通常情况下，景观区名称取决于两个主导因素，例如："森林沼泽景观区"中以植被和水文条件为主。在与其他景观区区别较为困难时，主导因素可适当增加至三个。

2. 一级景观区划分

全国一级地球化学景观区可划分为森林沼泽景观区、半干旱中低山景观区、湿润半湿润中低山景观区、热带雨林景观区、黄土覆盖景观区、高山峡谷景观区、干旱荒漠戈壁残山景观区、高寒湖泊丘陵景观区、干旱半干旱高寒山区景观区、湿润半湿润高寒山区景观区、岩溶景观区、草原丘陵景观区和冲积平原景观区。

二、二级地球化学景观区

在一级景观区划分的基础上，依据地球化学勘查的测量方法选择与工作部署、测量的采样密度分区和工作通行的难易程度，并结合第四系、火山岩分布、地形和地貌、相对高差等因素，在一级景观区划分的基础上进一步划分出全国二级地球化学景观区。

1. 二级景观区划分基本原则

在已确定的一级景观区内，与地球化学勘查关系最为密切的因素当属地形和地貌、通行难易程度以及第四系覆盖程度。地形、地貌的变化特点及其差异性与地球化学勘查技术方法中的水系沉积物测量、土壤测量和岩石测量密切相关。地形、地貌的变化对水系、土壤的发育情况以及与基岩的出露情况具有举足轻重的作用。通行难易程度决定采样密度，第四系覆盖程度决定采样方法的选择。

在一级景观区划分中发挥重要作用的气候、植被、地质、水文条件等因素降至次要因素或发挥很小作用（除玄武岩覆盖区外）。在二级景观区划分中，覆盖特点及其厚度将是一个重要因素，以地形、地貌为主要划分原则，可将各二级景观区有机地联系在一起，地形的起伏变化、切割深度是划分二级景观区的重要依据。

对照中国地图出版社出版的《中华人民共和国地图集》中关于我国地貌划分的切割深度和海拔，在我国地貌划分时采用3个标准，即相对高差、绝对高程和切割程度。划分全国二级景观区时，依据地球化学勘查的特点及实际工作情况，对上述地貌划分依据做了适当调整，将相对高差和切割程度细化。表1－1为我国各地貌区相对高差、绝对高程和切割程度与二级景观区划分调整后的标准对照表。

表1－1 地貌与二级景观区划分标准对照表

地貌与景观区名称	地貌划分标准			二级景观区划分标准	
	相对高差/m	绝对高程/m	切割深度/m	相对高差/m	切割程度
丘陵区	50～200	≤500	浅切割（≤500）	50～200	浅切割
低山区	>200	>500～1000	中切割（>500～1000）	>200～400	中浅切割
中山区	>200	>1000～3500	深切割（>1000）	>400～800	中切割
高山区	>200	>3500～5000		>800～1500	深切割
极高山区	>200	>5000		>1500	极深切割
戈壁、平原区	<50	<50	<50	<50	

注：地貌划分标准引自《中华人民共和国地图集》（1994）。

在划分二级景观区时，对划分地貌的相对高差这一地理概念，依据地球化学勘查难易程度做了相应变动与修改，从中划分出中浅切割和极深切割类型，将切割深度进行了一定程度的调整。

2. 二级景观区划分

在一级景观区划分区域内，主要依据山体与地形变化的特点，即相对高差、切割程度、特殊地质体分布和地球化学勘查难易程度四个基本条件，在一级景观区基础之上进一步划分出二级景观区（表1－2）。

表1－2　全国地球化学景观区划分

一级景观区	二级景观区
森林沼泽景观区	中切割中山区
	中浅切割低山区
	浅切割丘陵区
	玄武岩区
湿润半湿润中低山景观区	中切割中山区
	中浅切割低山区
	浅切割丘陵区
热带雨林景观区	中浅切割山区
	浅切割丘陵区
	玄武岩区
	剥蚀平原
半干旱中低山景观区	中切割中山区
	中浅切割低山区
	浅切割丘陵区
岩溶景观区	中浅切割山区
	浅切割峰林区
	浅切割峰丛谷地
	浅切割峰丛洼地
黄土覆盖景观区	浅切割黄土覆盖山区
	黄土厚覆盖区
高山峡谷景观区	极深切割山区
	超深切割山区
高寒湖泊丘陵景观区	中浅切割低山区
	浅切割丘陵区
干旱半干旱高寒山区景观区	深切割山区
	中浅切割山区
湿润半湿润高寒山区景观区	深切割山区
	中浅切割山区
干旱荒漠戈壁残山景观区	残山区
	剥蚀戈壁
	风冲积堆积戈壁

续表

一级景观区	二级景观区
草原丘陵景观区	—
冲积平原景观区	—
堆积戈壁沙漠景观区	—

第二节　地球化学景观区分布范围和基本特点

一、森林沼泽景观区

1. 分布范围和基本特点

森林沼泽景观区分布在我国东北地区。主要分布在乌兰浩特以北大兴安岭、小兴安岭、黑龙江省、吉林省长春以东、辽宁省东部千山等地区，面积约 60×10^4 km^2。

森林沼泽景观区的基本特点是以森林为主，植被茂密，沼泽遍布。森林沼泽区北部是以针叶林为主的针阔叶混交林，向南逐渐转变为以阔叶为主的阔针叶混交林。大兴安岭北端为原始林区，向东和向南逐渐被人工林和次生林替代。森林主要分布在各山脉的主脊及其两侧，由乔木和灌木组成。大兴安岭主脊两侧中切割中山区森林分布广泛；中浅切割低山区森林覆盖密度渐减；至两侧的浅切割丘陵区，森林与农耕区相间分布；森林沼泽景观区南部逐渐由农耕区取代。沼泽与森林相伴，且与冻土层密切相关。在大兴安岭和小兴安岭北部永久冻土区，受永久冻土层的阻滞，地表水下渗和排水不畅，使水潴积而形成的沼泽广布。沼泽主要分布在山脊附近的中切割中山区和中浅切割低山区的山坡排水不畅地段和大小河道两侧。在较宽河道及两侧，则形成草甸沼泽。沼泽以多年生草本植物形成的“塔头”和“鱼鳞坑”相间分布。鱼鳞坑相互贯通，成为沼泽区的主要流水线。从大兴安岭北部永久冻土区向东、向南逐渐过渡至季节性冻土区，沼泽的分布随之出现变化。在季节性冻土区一级水系上游平缓地段，沼泽逐渐消失，向二、三级水系宽缓区段转移，形成较大的沼泽湿地。在大兴安岭和小兴安岭中南部，随气温逐渐升高，永久冻土带过渡至季节性冻土带，山岭两侧的山缘地带沼泽出现退化现象。至吉林东部，沼泽多出现在三、四级及其以上较大水系，形成大面积沼泽湿地。一、二级水系少见沼泽，仅在玄武岩分布区的少量低洼及排水不畅地段见有沼泽。在森林沼泽景观区南部，沼泽分布随季节性冻土区存在时间的缩短而逐渐消失。季节性冻土区的出现，使沼泽的分布亦出现季节性变化，雨季多降水，沼泽多见；旱季降水稀少，沼泽干涸。随着气候变暖，部分季节性沼泽退化，成为季节性湿地，并主要集中在浅切割丘陵区。辽宁千山及其南部，随季节性冻土厚度逐渐降低，沼泽少见或几近消失，具有森林沼泽和半干旱中低山景观区的双重特点。该区段植被茂密，土壤与水系沉积物中有机质分布与森林沼泽景观区大体相当，且无半干旱中低山景观区的风积物分布，故将该区段并入森林沼泽景观区。从北部黑龙江和大兴安岭北端向南，随着丘陵区和部分低山区农耕增加，部分退化沼泽已被开垦为农田。景观区的地貌类型：主要为山脊附近湿润流水作用的中山、低山和大兴安岭北部的丘陵以及熔岩中低山等。

森林沼泽景观区水系发育或较发育，只有浅切割丘陵区水系发育程度下降，每平方千米水系长度明显减少，部分地势平缓区段水系不发育。

森林沼泽景观区腐殖质和黏土质分布广泛。由基岩风化形成的土壤在成壤过程中，黏化作用从北向南、从中低山向丘陵区逐渐增强。土壤的黏土与砂砾混杂，在淀积（B）层较为集中。在地势平缓区段，可形成黏土淀积层。黏土淀积较多的土壤多分布在山体内的平缓区段、山缘和大兴安岭东侧黑龙江支、干流两侧约数十千米宽的地带。有机质分布在土壤和水系沉积物中，主要集中在土壤表层、水系沉积物的泥炭沉积物和水系沉积物的细粒级段。通常情况下，有机质为1.5%～5%。部分沼泽发育区，有机质可占11%，乃至更多。

黏土质与有机质相同，主要以细粒级的形式分布在土壤和水系沉积物中。通常情况下，土壤中的黏土质占15%～30%。在地势较平缓的丘陵区，土壤和水系沉积物的黏土质所占比例增大。如在黑河地区土壤中，黏土质约占50%或大于50%。

在大兴安岭西坡，额尔古纳市至阿尔山一带见有风积物，以掺入的方式进入水系沉积物和土壤内，在部分区段形成以风积物为主的覆盖层分布在土壤上部和沟谷与河道两侧。

2. 二级景观区划分及其特点

（1）中切割中山区

主要分布在大兴安岭、小兴安岭、长白山和千山等山脉的主脊附近，海拔大于1500 m，切割深度400～800 m。尽管整个山脉相对高差不甚显著，但在各山脉主脊附近，相对高差较大，水系发育。局部山脊附近，山体浑圆，地势相对平缓，易出现积水并形成沼泽。由于交通不便，植被茂密，具有典型的森林沼泽景观特征。

（2）中浅切割低山区

主要分布在各山脉主脊两侧。以低山为主体，海拔有所降低，切割深度200～400 m，水系发育。在与丘陵区过渡带，切割深度明显减小。该二级景观区为沼泽的主要分布区，主要分布在大、小兴安岭和千山山脉。在较平缓的分水岭附近的一级水系和开阔的二、三级水系，沼泽发育，部分区段连成一片。在与丘陵区过渡带，因部分已被开垦成农田，沼泽消失或退化。该区的大部分区段以再生林为主，植被茂密，具有较明显的森林沼泽景观特点。

（3）浅切割丘陵区

主要分布在中浅切割低山区外侧，至冲积平原的过渡带区段，包括冲积平原边缘起伏平缓的剥蚀岗地。通常相对高差50～200 m，部分区段小于50 m，水系较发育。该区段交通方便，人烟较为稠密，是人们生活、生产的重要区域。该区较平缓区段和河道两侧多被开垦成农田，沼泽和湿地遭到严重破坏，大部分沼泽和湿地消失，少部分沼泽已严重退化。多数乔灌林区已成农田，林木成块或零星分布在山体及土被较薄区段，可见有森林沼泽景观不甚明显特点或痕迹。

（4）玄武岩区

主要分布在吉林省东部和黑龙江省逊克县。由于玄武岩覆盖，山体顶部多呈平台状，其四周水系发育，但平台内水系不甚发育且多淤积沼泽。在玄武岩区，内部多呈浅切割状，相对高差偏小，但山体陡峭。在长白山脉的局部可见中浅切割山地，但整体相对高差为浅切割的特点。在中浅切割的长白山主脊及其两侧以乔木为主的植被茂密，在地势相对趋缓区段及较宽河道两侧，大部分已开垦成农田。山体以再生乔木林为主，具有较明显的森林沼泽景观特点。

二、湿润半湿润中低山景观区

1. 分布范围和特点

湿润半湿润中低山景观区主要分布在青藏高原以东（海拔小于2500 m）、秦岭山脉（含秦岭山脉）以南，包括河南省和山东省等我国中东部广大区域，分布面积约占我国大陆陆地面积的三分之一。

湿润半湿润中低山景观区通称为“内地与沿海省区”。该景观区降水量大于600 mm，从北向南逐渐增至1500 mm，降水较为充沛，气候以湿润为基本特征。该景观区水系十分发育，地表常年径流，雨季水流增加，且多洪水，冲刷与搬运能力强。区内植被茂密，在多数山区二级以及更大水系两侧较平缓地段为农田。部分水系被改道，多沿农田边部形成新的冲沟或为人工预留水沟。

该景观区气候湿润，化学风化作用有从北向南渐强的趋势，是我国化学风化作用最强的景观区之一。在淮河以南浅切割丘陵区或地势较平缓的山区，基岩上部成壤作用较强，部分地段成壤厚度可达3～5 m，黏土质所占比例较大。由于该景观区气候湿润，降水明显增多，风化作用偏强，成壤较为完全，植被十分茂密，有机质分布普遍。该景观风化作用主要表现为：①水系沉积物中细粒级部分黏土与有机质比例明显增高；②山体上的土壤厚度增大，土壤中黏土质比例增加；③基岩风化深度增加，浅表风化程度加深。

湿润半湿润中低山景观区茂密的植被残枝枯叶腐殖化后进入水系，－60目水系沉积物中有机质约占3.46%，通常在1.5%～12%之间；黏土质可占19%～25%，土壤中风化作用较强部位的黏土质可占30%～50%。

2. 二级景观划分及其特点

（1）中切割中山区

主要分布在秦岭主脊及其两侧、四川盆地西侧、云南西北部山地等地区，海拔大于1500 m。在秦岭主脊、西秦岭、四川盆地西侧边缘、四川西南部、云贵川三省交界附近，切割深度较大，多为600～800 m，部分区段可大于1000 m。地势陡峭，山势挺拔，山谷多为“V”形。该区水系发育，羽状水系增多，一、二级水系落差增大，流水冲刷作用强烈，水系沉积物以粗颗粒为主。植被茂密，通行较为困难。

（2）中浅切割低山区

除中切割中山区分布的区域外，在我国湿润半湿润中低山景观区的大部分山区均属于中浅切割低山区。尽管在南岭、湖北、湖南西部、皖浙赣三省交界附近山区，海拔多在500～1000 m之间，局部地段大于1000 m，切割深度较大，但其整体仍属中浅切割程度，切割深度为200～500 m。地貌类型主要为湿润流水作用丘陵、低山和中山。该区水系发育，植被茂密。部分二级或更大级别水系的较宽河谷开垦为农田，部分较小水系被人为改道。基岩风化较强，在较缓山地，风化的黏土夹砂砾厚度可达1～2 m，个别地段大于5 m。

（3）浅切割丘陵区

主要分布在江西及湖南中部、长江中下游和广东中南部等地，在低山区与湖、沿海平原区和与海的过渡带偏低山一侧。该景观区地势较为平缓，水系较发育或不甚发育，相对高差50～200 m，相对高差较小。山体多以乔灌木植被为主，部分山坡和山间洼地及河道多以农田或经济林为主。土被发育，部分地段山坡被厚2～5 m的黏土夹砂砾疏松层覆盖。

三、热带雨林景观区

1. 分布范围和特点

热带雨林景观区主要分布在云南省南部和海南省。降水量大于1000 mm，雨量充沛，气候湿润。云南主要为湿润流水作用低山和中山地貌；海南主要为湿润流水作用丘陵地貌，中部为中低山地貌。水系发育，植被茂密。山地多为乔木夹灌木，河谷及较缓山坡为农田，部分低缓山区和丘陵区开垦为经济作物种植区。土壤发育，土被较厚，通常厚度可在1～2 m，局部可达3～5 m。其风化特点、土壤分布、水系中有机质和黏土质分布与湿润半湿润中低山景观区的特点基本相似。

2. 二级景观划分及其特点

（1）中浅切割山区

分布在云南省南部和海南省中部山区。其主要特点是切割偏浅，属中浅切割山区，个别地段切割较深。植被十分茂密，水系发育，土被相对偏薄。

（2）浅切割丘陵区

主要分布在海南岛环海与低山区过渡带。切割深度50～200 m，切割相对较浅，风化较强，土壤堆积较厚，上部以黏土为主。植被茂密，多为农垦经济林，宽河道为农田。水系发育，在农田区，河道多为人工改道。

（3）玄武岩区

主要分布在海南岛北部玄武岩分布区。该区地势较平缓，个别地段河流下切，形成高平台与河谷相间地貌。水系发育或较发育。玄武岩区植被较发育，主要为农田和经济林类。

四、半干旱中低山景观区

1. 分布范围和特点

主要分布在乌兰浩特以南大兴安岭、辽宁西部、河北和山西。降水量在300～450 mm之间，局部可达600 mm，气候属半干旱类型。在大兴安岭主脊和燕山山脉主脊及附近，海拔大于1500 m，切割深度400～800 m，主脊两侧切割深度较浅。在辽西、山西及河北其他区段切割深度200～400 m，局部（如五台山区）切割深度可达500 m以上。水系发育或较发育。地势稍平缓区段，部分一级水系植被茂密，少见或不见流水线，河道内主要为含有机质细砂、黏土及大块砾石充填。该景观区因气候原因，土被相对偏薄，植被茂密程度略逊于湿润半湿润中低山景观区，但植被仍属茂密范围。乌兰浩特以南山地，风积物分布明显增强，风积物、有机质分布普遍，主要分布在土壤上部和一、二级水系内，部分水系被风成沙或茅草覆盖，形成“草皮沟”，流水线不明显。

2. 二级景观划分及其特点

（1）中切割中山区

主要分布在乌兰浩特以南大兴安岭主脊和燕山中段主脊附近，以大兴安岭和燕山山脉主脊为主要分布区，海拔大于1500 m，切割深度400～800 m，水系发育。由于该景观区属半干旱气候类型，降水偏少且十分集中，导致近半水系无常年地表径流。少量一、二级水系沟底平坦，无明显流水线，多被冲积与风积混合物充填。土被较薄。以少量森林为主体时植被茂密。

(2) 中浅切割低山区

主要分布在大兴安岭、燕山主脊两侧，辽宁西部、河北和山西的太行山、中条山、吕梁山等山地。海拔小于1500 m，多在1000 m以下，切割深度200～400 m。水系发育，多无常年地表径流。部分沟底平坦的一级水系因风成沙和植被覆盖，无明显流水线。冲积物散布在茅草等植被根部，下挖约20～50 cm可见早期冲积层。土被较中切割中山区增厚，但仍属偏薄范围。

(3) 浅切割丘陵区

主要分布在山地与平原过渡带的偏山地一侧，大兴安岭东坡较为集中。在接近平原的区段，以缓丘岗地为主。该景观区属浅切割区，相对高差在50～200 m之间。水系发育或较发育，部分地段水系不发育，流经该区段的水系主要为大于四级的主干水系。土壤厚度明显增大，部分区段形成厚度大于3 m的浅覆盖。受风积物掺入影响，水系和土壤中掺入了较多风成沙。在地势趋缓区段和宽沟，主要为农田，水系被改道或消失。

五、岩溶景观区

1. 分布范围和特点

岩溶景观区集中分布在云南东部、贵州、广西、四川东南部、广东、湖南和长江以南的湖北西南部与重庆东南部等区域。主要特点是出露的地层为灰岩、白云岩等碳酸盐岩地层，受风化作用影响，形成了独特的喀斯特岩溶地貌类型。岩溶地貌因被风化与溶蚀，强度有从南向北渐减的趋势。在湖南西北部、重庆东南部和湖北西南部，多为由灰岩组成的山地地貌，岩溶特点减弱，与我国北方灰岩分布区相比较，仍具有明显差异。该景观区水系发育或较发育，部分区段因形成地下河而地表不见水系。在洼地与河谷区段，短小水系呈放射状向中心汇水域漏斗区汇集。水系沉积物以细粒黏土为主，间或见有较大的砾石、次生的铁锰结核等碎屑物质，在其他岩性区常见的1 mm以下的岩石碎屑少见，主要受限于灰岩的易溶性和降水的偏酸性。植被茂密，土被较薄。因岩溶区地形切割程度变化较大，受风化作用的影响，形成了由北向南风化作用逐渐增强的趋势。北部以中浅切割山区为主，向南逐渐过渡为峰林区、峰丛谷地和峰丛洼地。

2. 二级景观划分及其特点

(1) 中浅切割山区

以碳酸盐岩地层组成的山区为主，分布在岩溶景观区的湖南西北部、湖北西南部和重庆东南部。碳酸盐岩地层溶蚀较轻，主要区段仍保留一般山地特点，具有岩溶地貌特点但不典型。切割深度200～400 m，局部可达500 m以上。水系发育，水系沉积物内中等粗及细（<1 mm）颗粒明显偏少。植被茂密，土被较薄。

(2) 浅切割峰林区

该二级景观区的主要特点是切割与溶蚀较强烈，切割深度较浅，多为50～200 m，局部可达400 m。峰林区以碳酸盐岩组成的山峰为主，峰峰相接，山间盆地或宽河谷偏少，形成以山峰为主的峰林地貌类型。水系较发育，在山峰之间，多短小河流或窄小谷地或洼地，少数水系成为地下暗河，谷地或洼地由冲洪积和塌积物堆积而成。土被较薄，植被茂密。

(3) 浅切割峰丛谷地

该二级景观区的淋溶强度略强于偏北部的峰林区，具有与峰林地貌相似的特点。大部分山峰呈孤峰状或岛状，具有典型的切割溶蚀的岩溶地貌特征。在峰丛之间多为较宽的河谷或较为平坦的小盆地。相对高差或切割深度多为 50 ~ 200 m，局部可达 400 m。植被茂密，水系较发育，土被较薄。在谷地，土被增厚，土壤和水系中多见铁锰质结核。部分谷地见地下暗河，谷地多为农田区。

（4）浅切割峰丛洼地

该景观区的峰丛面积较峰丛谷地偏小，洼地面积偏大，洼地由宽河谷、山间盆地和峰丛间的谷地组成。河谷和山间盆地地势趋缓，峰丛间谷地由峰丛向谷地中心呈向心缓坡状。区内土被较薄，水系较发育，多数水系较短，从山地流向谷地或地下暗河漏斗。水系沉积物和土壤中见有较多的铁锰质结核、黏土质和有机质。

六、黄土覆盖景观区

1. 分布范围和特点

主要分布在山西西部、陕西中北部、甘肃和青海东部。由运积作用形成的黄土覆盖，厚度大于 50 m，最厚达 400 ~ 500 m。黄土厚覆盖区主要分布在陕西中部和甘肃东部，周边、覆盖厚度渐减。黄土覆盖区内残存一些山地。受降水冲刷影响，形成明显的冲沟、顶部渐平缓的梁峁和沟壑，组成了沟、梁、壑相间的黄土地貌类型，切割浅但冲沟陡峭。冲沟内沉积物中多由黄土残存的砂砾石和钙质结核组成。

2. 二级景观区划分及其特点

（1）浅切割黄土覆盖山区

主要为分布在黄土覆盖区内的山地，即：山西西部山地，陕西北部、宁夏与甘肃黄土区的山地。山地整体被黄土覆盖，主脊和较高山峰为基岩裸露或半裸露，山坡和山脚全部为黄土覆盖。在黄土覆盖较薄区段，流水下切可达基岩表面，粗粒冲积物多为岩石碎屑与钙质结核的混合物，细粒物质主要为黄土。

（2）黄土厚覆盖区

为黄土覆盖景观区的核心区，大量冲沟较少下切到基岩面，形成沟壑和梁峁地貌，在其边缘地带多见山前冲洪积与黄土的混合堆积。

七、高山峡谷景观区

1. 分布范围和特点

主要分布在西藏东部、云南西北部。由极深切割和超深切割山地构成，是我国地形变化极显著、相对高差最大的景观区。该区基岩裸露或半裸露，水系十分发育，多见羽状水系。海拔 3000 ~ 5000 m，切割深度大于 1200 m，部分区段可达 2000 ~ 3000 m。区内山势挺拔陡峻，山体与河流下切形成狭窄“V”形峡谷组成了具区域性分布显著特点的景观区。水系发育，植被茂密，土壤覆盖厚度较薄。

2. 二级景观区划分及其特点

（1）超深切割山区

主要分布在雅鲁藏布江大拐弯和三江并流的横断山脉中北段一带。切割深度大于 2000 m，局部地段大于 3000 m，甚至更深。山势极其险峻挺拔，沟谷极深，水系发育，除部分上游水系为树枝状外，较大水系两侧多羽状水系。由于一、二级水系直接汇入大水系，一、二、三级水系落差极大。土被薄，但植被茂密。

（2）极深切割山区

该景观区是我国相对高差仅次于超深切割山区的二级景观区，分布在超深切割山区的外围，主要分布在藏东、滇西北和川西南等地。相对高差大于1200 m，其中多地大于2000 m，地形切割剧烈，山势险峻，陡峭山峰与“V”形峡谷相间分布。水系发育，主河道以上支流各级别水系落差很大。基岩裸露或半裸露，土被薄且分布不普遍，植被茂密。

八、高寒湖泊丘陵景观区

1. 分布范围和特点

主要分布在昆仑山以南、西藏冈底斯山脉以北、念青唐古拉山西北的藏北高原、青海省三江源与可可西里地区，为青藏高原的中心区域。景观区内以湖泊星罗棋布、窄短山脉延续分布为基本特点。山脉多短小，宽2～5 km，山脉与湖泊相间分布，湖泊岸边多盐沼。景观区平均海拔大于4500 m，局部大于5000 m。山体相对高差50～200 m，个别孤岛状山峰可达500～1000 m，为高原丘陵类地貌类型。区内为内陆水系，水系发育，水系流程较短。成壤作用原始，以砂砾石为主。风积物分布十分普遍，以掺入的方式进入水系沉积物和土壤。

2. 二级景观区划分及其特点

（1）中浅切割山区

主要由短小山脉的主脊部分和孤岛状山峰组成，分布较为零碎，连续性相对较差，相对高差200～400 m，个别山峰相对高差可达500～1000 m，多呈孤岛状分布，形成鹤立鸡群的态势分布在景观区内。大小不一的湖泊星罗棋布，分布在山体间的小盆地或低洼地段，多为咸水湖，湖岸边或为湿地或为盐沼。部分洼地或小盆地为季节性湖泊，无降水补给时为盐沼或干涸。水系发育，植被稀少，土被发育原始且较薄。

（2）浅切割丘陵区

在短小山脉周边与湖泊相间地带，地势较平缓，起伏不大，相对高差50～200 m。水系较发育，多数水系短小，主要干流多分布在冲积扇上，地表常年径流较少。植被稀少，土壤成土原始，土被较薄。湖泊较多，大部分较小湖泊具有季节性，雨季成湖，旱季干涸。

九、干旱荒漠戈壁残山景观区

1. 分布范围和特点

主要分布在内蒙古锡林郭勒盟及其以西（即大兴安岭山脉以西）、大青山以北的内蒙古中西部、甘肃北山、新疆东天山和准噶尔盆地周边及柴达木盆地等我国大陆的内陆区域。受大陆型气候制约，以降水量稀少为显著特点，年降水量小于200 mm。在东天山、柴达木盆地和北山地区年降水量小于50 mm，甚至一些年份常年无降水。在景观区东部和北部降水量有所增加，为我国中温带和温带干旱极干旱气候区。地势平缓，海拔多在1000 m以上，相对高差小于200 m，多数区段小于50 m。主要为干燥作用丘陵、剥蚀平原等地貌类型。地形较平缓，少降水，加上常年多大风，风蚀风积作用强烈，风积物分布十分普遍。风积物颗粒多在2 mm以下，个别粒径10 mm或更大，分布在干沟、土壤表层或形成风成沙丘。

植被稀疏，以荒漠类矮半灌木植被类型为主，主要为假木贼、梭梭、膜果麻黄等。土壤为干旱土类，成壤作用原始，以砾石为主，上部多盐积孔泡结膜，50 cm 以下为盐积部位。

2. 二级景观区划分及其特点

（1）残山区

相对高差 50 ~ 200 m，以宽度 2 ~ 5 km 的长条状短窄的山地为主体，形成延伸不长的残山山地。山区内水系较发育，以干沟为主。干沟内主要为风化基岩碎屑和风积物的混合物，随水系增长和地形开阔，掺入的风积物比例逐渐增大至 20% ~ 70%。土壤不发育，土被薄，基岩裸露或半裸露。土壤表层的风积物以粗颗粒为主。向下除风积砾石外，风积沙比例明显增多，部分风积沙沿岩石或土被干裂裂隙向下充填。

（2）剥蚀戈壁

该景观区以地势平缓为主要特征，相对高差小于 50 m。基岩裸露或半裸露。地表多被大小不等的以风积为主的砾石和沙覆盖。在低洼地段，以风积物为主的砾石和沙覆盖厚度为 20 ~ 50 cm。盐类淀积普遍，地表多孔泡结膜，50 cm 以下为主要盐积部位，且不分松散堆积和基岩区。盐积类型主要为硫酸盐、碳酸盐和其他盐类，呈松散颗粒状、网脉状、团块状、糖粒状、层状等分布。植被稀疏。

（3）风冲积堆积戈壁

即通常所说的堆积戈壁。以残山间的洼地或断陷盆地为主要分布区。覆盖较厚，多为 10 ~ 50 m，部分区段为 100 m 以上。覆盖物为洪冲积和风积物，以砾石为主，沙等细粒物质比例偏少。植被稀疏。

十、干旱半干旱高寒山区景观区

1. 分布范围和特点

主要分布在喜马拉雅山中西段、冈底斯山中西段、念青唐古拉山、唐古拉山中西段、喀喇昆仑山、东西昆仑山、阿尔金山、祁连山、东西天山、阿尔泰山等我国西部著名的山脉。降水量多在 100 ~ 200 mm 之间，阿尔泰山、天山西部、冈底斯山和喜马拉雅山的东部降水量可达 400 mm。以半干旱和干旱气候类型为主。地势起伏剧烈，高大山脉山势挺拔高峻，水系十分发育，相对高差较大，多在 800 ~ 1200 m 之间，局部区段大于 1200 m。以深、中深切割冰川冰融作用和湿润流水作用高山和中山地貌类型为主。植被较稀疏，在部分山区降水量较多区段，植被较茂密，土被较薄。

2. 二级景观区划分及其特点

（1）深切割山区

主要分布在高大山脉的主脊及其两侧，相对高差 800 ~ 1200 m，局部区段可达 2000 m。冰川和水系发育，流水主要来源于降水和冰雪融化。土被稀少。植被稀疏，西昆仑、阿尔泰山、祁连山和西天山部分区段冷杉及灌丛发育。

（2）中切割山区

主要分布在高大山脉主脊与宽河谷过渡带，或深切割山脉与盆地过渡带。山势相对趋缓，相对高差 400 ~ 800 m，土壤覆盖较普遍，厚度较薄。植被中等。

十一、湿润半湿润高寒山区景观区

1. 分布范围和特点

主要分布在藏东、青海东南部、四川西部和云南西北部，与高山峡谷和高寒干旱半干旱山地景观区紧邻。主要以深切割山区为主。区内以湿润半湿润气候类型为主，降水充沛，水系十分发育。流水侵蚀与切割作用强烈，局部可见峡谷景观。相对高差 400 ~ 1200 m，局部可达 2000 m 以上。主要为冰川冰融作用和湿润流水作用地貌类型。植被较茂密，土壤较发育。

该景观区与高山峡谷景观区气候条件相似，流水搬运作用较强，水系沉积物以粗颗粒为主。

2. 二级景观区划分及其特点

（1）深切割山区

分布在唐古拉山东段、三江并流区外围、四川西部高山区，相对高差 800 ~ 1200 m，局部可达 2000 m。山势陡峭，山谷狭窄，水系十分发育。植被茂密，除部分区段为森林与灌丛外，多数区段为草原、草甸。土壤不甚发育。

（2）中切割山区

分布在四川西北部、青海东南部，为主体山脉的周边地带。山势稍缓，相对高差 400 ~ 800 m，局部可达 1000 m，水系发育。土壤较发育，土被增厚。草甸分布增多，植被茂密。

十二、草原丘陵景观区

主要分布在四川西北部的阿坝州，主体由草甸、沼泽和周边丘陵构成。草甸内部地形略有起伏，部分地段为缓山包，周边为草甸，雨季成为沼泽，且多连成片。土壤发育，上部腐殖土较厚。水系较发育或不甚发育。在草甸区多主干水系，水系两侧多为沼泽。

该景观区与森林沼泽景观区具相似特点：①气温偏低；②植被和沼泽发育；③地势较为平缓；④水系和土壤中有机质发育。

本书中的景观区划分是在《区域地球化学勘查规范》（DZ/T 0167—2006）中一级景观区划分基础上进行修改、补充与完善的，其划分结果可作为我国各省、市、区地勘单位关于景观区划分的参考资料，鉴于冲积平原景观区和堆积戈壁沙漠景观区与本书研究内容关系不大，故未予以介绍。

第二章　土壤地球化学分布特征

本书研究内容所涉及的地区基本位于我国北方，除森林沼泽景观区外，其他景观区基本为干旱和半干旱气候条件。在这样的气候条件下，土壤主要可划分为两类：①森林沼泽景观区土壤以雏形土（暗棕壤、漂灰土和棕色针叶林土）和淋溶土（棕壤、黄棕壤和白浆土）为主，在丘陵区见有以均腐土（黑土、灰色森林土和黑钙土类）为主的森林类土壤；②其他景观区由于主要分布在干旱、半干旱气候区，土壤类型主要为干旱土（灰钙土、棕钙土、灰漠土、棕漠土、寒冻土、高山漠土等）、新成土（石质土、粗骨土）和雏形土（草甸土），在阿尔泰山分布有少量淋溶土类。尽管这些土壤类型千差万别，但是其共性是成壤作用原始或较原始，土壤发生层较明显或无。

森林沼泽景观区及降水量偏多的景观区，各类土壤的共同特点为有机质含量高，特别是在土壤表层可见有机质淀积层，黏土趋势或黏土化作用较强；其他景观区土壤除雏形土（草甸土）外，其共同特点为有机质淀积作用微弱，土质为粗骨架构，盐（钙）积为其主要共性，在干旱区，盐（钙）积强烈，有随降水量增多、盐（钙）积作用呈减弱的趋势。

第一节　土壤粒级地球化学分布特征

一、主要景观区土壤粒级分布特点

1. 森林沼泽景观区

（1）基岩风化碎石层

森林沼泽景观区基岩风化碎石层分布在基岩之上，为土壤的最下层，在土壤分类学的分层中通称为“土壤母质层”（简称“C 层”），其粒级分布具有十分明显的特点，各研究区土壤（C）层样品粒级分布差异明显（表 2－1）。

表 2－1　森林沼泽景观区土壤母质（C）层各粒级质量分配均值

粒级/目	塔源（$n=2$）	二道河子（$n=2$）	得耳布尔（$n=2$）	平均值
－4～＋20	72.75%	53.83%	36.85%	54.48%
－20～＋80	9.45%	24.98%	28.09%	20.84%
－80	17.80%	21.19%	35.06%	24.68%

在塔源和二道河子研究区，土壤母质（C）层样品中以－4～＋20 目的粗粒级质量占优势，分别高达 72.75% 和 53.83%；在得耳布尔研究区各粒级的比例相对较平均，粗粒级占 36.85%。出现上述差异的主要原因为，得耳布尔研究区取样点的基岩主要为凝灰岩，其耐风化能力较弱，风化后易碎并形成细粒级；塔源和二道河子研究区主要以火山熔岩为主，抗

风化能力强，两地土壤母质（C）层样品均以 -4 ~ +20 目的粗粒级为主。尽管各研究区土壤母质（C）层样品粒级质量占比具有较明显的差异，但不影响以粗粒级为主的整体趋势与基本特点。

（2）腐殖质层

土壤的腐殖质层在土壤学分层中属于 A 层，为基岩风化成壤表层与植物残枝落叶形成的有机质等共同作用的结果。腐殖质（A）层 -80 目的细粒级质量占有十分明显的优势（表 2-2），且各研究区土壤腐殖质层样品的粒级分配差异较明显。采样地点的纬度变化对腐殖质层样品的粒级分配具有明显的影响。从得耳布尔至牡丹江，即从北部向南部纬度逐渐降低，其粒级由粗变细的趋势十分明显，-80 目的比例从 30.77% 增长到 72.45%。上述结果表明，在高纬度区的二道河子和得耳布尔 2 个研究区，土壤成壤作用偏弱，腐殖化和黏土化作用不强。随着研究区南移，纬度降低，温度与降水等条件的变化，使牡丹江和塔源研究区的基岩风化作用、土壤成壤作用以及腐殖化与黏土化作用明显增强。

表 2-2　森林沼泽区土壤腐殖质（A）层各粒级质量分配均值

粒级/目	牡丹江（$n=5$）	塔源（$n=2$）	二道河子（$n=2$）	得耳布尔（$n=2$）	平均值
-4 ~ +20	12.43%	35.55%	54.16%	43.00%	29.78%
-20 ~ +80	15.12%	10.70%	20.39%	26.23%	17.29%
-80	72.45%	53.75%	25.45%	30.77%	52.93%

2. 干旱荒漠戈壁残山景观区

（1）内蒙古地区

研究区土壤为干旱类型，土壤母质（C）层样品粒级组成（表 2-3）中，+20 目粗粒级质量占比约为 50%，尽管各地粒级分布出现差异，但以粗粒为主的特点没有改变。粒级分布峰值主要出现在 -4 ~ +10 目和 -20 ~ +40 目中。细粒级比例较低，-200 目多小于 5%，仅在白云鄂博采集的样品中所占比例大于 10%。各地土壤样品粒级分布主要与风化作用和基岩岩性有关，耐风化岩石风化层颗粒偏粗，斑点状泥页岩或板岩抗风化能力弱，使个别样品 -200 目的比例增大。

表 2-3　内蒙古地区土壤母质（C）层各粒级质量分配均值

粒级/目	白乃庙（$n=8$）	白云鄂博（$n=3$）	霍各气（$n=3$）	红古尔玉林（$n=5$）	东七一山（$n=5$）	花牛山（$n=4$）	平均值
+2	7.98%	—	5.41%	6.16%	6.21	7.87	6.19
-2 ~ +4	13.22%	18.06%	19.66%	12.55%	11.70	13.36	14.06
-4 ~ +10	16.58%	18.76%	30.91%	18.35%	15.89	24.05	19.61
-10 ~ +20	7.73%	5.95%	7.50%	4.77%	11.25	8.64	7.74
-20 ~ +40	15.75%	11.54%	16.19%	17.44%	23.55	19.37	17.56
-40 ~ +80	10.26%	6.26%	6.28%	12.31%	18.91	10.01	11.28
-80 ~ +120	13.17%	14.95%	6.31%	17.63%	8.55	9.64	12.09
-120 ~ +160	10.51%	4.18%	3.17%	6.74%	3.06	5.57	6.34
-160 ~ +200	2.57%	8.96%	3.15%	0.73%	0.52	1.06	2.41
-200	2.23%	11.34%	1.42%	3.32%	0.36	0.43	2.72

（2）甘肃北山地区

在研究区不同区段，分别采集土壤下部母质（C）层样品和土壤剖面上部表（A）层样品。将土壤样品筛分为7个粒级，称重后计算质量平均值作图（图2－1）。依据土壤剖面的物质结构特点，可将区内土壤分为两类：①在基岩之上，经风化作用形成的残积母质层土壤，由于风力吹蚀作用，其中掺入一定程度的风积物，随着深度加大，风积物比例变少；②在土壤剖面下部基岩风化形成的母质（C）层之上，由于风力和流水作用，主要物质为风积夹少量冲积物混合的表（A）层。

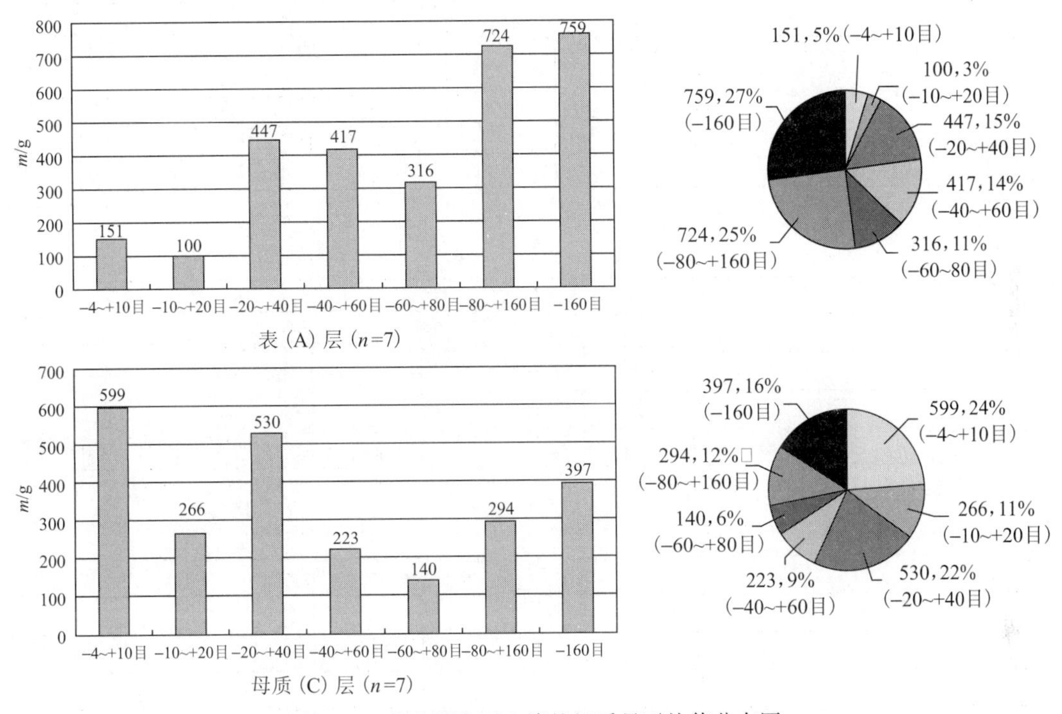

图2－1　北山研究区土壤粒级质量平均值分布图

图2－1中的样品分别来自表（A）层和母质（C）层。母质（C）层样品以＋40目粗粒级为主，约占50%以上，－40目以下细粒级比例小于50%。表（A）层样品粒级分布略有差异，－160目细粒级所占比例增大。上述母质（C）层样品的粒级分布特点反映出，干旱条件下的基岩风化虽然以物理风化为主，但化学风化仍占一定的比例，土壤中仍然可见一定比例的细粒级，这种干旱条件下的物理化学风化作用可因岩石的耐风化程度和岩性不同而有较大差异。

图2－2是单个样品粒级质量分布图。在母质（C）层，尽管各样品间的各粒级质量分配略有差异，但差异性主要出现在－40目细粒级中，特别是－160目细粒级中。在＋40目3个粗粒级中，各样品间的质量分配（占总质量的比例）几乎一致。尽管样品所在地的岩性各不相同，基岩风化产生的结果却十分相近。出现在细粒级中的差异是不同岩性耐风化程度差异所致。

图2－2中表（A）层样品各粒级质量分配与母质（C）层具有显著性差异。表（A）层样品各粒级质量分配呈现以下规律，即：从粗粒级至细粒级，各粒级质量占比逐渐增高，－160目增至最高，这种比例分配并不是基岩表面经长期风化成壤作用的结果，而是在土壤表层沉积了大量的风成沙。由于风成沙的掺入，土壤表层形成了以风积物为主的土层。由于

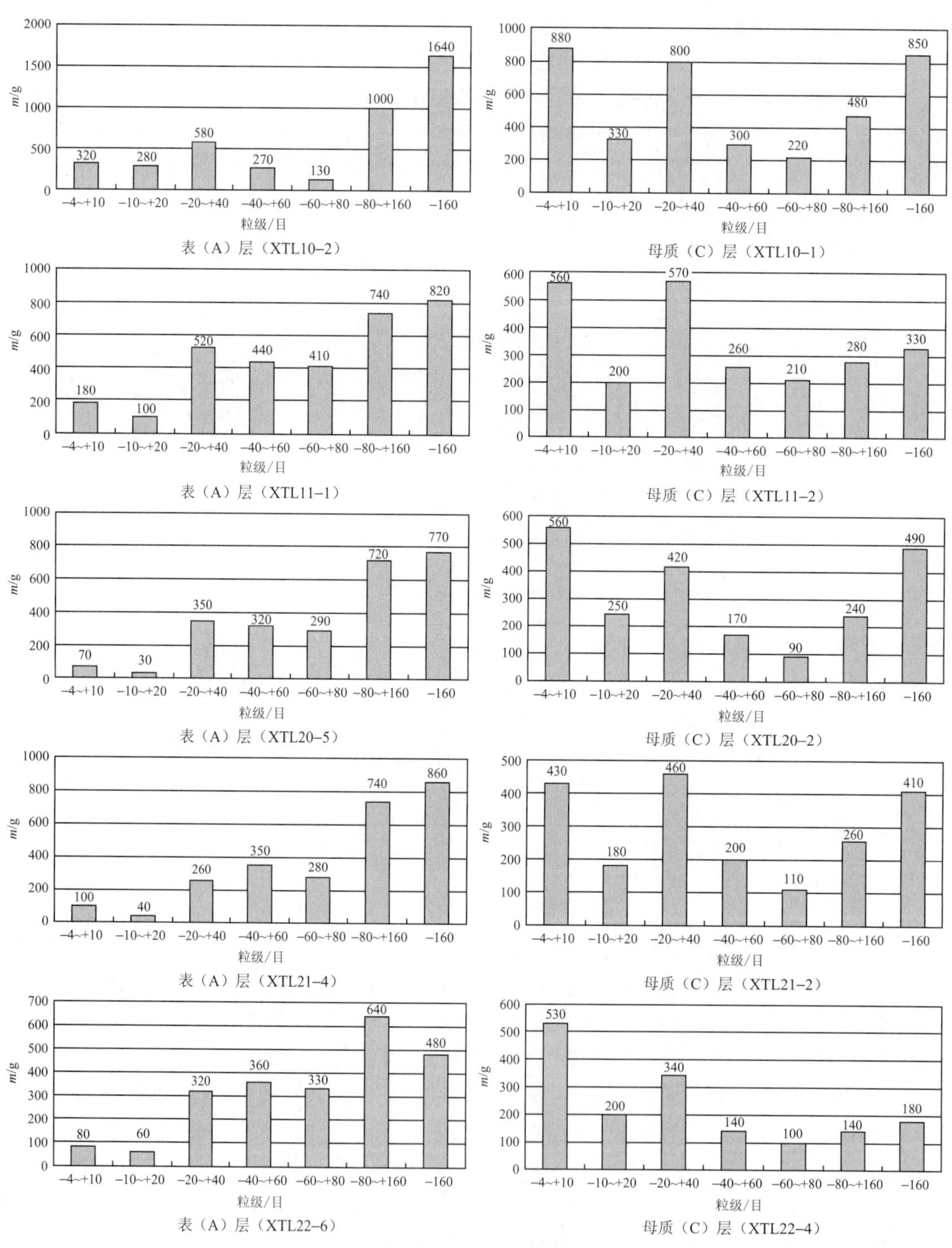

图 2－2 北山研究区土壤粒级质量分布直方图

土壤粗颗粒的阻滞，部分细粒级风成沙得以存留并下渗至土壤表层下部。这种风积物的掺入改变了原土壤粒级结构，出现了从粗粒级向细粒级，质量分配比例逐渐增加的明显特点。表（A）层单个样品之间的各粒级质量分配基本一致，其主要特点为：＋20 目所占比例很少，基本小于 10%，－80 目细粒级比例大于 50%，各样品间粒级分布的差异主要出现在－20～＋60 目之间，且这种差异并不十分明显。上述结果反映出，表层土壤成壤与风积共同作用，出现的细粒级为主的粒级分布显示出以风积为主的特点。

(3) 东天山地区

针对土壤层的不同物质来源，在同一土壤垂直剖面分别采集表（A）层及其下部母质（C）层样品，使用双目镜对各粒级样品进行观察，其中表（A）层样品中较粗粒级（+40目以上）颗粒成分复杂，颗粒呈浑圆状，磨圆度较好，成分主要为近源岩屑和与附近基岩成分相关的颗粒，并混有少量石英、长石颗粒。-40目以下粒级以石英：长石为主，约占80%以上，岩屑比例较小，以远源物质为主。

如图2-3所示，为延东、土屋、小热泉子和黄山东4个研究区土壤表（A）层和母质（C）层两种样品各粒级分布曲线。各地母质（C）层样品的粒级分布不尽相同，差异明显。在延东矿区，采集的样品主要粒级集中在-160目，其他粒级质量偏小。在其东侧约7 km的土屋矿区，母质（C）层样品粒级主要集中在粗粒级段，这一点与延东矿区样品粒级分布相反。黄山东矿区母质（C）层样品粒级分布与土屋相类似，只不过其粗、细粒级间比例差异不如土屋显著。小热泉子矿区母质（C）层样品粒级主要集中在粗、细粒级的两端，而细粒级比例偏高。

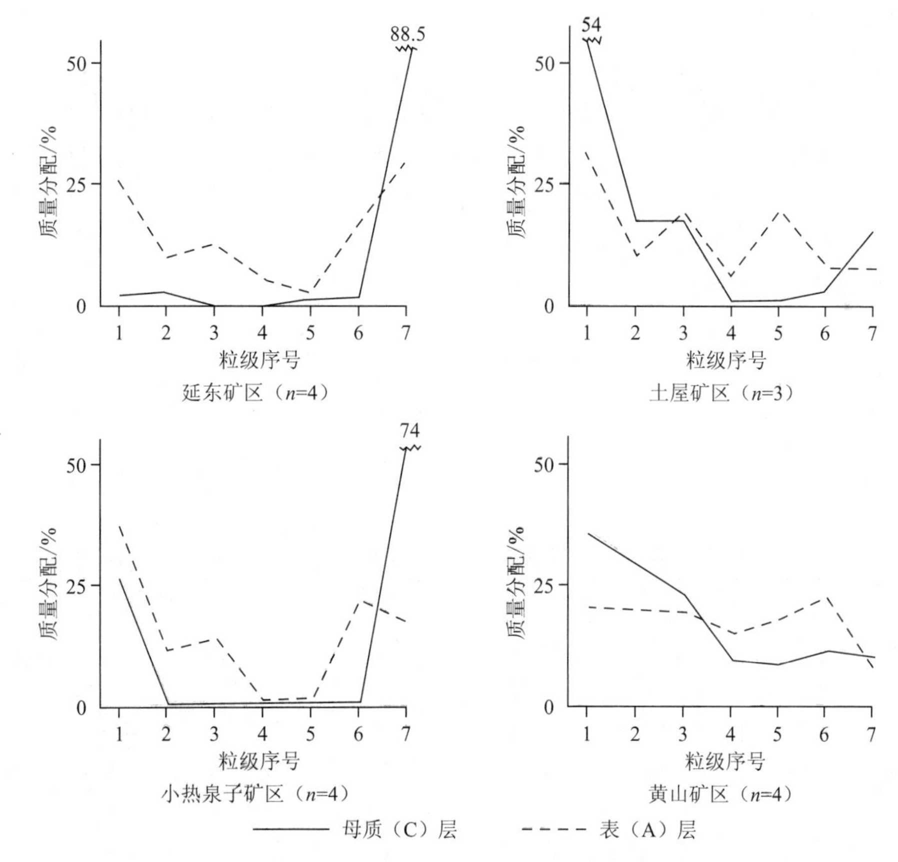

图2-3 东天山地区土壤各粒级质量分配曲线图

粒级序号：1—-5~+10目；2—-10~+20目；3—-20~+40目；4—-40~+60目；5—-60~+80目；6—-80~+160目；7—-160目

各地母质（C）层样品粒级质量分配比例出现差异的主要因素不是景观条件，而与下伏地质体及其矿化部位有关。4个矿区的土壤母质（C）层采样点均布置在矿化地段，延东矿区样品采自矿体上方，矿化蚀变作用较强，质地松软；土屋矿区样品虽然也在矿体上方采集，但该处基岩具有一定程度的硅化，基岩硬度偏高；小热泉子矿区采样点附近基岩状况与延东矿区较相近。

土壤表（A）层样品筛分时基本保留了原始样品状态。它们的共同特点是 -40 ~ +60 目或 -60 ~ +80 目比例偏低或最低，+40 目以上粗粒级约占 45% ~60%。尽管在细粒级段主要为 -80 目，可占 30% ~45%，但明显少于粗粒级。

土壤表（A）层样品中颗粒的成分较为复杂，其共同特点是具有完好的磨圆度，表明土壤表（A）层样品的各种粒级均具有较长的运移距离，经过了风力搬运磨蚀。因此认为，表（A）层样品主要来源于风积物，尽管部分颗粒来自于近源岩石碎屑，但从风力搬运特点可以证实，具一定磨圆度的颗粒至少运移了数千米以上的距离。

综上所述，东天山地区土壤粒级构成具有两个明显的特点：①因成壤作用十分原始，土壤粒级整体偏粗，个别矿化样品氧化风化强烈，使粒级偏细，这种局部因素并不能改变土壤粗骨质的特点；②土壤表层为风力搬运的远源与近源物质混合层，其颗粒几乎全部具完好磨圆度，表明其具有一定的运移距离并经过不同程度的磨蚀。

3. 高寒诸景观区

研究区主体为干旱与半干旱高寒山区景观条件。土壤主体为正常干旱土类，旧称为“寒冻土、高山漠土、沙嘎土和草甸土”等，其成壤作用原始，土壤各发生层不明显，主要由表（A）层和淀积（B）层、母质（C）层组成土壤剖面，淀积（B）层不发育，中间有盐积层发育。研究区主要分布在丘陵区，盐积层的发育程度明显偏弱。由于土壤中掺入了风成黄土，在一定程度上影响了土壤的原始粒级分布。

(1) 西藏区

在西藏的多不杂、冲江、驱龙和住浪 4 个研究区采集的土壤样品，粒级分布与前述两个景观区略显差异（表 2 -4）。+40 目粗粒级质量所占比例在 27% ~48% 之间，明显偏少，而细粒级部分明显增多。在多不杂、冲江、驱龙研究区，主要为斑岩型铜矿区，样品采自矿化体上方的探槽内，由于受矿化体氧化作用的影响，地表矿化体氧化及风化较强烈，使样品易破碎而细颗粒物质明显增多。

表 2 -4 西藏区土壤各粒级质量分配均值

粒级/目	多不杂				冲江	驱龙	住浪
	表（A）层 ($n=3$)	母质（C）层上 ($n=2$)	母质（C）层下 ($n=4$)	平均值 ($n=9$)	母质（C）层 ($n=4$)	母质（C）层 ($n=4$)	母质（C）层 ($n=3$)
-5 ~ +10	9%	24%	25%	19%	14%	25%	20%
-10 ~ +20	3%	6%	8%	6%	6%	9%	7%
-20 ~ +40	8%	4%	8%	7%	8%	14%	14%
-40 ~ +60	6%	3%	3%	4%	3%	5%	4%
-60 ~ +80	7%	2%	3%	4%	4%	4%	3%
-80 ~ +160	20%	4%	9%	12%	31%	6%	7%
-160	47%	57%	44%	48%	34%	37%	45%

在青藏高原，总体为干旱或亚干旱气候，物理风化作用占主导地位，化学风化作用较

弱。在这种自然条件下，土壤发育不完全，成壤作用原始，使得以残积为母质的土壤仍保持基岩风化碎屑的粗骨架特点，其粒级分布仍以 +40 目的粗粒级为主。在矿区内，受矿化体表生带氧化作用的影响，基岩化学风化作用增强，加快了风化速率，使该部分土壤样品颗粒变细。这种情况多出现在易风化的硫化物型矿化区内。对于青藏高原的广大区域，这种现象是局部的极小范围，并不能代表全局土壤粒级的分布状况。

由于研究区处于风成沙分布区范围内，风成沙随处可见。在土壤中，风成沙多以掺入的形式进入土壤。土壤表（A）层中掺入的风成沙多为 -80 目细粒级。风成沙的掺入可明显改变土壤表（A）层样品的原始粒级分布特征，使细粒级比例明显增大，相对降低了粗粒级的比例，但这部分样品的粒级分布不能说明研究区内化学风化作用的强弱。这种因风成沙的掺入出现土壤粒级分布差异的假象，对土壤原始粒级分布具较强的掩避作用。

（2）昆仑—阿尔金山区

在东昆仑山的驼路沟、巴隆和阿尔金山的龙尾沟（表 2-5），土壤以粗粒级为主，+40 目粗粒级的质量约占样品质量的 55% 以上，土壤以较原始的粗骨架为主；-80 目细粒级占 20% 稍强；-40～+80 目中间粒级仅占 10% 以上。巴隆地区（表 2-5）土壤样品粒级分布与龙尾沟和驼路沟差异明显，主要集中在 -80 目细粒级部分，粗粒级部分仅占 20% 左右。巴隆的样品主要采自矿化破碎带内，岩石类型为砂页岩，基岩风化强烈，土壤样品颗粒偏细，较难筛分出粗粒级。

表 2-5　东昆仑山和阿尔金山土壤各粒级质量分配均值

粒级/目	驼路沟 ($n=4$)	龙尾沟			巴隆		
		表（A）层 ($n=2$)	母质（C）层 ($n=2$)	平均值 ($n=3$)	表（A）层 ($n=4$)	母质（C）层 ($n=4$)	平均值 ($n=2$)
-5～+10	26.75%				4.80%	5.90%	4.50%
-10～+20	23.40%	26.30%	25.50%	26.33%	5.30%	6.20%	5.00%
-20～+40	17.10%	29.00%	32.50%	31.00%	7.20%	17.10%	10.50%
-40～+60	5.50%	8.70%	11.50%	10.01%	5.40%	8.00%	6.00%
-60～+80	4.50%	7.90%	8.50%	8.00%	9.00%	6.50%	7.00%
-80～+160	7.00%	12.20%	15.50%	15.33%	48.50%	42.10%	48.50%
-160	15.75%	15.90%	6.50%	9.33%	20.10%	14.20%	18.00%

龙尾沟土壤表（A）层和母质（C）层粒级分布特征显示，母质（C）层样品粒级明显偏粗，粗粒级质量比例偏高较明显。表（A）层土壤颗粒偏细，主要原因是掺入了一定量的风成黄土，由于风成黄土主要为 -80 目的细粒级，当风成黄土掺入至土壤中时，可使土壤细粒级部分显著增多，从而改变了土壤原有的粒级分布。

（3）祁连山区

在北祁连西段，石居里、小柳沟、掉石沟和寒山的土壤样品颗粒分布具有较明显的一致性（表 2-6）。在 4 个试验研究区中，土壤均以粗粒级为主，+40 目粗粒级可占样品总量的 60%～70% 以上，表明该区的基岩风化作用以物理风化占绝对优势。-80 目细粒级通常不到 30%。分布最少的粒级段仍然为 -40～+80 目的中间粒级。该区土壤 A 层受掺入的风成黄土的干扰，使样品细粒级比例明显偏高，导致整个样品其他粒级比例下降。

表 2－6 北祁连西段土壤各粒级质量分配均值

粒级/目	石居里		小柳沟	掉石沟	寒山	
	表（A）层（n＝2）	母层（C）层（n＝3）	（n＝4）	（n＝3）	表（A）层（n＝2）	母层（C）层（n＝2）
－5～＋10	36.00%	44.00%	51.00%	53.00%	48.00%	32.00%
－10～＋20	7.00%	12.40%	8.00%	10.00%	14.50%	15.50%
－20～＋40	8.00%	11.70%	10.00%	11.00%	13.50%	18.50%
－40～＋60	5.50%	3.60%	4.00%	5.00%	4.00%	6.50%
－60～＋80	4.50%	3.60%	5.00%	6.00%	4.00%	6.50%
－80～＋160	7.00%	6.00%	7.00%	7.00%	7.00%	7.00%
－160	32.00%	18.70%	15.00	8.00%	9.00%	14.50%

（4）西天山区

西天山地区土壤主要为淋溶土和正常干旱土类（亚高山草甸土、高山草甸土、高山灰漠土、灰棕土、棕钙土类）等，其总体为较年轻的土壤类型，成壤较为初始。山地土壤主要受坡积的影响，其母质成分以残坡积为主，在土壤底部为残积土壤。西天山地区 3 个研究区土壤粒级筛分结果见表 2－7，土壤仍以粗粒级为主，＋40 目粗粒级约占 50%～70%。以 80 目为界，＋80 目占 55%～80%，－80 目占 20%～40%，所占比例明显低于＋80 目。土壤粒级的分布特征证明了该区土壤形成具有明显的初始特点。

表 2－7 西天山地区土壤各粒级质量分配均值

<table>
<tr><th rowspan="2">粒级/目</th><th rowspan="2">望峰（n＝3）</th><th rowspan="2">3571 矿区（n＝3）</th><th colspan="2">喇嘛苏（n＝4）</th></tr>
<tr><th>表（A）层</th><th>母质（C）层</th></tr>
<tr><td>－4～＋10</td><td>42.00%</td><td>28.20%</td><td rowspan="2">30.77%</td><td rowspan="2">39.07%</td></tr>
<tr><td>－10～＋20</td><td>14.00%</td><td>8.20%</td></tr>
<tr><td>－20～＋40</td><td>16.00%</td><td>15.80%</td><td>18.33%</td><td>24.43%</td></tr>
<tr><td>－40～＋60</td><td>5.00%</td><td>4.70%</td><td rowspan="2">10.67%</td><td rowspan="2">10.43%</td></tr>
<tr><td>－60～＋80</td><td>4.00%</td><td>6.70%</td></tr>
<tr><td>－80～＋160</td><td>9.00%</td><td>14.20%</td><td rowspan="2">40.23%</td><td rowspan="2">26.07%</td></tr>
<tr><td>－160</td><td>10.00%</td><td>25.20%</td></tr>
</table>

对比 3 个研究区的土壤细粒级部分，可见其差异明显，3571 研究区细粒级比例明显偏高，望峰研究区比例明显偏低。这主要是由于 3571 研究区位于北西天山，该区大风日数偏多，而望峰研究区位于南西天山的中脊附近，大风日数偏少，除了上述大风日数可能影响细粒级所占比例外，土壤的基岩母质质地也可能对其产生一定的影响。

由喇嘛苏研究区土壤表（A）和母质（C）两层筛分结果可以看出，土壤表（A）层样品中－80 目细粒级比例明显偏高。喇嘛苏研究区的沙尘暴日数明显高于其他地区，由此可以认为，喇嘛苏研究区土壤表（A）层样品中－80 目细粒级部分主要来自风成黄土的掺入。尽管成壤作用可使表层土壤颗粒变细，在干旱、半干旱条件下，以正常干旱土（棕钙土和沙嘎土）为主的土壤成壤较为原始。根据在多个研究区的现场观察，－80 目细粒级为土黄色，与岩屑的黑灰色和灰绿色不协调，而与风成黄土颜色一致，且颗粒粒径较均匀，故其组成应主要为风成黄土。

综上所述，在西天山干旱和半干旱气候条件下，成壤作用较弱，气候偏冷，降水偏少，使得基岩表面风化速率减慢，土壤粗粒级明显偏多。土壤中 -80 目细粒级比例增高主要是受风成黄土掺入的影响，风成黄土的粒级主要为 -80 目。

（5）阿尔泰山区

对红山嘴和哈腊苏2个研究区采集的土壤表（A）层和母质（C）层样品进行筛分与统计（表2-8）。由表中数据可知，与其他地区一样，阿尔泰山地区土壤仍以粗粒级为主，+40 目粗粒级约占 70% ~76%，-40 目细粒级所占比例很小。阿尔泰山地区的植被土类型为干旱、半干旱山地植被土壤垂直地带类型。主要土壤类型为：东南部为干旱土（栗钙土和棕钙土）；西北部为亚高山草甸土和高山草甸土。在2个研究区中，红山嘴土壤类型为亚高山草甸土，哈腊苏土壤类型为棕钙土。尽管两地土壤类型不同，但它们的颗粒组成无实质性差异，均表现出以粗粒级为主的特点，表明阿尔泰山地区的风化作用是以物理风化作用为主的。

表2-8　阿尔泰山地区土壤各粒级质量分配均值

粒级/目	哈腊苏（$n=4$）			红山嘴（$n=4$）		
	全样	表（A）层	母质（C）层	全样	表（A）层	母质（C）层
-5 ~ +10	32.25%	29.50%	47.50%	46.25%	45.50%	47.00%
-10 ~ +20	18.75%	10.25%	11.25%	12.25%	12.50%	12.50%
-20 ~ +40	15.30%	17.50%	15.25%	18.00%	17.50%	18.50%
-40 ~ +60	5.25%	5.50%	4.75%	5.25%	5.50%	5.00%
-60 ~ +80	4.35%	5.25%	4.25%	3.75%	4.00%	3.50%
-80 ~ +160	7.10%	8.50%	6.50%	6.00%	7.00%	5.00%
-160	17.00%	23.50%	10.50%	8.50%	8.00%	8.50%

在高寒景观区中，因其所处地理位置不同、气候偏干旱、气温偏低、成壤作用整体较弱、土壤发育不完全，土壤颗粒以粗粒级为主，细粒级明显偏少，即便在 -60 目（-80 目）加入了风成沙或风成黄土，使细粒级的比例增加，但仍不能改变此类景观区土壤颗粒以粗粒级为主的特点。

4. 半干旱中低山景观区

从布敦花等14个矿区的土壤各层位不同粒级分布曲线（图2-4）可以看出，其规律十分明显。母质（C）层样品的粒级分布以粗粒级为主，+40 目以上的粒级占总量的 54% ~80%，一般为 70% 左右。土壤粒级分布多具有两个峰值，其中第一个峰值为 -4 ~ +10 目，为总量的 25% ~30%，以岩石碎屑为主；第二个峰值为 -20 ~ +40 目，约为总量的 15% 左右，与风成沙的分布粒级相当。双目镜矿物鉴定结果证实，-20 ~ +40 目粒级主要为风成沙混入叠加而成，致使在中细粒级间形成第二个峰值，其混入量会因地而异。在北部八大关、八八一、头道沟、海拉尔等矿区略有差异，粒级分布曲线由粗而细由高逐渐降低，未出现第二个峰值，说明其间可能较少有风成沙混入。

腐殖土化表（A）层的样品粒级分布与母质（C）层有明显差异，主要以中细粒级为主，-80 ~ +160 目的粒级占总量的 50% 左右，其成分多为风成沙壤化而成。当风力吹蚀作

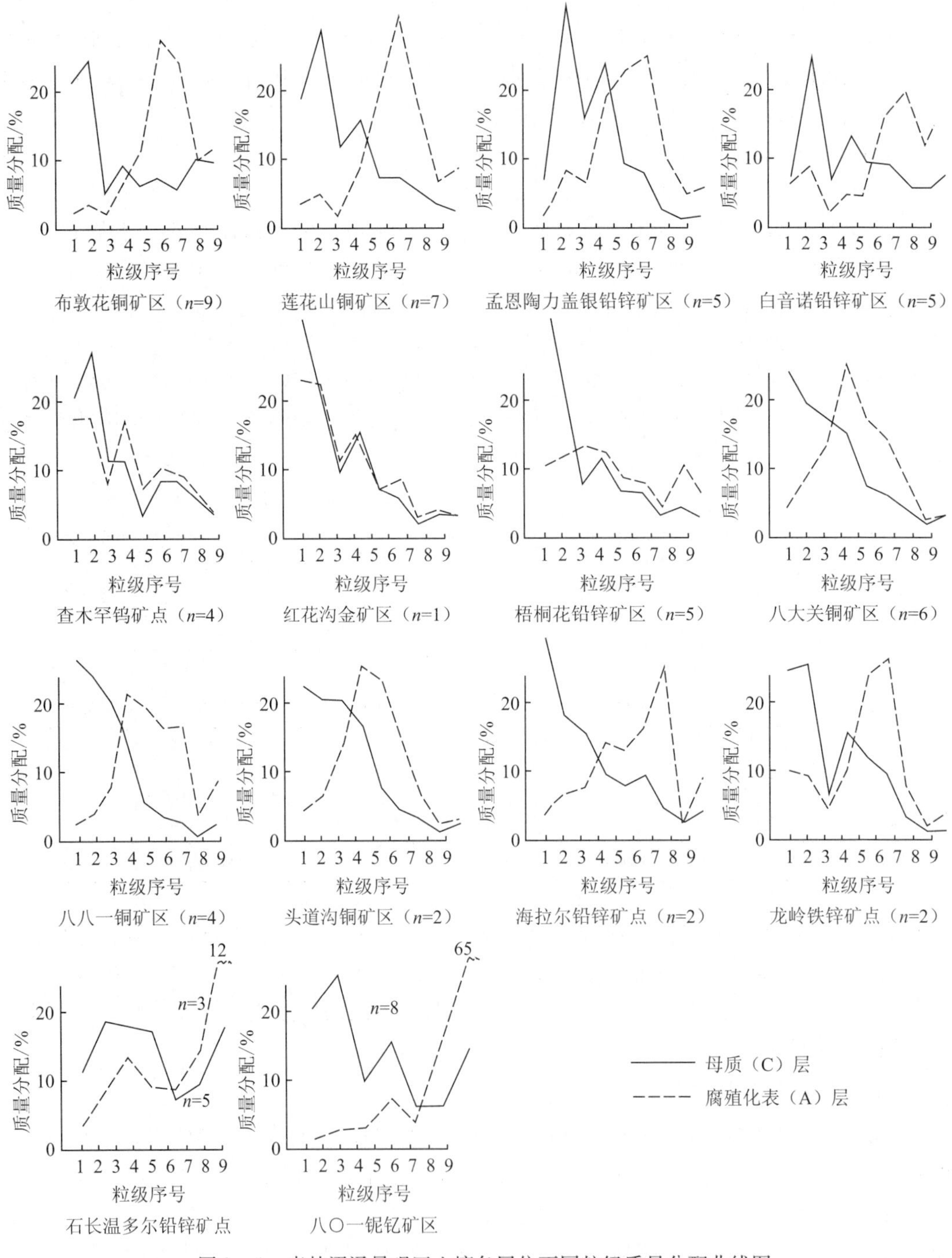

图2-4　森林沼泽景观区土壤各层位不同粒级质量分配曲线图

粒级序号：1— -2～+4目；2— -4～+10目；3— -10～+20目；4— -20～+40目；5— -40～+80目；6— -80～+120目；7— -120～+160目；8— -160～+200目；9— -200目

用较强时，粒级偏粗，如北部八大关、八八一、头道沟等矿区，而南部查木罕、红花沟矿区的腐殖土化表（A）层的粒级分布曲线则与母质（C）层相似，据矿物成分分析，该层主要为残积物壤化而成，风成沙的混入量相对要少。

我国主要景观区主要分布在北部和西部，大部分为干旱和半干旱气候条件，基岩风化以物理风化作用为主，成壤作用较弱或较原始，形成的土壤以粗骨质为主体。各景观区或地区筛分土壤粒级基本以+60目粗粒级岩石碎屑为主，所占比例为50%～80%，细粒级部分只占次要地位。土壤分解和矿物分离缓慢，更细粒级的黏土所占比例甚少。森林沼泽景观区气候偏湿润，土壤中黏土比例略显偏多于其他区。

二、森林沼泽景观区土壤各粒级颗粒成分分布特点

各景观区土壤颗粒成分及其分布具明显相似性，现仅对森林沼泽景观区土壤颗粒成分进行讨论。

1. 母质（C）层

对土壤母质（C）层样品筛分的各粒级使用双目镜初步观察，鉴定颗粒成分并进行统计（表2-9）。在森林沼泽景观区的各个研究区，从粗粒级向细粒级，岩屑比例逐渐降低，取而代之的是长石、石英等单矿物，暗色矿物主要出现在-60目细粒级中，由黏土胶结的颗粒主要出现在-160目的更细粒级中。+40目以上的粗粒级中岩屑比例高达80%，石英、长石比例很小；-40～-+60目中岩屑依然维持着57%～80%的高比例，但石英、长石的比例大大增加；-60目细粒级中岩屑比例显著下降，石英、长石的比例大大增加；而-160目细粒级中黏土颗粒则占据主导地位。

表2-9 森林沼泽景观区土壤母质（C）层各粒级中矿物成分 $\varphi_B/\%$

研究区	粒级/目	岩屑	石英	长石	暗色矿物	其他矿物
得耳布尔（$n=2$）	+4	99.5	0.25	0.25	—	
	-4～+10	99.5	0.25	0.25	—	
	-10～+20	95	2.5	2.5	—	
	-20～+40	92.5	3.5	4	—	
	-40～+60	80	10	10	—	
	-60～+80	60	17.5	12.5	5	萤石、闪锌矿，5%
	-80～+160	47.5	35	12.5	5	
	-160	12.5	20	17.5	5	黏土颗粒，45%
二道河子（$n=2$）	+4	100	—	—	—	
	-4～+10	99.5	0.25	0.25	—	
	-10～+20	99	0.5	0.5	—	
	-20～+40	95	3.5	1.5	—	
	-40～+60	72.5	15	7.5	5	
	-60～+80	50	27.5	15	7.5	
	-80～+160	35	37.5	17.5	10	
	-160	20	20	7.5	10	黏土颗粒，42.5%
塔源（$n=2$）	+4	100	—	—	—	
	-4～+10	99.5	0.5	—	—	
	-10～+20	95	4	1	—	

续表

研究区	粒级/目	岩屑	石英	长石	暗色矿物	其他矿物
塔源 ($n=2$)	-20 ~ +40	82.5	15	—	2.5	
	-40 ~ +60	57	37.5	0.5	5	
	-60 ~ +80	42	50	0.5	7.5	
	-80 ~ +160	35	55	—	10	
	-160	27	15	—	3	黏土颗粒，55%

上述结果表明，在森林沼泽景观区较潮湿条件下，表生地球化学作用最活跃的粒级主要在 -60 目以下。在细粒级段，大量岩屑分解消失，耐风化的石英、长石和暗色矿物大量出现，以及黏土颗粒的大量增加，是这种作用的主要表现形式。+60 目（特别是 +40 目）以上粗粒级段，主要为风化岩石碎屑，基本保持着原岩的特征，构成了反映下伏基岩特征较客观的地球化学介质。

2. 腐殖质化表（A）层

研究区腐殖质化表（A）层样品中矿物分布特征见表 2 - 10。在得耳布尔、二道河子和塔源 3 个研究区，随着土壤粒级的变细，岩屑比例逐步降低，黏土颗粒比例不断上升。+60 目以上的粗粒级岩屑比例均大于 80%，特别是 +40 目以上，岩屑比例超过 95%，并且不含黏土颗粒。而 -60 目以下的细粒级，岩屑比例大幅度下降，同时黏土颗粒比例大幅度上升，最高达到 60%。这一现象显示出粗粒级部分为汇水域基岩的风化物质，可客观反映测区基岩的基本成分，而细粒级部分更多反映的是表生地球化学次生作用的结果。

表 2 - 10 森林沼泽景观区腐殖化表（A）层各粒级中矿物成分 $\varphi_B/\%$

研究区	粒级/目	岩屑	石英	长石	暗色矿物	黏土颗粒
得耳布尔 ($n=2$)	+4	99.5	0.25	0.25	—	—
	-4 ~ +10	99.5	0.25	0.25	—	—
	-10 ~ +20	98	1	1	—	—
	-20 ~ +40	95	2.5	2.5	—	—
	-40 ~ +60	85	5.5	9.5	—	—
	-60 ~ +80	40	12.5	12.5	—	35
	-80 ~ +160	40	20	10	5	25
	-160	12.5	17.5	7.5	7.5	55
二道河子 ($n=2$)	+4	100	—	—	—	—
	-4 ~ +10	99.5	0.25	0.25	—	—
	-10 ~ +20	99	0.5	0.5	—	—
	-20 ~ +40	94.5	2.75	2.75	—	—
	-40 ~ +60	72.5	20	7.5	—	—
	-60 ~ +80	70	22.5	4.5	0.5	2.5
	-80 ~ +160	60	22.5	7.5	7.5	2.5
	-160	40	17.5	5	15	22.5

续表

研究区	粒级/目	岩屑	石英	长石	暗色矿物	黏土颗粒
塔源（$n=2$）	+4	100	—	—	—	—
	-4 ~ +10	100	—	—	—	—
	-10 ~ +20	98.5	0.75	0.75	—	—
	-20 ~ +40	73.5	20	1.5	5	—
	-40 ~ +60	57	30	3	10	—
	-60 ~ +80	45	42.5	2.5	10	—
	-80 ~ +160	32	35	3	30	—
	-160	20	10	—	10	60

三、主要景观区土壤各粒级中元素分布特点

1. 森林沼泽景观区

(1) 土壤母质（C）层

在得耳布尔、二道河子和塔源3个研究区，分别在矿化地段和背景地段采集土壤母质（C）层样品，分析结果如图2-5~图2-7所示。

由图可知，土壤母质（C）层样品元素质量分数变化具有基本一致的特点。在背景样品中，各粒级元素质量分数变化整体变化平稳，少见较大的变化。在矿化地段（质量分数变化高）样品中，部分元素质量分数变化多出现在-80目，特别出现在-160目细粒级。

得耳布尔研究区大多数元素质量分数随粒级变细而逐渐降低（图2-5），仅Bi呈相反特点。二道河子研究区元素质量分数随粒级变细而出现分化，Mo、Pb、Mn、Cu、Co、Ag等元素质量分数逐渐降低（图2-6）；W、Bi、Au、Hg等元素质量分数逐渐升高。在塔源研究区，多数元素质量分数在+80目粗粒级分布较为平稳（图2-7），极少出现跳跃式变化，W、Bi、Mo等少数元素和多数元素高质量分数区间随粒级变细质量分数有增高的趋势。

3个研究区土壤母质（C）层各粒级元素质量分数变化的共同点是，在-80目细粒级，特别是-160目细粒级中，一些元素质量分数出现与其他粒级不协调的变化，少数元素质量分数突然升高，个别元素质量分数突然下降。多数元素质量分数在-160目细粒级中呈降低趋势，主要出现在得耳布尔和二道河子研究区；但是在塔源研究区，多数元素质量分数在-160目细粒级中呈上升趋势。

土壤母质（C）层样品各粒级中元素质量分数分布特点主要反映了基岩风化后碎屑物质的化学组分特点，尽管随粒级变细，个别或少数元素质量分数有所变化，但整体变化较平稳。细粒级中元素质量分数呈增高或降低或出现拐点式变化，应主要与风化后的表生与次生作用有关。在森林沼泽景观区，土壤中的有机质和黏土质占有较大比例，粒级越细，所占比例增高，对元素富集或贫化形成的影响明显增强。

(2) 腐殖质化表（A）层

对得耳布尔、二道河子和塔源3个研究区土壤腐殖质化表（A）层样品的7个粒级进行元素分析（图2-8~图2-10）。

在森林沼泽景观区，腐殖质化表（A）层样品中元素在低质量分数区间时，从粗粒级至

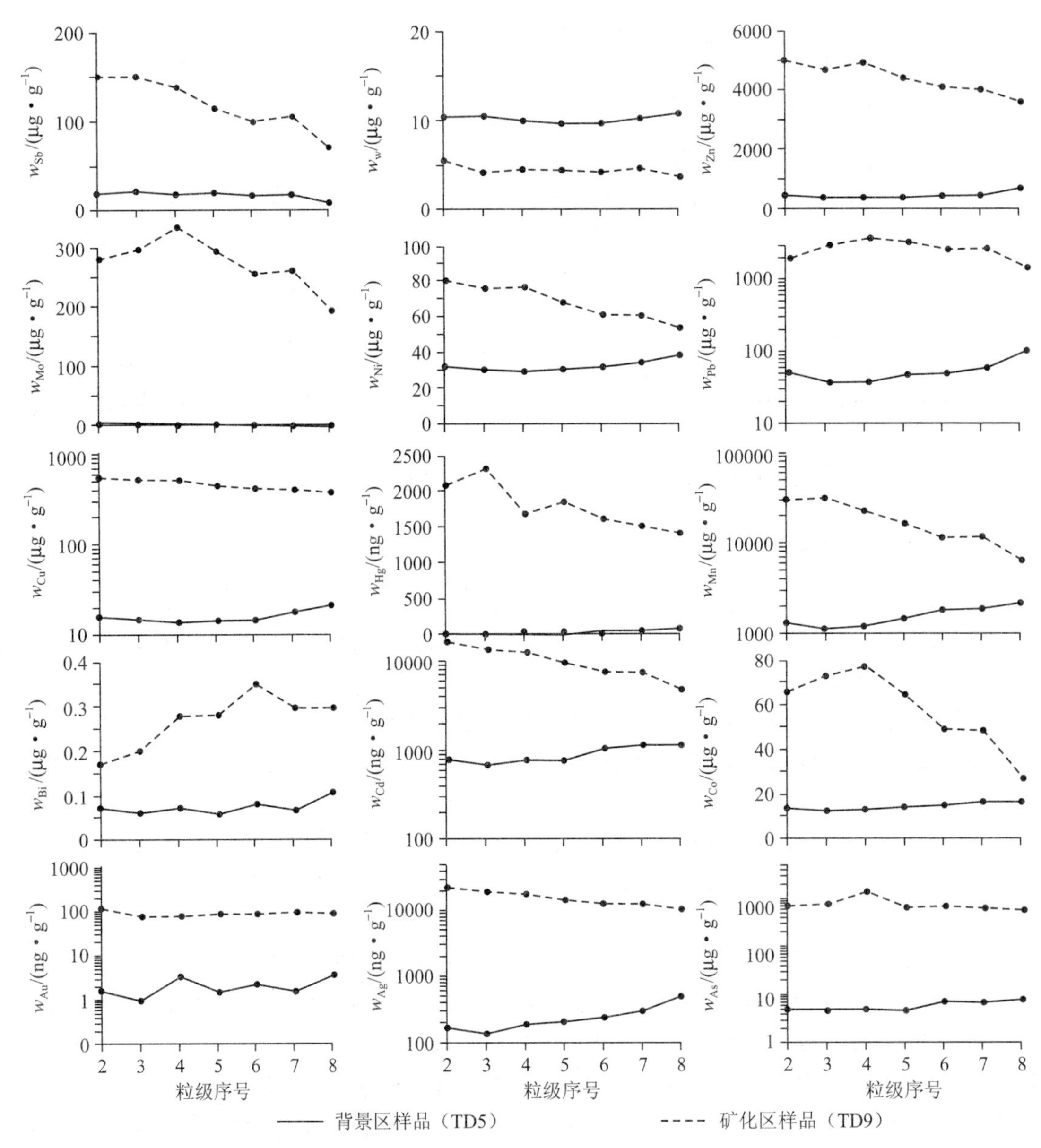

图2-5 得耳布尔铅锌矿区土壤母质（C）层各粒级中元素分布图

粒级序号：2—-4~+10目；3—-10~+20目；4—-20~+40目；5—-40~+60目；6—-60~+80目；7—-80~+160目；8—-160目

细粒级，元素质量分数分布平稳，粒级间元素质量分数变化不明显，仅少部分元素质量分数略降低，个别呈略有升高的趋势。当元素质量分数达到异常值或更高或与矿化有关时，各粒级中元素质量分数变化得以显现，且表现十分明显。在高质量分数区间，元素质量分数随粒级变细或升高或降低或升高后再降低，表现形式多样。出现变化或变化较大的粒级主要集中在-160目，部分元素可扩大至-80目。

2. 干旱荒漠戈壁残山景观区

（1）内蒙古地区

通过对东七一山等5个研究区土壤母质（C）层样品各粒级中主要成矿元素质量分数标

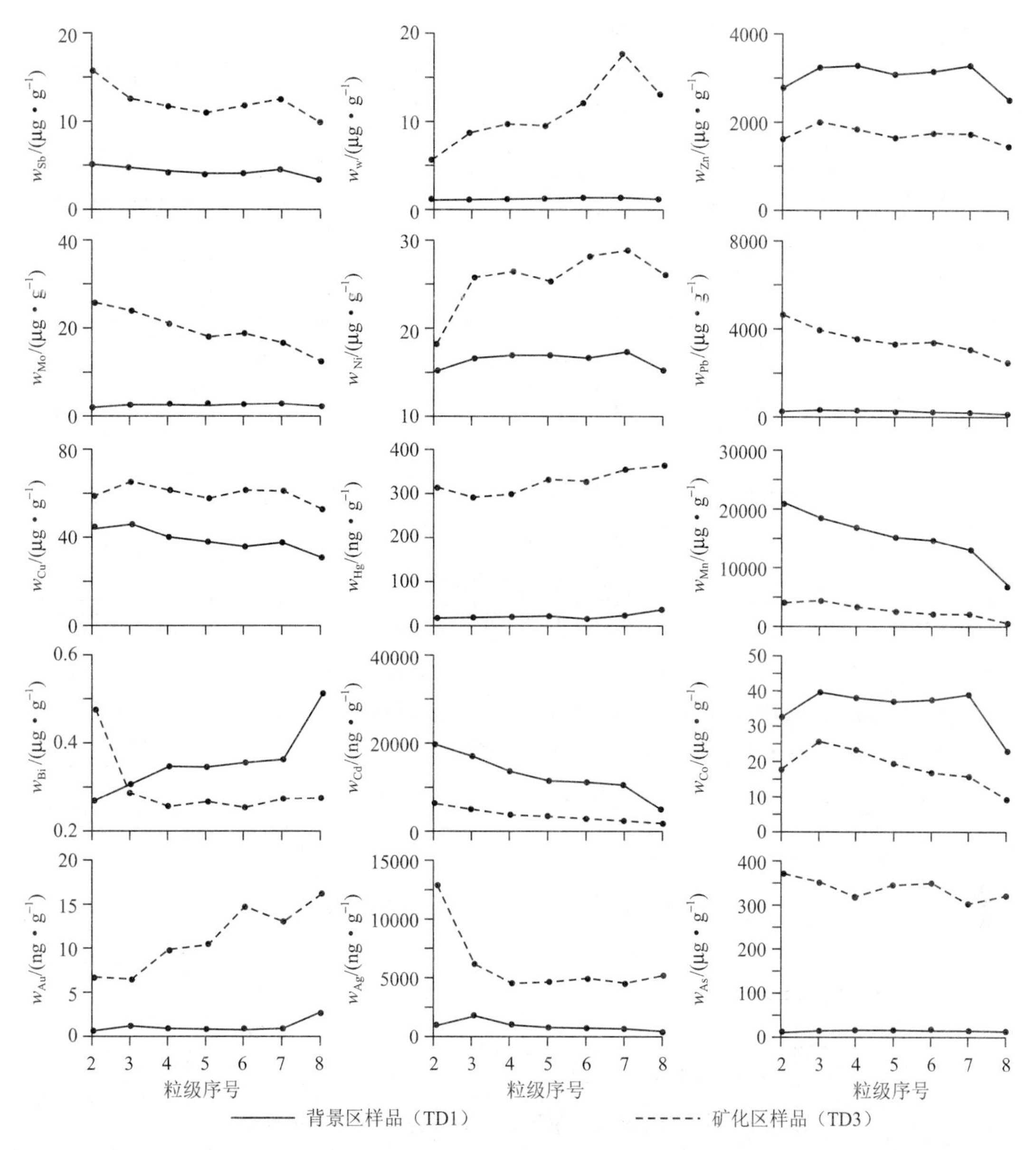

图2-6　二道河子铅锌矿区土壤母质（C）层各粒级中元素分布图

粒级序号：2—-4~+10目；3—-10~+20目；4—-20~+40目；5—-40~+60目；6—-60~+80目；7—-80~+160目；8—-160目

准化值（*sta.*，即某元素的质量分数与该元素最高质量分数的比值）作图（图2-11）可知，成矿元素及指示元素在土壤各粒级中的分布特点为：

几乎所有元素都在粗—中粗粒级（-2~+10目）中富集。元素在最细粒级-200目中的质量分数比-40~+160目细粒级中偏高。如东七一山W、Sn、Mo和白乃庙Cu、Pb、Zn、Mo均在-2~+10目粗粒级中富集；白云鄂博La、Ce、Nb在-4~+20目粗粒级中富集；脑木洪和霍各气Zn分别在-2~+40目和-10~+40目中富集。唯霍各气Pb和脑木洪Cu例外，它们主要在极细粒级中偏富集。

在同一矿区中，成矿元素及指示元素在各粒级中的分布模式相似。如白云鄂博La、Ce、

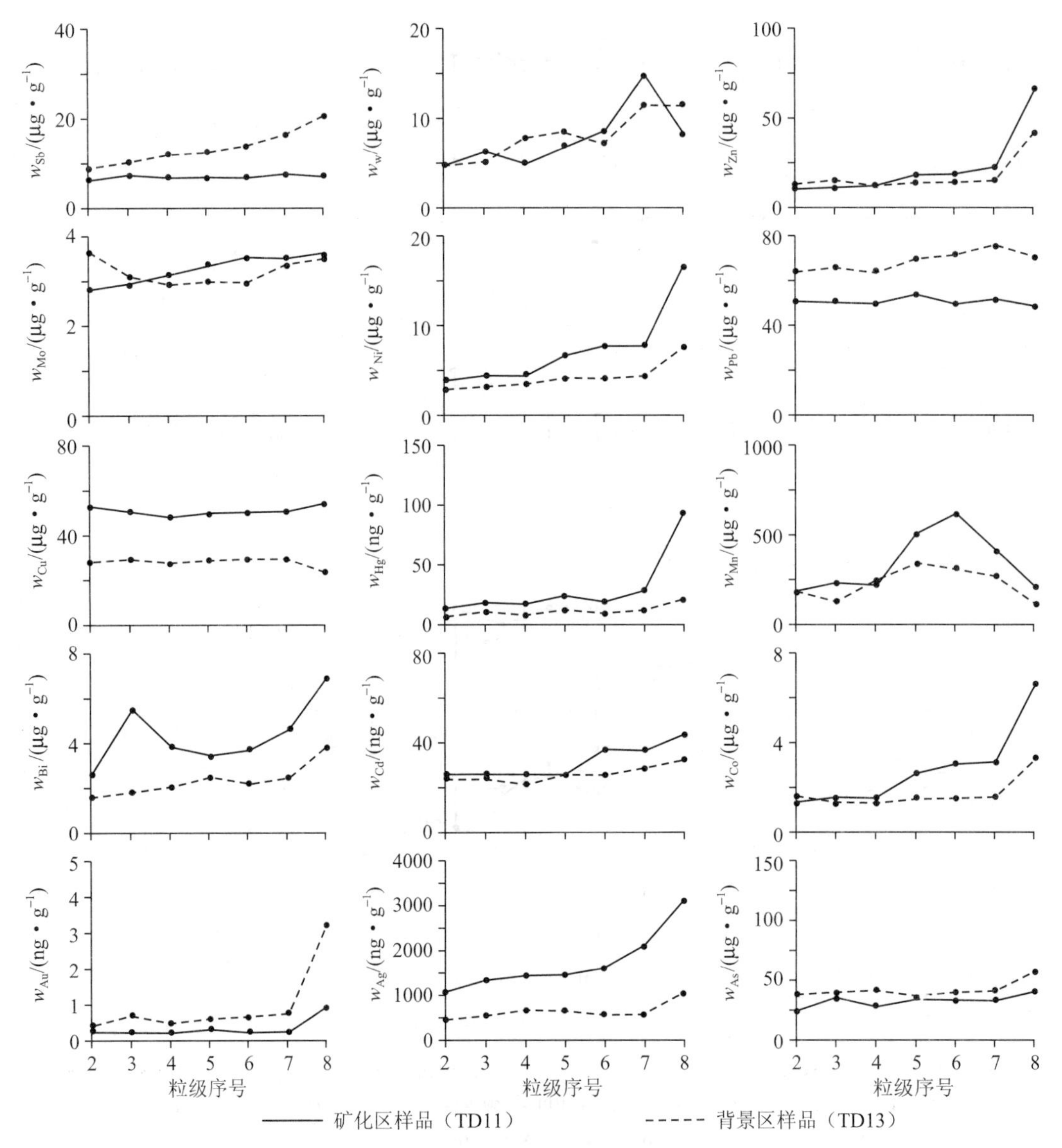

图 2-7 塔源金铜矿区土壤母质（C）层各粒级中元素分布图

粒级序号：2— -4 ~ +10 目；3— -10 ~ +20 目；4— -20 ~ +40 目；5— -40 ~ +60 目；6— -60 ~ +80 目；7— -80 ~ +160 目；8— -160 目

Nb 呈“S”形分布，东七一山各元素呈“L”形分布，白乃庙各元素呈微波形分布。唯霍各气 Cu、Pb、Zn 在各粒级中分布差异较大。各研究区土壤不同粒级中元素分布在气候和景观条件基本一致的情况下，出现差异主要是由于地质背景不同所致。霍各气铜矿体产于碳质条带石英岩中，铅、锌矿体则产于碳质板岩和透闪透辉阳起石岩中，矿化颗粒多为微细粒。

同一元素在不同地区和同一地区不同元素在各粒级中的浓集程度也有明显差异。如东七一山区表现为 $w(\mathrm{Mo}) > w(\mathrm{W}) > w(\mathrm{Sn})$；白乃庙区表现为 $w(\mathrm{Zn}) > w(\mathrm{Pb}) > w(\mathrm{Cu}) > w(\mathrm{Mo})$；白云鄂博区表现为 $w(\mathrm{La}) > w(\mathrm{Ce}) > w(\mathrm{Nb})$ 等。在霍各气区，土壤母质（C）层样品 -20 目粒级中 Cu 的浓集程度明显高于白乃庙，而在白乃庙和脑木洪区，Cu 的富集趋势刚好相反。同一地区不同元素间的差异主要受成矿作用中该元素载体矿物形态、地下水条

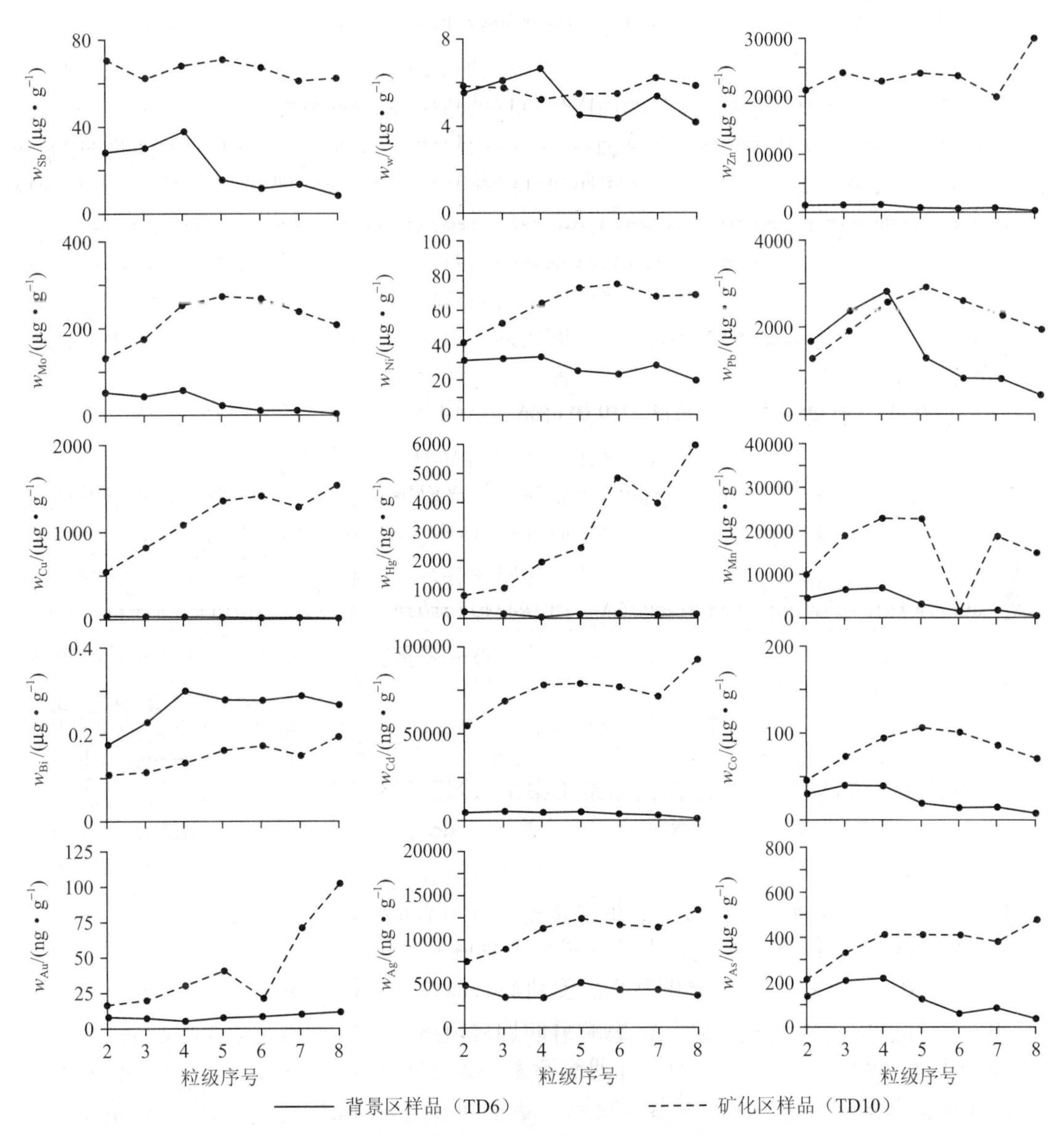

图2-8　得耳布尔铅锌矿区土壤表（A）层各粒级中元素分布图

粒级序号：2— -4～+10目；3— -10～+20目；4— -20～+40目；5— -40～+60目；6— -60～+80目；7— -80～+160目；8— -160目

件和元素地球化学性状有关，出现明显富集的元素多为主要伴生元素。一般情况下，主成矿元素富集程度略低。

（2）甘肃北山地区

分别采集土壤表（A）层和残积母质（C）层两部分样品，研究两者土壤粒级的元素分布特点及其差异，特别注意外来物质干扰对土壤元素分布的影响。

A. 母质（C）层土壤各粒级中元素分布特征

区内土壤母质（C）层样品各粒级中元素分布主要可划分为两种类型。第一种类型：从粗粒级到细粒级，大多数元素质量分数变化平稳（图2-12），基本不因粒级间的差异其质量分数出现跳跃或明显波动。基本特征为从粗粒级向细粒级，元素质量分数逐渐升高，但升

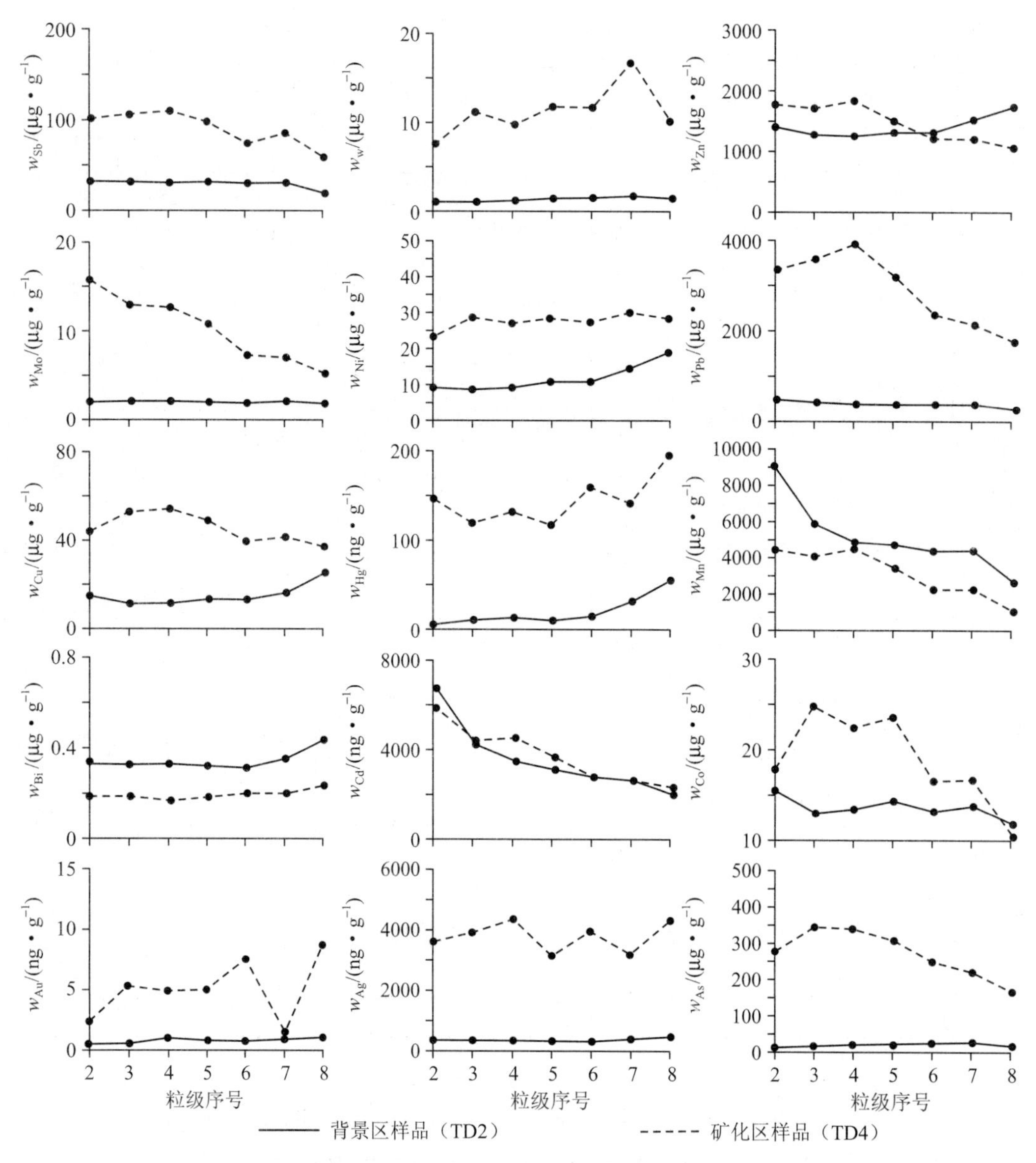

图2-9　二道河子铅锌矿区土壤表（A）层各粒级中元素分布图

粒级序号：2—-4~+10目；3—-10~+20目；4—-20~+40目；5—-40~+60目；6—-60~+80目；7—-80~+160目；8—-160目

高幅度不大。部分元素（如Cd、Cr）在各粒级中的分布曲线与多数元素不尽相同，如从粗粒级向细粒级，Cd呈逐渐降低趋势，至-40~+60目后，质量分数趋于平稳，Cr则在+40目处质量分数出现跳跃。尽管如此，这些不同分布的元素质量分数并未出现大起大落的变化。第二种类型：近二分之一元素的质量分数从粗粒级向细粒级至-40~+60目呈逐渐降低的特点，而后向更细粒级再逐渐升高，至-160目升至最高点，形成“钓钩”状分布。近二分之一元素的质量分数从粗粒级向细粒级变化平稳或略有升高，从-60~+80目开始，质量分数逐渐升高，至-160目升至最高点（图2-13）。

土壤样品各粒级中元素分布间的差异主要由岩性引起，图2-12中的样品来自黑色页（或板）岩上方，图2-13中的样品来自硅化碳质板岩上方。两种岩性在干旱景观区形成的

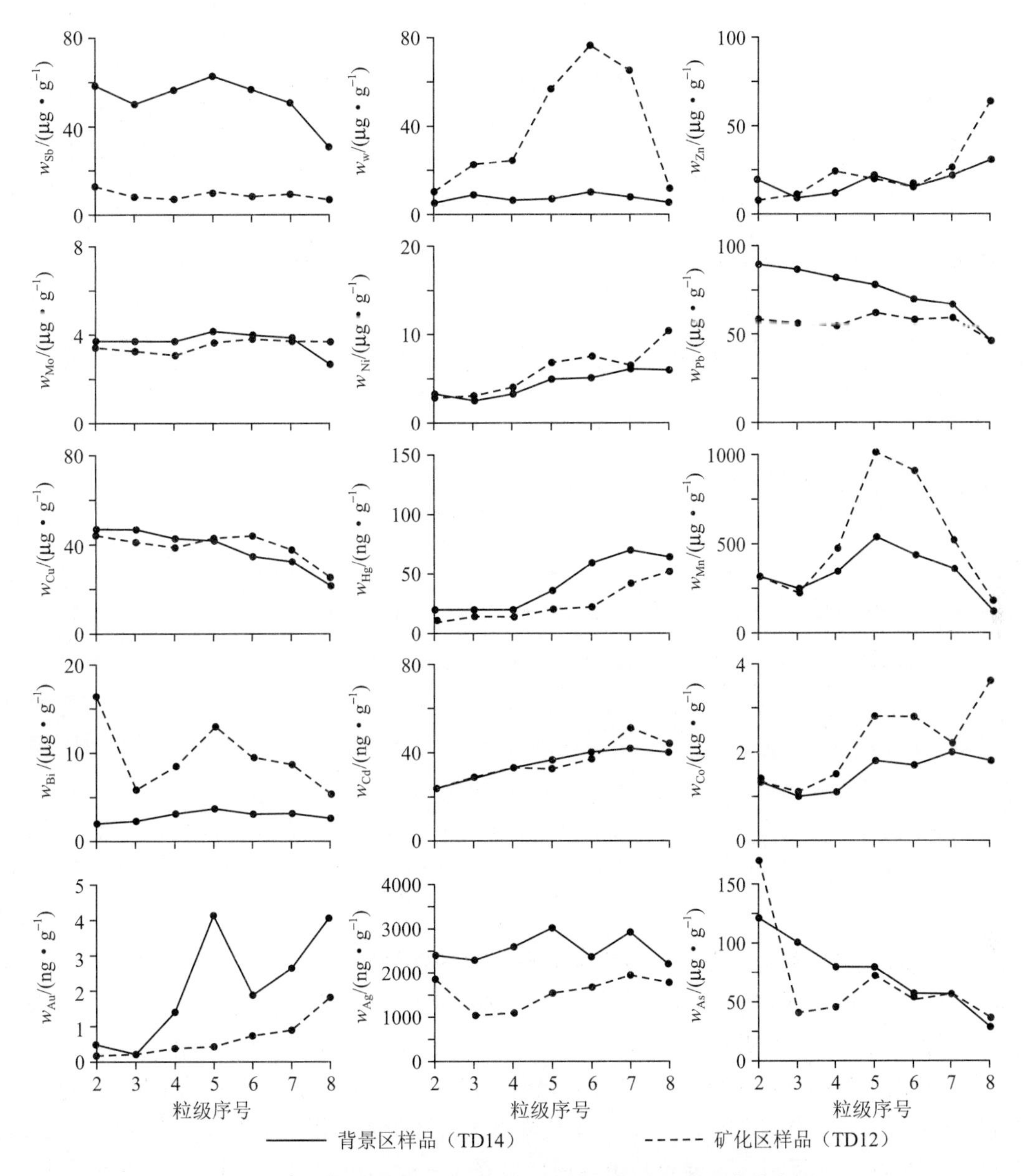

图 2-10　塔源铅锌矿点土壤表（A）层各粒级中元素分布图

粒级序号：2—-4~+10 目；3—-10~+20 目；4—-20~+40 目；5—-40~+60 目；6—-60~+80 目；7—-80~+160 目；8—-160 目

碱性条件下风化成土。黑色页岩在成土过程中，元素在各粒级的分布有从粗粒级向细粒级逐渐缓慢升高的特点，表明成壤过程中为多种因素相互制约的结果，而硅化碳质板岩在成壤过程中的制约因素明显偏多，使各粒级元素质量分数呈“钓钩”状分布。

来自硅化碳质板岩上方的样品（图 2-13）含有多种元素异常，出现第二种类型分布的元素主要为 Sn、Mo、W、Cr、Fe、Pb 等，这些元素的载体矿物多为耐风化、化学性质稳定的矿物，抗风化能力强。在岩石风化过程中，矿物被剥离，由于矿物间相对密度的差异，在重力作用下发生不甚强烈的重力分异，这种分异主要出现在 -20~+80 目之间。

如图 2-14 所示，为小西弓区土壤母质（C）层样品（XTL12）各粒级中元素分布曲线，其类型介于第一种和第二种之间，更为趋向第一种类型，样品采自硅化（含矿化）片

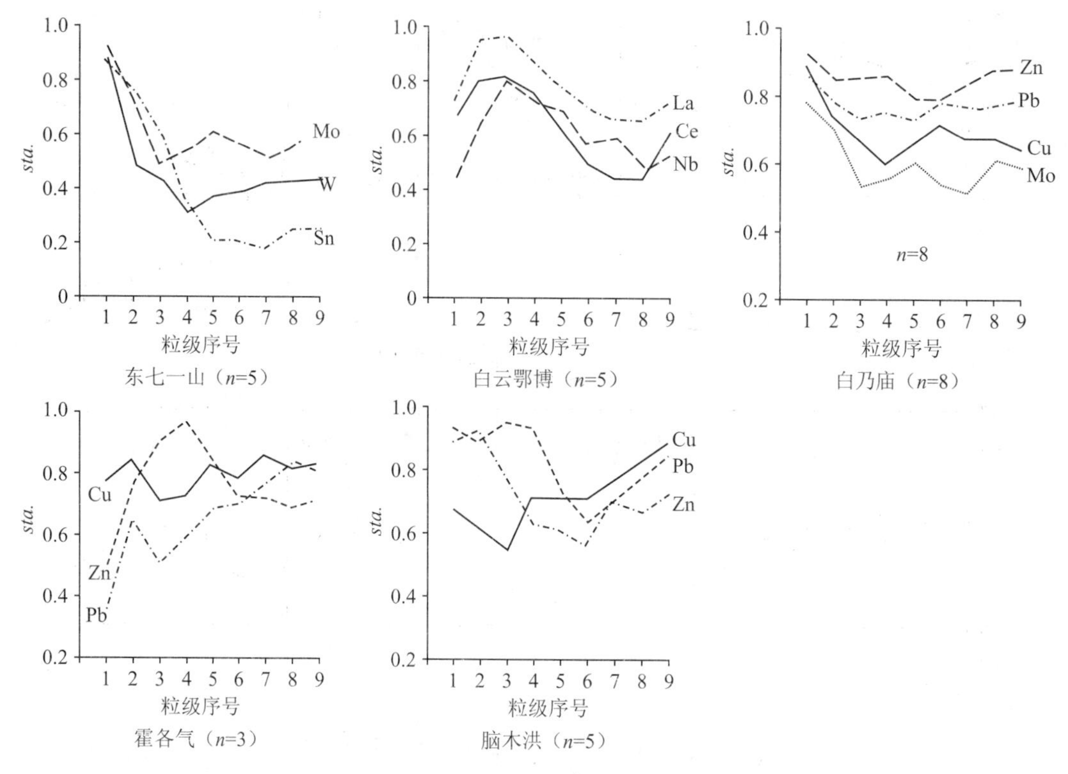

图 2－11　内蒙古区土壤母质（C）层各粒级中主要成矿元素分布图

粒级序号：1—－2～+4 目；2—－4～+10 目；3—－10～+20 目；4—－20～+40 目；5—－40～+80 目；6—－80～+120 目；7—－120～+160 目；8—－160～+200 目；9—－200 目。

纵坐标 sta. 为元素质量分数标准化值，下同

岩上方。在岩石风化破碎过程中，多数元素趋于向细粒级富集。As、Au 无向细粒级富集的趋势，两元素为矿化元素，其质量分数高，为强异常，Au 已接近边界品位，在 Au 强矿化地段样品各粒级中 Au 无明显差异。

在老虎山采集的土壤母质（C）层样品分析结果如图 2－15 所示。老虎山区与小西弓区两地相距数百千米。尽管如此，在干旱荒漠戈壁残山景观区的相同条件下，老虎山区土壤母质（C）层样品各粒级中元素分布与小西弓区（图 2－12，图 2－14）具有十分相似的特点。在老虎山区，几乎所有元素质量分数在不同粒级中的变化均较平缓，均随土壤粒级由粗变细，元素质量分数逐渐升高，但升高幅度不大，不如小西弓区明显。

B. 表（A）层土壤各粒级中元素分布特征

通过小西弓和老虎山区土壤剖面表（A）层样品各粒级中的元素分布曲线（图 2－12～图 2－15）可知，土壤表（A）层样品各粒级中多数元素均呈现从粗粒级向细粒级的“钓钩”状分布，即从粗粒级向细粒级呈逐渐降低趋势，在－40～+160 目降至最低点，再向细粒级呈逐渐增高趋势，少部分元素增高并不明显。

土壤表（A）层样品各粒级中元素分布呈“钓钩”状这一总特征，因采样地点不同而略有差异。小西弓土壤样品 XTL23 和 XTL11 中多数元素的分布形态较平缓，即元素质量分数从粗粒级至细粒级的变化明显，但不十分强烈。小西弓土壤样品 XTL12 和老虎山土壤样品 LTL9 中元素质量分数变化与前两样品差异显著，即在不同粒级变化十分明显，分布的形

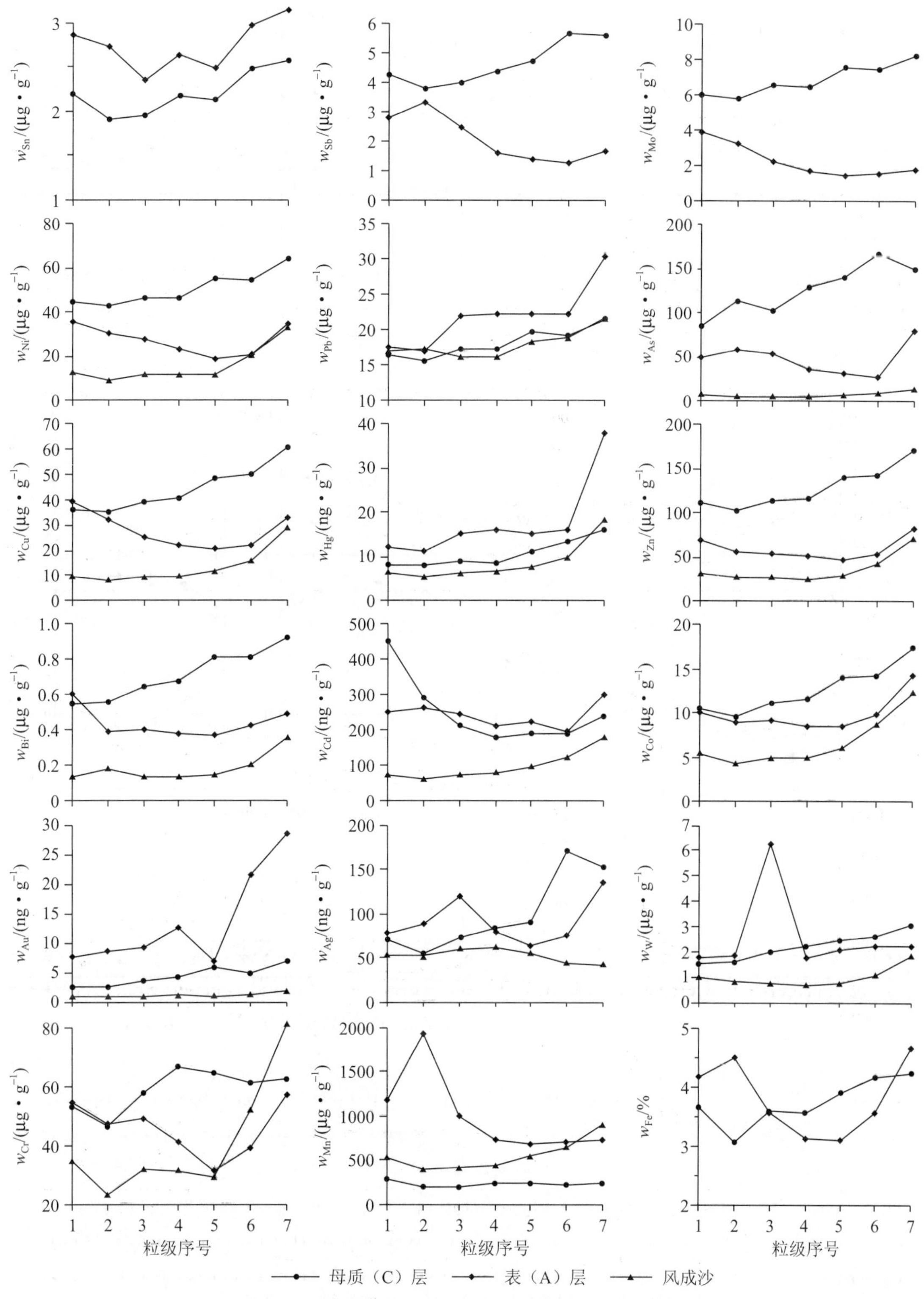

图2-12　小西弓研究区土壤（XTL23）各粒级中元素分布图

粒级序号：1—-4~+10目；2—-10~+20目；3—-20~+40目；4—-40~+60目；5—-60~+80目；6—-80~+160目；7—-160目

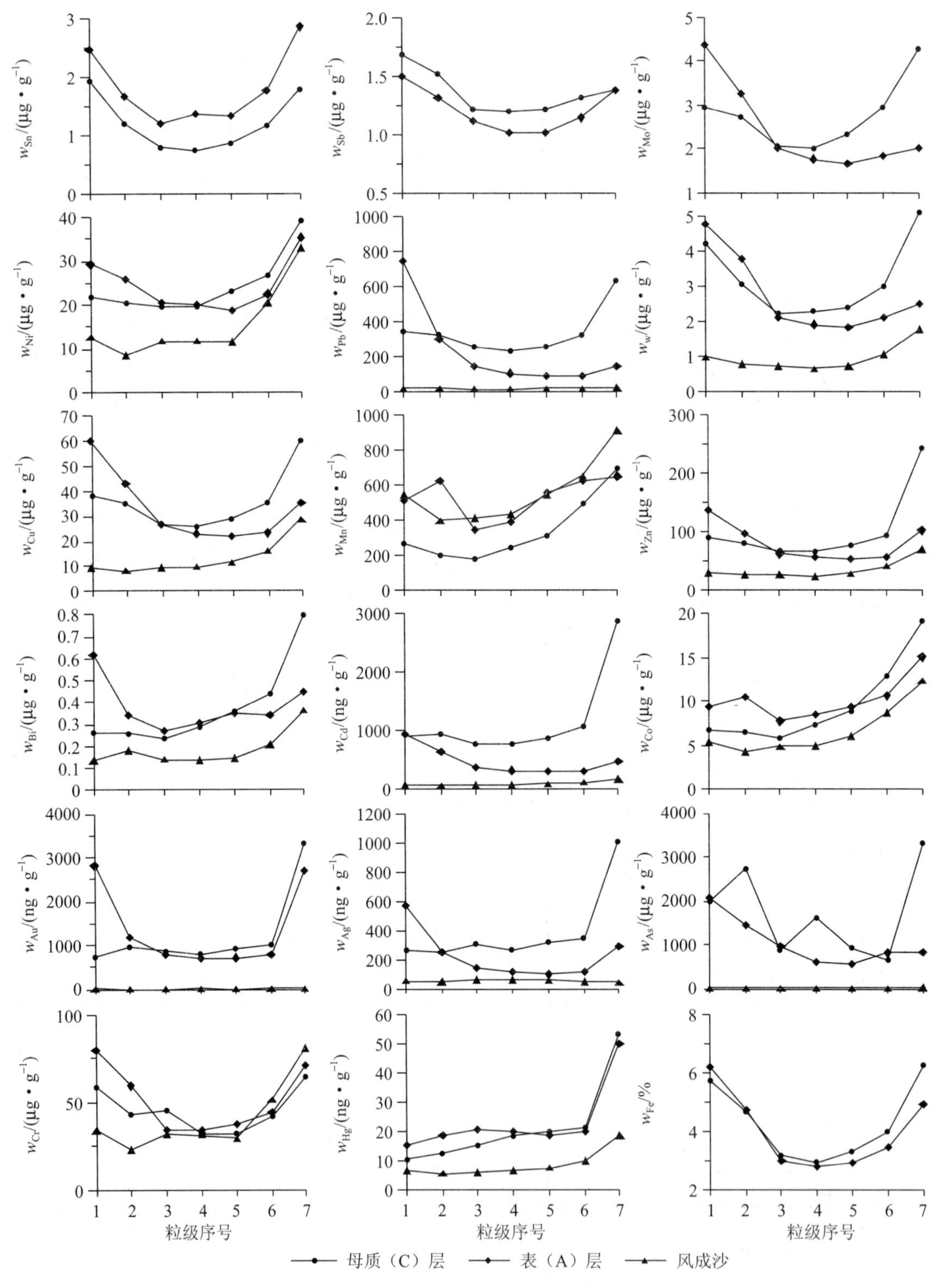

图 2-13 小西弓研究区土壤（XTL11）各粒级中元素分布图

粒级序号：1—-4～+10 目；2—-10～+20 目；3—-20～+40 目；4—-40～+60 目；5—-60～+80 目；6—-80～+160 目；7—-160 目

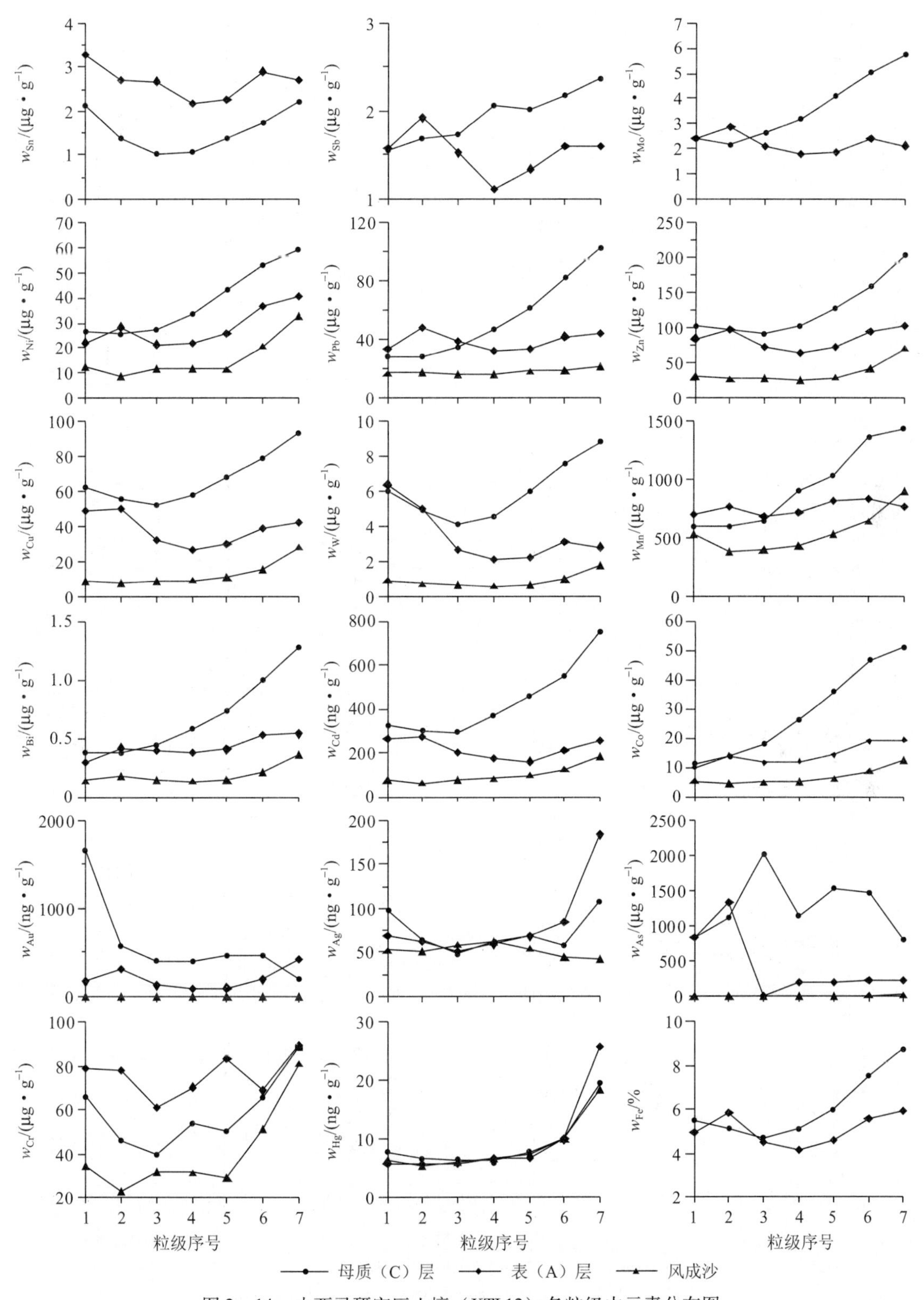

图 2－14　小西弓研究区土壤（XTL12）各粒级中元素分布图

粒级序号：1—－4～+10 目；2—－10～+20 目；3—－20～+40 目；4—－40～+60 目；5—－60～+80 目；6—－80～+160 目；7—－160 目

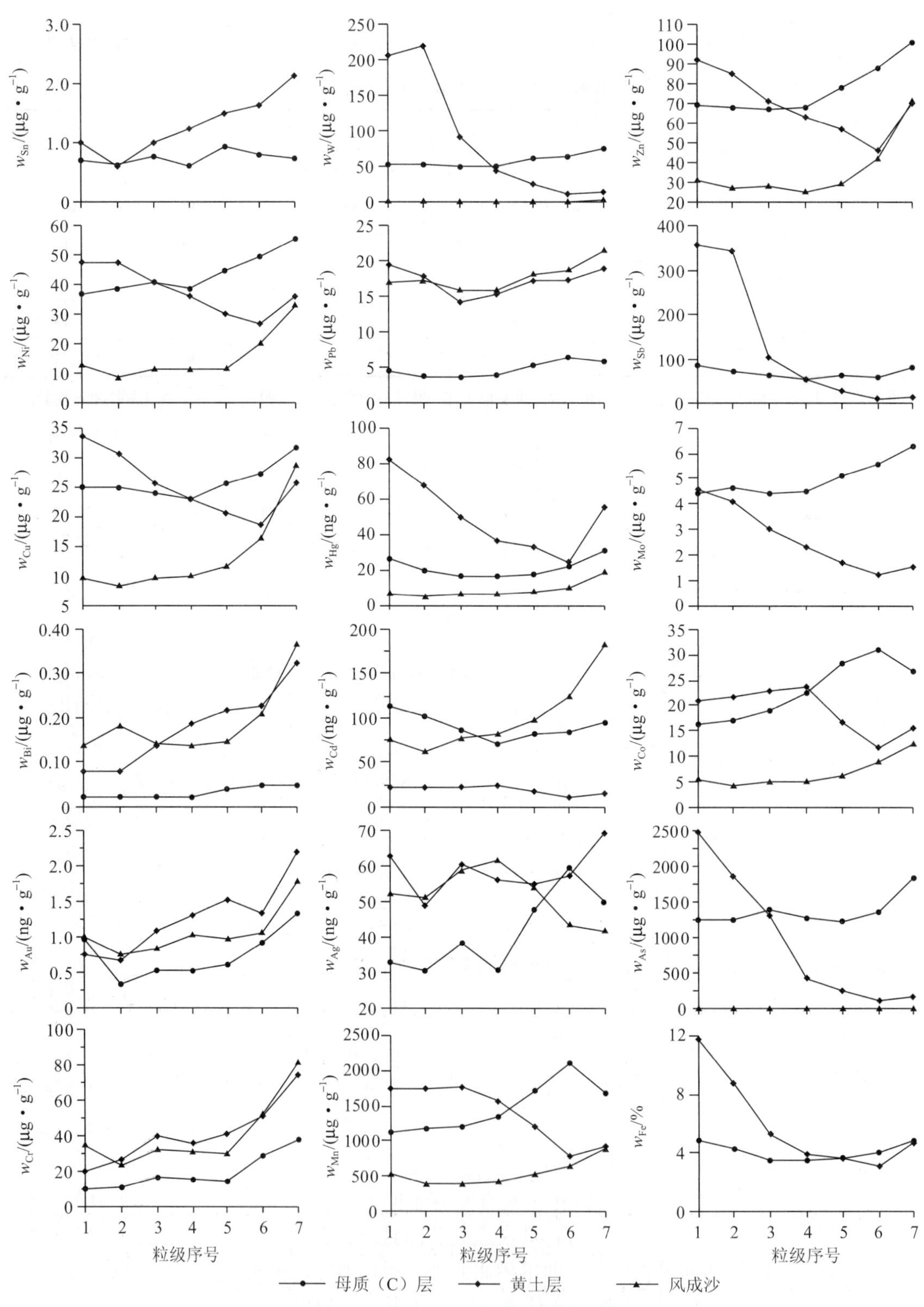

图2-15　老虎山研究区土壤（LTL9）各粒级中元素分布图

粒级序号：1—-4~+10目；2—-10~+20目；3—-20~+40目；4—-40~+60目；5—-60~+80目；6—-80~+160目；7—-160目

态特点较为醒目。在表层土壤中的元素质量分数变化的明显分界线出现在 -20 ~ +40 目，即 -20 ~ +40 目为元素在各粒级质量分数变化的拐点。+20 目两种粒级质量分数接近，变化不大，而变化大的粒级主要出现在 -20 目以下的细粒级段。

对比图 2-12 ~ 图 2-15 中各元素在风成沙中的质量分数可以看出，风成沙各粒级元素质量分数遵从由粗粒级向细粒级逐渐升高的特点。在细粒级段，风成沙与土壤表层的多数元素质量分数接近，且随粒级变细，接近程度越高，在老虎山研究区这种表现尤为明显。

（3）东天山地区

A. 表（A）层土壤各粒级中元素分布特征

YTL-1、TTL-1 和 HTL1 分别是采自延东、土屋和黄山东主矿体上方的土壤表（A）层样品，其各粒级中元素分布如图 2-16 ~ 图 2-18 所示。YTL-1 和 TTL-1 样品中的元素分布具较明显的相似性（图 2-16，图 2-17a）。其中：Cd、Hg、As、Zn、Mn、Ca、Ni 等

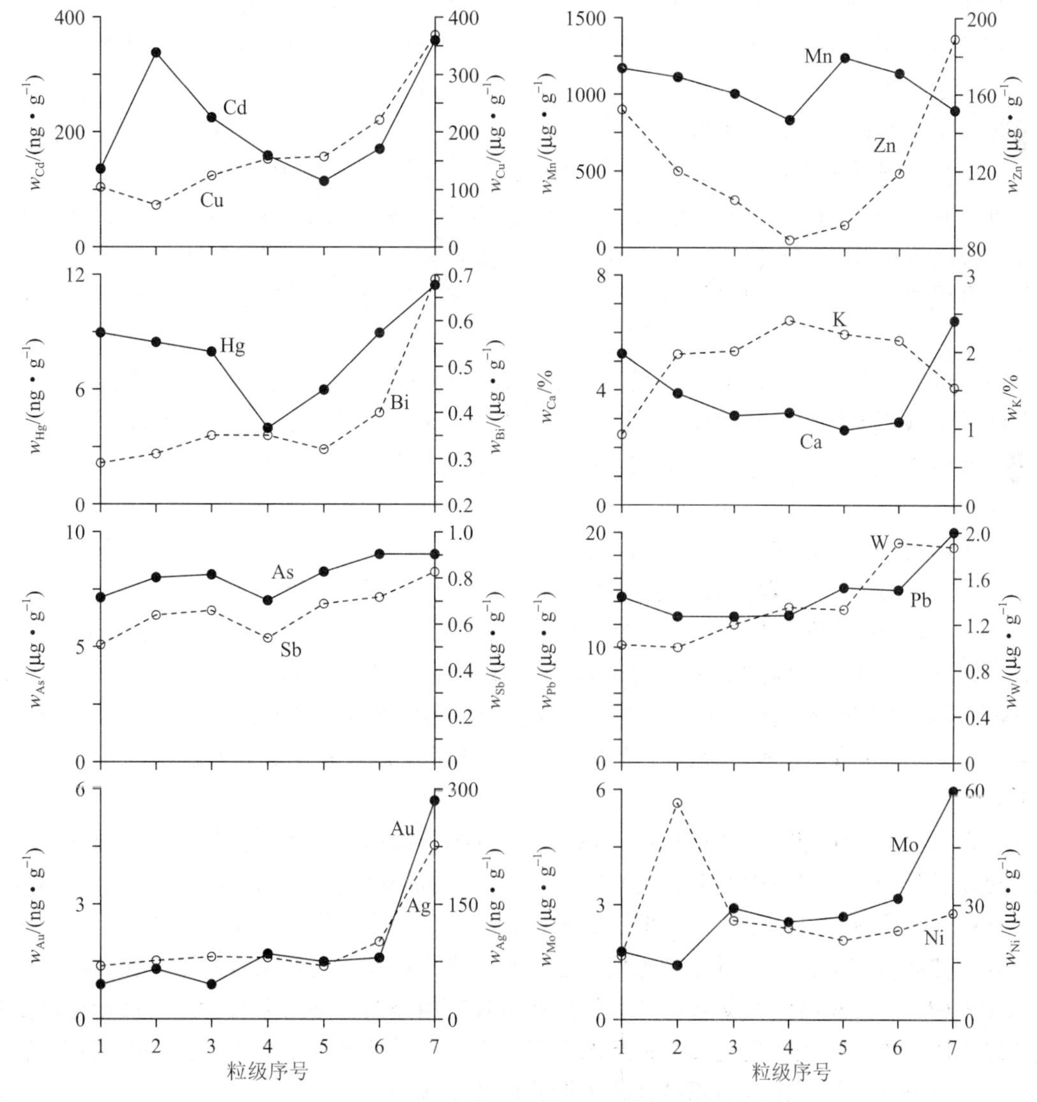

图 2-16　延东矿区土壤表（A）层粒级中元素分布图

粒级序号：1— -5 ~ +10 目；2— -10 ~ +20 目；3— -20 ~ +40 目；4— -40 ~ +60 目；5— -60 ~ +80 目；6— -80 ~ +160 目；7— -160 目

在粗粒级和细粒级中质量分数偏高，在中间粒级则质量分数偏低，这种分布特征与风成沙具较明显的相似性；Bi、Sb、Ag、Pb、W 等元素质量分数在粗粒级偏低或略有升高，向细粒级质量分数保持一段平稳后，在 -60 目以下细粒级质量分数明显升高；Cu、Au、Mo 等元素在两地的分布一致性不甚明显，只是在细粒级段分布近似一致。

与风成沙中元素分布对比可知，土屋、延东矿区表（A）层土壤元素分布与该区风成沙具明显的相似性，特别在 -20 目以下粒级更为明显。上述结果表明，表层土壤中的物质主要来源于风力搬运沉积的产物。在风力搬运物质中大部分为远源物质，主要集中在 -20 目以下，少部分来源于近源风化岩石碎屑。这些物质混合在一起主要带有远源风成物质的特色，同时也不同程度地反映了附近风化基岩的特点。+20 目以上的粗粒级物质主要来自近源风化基岩，-20 目以下细粒级物质主要反映远源风成物质的特点。除此之外，值得注意的是，干旱环境强烈的蒸发蒸腾作用，可使水分向地表运移，呈易溶状态的元素可随水分蒸发蒸腾作用向地表迁移，当水分蒸发散失后，这些组分以盐的形式滞留在上部土壤内。因此，细粒级可能不同程度地带有易溶盐中的元素，尽管这部分易溶组分的质量分数很低。

黄山东土壤表（A）层各粒级元素质量分数分布如图 2 - 18a 所示。与土屋、延东同类样品具有十分相似的特点。其中大多数元素，如 Co、Ag、Zn、Ni、Pb、Mn、Mo、Cr、Cu 等，质量分数呈现在粗粒级高，且向细粒级逐渐降低的特点，其中部分元素（如 Cu、Co、Cr、Pb、Mn、Mo、Ni 等）在 -20 目或 -60 目细粒级中质量分数逐渐升高。元素分布形态特征与该地区风成沙元素分布十分近似，只是其变化幅度偏大。这些元素在土壤表（A）层样品中的质量分数变化，主要受风成沙掺入的影响，同时在粗粒级具有近源岩石碎屑的特点。

As、Sb、Au、Ba、V、Bi 等元素表现出从粗粒至细粒级质量分数逐渐升高的趋势。这种分布趋势并不能说明这些元素未受到风成沙掺入的影响，或许是风成沙掺入改变了土壤表（A）层元素的分布特点，由于共同作用产生了目前的分布状态。

B. 土壤母质（C）层各粒级中元素分布特征

东天山地区土壤母质（C）层样品各粒级中元素分布具有自己的特点。黄山东土壤母质（C）层样品各粒级中元素分布与表（A）层间差异十分明显（图 2 - 18b）：Bi、Co、Hg、Au、Ag、Cu、Mn、Ni、Pb、Zn 等元素的质量分数在 -5 ~ +60 目的各粒级段保持较平稳的态势，-60 目或 -80 目细粒级，其质量分数明显升高，-160 目升高到最高点；Ba、As、Sb、Mo 等质量分数接近背景值的伴生元素，其质量分数从粗粒级向细粒级逐渐升高，-160 目最高；Cr、V 等矿化主要伴生元素，质量分数则呈相反的分布趋势，从粗粒级至细粒级逐渐降低。

以上各元素的分布特点基本反映了基岩风化成壤过程中各粒级元素的质量分数状态。在基岩风化过程中，干旱条件使多数元素在 +60 目中质量分数较平稳，无明显变化，-60 目细粒级中元素质量分数趋于富集，但其富集的幅度不大。多数元素在细粒级中产生富集可能主要与下列因素有关：基岩风化破碎后，随粒级变细而载体矿物渐富集；随粒级变细，吸附能力逐渐增强，使得各元素氧化后的易活动组分被吸附滞留；基岩氧化后，易活动组分随蒸发蒸腾作用上移至地表或近地表，强烈的蒸发作用使上移盐类多呈包膜或披壳型淀积在颗粒表面，由于颗粒越细，比表面积越大，其淀积的物质越多。

如图 2 - 20 所示，土屋土壤母质（C）层样品中大部分元素分布曲线从粗粒级向细粒级，其质量分数呈现逐渐升高的趋势，Ag、Zn、Ni 等少量元素质量分数则呈相反的分布特

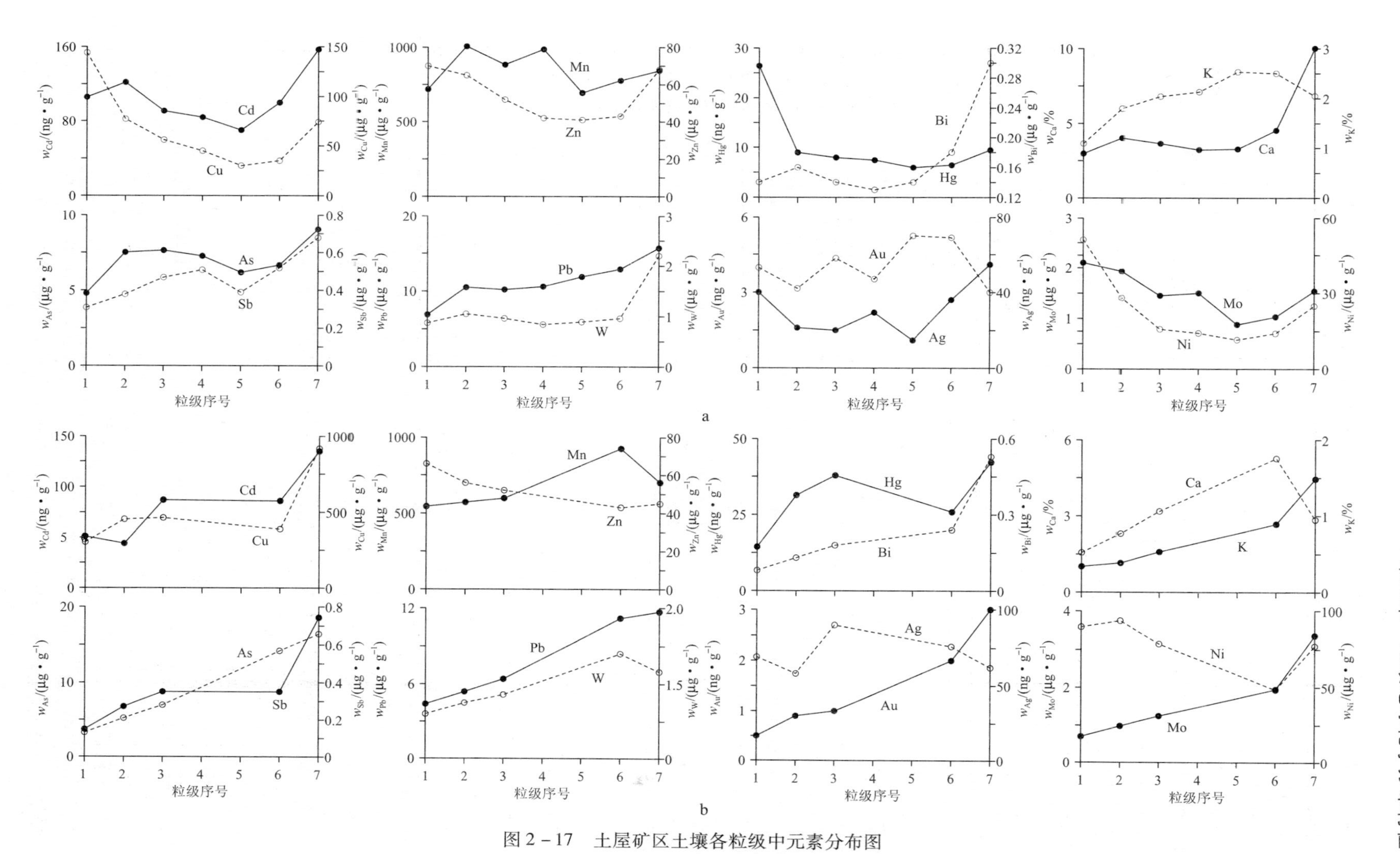

图2－17　土屋矿区土壤各粒级中元素分布图

a—表（A）层；b—母质（C）层

粒级序号：1—－5～＋10目；2—－10～＋20目；3—－20～＋40目；4—－40～＋60目；5—－60～＋80目；6—－80～＋160目；7—－160目

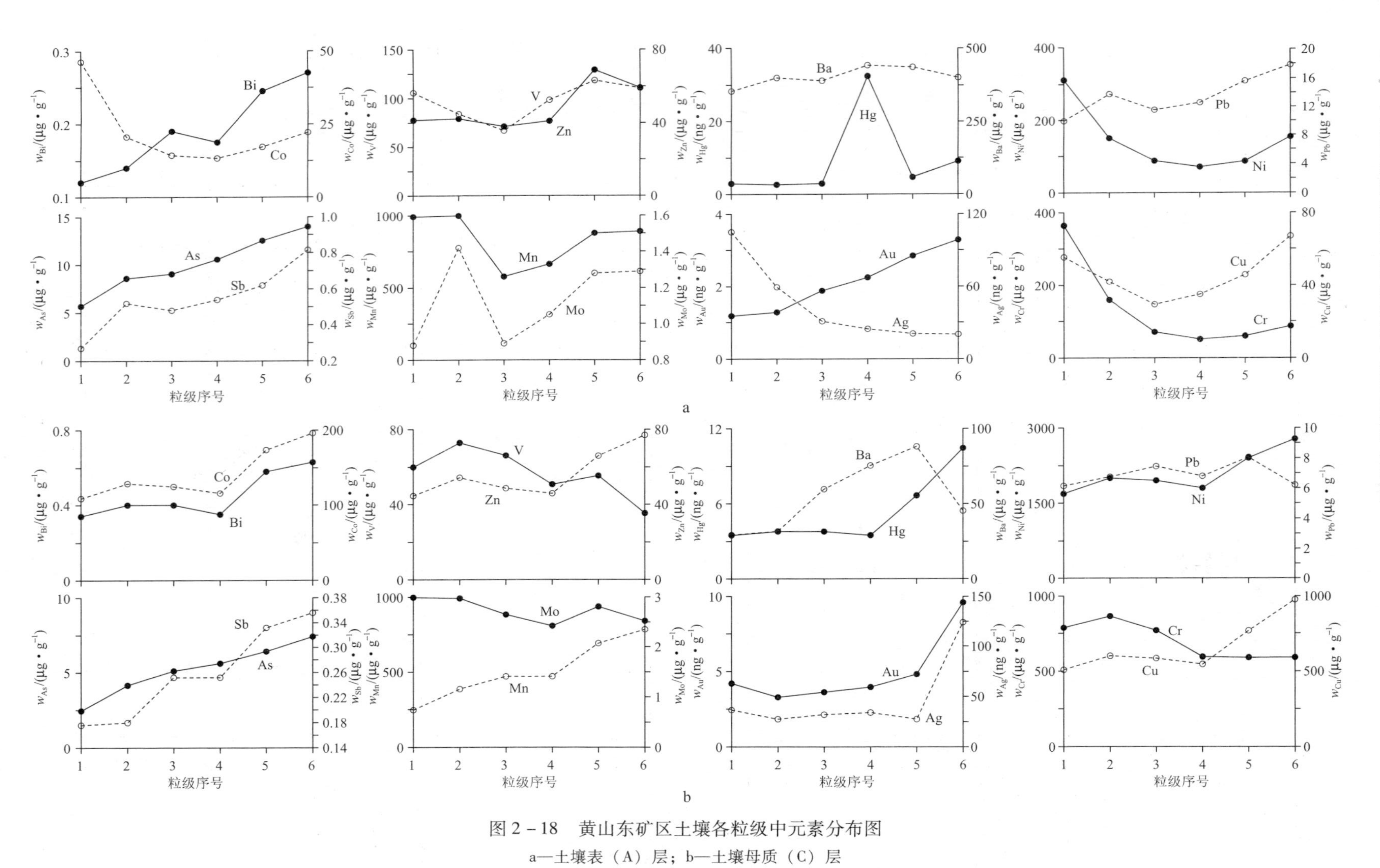

图 2-18 黄山东矿区土壤各粒级中元素分布图

a—土壤表（A）层；b—土壤母质（C）层

粒级序号：1—-10～+20 目；2—-20～+40；3—-40～+60 目；4—-60～+80 目；5—-80～+160 目；6—-160 目

点，与黄山东土壤母质（C）层元素分布具较明显的差异，亦与土屋表（A）层土壤元素分布差异明显。

依据上述各地土壤不同粒级中元素分布特征认为：①在干旱荒漠条件下，各地岩石耐风化程度各异，粒级分布不尽相同，土壤母质（C）层样品中的元素在不同粒级的分布变化相对较平稳，即便出现向细粒级元素质量分数具有逐渐增高的趋势，但各粒级间并未出现明显差异。这种现象证实，在干旱条件下，基岩经风化后的成土过程较弱，岩石破碎风化作用不强，导致风化后元素分异作用不明显。②干旱环境强烈的蒸发蒸腾作用使元素向地表聚集，但这种聚集作用不十分明显，只在细粒级部分出现弱聚集现象，土壤细粒级元素质量分数增高多与风积物掺入密切相关。③干旱区风力吹蚀和沉降作用可使土壤表（A）层出现以风成物质为主的淀积层，并适当混有部分近源岩石碎屑。各粒级的元素分布具有明显风成物质分布的特点。不可否认，在土壤表（A）层存在的近源岩碎屑使基岩的元素质量分数分布特点不同程度得以保存。土壤表（A）层样品各粒级中元素质量分数分布特点，是风力搬运沉淀与近源物质混合作用的结果，以风积物为主，近源物质的作用偏弱。④土壤表（A）层风力搬运与沉积并掺入土壤，对元素质量分数变化起到平抑作用，它可使元素的地球化学变差缩小乃至消失，使异常衬度明显降低。尽管土壤表（A）层岩石碎屑的岩性似乎与下伏或近源基岩岩屑具有一定程度的相关性，但因风成沙的掺入使元素质量分数已发生了较大变化，基本不能代表下伏或近源基岩的元素质量分数。

3. 高寒诸景观区

（1）西藏区

在冲江、驱龙、多不杂和住浪研究区，采集土壤剖面的表（A）层和下部的母质（C）层样品，分析测试 Cu、Pb、Zn、As、Sb、Ag 等 10 余种元素。

A. 冲江矿区

冲江矿区土壤母质（C）层样品各粒级中元素质量分数保持较平衡状态（图 2－19a）。Na、K、Zn、Ag、Ni、Hg 等质量分数从粗粒级至细粒级表现为或元素质量分数增高或逐渐降低，而中间粒级元素质量分数变化微弱，高低变化不甚明显。Au、As、Sb、Bi、Cu、W、Mo、Pb、Cd 等多数元素质量分数从粗粒级向细粒级逐渐升高，在－20～+40 目或－40～+60 目粒级段升到最高值后，向更细粒级呈逐渐降低。出现上述元素分布特征的主要原因为：样品采自矿化地段基岩上部的母质（C）层，受到矿化体风化的影响，该处残积土风化较强烈。粗粒级部分几乎所有元素质量分数从粗粒级向细粒级至－20～+40 目或－40～+80 目呈逐渐升高趋势，表明该区段基岩风化成土过程中元素质量分数呈现弱富集的基本分布状态。该部分以岩屑为主，矿物的氧化和运移主要表现在岩屑内部。随着粒级逐渐变细，颗粒比表面积增大，相互吸附作用增强，部分元素质量分数有聚集的趋势。从－20～+40 目或－40～+60 目向细粒级，土壤颗粒逐渐由岩屑变为独立矿物，耐风化次生稳定矿物得以保留，随易风化矿物的不断分解，元素发生运移和流失，多数元素出现淋失与贫化现象。

冲江矿区土壤表（A）层样品粒级中多数元素在－4～+60 目中仍保留有土壤母质（C）层元素分布的特点（图 2－19b），即从粗粒级向细粒级元素质量分数逐渐增高，以 60 目为拐点，向细粒级呈明显降低趋势。

仔细对比研究两种不同土壤层位各粒级元素分布特征可知，在表（A）层土壤中，多数元素在－40～+60 目、个别元素在－60～+80 目处的质量分数较下部母质（C）层发生了明显变化，－40～+80 目为元素质量分数变化的拐点。除 Ni、Hg 元素外，其余所有元素质量

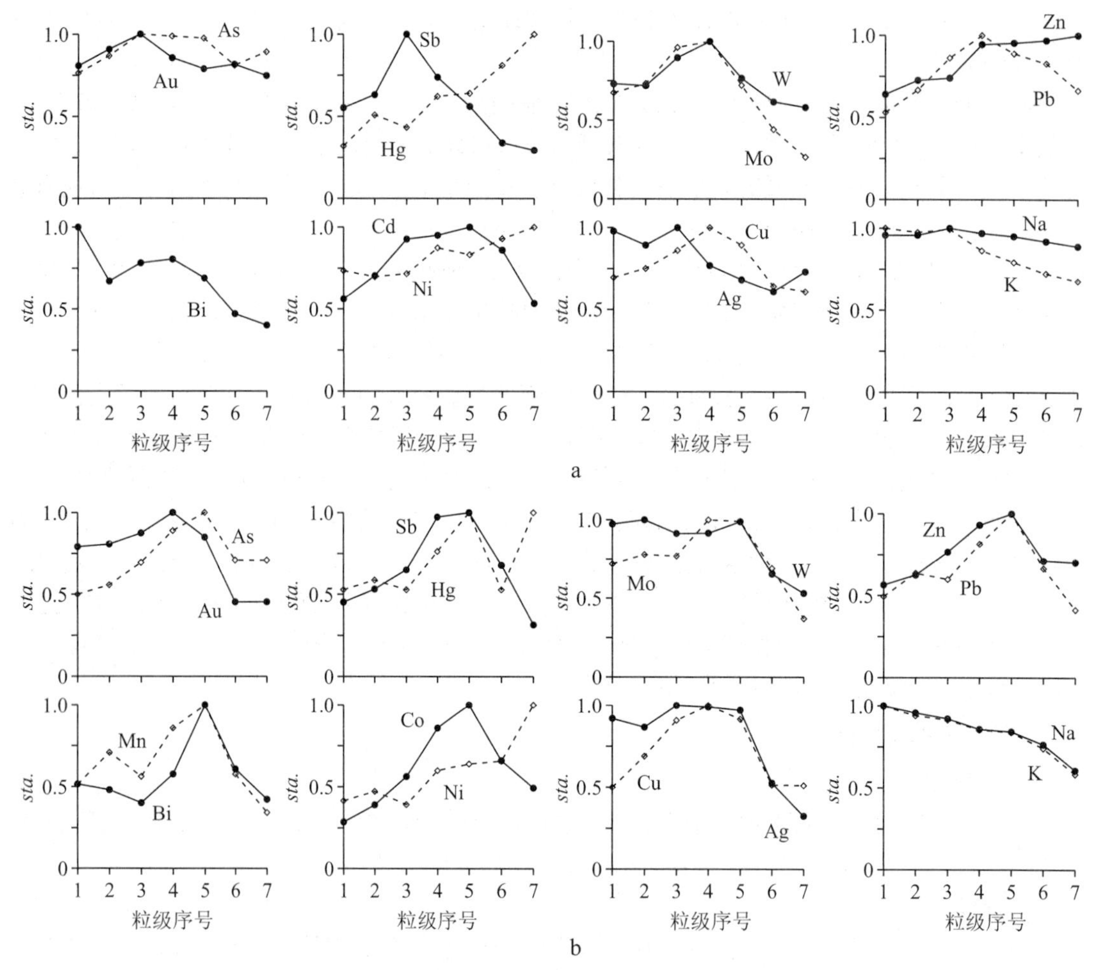

图 2-19　冲江矿区土壤各粒级中元素分布图

a—母质（C）层；b—表（A）层

粒级序号：1— -4～+10 目；2— -10～+20 目；3— -20～+40 目；4— -40～+60 目；5— -60～+80 目；6— -80～+160 目；7— -160 目

分数向细粒级明显降低。土壤表层中掺入了较多的风积物，且随土壤粒级变细，掺入量明显增多。风成沙中多数元素质量分数明显低于冲江矿区矿化体上方的土壤。风积物的掺入主要在 -60 目的细粒级，对土壤中元素具明显的稀释作用。土壤中 Hg、Ni 质量分数与风积物接近，故风积物掺入多与少产生的稀释作用与 Hg、Ni 等元素关系不大。

B. 驱龙矿区

驱龙矿区土壤母质（C）层和表（A）层样品经筛分粒级分析测试结果（图 2-20a，b）表明，土壤母质（C）层样品，各粒级中元素质量分数呈有规律的变化，As、Sb、Bi、Cu、Ag、Mo、Zn、Pb 等元素质量分数从粗粒级向细粒级逐渐升高，组成的曲线较为均衡，中间几乎无跳跃式变化；Mn、K、Na 等元素质量分数则从粗粒级向细粒级逐渐降低；Hg、Co、Ni 等元素质量分数向细粒级逐渐降低后，在 -160 目再次升高；W、Au 各粒级质量分数变化平稳，Au 在 -160 目突然升高。驱龙矿区土壤母质（C）层的这种元素分布变化，基本反映了该区土壤形成过程中元素在土壤中富集与贫化的基本分布特点。驱龙矿区土壤表（A）层样品各粒级中元素质量分数分布与母质（C）层具有十分明显的继承性，元素质量

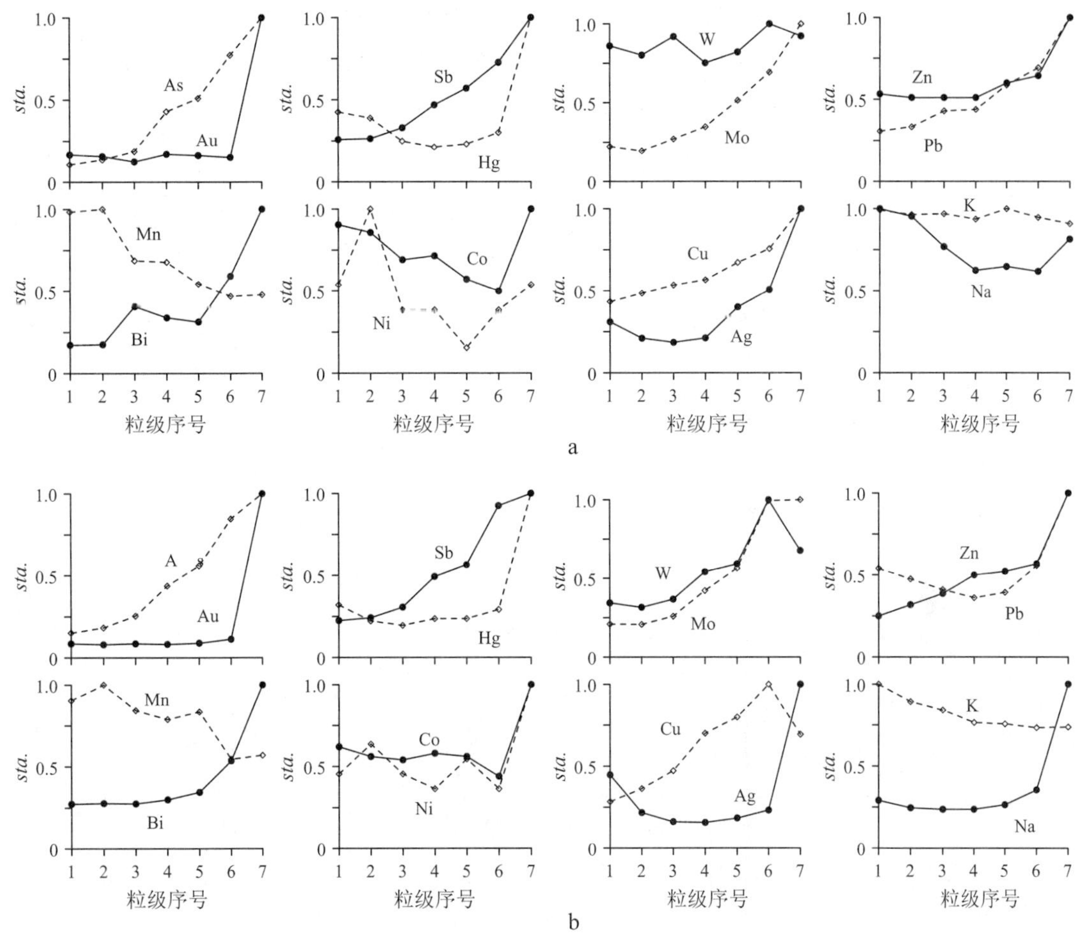

图 2-20　驱龙矿区土壤各粒级中元素分布图

a—母质（C）层；b—表（A）层

粒级序号：1—-4～+10 目；2—-10～+20 目；3—-20～+40 目；4—-40～+60 目；5—-60～+80 目；6—-80～+160 目；7—-160 目

分数未出现显著性分化，改变只是出现在局部，其整体分布特点和趋势与母质（C）层相似。仔细观察仍可发现两者的差异。土壤表（A）层样品中 Cu 等多数元素粗粒级均呈现贫化现象，同时在 -160 目粒级，大部分元素质量分数出现了拐点式降低。

综合上述结果，驱龙矿区土壤中元素分布为成壤过程中元素分布的基本反映，受外来物质掺入的影响偏弱。由于驱龙矿区位于所有研究区的最东部，处在全国风成沙分布区的偏东部，该区降水量相对偏多，气候类型为亚干旱至亚湿润过渡带，土壤发育程度偏高，岩石的化学风化作用增强，在土壤形成过程中，大气降水及土壤中水分的淋溶作用，使土壤中的元素产生了贫化、富集的分化，易风化的主要矿化元素易向细粒级运移富集，伴生和耐风化元素则出现贫化。土壤上、下各层元素分布具明显的相似性，表明该区土壤中淋失作用对细粒级中元素质量分数有一定的影响。

C. 住浪矿区

住浪矿区位于西藏中东部，土壤母质（C）层样品各粒级中元素分布与驱龙矿区具较明显的相似性（图 2-21a），母质（C）层各粒级中元素除 Au、Bi 个别元素在粗、细两端粒级出现较大跳跃式变化外，几乎所有元素质量分数从粗粒级向细粒级呈逐渐升高的特点。

Au 呈现略有下降的趋势，W、Mo、As 等多数元素在 -80 ~ +160 目和 -160 目粒级段变化较明显，呈现下降特点。上述元素质量分数在土壤母质（C）层粒级中的变化与驱龙矿区相比较，变化幅度较平缓，其基本趋势相似。

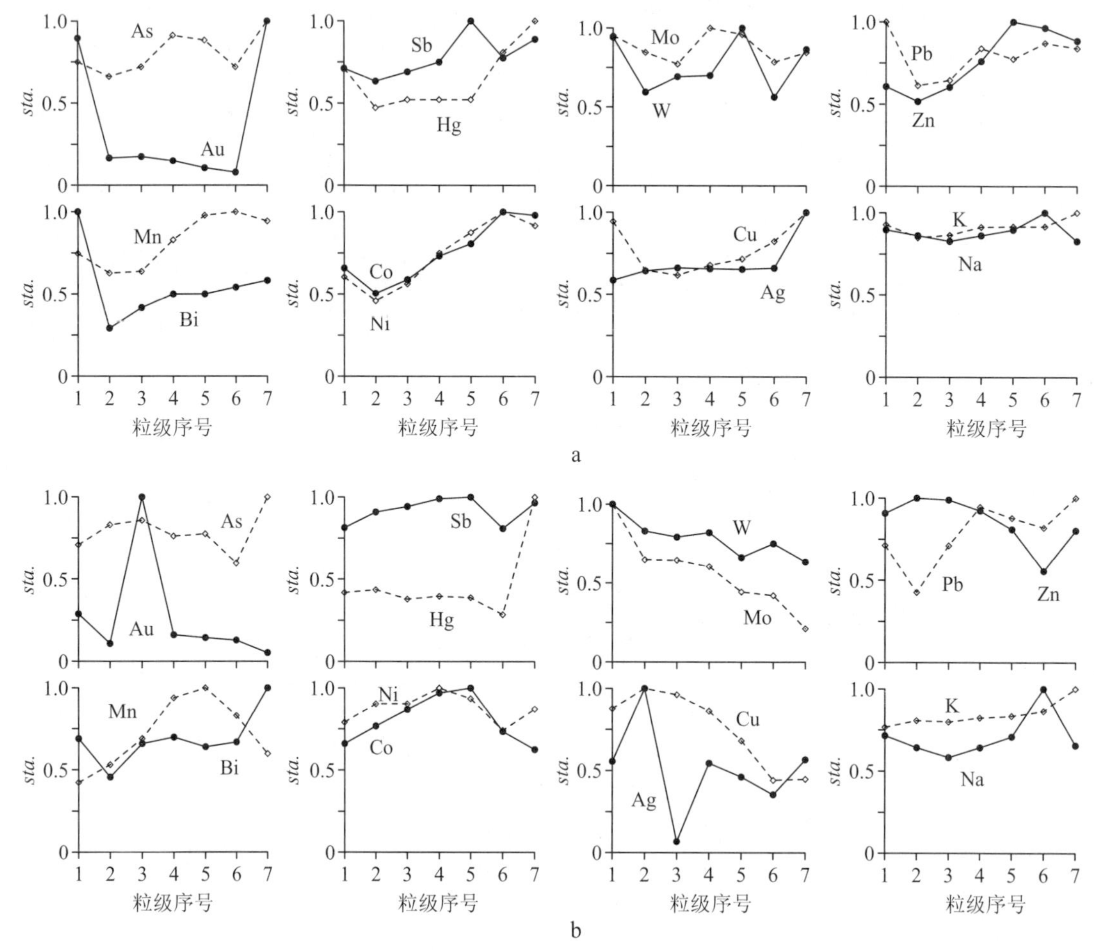

图 2-21　住浪矿区土壤各粒级中元素分布图

a—母质（C）层；b—表（A）层

粒级序号：1— -4 ~ +10 目；2— -10 ~ +20 目；3 - -20 ~ +40 目；4— -40 ~ +60 目；5— -60 ~ +80 目；6— -80 ~ +160 目；7— -160 目

在土壤表（A）层，各粒级中元素质量分数分布发生了较明显变化（图 2-21b）。从粗粒级向细粒级，Cu、Ag、W、Mo、Zn、Ni 等质量分数呈逐渐降低的特点，而这些元素为该区的主要矿化元素。K 等质量分数整体变化较平稳，Au、Ag、Hg 质量分数在个别粒级出现跳跃式变化，只有 Pb、Bi 质量分数随土壤粒级由粗变细，呈逐渐升高趋势。As、Sb、Mn、Co 等质量分数向细粒级升高后，在 -40 ~ +60 目附近达到最高值，再向细粒级则下降。

对照该区风成沙和风成黄土的粒级分布及其元素质量分数分布特点，土壤表（A）层 -40 目粒级段，元素质量分数发生变化主要来自风积物的掺入，由于风积物的掺入使土壤表（A）层大部元素质量分数在细粒级段降低，或使部分元素质量分数受到平抑。个别元素因其质量分数偏低，较难发现掺入风成黄土后质量分数分布的明显特点。由于住浪矿区距驱龙西数百千米，风积物堆积普遍，风积物掺入产生的干扰亦进入土壤母质（C）层，尽管干扰较弱，仍可发现其存在。

D. 多不杂矿区

多不杂矿区位于羌塘高原腹地，具有较典型的高寒湖泊丘陵景观特点。该区土壤类型为成壤原始的寒冻干旱土（沙嘎土）类，土壤剖面主要为表（A）层和母质（C）层，缺失淀积（B）层。

土壤母质（C）层样品各粒级中元素分布变化幅度不大，但可发现元素质量分数随粒级

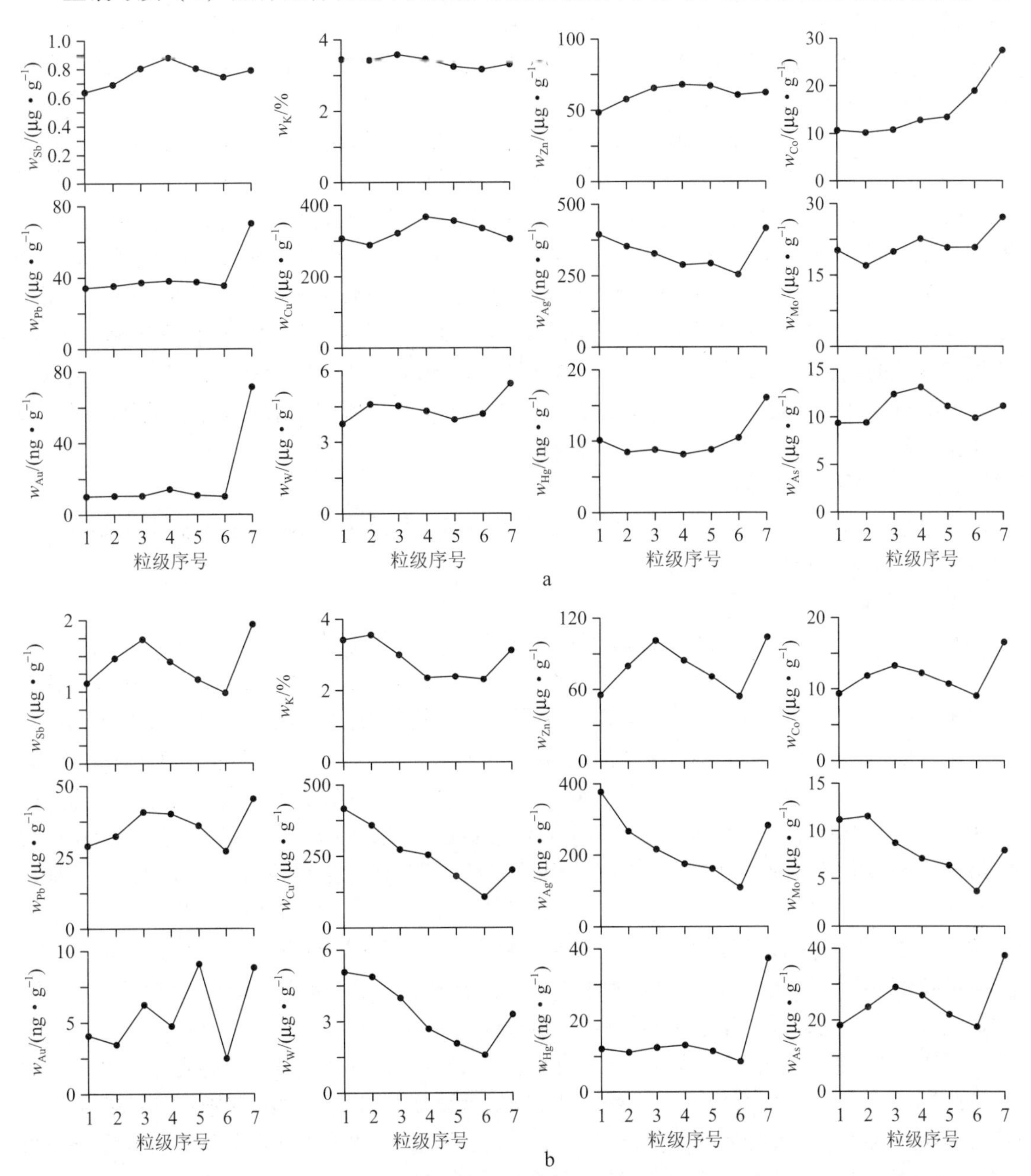

图 2－22　多不杂矿区土壤各粒级中元素分布图

a—母质（C）层；b—表（A）层

粒级序号：1—－4～+10 目；2—－10～+20 目；3—－20～+40 目；4—－40～+60 目；5—－60～+80 目；6—－80～+160 目；7—－160 目

变细仍出现较小的变化（图2－22a）。Sb、Zn、Cu、As、K、W、Mo等质量分数从－4～＋10目的粗粒级向细粒级逐渐升高，然后以－40～＋60目为拐点，向细粒级或略有下降，或略有上升，或较平稳。Co、Ca、Bi、Hg、Pb、Au等分布在－4～＋160目粒级段变化不明显，只是略有增高或降低，在－160目细粒级处，Co、Pb、Au、Hg等质量分数明显增高。Ag质量分数则从粗粒级向细粒级逐渐降低，而在－160目突然升高。

土壤母质（C）层样品各粒级中元素质量分数的变化，表明在羌塘高原腹地受极干旱气候影响，土壤发育不完全，在土壤形成过程中化学风化作用十分微弱，使土壤的各粒级元素质量分数变化处在较稳定的状态。－160目细粒级元素质量分数增高，与干旱土中盐类在颗粒表面聚集和掺入的风积物有关。

土壤表（A）层样品各粒级中元素质量分数仍保留有母质（C）层变化较稳定的特点（图2－22b），元素质量分数并未随土壤粒级的改变而出现明显的跳跃式变化，总体保持平稳态势。在土壤表（A）层，少数元素从－4～＋40目质量分数升高，其他元素表现出从粗粒级至＋160目质量分数逐渐下降，在－160目细粒级处质量分数明显升高。据此认为，40目粒级为多数元素质量分数发生转折性变化的拐点，向粗粒级或向细粒级出现两种差异明显的分布特征，向细粒级元素质量分数明显降低。在多不杂矿区，风蚀和风积作用明显增强，土壤中掺入的风积物明显增多，其掺入的粒级有所变粗，对土壤中元素分布产生的影响从－40～＋60目已开始体现。由于风积物的掺入，使土壤中几乎所有元素的质量分数随粒级变细而逐渐降低。

（2）东昆仑和阿尔金山区

东昆仑、阿尔金山主要分布在青海柴达木盆地南缘与北缘。本书选择驼路沟钴矿床、巴隆金矿床和龙尾沟铜矿床作为研究区。

A. *龙尾沟区*

在龙尾沟区，土壤母质（C）层粒级中元素分布呈有规律的变化（图2－23a）。除Ag、Sb和W外，Au、Cu、Bi、Ni、Mo、Pb、Zn、As和Hg等众多元素质量分数从粗粒级向细粒级逐渐增高，尽管元素间的这种变化程度各异，但变化趋势十分相近，反映出在龙尾沟研究区土壤中多数元素具有向细粒级聚集的趋势。－60～＋80目成为元素质量分数变化的拐点，向细粒级，Cu、Bi、Pb、Zn、As、Ni、Mo、Ag、Sb等质量分数变化不大，或有所降低。由－80目开始变化明显，向细粒级方向元素质量分数或降低，或升高。这种出现在－80目细粒级段元素质量分数的变化，除岩石风化作用使元素发生次生运移外，更主要的原因是来自风积物的掺入。在柴达木盆地周边山脉，风积物以风成黄土的方式在山体上堆积，或掺入至土壤中。尽管样品采自母质（C）层，元素质量分数变化仍可显示风成黄土掺入的痕迹。由于风成黄土主要分布在－80目中，它的掺入可使土壤中元素的正常分布发生畸变。掺入风成黄土较少时，元素质量分数变化并不十分明显。

在表（A）层土壤中，元素在各粒级中的质量分数变化较母质（C）层要明显得多（图2－23b）。从－10～＋20目至－60～＋80目，多数元素质量分数呈增高趋势，在－80～＋160目发生明显变化，呈现降低的特点。土壤表（A）层样品－80目中元素质量分数降低较母质（C）层明显，表明风成黄土掺入量明显多于母质（C）层。

B. *巴隆区*

巴隆区母质（C）层土壤各粒级元素分布（图2－24a）趋于平稳，只有Zn、As、Cr、Ag、W等质量分数标准化值从粗粒级向细粒级或增高，或降低，其他元素质量分数分布几

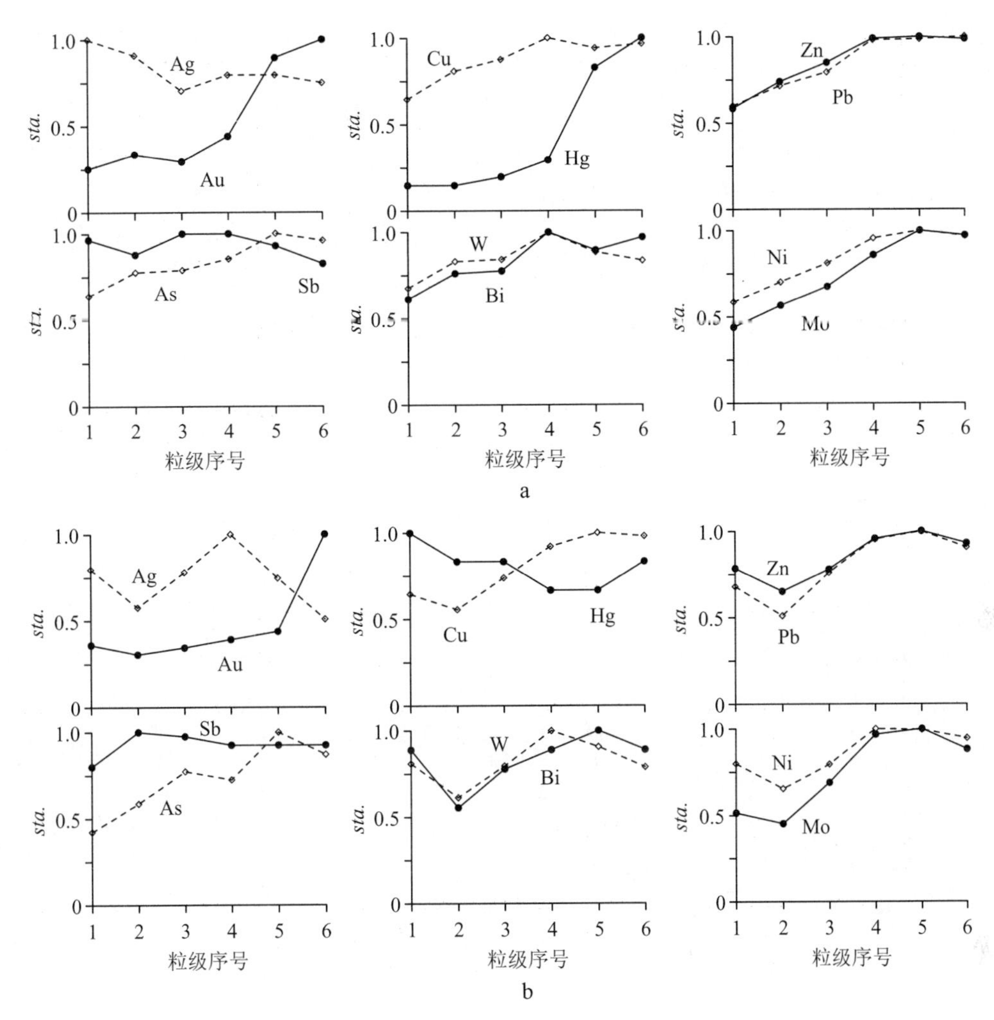

图 2－23　龙尾沟研究区土壤各粒级中元素分布图

a—母质（C）层；b—表（A）层

粒级序号：1——10～+20 目；2——20～+40 目；3——40～+60 目；4——60～+80 目；5——80～+160 目；6——160 目

乎无明显变化。这些元素分布的共同点是，在－80～+160 目向细粒级，除 Au 外，质量分数分布均呈降低的特点。与表（A）层相比（图 2－24b），母质（C）层中元素质量分数呈降低趋势，而表（A）层则呈升高趋势。风成黄土的掺入对元素质量分数可产生抬升和稀释作用。土壤中因元素质量分数低于风成黄土时，因风成黄土的掺入可使土壤－80 目细粒级中元素质量分数增高，使母质（C）层元素的较高质量分数降低。

C. 驼路沟区

在驼路沟区，土壤母质（C）层和表（A）层样品各粒级中元素分布差异不十分明显，具较相近的分布特点（图 2－25a，b）。母质（C）层部分元素质量分数从粗粒级向细粒级为升高，部分元素质量分数变化平稳。表（A）层中几乎所有元素呈现从粗粒级向细粒级质量分数增高的特点。在土壤母质（C）层和表（A）层，共同特点是－80 目（或－160 目）元素质量分数均发生突变，表（A）层变化尤为明显。

在土壤表（A）层，+60 目或 +80 目粗粒级主要来自残坡积，其元素质量分数主要与

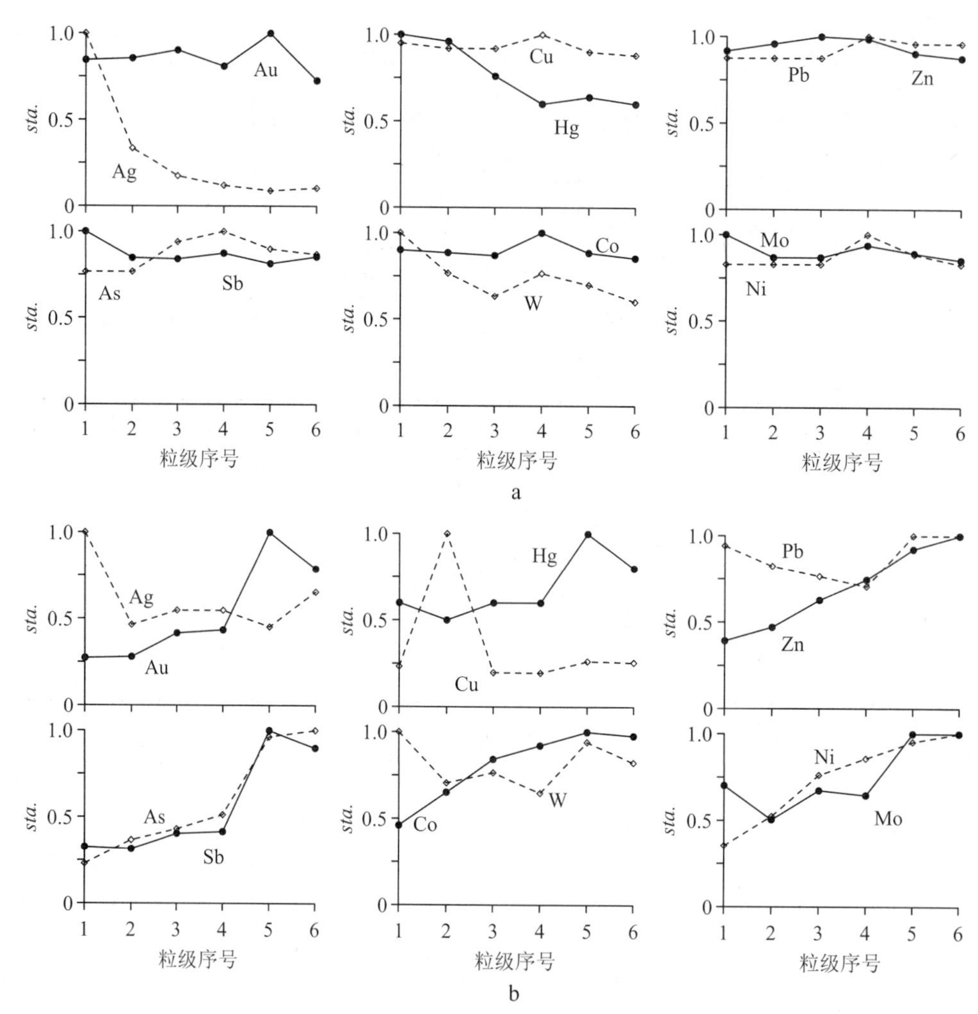

图 2-24 巴隆研究区土壤各粒级中元素分布图

a—母质（C）层；b—表（A）层

粒级序号：1— -10～+20 目；2— -20～+40 目；3— -40～+60 目；4— -60～+80 目；5— -80～+160 目；6— -160 目

下部基岩风化碎石密切相关，两者差异不大。两者间元素质量分数出现差异主要在 -80 目细粒级部分，这种差异主要来自风积物掺入量的差别，当表（A）层土壤中风积物掺入较多时，可使掺入粒级元素质量分数降低，产生较大影响。

（3）北祁连区

北祁连西段土壤中元素分布主要有 3 种类型，即寒山、掉石沟类型；石居里类型和小柳沟类型。

A. 寒山和掉石沟区

寒山（图 2-26a，b）和掉石沟（图 2-27a，b）研究区位于阿尔金山与祁连山交接带偏祁连山一侧，土壤样品各粒级中元素分布特点具有明显的相似性。土壤母质（C）层元素质量分数从粗粒级向细粒级呈逐渐升高的分布状态，除 W 分布略显不同外，其他元素分布具较明显的一致性。尽管部分元素质量分数在个别粒级出现跳跃式变化，但未改变其总体分布趋势。

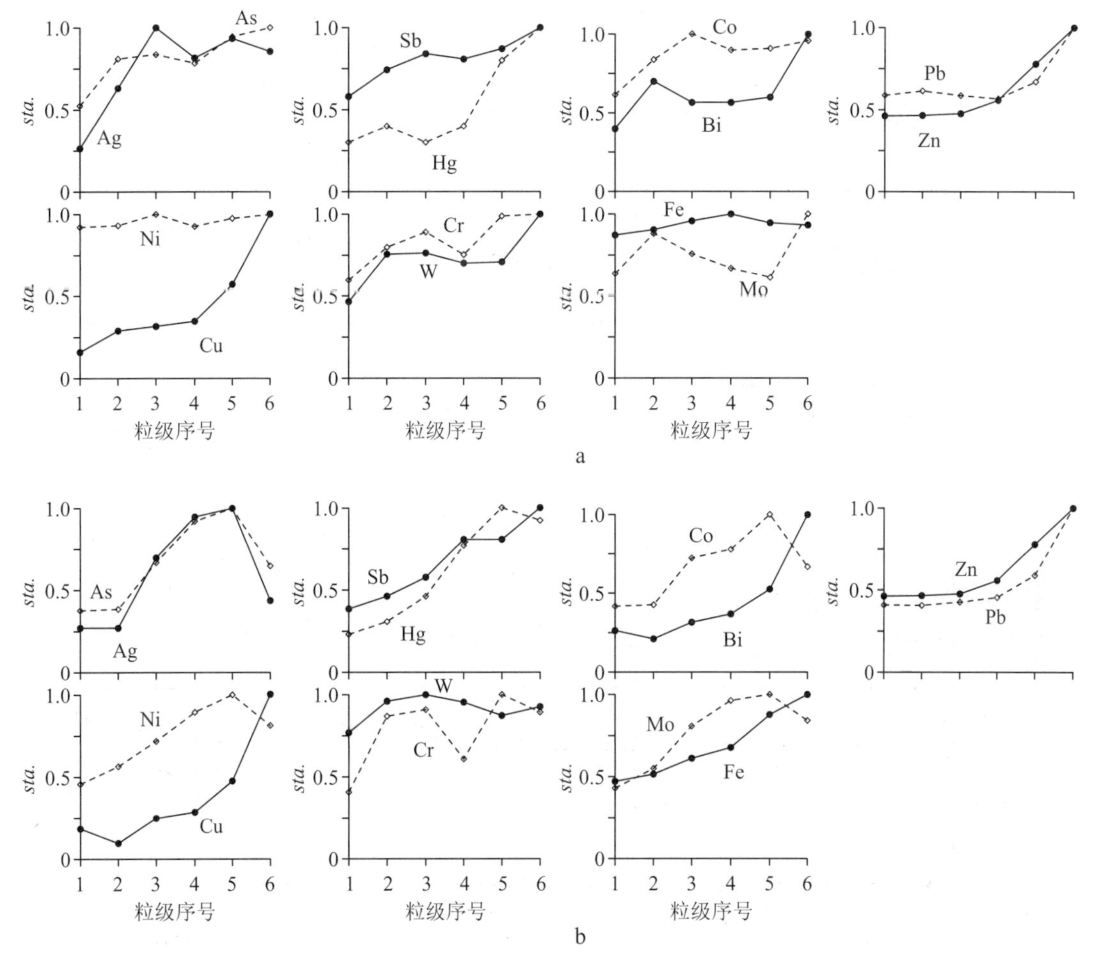

图 2-25　驼路沟研究区土壤各粒级中元素分布图

a—母质（C）层；b—表（A）层

粒级序号：1—-10～+20 目；2—-20～+40 目；3—-40～+60 目；4—-60～+80 目；

5—-80～+160 目；6—-160 目

两地土壤表（A）层样品各粒级中元素分布出现差异。寒山研究区元素质量分数无明显变化，基本继承了母质（C）层质量分数的变化特点，从粗粒级向细粒级元素质量分数平缓升高。掉石沟研究区大部分元素质量分数仍保留有寒山研究区元素的基本分布特点（图 2-27a，b），只有 W 与其他元素呈现相反的变化。土壤表（A）层元素质量分数出现跳跃，但不影响与寒山研究区元素分布的相似性，仅有 Co、Ni 等从粗粒级向细粒级质量分数略有降低，其他元素与 C 层相比质量分数无明显变化。

B. *石居里区*

石居里区位于祁连山中西部北坡，土壤样品各粒级中元素分布与寒山、掉石沟研究区具相反的特点（图 2-28a，b）。在土壤母质（C）层土壤中，除 W、Na、Ca 外，几乎所有元素质量分数从粗粒级向细粒级均呈缓慢下降趋势，变化十分平稳，几乎不出现跳跃式变化。W、Na、Ca 从粗粒级向细粒级升高。

在土壤（A）层样品 +40 目或 +60 目粒级段，元素质量分数多保持母质（C）层变化或略呈升高趋势，变化主要出现在 -80 目细粒级段，元素质量分数明显下降，这种元素质

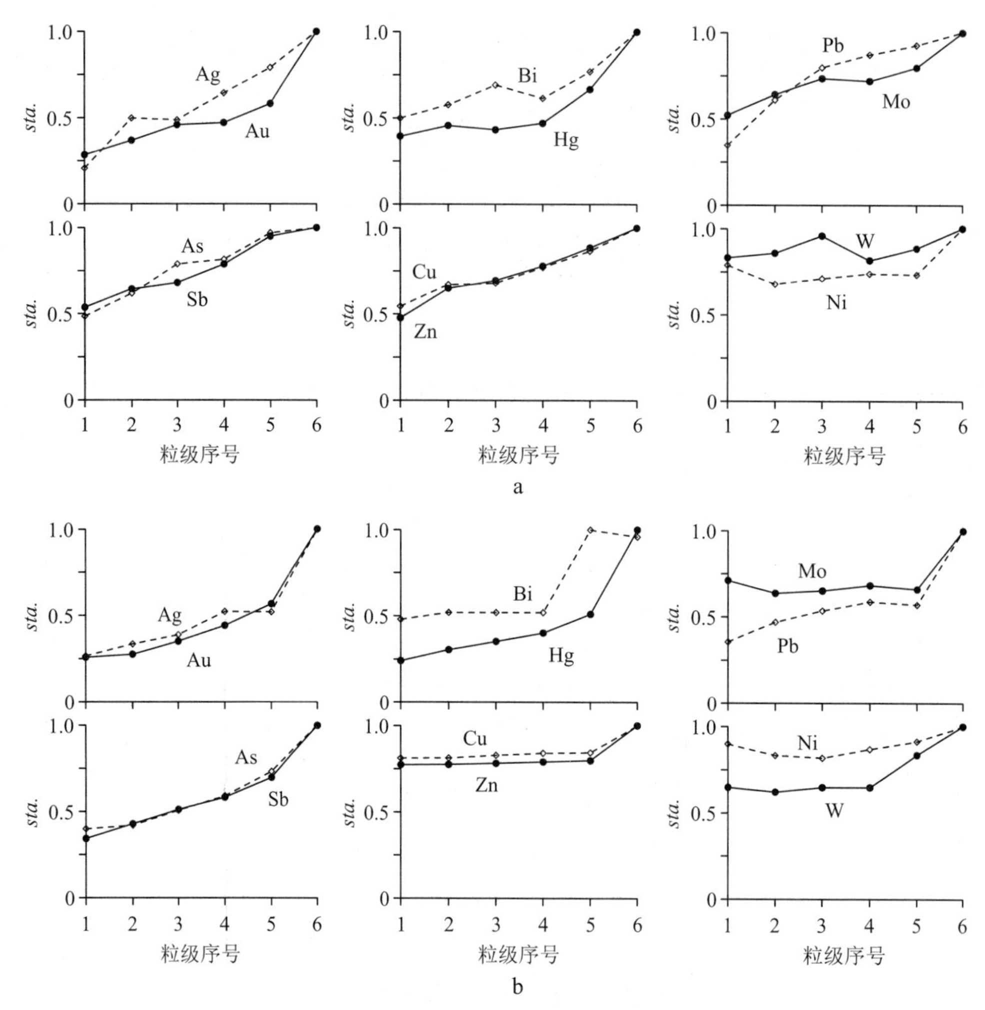

图 2-26 寒山研究区土壤各粒级中元素分布图

a—母质（C）层；b—表（A）层

粒级序号：1—-10~+20 目；2—-20~+40 目；3—-40~+60 目；4—-60~+80 目；5—-80~+160 目；6—-160 目

量分数降低的变化主要与风成黄土的掺入，使多数元素质量分数降低有关。

C. 小柳沟区

小柳沟位于祁连山西段中脊附近，土壤样品各粒级中元素分布（图 2-29a，b）具有寒山和石居里研究区两者的共同特点。在土壤母质（C）层，Fe、Mo、Co、Na 等分布具有石居里研究区的特点，即质量分数从粗粒级向细粒级逐渐降低，而 Hg、Bi、Cu、Ag、Pb、Zn、Ni、Ca 等则逐渐升高，As、Sb 和 W 则显示 -60~+80 目质量分数最高，向粗、细粒级两端逐渐降低。小柳沟区土壤表（A）层样品 +80 目以上粗粒级仍保留了母质（C）层元素分布的基本特点。与母质（C）层相比较，在 -80 目细粒级段，元素质量分数发生了明显变化，多数元素质量分数明显下降，Au、Ag、Ca 质量分数则明显升高。这一特点与石居里、寒山等研究区结果较为相似。

综上所述，祁连山区几个研究区土壤样品各粒级中元素分布特点总体为，土壤母质（C）层元素质量分数变化差异不明显，表现出随粒级变细元素质量分数上升或降低；土壤

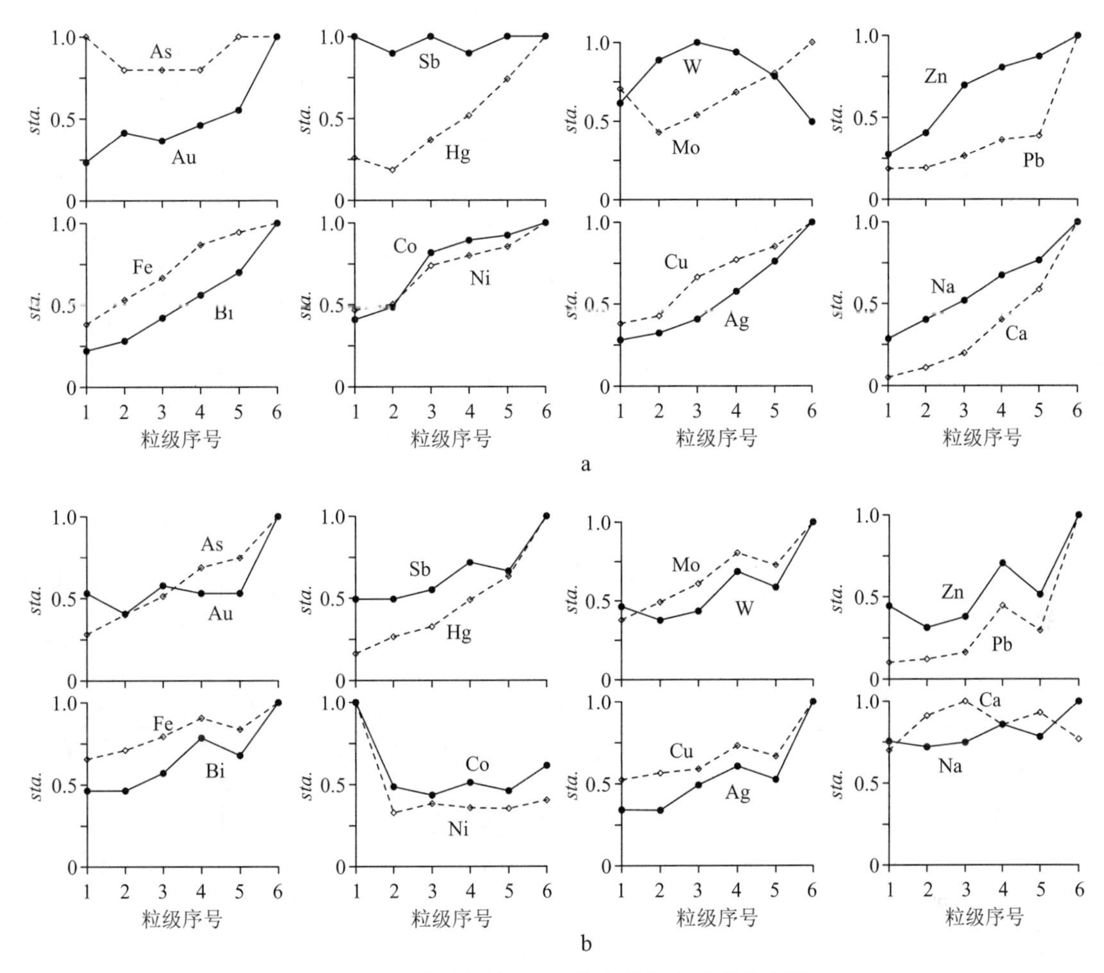

图 2-27 掉石沟研究区土壤各粒级中元素分布图

a—母质（C）层；b—表（A）层

粒级序号：1— -10～+20 目；2— -20～+40 目；3— -40～+60 目；4— -60～+80 目；

5— -80～+160 目；6— -160 目

表（A）层元素质量分数变化多继承母质（C）层的分布规律。突出特点是在 -80 目细粒级，多数元素质量分数出现拐点式降低，土壤表（A）层表现更为明显。这一现象与风成黄土分布和掺入有关，土壤表（A）层中风成黄土掺入量明显大于 C 层。

（4）西天山区

在西天山地区，研究的土壤主要为干旱土（棕钙土和栗钙土）类。选择式可布台、群吉、望峰和喇嘛苏 4 个区开展土壤粒级元素分布特征研究。

A. 式可布台区

式可布台区土壤样品各粒级中元素分布曲线如图 2-30 所示。从图上可十分明显地看出元素的基本分布规律，除 Zn、W、Pb 外，多数元素质量分数呈粗、细粒级两端低，中间粒级高的特点。

式可布台土壤样品各粒级中元素分布特点表明，基岩经风化后逐渐形成土壤，在土壤中元素质量分数有从粗粒级向细粒级逐渐富集的趋势。土壤中元素质量分数从 -40～+60 目向细粒级段发生的不协调现象，偏离了逐渐升高的分布趋势。经研究西天山风成黄土不同粒级

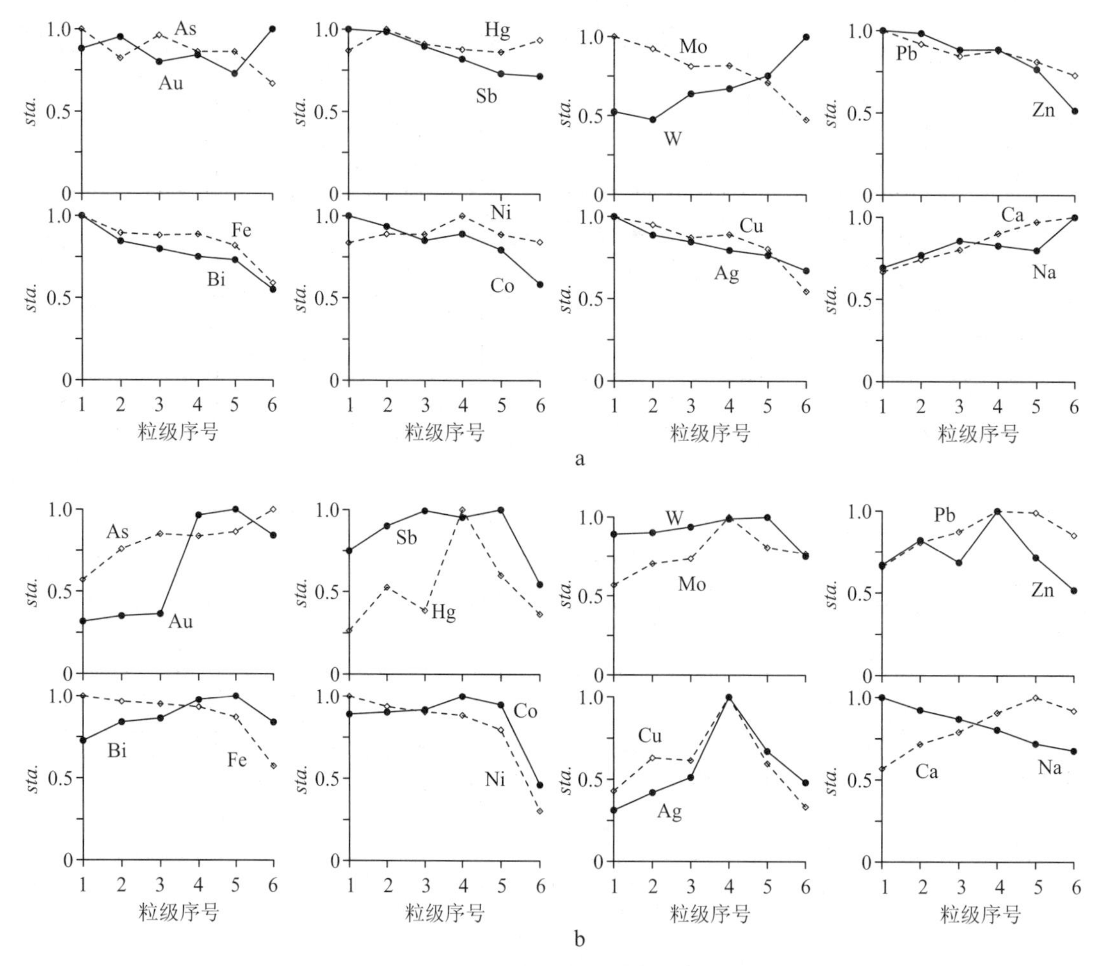

图 2-28 石居里研究区土壤各粒级中元素分布图

a—母质（C）层；b—表（A）层

粒级序号：1—-10~+20 目；2—-20~+40 目；3—-40~+60 目；4—-60~+80 目；5—-80~+160 目；6—-160 目

元素质量分数后不难发现：①西天山风成黄土中元素质量分数普遍低于研究区土壤中的元素质量分数。②西天山风成黄土从-40 目开始出现，-80 目以下粒级大量出现。在式可布台研究区土壤中掺入的风成黄土，其起始粒级为-40 目。-40~+60 目和-60~+80 目式可布台土壤中由于风成黄土掺入量偏少，元素质量分数降低幅度不大，而在-80 目细粒级土壤中，风成黄土的大量加入，使土壤中细粒部分本应具有的元素质量分数增高的特点被消除，风成黄土加入产生的较强稀释作用使元素质量分数在-160 目降到最低点。

B. *群吉区*

在群吉区，土壤样品各粒级中元素分布特点与式可布台研究区具有一定的相似性（图 2-31），元素质量分数在不同粒级段的主要变化出现在-60~+80 目，以此为拐点，多数元素质量分数发生了十分明显的变化。Cu、Zn、Mo 等主要成矿元素质量分数从-40~+60 目起向细粒级逐渐降低，其中 Zn 在-160 目处降至最低点。其他元素主要表现为，从-40~+60 目至细粒级的-160 目主要为增高。Sb、As、Pb、Bi、Cd 等元素质量分数变化较大，或呈逐渐升高（Ni、Hg 等元素），或逐渐降低（Ag 等元素）。研究 Ag、Cd、As、Sb、Hg、

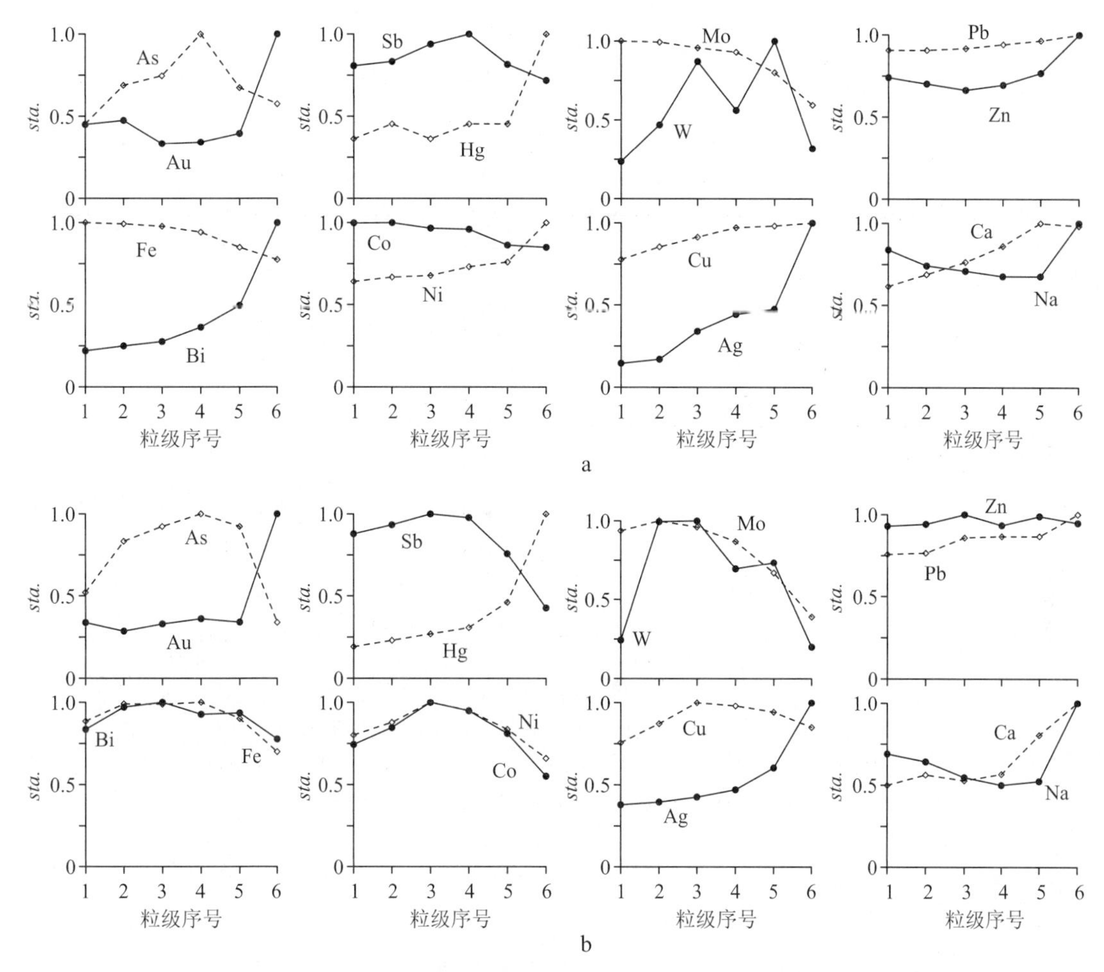

图 2-29　小柳沟研究区土壤各粒级中元素分布图

a—母质（C）层；b—表（A）层

粒级序号：1—-10～+20 目；2—-20～+40 目；3—-40～+60 目；4—-60～+80 目；5—-80～+160 目；6—-160 目

Pb、W 等在 -40 目细粒级段的元素质量分数可以看出，尽管这些元素在细粒级段质量分数明显增高，但在 -80 目，特别是 -160 目细粒级，上述多数元素质量分数呈降低的特点，表明了在 -80 目粒级段元素质量分数受到风成黄土的明显干扰。

C. 望峰区

望峰区位于西天山主脊一号冰川附近。元素在各粒级中的分布特点如图 2-32 所示，元素质量分数从粗粒级向细粒级主要呈逐渐增高的趋势，反映出该地段元素受外来风积物质掺入产生的干扰较小的特点。图 2-32 中绝大多数元素在 -80～+160 目向细粒级出现微小变化。几乎所有元素质量分数在 -80～+160 目细粒级呈降低趋势，尽管这一趋势不如式可布台和群吉研究区显著，但仍具有元素质量分数降低的特点。望峰研究区土壤各粒级元素分布特点表明，该区处在西天山主脊附近，受山体阻滞，风成黄土沉降明显偏少，掺入土壤中的风成黄土量有限，对土壤中元素质量分数影响偏小。即使如此，风成黄土的掺入，仍可使该区 -80 目土壤中的元素质量分数受到干扰，使其降低，尽管元素质量分数降低幅度较小，但仍可发现风积物干扰的痕迹。

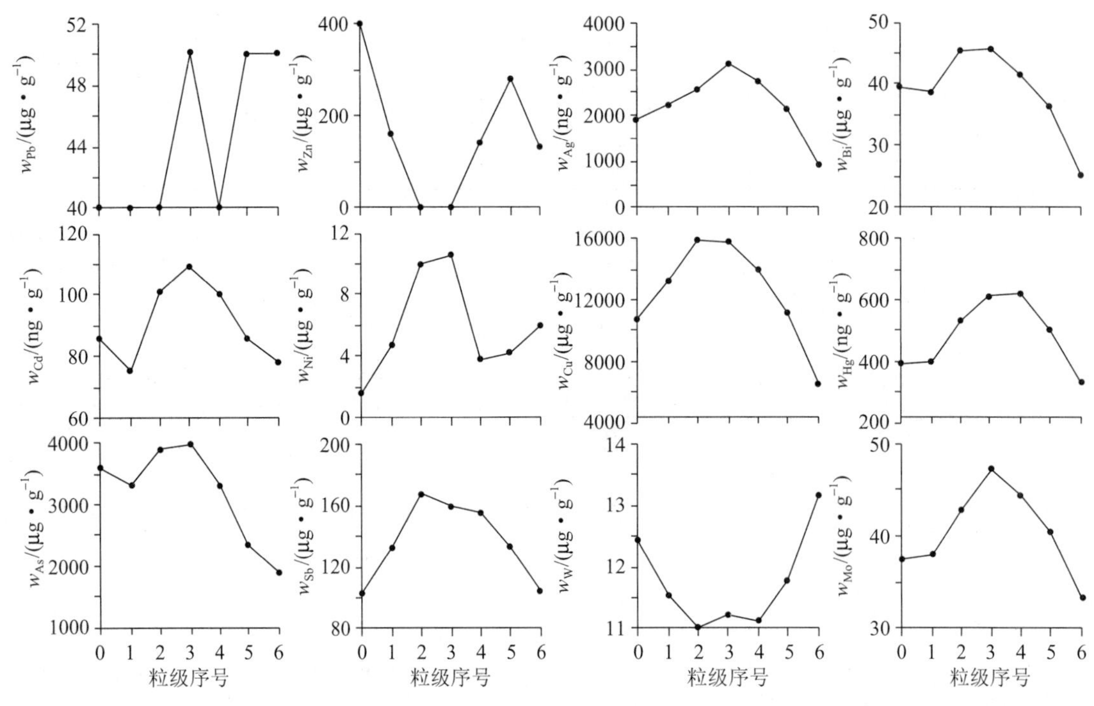

图2-30 式可布台研究区土壤（STL-4）各粒级中元素分布图

粒级序号：0—-4~+10目；1—-10~+20目；2—-20~+40目；3—-40~+60目；4—-60~+80目；5—-80~+160目；6—-160目

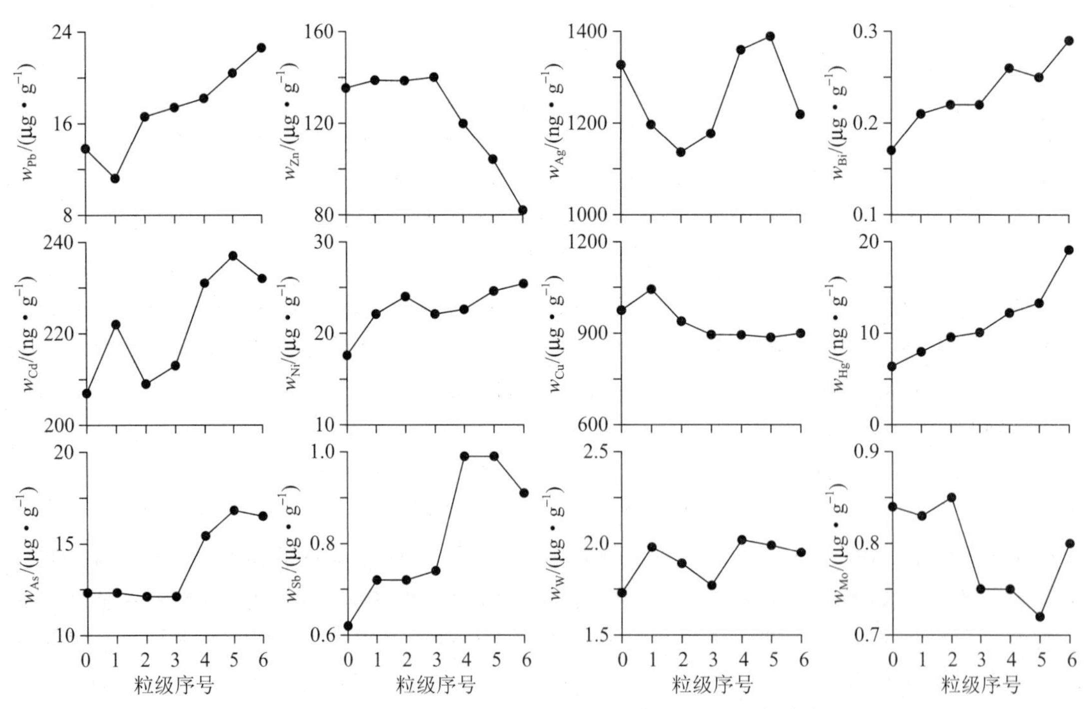

图2-31 群吉研究区土壤（QTL-2）各粒级中元素分布图

粒级序号：0—-4~+10目；1—-10~+20目；2—-20~+40目；3—-40~+60目；4—-60~+80目；5—-80~+160目；6—-160目

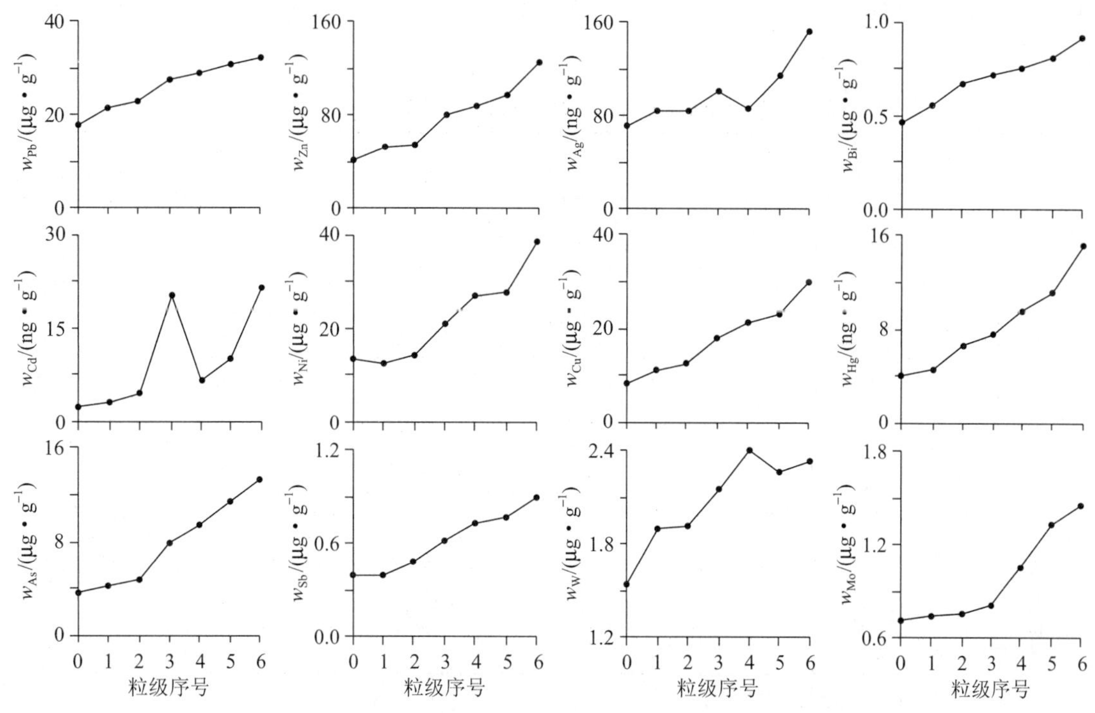

图2-32　望峰研究区土壤（WTL-1）各粒级中元素分布图

粒级序号：0—-4~+10目；1—-10~+20目；2—-20~+40目；3—-40~+60目；4—-60~+80目；5—-80~+160目；6—-160目

D. 喇嘛苏区

在北西天山的西北段，选择喇嘛苏铜矿区开展各项研究。喇嘛苏研究区土壤不同层位表（A）和母质（C）层两层各粒级元素质量分数见表2-11。土壤剖面不同粒级中元素质量分数呈现出有规律的变化：①在土壤表（A）层，从粗粒级向细粒级元素质量分数或逐渐降低，或逐渐升高，但他们的共同特点是以80目为界线，在-80目细粒级中，所有元素质量分数均呈降低的趋势。②土壤表（A）层元素分布特点尚未对母质（C）层产生影响，在土壤母质（C）层，从粒级粗向细粒级，元素质量分数呈或降低或升高或无变化的规律，C层元素基本不受干扰。

分析上述土壤不同层位各粒级元素分布特征可知，在喇嘛苏区，土壤在形成过程中同样受到风积物的侵扰，风积物主要以-80目细粒级的风成黄土形式掺入。在采集土壤剖面表（A）层样品时，不可避免地将风成黄土掺入样品中，致使土壤表（A）层样品中-80目细粒级元素质量分数呈现明显降低的特点。由此可见，在北西天山的土壤中，风成黄土对土壤表（A）层影响明显。

通过西天山地区4个研究区土壤各粒级中元素分布特征的研究表明：①西天山地区风成黄土普遍存在，并以掺入的方式进入土壤内。风成黄土主要分布在-80目细粒级段，由于风成黄土的掺入可使土壤中元素质量分数在80目发生拐点式的变化，+80目粒级中元素质量分数或升高或降低或无变化，-80目粒级中由于风成黄土掺入，使元素质量分数明显降低。②风成黄土掺入对土壤中各粒级元素质量分数的影响，在西天山地区（包括南西天山和北西天山）差异不明显，并不因为南、北西天山景观特点的差异而有所不同。在天山地区普遍存在风成黄土，对土壤的影响粒级均为-80目细粒级。只是在西天山主脊附近，由于受山体阻滞，风成黄土掺入量偏少，对土壤的影响偏弱，且风成黄土掺入的影响主要出现在土壤 A 层中。

表 2－11 喇嘛苏研究区土壤各粒级中元素质量分数分布

元素	层位	粒级/目				元素	层位	粒级/目			
		－10～＋20	－20～＋40	－40～＋80	－80			－10～＋20	－20～＋40	－40～＋80	－80
Cu	表（A）层	530	420	390	220	Sn	表（A）层	16	10	10	6
	母质（C）层	640	640	650	600		母质（C）层	24	25	23	24
Pb	表（A）层	21	30	38	30	Mo	表（A）层	24	18	16	6
	母质（C）层	12	10	10	9		母质（C）层	20	25	24	20
Zn	表（A）层	160	160	300	150	W	表（A）层	2	4	4	3
	母质（C）层	75	60	55	90		母质（C）层	1	0.8	1	0.8
As	表（A）层	120	85	85	60	Mn	表（A）层	1000	950	1000	700
	母质（C）层	10	15	18	16		母质（C）层	530	490	490	450
Ag	表（A）层	300	350	450	320	Sb	表（A）层	4	2.5	2.5	1.2
	母质（C）层	180	210	360	800		母质（C）层	4	4.5	5	5.2

注：Ag 单位为 ng/g，其他元素单位为 μg/g。

（5）阿尔泰山区

在新疆阿尔泰山地区选择哈腊苏和红山嘴两个区开展方法技术研究，其中红山嘴区位于阿尔泰山中部腹地；哈腊苏区位于阿尔泰山东南部，与北准噶尔盆地过渡带的阿尔泰山一侧。

A. 哈腊苏区

阿尔泰山地区哈腊苏和红山嘴 2 个区的土壤类型分别为干旱山地植被土壤垂直地带的棕钙土类和高山草甸土类（即黑毡土）。成土较为原始，土壤发生层不发育。

哈腊苏土壤各粒级中元素分布如图 2－33 所示。在－4～＋80 目的 5 个粒级内，元素质量分数多呈从粗粒级向细粒级逐渐增高的趋势，个别元素质量分数出现较明显的跳跃现象，但总体分布趋势未发生变化。从 80 目起，在－80 目的 2 个细粒级段，大多数元素质量分数变化与＋80 目差异明显，即元素质量分数逐渐降低，部分元素质量分数降低的幅度不大，但仍显现出降低的趋势。个别元素质量分数或在－160 目降低，或在－80 目逐渐升高。

从图 2－33 元素分布图可以看出，尽管 QTL3 分布在山区内，但土壤各粒级中元素分布特点与分布在山缘的 QTL10 大体相当。两地大多数元素分布差异并不明显，从－4 目至＋80 目的 5 个粒级段，元素质量分数逐渐升高，在－80 目的 2 个细粒级段，多数元素质量分数则逐渐降低。

哈腊苏研究区土壤各粒级中元素分布表明，－80 目细粒级土壤存在较明显的外来物质干扰，使其元素质量分数脱离由粗粒级向细粒级逐渐上升的轨迹，在－80 目的 2 个细粒级逐渐降低。因此，土壤受到外来物质干扰的分界点为 80 目。

哈腊苏研究区紧邻北准噶尔盆地边缘，受北准噶尔西向或西南风向的影响，大风携带的沙尘在该区沉降。由于风积物的掺入，使土壤中元素分布受到明显影响。－80 目土壤中物质主要由岩石风化碎屑和风积物组成，风积物的掺入可使－80 目细粒级部分元素质量分数明显降低，由此判断，在－80 目土壤中风积物应占较大比例。

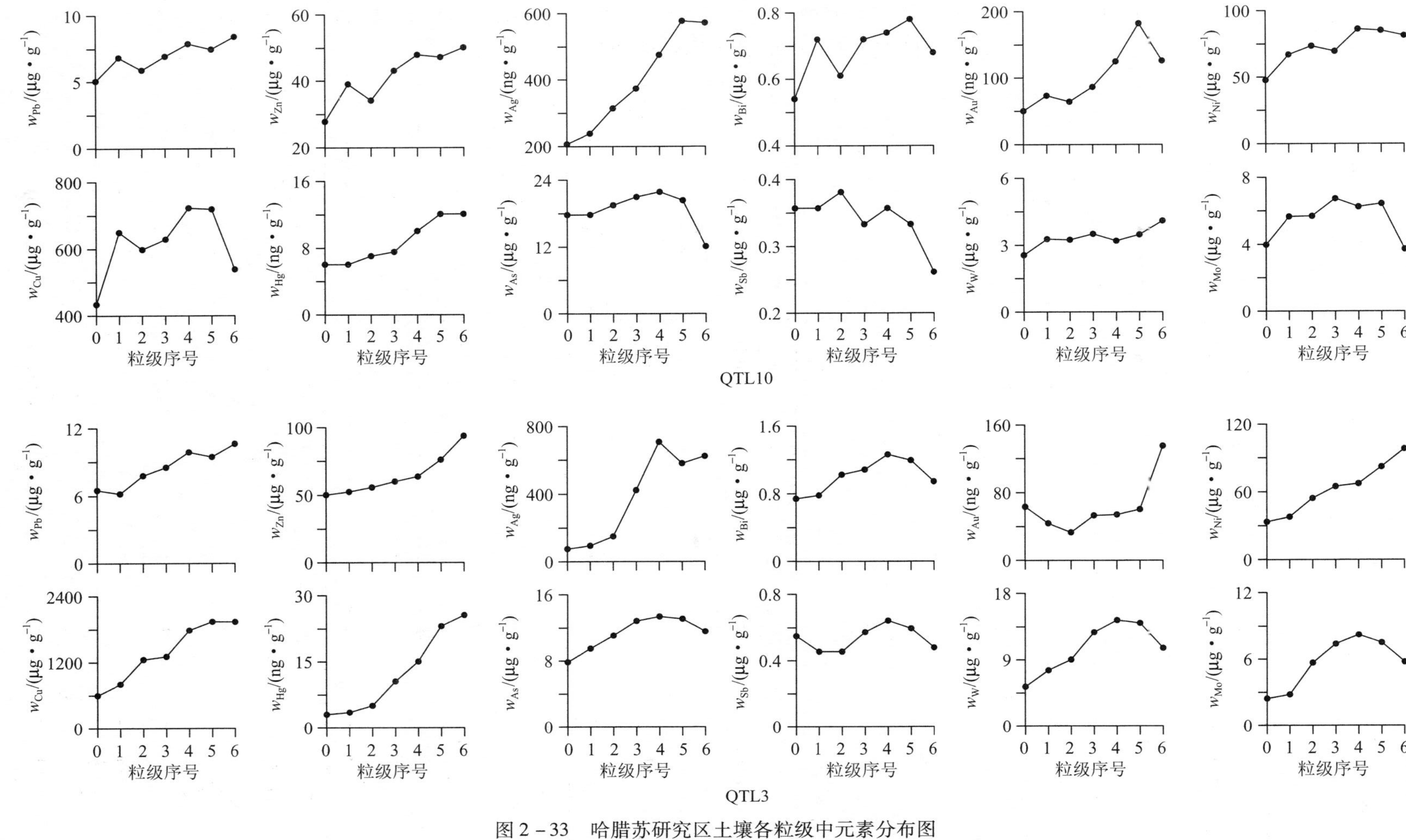

图 2－33　哈腊苏研究区土壤各粒级中元素分布图

粒级序号：0—－4～+10 目；1—－10～+20 目；2—－20～+40 目；3—－40～+60 目；4—－60～+80 目；5—－80～+160 目；6—－160 目

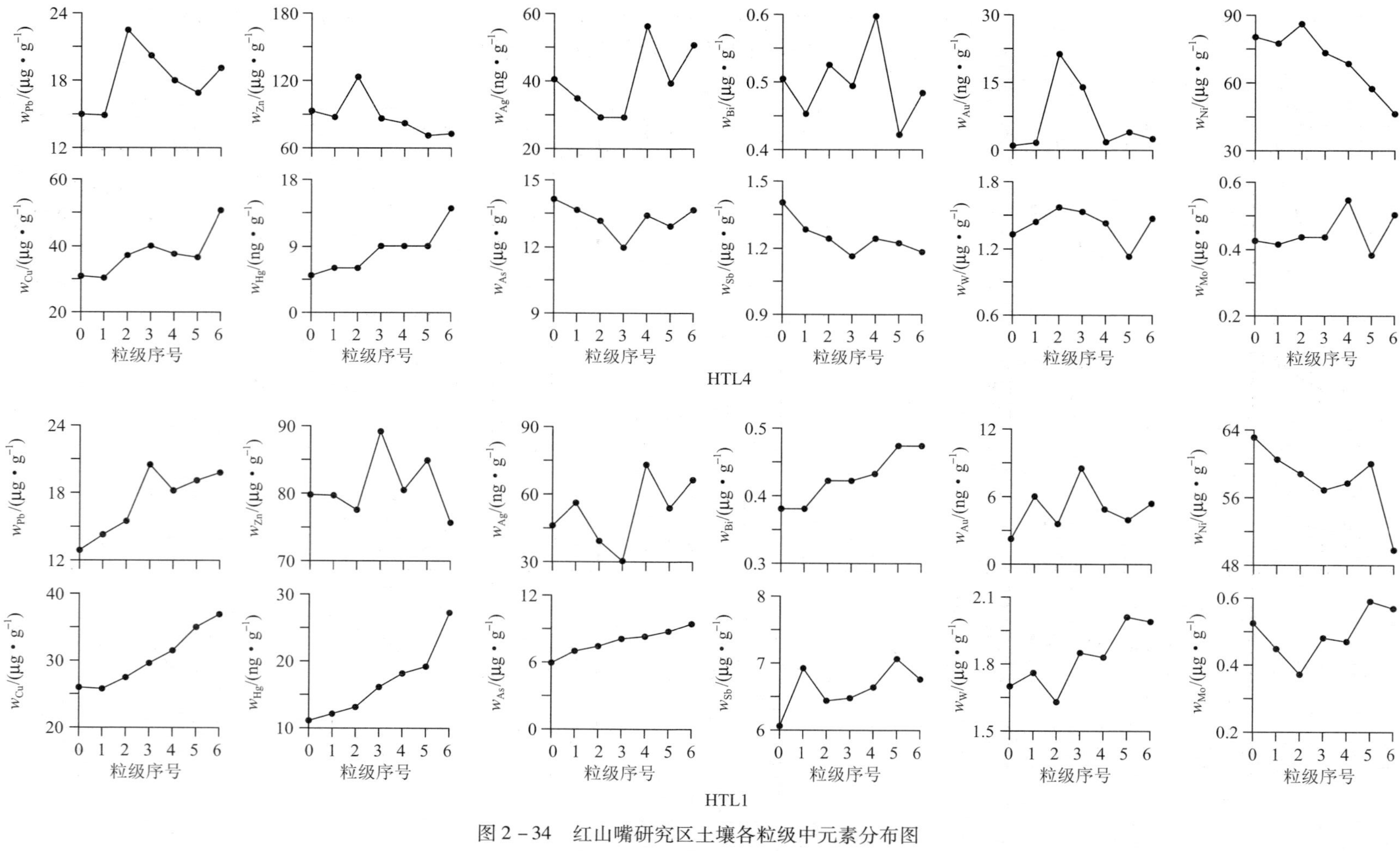

图 2－34　红山嘴研究区土壤各粒级中元素分布图

粒级序号：0—－4～+10 目；1—－10～+20 目；2—－20～+40 目；3—－40～+60 目；4—－60～+80 目；5—－80～+160 目；6—－160 目

B. 红山嘴区

红山嘴区土壤样品粒级筛分结果表明（图2－34），红山嘴研究区土壤样品各粒级中元素分布仍具有与哈腊苏研究区相似的特点，即多数元素质量分数在80目两侧的粗、细粒级发生了不同的明显变化，在－80目细粒级多数元素出现了程度不等的降低，在＋80目粗粒级元素质量分数分布与哈腊苏研究区略有区别，这种差异主要表现为部分元素质量分数从粗粒级向细粒级逐渐降低。

经过高寒诸景观区10余研究区土壤母质（C）层和表（A）层各粒级中元素分布的讨论认为，研究区地域辽阔，次级及微景观类型多样，一级景观类型差异较明显，使得各区土壤母质（C）层各粒级中元素分布各异，受风化作用和元素自身地球化学性状的影响，元素在土壤母质（C）层或在细粒级中贫化，或在细粒级中富集，表现出表生条件下元素次生分异的存在与特点。在土壤中对元素质量分数产生影响的主要因素是风成黄土的掺入。风成黄土掺入主要使元素质量分数降低，亦可使部分元素质量分数增高。风成黄土影响的粒级段略有差异。在西藏驱龙主要出现在－80目以下细粒级，且影响较弱；向西至羌塘高原，其影响粒级逐渐变粗至－60目，影响程度也逐渐加强；至多不杂地区，影响粒级可达－40目粒级；在东昆仑、阿尔金山、北祁连西段和天山与阿尔泰山，土壤中元素质量分数受风成黄土的影响出现在－80目细粒级。风成沙和风成黄土的影响主要出现在土壤表（A）层，但掺入风积物的土壤母质（C）层仍可见其影响痕迹，但影响微弱。

4. 半干旱中低山景观区

从10余个矿区土壤母质（C）层各粒级中元素分布（表2－12）可以看出：

1）元素在各粒级的分配率峰值出现在－4～＋40目之间，绝大多数矿区几乎所有元素分配率均较高，一般占60%～80%（只有龙岭矿区Fe、Mo除外），而细粒级分配率则逐渐降低，至－160目一般仅占2%～4%。

2）40目（即第4、5粒级间）为一明显界线，＋40目各粒级中元素分配率均大于10%，而－40目各粒级中元素分配率多小于10%（除龙岭矿区Fe、Mo均超过50%外），其他元素在细粒级所占比例很低，可见在残积物中高质量分数主要集中于粗粒级部分。

表2－12　半干旱中低山景观区土壤残积层各粒级中元素分配率　　单位：%

矿区	样品数	元素	粒级/目								
			－2～＋4	－4～＋10	－10～＋20	－20～＋40	－40～＋80	－80～＋120	－120～＋160	－160～＋200	－200
孟恩陶力盖	$n=3$	Pb	13.26	35.26	12.61	19.20	8.47	6.50	2.22	1.01	1.47
		Zn	8.34	30.92	15.07	22.03	8.75	8.60	3.05	1.35	1.89
		Ag	4.24	24.01	11.70	18.71	11.87	11.03	8.66	3.99	5.79
		As	7.01	33.76	16.46	20.92	7.98	7.67	2.87	1.38	1.95
		Sn	4.84	34.04	11.37	18.92	10.10	10.55	3.68	2.41	4.09
布敦花	$n=5$	Cu	18.68	26.92	6.54	11.20	7.21	8.06	6.39	7.50	7.50
		Pb	14.40	21.16	8.67	10.40	10.46	10.47	6.90	9.58	7.96
		Zn	27.73	30.44	7.00	8.21	4.72	5.29	4.38	5.99	6.24
		Ag	32.41	43.46	7.25	6.22	2.06	1.86	1.27	2.79	2.68
		Bi	24.48	21.12	7.14	12.71	7.33	10.04	6.69	5.65	4.84

续表

矿区	样品数	元素	粒级/目								
			−2～+4	−4～+10	−10～+20	−20～+40	−40～+80	−80～+120	−120～+160	−160～+200	−200
白音诺	$n=3$	Pb	18.49	26.89	7.86	14.35	8.42	8.21	5.00	4.65	6.12
		Zn	11.37	25.25	7.39	13.47	8.98	8.88	5.49	5.49	7.68
		As	11.37	25.25	7.39	13.47	8.98	8.88	5.49	5.49	7.68
		Ag	28.38	20.01	6.03	12.01	7.79	7.70	5.71	5.71	6.66
		Sn	19.63	33.89	9.91	14.91	7.30	6.30	3.04	2.26	1.20
梧桐花	$n=5$	Pb	9.28	21.16	9.33	14.20	8.85	7.58	3.10	4.00	2.78
		Zn	10.14	21.90	8.22	13.29	7.90	7.07	3.05	3.97	2.83
		Cu	7.92	20.26	9.33	14.08	9.32	8.74	4.05	5.57	3.90
		Fe	10.28	22.27	8.91	13.22	1.41	6.86	2.79	3.72	2.68
		Mn	8.90	25.20	9.53	14.41	8.07	6.83	2.54	3.29	2.31
红花沟	$n=4$	Au	14.91	14.26	12.12	28.66	5.81	6.45	5.60	7.59	4.61
		Cu	16.05	22.28	10.51	11.90	9.58	4.54	2.23	3.18	2.90
		Pb	15.34	18.76	8.81	15.66	8.17	6.81	2.64	3.97	3.75
		Zn	14.61	19.74	9.27	16.75	7.83	6.87	2.33	3.51	3.79
		Fe	14.82	20.09	9.35	16.46	8.27	6.97	2.26	3.25	3.00
查木罕	$n=5$	W	15.31	32.72	16.73	16.81	5.35	4.91	3.93	2.84	1.48
		Sn	22.03	43.18	9.19	11.55	5.00	5.40	1.62	1.07	0.95
		Cu	13.28	30.35	12.65	12.60	4.09	6.08	4.55	3.07	2.35
		Pb	11.17	29.04	12.76	13.62	4.70	7.27	5.57	4.12	2.51
		Zn	12.07	28.54	12.46	13.16	4.19	6.79	5.57	4.15	3.11
头道沟	$n=2$	Cu	16.00	18.61	22.94	19.27	8.43	4.71	3.35	1.61	3.24
		Pb	20.99	18.99	20.30	16.46	10.59	4.52	3.07	1.70	3.38
		Zn	10.96	15.79	19.05	19.80	10.34	7.41	6.08	3.39	7.19
		Fe	18.07	17.12	22.70	18.59	9.00	5.36	3.60	1.95	3.62
		Mn	13.48	14.05	23.30	20.28	12.10	7.30	5.27	1.69	2.54
莲花山	$n=5$	Cu	17.26	27.26	12.89	13.53	6.24	7.46	7.30	4.96	3.10
		Pb	18.32	38.29	10.84	15.50	5.19	4.75	4.76	1.36	0.99
		Zn	19.90	30.74	10.55	14.80	6.90	7.36	5.50	2.65	1.61
		As	16.96	30.35	13.42	15.67	6.48	7.31	6.95	1.91	0.97
		Ag	18.65	24.65	12.10	9.99	4.61	7.96	10.88	7.29	3.77
龙岭	$n=2$	Fe	12.04	14.29	3.40	8.65	51.36	2.17	0.75	0.31	0.32
		Zn	12.66	22.38	6.71	16.53	11.93	10.92	5.65	2.89	3.29
		Mo	13.04	23.93	3.89	13.90	16.76	14.27	3.88	1.57	1.50
		Co	17.50	25.71	6.58	17.50	8.81	7.94	2.79	1.65	1.80
		Ni	16.32	25.82	7.08	16.32	10.06	7.97	3.64	1.72	2.00

土壤各粒级中元素分布具有十分明显的规律性。通常，多数元素质量分数遵从从粗粒级向细粒级逐渐升高或逐渐降低的基本规律，展现出基岩风化破碎和成壤过程中元素带入或带出的特点。由于本书研究涉及的诸景观区土壤成壤作用较弱，化学风化作用的淋溶及其产生的各迁移与富集作用有限，未对土壤各粒级元素质量分数产生较大影响。在实际研究中，各研究区土壤各粒级中元素多在40目（或60目或80目）处出现拐点式变化，脱离了从粗粒级向细粒级元素质量分数的正常变化轨迹，这一特点在表层土壤中表现尤为明显，显示出上述土壤粒级受到外力的强烈干扰，而且这种干扰因地区或景观条件的差异而各异，但干扰是恒定的。

第二节　主要景观区土壤剖面元素地球化学分布

土壤剖面是沿用土壤分类学的概念，系指在某一观察点地表向下至基岩面的垂直性柱状土壤剖面，它有别于地质学中的测量剖面。通常，测量剖面发生在地表水平方向，土壤剖面是垂直向下，是从地表向下至基岩的土壤各发生层的竖直切面。

元素在地表疏松层中的分布特征受气候条件、降水量、地表水酸碱度（pH）、植被、土壤类型、土壤结构（土壤粒度、透气透水性能）与成分（碎屑与矿物组成、有机质含量、黏土矿物、铁锰氧化物含量等）、土壤酸碱度、基岩岩性与成分、元素地球化学性质、冻融作用及某些地球化学障等众多因素的影响。不同景观区地表疏松层中元素分布规律有较大差异，地表疏松层元素分布规律对研究地球化学勘查方法、确定异常评价标志具有重要的意义。

一、土壤垂直剖面元素分布特征

1. 森林沼泽景观区

在我国东北森林沼泽景观区，地表疏松层元素贫化与富集规律主要受两种因素控制，一种是该类地区相对较多的降水、富含有机质的弱酸性环境、较强的冻融作用和淋溶作用；另一种是土壤中较多的腐殖质、铁锰氧化物、黏土矿物和土壤胶体对部分金属离子具有吸附与清除作用，致使疏松层中一些元素富集与贫化。两种因素往往同时存在，当第一种因素作用影响大于第二种因素时，淋失量大于吸附量，疏松层中部分元素贫化；当第二种因素作用影响大于第一种因素时，吸附量大于淋失量，疏松层中部分元素富集。

A. 背景区

背景区地表疏松层中元素分布总的趋势是，土壤疏松层中元素质量分数高于基岩，多数元素在地表形成富集，部分元素富集趋势不明显或反而降低，为淋失作用大于吸附作用所致。这些元素可以分为两类：疏松层富集的元素在不同类别岩石的背景值比较接近（表2-13），如Au、Ag、As、Sb、Hg、W、Mo等，这些元素在疏松层中质量分数均高于基岩。当腐殖层对元素吸附作用较强时（如Au、Ag），元素在表（A）层中的质量分数高于母质（C）层和基岩中，显示在腐殖层富集，表生富集系数1.1~4.4，个别可达7.2。当腐殖层对元素吸附作用影响不及淋失作用影响时，如As、Sb、W、Mo等，元素在母质（C）层的质量分数高于表（A）层和基岩中，显示在母质（C）层富集，富集系数1.2~4.3。

元素在不同类别岩石中的背景值存在较大差异，如Cu、Pb、Zn、Cr、Ni、Co、Mn等，

表 2-13　森林沼泽景观区背景区土壤各层位元素分布与富集系数

研究区	土壤层位或岩性（样品数）		Au	Ag	As	Sb	Hg	W	Mo	Cu	Pb	Zn	Cr	Ni	Co	Mn	Sr	Ba	有机碳
得耳布尔	表（A）层（$n=9$）	质量分数	19.15	0.42	8.95	0.70	0.25	2.52	2.05	16.6	37.0	115.5	51.8	16.7	13.0	1718	203	1095	4.72
		富集系数	7.2	4.2	1.6	0.6	1.8	1.6	1.4	1.3	1.2	0.8	4.1	1.3	1.0	1.7	0.8	1.5	
	母质（C）层（$n=9$）	质量分数	8.50	0.13	11.66	1.41	0.17	2.64	2.39	14.6	39.3	96.3	33.7	11.8	9.7	389	199	630	0.87
		富集系数	3.2	1.3	2.1	1.2	1.2	1.7	1.7	1.1	1.3	0.6	2.6	0.9	0.7	0.4	0.8	0.9	
	凝灰熔岩（$n=9$）	质量分数	2.67	0.10	5.63	1.21	0.14	1.56	1.41	13.0	30.9	150.8	12.7	12.9	13.0	1010	261	716	—
太平川	表（A）层（$n=4$）	质量分数	7.15	0.17	8.95	0.83	0.07	4.30	1.53	20.3	40.8	144.5	109.8	31.0	31.8	1075	203	536	3.78
		富集系数	1.9	1.4	2.2	1.7	1.2	0.9	0.5	0.6	1.4	1.3	1.4	0.9	1.1	1.0	0.6	0.7	
	母质（C）层（$n=8$）	质量分数	7.13	0.22	66.00	1.04	0.09	94.38	9.36	70.5	47.0	243.1	111.5	46.0	38.1	1290	253	588	1.98
		富集系数	1.9	1.8	16.0	2.1	1.5	18.8	2.9	1.9	1.6	2.2	1.4	1.3	1.3	1.2	0.7	0.8	
	花岗岩、辉绿岩（$n=9$）	质量分数	3.78	0.12	4.13	0.49	0.06	5.01	3.26	36.2	30.2	111.9	77.6	35.6	30.0	1078	338	721	—
牛耳河脑	表（A）层（$n=5$）	质量分数	3.80	0.75	58.60	33.40	0.08	4.00	3.50	27.5	67.5	172.0	71.5	35.0	21.0	1729	174	731	3.46
		富集系数	1.1	4.4	2.8	5.0	1.3	1.4	2.3	0.43	0.7	0.6	0.3	0.2	0.4	1.4	1.1	2.0	
	母质（C）层（$n=12$）	质量分数	7.11	0.33	101.58	34.03	0.09	3.73	6.60	56.1	70.5	215.3	104.4	68.4	33.4	1083	143	530	2.31
		富集系数	2.0	1.9	4.8	5.1	1.5	1.3	4.3	0.9	0.7	0.8	0.4	0.4	0.7	0.9	0.9	1.5	
	变砂岩、角岩、板岩（$n=12$）	质量分数	3.61	0.17	21.32	6.67	0.06	2.90	1.53	63.7	104.3	284.3	247.7	158.8	50.1	1229	158	359	—

注：Au 单位为 ng/g，其他元素单位为 μg/g。

（据金浚等，2006）

岩石的元素质量分数在统计时受到岩性变化（背景值也有较大变化）的影响。在陆相火山岩、岩浆岩地区，地表疏松层显示富集趋势，富集系数1.1～2.6，在沉积岩地区，元素在表层趋于贫化，贫化系数0.2～0.9。Sr、Ba则在火成岩上覆疏松层趋于贫化，而在沉积岩上覆疏松层趋于富集，显示出地质（地层）因素对元素质量分数的影响。

B. 矿化区

由于矿体和矿化基岩中成矿元素和相关指示元素质量分数较高（往往高于背景质量分数2～3个数量级），土壤对元素的吸附量与淋失量相差悬殊。随着风化与淋溶作用不断深入和介质中元素的流失，元素质量分数降低明显。自矿化基岩向地表，主要成矿元素质量分数呈规律性递减，与成矿作用关系不密切的元素，这种递减趋势不明显。

东安金矿矿体上部表（A）层中Au的贫化趋势比较显著（表2－14），表（A）层富集系数仅为0.01～0.04，即表（A）层中Au质量分数仅相当于矿化基岩的1%～4%；Ag在表（A）层富集系数为0.17～0.26，母质（C）层达0.30。得耳布尔铅锌矿区主要成矿元素Pb、Zn的富集系数为0.11～0.19，Ag的富集系数为0.2～0.3。多宝山铜矿床表（A）层Cu的富集系数为0.19～0.27。值得提出的是，由于腐殖层中有机质对Ag、Hg、Cu元素的强烈吸附，这3种元素在土壤表（A）层中的质量分数往往高于下伏母质（C）层，表现出地表富集的特点。

表2－14　森林沼泽景观区矿化区土壤各层位元素分布与富集系数

矿区	层位（样品数）		Au	Ag	Hg	Mo	Cu	Pb	Zn
东安金矿	表（A）层（$n=5$）	质量分数	7.30	0.40	53.6	5.20	14.9	25.8	80.0
		富集系数	0.01	0.17	1.44	0.50	1.80	0.99	5.30
	母质（C）层（$n=13$）	质量分数	26.0	0.60	27.2	6.70	15.9	31.6	79.8
		富集系数	0.04	0.26	0.73	0.64	1.90	1.21	5.20
	基岩（$n=5$）	质量分数	607	2.30	37.2	10.5	8.20	26.0	15.4
得耳布尔铅锌矿	表（A）层（$n=8$）	质量分数	43.0	1.30	163	1.30	18.0	188	434
		富集系数	3.58	0.30	0.53	0.18	0.20	0.05	0.11
	母质（C）层（$n=19$）	质量分数	29.7	0.90	100	1.20	17.0	650	589
		富集系数	2.50	0.20	0.33	0.17	0.19	0.19	0.15
	基岩（$n=14$）	质量分数	12.0	5.00	300	7.20	90.0	3480	3867
多宝山铜矿	表（A）层（$n=12$）	质量分数	8.20	0.59	54.7	10.5	547	26.9	91.4
		富集系数	0.13	1.48	6.40	1.94	0.27	5.20	1.49
	母质（C）层（$n=24$）	质量分数	9.00	0.29	23.2	10.8	379	31.7	64.6
		富集系数	0.14	0.59	2.70	2.00	0.19	6.10	1.05
	基岩（$n=12$）	质量分数	63.2	0.49	8.60	5.40	2034	5.20	61.3

注：Au、Hg单位为ng/g，其他元素单位为10 μg/g。　（据金浚等，2006）

从表2－14中可以看出，在矿化区疏松层出现贫化的元素以主成矿元素和主要伴生元素为主，当元素质量分数接近背景值或为背景值时，则表现为在疏松层富集。

内蒙古绰尔研究区土壤剖面（图2－35）同样显示出矿化地段从下至地表成矿元素及相关指示元素（Cu、Pb、Zn、Au、Ag、As、Sb、Hg）质量分数逐渐降低，表现出土壤剖面元素淋失贫化的明显特点。

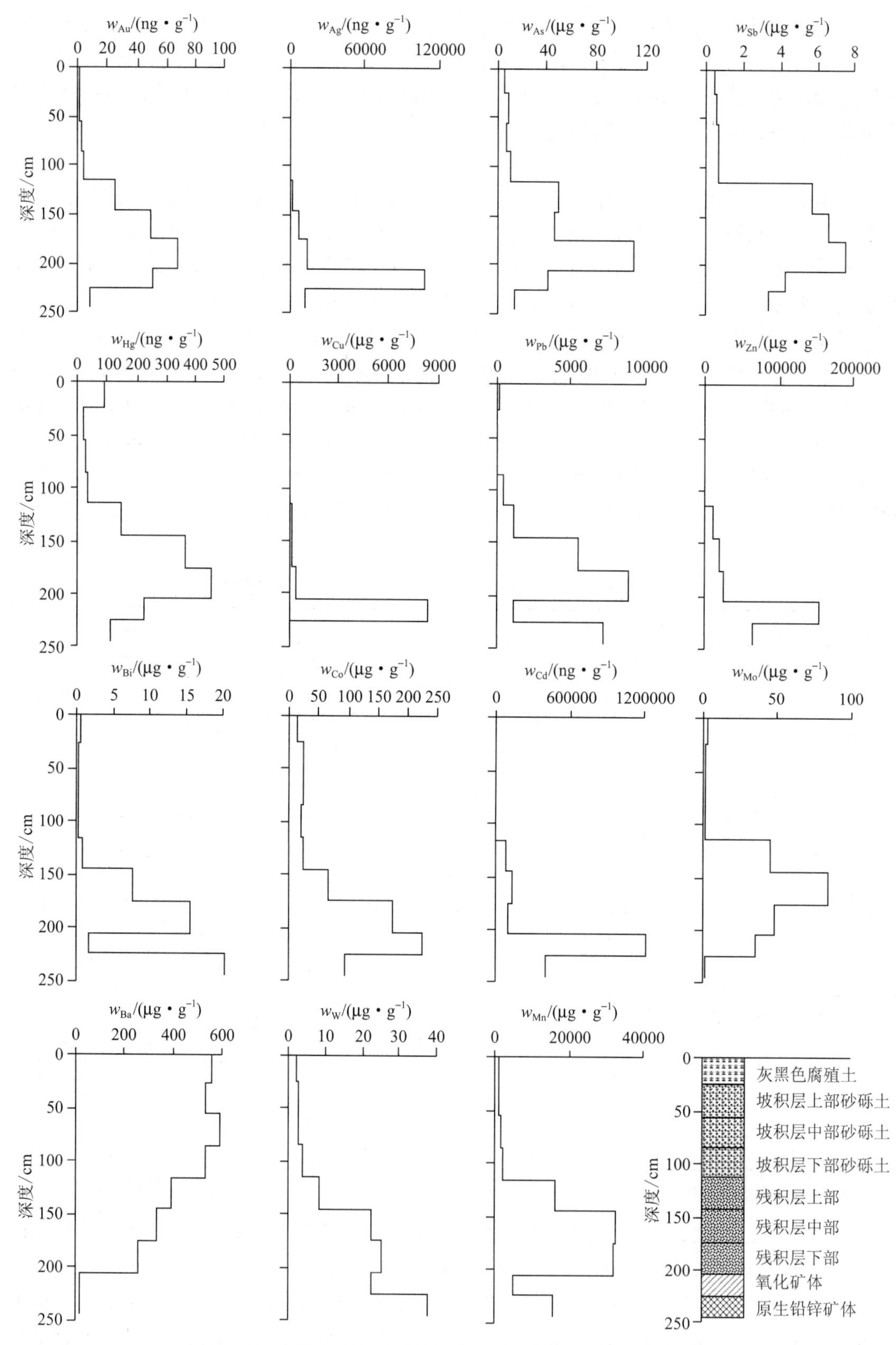

图 2－35　内蒙古绰尔研究区土壤不同层位（CP2）元素分布图

2. 干旱荒漠戈壁残山景观区

(1) 内蒙古地区元素分布特征

A. 元素在土壤各层的赋存特点

该区除洼地以外，一般疏松层很薄，仅十几厘米至数十厘米，土壤垂直剖面不发育，成壤作用较差。通常，对干旱条件下的土壤，依据各层的结构特点大致可以分为两层或三层，划分的标志是是否含有风成沙和盐积层。在盐积层不发育地区，一般分为两层：上部为含风成沙较多的表（A）层（或称风残积混合层）；下部为不含风成沙的母质（C）层。事实上，由于风成沙“无孔不入”，C层中有时也或多或少混有风成沙。在盐积层发育的地区，对土壤剖面可分为三层，盐积层主要出现在距地表20～30 cm以下的数米深度，多发育在表（A）层和母质（C）层之间，盐积层既可在母质（C）层及以上疏松层发育，也可向下在风化基岩层发育。通常，盐积层厚1 m至数米，与土壤的厚度关系不明显。

B. 元素在母质（C）层与下伏基岩的分布

共选择5个研究区，采集母质（C）层与其下伏基岩样品，对元素富集系数进行统计（表2－15），岩石样品和土壤母质（C）层样品在同一地点采集。母质（C）层样品取－4目，因为这种粗、细混合粒级更能代表成土母质层的基本特点。

表2－15　干旱荒漠戈壁残山景观区土壤中元素的富集系数

研究区		Cu	Pb	Zn	Mn	Mo	As	W	Sn	Ni	Co	La	Nb	Ce
东七一山	背景区（$n=20$）	2.61	1.25	1.60	1.60	1.50	3.75	3.18	1.00					
	异常区（$n=10$）				0.47			0.63	0.36					
红古尔玉林	背景区（$n=23$）	2.07	1.25	1.57	1.30		8.90							
	异常区（$n=11$）	0.57	0.67	0.65										
霍各气	背景区（$n=15$）	1.74	1.80	1.31			1.55							
	异常区（$n=8$）	0.53	0.36	0.32										
白云鄂博	背景区（$n=19$）	0.83	1.15			0.55	1.56					1.47	0.57	—
	异常区（$n=15$）											0.36	0.55	0.38
白乃庙	背景区（$n=21$）	1.53	1.75	1.13	1.06	—								
	异常区（$n=18$）	0.69				0.96								

注：共19条土壤－岩石地球化学剖面统计结果；富集系数为土壤母质（C）层样品中各元素质量分数与岩石样品中各元素质量分数的比值。

从表中可以看出，所测定的元素在土壤母质（C）层中几乎都发生了强烈的分异。虽然分异程度随地区、地质背景和元素而异，但具有以下明显规律：

1）在背景区，几乎所有元素都在母质（C）层中发生次生富集（白云鄂博的Cu、Mo、Nb除外）。As、W、Cu等元素在一些地区富集程度较高（富集系数超过2），其他元素富集系数一般多在1.3～1.8之间。但从西向东，随着降雨量增大、蒸发量减小，Cu、Zn、Mn、As、Mo等元素的富集系数有随之减小的趋势。

2）在矿化区和异常区，几乎所有的成矿元素均在母质（C）层中发生贫化。富集系数多在0.32～0.69之间，即相当于下伏矿化“基岩”（实际上是弱风化岩石）中元素质量分数的1/3～2/3。且矿化越富集，母质（C）层中元素贫化幅度越大，反之越小。在某些硫化矿床的弱至中等异常区，有的甚至接近或超过基岩质量分数。

采集混有风成沙的 -4 目混合粒级样品将导致干旱、半干旱区土壤测量元素背景值普遍抬高，异常衬度减小，矿致异常不同程度弱化，个别地段可能出现假异常和假趋势（图 2-36）。

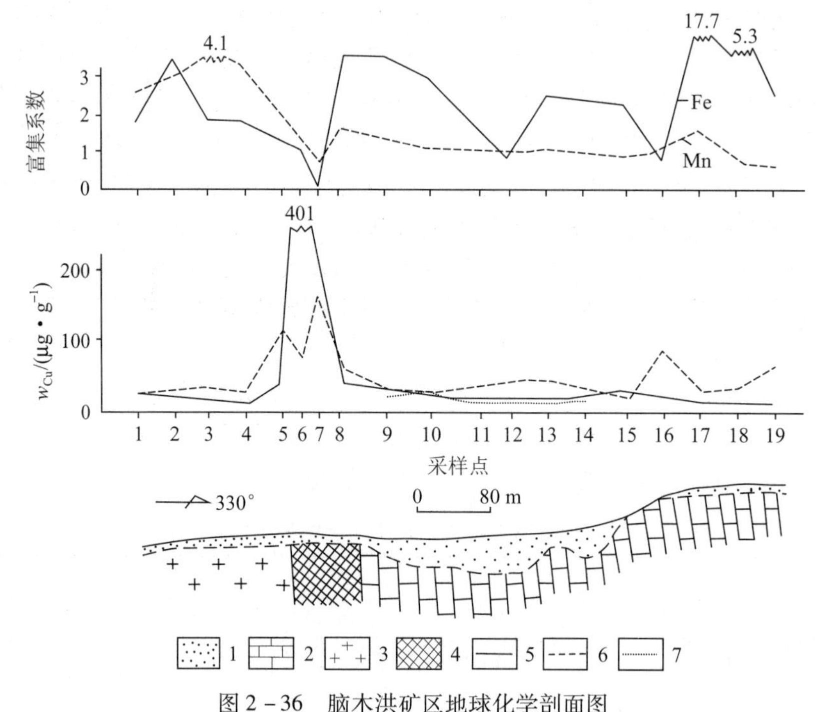

图 2-36 脑木洪矿区地球化学剖面图

1—风积残积层；2—灰岩、大理岩；3—花岗岩；4—Cu 矿化体；5—岩石中 Cu 质量分数线；6—残积土中 Cu 质量分数线；7—风成沙中 Cu 质量分数线

在背景区，元素在母质（C）层中富集的原因与气候干旱、深层溶液上升地表、易溶盐和一些组分在地表聚积有关。研究表明，易溶盐和其他一些组分的一部分源自土壤和下部硅酸盐和铝硅酸盐的分解与破坏，然后随水分蒸发进入母质（C）层。在东七一山，用 0.3 M 的冷柠檬酸胺溶液对疏松层下的花岗岩、凝灰质变砂岩、安山岩、石英岩等进行浸提，平均可以提取出大约占总量 13.8% 的 Cu、18.67% 的 Pb、11% 的 Zn、19.48% 的 Ni、27.22% 的 Mn 和 19.53% 的 Co。对母质（C）层土壤进行浸提，上述元素的提取率均比下伏基岩高。

（2）甘肃北山地区元素分布特征

A. 土壤垂直剖面理化特性

北山地区包括新疆东天山和内蒙古阿拉善，其土壤在土壤分类学上为干旱土类，亚类为盐积正常干旱土（即前土壤分类的灰漠土、灰棕漠土和棕漠土或棕钙土等）。

盐（钙）积土壤剖面厚度通常小于 1 m。在土壤表层向下至 0.3 ~ 3 m 范围内出现盐积层、盐磐层堆积，地表为孔泡结皮层。在土壤剖面 30 ~ 100 cm 多出现石膏层和盐积层，石膏和盐积淀积部位多分离，不在同一部位出现，且各地段淀积的盐类差异明显。

中国科学院南京土壤研究所雷文进等（1992）和冶金西北地勘局周斌等（2005）曾对该区近邻同类土壤进行研究，本书将结合他们的研究结果进行研究与探讨。中国科学院南京土壤研究所在研究盐积正常干旱土剖面时选择了新疆伊吾县淖毛湖，属于干旱荒漠戈壁残山景观，位于本书研究区北西 500 km 处，降水量小于 50 mm。选择的土壤剖面母质层为花岗岩砾质风化物，地表风蚀强烈，覆盖物为具磨圆的砂砾石，砾石表面漆皮发育良好，该区气候为我国的极干旱区。

土壤垂直剖面主要理化指标见表2-16。尽管土壤以粗骨架为主，但在土壤上层仍出现了黏质土壤，其他部分仍为砂质。区内土壤为碱性，pH均大于8，地表因盐类聚集而pH升高。从剖面上可以看出，盐类淀积开始出现在10 cm以下，出现了与硫酸盐和碳酸盐相关的石膏（$CaSO_4 \cdot 2H_2O$）、碳酸盐和其他易溶盐淀积。在本剖面，石膏主要出现在偏上部，即40 cm左右部位，而钠盐和钾盐在石膏之上未出现，却大量出现在石膏主层及其下。出现的盐磐主要与石膏及钠盐和钾盐等易溶盐有关。盐积层由石膏和其他易溶盐类组成，其淀积量一般为20～80 g/kg，剖面上盐类淀积最高达262 g/kg。

表2-16　北山地区盐积正常干旱土理化性质

深度/cm	质地	pH(H_2O)	$CaCO_3$相当物/g·kg^{-1}	$w(CaSO_4 \cdot 2H_2O)$/g·kg^{-1}	阳离子交换量/cmol·kg^{-1}	交换性Na^+/cmol·kg^{-1}	$m(Cl^-)$/cmol·kg^{-1}	$m(\frac{1}{2}SO_4^{2-})$/cmol·kg^{-1}	$m(\frac{1}{2}Ca^{2+})$/cmol·kg^{-1}	$m(Na^+ + K^+)$/cmol·kg^{-1}
0～3	黏质	9.0	107	1	10.96	4.13	13.77	2.41	0.91	15.67
>3～9	黏质	8.7	95	34	11.70	4.25	16.62	19.86	12.73	23.72
>9～18	砂质	8.6	89	157	8.78	—	17.51	24.38	16.92	25.17
>18～40	砂质	8.3	29	214	11.41	—	95.43	37.21	23.57	108.86
>40～68	砂质	8.2	186	76	9.51	—	81.28	27.28	20.43	88.22
>68	砂质	8.3	142	60	—	—	46.10	27.12	17.24	50.01

（据雷文进等，1992）

由表2-16可以看出，交换性Na^+出现在表层，而较高的阳离子交换量主要出现在剖面70 cm以上，各层位间的阳离子交换量差异不十分明显。盐类淀积形成的盐磐，以Cl^-为主、SO_4^{2-}为辅。阳离子中主要为K^+和Na^+，而Ca^{2+}和Mg^{2+}相对较少。

冶金地勘总局西北地勘院（周斌等，2005）在西部相邻的东天山区采集盐磐样品的分析结果见表2-17。在干旱荒漠景观区，干旱土壤剖面盐类沉积形成的盐磐中，以钠盐为主，占85%以上，钾盐次之，且显著低于钠盐。与之相对应，Cl^-占65%以上，在负离子中占绝对优势，SO_4^{2-}居第二位，较Cl^-显著偏少。Ca^{2+}、Mg^{2+}和CO_3^{2-}含量极微。上述结果表明，该区土壤中的盐类富集层以Na^+和Cl^-的盐类为主，由NaCl、Na_2SO_4、$MgSO_4$和$CaSO_4$等盐类组成盐磐层。表2-17的结果与表2-16中盐类分布非常吻合。表2-17中的盐磐位置相当于表2-16土壤剖面的下部，该部分全盐和Cl^-明显增高，恰好处在盐磐部位。

表2-17　北山地区盐磐水溶盐类离子成分

成分	小尖山研究区（pH=8.8）			土屋研究区（pH=8.4）		
	m/mg	n/mmol	w_B/%	m/mg	n/mmol	w_B/%
K^+	16.0	40.9	2.69	9.00	23.0	1.81
Na^+	209.0	909.1	35.1	175.0	761.2	35.2
Ca^{2-}	3.71	9.25	0.62	4.79	11.94	0.96
Mg^{2+}	0.03	0.123	0.005	0.091	0.374	0.018
Σ阳离子	228.7		38.4	188.9		37.99

续表

成分	小尖山研究区（pH = 8.8）			土屋研究区（pH = 8.4）		
	m/mg	n/mmol	w_B/%	m/mg	n/mmol	w_B/%
Cl^-	288.0	812.3	48.35	243.7	687.4	48.99
SO_4^{2-}	78.65	81.87	13.21	64.60	67.25	12.99
HCO_3^-	0.049	0.080	0.008	0.037	0.061	0.007
CO_3^{2-}	0.090	0.150	0.015	0.018	0.030	0.004
NO_3^-	0.060	0.097	0.010	0.108	0.174	0.022
Σ阴离子	366.8		61.6	308.5		62.0
干涸残渣	595.6			497.4		

注：m 为各成分在 1 g 样品中的质量；n 为各成分在 100 g 样品中的物质的量，$n = (m/M_r) \times 100$；w_B 是 B 离子在干涸残渣中的质量分数。

（据周斌等，2002）

B. 土壤垂直剖面元素分布特征

在小西弓和老虎山研究区，选择 XTP1、XTP3、XTP23 和 LTP1、LTP3 剖面进行垂直剖面采样，分析元素含量。为了获取更多信息，每条垂直剖面样品增加了 K、Na、Ca 等元素的全量分析和 pH、电导率的测定。

图 2－37～图 2－41 是区内 5 条土壤垂直剖面元素分布图，5 条剖面分别采自 2 个研究区的不同地点，下伏基岩各不相同，残积厚度差异明显。

由图可知，5 条垂直剖面元素分布存在一个共同特点，即土壤母质（C）层向上约 20～40 cm 范围内，几乎所有元素均表现出质量分数降低或淋失贫化的特点。尽管在个别土壤垂直剖面的个别元素降低幅度不大或呈现略升高趋势，但这一个别现象并不影响土壤垂直剖面底部母质（C）层元素质量分数总体降低，即呈淋失的分布特点。

土壤母质（C）层元素分布并不受上部层位成壤作用的影响，同时亦较少受上部层位出现盐积的影响，这一元素分布变化仅出现在母质 C 层内。随着干旱荒漠戈壁残山景观区成壤的原始作用和盐积作用增强，土壤垂直剖面上元素的次生富集与贫化会随之发生变化。

在土壤母质（C）层上部，土壤层的元素分布特点明显。依据 K、Na、Ca 三种元素分布特点和与其他微量元素的相互关系可将其归纳为两种分布类型：①K_2O、Na_2O 在地表略富集，中部出现 CaO 富集，K_2O 或 Na_2O 主要富集在 CaO 下部；②K_2O 或 Na_2O 在剖面上部富集，而 CaO 在土壤剖面的中、下部富集。

在 Ca、K、Na 分布的第一类土壤垂直剖面（图 2－37，图 2－38）中，从下部土壤垂直剖面向上，即从母质（C）层至表（A）层，Au、Bi、As、Ag、Cd、Cu、Mo、Pb、Sb、Fe 等大多数元素表现为质量分数逐渐降低的特点，这些元素质量分数向上层逐渐降低后，在距地表 0～20 cm 的范围内部分元素质量分数开始抬升，但抬升的幅度较小。Hg、Co、Zn、W、Sn、Cr、Mn 等元素在剖面 50 cm 区段质量分数出现与前述元素分布不同步的现象，其中多数元素质量分数在表（A）层较高，少部分元素在剖面的中间部位较高。

剖面表（A）层质量分数增高的元素有 K、Na、Ca、Ni、Mo、Hg、Cu、Cd、As、Ag、Au、Zn、Sb、Mn 等，主要原因可能是：①与附近矿化有关。这些元素主要为 Au 矿化及其伴生元素，在该类剖面的上风向（北西方向）出露的矿化体在风力吹蚀作用下，矿化碎屑被吹蚀，沿风向迁移至剖面处。近年来采矿活动产生的地表堆积物增强了地表物质的风力搬

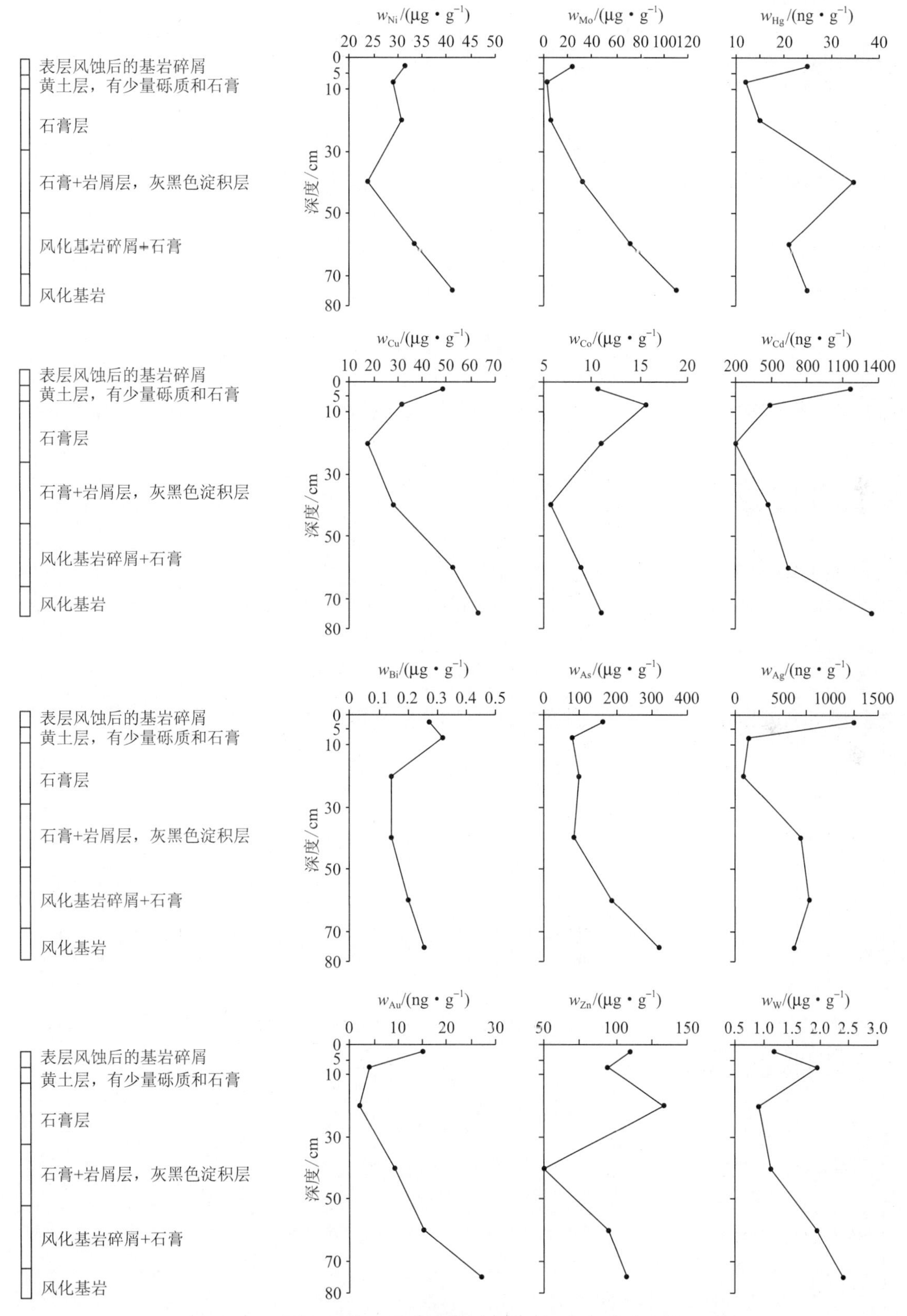

图 2-37　小西弓研究区土壤垂直剖面（XTP3）元素分布图（一）

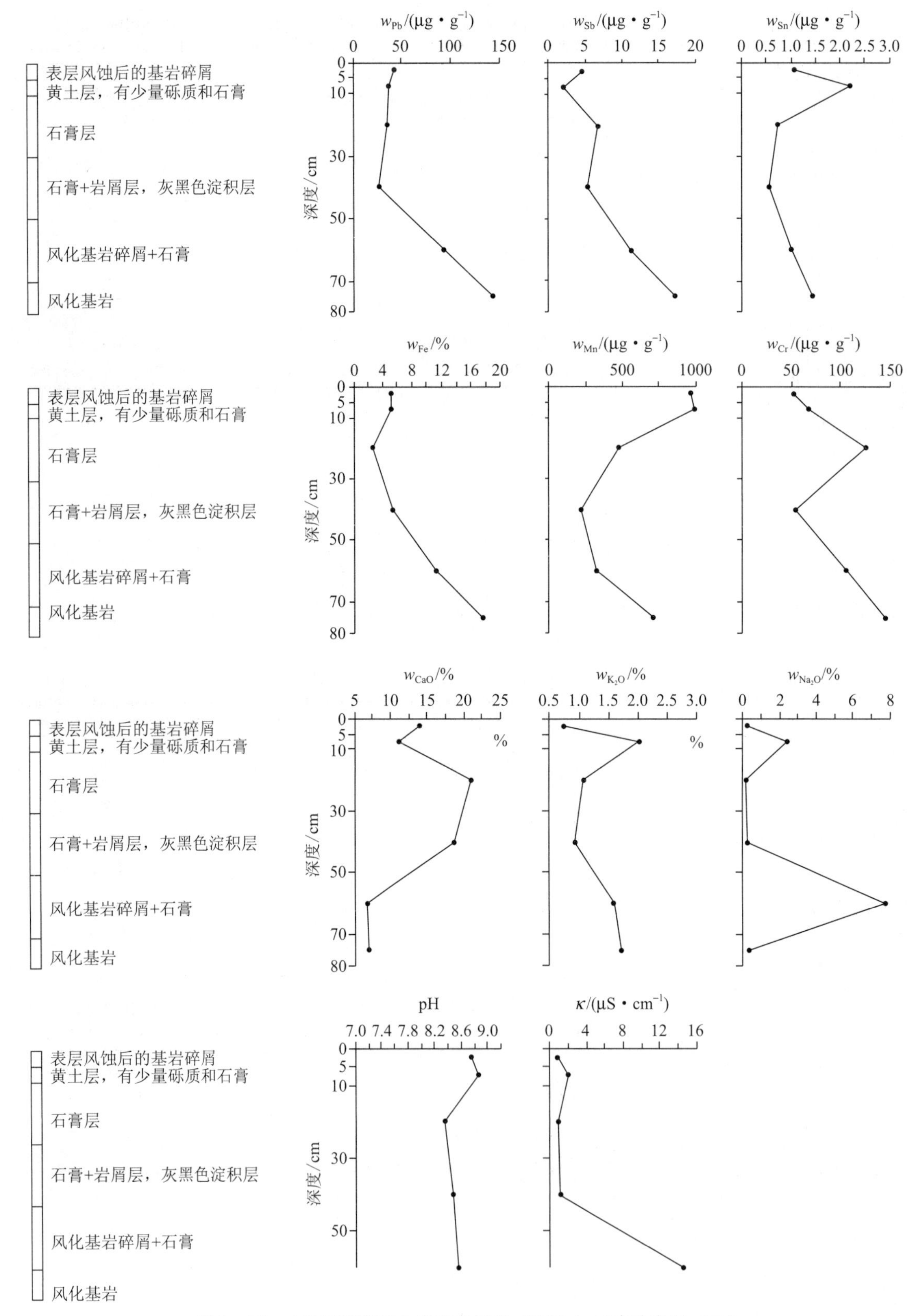

图 2-37 小西弓研究区土壤垂直剖面（XTP3）元素分布图（二）

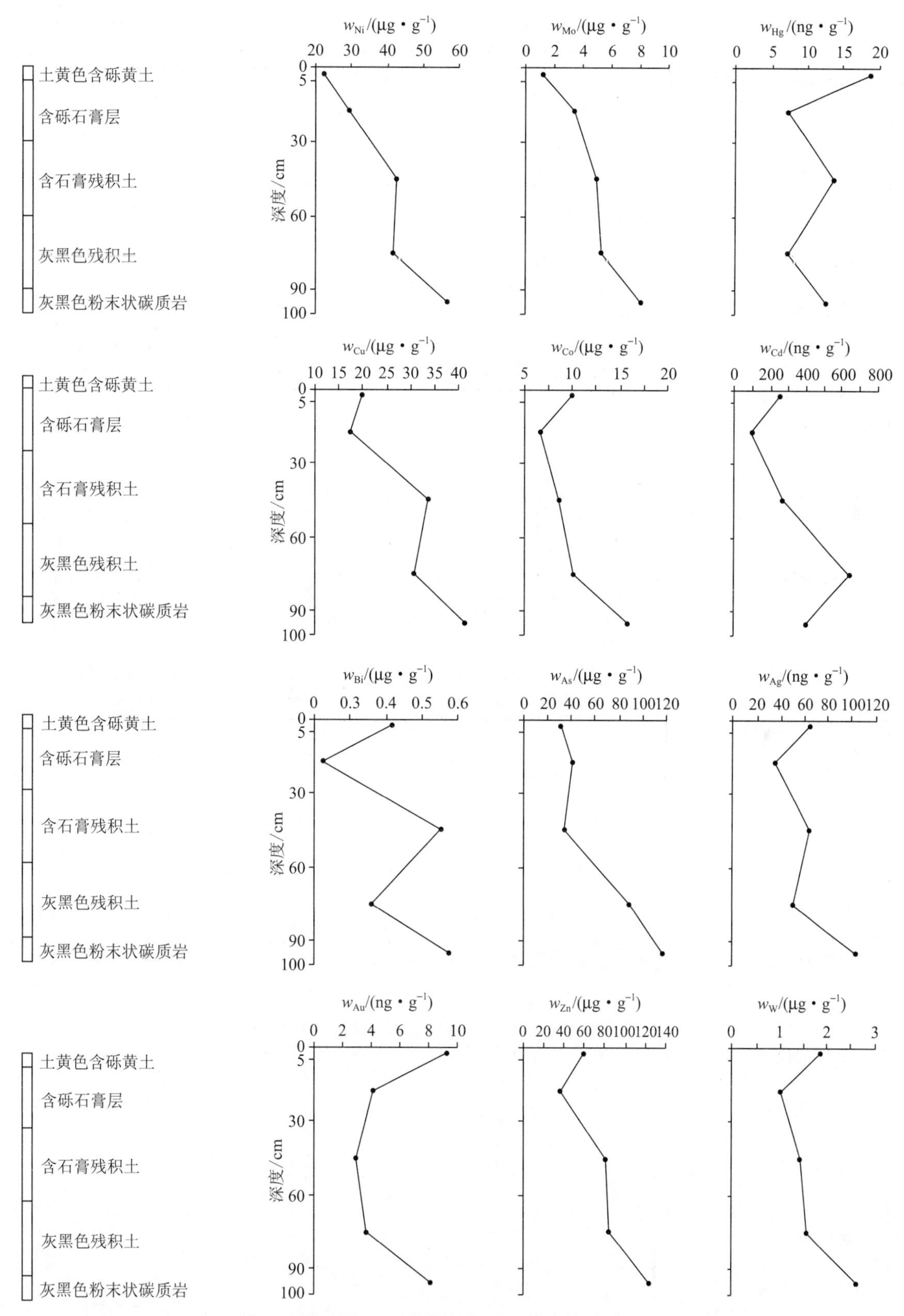

图 2-38　小西弓研究区土壤垂直剖面（XTP23）元素分布图（一）

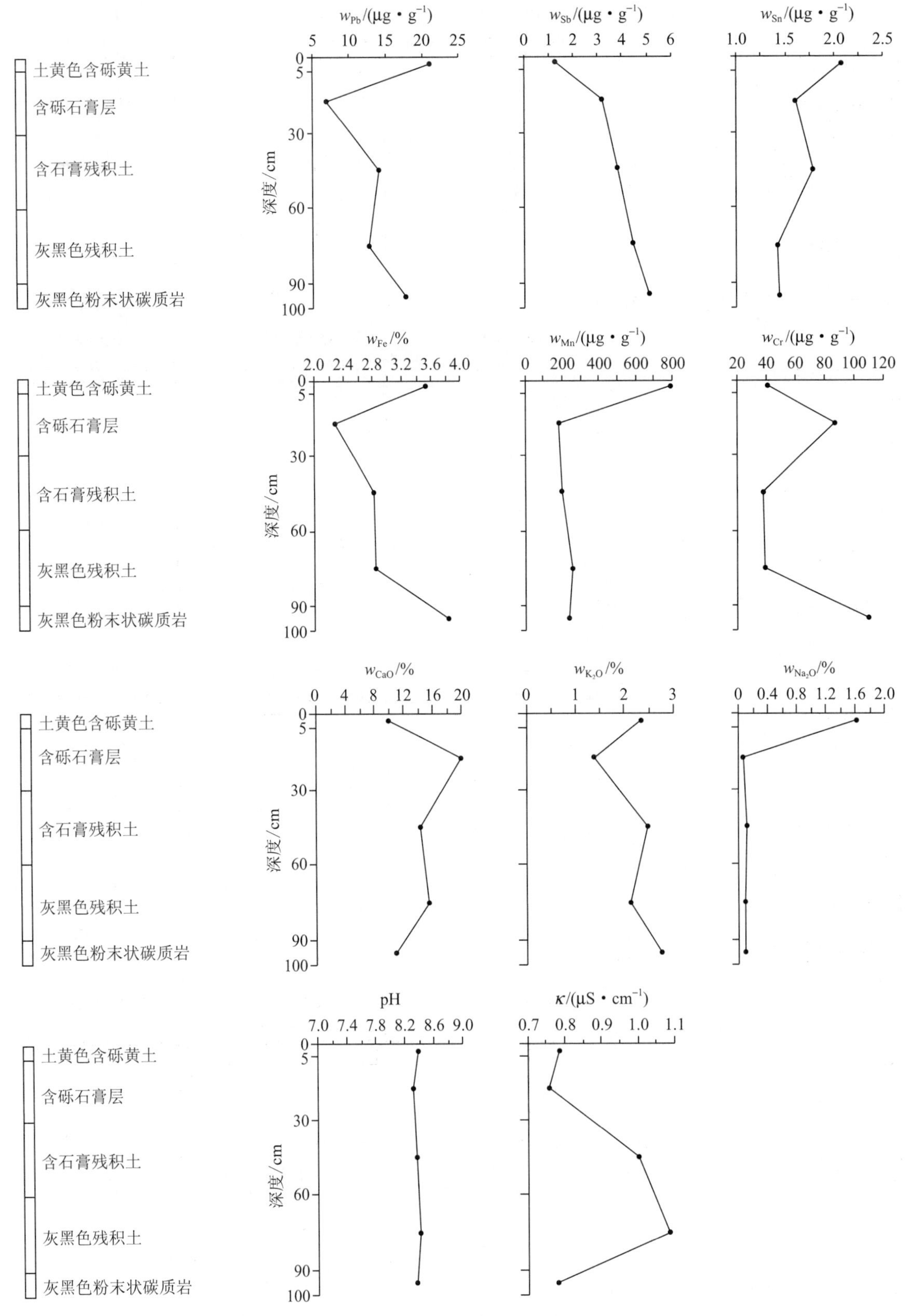

图2－38 小西弓研究区土壤垂直剖面（XTP23）元素分布图（二）

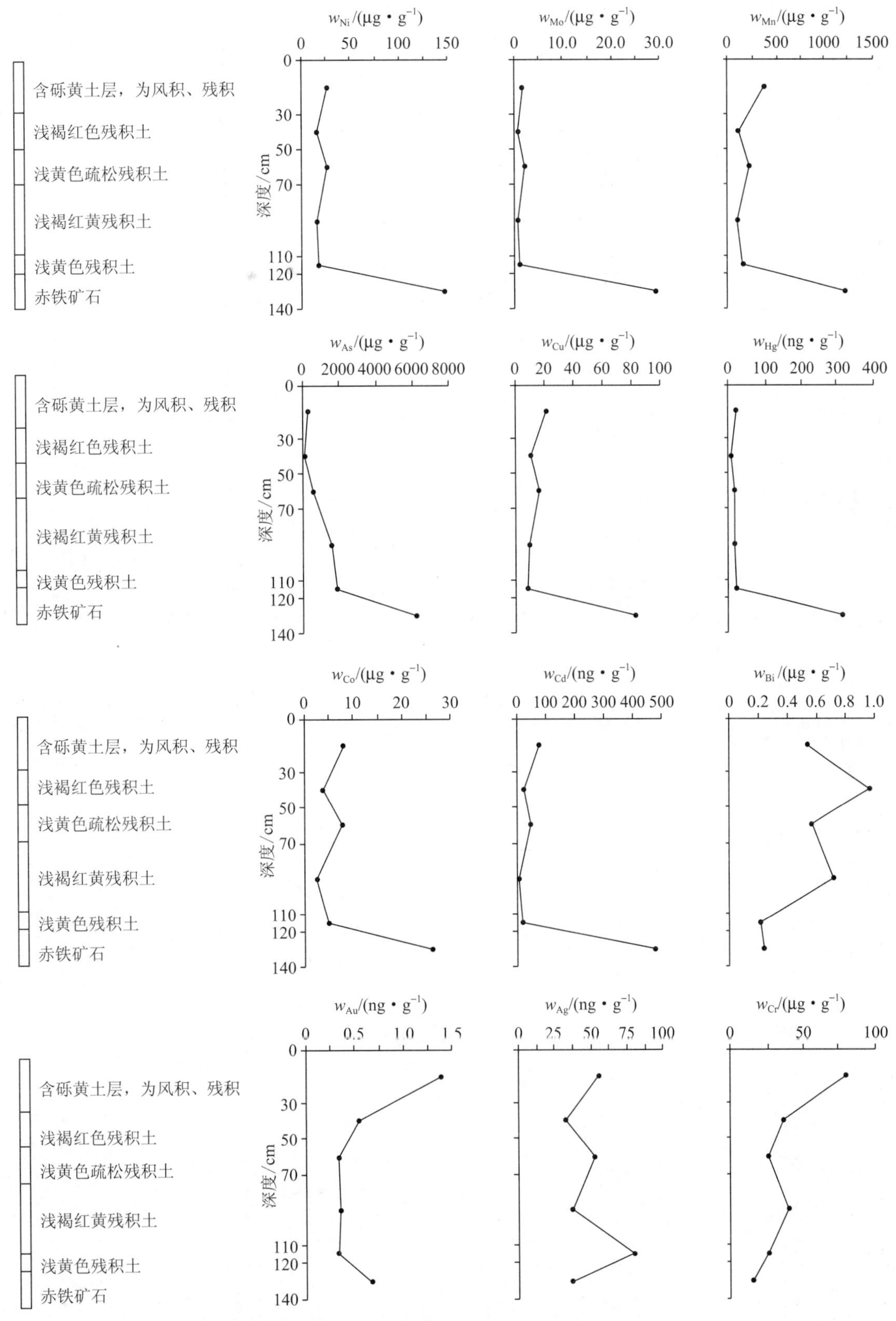

图2-39　老虎山研究区土壤垂直剖面（LTP1）元素分布图（一）

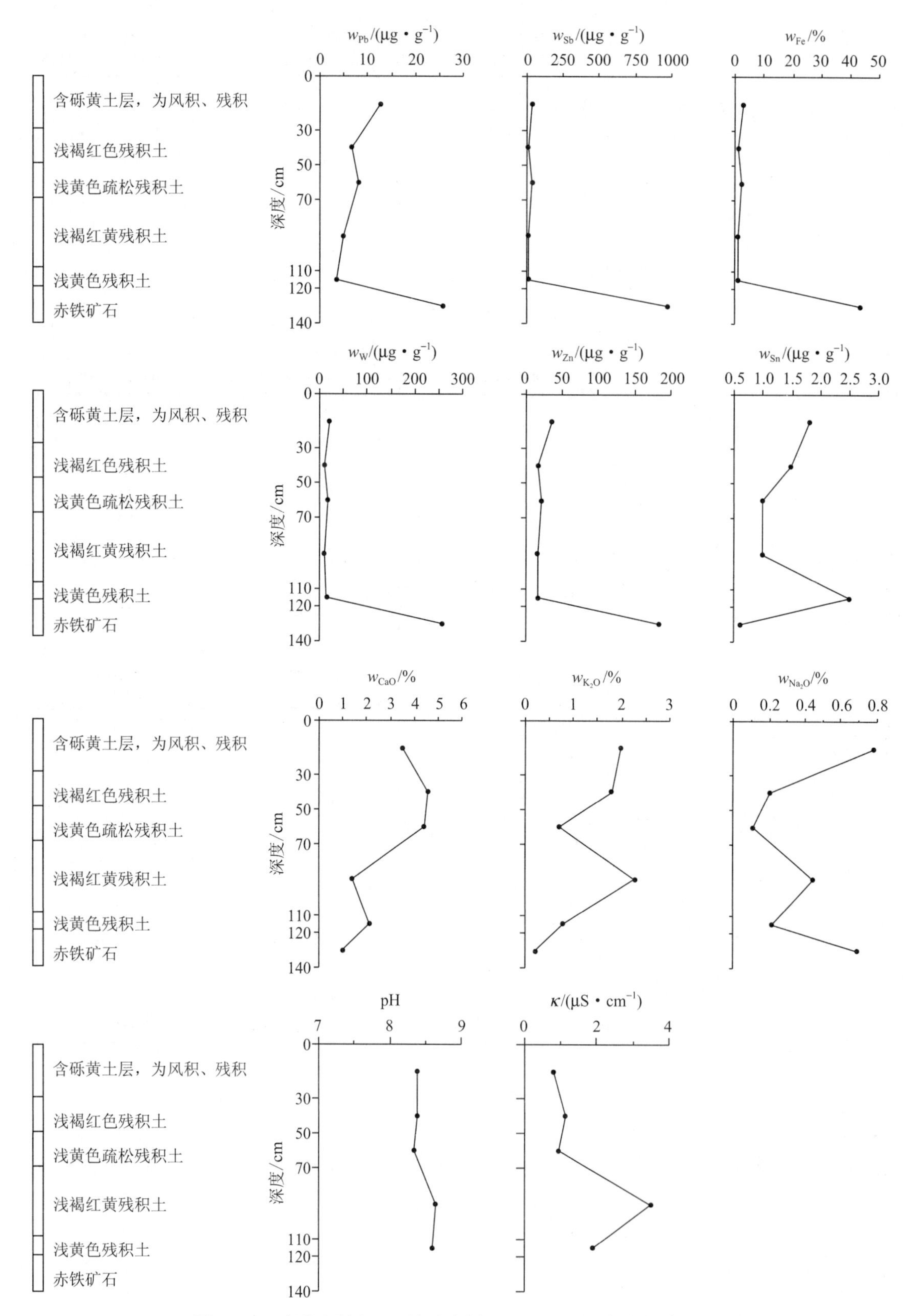

图 2-39 老虎山研究区土壤垂直剖面（LTP1）元素分布图（二）

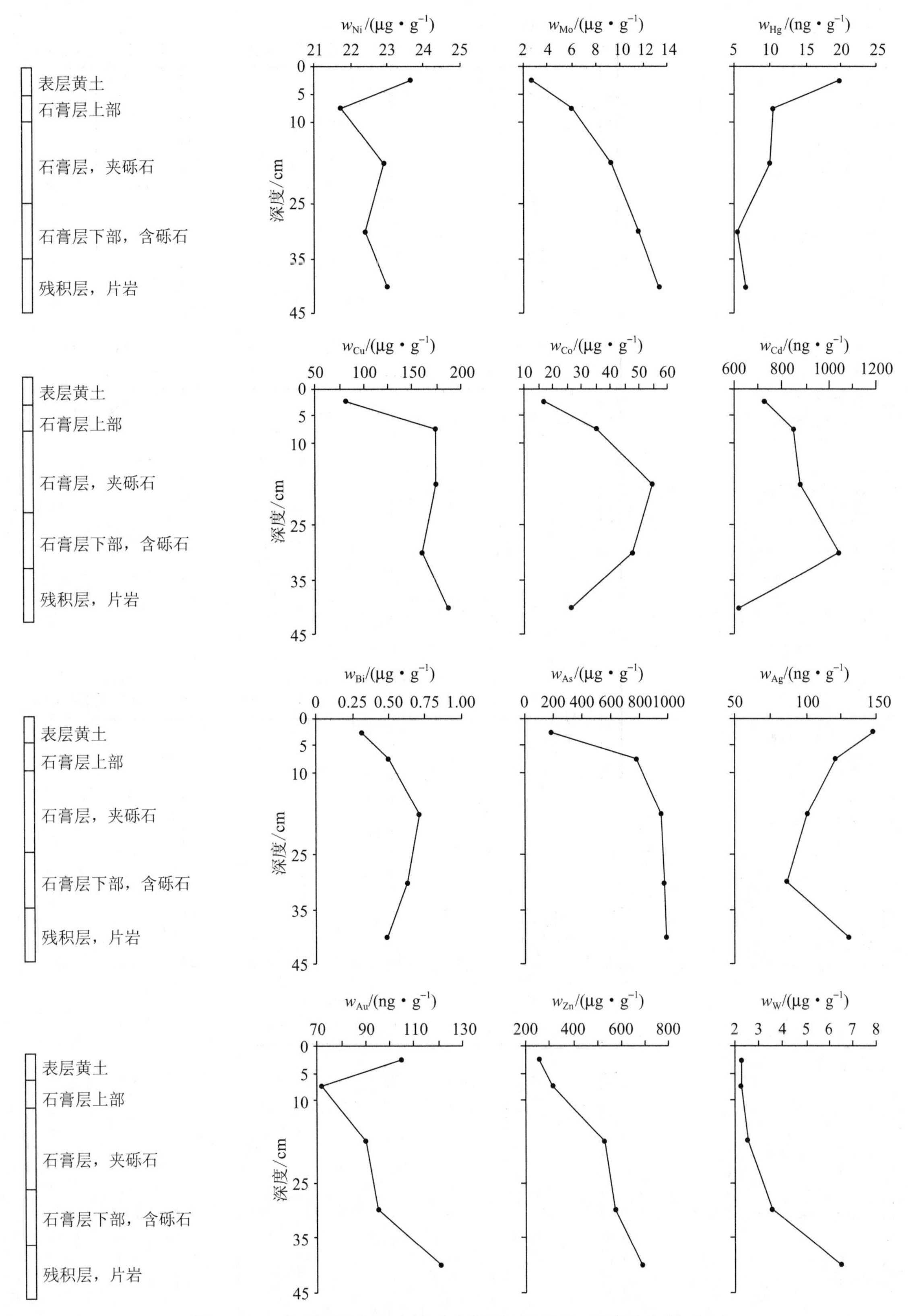

图2-40　小西弓研究区土壤垂直剖面（XTP1）元素分布图（一）

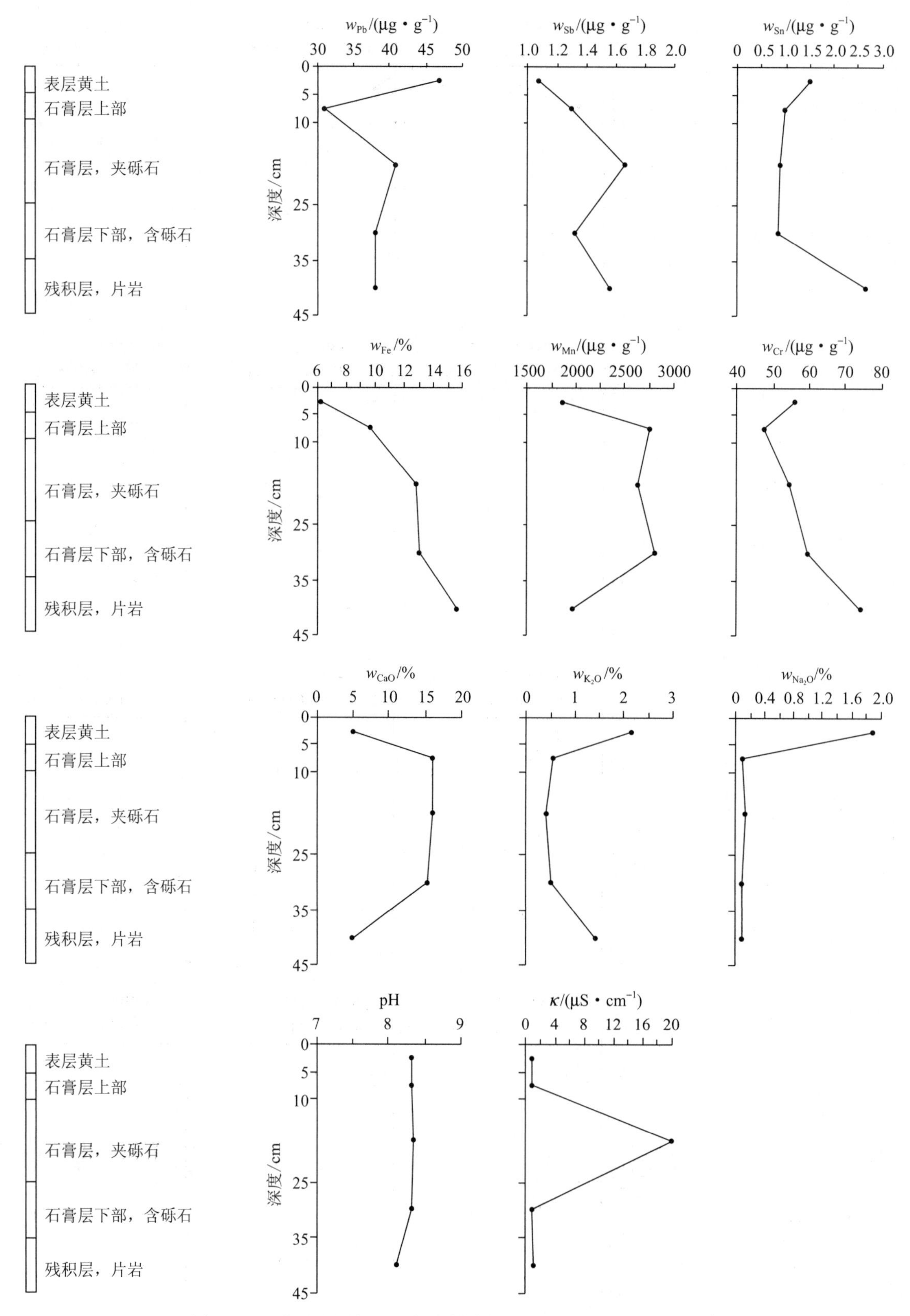

图2－40 小西弓研究区土壤垂直剖面（XTP1）元素分布图（二）

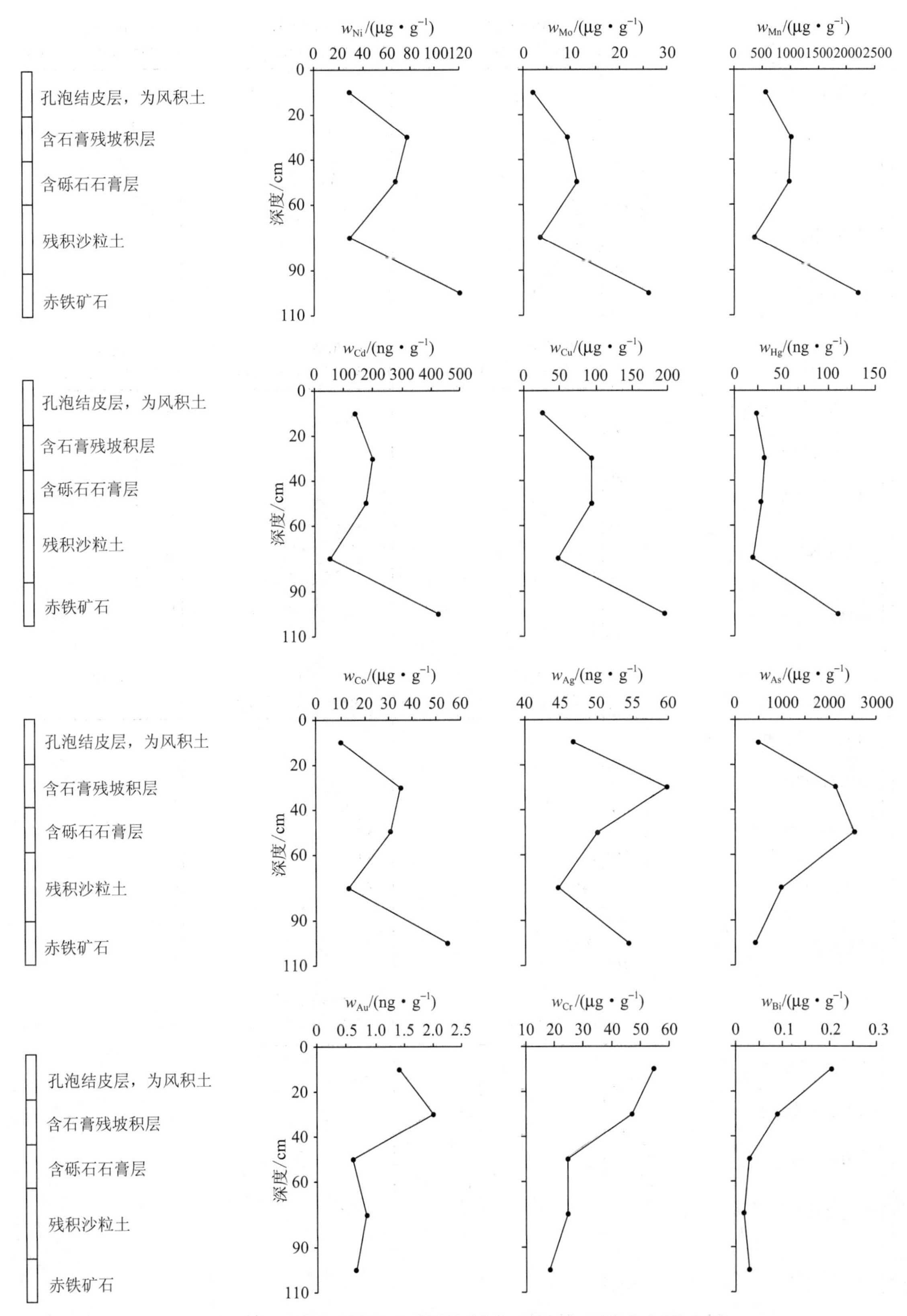

图 2-41　老虎山研究区土壤垂直剖面（LTP3）元素分布图（一）

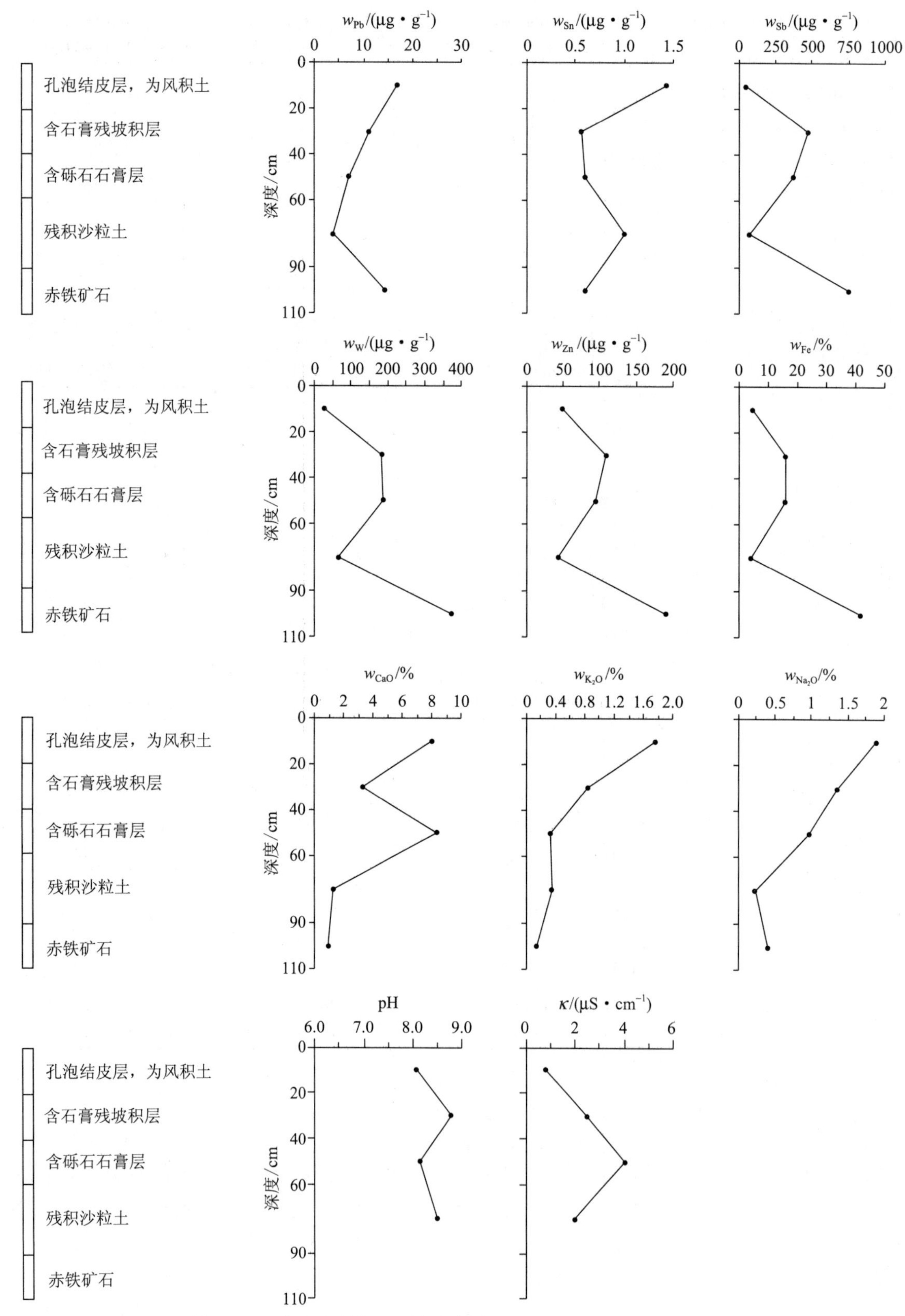

图 2－41　老虎山研究区土壤垂直剖面（LTP3）元素分布图（二）

运作用，使剖面上部的多数元素质量分数增高。②干旱荒漠景观正常干旱土的一个最大特点是易溶盐（钾盐、钠盐、钙盐）在干旱条件下向地表和低洼处聚集，在表（A）层10 cm范围内形成盐类淀积黏化层。在每年的旱季，活跃的氯盐、碳酸钠盐等再次上升或侧移到碱化淀积黏化层，使表（A）层的阳离子交换量和钠离子交换量增加，pH升高。当部分随盐类向上或侧向运移的离子进入地表后，干旱蒸发作用和碱化淀积黏化层的滞留，使得土壤表（A）层部分元素质量分数增高。通常，因盐类淀积而出现的元素质量分数增高幅度偏小。

在土壤垂直剖面中部，只有Ag、Hg、Sb、Cr、Zn、Bi等质量分数增高，对照剖面上K、Na、Ca的分布，这些元素质量分数增高部位多分布在CaO高质量分数部位或其下部。在剖面中、下部，电导率明显偏高，离子总量较大，处在CaO高值的下部。CaO高值区段为石膏和其他盐类为主的淀积层，并形成碱性地球化学障。在盐积和石膏层碱性地球化学障的阻滞下，部分活动金属离子在CaO高值区的盐积层下部被滞留。

图2－39与图2－37和图2－38中的CaO、K_2O和Na_2O分布类型基本一致，但其中其他元素分布略有差异。图2－39显示的土壤垂直剖面，其底部为强烈赤铁矿化的基岩，剖面上CaO、K_2O和Na_2O分布特点与石膏、盐积出现的部位相一致，CaO、K_2O和Na_2O是剖面盐类淀积基本的反映，电导率的高值与CaO下部的盐积或盐磐层有关。受基岩赤铁矿化的影响，该剖面上众多元素除在底部的赤铁矿化层具有高质量分数外，其上部各层元素质量分数变化不大，只在很小范围内波动，未显示出在土壤某一部位具明显富集的特点。尽管在剖面中部出现石膏层和盐磐，在盐磐下部电导率增高，但大量盐类淀积对多数元素在土壤剖面中的分布并未产生明显影响，或被底部矿化基岩中元素的高质量分数所掩盖，以至未出现明显的富集与贫化。Bi和Ag质量分数的较弱变化出现在CaO高质量分数上、下两端，即Na_2O的高值区内，Ag和Bi的偏高质量分数可能与钠盐的淀积有关。

在土壤垂直剖面元素分布中（图2－40，图2－41），CaO、K_2O和Na_2O分布特点为K_2O和Na_2O在剖面的上部富集，CaO主要在中、下部富集。在该类型的土壤剖面中，电导率高值主要出现在CaO下部，随着剖面上Ca、Na和K的盐类聚集形成盐积层或盐磐，对元素在剖面上的分布产生较为明显的影响。从图2－40可以看出，与CaO分布具有一定相似性的元素有Cu、Co、Bi、As、Mn、Cd等。而在图2－41中，除上述元素与CaO分布有相似性外，还增加了Mo、Ni、Hg、Fe、W、Zn等。这些元素质量分数在母质（C）层降低，表现出弱贫化特点。在土壤剖面的中部，这些元素与CaO的聚集具有较密切的关系，其分布与CaO具有较好的相似性。CaO与上述元素分布在土壤剖面的相关性表明，在干旱气候条件下，正常干旱土成壤过程中，在剖面中部出现钙盐淀积，尽管剖面分析测试的为CaO全量，但在该部位，CaO质量分数明显增高，与干旱土中的钙盐的次生积累位置十分吻合。

伴随土壤垂直剖面钙盐的淀积，形成了以钙盐为主的碱性地球化学障。在以钙盐为主碱性地球化学障的屏蔽下，与钙盐关系密切的元素随之在钙盐淀积部位发生富集。由于元素化学特性的差异，在钙积层发生富集的元素，富集部位不尽相同，Mn、Cu、Fe、W在整个钙积层均具有较高的质量分数，其富集遍布整个钙积层；As、Mo、Cd等趋于在钙积层的下部富集；Co、Hg、Sb、Ag、Ni、Cr、Au等在钙积层上部明显富集。尽管各元素在钙积层富集的部位不尽相同，但这些元素受钙积层碱性地球化学障的影响，在钙积层的上部质量分数明显降低。

整个土壤垂直剖面显示出的碱性特征、电导率的高值区主要出现在钙积层下部。电导率高值一方面与钙积层下部存在较多的易溶盐有关，同时也与钙积层下部富集的金属离子有关。由钙盐淀积层形成的碱性地球化学障，对从下伏矿化体或基岩风化产生的金属易活动组分具有十分明显的阻滞或滞留作用。大部分元素在钙积层作用下发生聚集或沉淀，在该剖面中这种作用较为明显。

K_2O 和 Na_2O 在土壤表（A）层明显富集，土壤上部与 K_2O 和 Na_2O 共同发生富集的元素主要有 Au、Ag、Ni、Hg、Sn、Cr、Bi 等。在土壤不同地段的剖面上，这些元素在表（A）层的富集与分布不尽相同，其中 Sn、Cr 在 2 条剖面上有共性，其他元素只在 1 条剖面上有显示。表（A）层出现元素富集的差异可能主要与表层盐类的类型有关。在土壤剖面表层，一般以 Na_2O、K_2O 为主，CaO 较少，部分剖面表层则以 Na_2O、K_2O 和 CaO 具较高质量分数为特点，这种表层中 Na_2O、K_2O 和 CaO 盐量的差异使表层富集的元素及其质量分数出现变化。

依据土壤垂直剖面中元素分布特征分析认为，以基岩为母质发育的土壤剖面中，钙积层对元素分布影响是直接的和主要的。在成壤过程中，以元素质量分数从下至上呈逐渐降低为主要特征，这是干旱荒漠戈壁残山景观条件下元素在土壤剖面中的基本特征，也是基岩风化的元素分布呈弱淋失的基本特征。

土壤上部掺入风积物可改变土壤剖面元素的正常分布状态。当风积物中元素质量分数偏低时，可明显降低风积物掺入层的元素质量分数，具有明显的稀释作用。当近源岩屑中含有矿化物质时，或风积物元素质量分数高于土壤时，可改变土壤表层的元素质量分数，使土壤上部或表层元素质量分数升高。

土壤垂直剖面中 Na_2O、K_2O 和 CaO 大部分来自盐（钙）积累。在部分土壤垂直剖面，盐（钙）积累形成的碱性地球化学障对元素具有富集作用，但不十分明显。在部分剖面，大部分元素分布曲线与钙盐富集层关系较密切，且在钙盐富集部位各元素出现的富集位置不尽相同。钾盐和钠盐在剖面上部出现富集，同时伴随部分元素质量分数偏高，但富集元素较少，其作用不如钙积层。表面聚集盐类的差异导致富集的元素明显不同。在干旱荒漠残山景观区，土壤类型以正常干旱土为主，区内地质、微地貌、微景观及地下水位等诸多条件的差异可使土壤剖面的盐类（或钙）淀积产生差异，形成 Ca、K 和 Na 等种类不同的碱性地球化学障。这种差异可对金属元素的迁移、富集产生影响，使元素发生富集与贫化，其特点为：分布不均匀；富集部位不同；均属于弱富集。

（3）东天山区元素分布特征

A. 土壤垂直剖面理化特性

东天山地区土壤类型与北山地区相同，同属为干旱土类，是在极干旱荒漠环境下发育的具有原始特性的土壤类型。土壤垂直剖面主要由两部分组成，上部为风积（A）层，下部为残积母质（C）层，母质（C）层之上成壤的残积不发育，多为风积直接覆盖在基岩风化碎石层，即母质（C）层之上。土层表面常由砾石和粗沙组成，砾石多为滚圆或半滚圆状，表面常有铁锰黑色漆膜。整个剖面主要由砾石或碎石及沙组成。剖面表层常见厚约 1 ~ 3 cm 的浅灰色或乳黄色盐类孔泡结皮，其下常为红棕色或玫瑰色铁锰质染色层，构成干旱荒漠的钙积正常干旱土（棕钙土）类。由残积或基岩风化碎石（C）层组成的母质层，上述铁质染色层不十分明显，铁质染色层多在较低洼或疏松层较厚区段发育。距地表 5 ~ 10 cm 的剖面及其以下为盐类淀积层，向下至 30 cm 或 50 cm，盐类淀积明显增多，并延续数米，在地势低平地段可形成由盐类组成的盐积层（盐磐）。淀积的盐类以颗粒状、团块状、松散网脉状、似蜘蛛颗粒状、薄层状、砾石表面被膜状等多种形式出现，其形状各异。根据雷文进

(1992) 研究，盐类淀积层主要在30～50 cm以下，可出现在以风积为主的层位，或出现在基岩风化碎石组成的母质（C）层，或出现在基岩裂隙，向深部可延伸1～3 m。淀积的盐类主要以Ca、Mg、Na、K的碳酸盐、硫酸盐和卤化物为主。东天山地区钙积正常干旱土（棕钙土）（表2－18）通常为碱性，测得的pH均大于8。在土壤剖面淀积的$CaCO_3$质量分数明显高于石膏（$CaSO_4 \cdot 2H_2O$），两者呈有规律的分布。碳酸钙有明显的地表聚集现象，在地表盐类淀积部位可达168 g/kg，向深部则明显减少。石膏淀积出现在碳酸盐富集层位的下部。在石膏富集层偏下部常见氯化物等易溶盐组成的盐磐。表中全盐量与Cl^-量具明显的相关关系，新疆东天山地区土壤中的全盐量主要与Cl^-有关。

表2－18　东天山地区干旱土剖面盐类分布表

土壤类型	地点	深度/cm	pH	$CaCO_3$相当物/$g \cdot kg^{-1}$	$w(CaSO_4 \cdot 2H_2O)$/$g \cdot kg^{-1}$	易溶盐	
						全盐/$g \cdot kg^{-1}$	$m(Cl^-)$/$cmol \cdot kg^{-1}$
正常干旱土	鄯善南大湖	0～4	8.3	168	5	14.6	5.78
		5～15	8.1	106	9	23.8	13.11
		20～30	8.2	67	21	49.4	56.80
		33～42	8.2	81	6	99.1	107.42
		46～57	8.2	82	9	45.7	57.76
		>57～60	8.2	82	7	21.8	18.45
石膏干旱土	托克逊库什	0～2	8.3	140	1	2.2	0.83
		>2～4	8.6	154	34	16.6	5.84
		>4～20	8.5	96	200	13.3	2.99
		>20～57	8.7	63	98	391.8	50.32

（据龚子同等，1999）

B. 土壤垂直剖面元素分布特征

东天山地区在干旱和极干旱条件下土壤的成壤作用十分原始，土壤各发生层不甚发育，土壤剖面多见风积沙砾石层和母质（C）层，土壤层分层界线明显。对土壤垂直剖面的表（A）层、风积沙砾石层和母质（C）层分别采集样品，进行元素分析。为了便于相互间比较和统计计算，使用标准化方法对垂直剖面元素质量分数求取标准化值。标准化是以最大值为分母，使表示剖面元素的数值在0～1之间。

延东区为斑岩型铜钼矿区，采集土壤母质（C）层样品，矿化区土壤垂直剖面的各元素分布图如图2－42所示，其中Cu、Mo、Ag、Zn为主矿化元素，其他为伴生指示元素。垂直剖面上元素分布具有鲜明的特点：①以CaO、Na_2O为一组，代表了碱性地球化学障的元素组合。CaO主要出现在表（A）层，具有较明显的表聚现象，Na_2O的分布范围较宽，主要分布在CaO的下部，形成以Na_2O为主要成分的盐磐层。②Cu、Ag、Mo、Cd、Hg等成矿元素和指示元素在垂直剖面母质（C）层中的质量分数略升高，呈弱富集，其整体为弱淋失状态。③As、Sb、Pb、Au、Zn等主要伴生元素，在土壤中质量分数增高，在风积表（A）层亦明显偏高。

Pb、Zn、Au、As、Sb、Mo等质量分数变化与CaO在土壤剖面的分布特点相似或一致。在干旱碱性环境，钙质及其盐类在土壤中的积累对Pb、Zn、（Au）等元素的分布产生影响，

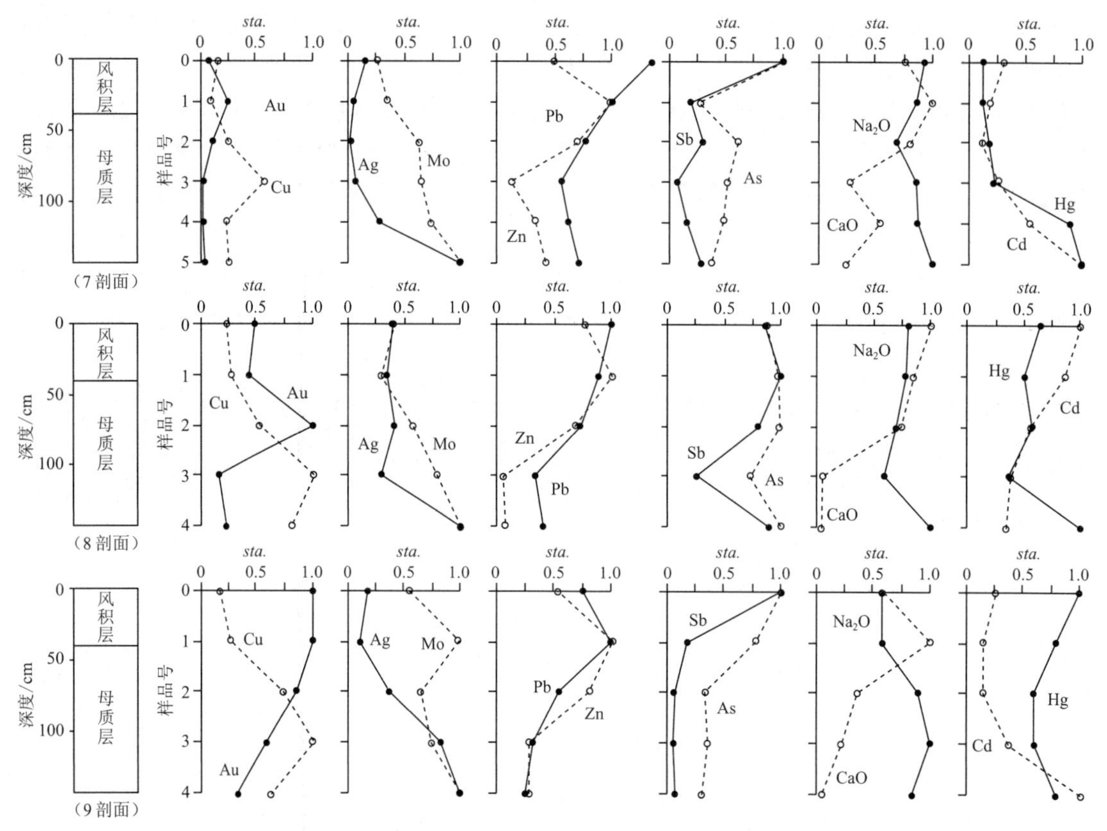

图 2-42 延东区土壤垂直剖面（矿化区）元素分布图

表现出在钙质淀积层富集的态势。

As、Sb、Bi 等的地球化学性状基本属同一类，特别是在干旱碱性环境下，蒸发蒸腾等作用形成的钙质淀积易使元素向地表运移并形成次生富集。

尽管研究区内物理风化作用占主导地位，但仍可看出化学风化作用的痕迹。在母质（C）层内部，因元素地球化学性状各异，表现出在母质（C）层中分布的明显差异。Au、Zn、Pb、As、Bi、Sb 等为贫化型，这些元素的质量分数从母质（C）层下部向上部逐渐降低，属弱淋失类型；Cu、Ag、Mo、Cd 等在母质（C）层下部质量分数偏高，为弱富集型。

上述结果表明，延东区土壤垂直剖面元素的富集与贫化主要体现在矿化和伴生元素中，作为矿区的主矿化元素或伴生元素中质量分数偏高的元素，尽管在剖面上出现了富集或贫化，但并不十分明显。

延东背景区土壤垂直剖面元素分布如图 2-43 所示。背景区各元素质量分数普遍偏低，

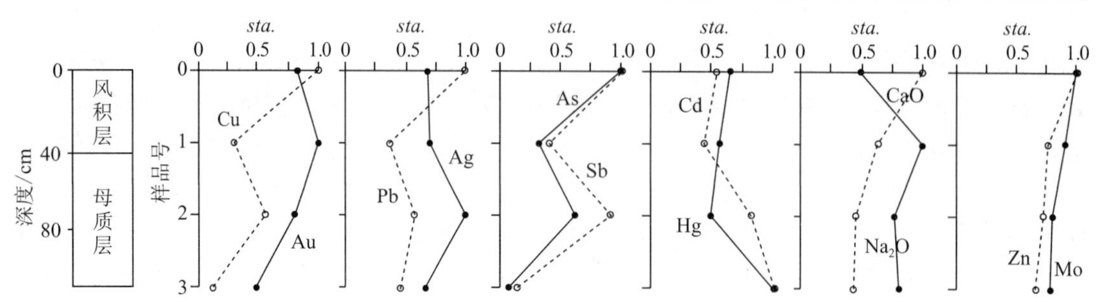

图 2-43 延东研究区土壤垂直剖面（非矿化区）元素分布图

一般处在背景值及高背景值之间，其地质背景为正常的基岩环境，不存在硫化矿床外围弱矿化现象，元素在土壤中的分布反映了土壤碱性条件下元素分布的基本特点。

以母质（C）层为准，可将垂直剖面元素分布划分为两部分（图2-43）：大部分元素在母质（C）层为弱富集，如Mo、Cu、Au、Pb、Ag、Zn、As、Sb等；在母质（C）层弱贫化（淋失）的元素有Cd、Hg；在风积表（A）层，几乎所有元素都具有表聚现象；整个剖面呈CaO在上部、Na_2O在下部的特点。

矿化区和背景区的差异使部分主要成矿元素的分布特点变化显著，主矿化元素Cu、Mo在矿化区为地表淋失型，在背景区则表现为地表富集型。这种因地质因素引发的表生条件变化而出现的元素富集与贫化，将对地球化学勘查以及成果解释产生明显影响。

土屋与延东研究区相距约7 km，两者的地质特征、成矿条件及矿化类型相似，在土壤垂直剖面上的元素分布亦具有相似性，但同时也表现出一定程度的差异性。

土屋矿化区土壤垂直剖面元素分布如图2-44所示，大致可分为三类：①地表贫化类型，这类元素主要为Ag、Hg、Cu等；②Sb、Cd、Pb、Au等为表（A）层富集，富集层位主要为风积层；③Zn、As等在土壤剖面的分布上、下层差异不大。

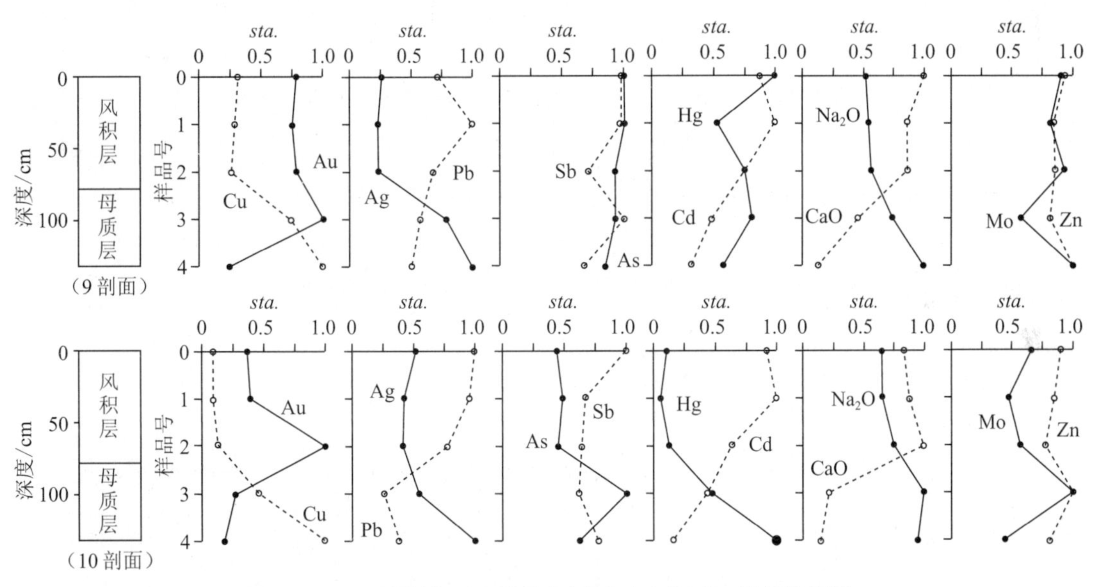

图2-44　土屋研究区土壤垂直剖面（矿化区）元素分布图

土屋非矿化地段（背景区）土壤垂直剖面元素分布如图2-45所示。这些元素在母质（C）层均为弱淋失，在表（A）层具有表聚弱富集的特点，只不过在表（A）层土壤弱富集的部位略有差异，与CaO的分布曲线较为吻合。

黄山东区分布有岩浆熔离型镍矿床，3、4土壤垂直剖面位于矿化体上方，元素分布具明显的规律性（图2-46）：①Cu、Cr、Co、Ni等主成矿元素和Au、Ag、Hg、Zn等伴生元素多数元素在母质（C）层上部的质量分数低于下部母质（C）层，属淋失型；②As、Sb、Ba、V等伴生元素或非矿化元素在母质（C）层上部质量分数明显偏高，属弱富集型。

小热泉子为火山热液型矿床。研究区分布在新疆东天山干旱荒漠戈壁残山景观区中部，采集的样品主要集中在矿区内。不同地段采集的垂直剖面分析结果如图2-47所示。由于小热泉子矿区不受风积物影响的母质（C）层（母质层）很薄，只采集到1件样品。母质（C）层元素质量分数与上覆风积层关系不大，它们与上覆风积层的元素质量分数曲线连接

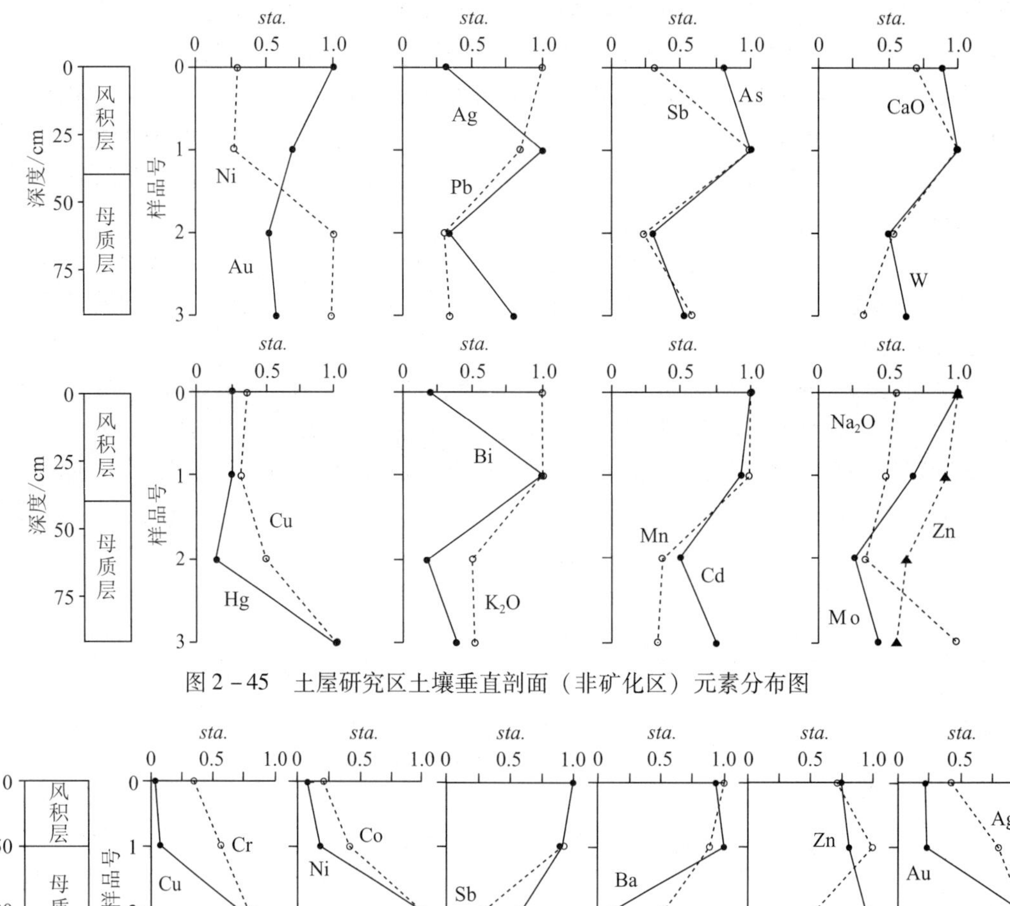

图 2 - 45 土屋研究区土壤垂直剖面（非矿化区）元素分布图

图 2 - 46 黄山东研究区土壤垂直剖面（矿化区）元素分布图

不能反映两者之间的内在联系，只能展示两者各自的质量分数。在上覆风积层下部，元素质量分数较母质（C）层偏高或偏低，与基岩风化产生的表生贫化与富集无关。

康古尔塔格金矿矿化类型有别于其他研究区。采集样品时发现，康古尔塔格土壤母质区（C）层上覆疏松层明显偏薄，为 5 ~ 30 cm，在一些地段，地表即为风化基岩，基岩碎屑与风成沙混在一起，构成了风积残积混合的原始土壤剖面。

在康古尔塔格金矿区，Au、Ag 为主矿化元素，Cu、Pb、Zn 为次矿化元素，其他元素为伴生元素。土壤母质（C）层元素质量分数变化不甚明显（图 2 - 48），Cd、Ag 等元素在剖面上表现为弱淋失特点，其他元素则表现为弱富集或变化不明显。

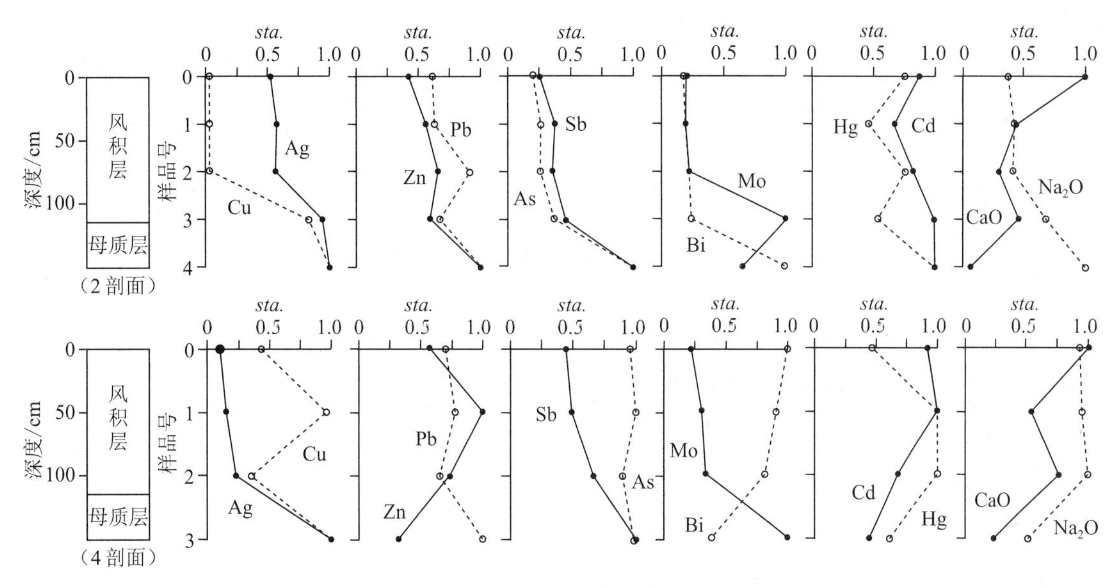

图2－47　小热泉子研究区土壤垂直剖面元素分布图

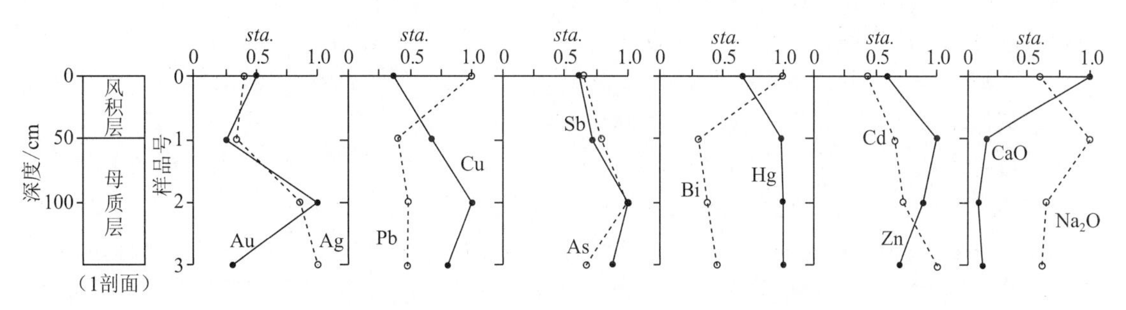

图2－48　康古尔塔格研究区土壤垂直剖面元素分布图

在东天山土屋研究区外围采集土壤剖面样品，对不同采样层位土壤样品的颗粒磨圆状况进行观察，并统计质量占比（表2－19），表（A）层土壤以滚圆状风积物颗粒为主；土壤母质（C）层绝大多数为棱角状的颗粒，风积物颗粒很少，表明母质（C）层样品受风积物干扰较少。

表2－19　土屋研究区土壤剖面样品颗粒分布统计

样品层位	磨圆程度	颗粒数/颗	平均质量/g	质量占比/%
表（A）层	棱角状	73	13.9	19.94
	滚圆状	427	55.8	80.06
残积母质（C）层	棱角状	486	64.8	96.86
	滚圆状	14	2.1	3.14

上述不同层位土壤样品分析结果（表2－20）显示，受风积物干扰的土壤表（A）层样品中大多数元素质量分数显著低于母质（C）层样品，可见土壤表（A）层中风积物的大量掺入对样品的元素质量分数高低形成了十分严重的影响。

依据东天山地区景观特征和风力搬运特点，对土壤垂直剖面母质（C）层与风积层间元素质量分数的差异可进行如下解释：在土壤母质（C）层上部表面，由于风力作用，可堆积风力搬运的近源岩石碎屑和远源岩石碎屑，两种物质混合组成了母质（C）层上部覆盖层

(即土壤表层)。土壤表(A)层中的元素质量分数主要反映了风力搬运物质的化学成分。当母质(C)层元素质量分数低于上覆风积层时，显示出上覆风积层元素有富集的趋势；当母质(C)层中元素质量分数高于上覆风积层时，显示出上覆风积层元素呈贫化的特点。因此，在土壤垂直剖面上，由于风积物掺入产生的干扰作用，较难判断土壤剖面中元素在表生环境下的富集与贫化。当母质(C)层很薄和采集的样品数量很少时更是如此。

表2-20 土屋研究区土壤剖面样品元素质量分数统计

土壤层位	Au	Ag	As	Bi	Cd	Co	Cu
表(A)层	0.86	55.94	2.21	1.75	53.39	2.68	27.05
残积母质(C)层	95.20	150.50	75.60	3.19	291.59	13.28	88.13
土壤层位	Hg	Ni	Pb	Sb	Sn	W	Zn
表(A)层	4.62	5.06	26.96	0.21	0.60	0.53	24.99
残积母质(C)层	10.75	34.81	80.63	0.33	1.45	1.67	59.90

注：Au、Ag、Cd、Hg单位为ng/g，其他元素单位为μg/g。

风积层的元素质量分数可以提供两种信息：一是元素的质量分数变化与不同时段风力搬运与沉降有关，不同时段搬运与沉降的砂砾石可引起土壤垂直剖面上元素质量分数的变化；二是由于碱性环境下强烈的蒸发蒸腾与盐积作用使一些元素具有表层富集的倾向，尽管这种表层富集作用偏弱，但是对土壤垂直剖面风积层中的元素分布仍具有一定程度的影响。

通过对上述土壤垂直剖面元素分布特征的讨论认为，干旱荒漠戈壁残山景观区土壤的形成处于非常原始的阶段。土壤主要分为风积层和基岩风化碎石组成的母质(C)层两个层位，在此基础上叠加了钙及盐类淀积。这种初始的成壤和碱性环境，对元素在土壤剖面的分布产生影响，制约了土壤各层位元素分布，其影响的主要因素为母质(C)层和上覆风积层。值得注意的是，盐类(特别是钙盐和钠盐)具有较明显的表层聚集倾向，由于钙盐和钠盐在土壤不同层位沉积，形成上部以钙积层为主，下部以钠盐为主的盐磐，这种碱性地球化学障使元素的活动性发生分异。在金属矿化区，主要成矿元素和部分伴生元素的分布呈地表弱淋失贫化型，其他元素则出现表层弱富集；在背景区，元素的表生分布特征正好与其相反。土壤垂直剖面元素的富集和贫化与钙和钠盐的碱性地球化学障有关。尽管钙或其他盐类淀积可使剖面元素质量分数产生变化，但这种变化比较微弱，不足以显著改变土壤垂直剖面元素分布的整体状态。

除了与钙盐相关的元素富集与贫化外，在上覆风积层内，风力的分选作用和混匀平抑作用也不容忽视。由于风力作用使岩屑破碎发生矿物分选与富集，其结果出现了细粒级元素质量分数偏高的现象。风力的混匀或平抑作用可使区域地球化学背景明显抬升，异常衬值明显降低，不同程度地掩盖了区域地球化学分布特征并弱化异常或将其掩盖。

土壤垂直剖面元素的富集与贫化主要出现在母质(C)层或风积层内部。尽管在母质(C)层与风积层间元素的运移可能会发生，但由于这种次生运移的规模较小，极易被两者之间的元素质量分数的明显差异所掩盖。即使在母质(C)层或风积层内部，元素随剖面盐类的积累发生滞留、沉淀，但这种由盐类积累而出现的富集与贫化的规模较小，不会使各自层位内的元素初始质量分数发生重大改变，故其影响较小。

在主要由风化基岩组成的母质(C)层中，元素质量分数在剖面上、下不同部位出现一定程度的变化，但这种变化并不显著，表明在强物理风化作用和弱化学风化作用条件下，母质（C）层内元素出现贫化，但这种淋失和淀积作用很弱，土壤剖面元素质量分数未发生显著性变化。

3. 高寒诸景观区

（1）西藏区土壤垂直剖面元素分布特征

羌塘高原多不杂研究区土壤垂直剖面布设在铜矿化体上方探槽内。剖面不同层位元素分布如图2-49所示。在多不杂铜矿化区，Cu、Pb、Zn、Mo、Sb、Hg、K等主矿化元素和主要伴生元素质量分数呈现剖面上相同的分布特点。矿化风化基岩（R）元素质量分数最高，向上部的母质（C）层、淀积（B）层至表（A）层，元素的主体分布趋势为质量分数逐渐降低，表现出从上至下淋失贫化的特点。Au、Ag、Co、W、Bi等元素分布类似，这些元素质量分数在风化基岩无明显变化，只在母质（C）层出现弱富集现象，呈现出在残积下部次生富集，在上部淋失的状况。以As、Ca和Cd等伴生元素为主，由风化基岩（R）→母质（C）层→淀积（B）层，元素质量分数变化微弱，或略富集，或略贫化；从淀积（B）层向表（A）层元素质量分数渐升，至地表达到最高值，呈现表聚现象。

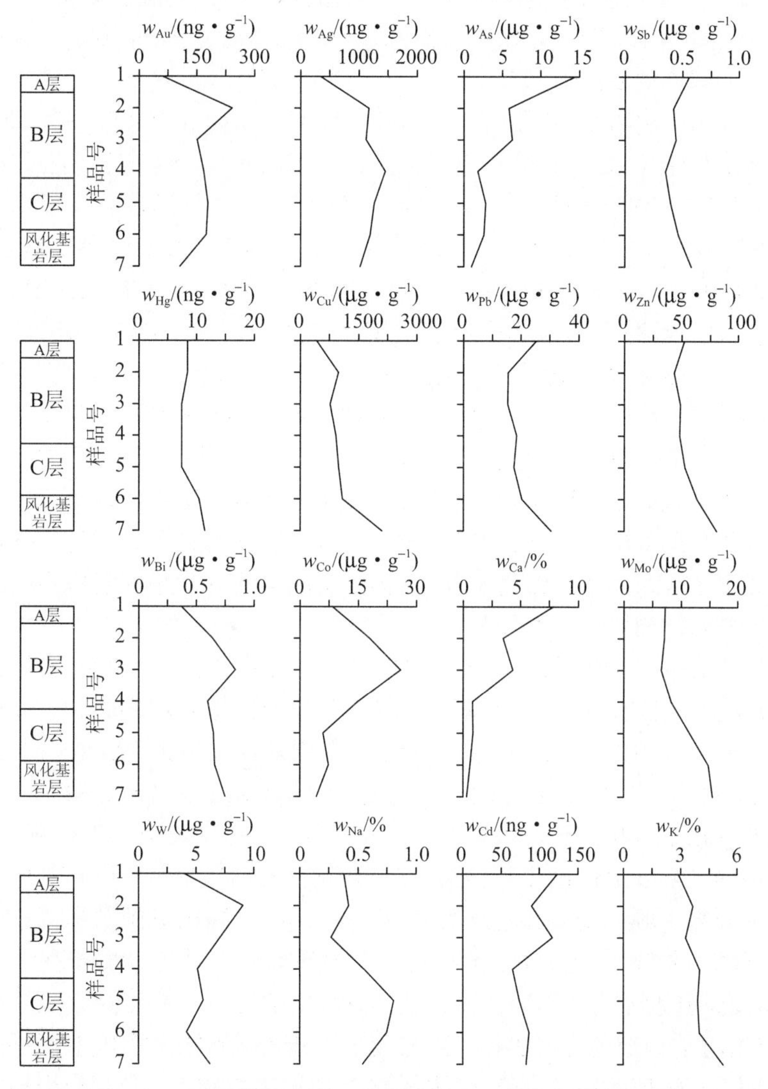

图2-49　多不杂研究区土壤垂直剖面元素分布图（$n=10$）

在多不杂研究区矿化体上方，以 Cu、Mo 为主的多数元素呈淋失贫化特点，但这种淋失与贫化并不强烈，表明硫化矿床地表氧化并未造成土壤层中元素的大量流失。K、Na、Ca 等与干旱条件下土壤中盐类淀积有关，3 种元素富集部位并不在一起，Ca 主要集中在剖面上部，Na 出现在下部，K 分布较均衡，且向下部有富集趋势，这一点与干旱荒漠戈壁残山景观区的特点十分相似。土壤剖面上部富集的 Ca 主要来自含石灰的大气降尘（龚子同，1999）。当大气降水使 Ca 向下淋溶时，易溶盐在土壤剖面发生聚积；其他部分与蒸发蒸腾作用使地下水中的盐分向地表聚集有关。Cu、Pb、Zn、Mo 等的分布与 K 关系较密切，分布曲线十分相似，与 Na 也具有一定的关系。元素在表层的贫化与富集，一方面与氧化淋失作用有关，另一方面亦与盐类的淀积有关。多不杂研究区，Cu、Pb、Zn 等元素分布与钾盐的淀积作用相关性较密切，Cd、As 的分布曲线主要与 Ca 有关。在干旱条件下，土壤中常发生（钙）盐积累而形成盐（钙）积层。多不杂研究区土壤盐积中钙积层不明显，但从剖面可以看出，该区土壤剖面具较明显钙积累。在表层钙积累同时，As、Cd 具有与 Ca 相似的分布特点，表明在表生条件下，Ca 的淀积对 As、Cd 产生影响。在地表，Ca 主要以硫酸盐或碳酸盐形式存在，As、Cd 表层土壤中富集主要与含 Ca 的硫酸盐或碳酸盐有关。在地表土壤中，Cu、Pb、Zn、Sb、Hg、Mo 等分布与 K 十分相似。在影响元素质量分数的因素中，K 的硫酸盐或卤化物可能发挥着重要作用。

住浪研究区位于冈底斯山中段山区，土壤较薄，在土壤垂直剖面上仅采集到 2 个层位，即母质（C）层和表（A）层。住浪土壤剖面元素分布如图 2-50 所示。从风化基岩到母质（C）层，几乎所有元素质量分数变化不明显，但仍可看出各元素分布的差异：Au、As、Hg、Cu、Pb、Bi、Mo、W、Na、Sn 等为略贫化型，在母质（C）层中质量分数略低于基岩；Ag、Sb、Zn、Co、Ni、K 等在母质（C）层中质量分数略高于基岩，呈现略富集类型。住浪研究区土壤中元素的富集与贫化程度较弱，对整个剖面的影响并不明显。在土壤表（A）层，多数元素质量分数出现明显变化，Au、Ag、Sb、Hg、Cu、Zn 等质量分数明显偏高，Ni、Co、Na 等元素质量分数明显偏低。土壤表层元素出现的这一现象，不能排除表层次生富集与贫化产生的影响。土壤垂直剖面多分布在山坡，因此剖面上部样品受到的坡积影响不可忽视。当上坡方向元素质量分数较高时，可使该剖面表层样品中元素质量分数升高；当上坡方向元素质量分数偏低时，可使下坡方向元素质量分数降低，这种坡积作用的影响可改变土壤剖面元素的分布状态。因此，研究土壤剖面元素分布时应注意观察剖面及周围的地形特点以及判断物质的构成与来源。

冲江研究区土壤垂直剖面样品取自矿化体上方。采样层位分别为表（A）层（含有坡积物）、淀积（B）层、母质（C）层（砾石较多，与风化基岩为渐变过渡）和风化基岩（矿化基岩经风化部分）。元素分布如图 2-51 所示。依据冲江土壤剖面各层元素分布特点，可将其划分为 3 种类型：①基本无变化型，属该类型的元素主要为 Mn，其次为 Co，元素在各层质量分数基本一致或略有变化；②Au、Ag、As、Sb、Hg、Pb、Zn、Cu、K、Mo 等多数与多金属矿化相关的元素以土壤表（A）层质量分数明显升高为基本特点，其中 Ag、As、Pb、Zn 从淀积（B）层向下质量分数变化平稳或较平稳，未出现明显的升高或降低，Au、Hg、Cu 等则出现较明显的变化，但不影响该类元素的基本分布特点。弱贫化类型，Au、Ag、Cu、Hg、Ni 等质量分数降低；③Na、Ni 在表（A）层的质量分数为降低型，其下各层位的质量分数变化较平稳，与类型②大体相当。上述元素分布不同类型具有共同特点，不论质量分数偏高还是偏低，这种现象仅在较小范围内变化，即表生富集与贫化作用较微弱。

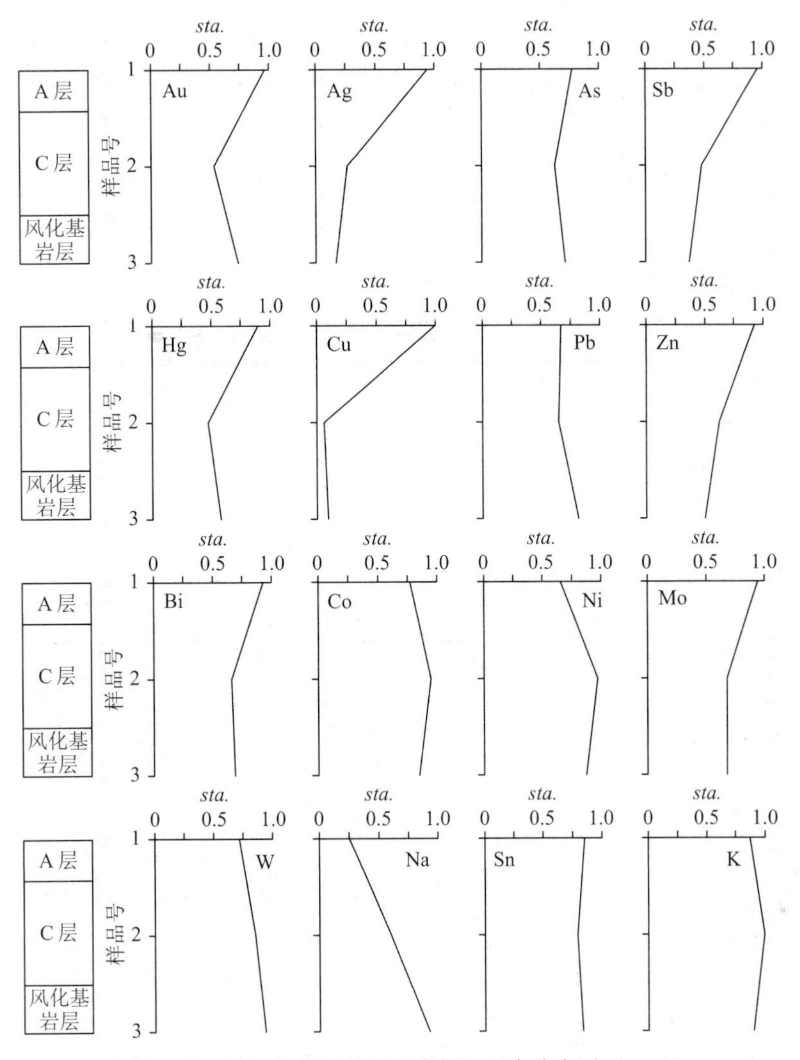

图 2－50　住浪研究区土壤垂直剖面元素分布图（$n=4$）

在冲江土壤剖面表层，多数元素质量分数增高，部分元素质量分数降低。土壤表层出现元素质量分数变化的主要原因为：部分上坡物质坡积覆盖在表层，因上坡地段元素质量分数偏高或偏低，使表层元素质量分数发生脱节性变化；盐类的沉积作用使多数元素在表层聚集，少部分元素贫化；其中 K 质量分数表层明显增高，而 Na 又明显降低；土壤表层盐类聚集主要以钾盐类为主，钾盐的地表积累使得 Au、Ag、Hg、Cu、Pb、Zn 等多数元素质量分数随之增高；与钠盐一样质量分数降低的元素较少，只有 Co、Ni 两种元素。

驱龙研究区土壤垂直剖面元素分布与冲江研究区相比较，两者间略显差异（图 2－52）。驱龙土壤样品分别采自 A 层、B 层、C 层和风化基岩层。在 B 层和 A 层见有坡积物质。从风化基岩层至上部 C 层，Ag、As、Sb、Hg、Cu、Pb、Zn、Bi、Mo 等呈现富集的特点，其中 Cu、Pb、Zn 等的富集程度十分微弱，其他元素质量分数增高明显；Co、Ni、Sn 在土壤表（A）层受坡积影响较大，由于坡积物质的加入，改变了土壤剖面原有的元素分布特点。当坡积物中元素质量分数偏高时，可使坡积掺入层元素质量分数增高；反之，可使元素质量分数降低。

驱龙研究区位于西藏各研究区的东部。该区段年降水量有所增加，气候条件由西部的干

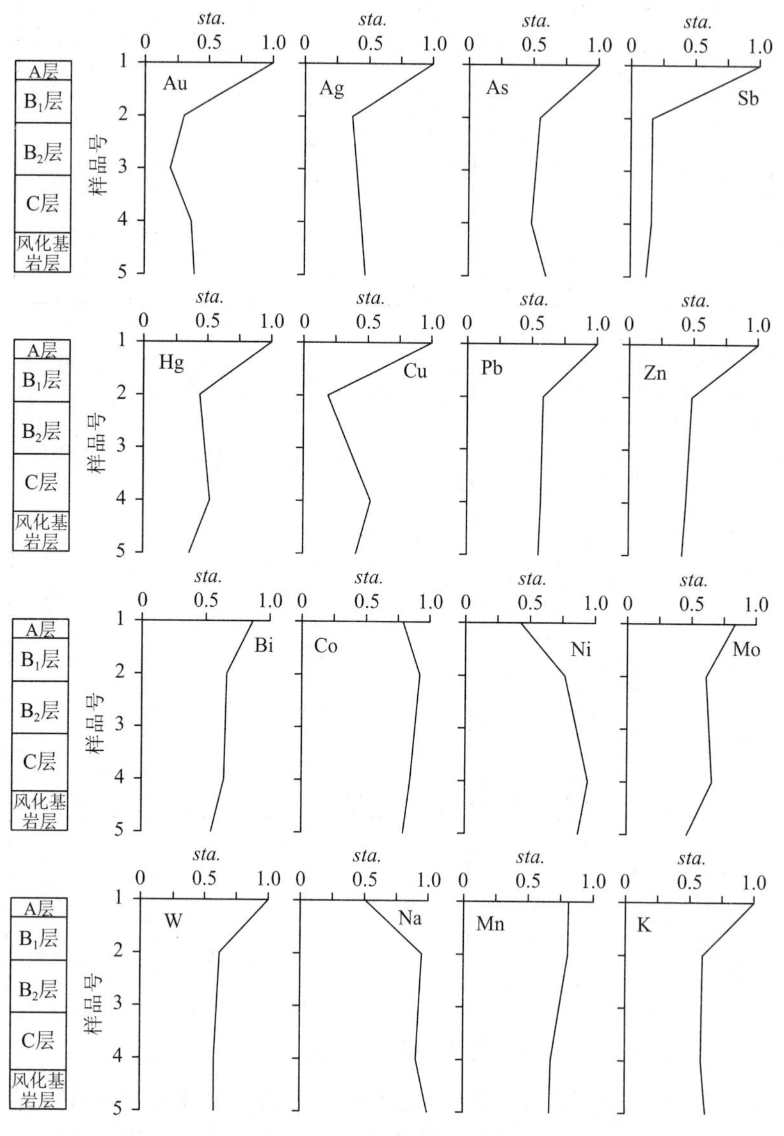

图2-51 冲江研究区土壤垂直剖面元素分布图（$n=5$）

旱类型转变为半干旱类型。气候条件的改变，使得驱龙研究区化学风化作用有所加强，矿化基岩风化较强，元素分布具明显的富集与淋失特点（图2-52）。基岩上方的母质（C）层土壤，各元素发生了富集或贫化。在母质（C）层明显富集的元素有Ag、As、Sb、Hg、Mo、Bi，略富集的元素有Cu、Pb、Zn等。这些元素基本为驱龙研究区的主矿化元素和矿化伴生元素。在土壤母质（C）层呈淋失贫化的元素为Na、W、Sn、Ni、Co等，这些元素多为次要伴生元素，其化学活动性较稳定，组成的矿物较耐风化。除在母质（C）层的质量分数变化外，在表（A）层的变化多为增高类型。这种质量分数的变化可能来自坡积物的影响，并改变了土壤剖面元素质量分数的分布特点。

（2）东昆仑、阿尔金山土壤垂直剖面元素分布特征

选择龙尾沟铜矿、驼路沟钴矿和巴隆金矿作为研究区开展土壤垂直剖面元素分布特征研究。

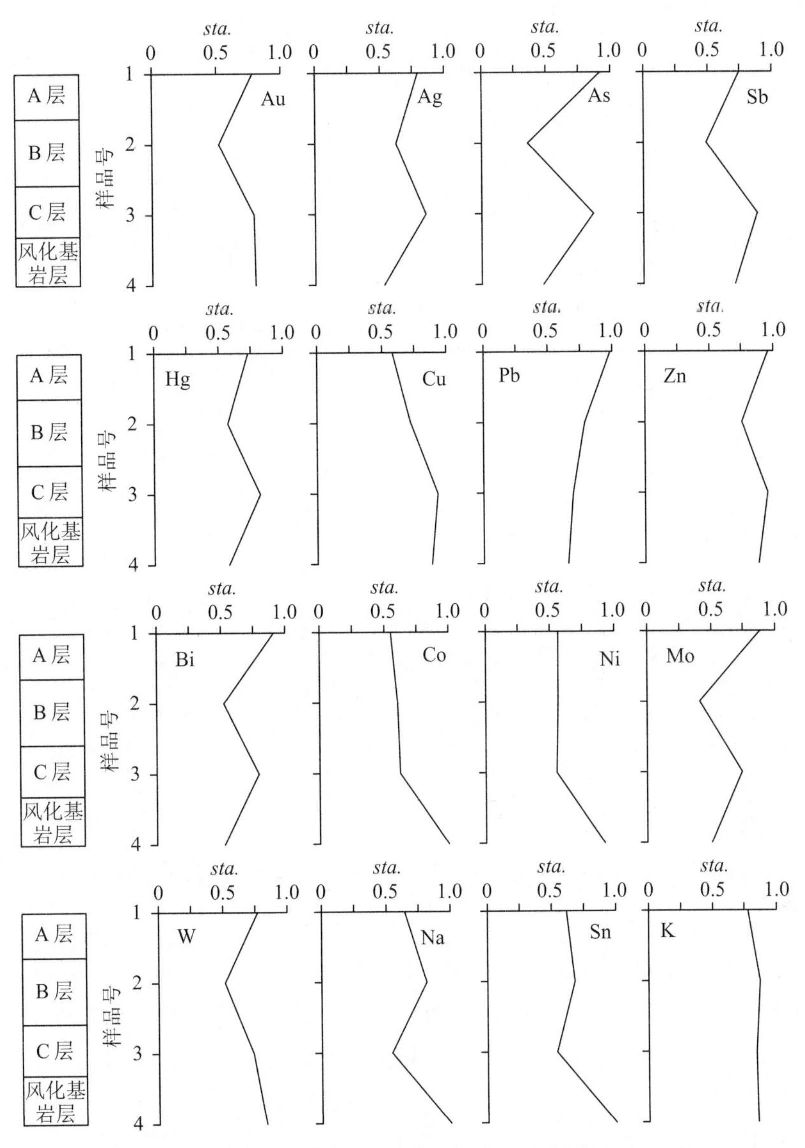

图 2－52　驱龙研究区土壤垂直剖面元素分布图（$n=7$）

在龙尾沟研究区，土壤垂直剖面的元素分布如图 2－53 所示，从风化基岩至 B 层，Ag、As、Cu、Zn、Bi、Mo 等质量分数降低，呈贫化特征；Au、Sb、Hg 等元素呈富集或变化微弱；Pb、W 则表现平稳，在土壤剖面质量分数分布变化不大。龙尾沟研究区为铜矿区，样品采自铜矿体上方。该地段位于接近山脚的山坡上，土壤表（A）层元素质量分数分布应具有较明显上坡方向坡积的影响。

在巴隆研究区，矿化类型为金矿。土壤垂直剖面的元素分布以 Au 为主，Au、Ag、Hg、As、Sb 等主要矿化和矿化指示元素呈贫化现象（图 2－54），质量分数从母质（C）层至表（A）层，呈逐渐降低趋势。Cu、Zn、Co、Ni 等元素为伴生元素，其异常质量分数较低，在地表出现的元素质量分数增高，形成地表弱富集。

驼路沟研究区为钴矿区，且风成黄土覆盖较严重，土壤垂直剖面元素分布呈现出与前 3 个研究区的明显差异（图 2－55）。该区 Co 为成矿元素，As 为主要成矿伴生元素，Sb 为次

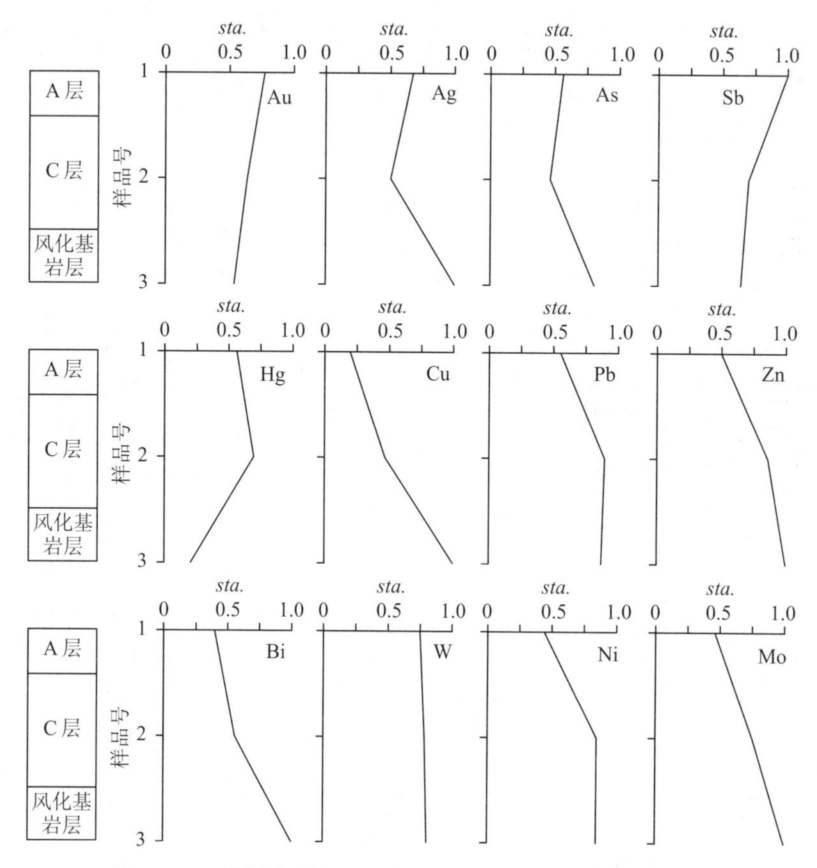

图2－53 龙尾沟研究区土壤垂直剖面元素分布图（$n=7$）

要伴生元素。与成矿关系密切的3个元素均呈现出较强的表生贫化的特点，即从风化基岩向土壤表（A）层，其质量分数逐渐降低，降低幅度可达50%，地表贫化特点明显。与Co、As成矿及主要伴生元素相比较，Bi、Ni亦具有Co、As的上述特点，Hg、Cu、Pb、Zn、W等则与Co、As相反，表现出从风化基岩向土壤表（A）层质量分数逐渐升高，但各元素质量分数增高程度各异，表明干旱条件下土壤表（A）层元素为弱富集，这种弱富集多与元素的低值异常或背景值有关。

以上3个研究区土壤垂直剖面元素分布表明，在东昆仑及阿尔金山等地区，土壤中元素呈贫化或淋失的特征明显，这一特征除受干旱条件下表生作用对元素分布的影响外，山体普遍被风成黄土覆盖，风成黄土的掺入也是不容忽视的重要因素。

（3）北祁连西段土壤垂直剖面元素分布特征

在北祁连西段，选择偏西部的具代表性的掉石沟铅锌矿为研究区。掉石沟铅锌矿区位于北祁连最西段，与阿尔金山东端相连，属干旱气候条件。采集矿区土壤垂直剖面样品，分析结果如图2－56所示。该区Pb、Zn、Ag为主要成矿元素，As、Sb、Bi、Hg、Co为主要伴生元素。从风化基岩至土壤母质（C）层，Zn、Sb、Bi、Co、Ni和Na等质量分数略有降低，主要表现为淋失与贫化特征，Hg、Mo、Ca等表现为略有富集，其他元素质量分数几乎无变化。在土壤表（A）层多数元素质量分数增高，为地表富集特点，只有Cu、Mo、W、Ca等质量分数明显降低，呈淋失状态。

Au等表现为向表层逐渐富集的特点，尽管富集程度较小，但趋势较明显。

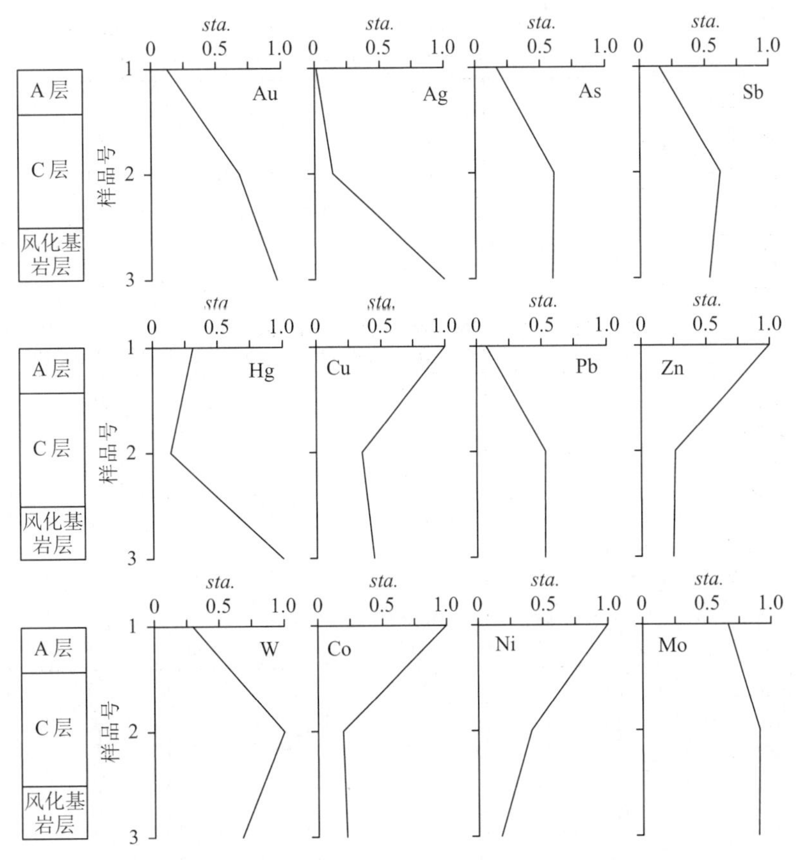

图2-54　巴隆研究区土壤垂直剖面元素分布图（$n=6$）

（4）昆仑山北坡土壤垂直剖面元素分布特征

A. 土壤垂直剖面的 pH

研究区处在高寒干旱山地景观区，分布的土壤类型主要为寒冻干旱土类（灰棕漠土、寒漠土和沙嘎土类）等，其共同特点是成壤作用原始，土壤各发生层十分不发育，钙质淀积明显，在土壤上部普遍覆盖有风成黄土，为研究区土壤的主要特点。

表2-21是昆仑山北缘的阿克齐合和奥依且克土壤垂直剖面的 pH 测定结果。其中，阿克齐合剖面黄土覆盖较厚，为0.5~2 m；奥依且克剖面位于较陡的山坡上，黄土覆盖偏薄，为0.3~0.5 m。

表2-21　昆仑山北缘土壤垂直剖面 pH

pH 测量	阿克齐合（$n=2$）				奥依且克（$n=3$）		
	风化基岩	黄土（下）	黄土（中）	黄土（上）	风化基岩（下）	风化基岩（上）	黄土
第一次	8.8	8.6	8.6	8.5	7.3	7.6	8.8
第二次	8.4	8.3	8.8	8.9	8.3	7.9	9.0
第三次	8.7	8.6	8.4	8.6	8.5	8.1	9.1
$\bar{X}$	8.6	8.5	8.6	8.7	8.0	7.9	9.0

由表2-21中 pH 看出，两地虽相距上千千米，但由于同处高寒干旱山地景观区，土壤类型相似，其 pH 在8.0~9.0之间；土壤各层 pH 呈有规律的变化，即从风化基岩至表层，

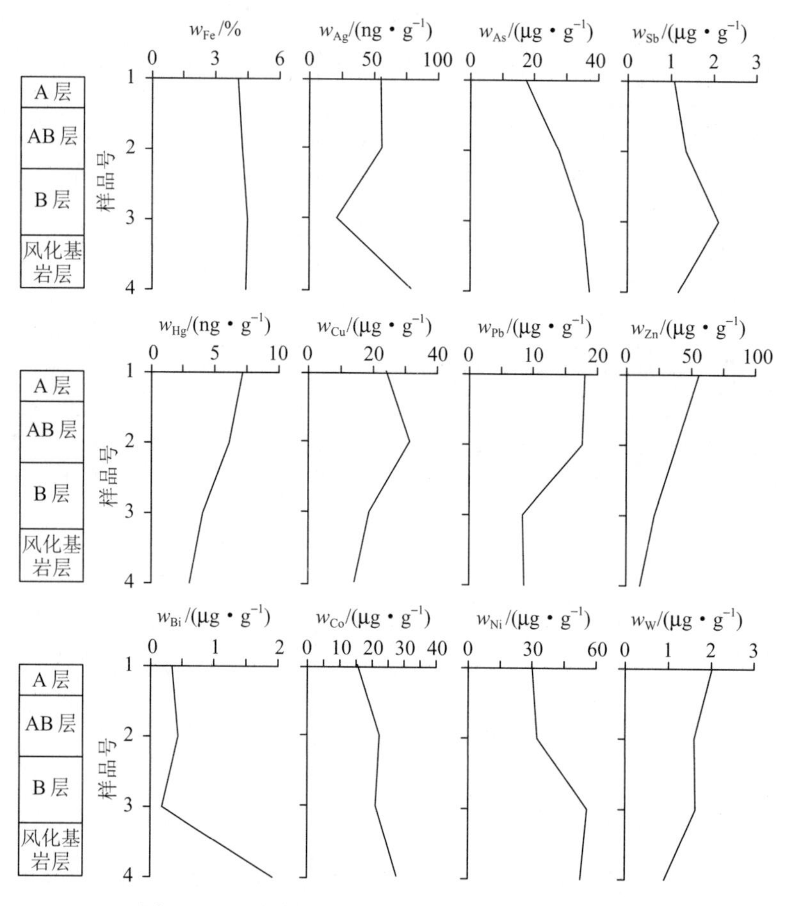

图 2-55 驼路沟研究区土壤垂直剖面元素分布图

pH 略有升高。土壤剖面整体显示碱性特点。

B. 土壤垂直剖面元素分布特征

阿克齐合矿化区土壤垂直剖面元素分布如图 2-57 所示。阿克齐合土壤垂直剖面为截然不同的两部分，下部为基岩风化层，即母质（C）层，上部为风成黄土层，即表（A）层，两者无成生联系。从图上可以看出，除 Au、Ag、Co、Zn 等在黄土层质量分数偏低外，其他元素在上覆黄土层质量分数明显升高。

在非矿化区，土壤剖面元素质量分数的规律性变化更趋明显（图 2-58）。

矿化区与非矿化区土壤垂直剖面元素分布在上覆黄土层和基岩间质量分数变化具明显的突变性，两者之间较难看出相互间的联系。各元素在风成黄土层中的变化较小且具明显的一致性。风化基岩与上覆风成黄土层的元素分布总体上仍保留有各自的独立性。

奥依且克土壤垂直剖面分布在山坡上，坡度在 30°~40°之间，较陡，黄土覆盖层相对较薄。各元素在土壤垂直剖面的分布如图 2-59 所示。图中 1、2 号点为风化基岩和母质（C）层样品，3 号点为表（A）层黄土样品，两种样品为截然不同的两种物质，相互间无联系。图中的 Mo、Ag、Cu 等质量分数在基岩和母质（C）层呈现淋失特点；Au、Ni、Hg、As、Co、Pb、Sb、Sr、W、Zn 等大多数元素在风化基岩和母质（C）层具有一定的富集。

综合昆仑山北坡土壤垂直剖面元素分布特征认为，影响元素质量分数变化的主要因素是

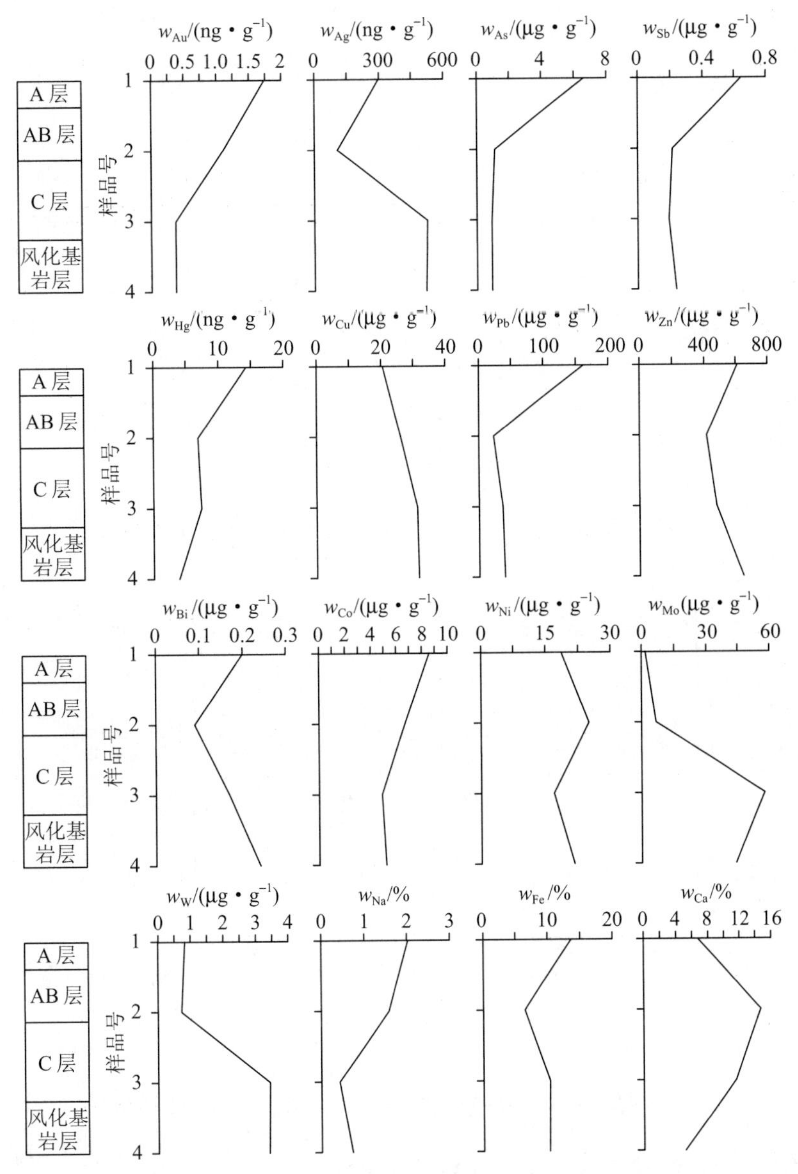

图2－56　掉石沟研究区土壤垂直剖面元素分布图

基岩风化的母质（C）层土壤和黄土覆盖层。它们自身的元素质量分数可使土壤剖面元素分布出现大幅度变化。通常在钙积层表生碱性条件下，元素向上或向下运移，富集或贫化作用较微弱。在风化基岩中，元素质量分数变化主要受限于基岩自身质量分数高低和风化程度强弱的影响。在风化基岩上部母质（C）层和黄土下层，钙积层淀积可使部分元素发生富集或贫化，但并不显著。

（5）西天山土壤垂直剖面元素分布特征

选择土壤较为发育的群吉、式可布台和喇嘛苏作为研究区，采集土壤剖面表（A）层、淀积（B）层、母质（C）层和下伏风化基岩样品。

式可布台研究区土壤垂直剖面表（A）层、淀积（B）层、母质（C）层和风化基岩中元素分布如图2－60所示。从母质（C）层至表（A）层，Cu、Mo、Pb、As、Sb、Bi等质量分数逐渐降低，呈现弱淋失特点；Ni、Hg等元素则呈相反的分布特征，其质量分数逐渐

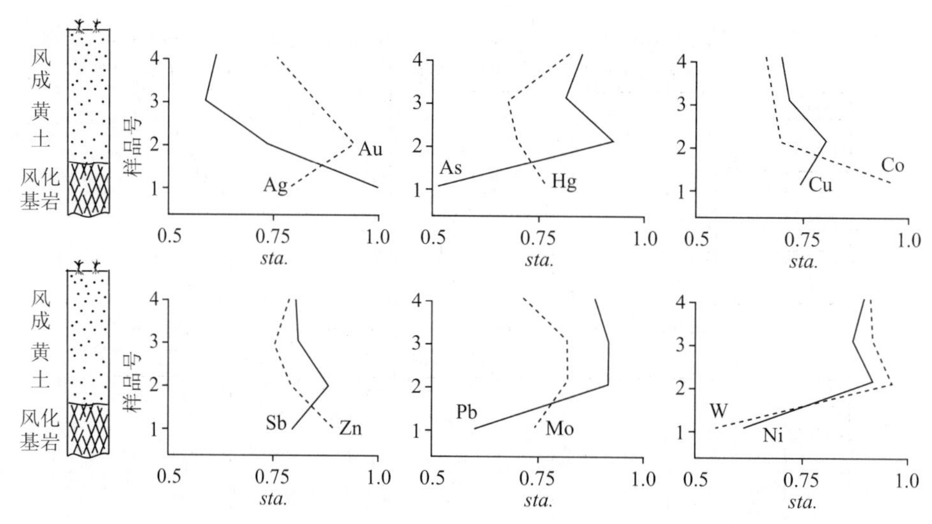

图2-57 阿克齐合研究区土壤垂直剖面（矿化区）元素分布图

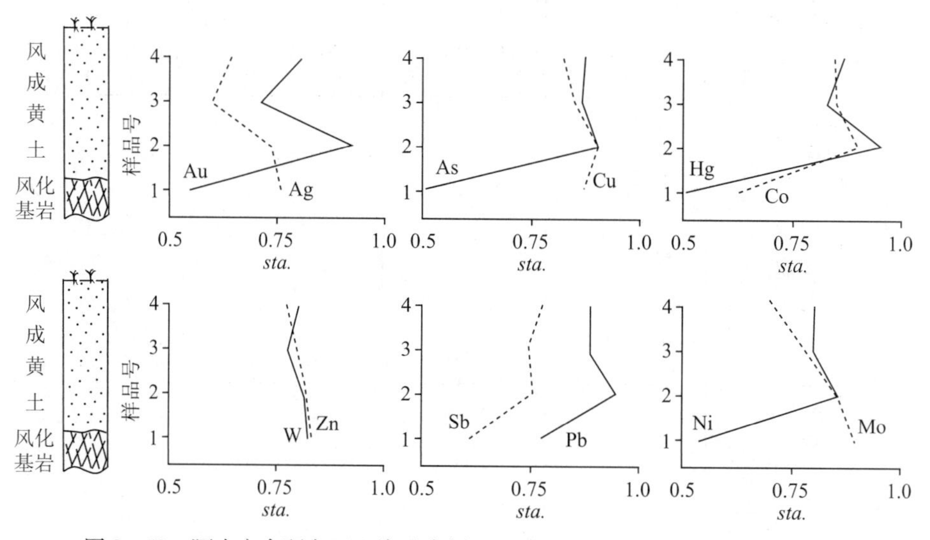

图2-58 阿克齐合研究区土壤垂直剖面（非矿化区）元素分布图（$n=4$）

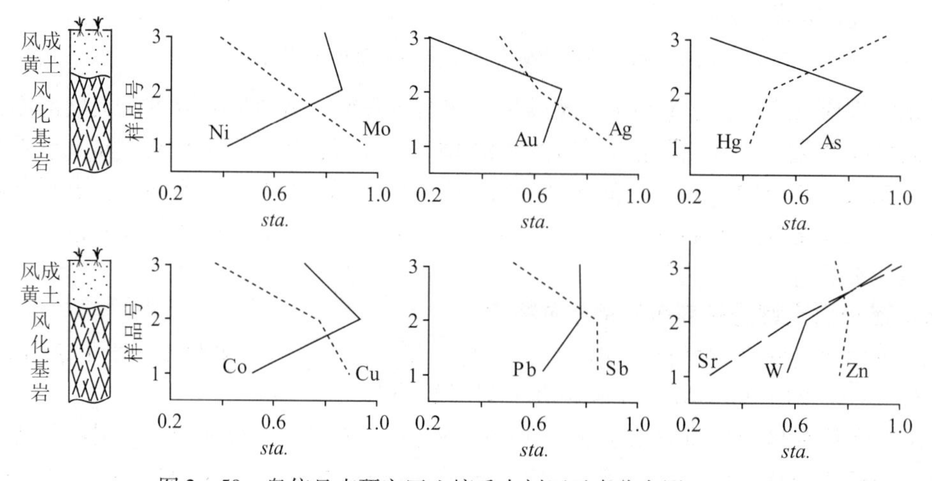

图2-59 奥依且克研究区土壤垂直剖面元素分布图（$n=8$）

升高，为弱富集。在式可布台研究区，Cu、Ag、Mo、Pb、Zn、As、Sb 等是主要成矿元素及伴生元素，硫化矿床的氧化环境是上述元素在土壤剖面分布的主要因素。矿体上方的土壤剖面，硫化物氧化可使 Cu、Mo、As、Sb 等元素呈明显淋失的特点，致使母质（C）层向上元素质量分数明显降低。

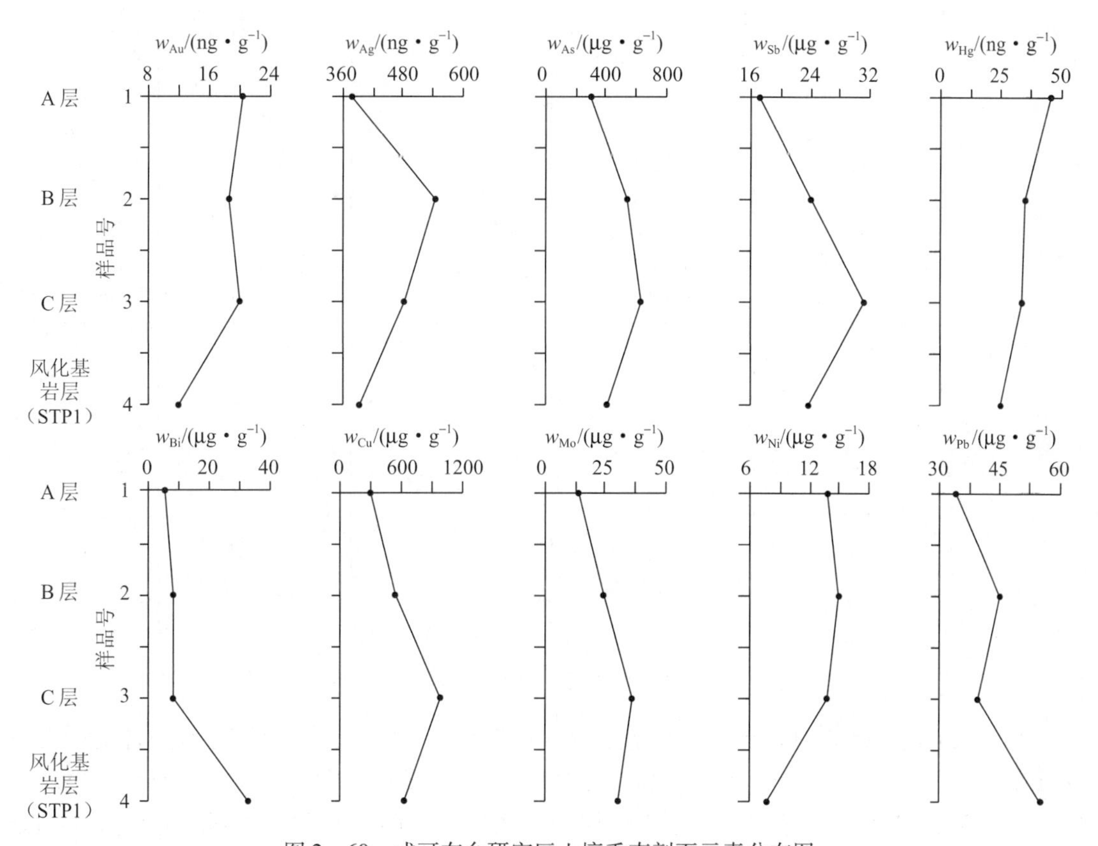

图 2－60　式可布台研究区土壤垂直剖面元素分布图

对比母质（C）层和风化基岩层的元素分布特征，只有 Pb、Bi 等元素呈淋失的特点，Au、Ag、As、Sb、Hg、Cu、Mo、Ni 等均表现为质量分数增高。母质（C）层大部分元素发生的次生富集主要来源于两个方面，即：表层向下淋失；干旱、半干旱条件下干旱土（栗钙土）层中钙积层的碱性地球化学障的屏蔽作用。母质（C）层以下 50～80 cm 处正是钙质淀积部位，碱性地球化学障的存在对元素具明显的阻滞作用。

群吉研究区土壤垂直剖面元素分布具有自己的特点（图 2－61），与式可布台研究区元素分布具有一定程度的差异，Cu、Bi、Ag、Mo、Pb 等主要成矿元素质量分数从风化基岩层向上呈逐渐降低的趋势，这种趋势经过淀积（B）层后，在表（A）层中质量分数较平稳或略有增高。Sb、As、Ni、Hg 等质量分数则呈现从风化基岩层向表（A）层逐渐升高的特点，其中 Sb 元素质量分数在各层增高的程度较为均匀，As、Hg 等只在表（A）层或在上覆土壤（Hg、Pb）层中增高。

当矿体出现在山坡时，上坡方向物质向下整体移动，覆盖在矿体之上。上坡方向的原土壤处在矿体外侧的弱矿化蚀变或高背景地段，主成矿元素和伴生元素质量分数偏低。当上坡方向含质量分数偏低的元素的土壤覆盖在矿体上方后，这时采集的土壤垂直剖面岩石与土层间的元素分布就会产生脱节或存在较大的差异。

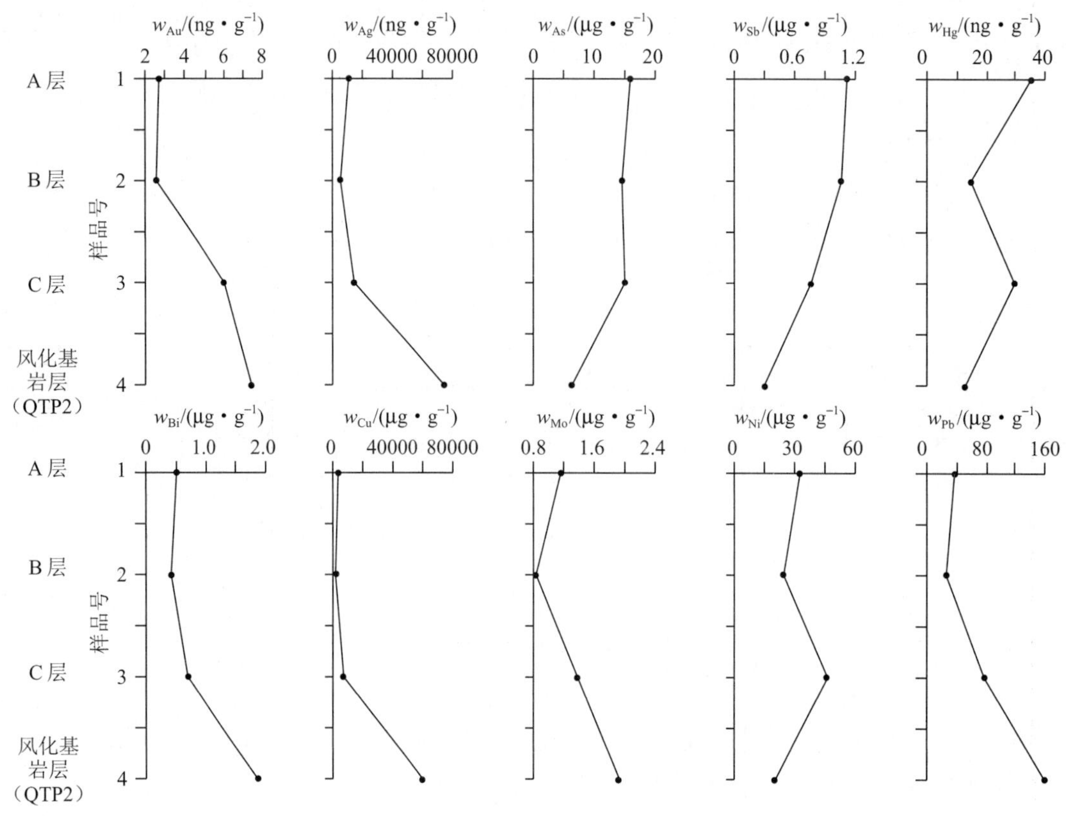

图2－61 群吉研究区土壤垂直剖面元素分布图

表2－22是喇嘛苏铜矿研究区5条土壤垂直剖面主要成矿元素质量分数统计表，由表可以看出，P1土壤剖面为高背景或弱矿化地段，元素质量分数低，多数元素为表层弱富集，P3、P4、P5剖面的基岩与上覆土壤层元素质量分数明显脱节，表明两者间成生关系不密切，显示出明显的坡积影响。

表2－22 喇嘛苏铜矿研究区土壤剖面各层位元素分布表

土壤垂直剖面	土壤层位	w_B/(μg·g^{-1})				有机碳/%	备注
		Cu	Ag	As	Zn		
P1	表（A）层	38	0.221	10.9	152		矽卡岩上部土壤剖面
	母质（C）层	28	0.116	12.4	148.5		
	风化基岩层	30	0.114	8.60	188		
P2	表（A）层	395	0.335	90.0	185	5.09	矿化花岗闪长斑岩上部土壤剖面
	淀积（B）层	423	0.424	53.7	81.5	1.85	
	母质（C）层	657	0.403	13.0	70.2	0.67	
	风化基岩层	545	0.457	6.8	58.0		
P3	表（A）层	311	1.117	240	147		矿化花岗闪长斑岩上部土壤剖面，A层黑色有机质发育
	淀积（B）层	313	1.967	337.5	113		
	母质（C）层	300	1.555	303.3	81.0		
	风化基岩层	2775	0.789	168.8	292		

续表

土壤垂直剖面	土壤层位	$w_B/(\mu g \cdot g^{-1})$				有机碳/%	备注
		Cu	Ag	As	Zn		
P4	表（A）层	99.0	0.147	15.4	113		灰岩上部土壤剖面，无矿化
	母质（C）层	22.5	0.117	14.9	83		
	风化基岩层	12.0	0.171	6.40	32		
P5	表（A）层	21.0	0.090	13.8	87	1.62	矿化灰岩上部土壤剖面
	淀积（B）层	30.8	0.106	25.5	180	0.97	
	母质（C）层	32.0	0.127	64.0	213	0.71	
	风化基岩层	1756	5.020	4536.9	151		

注：A层为土壤表层（10～20 cm）；B层为含黏土淀积层位（10～25 cm）；C层为母质砂砾石层（10～30 cm）。

在高寒干旱半干旱山地景观区，土壤中的坡积影响不容忽视。土壤在重力作用下，沿下坡方向滑动、蠕动，上坡的土壤覆盖在下坡物质之上，可使矿体上方土壤中的元素分布与基岩脱节，矿体上方异常减弱或消失，下方背景区土壤中可出现较强异常，使土壤垂直剖面元素的正常分布发生强制性改变。

（6）阿尔泰山土壤垂直剖面元素分布特点

哈腊苏研究区土壤垂直剖面的分析结果如图2－62所示。土壤表（A）层含有少量有机质，B层为淀积层。在土层较厚地段，B层可分为B_1层和B_{tk}黏土质、钙质淀积层。C层为成土母质或风化碎石层，R层为风化基岩层。

哈腊苏研究区矿化以Cu为主，伴有Ag、Au、As。在较少坡积等外来物干扰的土壤剖面上（QT8、QT2），从基岩至母质（C）层Ag、Au等多数主要成矿元素和伴生元素质量分数向上呈降低贫化特点，即在土壤垂直剖面上为淋失类型，只有Cu、Mo（Pb）的质量分数略有升高。尽管在土壤上部（B、A层）剖面上，各元素质量分数的分布出现明显分异，显示出较为复杂的分布特点，同一元素在不同剖面出现了相反的分布。这一现象与表生作用和成土过程中复杂的多种因素有关，较难进行统一阐述。

在QT4和QT10土壤剖面，元素质量分数分布复杂性相对偏小。从基岩至母质（C）层多数元素质量分数分布增高，显富集状，只有Sb、Ag（一个剖面）出现降低分布。向上部的B、A层，QT10剖面多数元素为富集状，而在QT4剖面，部分元素为表生富集，另一些元素则为贫化状。这种较为一致的分布特点，可能与坡积现象有关。

在红山嘴研究区，土壤垂直剖面显示出与哈腊苏研究区相似的特点（图2－63）。所不同的是，在红山嘴研究区主要成矿元素和伴生元素Cu、Bi、Au、As、Sb等均表现出在土壤表（A）层淋失。土壤表（A）层被淋失的元素较哈腊苏研究区明显增多。值得注意的是，在红山嘴研究区，土壤表（A）层被淋失的元素质量分数明显较哈腊苏研究区偏低，为主要伴生元素。除此之外，在红山嘴和哈腊苏研究区，从风化基岩层至上部的成土母质（C）层，元素质量分数多呈略有上升的弱富集特点。

影响土壤垂直剖面元素分布的另一主要因素为坡积作用，这一情况与西天山的研究结果基本一致。在哈腊苏研究区（图2－62），上坡方向土壤在重力作用下，向下坡方向移动，覆盖在下坡方向的风化基岩之上，形成坡向覆盖。这种坡积作用产生的覆盖，使土壤发生层发生改变，形成了二元土壤层结构，其上部为上坡方向运移的坡积覆盖，下部为风化基岩及

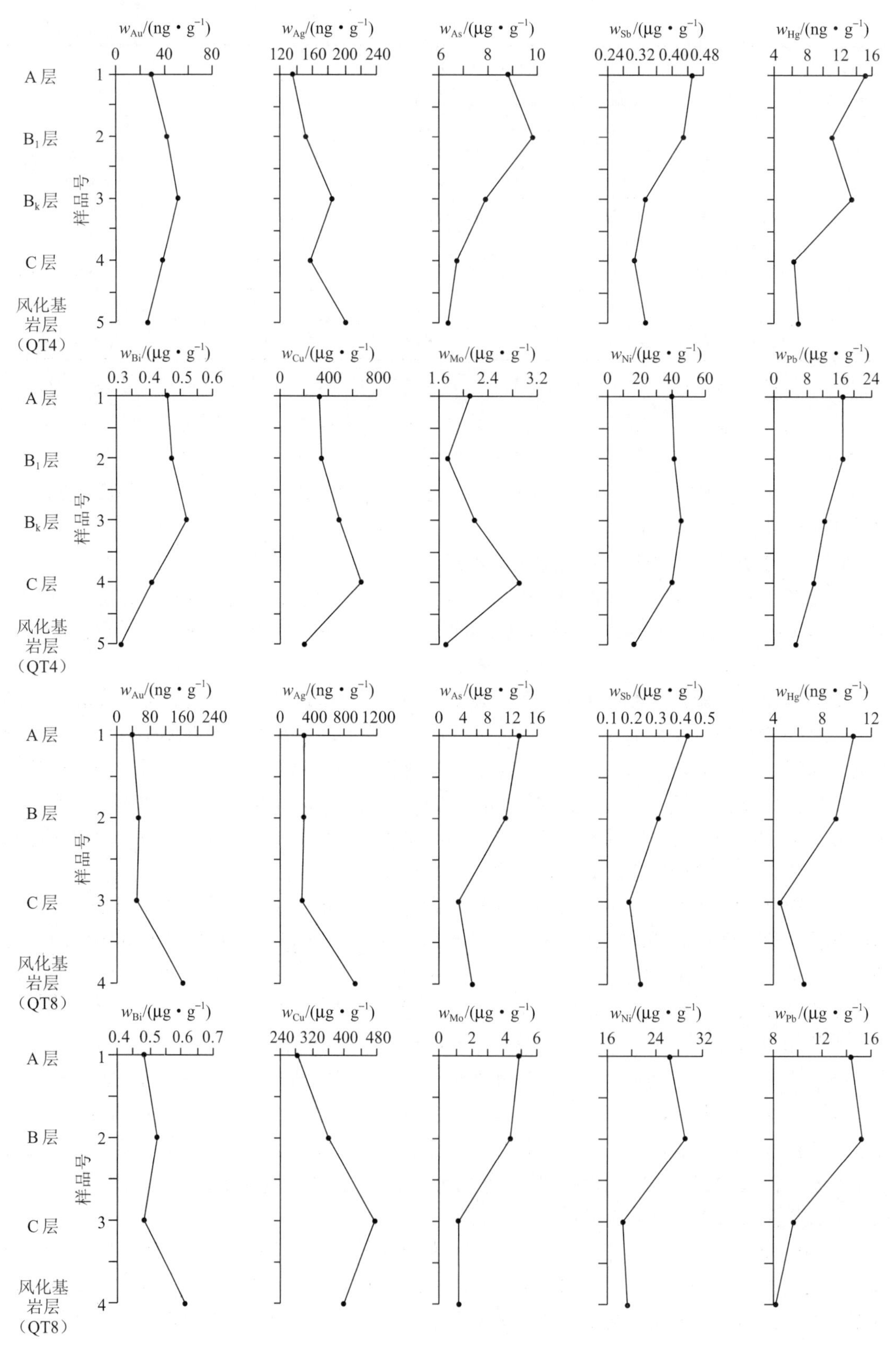

图2-62 哈腊苏研究区土壤垂直剖面元素分布图（一）

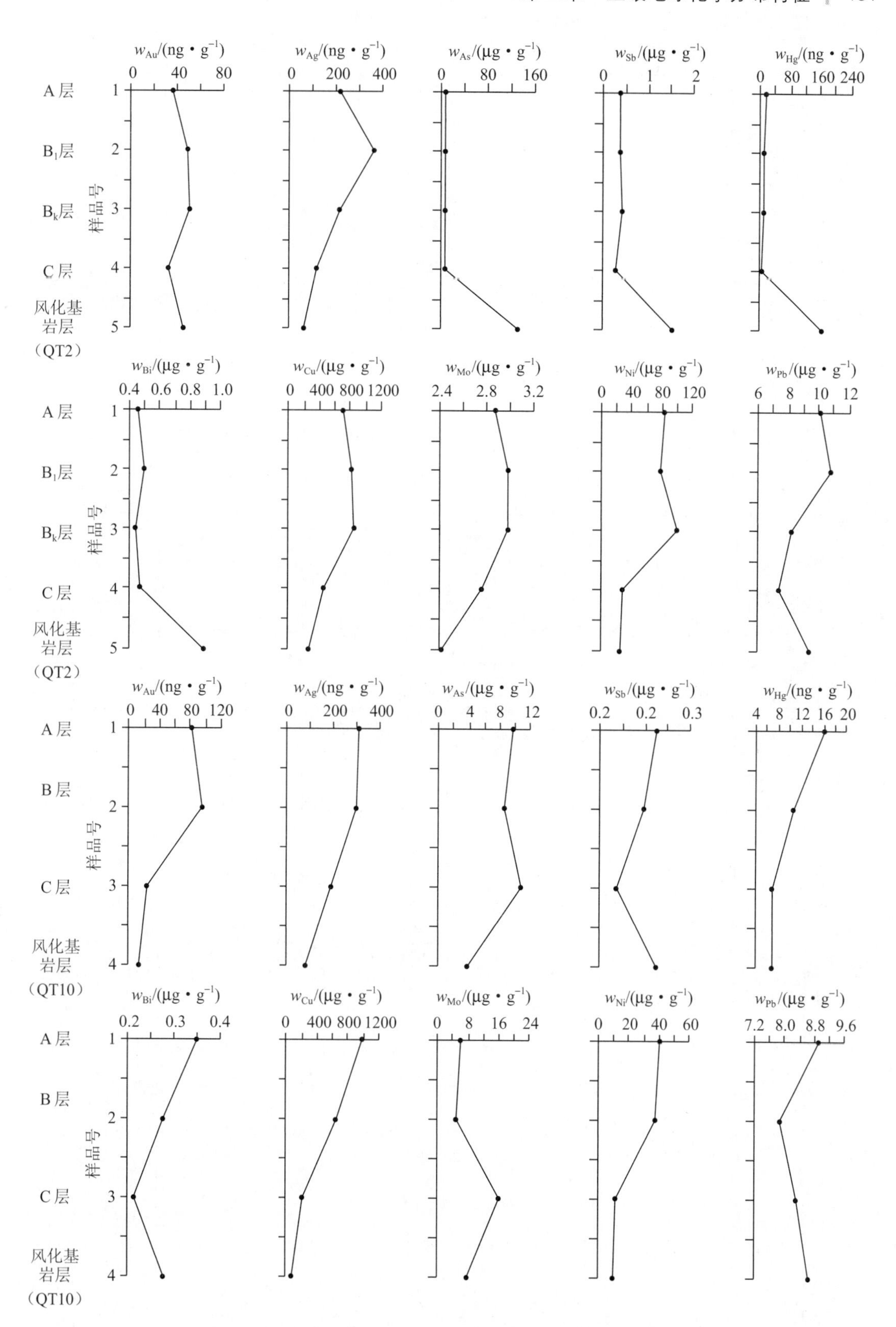

图 2－62　哈腊苏研究区土壤垂直剖面元素分布图（二）

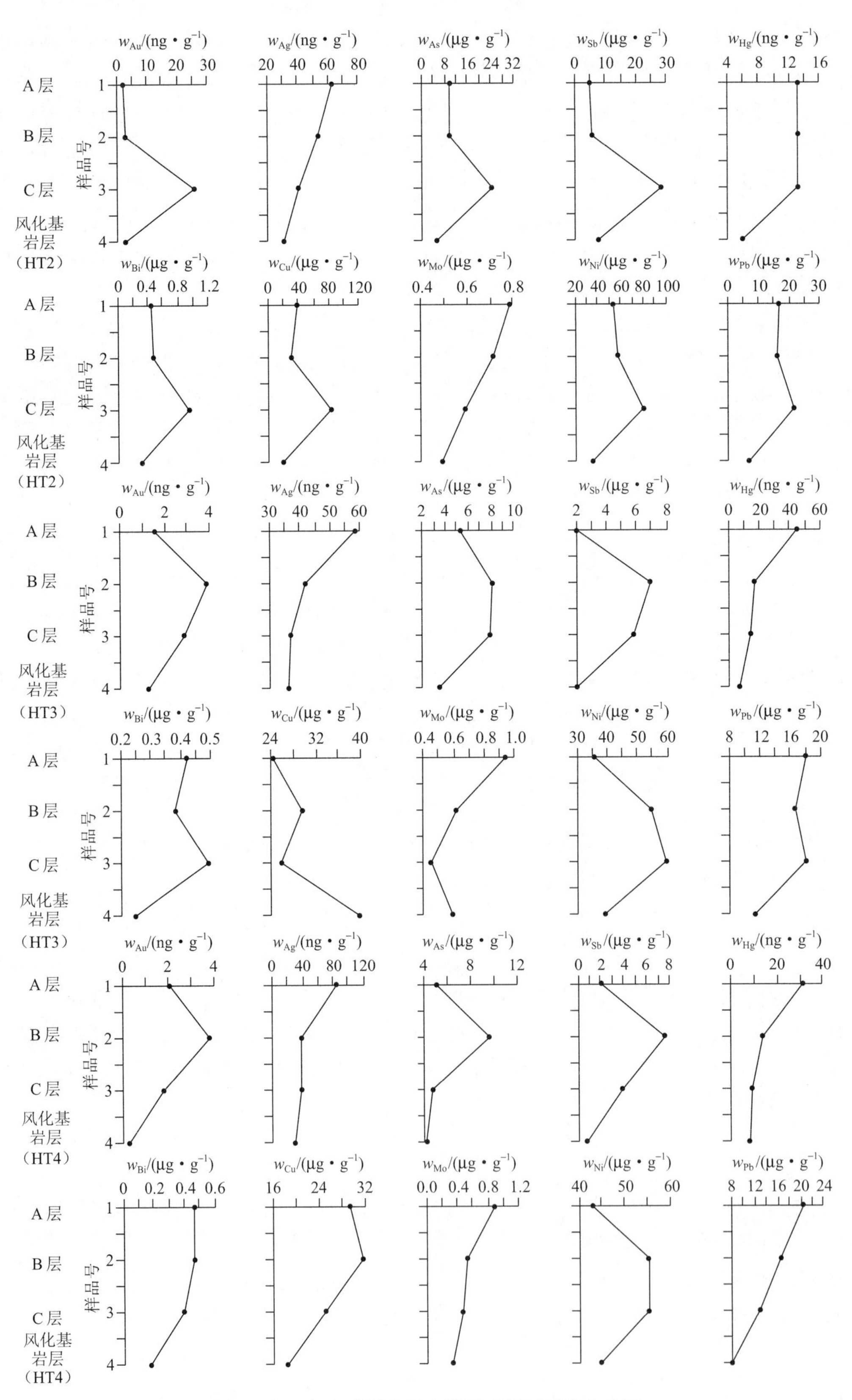

图2-63 红山嘴研究区土壤垂直剖面元素分布图

其上部的成土母质（C）层。该处土壤垂直剖面上的元素质量分数是二元结构土壤层的反映。从图2-62可明显看出，风化基岩的元素质量分数明显与上覆土壤层脱节，较难从元素分布上将两者密切联系在一起。上坡方向主要矿化元素Cu、Mo、Ag、Pb具有较高质量分数，而As、Sb、Hg、Bi等伴生元素质量分数较低。该点土壤垂直剖面的元素质量分数增高应是上覆坡积的反映。

红山嘴研究区土壤垂直剖面元素分布（图2-63）与哈腊苏研究区结果一致。尽管在红山嘴研究区选择的土壤层位偏薄，且缺失主要淀积（B）层位，但由于研究区土壤形成过程偏短，成壤作用偏弱，元素分布受坡积作用相对较为明显。

在阿尔泰山地区，通过对土壤粒级和垂直剖面元素分布特征研究认为，阿尔泰山地区风成黄土分布较为普遍，尽管选择的研究区分布在阿尔泰山的不同地段，但各地风成黄土掺入特点基本相似。由于风成黄土主要以-80目掺入土壤，使土壤中-80目细粒级元素质量分数发生明显降低，明显脱离了从粗粒级向细粒级逐渐升高的变化规律。由此可见，在阿尔泰山地区普遍存在风成黄土掺入，对土壤中-80目细粒级元素质量分数产生明显影响。在阿尔泰山腹地，风成黄土影响偏弱。在不受影响的剖面上，Cu等主要成矿元素呈被淋失的特点，即从下向上质量分数逐渐降低，在土壤母质（C）层则略有富集；而其他伴生元素则表现为土壤层上部明显富集。垂直剖面上的元素分布同时受坡积作用的影响，上坡方向物质向下运移，使被覆盖地段土壤成为二元结构，该处土壤剖面中的元素分布实质是不同母质土壤化学成分的反映。

综合诸景观区土壤垂直剖面元素分布特征认为，研究区以干旱半干旱气候和山地条件为主体，形成的土壤以干旱土类（即漠土、漠钙土、灰漠土、棕钙土）为主，其成壤作用原始，基本保留了残积母质以岩石碎屑为主体的粗骨架结构，土壤各发生层不发育，在土壤层内见盐类淀积。基岩及土壤的风化作用以物理风化为主，化学风化作用较弱，导致土壤剖面元素分布较为平稳。尽管在各研究区，土壤垂直剖面元素的分布类型各异，或出现贫化，或出现富集，或基本无变化。在这种变化中，富集与贫化作用较微弱，未显著改变剖面上元素的平稳分布状态，这一特点在风化基岩与上邻母质（C）层间表现得尤为明显。在风化基岩层和母质（C）层之间，土壤中出现淋失贫化的元素主要为矿化元素，具有较高或高质量分数；出现富集的元素多为次要伴生元素，质量分数处于弱异常或背景区间。主要矿化和伴生元素呈现出弱贫化类型，干旱气候环境下元素仍具有因淋溶作用产生的带出、带入作用，但这种作用均较弱，使土壤剖面仍能较大程度地保留母质的基本元素分布特点。在基岩上部母质（C）层，与下伏基岩关系密切，元素质量分数受风化淋滤作用和风积物掺入形成的干扰微弱。

上述地区土壤垂直剖面元素分布表明，在干旱、半干旱条件下，主要成矿元素在土壤垂直剖面上呈弱淋失特点，其表现为从下部基岩至上部表（A）层质量分数逐渐降低，这种特点并不因景观特征的某些差异而发生变化。上述结果不同程度地反映了高寒诸景观区基岩风化、成壤作用对元素分布的影响，同时亦反映出影响土壤中元素淋失、迁移与富集等的地球化学环境差异不大。

研究区普遍分布有风成黄土，其干扰作用明显，风成黄土中元素质量分数偏低，以掺入的方式进入土壤内，对其中的元素分布产生稀释作用。在土壤中，由于风成黄土掺入产生的干扰主要发生在表（A）层和淀积（B）层，而对母质（C）层干扰微弱或无干扰。受风成黄土掺入产生干扰的土壤剖面元素质量分数变化与未受干扰土壤剖面元素分布具明显区别，未受干扰的土壤剖面元素分布，即从风化基岩层至表（A）层，较难发现突然变化现象。而在风成黄土掺入的土壤剖面中，这种元素质量分数的突然变化显而易见。

土壤剖面坡积作用不容忽视，这种作用可改变土壤剖面元素质量分数的分布，会造成假象。因此，土壤测量时应注意对坡积的观察，剔除坡积作用的不利影响。

4. 半干旱中低山景观区

通过对 14 个矿区土壤各层位取样分析的研究表明（图 2－64），多数元素在底部母质

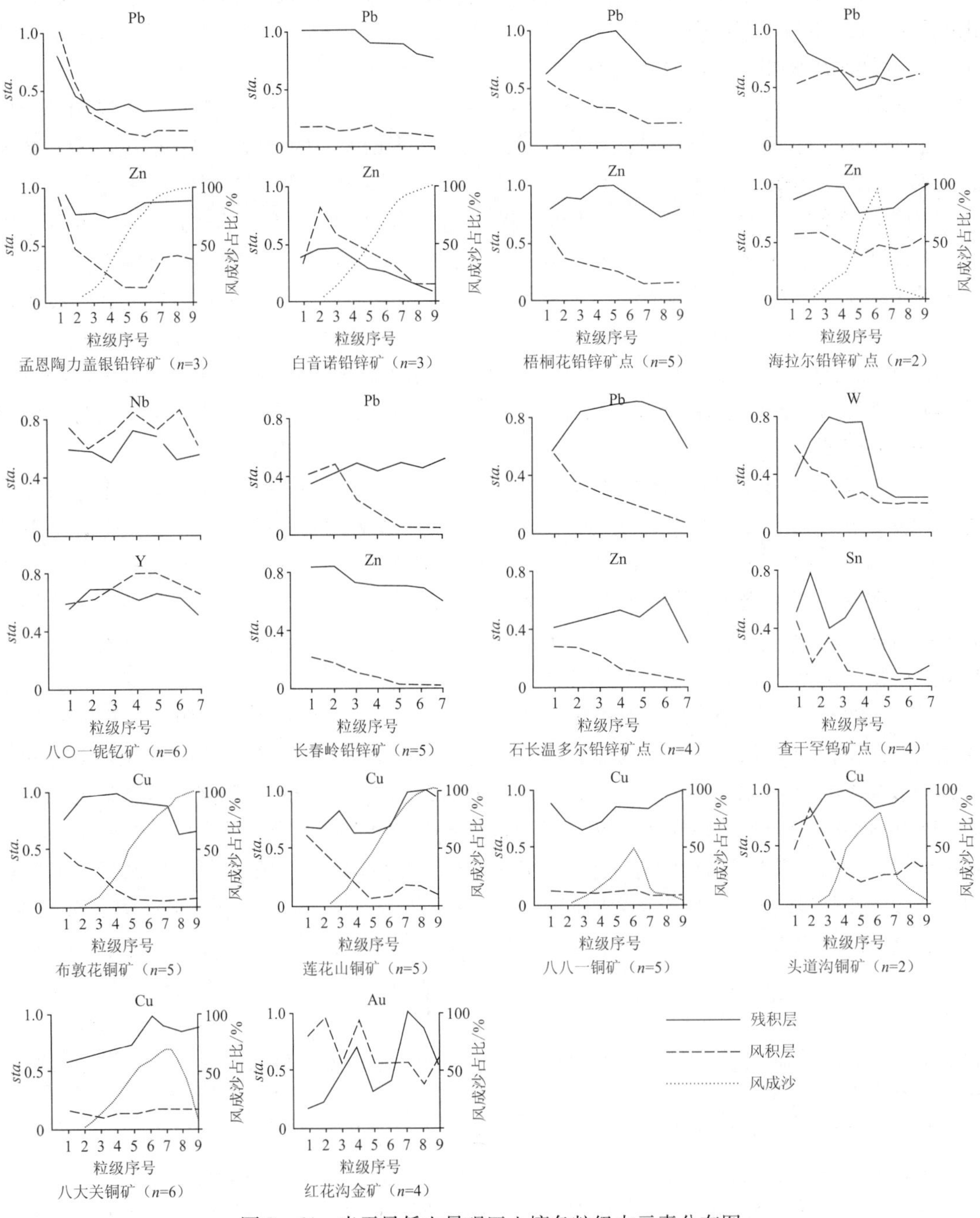

图 2－64　半干旱低山景观区土壤各粒级中元素分布图

粒级序号：1—－2～+4 目；2—－4～+10 目；3—－10～+20 目；4—－20～+40 目；5—－40～+80 目；6—－80～+120 目；7—－120～+160 目；8—－160+200 目；9—－200 目

(C) 层中的质量分数均比腐殖化风积表 (A) 层高，一般高出 2～5 倍不等，个别可达 10 倍，元素在土壤不同层位的分布规律和差异性十分明显。在布敦花矿区横穿铜矿体的测量剖面，对土壤下部母质 (C) 层、中部钙积 (B) 层和上部腐殖化风积表 (A) 层进行系统采样，并统一筛取 +40 目粒级部分为样品，所得结果（图 2－65）说明，在土壤下部靠近基岩的母质 (C) 层元素质量分数明显高于以风积物为主的表 (A) 层，明显高于土壤中部钙质淀积 (B) 层。尽管矿体上方土壤以风积为主，表 (A) 层有异常出现，其两侧几乎不出现异常，说明钙积 (B) 层对元素具有清除作用。上述结果表明，在半干旱气候条件下，土壤中元素尚未发生表聚现象。风积物的大量掺入和钙积层的清除作用是元素质量分数降低的主要因素。

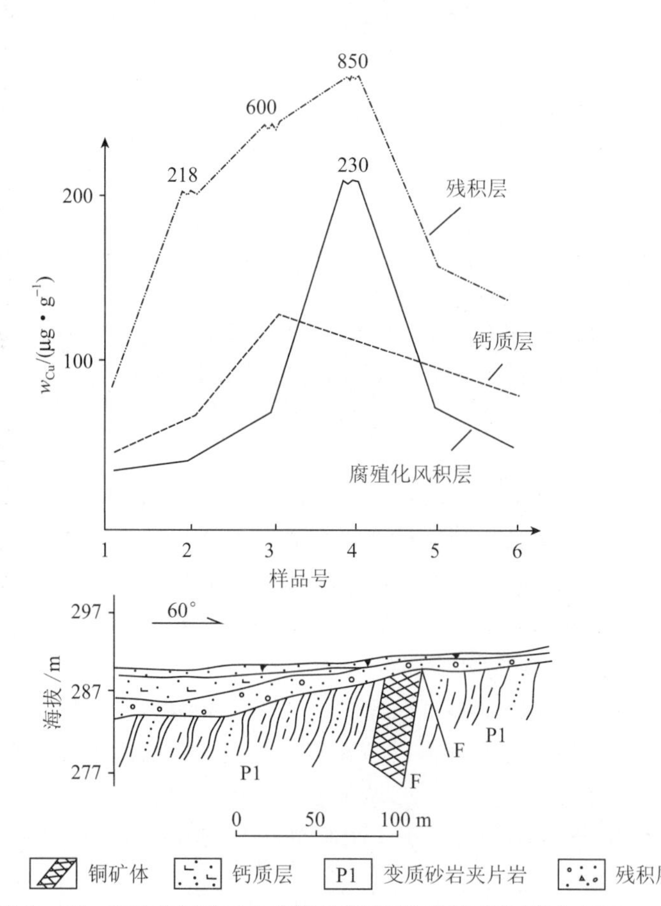

图 2－65　布敦花铜矿区土壤测量剖面不同层位铜元素分布图

二、土壤剖面元素赋存形式与相态分布

1. 元素赋存形式与相态分布

A. 干旱荒漠戈壁残山景观区

在干旱荒漠戈壁残山景观区，选择了矿化区进行讨论。其中有 5 个是硫化物矿区（霍各气、白乃庙、红古尔玉林、土屋和黄山东），1 个是钨钼矿区（东七一山），1 个是稀土矿区（白云鄂博）。

在硫化物矿区，由于气候干旱，降水稀少，水分缺乏，硫化物氧化时生成硫酸的浓度相对较高，使反应易停留在硫酸盐阶段，且具有较高浓度。大多数硫酸盐溶解度较大（15～25 ℃时的溶解度多为200～700 g/kg），易于在降水和地下水中淋失迁移。母质（C）层中成矿元素贫化，实际上是整个硫化物矿床氧化带从下至上贫化的继续。以霍各气为例（表2－23），Cu的贫化在－20 m深处氧化淋滤带中已经发生。白乃庙矿区更深一些，Cu淋失深度可达－50 m。

表2－23　霍各气矿区铜矿体垂直分带

深度	分带	主要矿物	一般Cu品位
1～3 m	全氧化亚带	褐铁矿、蓝铜矿、孔雀石、矽孔雀石、辉铜矿、氯铜矿、非晶质锰矿、黄钾铁矾。露头上具流失孔	0.2%～0.3%
>3～20 m	氧化淋滤亚带	偶见孔雀石、褐铁矿充填裂隙，流失孔为主	0.16%～0.32%
>20～30 m	次生富集亚带（不明显）	仅在原硫化物富集地段出现，主要矿物为辉铜矿、斑铜矿	比原生品位高1～2倍
>30 m	原生矿带	黄铜矿、磁黄铁矿，少量方铅矿、黄铁矿、铁闪锌矿、白铁矿、毒砂、磁铁矿、方黄铜矿等	0.7%～1.45%

（据内蒙古冶金第一地质队，1980）

在硫化物矿区土壤母质（C）层中，Cu、Pb、Zn的淋失还与碱性环境（pH多为8～10）及土体水分中含有较多的CO_3^{2-}、HCO_3^-、Cl^-、OH^-等阴离子团有关。它们可以与Cu、Pb、Zn等，特别是Cu、Zn形成稳定的可溶性盐和配合物，使硫化物在碱性介质中仍具有最大的氧化速度。

东七一山钨钼矿区，主要矿物组合为辉钼矿、白钨矿、黑钨矿、胶锡矿和绿柱石。据科洛托夫的研究，这些矿物多数易被碱性水阴离子（OH^-、CO_3^{2-}、HS^-、S^{2-}等）溶解、水解和分解，辉钼矿、次生钼酸盐、钼钨钙矿等在碱性介质中将最优先进行反应，呈配阴离子或碱金属钨酸盐、钼酸盐形式发生迁移。降水使这些易溶盐首先从疏松层中淋滤而出，使干旱区碱性水中Mo有最高的质量分数。

白云鄂博铁－稀土矿区，疏松层pH为8～8.5，这种碱性环境有利于稀土元素在表生带的迁移。稀土矿的母岩和直接围岩为白云石碳酸盐岩，碳酸盐风化分解产生大量HCO_3^-和CO_3^{2-}，一部分转入地下水（HCO_3^-质量浓度高达500 mg/L），一部分存留于疏松层的吸附水和毛细管水中。HCO_3^-的大量出现，大大增强了稀土元素的活动性，使稀土元素在氧化带和疏松层中淋失。

对白乃庙、霍各气、脑木洪3个硫化物矿区进行元素存在形式的相关研究。由白乃庙铜、铁元素在各相态中的分配特征（图2－66；表2－24）可以看出，以硫化物形式存在的Cu从剖面下部至地表逐渐减少，近地表处残留在硫化物中的Cu不超过总量的10%～30%，大部分转为水溶相、可交换离子相和碳酸盐相（即第1步提取部分）；其次是锰的氧化物相、有机质相和非晶质铁的氧化物相。表土（A）层（MG_4）中的Cu在第1步提取获取了较高提取率，表明已大量淋失，主要转入锰的氧化物相、有机质相和非晶质铁的氧化物相，一部分转化为更难溶矿物，而这时残留的硫化物未被进一步分解，使得Cu在硫化物中比率相对增高。弱矿化岩石（MG_1）与富矿化岩石（MG_3）有些不同，硫化物主要呈细小浸染状分散分布在绿片岩（MG_1）中，相当部分Cu进入硅酸盐晶格，以难溶形式存在，当岩石风化成疏松产物（残积层）后，由于硫化物和硅酸盐的进一步氧化与分解，大量Cu转至有机质中（MG_2），这时 Fe 在有机质部分也大量增加。在 Cu、Fe 等元素从矿化岩石和风化碎石母质（C）层中不断淋失的同时，Ca 则在风化碎石母质（C）层中聚积（MG_3、MG_4）。

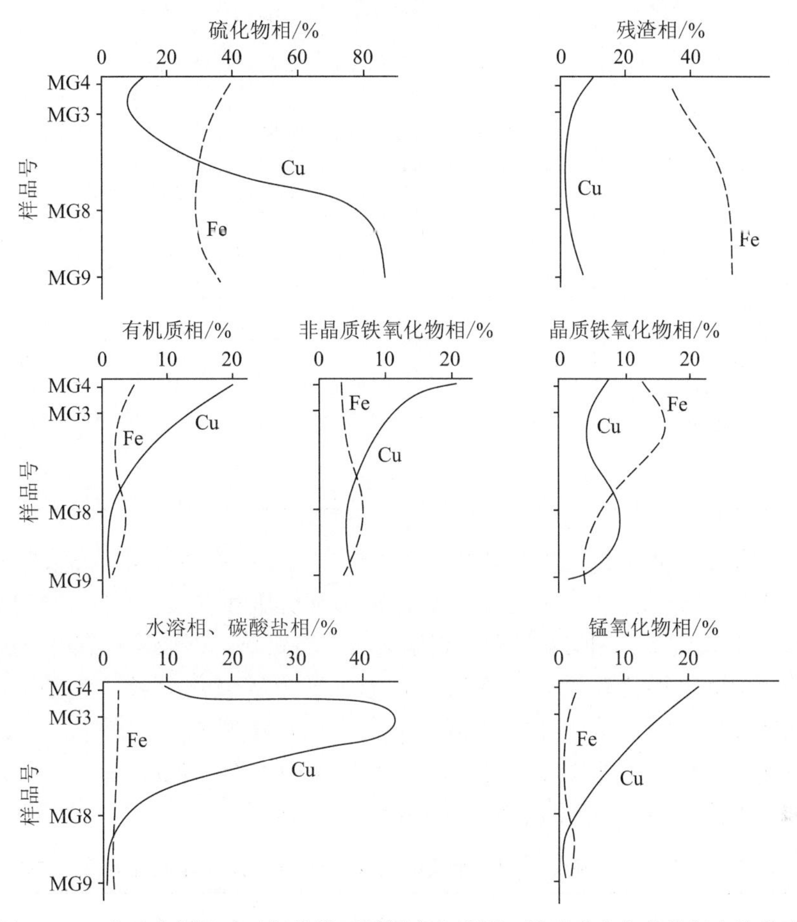

图 2-66　白乃庙铜钼矿区氧化带不同深度土壤铜、铁元素在各载体相中的分配

MG_9 取自 -50 m；MG_8 取自 -30 m；MG_3 取自近地表弱风化含矿基岩；MG_4 取自 MG_3 上方 50 cm 处疏松残积物

表 2-24　白乃庙研究区铜、铁元素全量及偏提取率

元素	样品号	全量 $\mu g \cdot g^{-1}$	碳酸盐相	锰的氧化物相	有机质相	非晶质铁氧化物相	晶质铁氧化物相	硫化物相	残渣相	采样部位
Cu	MG_9	35600	0.7%	0.9%	1.0%	4.6%	1.0%	86.1%	5.7%	-50 m 坑道矿体
	MG_8	3300	2.8%	2.0%	1.2%	3.5%	9.0%	78.6%	3.0%	-30 m 坑道矿体
	MG_3	9830	45.1%	16.7%	12.6%	11.1%	4.7%	6.9%	3.0%	-1 m 探槽中矿体
	MG_4	7105	10.5%	21.0%	20.1%	21.5%	6.5%	10.6%	9.8%	MG_3 上方风化碎石
	MG_1	532	0.1%	1.1%	16.2%	6.1%	13.7%	25.6%	37.1%	-2 m 探槽中弱矿化绿色片岩
	MG_2	790	2.3%	1.8%	52.8%	9.8%	9.3%	13.6%	10.4%	MG_1 上方风化碎石
Fe	MG_9	134500	1.9%	1.1%	0.9%	3.7%	3.4%	35.1%	53.5%	-50 m 坑道矿体
	MG_8	78800	1.2%	1.6%	3.4%	6.3%	5.9%	28.3%	52.9%	-30 m 坑道矿体
	MG_3	58000	2.6%	1.8%	2.4%	3.8%	15.5%	35.4%	38.3%	-1 m 槽中矿体

续表

元素	样品号	全量 $\mu g \cdot g^{-1}$	碳酸盐相	锰的氧化物相	有机质相	非晶质铁氧化物相	晶质铁氧化物相	硫化物相	残渣相	采样部位
Fe	MG_4	38700	2.3%	2.4%	4.5%	3.7%	12.6%	39.1%	35.1%	MG_3 上方风化碎石
	MG_1	60500	0.3%	0.1%	1.0%	2.0%	10.0%	14.9%	62.4%	-2 m 探槽中弱矿化绿色片岩
	MG_2	52600	2.4%	0.6%	38.3%	5.1%	12.3%	10.7%	29.6%	MG_1 上方风化碎石
Ca	MG_9	53600	—	—	—	—	—	—	—	-50 m 坑道矿体
	MG_8	15500	—	—	—	—	—	—	—	-30 m 坑道矿体
	MG_3	53000	—	—	—	—	—	—	—	-1 m 槽中矿体
	MG_4	71200	—	—	—	—	—	—	—	MG_3 上方风化碎石
	MG_1	29000	—	—	—	—	—	—	—	-2 m 探槽中弱矿化绿色片岩
	MG_2	76600	—	—	—	—	—	—	—	MG_1 上方风化碎石

由于地质背景不同，霍各气和脑木洪研究区与白乃庙略有些差异（表 2-25）。在霍各气研究区土壤母质（C）层中，Cu 主要以硫化物、有机质和碳酸盐的形式赋存，非晶质铁的氧化物显得不那么重要。在脑木洪矽卡岩铜矿区，有机质、碳酸盐具有高分配率，非晶质铁的氧化物中 Cu 也显得比较重要，硫化物则绝大部分被氧化分解。Pb 在风化碎石母质（C）层中主要以硫化物和锰的氧化物形式（在有 Mn 大量存在时）赋存，其次是以有机质和碳酸盐形式赋存。Zn 的活动性强，在母质（C）层中大部分被淋失，剩余部分以难溶矿物（主要是黄钾铁矾等）、硫酸盐与有机质结合的形式赋存。

表 2-25 霍各气、脑木洪研究区土壤母质（C）层中铜、铅、锌全量及偏提取率

研究区	元素	样品号	全量 $\mu g \cdot g^{-1}$	碳酸盐相	锰氧化物相	有机质相	非晶质铁氧化物相	晶质铁氧化物相	硫化物相	残渣相
霍各气	Cu	HG_{12}	8092	20.0%	12.0%	22.0%	11.0%	5.0%	28.0%	1.0%
	Pb	HG_7	10457	12.6%	46.4%	18.4%	4.2%	1.5%	16.4%	0.6%
	Pb	HG_8	13890	1.8%	1.3%	2.5%	6.7%	3.2%	74.9%	9.5%
	Zn	HG_{14}	1876	4.3%	3.3%	19.2%	4.1%	4.8%	27.0%	37.3%
脑木洪	Cu	HG_3	2180	22.0%	16.0%	30.0%	17.0%	2.0%	11.0%	2.0%
		HG_4	8850	22.0%	14.0%	35.0%	20.0%	1.0%	7.0%	1.0%

注：HG_{12}、HG_{14} 取自霍各气一号 Cu 矿床；HG_7、HG_8 取自二号 Pb、Zn 矿床；HG_3、HG_4 取自矿体上方。

上述结果表明，-4 目混合粒级土壤中的 Cu、Pb、Zn 在母质（C）层中的赋存状态是多重的，除总量外，很难用某种赋存或提取形式对其异常进行较好的圈定与表述。

黄山东和土屋矿区土壤元素相态平均提取比例统计结果见表 2-26 和表 2-27。尽管两地土壤中各相态分布比例略有差异，但总体分布规律相差无几。它们的共同特点是：几乎所有元素的主要部分均分布在铁氧化物相、硫化物相和残渣内，只是因元素的自身化学特点使其在各相态中的分配比例略有差异。Ag 主要分布在非晶质铁相和残渣内；Cu 集中在硫化物相、残渣和非晶质铁相内；Cr、Zn、Sb 主要赋存在残渣内，其他各相态提取的元素比例较小；而 As 则趋向赋存于铁氧化物相内。

表 2 -26　黄山东矿区土壤母质（C）层样品各相态提取率（$n=7$）

全量及各相态	Ag	Cr	Cu	Ni
全量	98.0 ng/g	222 μg/g	62.0 μg/g	213 μg/g
水溶相	5.96%	0.88%	0.14%	0.10%
吸附相	5.03%	1.47%	0.54%	0.50%
碳酸盐相	4.63%	1.99%	7.69%	6.28%
非晶质铁相	31.20%	3.53%	29.20%	28.50%
晶质铁相	20.10%	4.06%	2.91%	10.50%
硫化物相	8.96%	5.49%	34.70%	30.60%
残渣	23.40%	80.70%	17.60%	17.30%

表 2 -27　土屋矿区土壤母质（C）层样品各相态提取率（$n=6$）

相态	Ag	Cu	Sb	Zn	As
全量	127 ng/g	84.0 μg/g	1.32 μg/g	62.0 μg/g	2101 μg/g
水溶相	6.78%	0.35%	4.37%	0.75%	0.36%
吸附相	3.78%	4.62%	2.27%	3.84%	0.70%
碳酸盐相	6.43%	20.60%	2.37%	4.39%	5.04%
非晶质铁相	28.00%	16.50%	2.16%	8.56%	44.60%
晶质铁相	9.74%	1.40%	16.20%	7.08%	33.50%
硫化物相	5.45%	24.90%	6.27%	19.30%	0.18%
残渣	38.80%	26.30%	62.90%	53.30%	0.28%

上述元素相态提取存在的较为普遍的特点是，在易溶相态中比例偏少。尽管如此，元素间提取的相态比例仍出现了较明显的变化，Ag、Sb、Zn 在易溶相态的比例较均匀；除水溶相和吸附相外，Cu 主要与其他较稳定相关系密切。在干旱碱性环境中，Ag 具有较强的活动性，Cr 表现最不活跃，Cu、Zn、Ni、As 等元素介于两者之间。各元素的相态分布各异，无明显规律，可能与元素本身特性和干旱条件下的化学作用有关，同时也可能与土壤中元素质量分数偏低有关。

B. *森林沼泽景观区*

对得耳布尔、二道河子和塔源研究区土壤 C 层样品筛分成 -4 ~ +20 目和 -20 目的两个粒级，提取水溶相、有机相和非晶质铁锰氧化物相三种元素存在形式，研究次生分散与富集等表生作用的影响。

表 2 -28 和表 2 -29 为部分元素的偏提取结果，可以看出土壤母质（C）层元素主要与有机相及非晶质铁锰氧化物相有关。Cu、Pb、Zn、Cd 等在有机相和非晶质铁锰氧化物相中的质量分数占有较大比例，在有机相中，细粒级所占比例显著高于粗粒级，背景区显著高于矿化区。土壤母质（C）层有机相中元素质量分数的比例表明，有机质对元素的影响明显，这种影响主要体现在土壤细粒级部分和背景区段。有机相和非晶质铁锰氧化物相对另一些元素（如 As、Sb 等）的影响，较对 Cu、Pb、Zn、Cd 等的影响程度偏低。

表 2－28 得耳布尔土壤母质（C）层不同粒级中矿化指示元素偏提取率 单位：%

地段	相态	粒级/目	Cu	Pb	Zn	Ag	Cd	As	Sb
矿化区（$n=3$）	水溶相	－4～＋20	4.833	5.133	4.609	2.540	5.631	0.955	0.411
		－20	1.824	1.487	1.968	0.983	2.216	0.790	0.282
	有机相	－4～＋20	2.629	0.698	1.627		5.310	1.947	0.460
		－20	14.586	9.863	13.244		19.189	4.311	1.004
	非晶质铁锰氧化物相	－4～＋20	29.064	61.802	34.857		57.319	2.885	0.548
		－20	20.299	55.836	29.181		50.809	2.993	0.615
背景区（$n=1$）	水溶相	－4～＋20	4.40	3.98	4.92	4.85	11.02	2.42	0.12
		－20	3.12	2.49	5.09	5.72	10.85	2.33	0.16
	有机相	－4～＋20	5.67	5.44	7.14		18.52	4.48	0.25
		－20	20.73	23.91	27.59		50.54	3.93	0.48
	非晶质铁锰氧化物相	－4～＋20	16.89	67.16	24.89		61.76	7.98	0.19
		－20	12.73	54.18	19.60		72.17	6.73	0.37

表 2－29 塔源矿化区土壤母质（C）层不同粒级中矿化指示元素偏提取率（$n=2$） 单位：%

相态	粒级/目	Au	Cu	Pb	Zn	Ag	Cd	As	Sb
水溶相	－4～＋20	12.590	4.074	3.585	37.386	2.622	10.210	2.572	0.901
	－20	3.463	1.746	1.494	23.584	1.164	6.523	0.659	0.443
有机相	－4～＋20	7.657	2.035	1.169	11.025		9.668	5.259	1.300
	－20	18.969	6.016	4.126	23.750		13.446	9.735	1.478
非晶质铁锰氧化物相	－4～＋20	5.931	5.464	12.301	47.241		10.053	5.289	2.333
	－20	1.921	5.261	12.075	19.916		9.504	4.838	0.264

值得注意的是，粗粒级元素水溶相提取比率明显高于细粒级，对这种反常现象分析认为，其主要原因可能为粗粒级样品粒径大，进入易溶相态的元素仍在颗粒内得以暂存，不能很快被带出，样品加工至－200 目后，破坏了样品的初始粒径，使保留的易溶态物质裸露而易被提取，从而形成该样品中元素水溶相比例偏高。

对腐殖化表（A）层样品－4～＋20 目和－20 目两种粒级提取水溶相、有机相和非晶质铁锰氧化物相，结果（表 2－30，表 2－31）表明，腐殖化表（A）层样品提取的 3 种相态中的元素比例与土壤母质（C）层具有相似性，即 Cu、Pb、Zn、Cd 等在有机相和非晶质铁锰氧化物相中占有较大比例，且后者大于前者。As、Sb 等以有机相和非晶质铁锰氧化物相为主，所占比例明显偏大。但与 Cu、Pb、Zn、Cd 等相比，As、Sb 等在 3 种相态中的提取率显著降低，差异十分明显，说明表生作用对 As、Sb 的影响明显偏低，导致 As、Sb 等在 3 种相态中的比例分配差异不如其他元素显著。同时，元素间化学性质的差异也是重要的影响因素。

土壤中的元素分布特点与基岩风化后的成壤作用密切相关，在森林沼泽景观区植被十分发育的条件下，一定程度上可以加快成壤。因此，元素的分布主要与土壤的物质来源与次生作用关系密切。土壤的粗粒级主要为基岩风化碎屑，随粒级变细，风化作用增强，土壤碎屑的一部分风化为黏土，加上植物残体的腐殖化，使黏土和有机质增多，土壤中黏土和有机质等产生的吸附与清除等表生作用，使元素具易溶态的水溶相和有机质吸附相存在比例明显增高，对细粒级中的元素影响明显增强。由于有机质的参与，使土壤细粒级次生富集与清除作用增强，并主要表现在背景区。

表2-30　得耳布尔和二道河子研究区土壤腐殖化表（A）层不同粒级中元素偏提取率　　单位：%

地段	相态	粒级/目	Cu	Pb	Zn	Ag	Cd	As	Sb
矿化区（$n=3$）	水溶相	-5~+20	2.782	2.464	3.959	0.955	3.665	0.754	0.502
		-20	1.645	0.490	1.927	0.456	2.308	0.280	0.373
	有机相	-5~+20	10.378	5.495	9.995		17.816	1.794	0.903
		-20	13.616	7.214	14.899		30.871	4.279	2.200
	非晶质铁锰氧化物相	-5~+20	27.224	60.570	37.169		54.366	1.635	0.651
		-20	12.629	41.904	27.765		42.818	3.383	1.039
背景区（$n=1$）	水溶相	-5~+20	10.76	3.33	3.20	2.40	3.32	2.13	0.39
		-20	1.31	1.17	1.91	1.28	1.27	0.97	0.22
	有机相	-5~+20	3.33	10.06	11.44		23.66	5.80	0.49
		-20	11.89	10.05	16.04		29.02	5.44	2.23
	非晶质铁锰氧化物相	-5~+20	3.20	52.70	22.46		43.26	10.83	0.47
		-20	4.88	55.84	27.05		54.05	13.18	0.93

表2-31　牡丹江土壤腐殖化表（A）层-20目中元素偏提取率　　单位：%

相态	研究区	样品数	Cu	Pb	Zn	As	Sb	Hg	Ag
水溶相	大荒沟	$n=3$	1.285	1.542	1.738	0.685	0.475	1.448	2.126
	四道河子	$n=2$	1.028	0.934	1.116	0.631	0.696	1.596	2.156
有机相	大荒沟	$n=3$	15.140	13.911	11.593	9.796	1.651	28.518	
	四道河子	$n=2$	17.206	7.104	12.231	8.384	1.753	26.507	
非晶质铁锰氧化物相	大荒沟	$n=3$	9.313	43.592	21.976	3.932	1.037	2.697	
	四道河子	$n=2$	9.266	31.566	17.436	10.249	1.690	1.744	

2. 土壤剖面元素相态与盐积层分布特点

干旱荒漠戈壁残山景观区的另一显著特点是盐积物普遍分布，多以盐类堆积层和地表孔壳结皮形式出现。孔壳结皮主要出现在地势低洼、地下水较浅区段。长期干旱少雨和大量蒸发，使盐积层出现在表（A）层，形成数厘米厚的结皮。盐积在干旱荒漠戈壁残山景观区十分普遍，主要分布在距地表至20 cm的地下，盐积层主要出现在50 cm以下。盐积层内的盐积多以网脉状、团块状、似层状、糖粒状和被膜状分布。盐积物堆积与松散堆积层和基岩无关，从地表向下50 cm至数米区间均可见盐积分布。盐积物堆积种类较多，主要为石膏类、钠盐类、钾盐类、镁盐类等。盐积堆积从景观区的西部向东部随降水量增多而逐渐变弱，如呼伦贝尔市西部盐积堆积弱于甘肃北山和东天山地区。

（1）土壤剖面盐积与元素易溶相态的关系

研究区内土壤类型为盐积正常干旱土，其明显特征为在土壤中部淀积有盐积层，在盐积层淀积强烈部位形成盐磐。张华等（2001）在新疆东天山土屋研究区采集盐磐样品，将其放置在水中，1 h 即全部溶化，表明盐积正常干旱土中盐磐主要为水溶性盐类。为了解盐积层元素分布特征，在前人研究基础上，对土壤剖面样品（包括盐磐）采用选择性提取方法，提取水溶相、碳酸盐相和硫酸盐相，分析 3 种相态提取液中的微量元素，研究盐类淀积与元素之间的关系，以及对元素赋存形式的影响程度。

A. 相态提取方法

水溶相：称取 5.00 g 样品于离心瓶中，加入 50 mL 去离子水，加盖摇匀，静置 24 h 以上（期间振荡 4 次）。离心，25 mL 清液用于 ICP - OES 法测试，10 mL 清液用于 AFS 法测试。残渣留作下一相提取。

碳酸盐相：在水溶相残渣中加入 1 mol/L HAc 50 mL，加盖摇匀，静置 24 h 以上（期间振荡 4 次）。离心，25 mL 清液用于 ICP - OES 法测试，10 mL 清液用于 AFS 法测试。在残渣中加入去离子水 50 mL，加盖摇匀，离心，弃掉清液。

硫酸盐相：重新称取 5.00 g 样品于离心瓶中，加入 50 mL 10% Na_2CO_3 溶液，加盖摇匀，静置 24 h 以上（期间振荡 4 次）。离心，25 mL 清液用于 ICP - OES 法测试，10 mL 清液用于 AFS 法测试。

B. 元素分布特征

对北山地区土壤剖面样品分步提取的水溶相、碳酸盐相和硫酸盐相溶液中的元素分析结果成图（图 2 - 67 ~ 图 2 - 69），可以得出如下规律：As、Sb、Hg、W、Mo、Au 等主要与硫酸盐相关系密切，这些元素在硫酸盐相中具有最高质量分数，且高出碳酸盐相和水溶相数倍或数十倍；Cu、Cr、Pb、Zn、Ni、Bi、Fe、Mn、Cd 等主要与碳酸盐相有关，这些元素在碳酸盐相提取液中具有最高质量分数，且高出其他相态数倍至数十倍，表明这些元素与碳酸盐相相关性密切；Ag 在提取的 3 种相态中分配较均衡，质量分数相差无几。

将土壤剖面元素不同提取相的分布特征与该剖面元素全量分布特征（图 2 - 37 ~ 图 2 - 39）进行比较可知：硫酸盐相中 Mo、Sb、Hg、As 等偏提取量分布与其全量分布形态较为相似，其中相似性最明显的是 Mo，其次为 Sb、As、Hg，然后为 W、Bi。碳酸盐相中 Ag、Pb、Mn 等元素分布与全量分布具有较好的相似性，Zn、Fe、Cd、Cr、Cu 等元素也具有一定的相似性，但较 Ag、Pb、Mn 稍差一些。土壤剖面元素不同相态与全量分布具有较好或一定程度相似性的相态主要为硫酸盐相和碳酸盐相，而水溶相中元素分布与全量分布的相似性较差。

提取的不同元素相态与其全量间的相似性反映出两者间的相互关系，各相态中元素分布与全量分布所具的相似性，能够表明相态中元素质量分数受全量的制约程度，各相态中元素分布与全量分布相似性越好，受制约程度越大，两者关系越密切。在提取相态中，硫酸盐相元素分布与全量分布相似性好于其他相态，说明全量对硫酸盐相影响大，两者密切相关，硫酸盐相中 Mo、As、Sb、Hg、W、Bi 等偏提取量主要与全量有关。在地表氧化条件下，土壤剖面元素由稳定状态向次生不稳定状态转化和运移，这些活动组分的量和分布特点仍然继承了剖面全量的分布特点，土壤中元素全量的高低变化控制着次生活动组分的分配。全量高，则活动状态的金属元素质量分数也高，形成两者的比例关系基本稳定。土壤中次生活动态组分随水分及盐分的流动而发生迁移，但由于其量有限，活动态的运移并未大幅度改变全量与整体活动态的分布状态，这些活动成分的运移规模与距离均在有限的范围内。土壤剖面的元素分布未受盐类淀积的根本性破坏，保持了原来的基本面貌与分布特征。依据与土壤剖面全

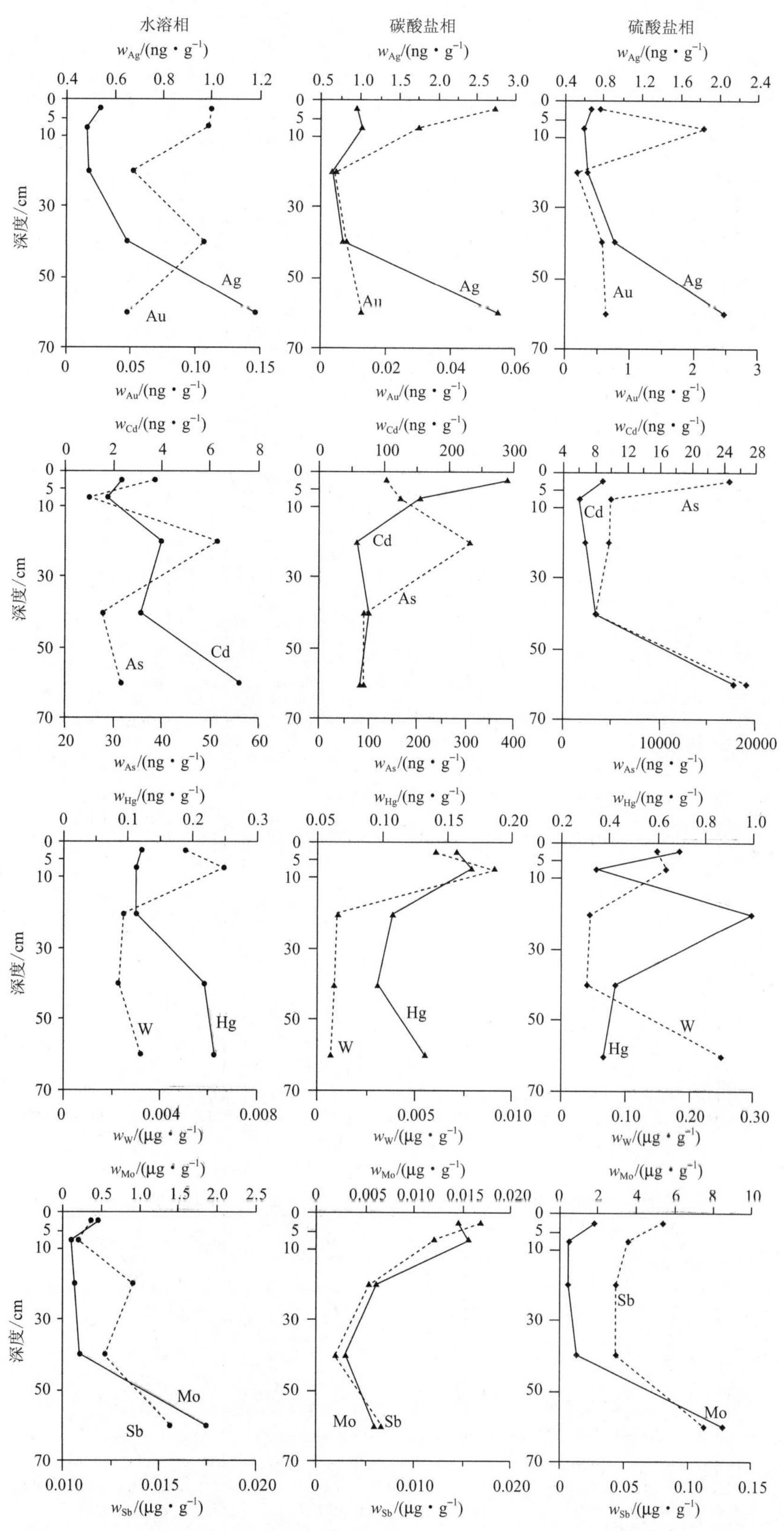

图2-67 小西弓研究区土壤垂直剖面（XTP3）不同相态元素分布图（一）

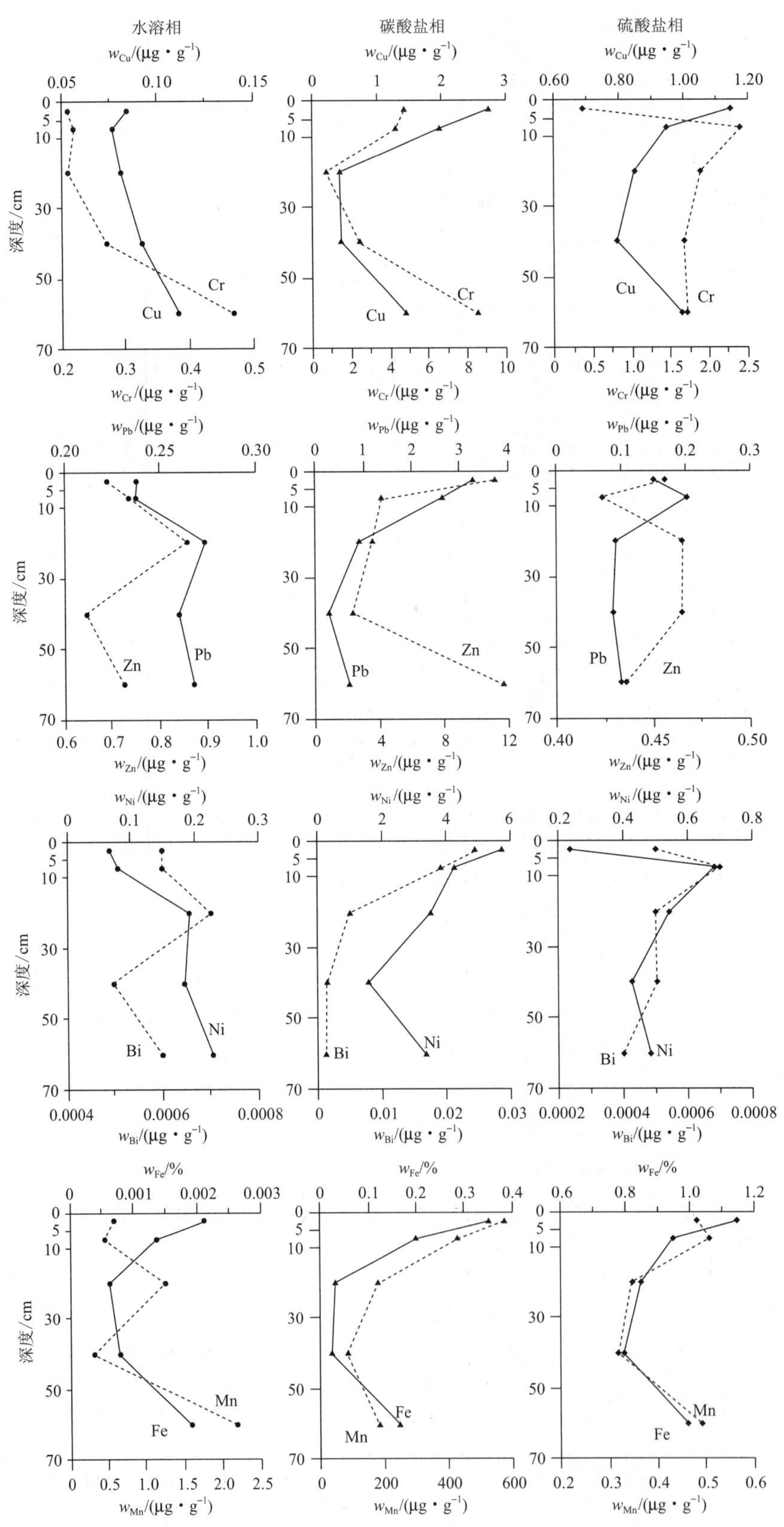

图2-67 小西弓研究区土壤垂直剖面（XTP3）不同相态元素分布图（二）

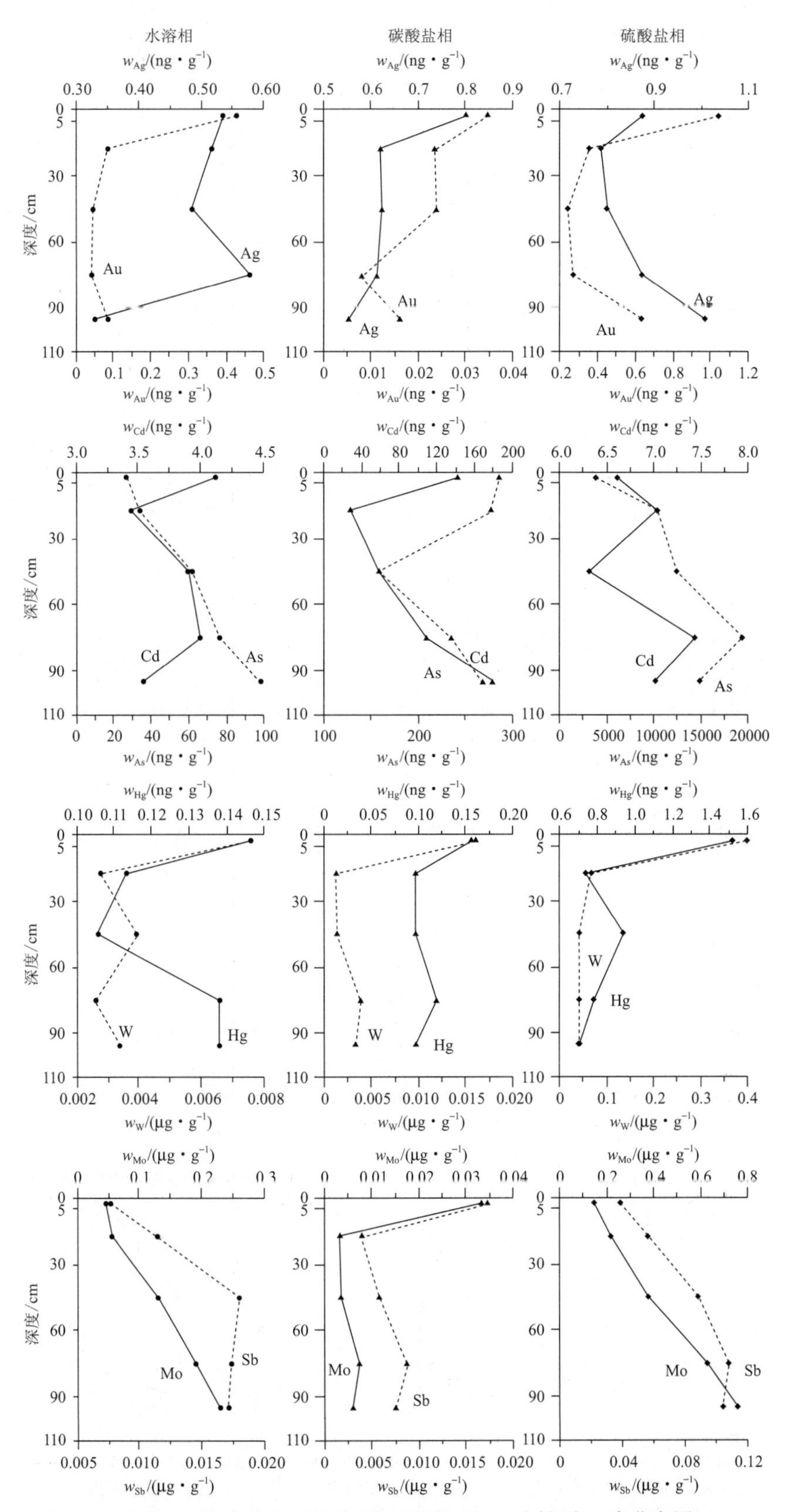

图2－68　小西弓研究区土壤垂直剖面（XTP23）不同相态元素分布图（一）

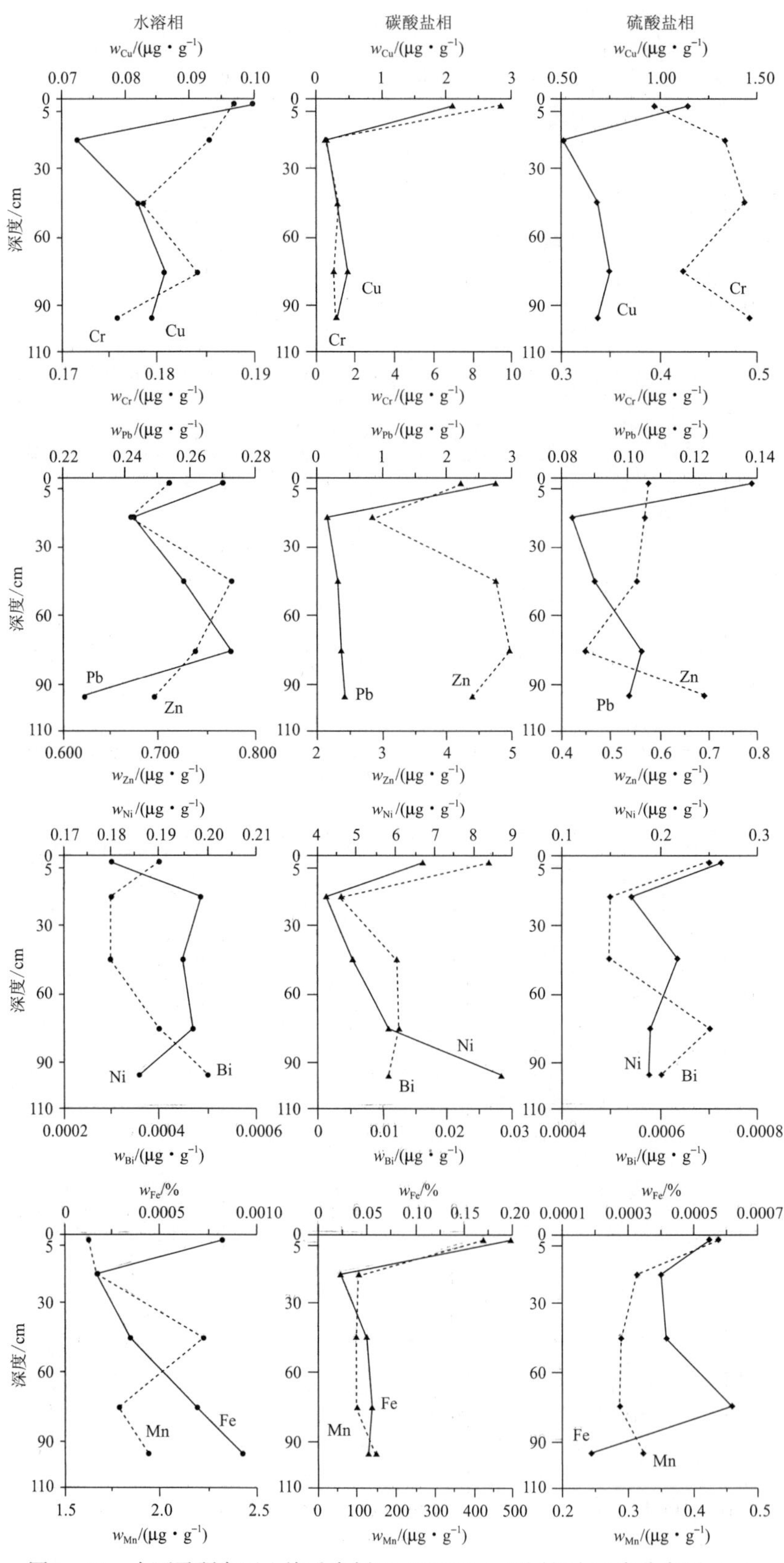

图2－68 小西弓研究区土壤垂直剖面（XTP23）不同相态元素分布图（二）

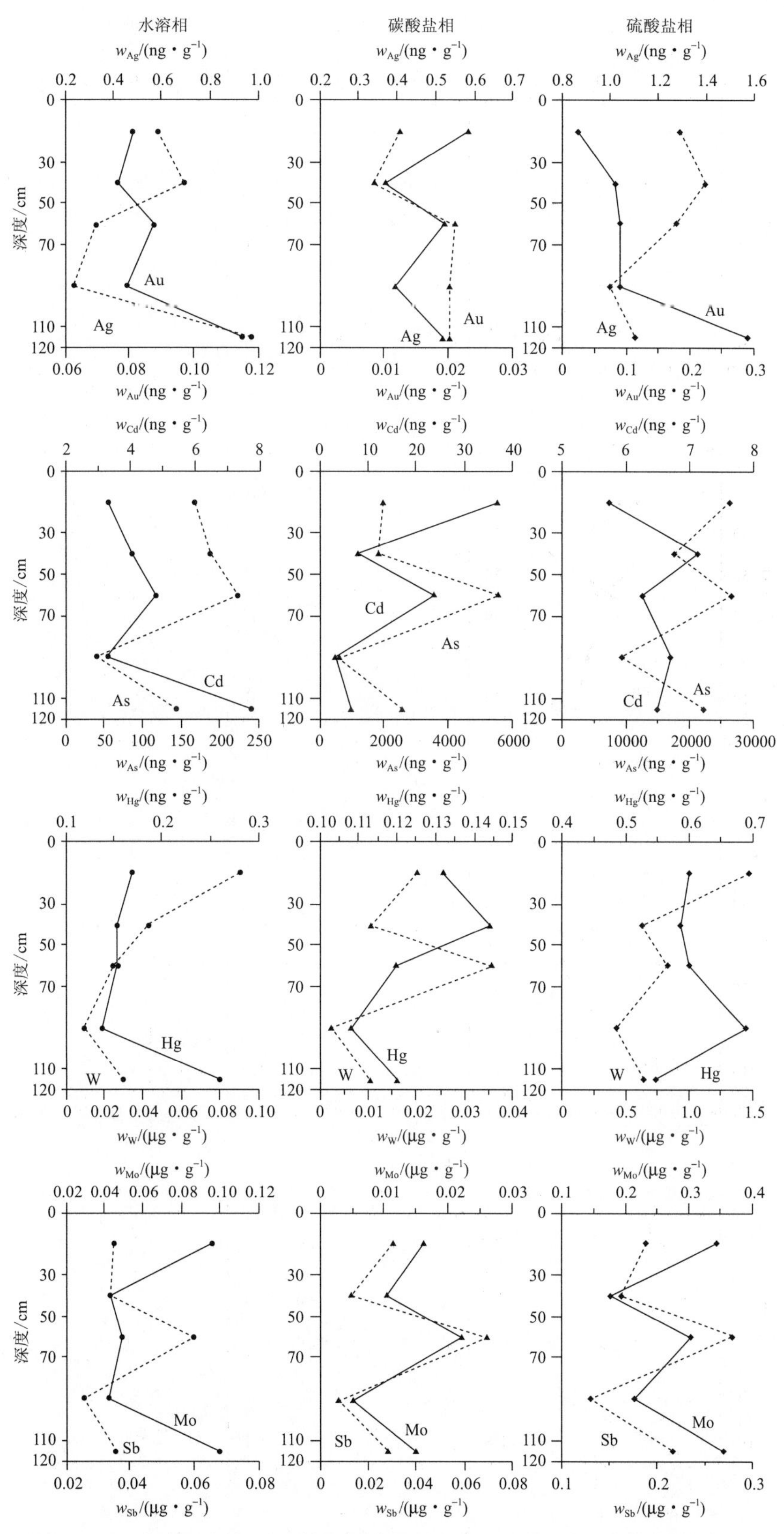

图2-69 老虎山研究区土壤垂直剖面（LTP1）不同相态元素分布图（一）

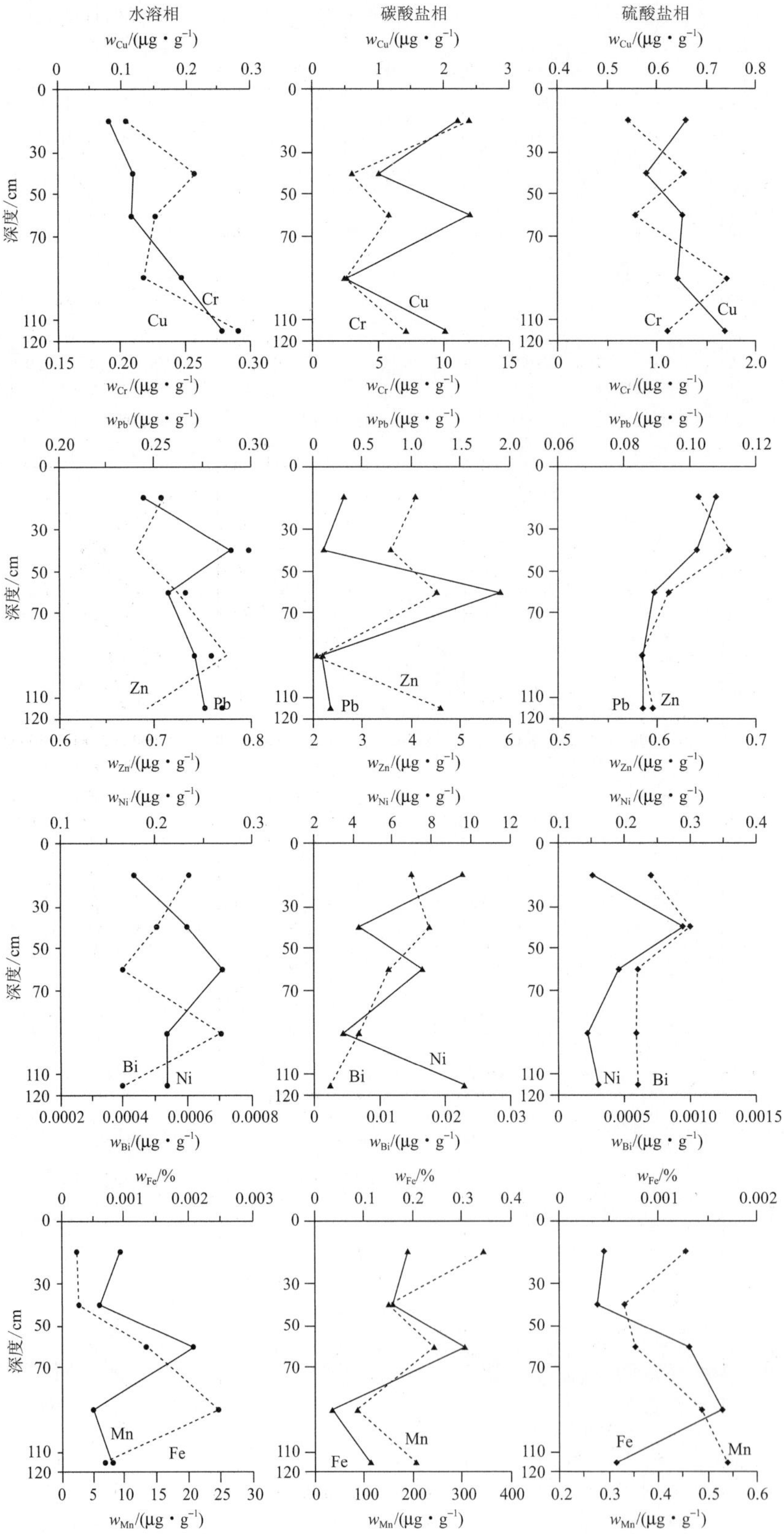

图2-69 老虎山研究区土壤垂直剖面（LTP1）不同相态元素分布图（二）

量分布的相似性，各相态元素与全量的关系以及各相态对元素分布的影响程度从大到小排列顺序为：硫酸盐相→碳酸盐相→水溶相。

在北山地区，土壤垂直剖面中元素的富集与贫化主要与剖面元素的全量关系密切，明显受到剖面元素全量的制约。即便如此，在提取的各相态中的元素分布仍可发现，在干旱碱性环境中，伴随基岩风化和土壤的成壤作用以及盐类在土壤剖面的淀积作用，元素的易溶组分仍具有较强的活动性，并伴随蒸发蒸腾和碱性地球化学障的作用，在土壤的适宜部位淀积或滞留。

在土壤剖面母质（C）层，从下部向上，元素全量和提取的不同相态元素质量分数基本为逐渐降低的趋势，土壤提取的不同相态主要受全量的制约，与土壤全量具相同或相似分布特点。土壤中部向上，特别是土壤表（A）层，即在土壤上部 0 ~ 10 cm 范围内，不同相态的元素分布发生了明显变化。在土壤表（A）层，碳酸盐相对元素分布影响增大，与碳酸盐相对应富集的元素数量增多，且富集的主要元素具有较高质量分数。与之相比，硫酸盐相富集的元素相对偏少，主要为与硫酸盐关系密切的元素。水溶相对地表元素影响较小，仅个别元素质量分数发生变化。

土壤表（A）层富集的元素不论在水溶相、碳酸盐相，还是在硫酸盐相中，富集的数量和富集的程度都与土壤剖面聚集的盐类有关。对照图 2 - 37 ~ 图 2 - 41 中的 CaO、K_2O 和 Na_2O 的分布曲线可以看出，一种为以 CaO 或 K_2O 为代表的元素组在地表聚集的类型，水溶相和其他相态在地表富集的元素相对较少（XTP3、XTP23）；另一种为以 K_2O 和 Na_2O 或 Na_2O 和 CaO 两种盐类为代表的元素组在地表聚集的类型，此时，水溶相和其他相态在地表富集的元素相对较多（LTP1）。其中，W、Au 等在水溶相中呈地表明显富集，在碳酸盐相和硫酸盐相中也呈地表明显富集。

元素的碳酸盐相与全量关系密切的有 Cu、Cr、Pb、Sn、Fe、Mn、Cd、Ni、Bi 等。元素在地表的碳酸盐相和全量具有共同点，即在地表元素质量分数呈增高特点，其中部分元素质量分数增高幅度较缓。与碳酸盐相关系密切的元素在土壤表（A）层积累可能是这些元素质量分数在表（A）层土壤偏高的主要原因。在土壤表（A）层，盐类积累以钠、钾的易溶性盐为主，钙盐为辅，土壤表（A）层元素质量分数偏高主要与钠碳酸盐和钾碳酸盐关系密切。

硫酸盐相在土壤表（A）层对元素的富集作用弱于碳酸盐相，其主要特点是富集的元素偏少，但对于与硫酸盐相关系密切的 As、Sb、Hg、W、Mo 等在地表仍具较有明显的富集。

虽然剖面附近存在采矿及废渣堆，在风力吹蚀作用下，下风向部分矿化物质会掺入土壤表（A）层，可使剖面表（A）层元素升高。这种因采矿活动形成的污染可能存在，可能是土壤表层元素质量分数增高的一个因素。

土壤剖面元素全量及不同提取相元素分布与 CaO、K_2O 和 Na_2O 的分布关系表明，不同提取相的元素质量分数变化主要与 CaO、K_2O 和 Na_2O 的分布有关。由此认为，尽管区内存在采矿形成的污染，但在土壤剖面表（A）层污染作用和面积偏小，主导作用仍为次生富集。CaO、K_2O 和 Na_2O 在土壤表（A）层积累，更多的是与盐类有关。因此认为，土壤中的表（A）层元素分布与盐类的积累密切相关。在盐类向地表聚集时元素选择的相态具有差异性，Au、Ag 主要与水溶相有关，Cu、Pb、Zn、Cd、Ni、Bi、Fe、Mn 主要与碳酸盐相有关，As、Sb、Hg、W、Mo 主要与硫酸盐相有关。干旱荒漠条件下，由于地质、微景观等多种因素的差异，可使盐类的地表聚集及盐磐的类型出现差别，聚集盐类型的差异可直接导致富集的元素种类和数量及其质量分数的差异。

综上所述，该类土壤垂直剖面样品提取的水溶相、碳酸盐相和硫酸盐相，其结果显示出以下特点：在土壤剖面下部残积母质（C）层、中部风冲积加残积以及其间的过渡带，各提取相中的元素分布基本保留了该元素的全量分布特点，即便元素的各相态之和质量分数与全量有所差异，但这种差异并不影响整体分布趋势。在土壤剖面的中上部，特别是在表（A）层，提取的 3 种相态中主要为碳酸盐相和硫酸盐相元素质量分数变化较大，说明表（A）层富集特征较为明显；表（A）层富集的元素主要是与碳酸盐相和硫酸盐相相关的元素。在土壤垂直剖面上，水溶相元素分布的规律性并不明显，分布曲线与全量关系不密切，其主要原因是提取的水溶相中的元素质量分数偏低，分析测试的正常偏差或可形成明显的质量分数跳动。在盐积层中，各盐类的水溶性或溶解度具有一定差异，测试分析和盐类剖面上不同层位间溶解盐的差异均可形成水溶相中低质量分数元素分布的波动。

土壤垂直剖面各提取相态中的元素分布以及在土壤表（A）层的元素次生富集，并不因为土壤剖面的母质（C）层是残积还是运积而出现差别，其主要影响因素是干旱干燥的气候条件，在干旱强烈蒸发蒸腾条件下，水分中的盐分逐渐从不同方向聚集并浓集形成盐类。

（2）土壤垂直剖面元素相态分布特征

对采集的土壤垂直剖面样品分析主要成矿元素和伴生元素的全量，以及水溶相、吸附相、碳酸盐相、非晶质铁氧化物相、晶质铁氧化物相、硫化物相和残渣等 7 种相态的提取率平均值（表 2-32）。

表 2-32　黄山东研究区土壤垂直剖面元素全量及偏提取率均值（$n=8$）

全量及各相态	Ag	Cr	Cu	Ni
全量	87.0 ng/g	884 μg/g	498 μg/g	1543 μg/g
水溶相	6.68%	0.18%	0.12%	0.06%
吸附相	4.32%	0.28%	0.45%	0.24%
碳酸盐相	5.64%	0.48%	10.8%	4.86%
非晶质铁氧化物相	26.4%	0.53%	29.0%	19.1%
晶质铁氧化物相	17.0%	0.62%	2.82%	7.25%
硫化物相	19.2%	2.15%	37.1%	40.7%
残渣相	19.8%	95.3%	11.8%	23.6%

在黄山东镍矿化区，土壤中各相态的元素分布差异明显，主要集中在碳酸盐相、非晶质铁氧化物相、晶质铁氧化物相、硫化物相及残渣等不易活动的相态内，与易活动相态（水溶相、吸附相、有机相）的比例分配具有显著性差异。

Ag 在水溶相和吸附相中具有较其他元素明显偏高的比例，在不易活动相态中偏向于非晶质铁、晶质铁等次生稳定的氧化物相，以及硫化物相与残渣（硅酸盐相）中聚集，这种分布特点表明，在干旱碱性条件下，Ag 具有明显高于其他元素的活动性，其主要表现在 Ag 的水溶相、吸附相及非晶质铁氧化物相具有较高的提取率。

Cr 的相态主要集中在与硅酸盐岩及难溶矿物相关的残渣内，其他相态比例甚微。在矿化区，Cr 的主要载体矿物为铬铁矿、尖晶石及硅酸盐岩等，为氧化矿物类，具有难溶解、难氧化的特性。很少部分 Cr 出现在硫化物相内。上述特点与 Cr 和含 Cr 矿物的化学稳定性密切相关。

Cu 和 Ni 的共性是在水溶相和吸附相中具有极低的比例，而 Ni 则更低。Cu、Ni 在易溶相中的这种低质量分数、低比例分配与 Cu 和 Ni 的载体矿物以及在碱性环境的弱活动性有关。

稳定相态中的 Cu 更容易出现在非晶质铁氧化物相和硫化物相中，这种稳定的相态有助于被氧化成易活动的 Cu 离子与铁的次生氧化物结合，生成 Fe 的次生氧化物相。碳酸盐相中的 Cu 也具有较高比例，主要与土壤中存在较多 CO_3^{2-} 有关，它们与 Cu 具有较强的亲和力，易生成碱式碳酸铜矿物（孔雀石）。Ni 则主要赋存在硫化物相内。Ni 和 Cu 在残渣中主要赋存于硅酸盐岩矿物晶格中，Ni 占有较大比例。

表 2-33 为土屋铜矿区土壤垂直剖面元素全量及各相态提取率平均值。在土屋研究区，研究土壤剖面元素质量分数变化时，选择了与铜矿化有关、具较强异常的主要矿化元素，用循序提取方法分析测试 7 种相态。Ag、Zn 在水溶相和吸附相中具有较高的比例，与较稳定的氧化物相比较，Ag 的易活动部分接近 40%，Zn 在各相态中的比例分配与 Ag 略有差异，但其易活动相态的比例与 Ag 不相上下，Ag 易呈水溶相，而 Zn 趋向于与碳酸盐相结合。值得注意的是，Ag 在非晶质铁氧化物相中的比例可达 1/3 以上。上述结果表明，Ag 与 Zn 在土壤中具有较强的活动性，主要与碱性环境或卤族元素质量分数偏高有关。

表 2-33　土屋研究区土壤垂直剖面元素全量及偏提取率均值（$n=10$）

全量及各相态	Ag	Cu	Sb	Zn	As
全量	4928 ng/g	1670 μg/g	13.5 μg/g	112 μg/g	10527 μg/g
水溶相	29.5%	0.18%	0.70%	4.68%	0.33%
吸附相	5.59%	14.7%	1.21%	8.72%	0.32%
碳酸盐相	3.11%	47.9%	3.35%	24.3%	2.69%
非晶质铁氧化物相	37.4%	6.34%	4.18%	8.96%	50.1%
晶质铁氧化物相	2.85%	0.93%	7.23%	4.40%	18.3%
硫化物相	6.32%	5.72%	7.44%	6.10%	0.22%
残渣相	6.98%	14.9%	62.9%	35.4%	0.20%

与黄山东研究区相比较，在土屋研究区，Ag 具有向水溶相和非晶质铁氧化物相转移的趋势，Cu 则强烈转移至碳酸盐相中，Zn 的相态分布与 Cu 具有类似特点，Sb 主要赋存于残渣（即硅酸盐岩相）内，As 更多的分布在铁氧化物相内。

黄山东和土屋矿区土壤剖面元素分布的主要影响因素可归纳为：①不同的矿化类型形成的矿物组合和主成矿元素以及抗氧化能力不同；②尽管在同一景观区，但由于局部地形不同，盐类积累对元素相态分布的影响不同。

为了进一步深入研究土壤剖面元素不同相态在各层位的分布情况，特选择黄山东研究区和土屋研究区典型土壤剖面进行探讨。

黄山东研究区土壤垂直剖面不同层位元素全量及各相态提取率见表 2-34，风积层主要分为上、下两层，上层含砾石成分偏多，下层以细砾和粗砂为主，按深度分别采集样品。残积母质（C）层采样时亦按深度采样。

从表 2-34 可知，当元素质量分数为背景值或接近异常值时，风积表（A）层和下伏母质（C）层质量分数差异不明显。当母质（C）层具矿化蚀变元素质量分数为高异常值时，与上覆风积表（A）层差异则十分显著，而在母质（C）层内部差异不十分明显或无差异。

土壤垂直剖面元素各相态提取率与样品所在层位有关，风积表（A）层和母质（C）层同一相态提取率差异明显。尽管元素各相态因样品全量高而提取质量分数亦高，但以提取率表示时即消除了质量分数的影响。其结果表明，在极干旱碱性条件下，不论是风积物还是矿化的母质（C）层，元素的存在形式出现分异，且因元素和所提取的相态而出现变化。剖面上各元素的相态分布具有一定的规律：除Ag的水溶相和碳酸盐相规律不明显外，在风积表（A）层与母质（C）层中，Ag的铁氧化物相、硫化物相和残渣提取率差异明显。Cu、Cr、Ni等的易溶相态（水溶相、吸附相及碳酸盐相）提取率在风积表（A）层偏高，母质（C）层的提取率明显偏低。这种特点表明，在土壤表（A）层，即使这些元素全量偏低，但其仍有较大的比例被氧化成易活动态而向地表聚集。随剖面加深逐渐减弱，表（A）层易活动相态比例升高，表明Cu、Cr、Ni、Ag等呈易溶相态形式随各种盐类向表（A）层积累，尽管积累量较少，但仍可发现积累的踪迹。从表2－34中还可看出，易溶相中除Ag具有4%～6%的偏大提取率外，Cu、Cr、Ni等提取率甚微。在硫化物相中，Ag、Cr等元素提取率从剖面上部向下部逐渐增高，而Cu、Ni等则相反，从下部向上部逐渐增高，最高提取率出现在风积表（A）层的下部，Ag的碳酸盐相提取率很低。

表2－34　黄山东研究区土壤垂直剖面不同层位的元素全量及偏提取率均值（$n=6$）

元素	层位	深度/cm	全量	水溶相	吸附相	碳酸盐相	非晶质铁相	晶质铁相	硫化物相	残渣相
Ag	风积表（A）层	0～10	91.0 ng/g	5.62%	4.41%	5.51%	23.80%	23.50%	8.00%	28.10%
		>10～40	84.0 ng/g	6.30%	4.76%	5.71%	30.80%	28.10%	14.90%	8.50%
	母质（C）层	50～80	84.0 ng/g	8.19%	4.27%	5.81%	25.60%	5.50%	25.10%	24.40%
		>80～110	90.0 ng/g	6.64%	3.87%	5.53%	25.40%	10.20%	28.70%	18.20%
Cr	风积表（A）层	0～10	404 μg/g	0.33%	0.49%	0.78%	0.72%	0.87%	1.58%	94.60%
		>10～40	695 μg/g	0.19%	0.30%	0.79%	0.47%	0.49%	2.06%	95.40%
	母质（C）层	50～80	1172 μg/g	0.10%	0.16%	0.13%	0.34%	0.49%	2.58%	95.80%
		>80～110	1265 μg/g	0.11%	0.19%	0.21%	0.59%	0.63%	2.38%	95.00%
Cu	风积表（A）层	0～10	41.0 μg/g	0.25%	0.76%	10.29%	24.60%	1.48%	40.30%	17.20%
		>10～40	68.0 μg/g	0.16%	0.53%	12.25%	25.60%	0.73%	46.30%	9.80%
	母质（C）层	50～80	707 μg/g	0.05%	0.18%	8.87%	34.30%	3.90%	34.40%	12.00%
		>80～110	1174 μg/g	0.03%	0.31%	11.90%	31.30%	5.17%	27.00%	8.00%
Ni	风积表（A）层	0～10	214 μg/g	0.12%	0.40%	5.29%	18.48%	7.94%	43.13%	22.78%
		>10～40	470 μg/g	0.07%	0.30%	6.60%	16.16%	6.40%	50.6%	18.67%
	母质（C）层	50～80	2848 μg/g	0.03%	0.14%	3.88%	23.32%	7.92%	35.1%	27.02%
		>80～110	2641 μg/g	0.03%	0.13%	3.66%	18.71%	6.75%	34.03%	25.72%

剖面下部Cr的硫化物相提取率增高主要与矿体中存在少量难氧化的Cr矿物或含Cr的硫化物有关。剖面上部硫化物相中Cu、Ni等提取率增高主要与硫化矿床有关，硫化矿床氧化后，部分元素呈易活动组分向上运移，和上覆风积表（A）层中存在的易活动组分与硫酸盐结合，生成次生稳定硫化物或硫酸盐矿物，这一形成过程使得土壤表（A）层Cu、Ni硫化物相提取率增高。

土屋研究区土壤垂直剖面不同层位元素全量及各相态提取率见表2－35。与黄山东研究区相比，各相态分布各异。在风积层下部，Ag在水溶相和吸附相富集，Sb略富集，Zn在吸附相和碳酸盐相富集。Ag、Zn、Cu等在风积表（A）层，呈硫化物相和难溶残渣形式富集。As、Sb等在风积表（A）层的各相态提取率变化不十分明显，主要在母质（C）层底部富集，表现出表生淋失贫化特点。以两种不同物质层为界划分：在上部风积层中多数或易活动元素的多数相态具有向表（A）层增高的趋势；而在母质（C）层上、下部分，元素的相态分布具有多样性。不论是在上部风积层或是在母质（C）层中，元素相态的分布均由元素的自身性质所决定，或由氧化后的运移而引起，或由剖面的不同物质而引起，都未显著改变土壤剖面原有元素（全量）的地球化学分布状态，特别是未改变母质（C）层与上覆风积层中元素的分布状态。

表2-35　土屋研究区土壤垂直剖面不同层位元素全量及偏提取率

元素	层位	深度/cm	全量	水溶相	吸附相	碳酸盐相	非晶质铁相	晶质铁相	硫物化相	残渣相
Ag	风积表（A）层	0~10	506 ng/g	2.13%	2.69%	4.25%	60.76%	2.93%	6.98%	11.07%
		>10~40	1651 ng/g	64.71%	3.23%	1.44%	22.81%	0.61%	2.56%	4.34%
	母质（C）层	50~80	6595 ng/g	32.68%	10.60%	3.06%	38.29%	0.42%	6.55%	3.43%
		>80~120	10961 ng/g	18.35%	5.83%	3.69%	27.90%	7.43%	9.19%	9.10%
Cu	风积表（A）层	0~10	236 μg/g	0.19%	3.07%	33.90%	15.72%	0.94%	12.33%	23.33%
		>10~40	1488 μg/g	0.16%	15.05%	47.46%	5.09%	0.45%	5.26%	17.55%
	母质（C）层	50~80	2799 μg/g	0.10%	20.72%	59.44%	2.43%	0.06%	2.28%	6.97%
		>80~120	2156 μg/g	0.25%	20.08%	51.01%	2.10%	2.27%	3.02%	11.88%
Sb	风积表（A）层	0~10	4.07 μg/g	0.86%	1.13%	3.79%	4.08%	4.72%	6.44%	73.02%
		>10~40	2.21 μg/g	0.95%	1.76%	3.66%	3.98%	5.38%	8.23%	66.77%
	母质（C）层	50~80	23.9 μg/g	0.36%	0.66%	1.96%	2.79%	2.28%	6.35%	73.35%
		>80~120	23.9 μg/g	0.61%	1.30%	3.99%	5.85%	16.55%	8.75%	38.51%
Zn	风积表（A）层	0~10	138 μg/g	0.30%	1.75%	14.74%	16.15%	4.30%	12.41%	45.93%
		>10~40	151 μg/g	0.16%	4.12%	34.41%	12.40%	4.61%	5.42%	28.90%
	母质（C）层	50~80	68.15 μg/g	1.75%	12.90%	26.57%	5.31%	2.93%	3.76%	38.06%
		>80~120	91.75 μg/g	16.53%	16.11%	21.42%	1.97%	5.74%	2.82%	28.78%
As	风积表（A）层	0~10	3817 μg/g	0.14%	0.41%	4.56%	60.63%	15.80%	0.18%	0.30%
		>10~40	3547 μg/g	0.33%	0.33%	1.98%	54.62%	13.20%	0.31%	0.28%
	母质（C）层	50~80	18979 μg/g	0.55%	0.18%	1.93%	49.04%	16.44%	0.13%	0.07%
		>80~120	15766 μg/g	0.30%	0.35%	2.28%	39.25%	27.71%	0.27%	0.16%

土屋研究区土壤垂直剖面的元素全量，仍具有与黄山东研究区相似的分布特点。在矿化部位，母质（C）层与风积层的元素质量分数差异显著。不同的是：风积层中元素仍具有较高异常，其主要来自近源风积矿化岩屑；接近背景元素质量分数的上覆风积层由于掺入了近源矿化岩屑，使质量分数偏高。这一结果再次证实风力吹蚀对元素质量分数的平抑作用；母质（C）层与下伏基岩同源，不论是在矿化区，还是非矿化区，母质（C）层中主要成矿元素和伴生元素质量分数与下伏基岩差异不明显，表明该景观区与化学风化有关的淋溶和淋失作用较弱，不能显著改变基岩剖面原有的元素分布状态。

至目前为止，尚未有较好的方法分离土壤剖面因盐类淀积而聚集的各种相态金属易溶组分，从而获得次生富集的真正来源。推断表（A）层土壤中次生富集可能有以下几种来源：①土壤层（包括母质层）物质自身的氧化分解；②附近或上游（坡）物质氧化分离，易溶组分侧向运移；③深部易溶组分上移与累积；④风力吹扬与沉降的易溶组分。由于目前的分析及分离技术尚不能对各种来源易溶组分进行分解，未能提取深部来源的易溶组分的判别指标，无法有效判断所获组分的来源。因此，目前尚不能对表（A）层土壤中不同相态的富集来源与产生的影响做出准确判断。对这些次生富集作用在地球化学勘查中的可利用程度尚不能明确，有待进一步研究。但有一点可以基本明确，次生富集作用对土壤剖面元素的分布状态可产生一定的弱影响。

总结土壤粒级质量分配，土壤各粒级中元素分布，土壤垂直剖面理化特性、元素分布特征、土壤垂直剖面盐积作用与元素分布特征等研究结果，可以得出对干旱荒漠戈壁残山景观区土壤的总体认识：该景观区土壤属正常干旱土类，成壤作用较原始，保留了成土母质的基本粗骨架，即以粗颗粒为主。风成沙掺入主要分布在 -20 目细粒级，少量 +20 目风积物以近源岩屑为主；-4 ~ +20 目粗粒级中元素质量分数变化平稳，-20 目中有风积物掺入时，元素质量分数明显降低或升高，在 -80 目或 -160 目细粒级段，元素质量分数明显升高。风成沙各粒级元素分布与土壤母质层差异十分明显，随着土壤中风成沙掺入量逐渐增多，土壤母质层与风成沙各粒级元素分布逐渐接近，风成沙掺入达到足够量时，部分元素质量分数和其分布几乎与风成沙重叠。在土壤各粒级中受风成沙影响的粒级主要出现在 -20 目。

土壤垂直剖面元素分布多表现为从下至上呈逐渐降低的淋失贫化的特点，其主要原因是风化过程中的元素流失和由上往下风积物的逐渐掺入。在盐积和风力搬运作用下，部分剖面表（A）层可见元素的轻微富集现象。土壤垂直剖面元素分布依据 CaO、K_2O 和 Na_2O 的分布可分为两大类：即 K_2O、Na_2O 在上，CaO 在下；或 K_2O、Na_2O 在 CaO 下。K_2O、Na_2O 和 CaO 的分布对元素分布具有一定影响。提取的各相态中，碳酸盐相主要与 Cu、Mo、Zn、Cd、Ni、Bi、Cr、Fe、Mn 有关；硫酸盐相主要与 Sb、Hg、W、Mo 等有关；Ag 与 3 种相态均有关。土壤表（A）层元素富集主要与碳酸盐相和硫酸盐相的次生富集关系密切，不同剖面部位相态富集的元素不尽相同。在以硫酸盐和钙为主的盐类聚集区段，富集的元素主要以 As、Sb、Hg、W、Mo 等为主；以碳酸盐和钾、钠为主的盐类聚集区段，富集的元素以 Cu、Pb、Zn、Cr、Cd、Ni、Bi、Fe、Mn 等为主，目前尚不明确这些次生富集元素的主要来源。由于这种次生富集，一定程度上影响了土壤垂直剖面的元素分布，但影响主要限于土壤表（A）层，对下部基岩及母质（C）层影响不大。

三、土壤垂直剖面元素分布与碱性障的关系

依据东天山地区土壤类型特点，并针对干旱荒漠条件下土壤层内钙质和盐类淀积的具体情况，在钙质及盐类淀积明显的区段系统采集剖面样品。对 18 种元素进行分析测试后，挑选出典型样品分步循序提取水溶相（易溶盐）、硫酸盐（主要为石膏类）相、碳酸盐相和硫化物相。

采用的提取剂分别为：水溶相，选用去离子水提取；硫酸盐相，选用 10% Na_2CO_3 提取；碳酸盐相，选用 1 mol/L HOAc 提取；硫化物相，选用 0.5 g $KClO_3$ - HCl - 4 mol/L HNO_3 提取。需要说明的是，在制定提取方案时，与 Cl^- 有关的相态属易溶水溶相，目前可测定 Cl^-，但无方案提取与 Cl^- 盐有关的相态。在制定硫酸盐相和碳酸盐相提取方案时尚无

十分成熟的方案可供利用。

土屋研究区土壤垂直剖面提取的水溶相、碳酸盐相、硫酸盐相和硫化物相中元素分布如图2-70～图2-72所示。在土壤垂直剖面上，CaO、K_2O 和 Na_2O 盐类淀积主要为3种类型：K_2O 在表层聚集，CaO偏下，而 Na_2O 在最下部（图2-70）；CaO在表层富集，K_2O 在中间，Na_2O 在最下部（图2-71）；CaO在表层富集，Na_2O 弱富集，K_2O 在中间，Na_2O 在最下部（图2-72）。CaO、K_2O 和 Na_2O 的总体分布是 Na_2O 在下部，CaO和 K_2O 具有表层富集的特点，只是在不同部位两者出现差异。这3种盐类在土壤垂直剖面上的分布，基本代表了东天山地区碱性地球化学障的主要类型与特点。

（1）第一种盐类淀积类型

如图2-70所示。碳酸盐相（除Ag外）和硫酸盐相（除Zn外）中各元素的高质量分数分布均与CaO的分布十分相似，表明碳酸盐类和硫酸盐类淀积占有重要地位。由于CaO在表层偏下部富集，Cu、Zn、As、Sb同时出现十分明显的富集，这种富集与CaO关系密切，几乎与土壤剖面层位无关。As、Sb的硫酸盐相质量分数较高，Cu、Zn碳酸盐相质量分数较高，As、Sb碳酸盐相质量分数也较高。

土壤剖面中的钙盐主要由碳酸盐和硫酸盐组成，对元素的沉积具有选择性与屏蔽性。在硫酸盐相和碳酸盐相中富集的元素，Cu、Zn主要出现在碳酸盐相，而As、Sb、Ag主要分布在硫酸盐相。

在水溶相态中，Ag的分布与钠盐具较明显的相关性，表明Ag在土壤中的分布主要以与钠盐存在与淀积有关的形式出现，该部分可占Ag易溶相态的绝大部分。同时，Ag以Na的硫酸盐相态存在亦占有一定比例。Ag与碳酸盐的亲和力偏弱。Cu和Zn等元素在土壤垂直剖面与水溶相的关系较为复杂，既带有与钠盐分布相似的特点，亦带有与钾盐分布相似的一些痕迹，表现出与钠盐和钾盐均具有一定关系的混合类型，钠盐和钾盐对Cu和Zn的聚集量十分微弱。

剖面上几乎所有相态的元素均未表现出向地表聚集的明显倾向，尽管Cu的各种相态在地表有质量分数增高的趋势，但与其在下层的质量分数相比，这种表聚作用较微弱。在土壤垂直剖面上，几乎所有元素各相态的高值点均出现在图2-70中的3号点，即风积沙砾石层下部，表现最明显的元素为As、Sb、Cu、Ag，这也恰好是钙盐、钾盐和钠盐大量沉积的主要部位。由于钙盐、钾盐和钠盐的大量聚集，形成了明显的混合型碱性地球化学障，使运移状态的As、Sb、Cu等元素被滞留而发生沉淀富集。

随水溶相态在剖面底层富集的元素为Ag和Cu等，不论是元素质量分数，还是富集程度，均以Ag为主。上述结果表明，伴随与水溶相相关易溶盐的迁移与淀积，发生了以Ag为主，Ag、Cu等的迁移和沉淀。

尽管目前尚不能完全确定水溶相、硫酸盐相和碳酸盐相中盐类的具体类型，亦尚不能明确每种盐类对元素在土壤中的迁移、分散和富集作用较准确的影响程度，但至少有一点可以明确，通常认为的钙质淀积层，实质是由多种盐类组成以钙盐为主的盐积层，对元素次生易活动组分的分散和富集作用较明显，由于盐积层内各盐类富集的部位不同，使元素的沉淀部位发生分异。

（2）第二种盐类淀积类型

如图2-71所示。元素各相态的分布规律较为明朗且较简单，在各相态中，Cu、Ag在剖面上主要分布在剖面下部，与 Na_2O 的分布曲线较吻合，表明Ag、Cu各相态主要与 Na_2O

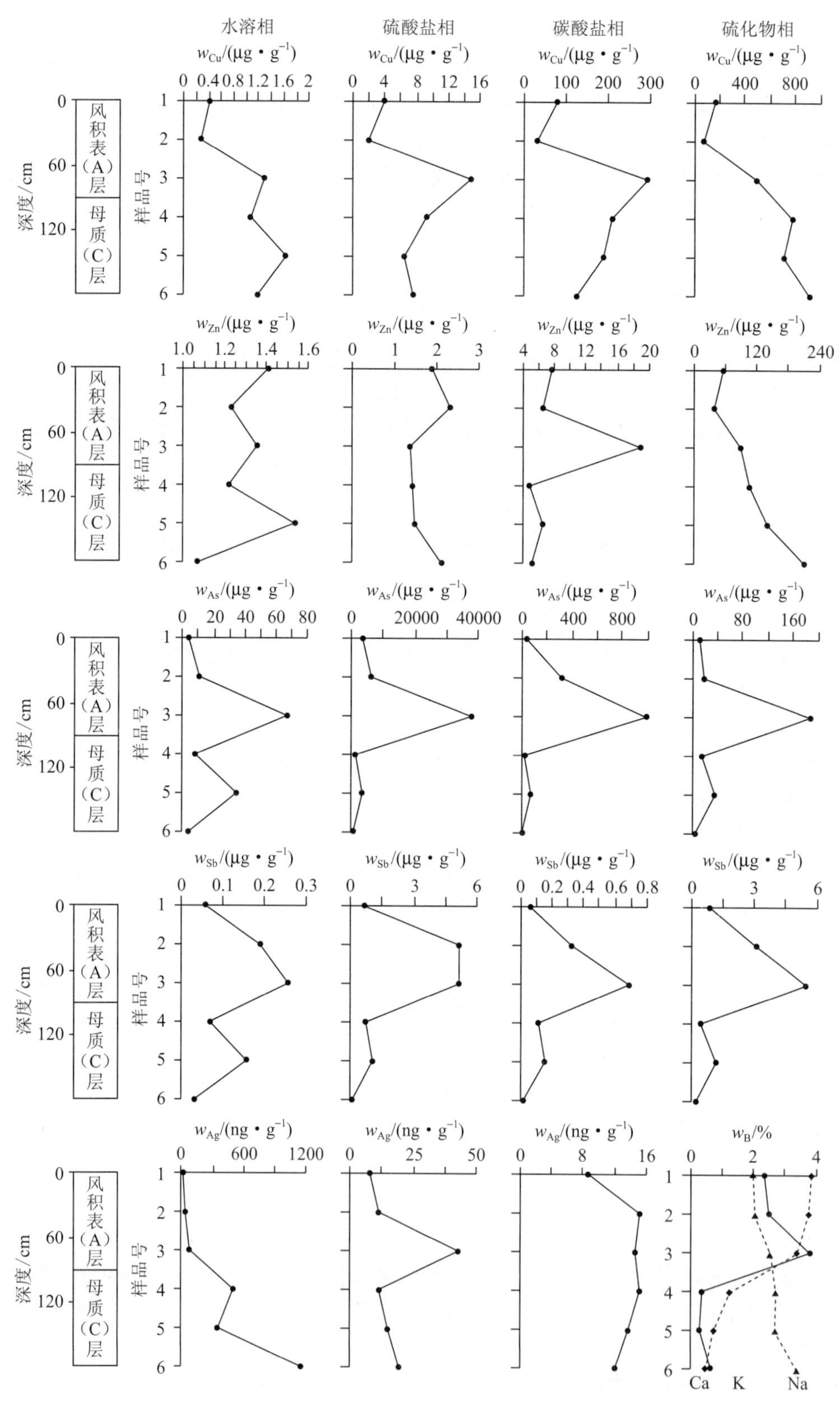

图2－70 土屋研究区土壤垂直剖面（YP2）盐类相态元素分布图

样品1～3取自风积层；4～6取自母质层

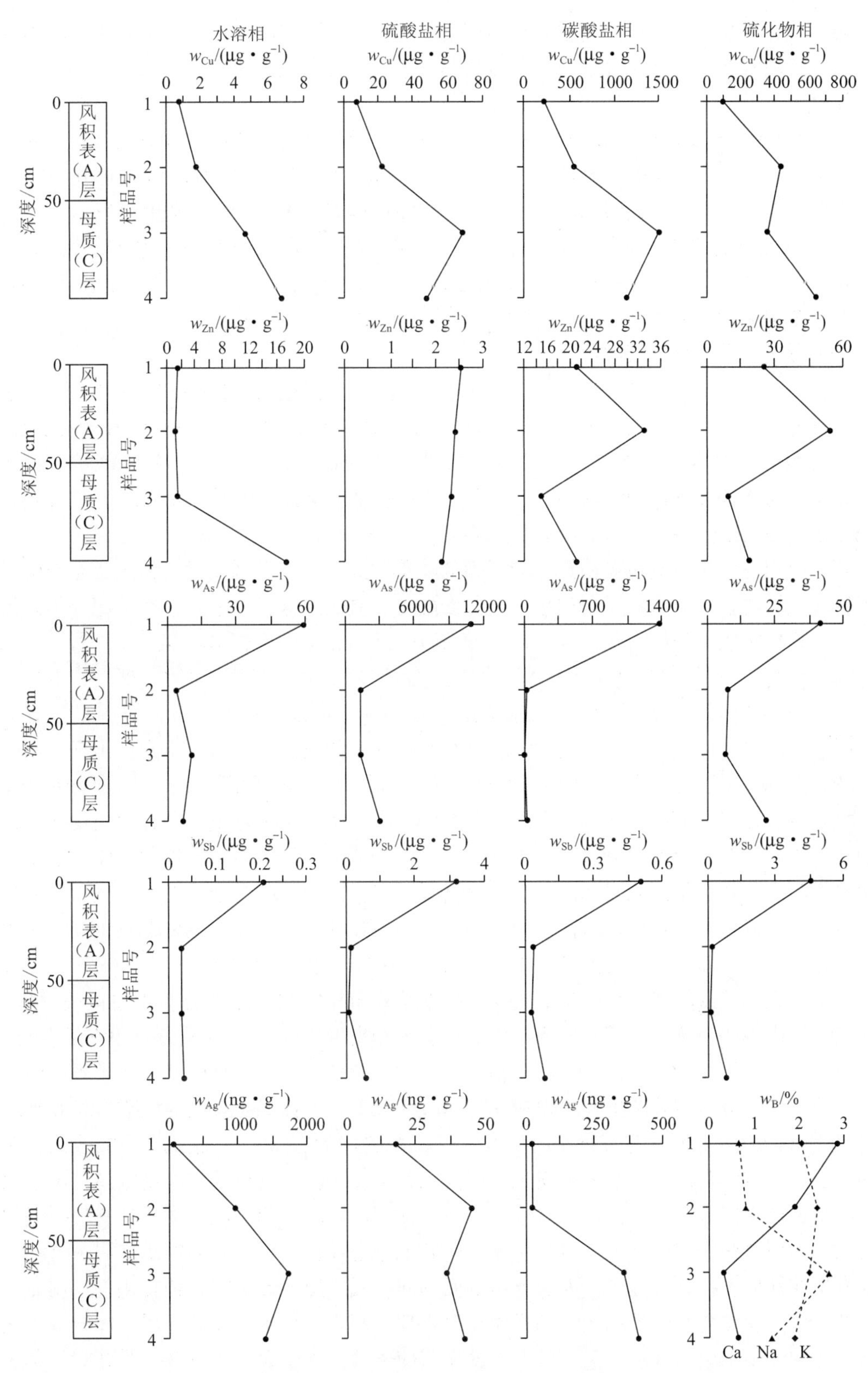

图2-71　土屋研究区土壤垂直剖面（YP3）盐类相态元素分布图

样品1、2取自风积层；3、4取自母质层

的水溶相、硫酸盐相和碳酸盐相关系较为密切。Ag 的硫酸盐相分布与 Ca 和 K 的硫酸盐相有关。由于与钠有关的盐类主要分布在各盐类的下部，因此与钠盐有关的 Ag、Cu 亦主要在剖面下部聚集。

在土壤 YP3 剖面中，As 和 Sb 各相态分布非常一致，均表现出在剖面表（A）层元素质量分数强烈增高。As 和 Sb 在剖面表（A）层各相态中分布的一致性，与钙盐分布非常吻合，主要呈现表聚特征，表明钙盐在土壤剖面聚集的同时，As 和 Sb 亦发生淀积。

Zn 的分布状态具有多样性，在水溶相中主要与钠盐有关，在硫酸盐相中与钾盐的分布较一致，在碳酸盐相中的分布既与钾的碳酸盐有关，也与钠的碳酸盐具有一定关系。Zn 在相态中分布的多样性主要与 Zn 较活泼的化学性质有关。

（3）第三种盐类淀积类型

如图 2－72 所示。元素各相态分布出现明显差异，其中水溶相的 Cu、Zn 和 Ag 与钠盐的关系较为密切，而水溶相、硫酸盐相和碳酸盐相的 As、Sb，特别是 As 与钙盐关系密切。Sb 的分布发生了分解，除与 Na_2O、CaO 有关外，还可能与 K_2O 有关。Zn 的硫酸盐相和碳酸盐相主要与钾盐关系仍较为密切。而 Cu 的硫酸盐相和碳酸盐相更多地接近于钠盐的分布曲线，表明 Cu 的这两种相态与钠盐关系较密切。

元素的相态分布与硫化物相具有较明确的继承关系，尽管个别元素的相态分布与硫化物相的分布差异明显，但从各元素相态分布曲线的对比看出，这种相态间存在的相互关系仍较为明显。硫化物氧化分解出各元素的易活动组分，并向其他次生相态转变。

综合研究 3 种不同类型盐积层元素的相态分布认为，在干旱荒漠景观条件下，由盐类淀积形成的碱性地球化学障对元素在表生带的分布和存在形式的影响十分明显，且具有选择性。由于各地段碱性地球化学障因钙盐、钾盐和钠盐等盐类淀积的部位不同，出现了不同碱性地球化学障类型，使元素在剖面上的分布产生分异。在土壤垂直剖面上，与钠有关的盐类通常总是在盐积层的下部盐磐部位出现，多数元素在该部位很少发生淀积，而与钠盐密切相关的 Ag、Cu 和 Zn 的水溶相则与其紧密相伴。钙的硫酸盐和碳酸盐富集部位对多数元素影响明显，其主要作用是使元素在此发生沉淀富集，其中 As 和 Sb 在土壤剖面的分布受钙盐的影响较大，它们之间存在着较为密切的共生关系。主矿化元素 Cu 的硫酸盐相和碳酸盐相主要与钙盐有关。剖面上盐积层类型发生变化时，Cu 与钠盐的关系亦较密切。Zn 的相态分布与盐积层类型的关系呈多元化趋势，在 Zn 的硫酸盐相和碳酸盐相的分布中总能发现钾盐、钠盐或钙盐影响的痕迹。在不同地段，因盐积层的盐类发生变化，Zn 质量分数亦发生变化。

总之，在盐类淀积层，元素以不同相态形式的积累较明显，因盐的淀积而出现的碱性地球化学障对元素分布的影响主要出现在 30～50 cm 以下，与钙淀积有关的硫酸盐相和碳酸盐相对 Cu、As 和 Sb 等元素有富集作用，水溶相对 Ag 的影响明显，其他元素影响较弱。在剖面的表层，少数元素虽出现了表聚现象，但与元素全量相比，这种积累作用较弱，不足以对元素的全量产生明显影响。元素的水溶相、硫酸盐相和碳酸盐相与硫化物相具有较明确的继承关系，表明硫化物矿床被氧化后可为元素向其他相态转化提供必要的物质来源，这种转变主要发生在横向。在垂直方向，因受土壤剖面不同物质来源的影响，这种转化并不明显。

在干旱荒漠戈壁残山景观区，基岩风化以物理风化为主，土壤成壤作用不完全，粗颗粒岩石碎屑构成了土壤的基本骨架。风力吹蚀作用使土壤掺入了大量风成沙，尽管在土壤表面附有粗颗粒岩石碎屑，但多数为滚圆且经长距离或一定距离搬运的颗粒。土壤层上部具滚圆状粗颗粒较多，形成以风积堆积为主的层位。风积物颗粒从景观区的西部向东部渐细，但主

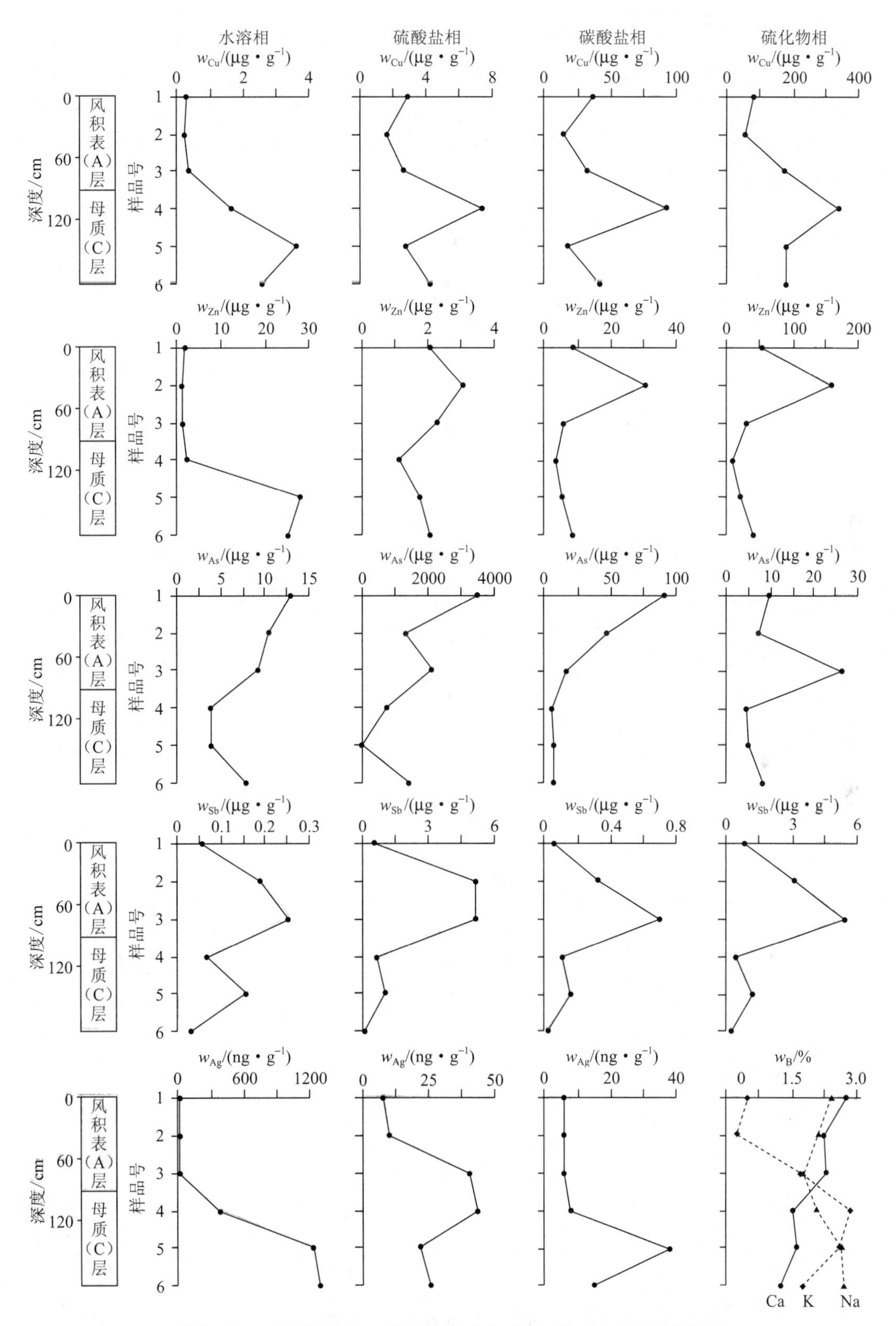

图 2-72　土屋研究区土壤垂直剖面（YP7）盐类相态元素分布图

样品 1~3 取自风积层；4~6 取自母质层

要出现在 -20 目，对土壤地球化学测量产生严重干扰。另外，盐类淀积普遍，盐积成分在土壤不同层位出现明显差异，在更大面积内，盐积成分因地区差异更趋明显。盐积以孔泡结皮、糖粒状、网脉状、团块状、被膜状和似层状出现，因盐类淀积产生的碱性地球化学障对多数元素上移具有阻滞作用。盐积携带的元素与下伏基岩关系并不密切，但对土壤中元素质量分数易产生明显干扰。

第三章　水系沉积物地球化学分布特征

水系沉积物是地球陆地表面分布最广泛的物质之　，在流水和重力作用下，沿流水线（河道）形成分散流，是地球化学勘查最重要的采样介质之一。在降水形成流水的作用下，岩石风化产物沿流水线向下游汇聚与堆积，成为汇水域（水文盆地）内基岩风化产物的天然混合体，可代表上游汇水域（水文盆地）内出露基岩的基本物质成分。

第一节　主要景观区水系沉积物粒级分布特征

一、森林沼泽景观区

（1）水系沉积物粒级分布特点

森林沼泽景观区水系沉积物具有十分明显的特点（表3－1）：以粗粒级为主，＋40目粗粒级可占－5目粒级段的65%以上，＋80目的粗粒级约占85%以上，尽管森林沼泽景观区各地的水系沉积物粒级略有差异，但水系沉积物以粗粒级为主体的总趋势未发生改变。－80目细粒级占比不到8.44%，个别最多达16.32%，在－5目粒级段中所占比例甚少；水系沉积物的颗粒从粗粒级向细粒级逐渐减少。

表3－1　森林沼泽景观区水系沉积物各粒级质量分配均值

水系级别	地区	样品数	粒级/目			
			－5～＋20	－20～＋40	－40～＋80	－80
一级	牡丹江	$n=3$	31.92%	37.66%	24.66%	5.76%
	塔源	$n=1$	48.00%	14.67%	13.33%	24.00%
二级	牡丹江	$n=3$	36.71%	34.42%	23.49%	5.38%
	塔源	$n=1$	45.80%	38.71%	10.62%	4.87%
	得耳布尔	$n=2$	57.18%	19.35%	9.44%	14.03%
三级	牡丹江	$n=2$	27.47%	29.28%	34.16%	9.09%
	塔源	$n=2$	51.10%	30.29%	11.59%	7.02%
	得耳布尔	$n=4$	62.34%	20.12%	10.19%	7.35%

水系沉积物是基岩的风化物在流水作用下搬运分散运移的产物。随着逐渐靠近上游分水岭，水系级别逐渐降低，流水的搬运作用明显减弱，粗颗粒物沉积并停止运移。随着水系合并，流量增大，即使流速降低，流水仍具有较强搬运能力，特别是洪水期，处在下游的水系搬运能力极强。在这种流水作用下，地球化学勘查涉及的水系沉积物以粗颗粒为主，细粒物质则主要分布在水流变缓或向更远的下游，有随水系向下游渐增的趋势。

在水系沉积物颗粒整体偏粗的情况下，森林沼泽景观区各地的水系沉积物粒级出现一定的差异性。在地势偏缓（如塔源研究区的一级水系）和沼泽发育（如得耳布尔研究区的二级水系）区段，水系沉积物中细粒级比例有所增高，即使如此，仍不能改变水系沉积物粒级整体偏粗的基本趋势。

（2）水系沉积物颗粒成分特点

水系沉积物由岩石破碎后的物质构成，随着水系沉积物颗粒变细，岩屑的比例逐步降低，岩屑逐渐被剥离出的石英、长石等单矿物取代，石英、长石和黏土颗粒的比例逐渐升高（表3-2）。水系沉积物颗粒成分的突变点在-40~+60目和-60~+80目。经突变点向细粒级部分，岩屑降低幅度约30%。细粒级部分石英比例呈明显升高，石英在-40~+80目突增到21.5%，最多可达35.8%。在-160目出现的黏土占很大的比例，可以达到20%。

表3-2 森林沼泽景观区水系沉积物不同粒级中矿物成分（平均值） $\varphi_B/\%$

研究区	粒级/目	岩屑	石英	长石	暗色矿物	黏土颗粒
得耳布尔（$n=6$）	+4	99.5	0.25	0.25	—	—
	-4~+10	98.8	0.45	0.75	—	—
	-10~+20	95.5	3.17	1.33	—	—
	-20~+40	87.8	9.16	3.04	—	—
	-40~+60	71.7	21.5	3.78	3.02	—
	-60~+80	57.7	30.8	6.17	4.50	0.83
	-80~+160	53.7	35.8	5.5	5.00	—
	-160	36.7	25.8	8.33	9.17	20.0
塔源（$n=4$）	+4	99.5	0.50	—	—	—
	-4~+10	98.5	1.50	—	—	—
	-10~+20	94.5	5.00	0.50	—	—
	-20~+40	76.3	22.5	1.00	0.20	—
	-40~+60	61.0	32.5	3.50	3.00	—
	-60~+80	54.3	37.5	3.20	5.00	—
	-80~+160	41.2	43.8	5.00	10.0	—
	-160	36.2	23.8	5.00	8.70	26.3

在塔源水系沉积物不同粒级中，岩屑、石英和黏土颗粒三者的分布模式与得耳布尔类似。岩屑和石英质量分数突变点的位置有所不同，岩屑质量分数降低的突变点出现在-20~+40目和-40~+60目，细粒级部分降低幅度在15%以上。+20目以上粗粒级中岩屑质量分数在90%以上。石英质量分数增加的突变点亦出现在上述两个粒级段，细粒级部分石英质量分数增加1.1~1.15倍，在-80~+160目中比例高达43.8%，构成了石英存在的优势粒级段。在-160目粒级段出现黏土胶结的假颗粒，且黏土矿物高达26.3%。

上述水系沉积物各粒级物质成分分布结果表明，水系沉积物粗粒基本为岩石碎屑，各类矿物以集合体的形式存在于岩石碎屑内，成为共生矿物集合体。随着岩石碎屑风化破碎，水系沉积物粒径变小，粒级变细，单矿物逐渐被分离。由于石英、长石颗粒偏大，首先从岩石碎屑中分离，颗粒较小的矿物随后分离。初步鉴定的暗色矿物为颗粒较小且相对密度偏大的矿物类，这些分离出的单矿物主要出现在-60目细粒级中。在-160目细粒级段，石英所占比例明显降低，主要与黏土颗粒大量增加有关，存在有20%以上的黏土颗粒，与从岩石碎屑中分离的单矿物关系不大。

（3）泥炭粒级分布特点

由于泥炭分布在水道两侧，具有水系沉积物的特点，同时受植被生长影响，使这种物质具有较强的特殊性。筛分粒级时发现，+20目粒级部分主要为植物残体，呈未腐或半腐状态，与岩石碎屑相关的物质主要分布在-20目。

在得耳布尔和塔源取样筛分的3个粒级段中，去掉岩石碎块和植物残体后，泥炭基本由-20目的细粒级物质组成，各级别水系内均以-80目细粒级占明显优势（表3-3），-20~+40目和-40~+80目两种粒级段亦占有较大比例。在得耳布尔研究区，从一级到三级水系，-80目粒级质量占比稳步上升，从49.26%上升到67.83%；而-40~+80目粒级质量占比则逐渐下降，在三级水系中出现最小值；-20~+40目粒级质量占比也有与-40~+80目的类似分布趋势。在塔源研究区-20~+80目分布趋势与得耳布尔相似，只是在-80目粒级段，不同级别水系的差异并不明显。

表3-3 得耳布尔和塔源研究区泥炭不同粒级质量分配平均值

研究区	水系级别	样品数	粒级/目		
			-20~+40	-40~+80	-80
得耳布尔	一级	$n=4$	24.38%	26.35%	49.27%
	二级	$n=3$	15.73%	20.42%	63.85%
	三级	$n=3$	17.24%	14.94%	67.82%
塔源	一级	$n=4$	30.00%	22.08%	47.92%
	二级	$n=3$	23.60%	21.65%	54.75%
	三级	$n=2$	28.55%	21.48%	49.97%

泥炭的发育程度与水系级别成正消长关系，随着水系级别的增加，下游水系的地形平缓度增加，为河道两侧形成沼泽与堆积泥炭提供了良好条件。植被生长的长期作用，形成了水系沉积物与植被腐殖化二者共同沉积的特点。泥炭腐殖化发育的程度越来越高，-80目中存留的碎屑颗粒相对减少，逐渐形成了以腐殖质组分为主的格局。

森林沼泽区水系沉积物和泥炭的粒级构成差异十分明显，水系沉积物以粗粒级为主，泥炭以细粒级为主，两者区别主要是水系沉积物由上游汇水域风化基岩碎屑组成，泥炭主要由水系沉积物细粒级与淤泥和植物腐烂后的有机质组成。

二、干旱荒漠戈壁残山景观区

1. 水系分布的基本特点

景观区内主要由3种次级景观或地貌类型构成，即：①残山地貌，主要为窄长条带状矮小山脉，宽约1 km至几千米，长约10 km至几十千米，相对高差小于200 m，水系较发育。只有大青山和狼山山体较高，分布面积较大；②剥蚀戈壁，主要分布在残山两侧或基岩裸露及半裸露的岗丘，地势起伏低缓，见稀疏流水线，水系不甚发育，部分区段被风积或洪积或风洪积物覆盖，厚度小于1 m，多小于50 cm，地表表面多见披有黑色漆皮的砾石及风积砂砾石；③堆积戈壁，主要分布在宽缓河道、小盆地以及残山与剥蚀戈壁周边，由风积、冲洪积物组成，厚度大于1 m至数米，一些区段厚度大于10 m。3种二级景观区中，残山地貌水系较发育，剥蚀戈壁和堆积戈壁水系不甚发育。

2. 内蒙古中西部水系沉积物粒级分布

水系沉积物采样点分布在白乃庙铜钼矿区、霍各气铜多金属矿区、红古尔玉林铜矿点、东七一山钨稀土矿区和花牛山铅锌矿区，其中霍各气矿区为狼山山地景观，其他区均为具一定起伏的剥蚀戈壁景观。水系发育或较发育。

内蒙古5个研究区的水系沉积物粒级分布（图3－1）大同小异，其共同点为以粗粒级为主，且无分选，+40目粗粒级约占50%～80%，+20目粗粒级达52%以上，细粒级所占比例很小。在干旱、少降水条件下，岩石以物理风化为主，加上强烈的风蚀作用，进入水系中的风化岩石碎屑主要为粗颗粒。对照风成沙颗粒构成（详见第四章），水系沉积物中－20目以下应掺入了较多风成沙，随颗粒逐渐变细，风成沙的掺入量不断增多。

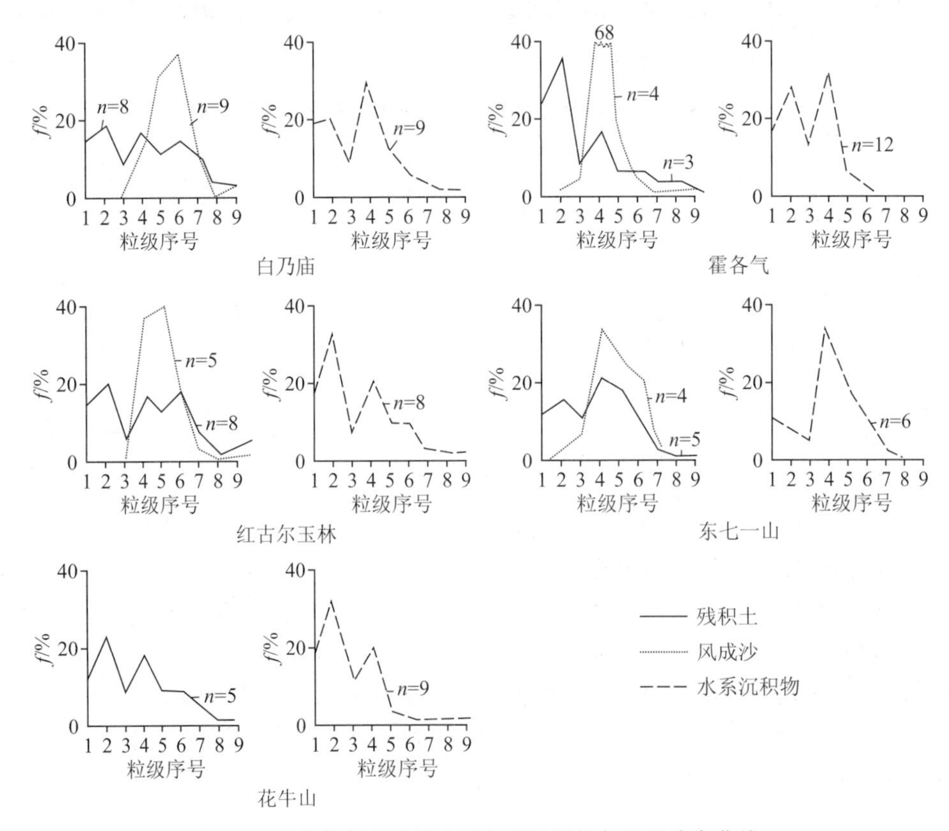

图3－1　内蒙古中西部地区水系沉积物各粒级分布曲线

粒级序号：1——1～+4目；2——4～+10目；3——10～+20目；4——20～+40目；5——40～+80目；6——80～+120目；7——120～+160目；8——160～+200目；9——200目

3. 甘肃北山区水系沉积物粒级分布

在甘肃北山区，水系内的堆积物主要以冲积与风力吹蚀的碎屑为主。在小西弓研究区的主异常水系采集6个水系沉积物大样，筛分成7个粒级大样，称重，结果如图3－2所示。

小西弓研究区水系沉积物以粗颗粒为主，－4～+20目约占样品量的40%，－4～+40目约占70%，水系沉积物的细粒级仅占较小比例。水系沉积物中质量占比最高的粒级为－20～+40目，向细粒级，质量分配比例逐渐降低。水系沉积物中细粒级占比较低，主要与

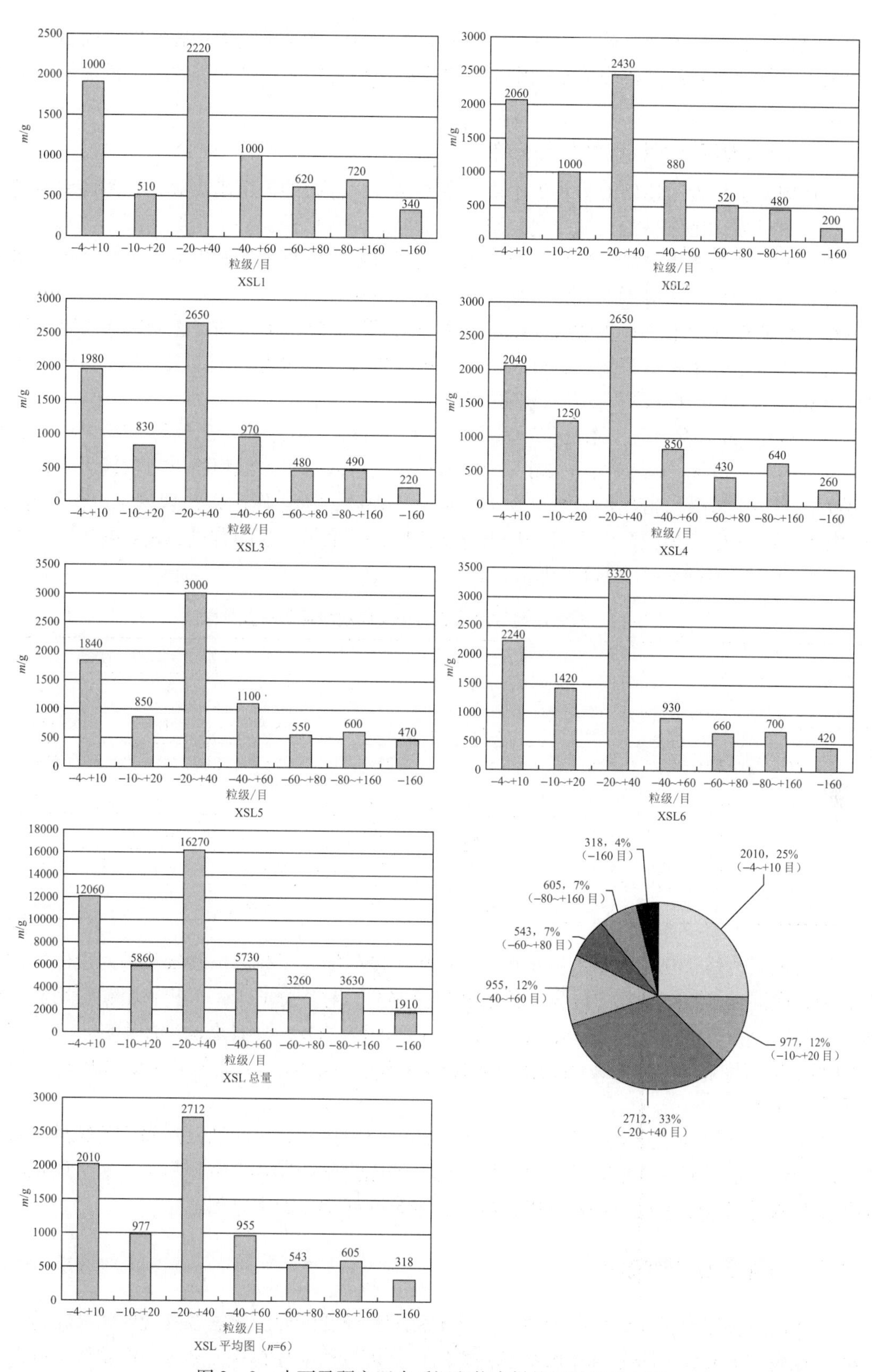

图 3－2　小西弓研究区水系沉积物大样粒级质量分布图

上游水系搬运能力弱有关。区内土壤以粗颗粒为主，进入水系的物质中粗颗粒不易被搬运较远距离，而细粒级容易被较小流水携带至水系下游或更远距离，从而在水系下游流水消失处附近堆积。

4. 东天山地区水系沉积物粒级分布

众所周知，东天山地区地势较为平缓，主要由较为低缓的天山南支脉、丘陵和剥蚀戈壁与堆积戈壁组成。地势平缓，加之地处我国极干旱区，降水稀少，山体坡度较小，水动力条件极差，水的冲刷能力极弱，致使整个东天山地区水系较发育或不甚发育，只在个别区段因山体相对高差增大，区段水系较为明显，但其长度偏小。

依据各研究区地形、地貌的具体情况，关于水系沉积物的有关研究主要集中在黄山东铜镍矿区。除了研究水系沉积物粒级外，还采集了2件风成沙样品进行对比，其中F－1采自沙丘背风面的下部，F－2采自迎风坡的中部。

从表3－4可以看出，水系沉积物以粗粒级为主，即＋40目所占比例为55%～82%，平均为67.8%。本次筛分的粒级是去除＋5目砾石所得。区内水系沉积物以粗粒级为主，并占有较大优势，细粒级所占比例很少。在干旱荒漠景观区，风化作用以物理风化占主导地位，化学风化作用微弱。研究区内风成沙粒级普遍偏粗，不论是沙丘的背风面还是迎风面，均具有同一特点，只不过F－2的粒级更粗。

表3－4　东天山地区水系沉积物及风成沙粒级质量分配

粒级/目	水系沉积物					风成沙	
	HSL－1	HSL－2	HSL－3	HSL－4	平均值	F－1	F－2
－5～＋20	41%	15%	37%	50%	38.5%	12%	23%
－20～＋40	23%	40%	26%	21%	29.3%	8%	29%
－40～＋60	12%	15%	9%	13%	12.3%	7%	13%
－60～＋80	10%	16%	11%	7%	11.0%	14%	14%
－80～＋160	10%	11%	13%	7%	10.3%	42%	19%
－160	4%	3%	4%	2%	3.3%	17%	2%

需要说明的是，在进入水系沉积物后，由于山体阻滞，粗粒风成沙较难进入山体内。因此，山体内混入水系沉积物中的风成沙粒度相应偏细。对筛分的水系沉积物粗粒级用放大镜观察，－5～＋20目物质主要为具棱角状的上游汇水域岩屑，少见具磨圆度的颗粒。在－20～＋40目中磨圆度好、具较长距离搬运的颗粒可占30%～50%，表明该区远源风成沙的混入主要在－20目。

水系沉积物的粒级分配是基岩风化、流水冲蚀与搬运、风力吹蚀共同作用的结果。水系沉积物粒级特征表明，干旱荒漠戈壁残山景观区的风化作用以物理风化为主，这一风化特点加极少降水是形成水系沉积物粒级以粗粒级为主要分配特点的主导因素。

三、高寒诸景观区

高寒诸景观区包含3个一级景观区，分布面积和跨度巨大。依据各景观区的分布特点和地理、地貌的差异性，研究时将水系沉积物粒级分布与元素分布特征划分为西藏区、阿尔金山—北祁连山区、西昆仑区、西天山区和阿尔泰山区分别进行讨论。

1. 基本概况

高寒诸景观区系指海拔大于3000m，常年平均气温低于4 ℃的地域，具有常年冻土层及少量岛状或季节性冻土。我国的气候寒冷区除东北森林沼泽景观区外，主要包括青藏高原及其周边的阿尔金山、祁连山等，亦包括天山山地和阿尔泰山。这些区域年均气温低，海拔高，因此称其为高寒区。

高寒区包括的景观区主要为高寒湖泊丘陵景观区、干旱半干旱高寒山区景观区和湿润半湿润高寒山区景观区3个一级景观区。

2. 西藏区水系沉积物粒级分布特征

在西藏区，分别在白弄、亚卓、木乃、江拉昂宗研究区采集水系沉积物样品，同时在江拉昂宗较大水系见明显风成沙堆积处采集水系沉积物和风成沙的混合样品，结果见表3-5。白弄、亚卓和江拉昂宗3个研究区分别处于藏北羌塘高原中西部和东部，为高寒湖泊丘陵景观区。木乃研究区处于青藏公路东侧的唐古拉山北麓干旱半干旱高寒山区景观区。

表3-5　西藏区水系沉积物各粒级质量分配均值

粒级/目	白弄（$n=6$）	亚卓（$n=5$）	木乃（$n=8$）	江拉昂宗	
				水系沉积物（$n=5$）	水系、风积混合物（$n=4$）
+4	6.77%	7.05%			
-4～+10	24.15%	17.86%	31.74%	24.17%	23.36%
-10～+20	22.88%	27.31%	17.36%	25.56%	10.68%
-20～+40	15.06%	19.27%	20.27%	25.38%	9.28%
-40～+60	8.15%	6.94%	12.93%	12.92%	16.04%
-60～+80	3.59%	3.46%	3.58%	3.09%	11.89%
-80～+120	12.61%	12.03%	11.30%	7.50%	25.59%
-120～+160	3.17%	2.78%			
-160～+200	2.09%	1.99%	2.82%	1.38%	3.16%
-200	1.53%	1.31%			

藏北高原和唐古拉山中西段北坡水系沉积物中+60目粗粒级可占76%～88%，粗粒级所占比例明显偏高；-60目细粒级只有12%～24%，占很小比例。

在青藏高原3种景观区中，基岩的风化以物理风化为主，流水搬运能力很强，致使水系沉积物中粗粒级与细粒级比例差异十分明显。

表3-5中列出的江拉昂宗研究区水系沉积物与风成沙混合样的筛分粒级质量分配表明，当水系沉积物中混有大量风成沙时，40目或60目以上粗粒级基本保持青藏高原水系沉积物粒级分配的特点，但比例略有降低，而细粒级比例增大。-60～+160目粒级段所占比例明显增大，与其他研究区水系沉积物具明显的差异性，与该区风成沙粒级分配具较大的相似性。据实地采样观察，该处河道内已出现较明显的风成沙堆积，因此，水系沉积物在-60～+160目粒级段质量分配比例明显增高，主要是风成沙掺入所致。

西藏中西部4个和东昆仑山2个研究区的水系沉积物粗、细粒级分配基本相似（表3-6），水系沉积物以粗粒级为主，细粒级为辅。水系沉积物以60目为界，各地水系沉积物-60目细粒级比例的多与少，差异较为明显，-60目粒级比例最少的巴隆仅占12%，多不杂占

41%，驱龙占62%。水系沉积物细粒级部分出现的差异主要与当初采样位置选择、地形和地貌多重影响因素有关。当地势趋于平缓，流水作用减弱时，粗粒级部分比例降低，细粒级部分比例增高，如驱龙和多不杂。其他几个研究区地形起伏大，山势陡峭，水系落差大，水系沉积物的颗粒偏粗。

表3－6 西藏中西部及东昆仑山水系沉积各物粒级质量分配均值

粒级/目	西藏中西部				东昆仑山	
	驱龙（$n=5$）	冲江（$n=8$）	多不杂（$n=6$）	住浪（$n=3$）	驼路沟（$n=8$）	巴隆（$n=6$）
－5～+10	17%	26%	13%	26%	28%	33%
－10～+20	6%	18%	12%	12%	22%	31%
－20～+40	11%	27%	23%	21%	21%	21%
－40～+60	4%	7%	11%	7%	5%	3%
－60～+80	3%	7%	14%	6%	4%	2%
－80～+160	7%	4%	19%	18%	5%	2%
－160	52%	11%	8%	10%	15%	8%

3. 阿尔金山—北祁连山西段

在北祁连西段和阿尔金山采集的水系沉积物样品，其粒级分配具有较明显的相似性（表3－7），出现的差异不明显，即：+40目粗粒级段质量占比为70%～80%，占有绝对优势，尽管在+40目以上3个不同粒级段间质量占比略有差异，但在+40目粗粒级占有比例优势这一特点并未发生变化；在－40～+160目中，偏细粒级段质量占比仅为7%～15%，在10%左右摆动，这种在细粒级较低的分配表明了上述地区水系沉积物冲蚀和搬运特点；在－160目细粒级中，质量占比在4%～15%之间，该部分样品主要为粉砂和极少量黏土，该部分粒级所占比例很少。

表3－7 北祁连西段和阿尔金山水系沉积物各粒级质量分配均值

粒级/目	北祁连西段		阿尔金山		
	小柳沟（$n=7$）	掉石沟（$n=6$）	龙尾沟（$n=7$）	当金山口（$n=3$）	阿尔金西段（$n=4$）
－5～+10	53%	50%	28.20%	61.57%	39.60%
－10～+20	11%	9%	26.12%	16.80%	20.10%
－20～+40	18%	10%	23.75%	10.00%	16.20%
－40～+60	5%	4%	5.02%	2.30%	5.60%
－60～+80	5%	5%	3.38%	1.53%	4.70%
－80～+160	4%	7%	4.30%	2.40%	6.90%
－160	4%	15%	9.23%	5.40%	6.90%

4. 西昆仑北坡

西昆仑北坡5个研究区水系沉积物粒级统计结果见表3－8，表中同时列出羌塘高原知给玛若和羌多两地的统计结果。西昆仑北坡水系沉积物以粗粒级为主，+40目可占样品质量的50%以上，水系沉积物中的各种物质仍保持粗骨架；细粒级仍占有一定比例，－80目以下粉砂占25% ~30%，比例明显高于前述几个研究区。在昆仑山北麓的布琼、杜瓦和阿克齐合研究区，水系沉积物中的细粒级明显偏高。

表 3-8 西昆仑北坡水系沉积物各粒级质量分配均值

粒级/目	奥依且克 (n=5)	布琼 (n=5)	阿克齐合 (n=9)	杜瓦 (n=7)	知给玛若 (n=4)	羌多 (n=4)	坦木 (n=11)
-10 ~ +20	23.38	23.42	30.37	29.77	15.08	25.23	50.60
-20 ~ +40	27.08	29.24	24.46	29.53	27.73	35.88	24.90
-40 ~ +60	12.74	10.08	4.28	5.69	9.93	9.25	9.20
-60 ~ +80	10.96	5.66	2.72	3.16	11.78	7.78	5.20
-80 ~ +160	9.92	5.44	3.56	2.60	19.73	16.63	4.80
-160	15.92	26.16	34.61	29.25	15.75	5.23	5.30

图3-3依据各研究区水系沉积物不同粒级质量占比（表3-8）情况绘制分布曲线图。阿克齐合等3个研究区水系沉积物各粒级质量分配呈“U”形分布，即粗粒级和较粗粒级占有较高的比例，-40 ~ +160目粒级段处于“U”形谷底，占有最低的比例。奥依且克等4处水系沉积物粒级分布呈“L”形。

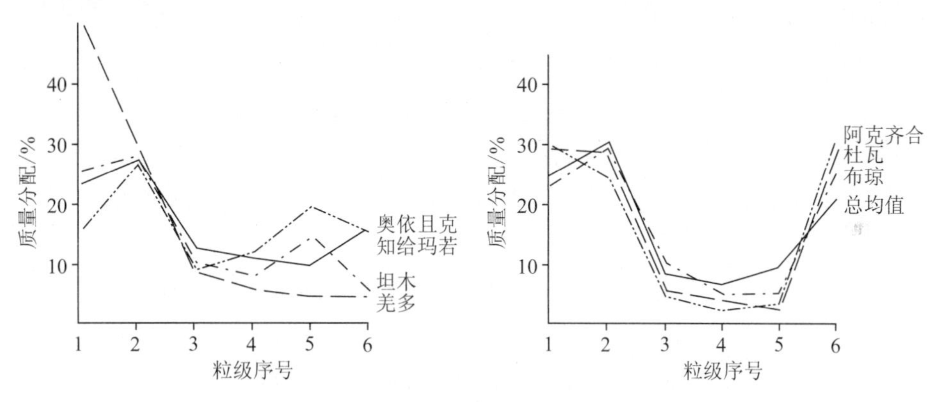

图3-3 西昆仑北坡水系沉积物各粒级质量分配曲线图

粒级序号：1— -10 ~ +20目；2— -20 ~ +40目；3— -40 ~ +60目；4— -60 ~ +80目；5— -80 ~ +160目；6— -160目

阿克齐合等3个研究区分布在昆仑山北缘，区内风成黄土覆盖普遍，且较厚，加上处在昆仑山北缘，地势趋缓，风成黄土的加入，使细粒级比例明显增高。奥依且克等4个研究区地形陡峭，使流水冲刷能力增强，风成黄土掺入减少。

水系沉积物中各粒级在同一水系的上、中、下游不同试验点具有规律性变化（表3-9）。分布在昆仑山北麓的杜瓦和阿克齐合2个研究区上游细粒级（-160目）质量占比偏高，向下游质量占比逐渐降低。相反，粗粒级段下游比例偏高而上游比例偏低。出现这一现象的主要原因是研究区处于昆仑山北麓水系，其山坡及山梁被厚约0.5 m至数米的风成黄土覆盖，在沟谷的两侧，由于雨水的冲刷形成很陡的黄土坡坎，在重力和降水的双重作用下，黄土随水流流向沟内，或以垮塌的方式在沟内堆积，这种现象在昆仑山北麓的一级和二级水系上游尤甚。因此，大量风成黄土的掺入，使该区段的上游水系沉积物细粒级部分明显偏多。在高原腹地知给玛若和羌多两个试验点，水系上游和下游沉积物各粒级变化则不

表 3－9　西昆仑北坡水系上、中、下游沉积物各粒级质量分配

粒级/目	杜瓦			阿克齐合		知给玛若			羌多	
	上游 DL3－15	中游 DL6－4	下游 DL3－1	上游 L－3	下游 L－1	上游 GL－2	中游 GL－1	下游 GL－4	上游 QL－1	下游 QL－4
－10～＋20	25.3%	25.0%	41.2%	12.0%	30.3%	10.2%	28.4%	12.4%	30.6%	34.3%
－20～＋40	19.4%	32.2%	33.6%	12.6%	33.3%	22.3%	35.0%	19.0%	40.8%	38.2%
－40～＋60	4.2%	6.7%	4.3%	2.4%	6.5%	10.2%	8.8%	8.3%	10.2%	5.9%
－60～＋80	2.7%	4.2%	2.2%	2.2%	2.7%	10.8%	6.9%	10.7%	7.1%	4.9%
－80～＋160	2.5%	2.4%	1.6%	2.8%	2.7%	25.5%	10.3%	30.6%	8.2%	12.3%
－160	45.9%	29.5%	17.1%	68.0%	24.5%	21.0%	10.6%	19.0%	3.1%	4.4%

明显。

5. 西天山区

西天山地区的望峰、喇嘛苏、群吉、式可布台等研究区水系沉积物各粒级质量分配统计结果见表 3－10。西天山地区水系沉积物亦以粗粒级为主，反映出干旱、半干旱高寒山区流水搬运作用的主要特点。经过粒级筛分，＋40 目可占样品量的 75%，＋80 目则大于 85%。随水系沉积物颗粒变细，所占比例急剧降低，－80 目细粒级仅占 10% 稍强。

表 3－10　西天山区水系沉积物各粒级质量分配

粒级/目	望峰 ($n=7$)	群吉 ($n=8$)	式可布台 ($n=6$)	菁布拉克 ($n=10$)	喇嘛苏 ($n=10$)	卡恰 ($n=7$)	$\bar{X}$
－4～＋10	38.00%	42.25%	29.87%	48.65%			26.45%
－10～＋20	15.00%	9.61%	9.27%	11.16%	46.47%	71.02%	27.32%
－20～＋40	24.00%	20.80%	23.07%	22.12%	28.41%	12.45%	22.19%
－40～＋60	6.00%	7.46%	10.72%	6.72%	7.90%	7.68%	7.62%
－60～＋80	5.00%	3.90%	7.43%	3.85%	3.11%	2.74%	4.16%
－80～＋160	6.00%	5.33%	9.38%	3.46%	5.76%	3.97%	4.94%
－160	6.00%	10.65%	10.26%	4.04%	8.35%	2.14%	6.83%

西天山区望峰等 5 个研究区 48 件水系沉积物粒级筛分结果表明，尽管各地水系沉积物粒级分配略有差异，但差异的总体水平并不显著。各研究区水系沉积物的组成仍以粗砂、砾石的粗粒级为主。在－80 目粒级水系沉积物中，式可布台研究区约占 20%，明显高于其他研究区，尽管如此，细粒级部分所占比例仍较低，水系沉积物的粒级分配总体趋势并未发生根本性变化。

水系沉积物的粒级质量分配表明，西天山地区的风化作用仍以物理风化为主，较强的流水搬运能力强化了该区水系沉积物以粗粒级为主的分布特点。尽管南西天山与北西天山的降水量、气候条件导致景观特征出现差异，南西天山为干旱高寒山区景观，北西天山为半干旱高寒草原山区景观，但两地的风化特征、流水搬运能力较为一致，从而导致水系沉积物的粒级质量分配相差无几。

6. 阿尔泰山区

阿尔泰山区红山嘴和哈腊苏研究区上、中、下游水系沉积物粒级质量分配统计结果见表3-11。由表可知，水系沉积物仍主要以粗粒级为主，+40目约占样品量的80%，-40目约占20%；两地水系沉积物上游和中游样品粒级质量分配差异不明显；红山嘴研究区上游—下游水系沉积物样品粒级质量分配变化不大。哈腊苏研究区上游和下游水系沉积物粒级质量分配变化十分明显，由上游向下游粒级明显变细，且主要向-160目粒级聚集。

表3-11　阿尔泰山区水系沉积物各粒级质量分配

粒级/目	红山嘴				哈腊苏			
	上游	中游	下游	$\bar{X}$ ($n=6$)	上游	中游	下游	$\bar{X}$ ($n=6$)
-4~+10	31%	45%	41%	39%	36%	49%	17%	34%
-10~+20	24%	15%	20%	20%	20%	13%	8%	14%
-20~+40	25%	21%	22%	23%	27%	16%	15%	19%
-40~+60	5%	6%	3%	5%	5%	4%	7%	5%
-60~+80	4%	4%	2%	3%	4%	3%	6%	4%
-80~+160	5%	5%	3%	4%	3%	7%	6%	5%
-160	6%	4%	9%	6%	5%	8%	41%	18%

注：红山嘴研究区上游采样点距分水岭为1000 m，中游为3000 m，下游为6000 m；哈腊苏研究区上游采样点距分水岭为1500 m，中游为3000 m，下游为6000 m。

形成阿尔泰山地区水系沉积物粒级分配特点的原因主要是：红山嘴研究区处于阿尔泰山中段腹地，地形起伏较大，流水作用较强，且风积物掺入较少，在这样的条件下，水系沉积物的颗粒度分选十分微弱，各种粒级混杂在一起，使水系上、下游的粒级分配差异不明显。而哈腊苏研究区处于阿尔泰山东南部边缘，采集粒级样品的水系下游将移出山体，向前即进入北准噶尔盆地边缘的剥蚀戈壁区，水系行将离开山地，其落差明显变小，流水作用减弱。同时受盆地影响，进入水系的风积物偏多且随水流向下游运移。在流水作用较强时，其携带的颗粒偏粗且混杂，当水流渐小、流水作用渐弱时，粗颗粒首先沉积，向下游携带的冲积物颗粒逐渐转向以细粒级为主。哈腊苏研究区下游样品采自水系行将出山地段，流水作用减弱，水系沉积物转为以细粒级为主。

通过对西天山和阿尔泰山地区水系沉积物和土壤粒级质量分配研究认为，研究区内由基岩风化形成的土壤和水系沉积物的粒级以粗粒级为主，表明西天山和阿尔泰山地区的岩石风化作用以物理风化为主。尽管西天山的南西天山和北西天山以及东南部阿尔泰山和西北部阿尔泰山的景观条件出现程度不同的差异，但这种景观差异并不影响区内以物理风化作用为主的显著特点。两个地区的水系沉积物粒级质量分配较接近，且差异不明显，表明该区地球化学工作条件基本一致。

7. 水系沉积物颗粒成分特点

(1) 西昆仑地区水系沉积物颗粒成分特点

表3-12和表3-13为西昆仑地区杜瓦（DL）、奥依且克（AQ）和坎埃孜（KZ）3个研究区水系沉积物各粒级颗粒成分统计结果。

表 3-12 西昆仑地区杜瓦（DL）研究区水系沉积物各粒级中矿物成分

φ_B/%

样号	-10~+20 目	-20~+40 目		-40~+60 目			-60~+80 目			-80~+160 目			-160 目		
	岩屑	石英长石	岩屑	石英长石	云母	岩屑	石英长石	胶结假粒	岩屑	石英长石	云母	岩屑	石英长石	云母	暗色矿物
DL3-5	100	15	85	20		80	30	5	65	40	30	30	70	25	5
DL3-16	100	18	82	45	3	52	40	5	55	70	5	25	80	10	10
平均值	100	16	84	22.5	1.5	76	35	5	60	55	17.5	27.5	75	17.5	7.5

表 3-13 西昆仑地区坎埃孜（KZ）和奥依且克（AQ）研究区水系沉积物各粒级中矿物成分

φ_B/%

样号	-5~+20 目		-20~+40 目			-40~+80 目			-80~+140 目			-140 目		
	石英长石	岩屑	石英长石	云母	岩屑	石英长石	云母	岩屑	石英长石	云母	岩屑	石英长石	云母	暗色矿物
KZ-4	2	98	10	40	50	70	25	5	67	30	3	95		5
KZ-6	2	98	5	15	80	75	5	20	85	5	10	95		5
KZ-8	2	98	30		70	30		70	76	17.9	6.1	80	10	10
KZ-9	5	95	40		60	50	20	30	90	5	5	95		5
KZ-10						63.9	4.1	32	65	10	25	80	5	15
AQ-3	10	90	15	10	75	40		60	80	15	5	85	5	10
AQ-4	5	95	7	5	88	65	30	5	55	40	5	80	15	5

水系沉积物主要有两种来源：一种来源于上游汇水域内基岩风化以及经成壤作用的表层疏松物质，这些物质以降水冲刷、崩塌及滚动脱落等方式进入水系，降水冲刷是物质来源的主要营力；另一种来源于沉降的风成沙。由表 3-12 和表 3-13 可知，水系沉积物从粗粒级至细粒级，其颗粒组成具有十分明显的规律性：①水系沉积物中的颗粒以岩屑、石英、长石和云母为主，暗色矿物和其他副矿物所占比例很少；②从粗粒级至细粒级，岩屑的比例逐渐降低，取而代之的为石英、长石和部分云母。在 -10~+20 目或 -5~+40 目，岩屑可占 90% 左右，一些地段的样品基本为岩屑，随着颗粒变细，岩屑比例逐渐降低到小于 10%。石英、长石从粗粒级的小于 10%，至细粒级（-160 目或 -140 目）猛增至 80% 以上。由于坎埃孜研究区分布有较多的砂岩、粉砂岩，所以经搬运磨蚀后进入水系中的岩屑主要为石英和长石，这些石英、长石的加入，使得在镜下较难区分岩屑与单矿物，因此统计时将其计入石英、长石内，使较粗粒级段的岩屑比例降低。

（2）西天山地区水系沉积物颗粒成分特点

不同粒级的水系沉积物，其矿物成分主要为：①岩石碎屑；②透明矿物，即以石英、长石为主体，伴有极少量副矿物和蚀变矿物；③暗色矿物，即角闪石类、辉石类、磁铁矿、钛铁矿等矿物。表 3-14 是对两个研究区不同粒级水系沉积物镜下观察的统计结果。

由表可知，西天山地区水系沉积物随着粒级变细，岩屑逐渐减少，透明矿物和暗色矿物逐渐增多。+40 目粗粒级，以岩屑为主。汇水域内风化的岩石碎块，在流水作用下进入河道，运移中的磨蚀、碰撞和破碎，使岩石碎块逐渐变小，透明的和暗色的矿物逐渐从岩石碎块中分离。40 目为水系沉积物中岩石碎块与单矿物的重要分界线。在 +40 目粗粒级中，岩屑占主导地位；在 -40 目细粒级中，岩屑逐渐被分离的单矿物取代；在 -80 目细粒级段，水系沉积物主要由分离出的单矿物组成。透明矿物出现的粒级偏粗，且贯穿整个细粒级，暗色矿物出现的粒级偏细，主要出现在 -40 ~ +160 目之间。在细粒级段，暗色矿物逐渐增多的特点表明，伴随着岩石碎块逐渐破碎，暗色单矿物逐渐被分离；由于相对密度的差异，分离后的暗色矿物在流水作用下出现分选，且多向细粒级段聚集。在 -160 目细粒级中除颗粒物外，见有较多黏土团粒。

表 3-14　西天山地区水系沉积物矿物成分　$\varphi_B/\%$

粒级/目	成分	喇嘛苏（$n=3$）	望峰（$n=7$）
-4 ~ +10	岩屑	99	100
	透明矿物	1	0
	暗色矿物	0	0
-10 ~ +20	岩屑	98	99
	透明矿物	2	1
	暗色矿物	0	0
-20 ~ +40	岩屑	60	65
	透明矿物	30	28
	暗色矿物	10	7
-40 ~ +60	岩屑	35	39
	透明矿物	57	42
	暗色矿物	8	19
-60 ~ +80	岩屑	27	22
	透明矿物	53	47
	暗色矿物	20	31
-80 ~ +160	岩屑	11	9
	透明矿物	73	59
	暗色矿物	16	32
-160	岩屑	4	1
	透明矿物	54	50
	暗色矿物 + 黏土	25 + 17	49

四、半干旱中低山景观区

1. 大兴安岭中南段

从图 3-4 可以看出，水系沉积物以粗粒级为主，+40 目以上的粒级占样品总量的 70% 以上，并集中于 -10 ~ +20 目；其中，南部的白音诺、红花沟等矿区冲积物各粒级质量分配曲线具两个峰值，出现在 -20 ~ +40 目，与南部风成沙分布粒级相当，似为风成沙混入叠加形成的结果。

白音诺、八〇一矿区表层冲风积物显然以中细粒级为主，主要在 -40 目以下，这与风成沙混入以及腐殖土化有直接关系。

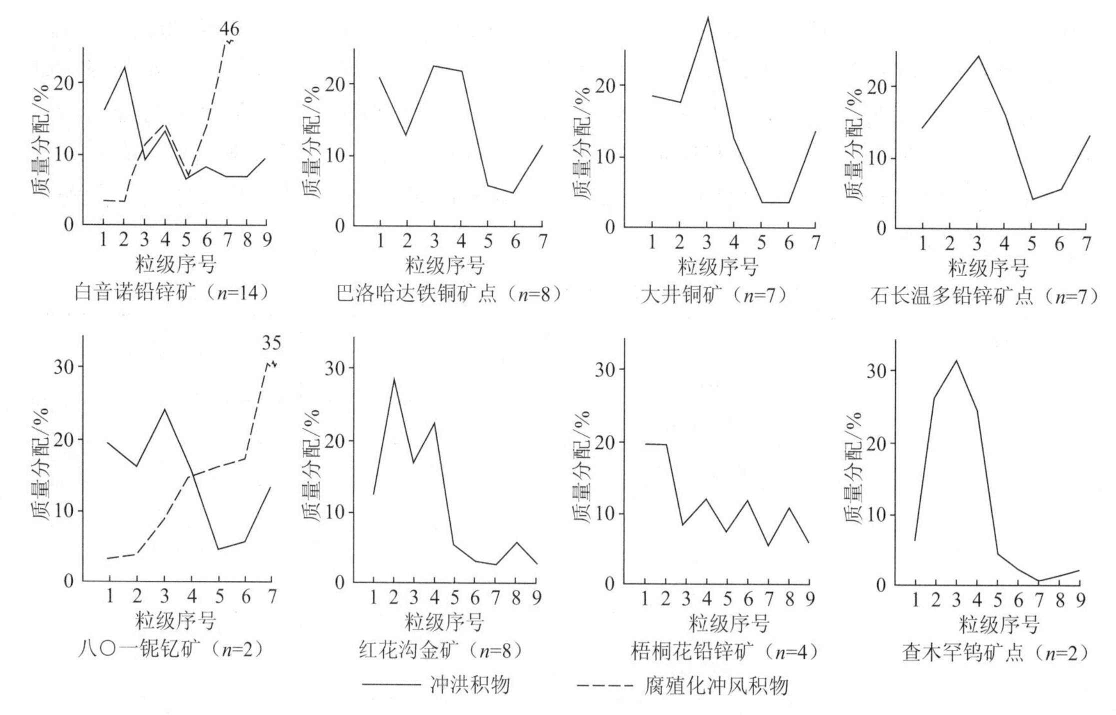

图 3－4　大兴安岭中南段水系沉积物不同粒级质量分配

粒级序号：1—－2～+4 目；2—－4～+10 目；3—－10～+20 目；4—－20～+40 目；5—－40～+80 目；6—－80～+120 目；7—－120～+160 目；8—－160～+200 目；9—－200 目

2. 其他地区

河北北部水系沉积物粒级分配（表 3－15）表明，河北北部山地水系发育，在 3 处采集的水系沉积物样品经筛分后，粒级质量分配略有差异，但总体分布为 +60 目粗粒级部分质量占比大于 60%，水系沉积物仍以粗粒级为主。

表 3－15　河北北部水系沉积物各粒级质量分配

粒级/目	宣化南（n=2）	崇礼中山沟（n=4）	赤城南（n=1）	平均值（n=7）
－10～+20	26.75%	35.50%	14.00%	25.48%
－20～+40	34.25%	25.25%	13.00%	24.17%
－40～+60	15.25%	7.50%	18.00%	13.58%
－60～+80	8.75%	4.50%	26.00%	13.08%
－80～+120	3.75%	3.00%	9.00%	5.27%
－120	11.25%	24.25%	20.00%	18.42%

在我国主要景观区，水系发育，水系沉积物分布十分普遍。基岩的风化类型以物理风化为主，流水冲刷和搬运作用使水系沉积物以粗颗粒为主，－60 目以下细颗粒为辅，且二者差异显著。尽管各景观区的各研究区水系沉积物的粒级分配存在差异，但这种差异并未影响以粗颗粒为主的基本特点。+60 目以上，水系沉积物的组成物质以岩屑为主；－60 目以下，单矿物大量出现，随粒级变细，单矿物增多，主要由石英、长石和暗色矿物组成。在全国主要景观区，各景观区特点差异显著，但水系沉积物粒级分配和物质成分构成却基本相同，具有明显一致的规律性。

第二节　主要景观区水系沉积物各粒级中元素分布特征

一、森林沼泽景观区

1. 水系沉积物元素分布特征

得耳布尔研究区水系沉积物不同粒级段各个元素的分布呈现出 3 种分布模式（图 3－5）：①大部分元素呈不对称的宽缓“U”形，在＋60 目粗粒级段基本保持一种较平稳的变化趋

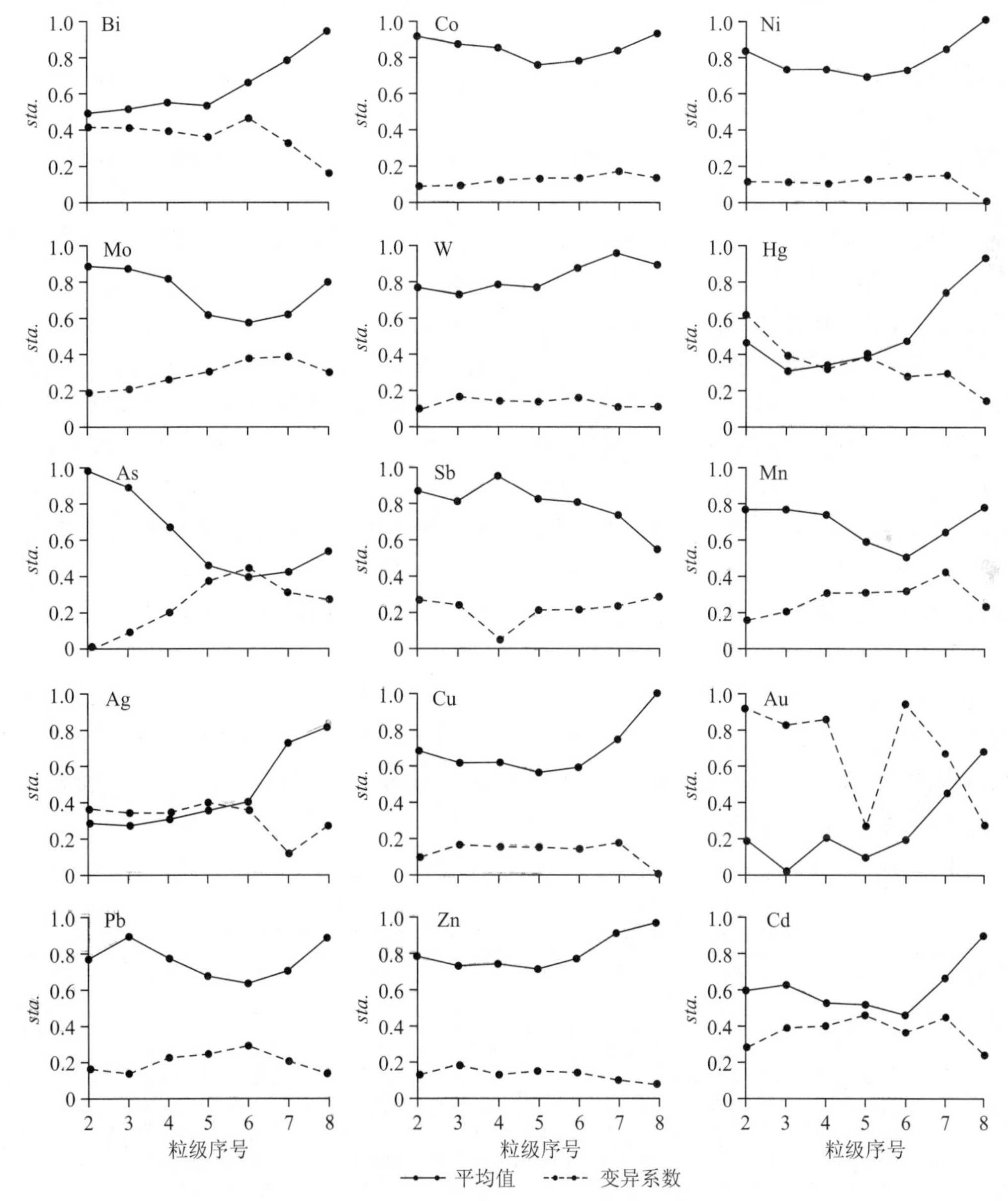

图 3－5　得耳布尔铅锌矿区水系沉积物各粒级中元素分布图（$n=6$）

粒级序号：2—－4～＋10 目；3—－10～＋20 目；4—－20～＋40 目；5—－40～＋60 目；6—－60～＋80 目；7—－80～＋160 目；8—－160 目

势，As 质量分数呈渐降的特点。在 60 目这一粒级点，各元素质量分数发生转折性变化，其中 As、Pb、Mn、Mo、Co 趋向于在 +60 目各粒级段富集，Zn、Cd、Au、Cu、Hg、Ni 趋向于在 -80 目以下两个细粒级段富集。②Ag、Bi、W 等从粗粒级到细粒级基本呈现单边上扬或质量分数逐渐升高型，在 -160 目的最细粒级段，质量分数出现最高值。③从粗粒级到细粒级，Sb 基本呈现单边下挫或质量分数逐渐降低型，高值集中在粗粒级段。多数元素分布的转折点出现在 -40～+60 目和 -60～+80 目两个粒级段，Pb、Zn、Ag、Cd、Cu 等的这种特点尤为明显。

观察不同样品间元素质量分数变异系数曲线（图 3-5），可以看出各元素质量分数变化的稳定程度。Pb、Zn、Cu、Sb、Mo、W、Co、Ni 等各个粒级段的质量分数变化水平相当，均处在变化平稳区间，未发生明显的变异；Bi、Hg、Ag 在 80 目以下细粒级段变异较大；As 则正好相反，在 40 目以下粒级段变化较大；只有 Au 一种元素，不同样品间稳定性最差，在 +40 目以岩屑为主的各粗粒级较为稳定。

得耳布尔研究区各元素在水系中的迁移状况如图 3-6 所示。在 -10～+60 目粒级段，主要矿化元素 Pb、Zn 和主要伴生元素 Cu、Sb、Cd、Ag、As 异常的衰减速度较慢，异常迁移距离可以达到 6 km 以上，表现出这些元素在水系沉积物的粗粒级中分布具有较好的稳定性。多数元素在 -80 目细粒级质量分数与迁移长度出现明显的忽高忽低的跳跃，显示出细粒级段元素质量分数沿水系迁移的不稳定性。

塔源 Au-Ag 多金属矿点和 Mo 矿点下方水系沉积物不同粒级段主要矿化指示元素的质量分数分布如图 3-7 所示。在塔源水系沉积物中，从粗粒级向细粒级，各元素基本为单边小幅上扬，在 -160 目细粒级段，质量分数最高的元素有 Cu、Zn、Hg、Mo、Bi、Ni、Au、Co、Cd 等。Pb、Cd、As、Mn、Sb、W、Co 等，在 +60 目各粗粒级中质量分数变化平稳或基本无变化。As 和 Mn 在各个粒级段中质量分数差异不明显，但仍具有向细粒级富集的趋势。大部分元素质量分数分布的转折点在 60 目，-60 目粒级段呈十分明显的上升趋势。变异系数则随粒级变细而变小，变化稳定，显示出水系沉积物中的细粒级元素质量分数具有均匀化的特点。

得耳布尔和塔源两地水系沉积物元素分布尽管出现差异，但其总体特点表明，元素质量分数变化的拐点出现在 60 目。在 -60 目细粒级，部分元素质量分数或增高或降低，主要与水系沉积物的岩屑与矿物比例分配，以及细粒级中的有机质含量高低等因素密切相关。

2. 泥炭元素分布特征

塔源研究区泥炭中不同粒级段元素质量分数特点见表 3-16。

表 3-16　塔源金银矿区不同粒级泥炭中元素分布（$n=3$）

粒级/目	Au	Ag	As	Sb	Hg	Cd	Mn	Bi
-20～+40	0.2	98	2.6	0.39	5	75	432	0.19
-40～+80	3.51	83	2.6	0.34	5	186	657	0.41
-80	1.39	201	4.8	0.42	43.9	286	1084	0.66
粒级/目	Cu	Pb	Zn	Mo	W	Co	Ni	
-20～+40	9.0	22.8	29.1	1.67	0.96	6.1	8.3	
-40～+80	18.6	30.4	49.5	1.40	1.55	7.1	6.9	
-80	29.6	36.2	108.4	2.87	1.85	12.5	18.7	

注：Au、Ag、Hg、Cd 单位为 ng/g，其他元素单位为 μg/g。

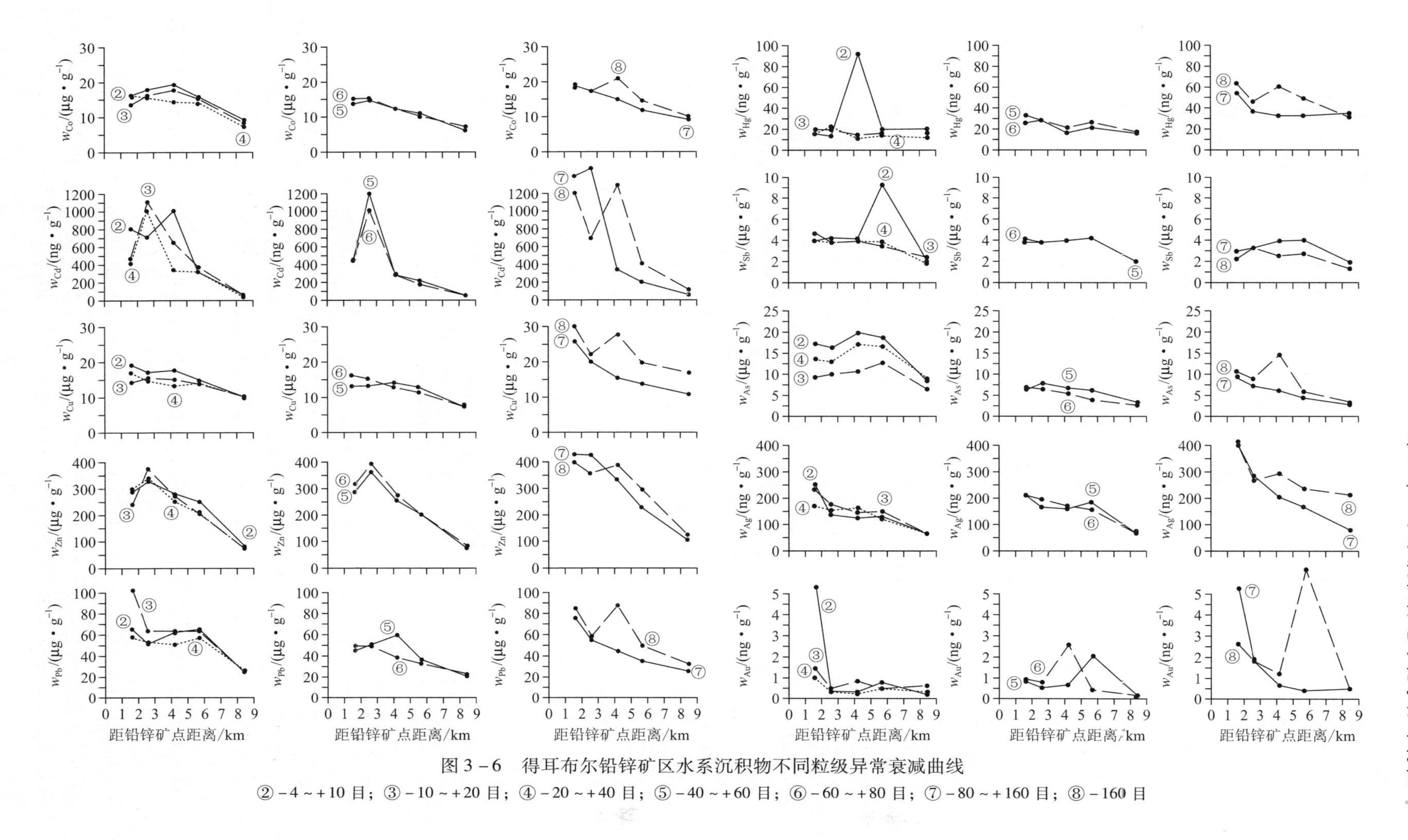

图3-6　得耳布尔铅锌矿区水系沉积物不同粒级异常衰减曲线

②-4~+10目；③-10~+20目；④-20~+40目；⑤-40~+60目；⑥-60~+80目；⑦-80~+160目；⑧-160目

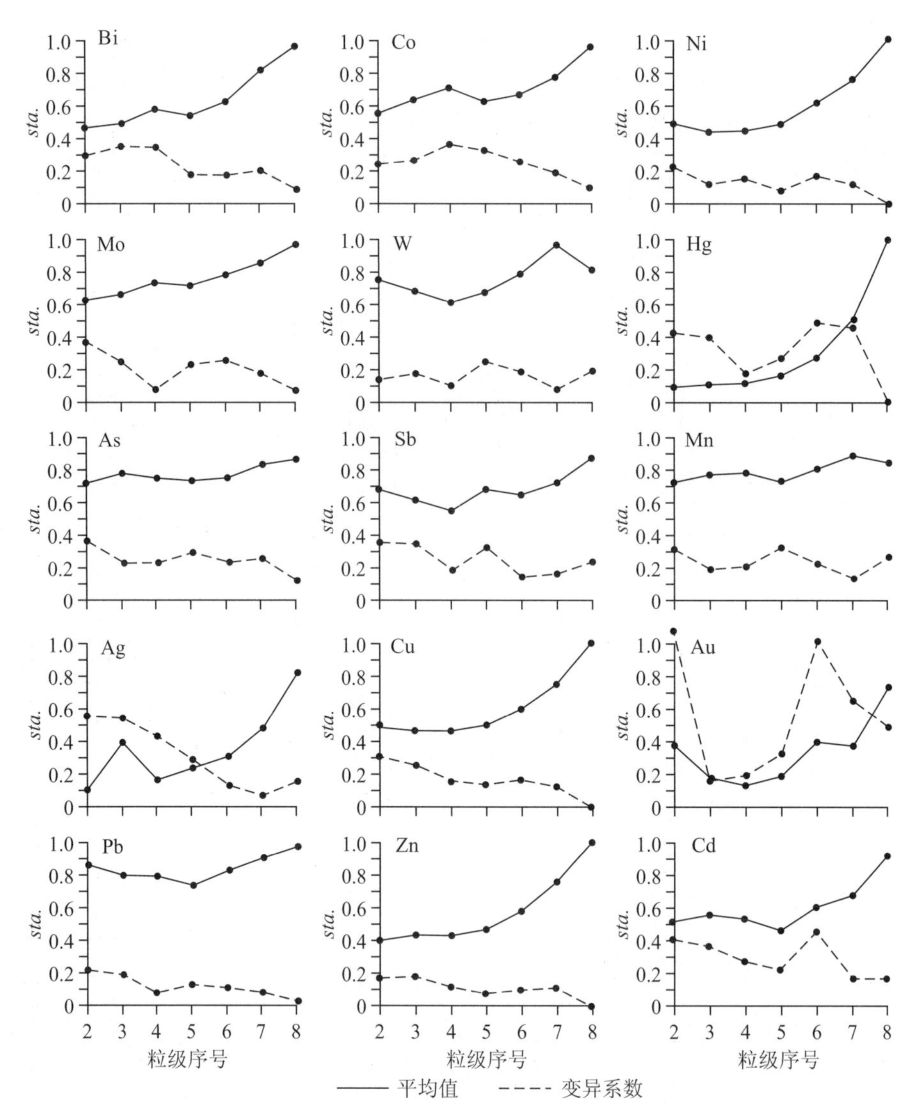

图 3－7 塔源金银矿区水系沉积物各粒级中元素分布图（$n=4$）

粒级序号：2—－4～+10 目；3—－10～+20 目；4—－20～+40 目；5—－40～+60 目；6—－60～+80 目；7—－80～+160 目；8—－160 目

从表列数据可以发现：①除 Au 外，Ag、As、Sb、Hg、Cd、Mn、Bi、Cu、Pb、Zn、Mo、W、Co、Ni 等 14 种元素在－80 目粒级段均出现十分明显的富集。特别是 Hg，富集近 1 个数量级，Cd、Mn、Ag、Bi、Cu、Zn、Co、Ni 等富集近 2～3 倍。②只有 Au 一种元素在－40～+80 目粒级段富集。③在－20～+40 目和－40～+80 目两个粒级段中，除 Au、Cd、Bi、Cu 元素以外，其他 11 个元素的质量分数虽然互有高低，但就各元素而言，基本上差别不大。

上述结果表明，在泥炭样品中，尽管其整体粒级偏细，但在－80 目细粒级，大多数元素质量分数明显增高，成为泥炭中元素分布的明显特点。

对得耳布尔研究区－80 目泥炭样品提取水溶态、有机态和非晶质铁锰氧化物态三种相态，分析结果（表 3－17）显示，在三种相态中，元素主要集中在有机态和非晶质铁锰氧化物态。Cu、Zn、Sb 三种元素的有机相占明显优势，偏提取率平均值分别达到 17.62%、

22.11%、11.81%；Cd、As、Pb三种元素则以非晶质铁锰氧化物态占优势，但有机相也占有较大的比例，其偏提取率平均值分别达到24.50%、19.40%和11.15%。由此可知，在森林沼泽区的泥炭中，元素的有机态存在形式占有很重要的地位。

表3-17 得耳布尔研究区泥炭中部分元素偏提取率平均值（$n=6$） 单位：%

相态	Cu	Pb	Zn	Cd	As	Sb
水溶相	1.185	0.784	1.681	1.084	0.896	1.426
有机相	17.62	11.15	22.11	24.50	19.40	11.81
非晶质铁锰氧化物相	1.983	27.23	18.43	32.64	20.22	3.529

将塔源地区的泥炭分为背景区和异常区两类样品，提取水溶态、有机态和非晶质铁锰氧化物态三种相态，并分析部分元素质量分数。各元素质量分数与得耳布尔研究区结果基本一致（表3-18），元素主要以有机态和非晶质铁锰氧化物态为主。各元素在背景区和异常区的偏提取率差异明显，背景区地段水溶态提取率大大高于异常区地段，差别接近或超过1个数量级；有机态提取率的分布模式正好相反，背景地段大大低于异常地段，差异在2倍以上；非晶质铁锰氧化物态的分布较为复杂，Au、Cd、Cu、Zn四种元素的提取率为背景地段高于异常地段，而As、Sb、Pb三种元素的分布特点正好与此相反。上述元素偏提取率的分布特点说明，在-80目水系沉积物中存在着有机质和非晶质铁锰氧化物吸附富集而形成的明显异常，这种富集因矿化与背景区的差异以及因元素而异，富集的相态差异显著。水溶态可使背景区元素提取质量分数大幅度提高，其他相态提取的元素质量分数变化明显，元素富集的相态不一，这种富集相态间的明显差异，使元素质量分数变化发生紊乱，对细粒级水系沉积物异常和地球化学分布产生明显干扰，使异常的识别与评价变得十分困难。

表3-18 塔源研究区泥炭中主要元素偏提取率平均值 单位：%

地段（样品数）	相态	Au	Ag	Cd	As	Sb	Cu	Pb	Zn
背景区（$n=1$）	水溶相	10.000	5.983	13.529	4.310	2.614	4.072	5.378	13.525
	有机相	7.143		28.655	4.544	7.827	4.495	0.843	9.804
	非晶质铁锰氧化物相	7.143		52.563	6.886	0.776	18.827	14.841	44.465
异常区（$n=5$）	水溶相	1.936	0.589	2.633	0.571	0.982	1.851	0.845	3.664
	有机相	20.967		42.185	39.579	8.144	27.288	14.928	28.701
	非晶质铁锰氧化物相	1.750		37.527	16.577	1.531	12.989	30.026	31.932

上述结果表明，在森林沼泽景观区，泥炭样品80目以上粗粒级和80目以下细粒级中大部分元素的质量分数分布差异明显，表明这两部分物质组成有所不同。-20~+80目粒级段元素质量分数与水系沉积物同等粒级中元素质量分数差别不大，其主要来源于汇水域内基岩的风化。-80目粒级段则主要由汇水域中植物腐烂后形成的腐殖化程度较高的黑色软泥组成。三种相态提取结果表明，各元素的高质量分数主要与腐殖质和非晶质铁锰氧化物吸附富集作用有关。富集作用将明显抬高背景区水系沉积物-80目粒级的元素质量分数，在背景区形成明显的次生富集，这种次生富集因元素不同而差异明显，产生的变化紊乱对水系沉积物地球化学分布及异常特征产生明显的干扰。

二、干旱荒漠戈壁残山景观区

1. 内蒙古中西部水系沉积物元素分布特征

内蒙古中西部几个矿区水系沉积物元素分布研究表明，成矿元素及指示元素在水系沉积物各粒级中的分布普遍呈“钓钩”形（图3－8）。在－1～+10目粒级区间出现最高质量分数；部分元素在－4～+10目粒级区间质量分数最高；－20目～+160目粒级区间出现最低质量分数，其中－20～+80目往往最低；但于160目以下极细粒级，各元素质量分数复又抬升，其中与成矿关系不密切的元素，如霍各气矿化区的Ni、Co等，在－200目抬升幅度最

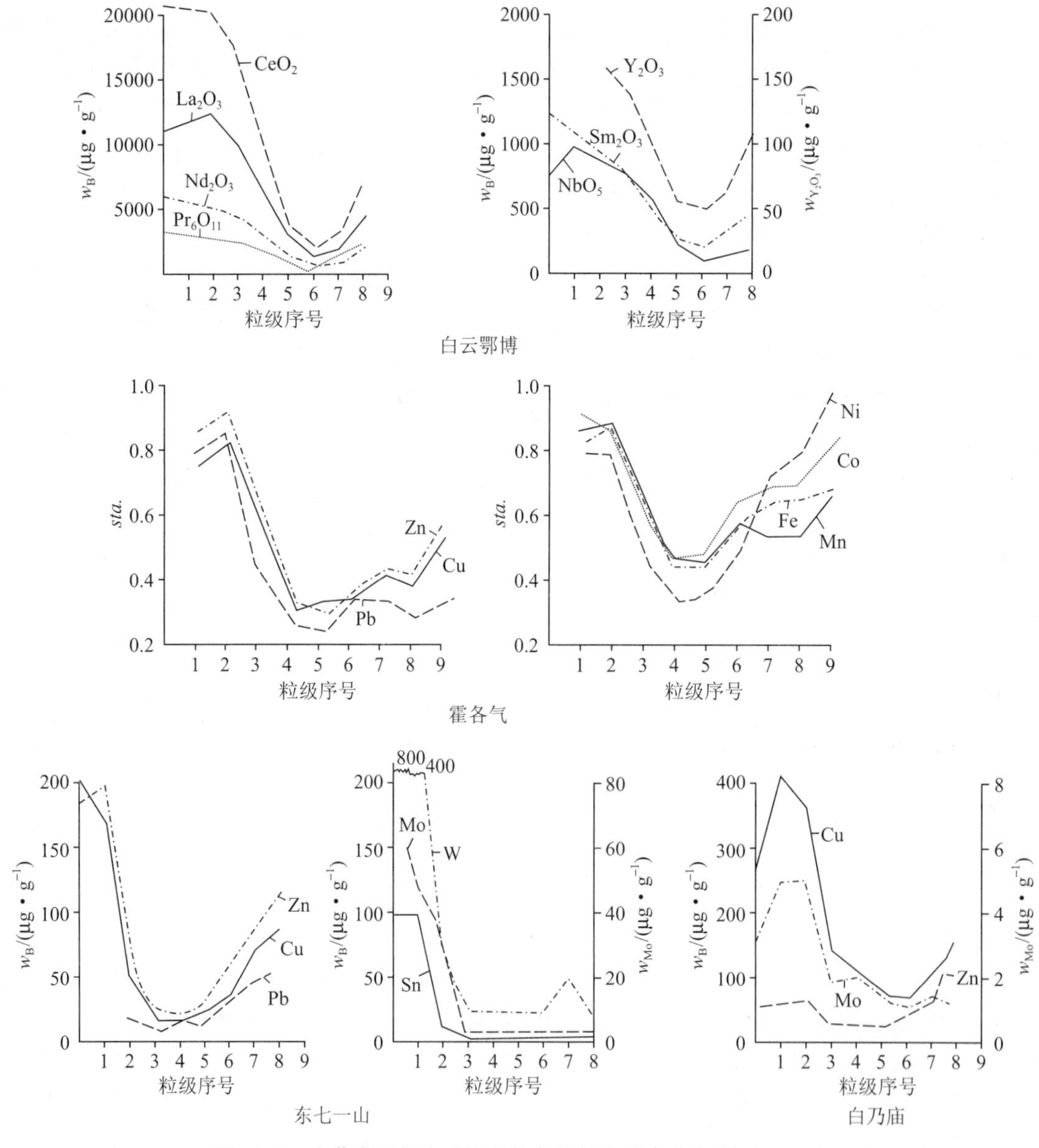

图3－8　内蒙古西部水系沉积物各粒级中元素分布图（$n=12$）

粒级序号：1—－1～+4目；2—－4～+10目；3—－10～+20目；4—－20～+40目；5—－40～+80目；6—－80～+120目；7—－120～+160目；8—－160～+200目；9—－200目

大，甚至出现极大值。统计研究（以样品为单位，用最大值对各粒级中的元素质量分数进行标准化，然后计算某个地区各粒级标准化值的平均值、离差和变异系数）表明，粗粒级部分变异系数最小；10目以下，特别是20目以下各细粒部分变异系数最大（表3－19）。由此表明，粗粒级部分元素质量分数高这一特点具有普遍性和稳定性；细粒级部分元素质量分数低，且不稳定，主要原因是风成沙的掺入产生了影响，且因风成沙掺入的比例而异。

表3－19　内蒙古中西部水系沉积物各粒级中元素质量分数的变异系数

粒级/目	东七一山			霍各气			白乃庙	
	Mo	Sn	Cd	Cd	Pb	Zn	Cd	Mo
-2～+4	0.17	0.27	0.27	0.29	0.24	0.16	0.26	0.18
-4～+10	0.19	0.19	0.23	0.23	0.26	0.15	0.13	0.19
-10～+20	0.38	0.54	0.31	0.47	0.45	0.28	0.20	0.20
-20～+40	0.80	0.94	0.54	0.45	0.41	0.40	0.31	0.40
-40～+80	0.59	0.75	0.70	0.53	0.47	0.43	0.40	0.35
-80～+120	0.40	0.85	0.79	0.42	0.49	0.36	0.38	0.28
-120～+160	0.34	0.54	0.78	0.50	0.60	0.34	0.32	0.44
-160～+200	0.21	0.72	0.68	0.57	0.79	0.36	0.29	0.33
-200	1.07	0.52	0.64	0.54	0.69	0.36	0.29	0.34

注：变异系数=标准偏差/平均值。

－4～+10目粒级在水系沉积物中能形成规律性强、衬度高、持续性好、延伸距离最大的异常（图3－9）。而－2～+4目极粗粒级，异常浓度虽高，但稳定性稍差。－10～+20目异常衬度和强度明显低于上述两个粒级，但出现的异常较稳定，衰减规律性较平稳。原因如前所述，该粒级中含有风成沙，从而影响了元素的质量分数，但对异常的整体分布影响不大。

（1）水系沉积物中成矿元素的赋存形式与载体相

A. 白乃庙Cu、Mo硫化物矿区

由表3－20可以看出，疏松残积物被洪水搬运至水系中形成水系沉积物，原有Cu的所有不太稳定的载体相（如锰氧化物、有机质和非晶铁的氧化物大部分）被分解或易被磨蚀粉碎，由更稳定的晶质铁氧化物和其他稳定矿物所代替。该研究区沟谷较短，被次生矿物包围的残留硫化物相对比较稳定，有较大的迁移距离，比率相对较高。

表3－20　白乃庙水系沉积物（－2～+20目）Cu全量及偏提取率

样品	全量/$\mu g \cdot g^{-1}$	水溶相	弱吸附相	有机物吸附相	非晶质铁锰氧化物相	晶质铁氧化物相	硫化物相	硅酸盐相	采样地点
残积土（$n=2$）	3970	6.4%	11.4%	36.4%	15.6%	7.9%	12.1%	10.1%	矿带上方残积层
水系沉积物（$n=7$）	466	11.5%	9.5%	9.6%	8.8%	23.9%	25.9%	10.5%	水系中上游，距矿带0～1.5 km
水系沉积物（$n=3$）	158	6.4%	6.4%	9.7%	7.3%	32.2%	22.9%	15.1%	水系下游，距矿带2～3 km

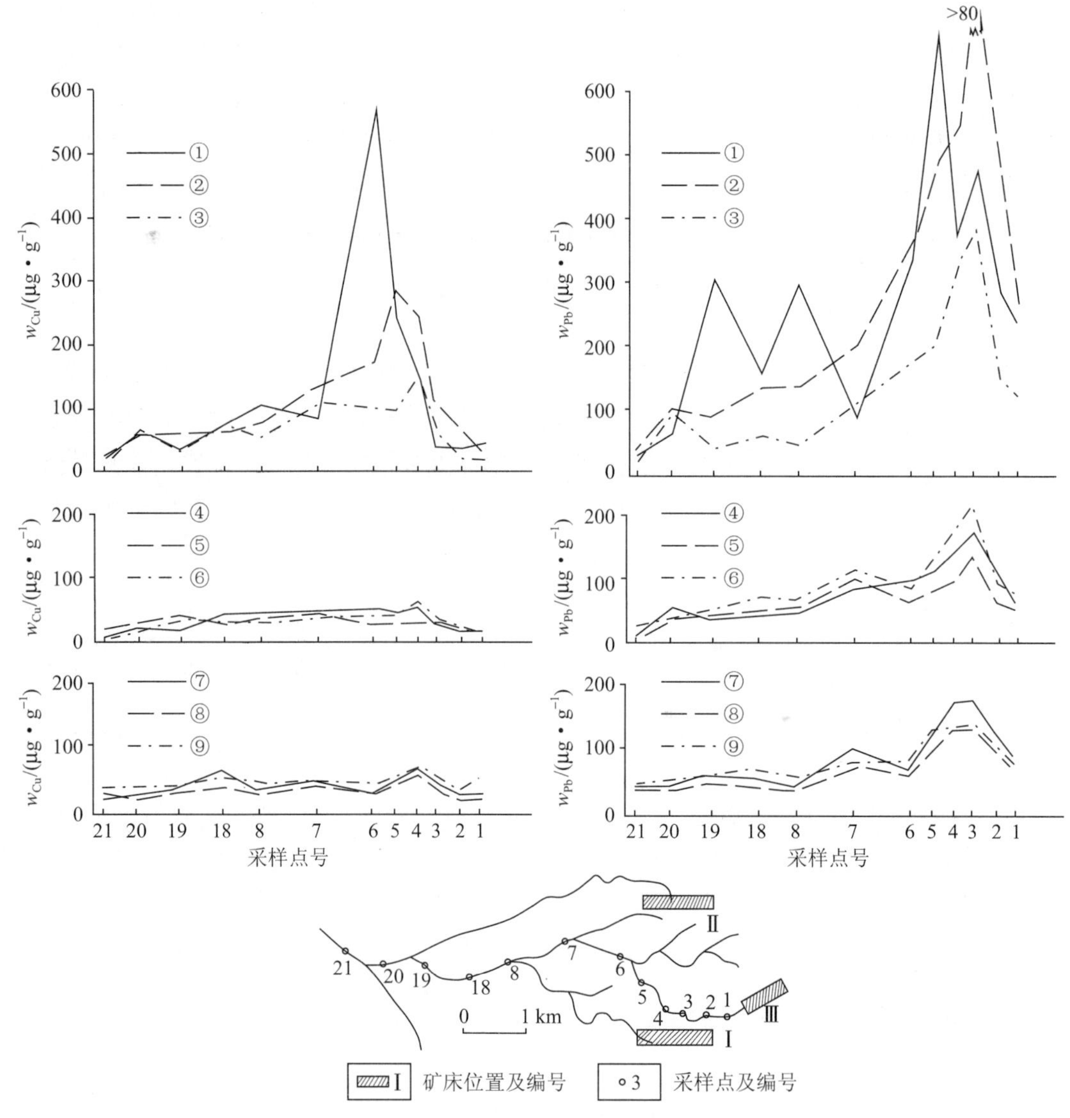

图3-9 霍各气水系沉积物各粒级中元素分布图

①-1~+4目；②-4~+10目；③-10~+20目；④-20~+40目；⑤-40~+80目；⑥-80~+120目；⑦-120~+160目；⑧-160~+200目；⑨-200目

B. 霍各气Cu、Pn、Zn硫化物矿区

由表3-21可以看出，①在粗粒级水系沉积物中，Cu主要呈碳酸盐和硫化物形式迁移。与残积母质层相比，物质在转入水系后，硫化物和晶质铁的氧化物不断被氧化分解，逐渐向水溶相、非晶质铁氧化物相、易溶盐相和碳酸盐形式转化。以硫化物形式存在的Cu，其迁移距离较短（图3-10），主要分布在一级水系和二级水系的中上游；以次生碳酸盐形式存在的Cu（孔雀石或硅孔雀石）沿水系迁移较远，异常范围较大；将其与全量Cu异常进行比较可知，Cu的全量异常更清晰，反映更好。Pb在粗粒级水系沉积物中主要呈硫化物和难溶碳酸盐矿物形式存在。Zn则主要呈难溶矿物和碳酸盐氧化物形式存在。②在细粒级水系沉积物中，Cu的存在形式与粗粒中有较大的差异，主要表现为结合在有机质、非晶质铁的氧化物、水溶相和难溶物中的Cu大量增加，以碳酸盐和晶质铁氧化物相形式存在的Cu大量

表 3-21　霍各气土壤和水系沉积物中 Cu、Pb、Zn 偏提取率　　单位：%

元素	样品	水溶相	弱吸附相	有机物	非晶质铁锰氧化物相	晶质铁氧化物相	硫化物相	硅酸盐相
Cu	残积土（-2 目，$n=3$）	5.0	5.1	10.8	7.3	17.9	34.4	15.7
	水系沉积物（-2～+20 目，$n=5$）	32.8	8.2	16.8	10.8	1.6	26.6	2.6
	水系沉积物（-200 目，$n=5$）	17.2	5.6	24.2	17.2	1.4	23.0	13.8
Pb	残积土（-2 目，$n=4$）	3.7	11.9	6.9	7.1	9.9	55.0	5.9
	水系沉积物（-2～+20 目，$n=8$）	7.1	4.9	2.3	15.7	5.4	46.4	18.2
	水系沉积物（-200 目，$n=7$）	8.4	1.9	5.9	10.5	13.9	34.8	22.8
Zn	残积土（-2 目，$n=4$）	5.7	2.7	11.7	5.8	11.4	27.4	35.1
	水系沉积物（-2～+20 目，$n=8$）	9.3	6.3	2.7	11.0	26.1	15.5	29.2
	水系沉积物（-200 目，$n=7$）	9.2	5.0	4.3	8.7	11.9	24.5	37.3

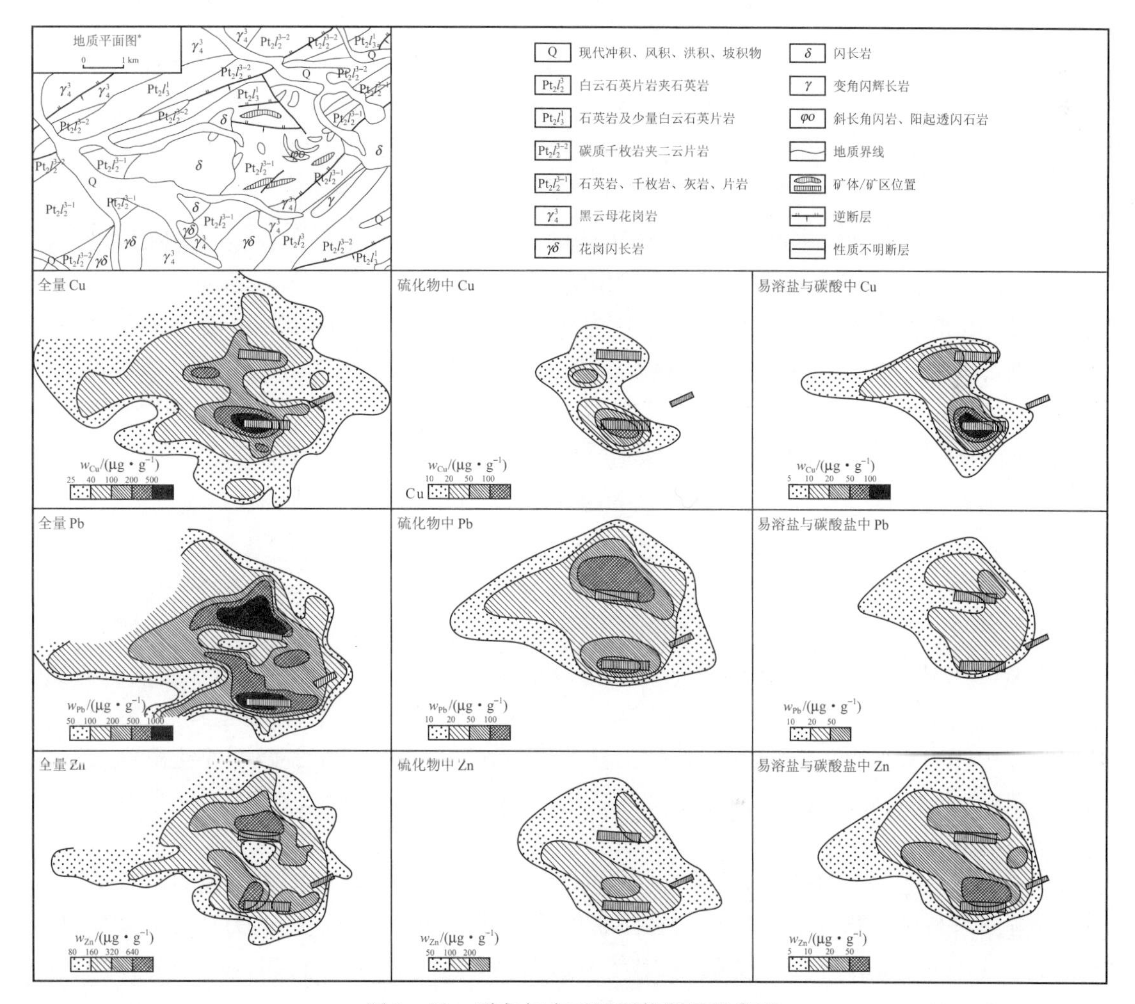

图 3-10　霍各气水系沉积物测量异常图

*据冶金部第一物探大队贾卿君（1981）资料编绘

减少。Pb 和 Zn 在单矿物为主的细粒级水系沉积物中主要以硫化物和难溶矿物形式存在。值得注意的是，不论是 Cu 元素，还是 Pb、Zn 等元素，有机相在细粒级中的比例均有所增高。

在干旱荒漠戈壁残山景观区植被稀疏的条件下，仍可观察到细粒水系沉积物中有机质对元素的次生富集作用。

（2）元素在河床冲洪积物中横向分布的均匀性

干旱荒漠区沟谷宽缓开阔，往往达数十米至数百米，甚者千余米。河床中流水线多而紊乱，进入二级和三级及以下较宽河床的水系更为明显。横切河床取样表明，在不同流水线上或按一定间距取样，元素质量分数差异悬殊（图3－11）。

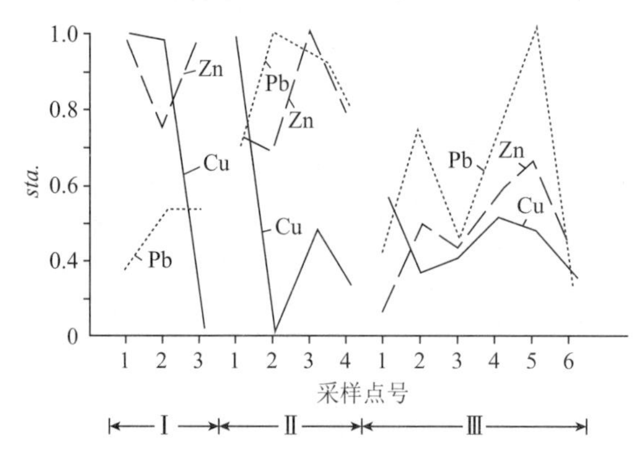

图3－11 霍各气矿区横穿河床水系沉积物元素分布变化曲线

Ⅰ、Ⅱ、Ⅲ—河谷剖面编号

元素在河床中分布的不均匀性，主要因为干旱条件下降水稀少，且少有的降水极不均匀，同一较大汇水域经常出现这边下雨、那边晴，这边洪水、那边干涸的现象，局部小汇水域的洪积物覆盖在下游河床上，使下游河床上部覆盖的冲积物来源单一，不能代表整个汇水域，由此形成单一物质的多层分布。各流水线上或不同深度物质来源不尽相同，未经流水冲刷充分混匀，除特大洪水外，这些物质较难达到正常的混合均匀，河床内某一点的代表性差。

2. 甘肃北山水系沉积物元素分布特征

对小西弓研究区主异常水系不同区段的样品进行分析测试（图3－12），其中XSL1样品取自一级水系，XSL2取自一级水系与二级水系交汇口偏二级水系一侧，XSL4取自二级水系下游，XSL6取自下游三级较大水系。为了对比和研究方便，将风成沙不同粒级元素质量分数作于图上。

从图3－12可以看出：①在水系上游的XSL1和XSL2两个样品，从粗粒级向细粒级，主要成矿元素及伴生元素Au、Ag、As、Mo、Bi、Ni质量分数在－4～＋20目与－20目两个粒级段差异较明显。在－20目细粒级段元素质量分数或升高或降低，两个粒级段的分界点出现在20目。除主要矿化元素外，其他元素质量分数在上述两粒级段的差异不明显。②将上游水系的XSL1和下游水系的XSL6样品与风成沙相比较，水系沉积物与风成沙各粒级的元素质量分数分布间的差异以上游样品最为明显，向下游，水系沉积物与风成沙中元素质量分数呈逐渐接近的趋势，至最下游的XSL6样品，水系沉积物与风成沙的大部分元素质量分数相当接近或无明显差异。③水系沉积物和风成沙样品中，在＋20目和－80目样品中，低质量分数的多数元素分布曲线比较接近，而具高质量分数的矿化元素在－160目则相反。

分析水系沉积物和风成沙样品中出现的三种特征认为，水系沉积物各粒级元素质量分数在20目出现分界的主要原因是由于风成沙的掺入。在干旱荒漠戈壁残山景观区，－4目以下样品分布有风成沙，＋20目粒级中风成沙比例较小，－20目粒级以下风成沙比例则大幅

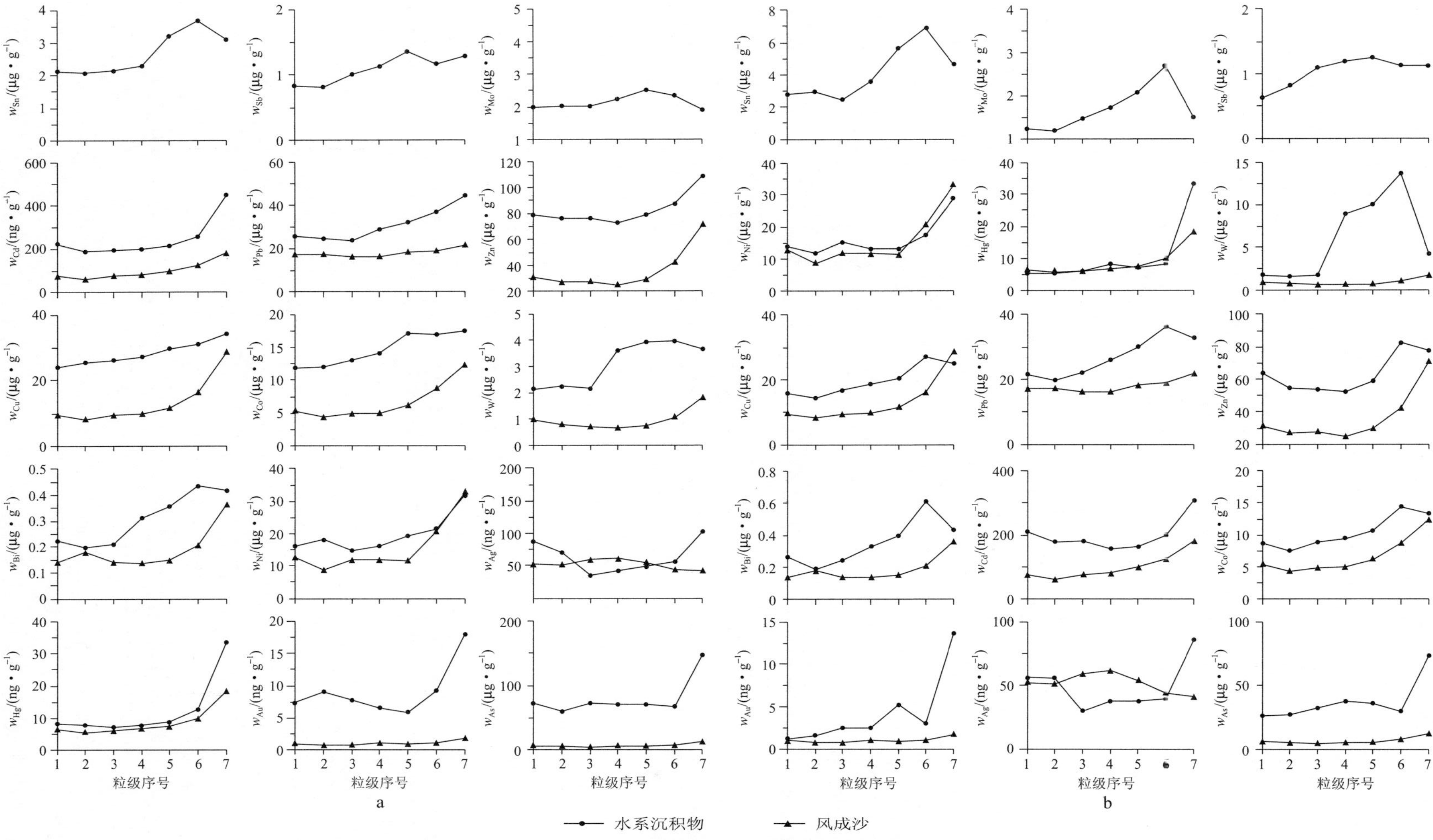

图 3-12　小西弓地区水系沉积物各粒级中元素质量分数分布图（一）

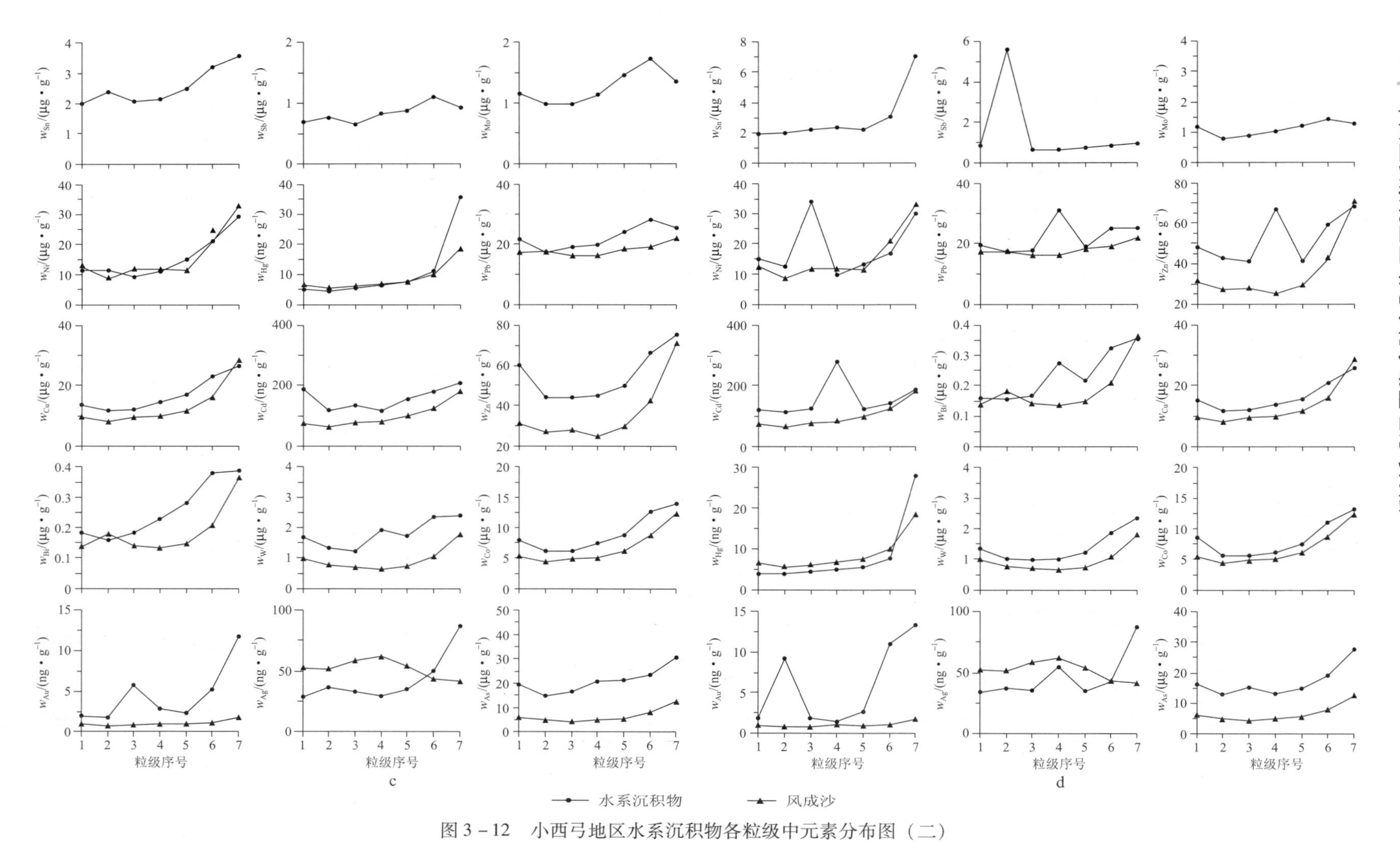

图3－12 小西弓地区水系沉积物各粒级中元素分布图（二）

a—XSL1；b—XSL2；c—XSL4；d—XSL6

粒级序号：1—－1～+10目；2—－10～+20目；3—－20～+40目；4—－40～+60目；5—－60～+80目；6—－80～+160目；7—－160目

增加。因此，-20 目水系沉积物样品中因掺入了大量风成沙而对元素质量分数分布产生干扰。+20 目粗粒级样品中的风成沙大部分为近源岩屑。以 +20 目粗粒级水系沉积物作为采样介质，其中虽掺入了风成沙，一是掺入量甚少，二是风成沙粗粒级中存在的近源岩屑与水系沉积物同粒级元素质量分数较为接近，产生的干扰较小。在 -20 ~ -160 目水系沉积物中，风成沙大量增加，细粒级段中风成沙逐渐成为主体，致使其元素质量分数与风成沙接近。

在水系内，随着水系延长，上游汇水域物质在流水作用下被冲刷携带进入河道向下游迁移。干旱区一是降水稀少且不均匀，二是植被稀疏，岩石化学风化作用不强，水系内多为粗粒岩石碎屑，渗透性良好。雨季在沟系内形成水流，降水较大时可在沟内形成洪流。由于水系的汇水面积偏小，河道的透水性良好，降水形成的水流或洪流在上游水系可具有较强的冲刷和搬运能力，向下游流动过程中，沿途的下渗使水流在较短距离内明显减小，多数水流便很快消失，少数洪流可达三级或更大水系。随距离增长，流水变小，冲刷携带能力减弱，较粗颗粒很快沉淀，细粒随水流被携带至流水末端。上游区段粗颗粒中风化岩石碎屑占有较大比例，随着水流变小，流水搬运减弱，细粒物质增多，比例增大，水系沉积物中细粒部分多为风积物。在下游三级水系取样，样品中上游汇水域物质偏少，更多的是掺入的细粒级风积物，导致取样点附近水系沉积物中元素质量分数与风成沙的差异不明显。

水系沉积物的 -160 目细粒级样品大部分为风成沙，多数元素在 -160 目细粒级段质量分数与风成沙较为接近。而 Au、As、Ag 等主矿化元素或与矿化关系密切的元素，受当前采矿活动、风力吹扬和河水搬运、破碎等的影响，使部分细粒含矿颗粒进入水系，引起上述元素在 -160 目质量分数明显增高。

3. 东天山地区水系沉积物元素分布特征

在黄山东矿区选择一条发育程度较好，穿过矿体的水系，沿水系采集粒级大样。从中选出 HSL1 和 HSL3 两件样品，进行分析成图（图 3 - 13）。其中，样品 HSL3 接近背景区，样品 HSL1 分布在异常区。

从图 3 - 13a 中可清晰地分辨出水系沉积物各粒级样品中元素的分布规律：①以 Cu、Cr、Ni、Co、Ag、Mn 等主要成矿元素和重要伴生元素为代表，其质量分数从粗粒级至细粒级，从高逐渐降低，在 -40 ~ +60 目或 -60 ~ +80 目降至最低点，然后向细粒级又开始增高。②其他大多数伴生元素或弱异常或无异常元素的质量分数呈现从粗粒级至细粒级逐渐增高的特点，其逐渐增高的趋势与前述风成沙细粒级元素质量分数水平和分布趋势相似。

图 3 - 13b 中显示的各粒级元素质量分数分布与图 3 - 13a 较为相似，只是 Cu、Ni 质量分数从粗粒级向细粒级缓慢抬升，至 -160 目突然增高。其他元素质量分数变化与图 3 - 13a 差异不十分明显。

研究区水系沉积物各粒级中主矿化元素质量分数处于中等或中等偏弱的水平，最易受到掺入的风成沙的干扰。在风成沙元素质量分数分布一节中讨论指出，细粒级元素质量分数普遍增高，当风成沙掺入至水系沉积物后，可使细粒级元素质量分数发生改变，结果是使大部分元素质量分数明显增高，这样的变化与风成沙的加入具有较密切的关系。同时应指出，黄山东矿区已进入较大规模的民采阶段，尽管在研究时尽量避开民采矿井集中的区段，但采矿对细粒级造成的影响仍可能存在。

对照水系沉积物和风成沙的粒级质量分配和主要成矿元素分布特征研究表明，水系沉积物的 -5 ~ +20 目粒级很少受到风成沙干扰，主要从 -20 ~ +40 目才开始出现，向细粒级更趋明显，其结果使主成矿元素质量分数降低了近半。在 -40 ~ +60 目及以下粒级，主成矿元

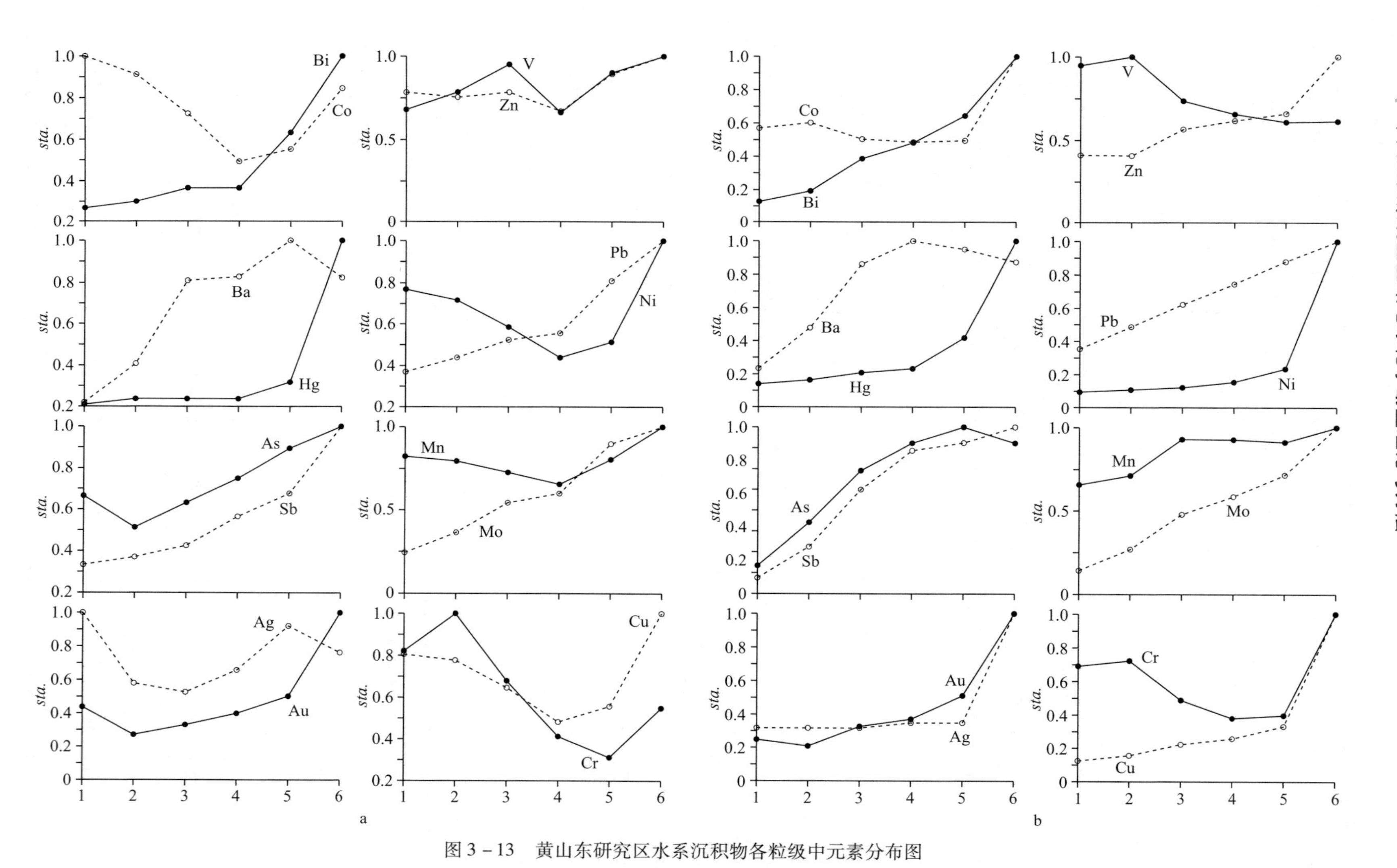

图 3-13 黄山东研究区水系沉积物各粒级中元素分布图

a—HSL1；b—HSL3

粒级序号：1—-5~+20 目；2—-20~+40 目；3—-40~+60 目；4—-60~+80 目；5—-80~+160 目；6—-160 目

素质量分数已近无异常状态，显示出风成沙干扰的严重性。在黄山东矿区，地形较为复杂，山体略高，为水系较发育的地段。水系沉积物中已明显掺入了风成沙，且大量出现在 -20 目以下粒级中。风成沙的大量加入，可使水系沉积物中主矿化元素异常值显著降低，同时使细粒级大部分低质量分数元素的质量分数明显升高。

干旱荒漠戈壁残山景观区山地相对高差较小，山体较窄，水系不甚发育，上游一、二级水系短小。气候干旱，降水稀少，流水冲刷和搬运能力明显减弱。该景观区多处在以风力吹蚀为主的区域，风力较强，且持续时间长，明显的风成沙堆积不见或少见。水系沉积物以上游汇水域风化岩石碎屑和近源风蚀岩石碎屑为主，细粒的大部分为风积物。偏弱的流水搬运力使冲积物沿水系发生不甚明显分选，粗颗粒不易搬运，多滞留在水系上游，细粒物质被流水带向下游并在流水消失附近堆积。水系内流水搬运的水系沉积物和风积物共同作用产生了明显的分布特点，即在水系沉积物 +20 目粒级以风化碎屑为主，-20 目粒级风化岩石碎屑很少，主要为掺入的风积物。由于风积物的掺入，使得 -4 ~ +20 目与 -20 目细粒级的元素质量分数出现明显差异。以 20 目为拐点，-4 ~ +20 目粒级段少见风积物掺入痕迹，-20 目以下随粒级变细，风积物掺入量增加。在水系的上游与下游，水系沉积物中风积物掺入量差异明显，在水系上游风成沙掺入量少且主要为近源岩屑，使得上游水系沉积物各粒级元素质量分数分布与风成沙的差异较大。随水系延长，风积物掺入量明显增多，在水系下游水系沉积物与风积物各粒级元素质量分数间的差异逐渐缩小，部分元素质量分数几乎接近一致。上述结果表明，干旱荒漠戈壁残山景观区风成沙分布普遍，对水系沉积物的干扰主要出现在 -20 目以下细粒级。由于风积物干扰，可使 -20 目细粒级元素质量分数或升高或降低。在 -160 目细粒级中，多数元素质量分数彼此差异减小，且基本为风成沙的元素质量分数。

值得注意的是，干旱区降水稀少，降水不均匀，降水形成的水流在二、三级及更大水系的平坦河道上为紊流，无固定流水线。因此，样品采集应注意方式与方法：①由于降水的不均匀性，导致汇水域内水流的不均匀性，河道内水系沉积物每个时间段的代表性不全面。因此，在采样时应在每一单点下挖多层冲积层混合采样。②干旱区水道平坦宽阔，特别是偏下游尤甚，极易出现紊流现象，流水线众多，采样时除多点组合样外，还应注意选择多条流水线采集组合样品。

三、高寒诸景观区

1. 西藏区水系沉积物元素分布特征

青藏高原水系发育，即便在地势较为平缓的高寒湖沼丘陵景观区，水系亦发育或较发育。风积物普遍存在，并以掺入的方式进入水系沉积物，从而对水系沉积物相应粒级段元素分布产生十分明显的影响。

多不杂研究区位于改则县内的多不杂铜矿区，处于藏北高原及高寒湖沼丘陵景观区中心腹地，水系发育。

在多不杂研究区，研究水系沉积物各粒级的元素分布（图 3 - 14）时，将风积物不同粒级元素质量分数亦作图，以便于进行比较。

在藏北高原腹地，水系沉积物在 -4 ~ +40 目区间时，几乎所有元素质量分数呈现较平稳的变化态势，部分元素质量分数呈逐渐升高的特点，个别元素平稳的质量分数变化可延续至 +60 目。从 40 目或 60 目开始向细粒级，大多数元素质量分数经过粗粒级段的升高后转

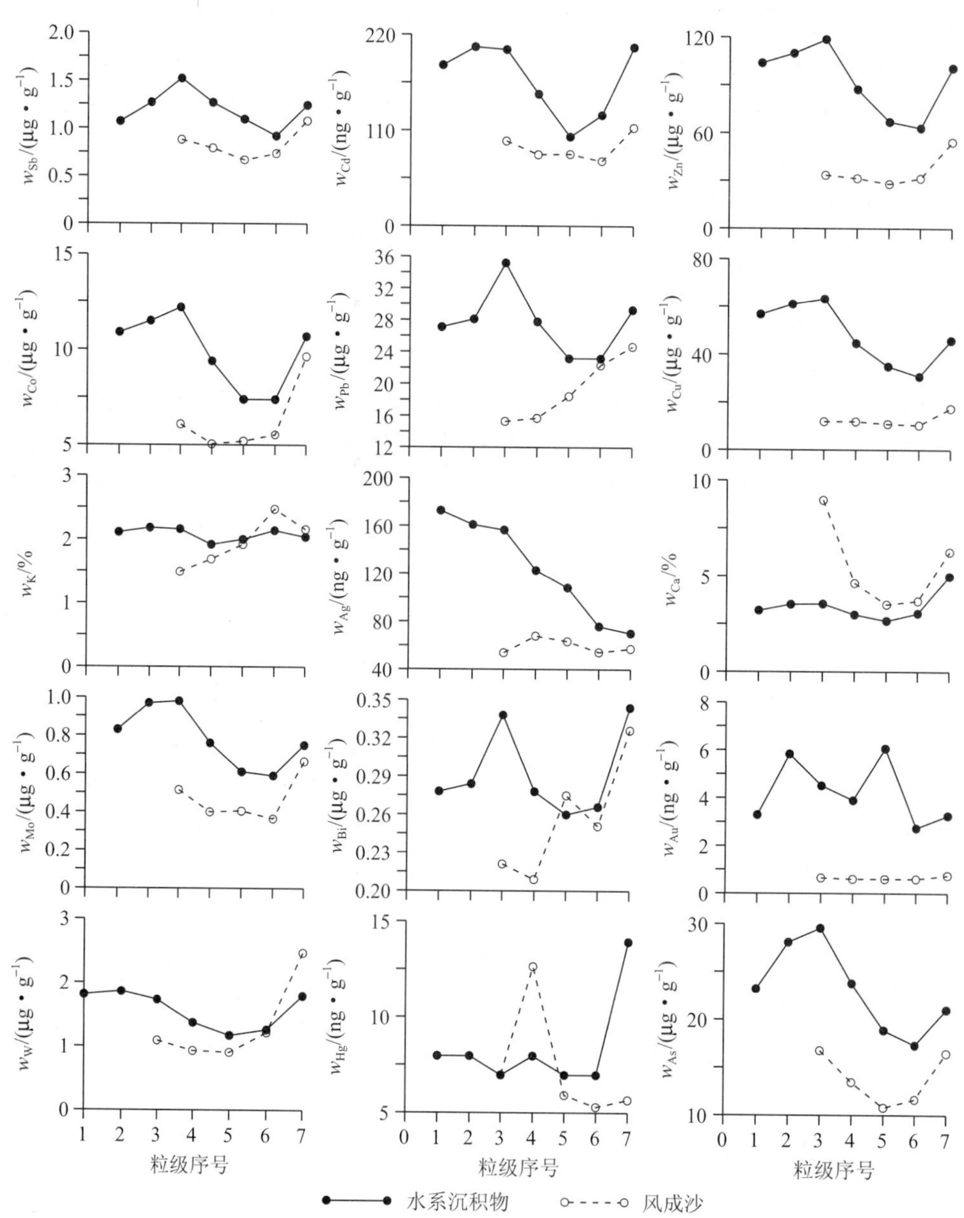

图 3－14 多不杂水系沉积物和风成沙各粒级中元素分布图

粒级序号：1——4～+10 目；2——10～+20 目；3——20～+40 目；4——40～+60 目；5——60～+80 目；6——80～+160 目；7——160 目

而呈逐渐降低的分布特点。在－160 目的最细粒级中，大多元素质量分数再次升高，其整体曲线形态呈“钓钩”状。将上述水系沉积物中元素质量分数与风成沙各粒级元素质量分数分布对照，可以看出，风成沙在－40 目开始出现，元素质量分数向细粒级呈现升高的分布特点。

比较水系沉积物和风成沙各粒级元素质量分数，从 40 目向细粒级，两种介质的元素质量分数随粒级变细呈逐渐接近的态势，部分元素质量分数在－160 目几近重合。在水系沉积物中，由于风成沙的掺入，使水系沉积物的元素质量分数在 40 目（或 60 目）出现拐点式变化，即从 40 目（或 60 目）向细粒级，元素质量分数逐渐降低，且逐渐向风成沙的细粒级元素质量分数靠近。水系沉积物的这种分布特点表明，在水系沉积物的 -40 目（或 60 目）粒级段，已受到风成沙掺入产生的影响。由于风成沙的掺入，使水系沉积物的元素质量分数脱离了从粗粒级向细粒级逐渐增高的轨迹，在风成沙掺入的粒级段，元素质量分数发生了明显的拐点式变化，使元素质量分数降低，向更细粒级，水系沉积物中元素质量分数逐渐靠近风成沙的元素质量分数。上述结果说明，水系沉积物的 -60 目细粒级段，风成沙掺入量越多，水系沉积物元素质量分数越向风成沙靠近。

多不杂研究结果表明，在青藏高原及其腹地，广泛分布风成沙，它的掺入对水系沉积物元素质量分数的影响十分明显。

另外，对措勤县南约 60 km 的住浪乡研究区（图 3 - 15），革吉县的亚卓铜矿区（图 3 - 16）和改则县的白弄铜矿区（图 3 - 17）开展研究。住浪研究区位于冈底斯山中段中脊附近，亚卓研究区位于高寒湖沼丘陵景观区腹地偏南侧，白弄研究区位于高寒湖沼丘陵景观区中部。

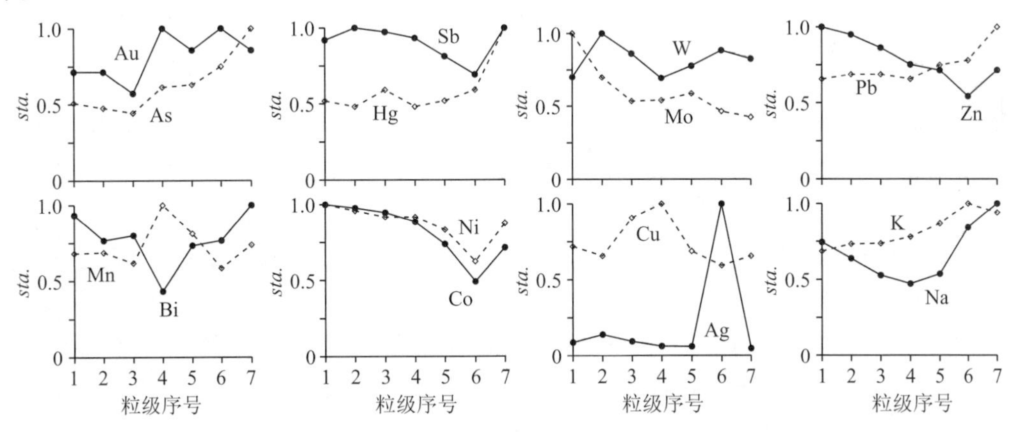

图 3 - 15　住浪水系沉积物各粒级中元素分布图

粒级序号：1— -4 ~ +10 目；2— -10 ~ +20 目；3— -20 ~ +40 目；4— -40 ~ +60 目；5— -60 ~ +80 目；6— -80 ~ +160 目；7— -160 目

从 3 处采集的水系沉积物各粒级中元素分布具较明显的一致性（图 3 - 15 ~ 图 3 - 17），共同特点为：①从 -4 目（或 5 目）向细粒级，部分元素质量分数变化较为平稳或无明显变化，部分元素质量分数呈现逐渐升高（或降低），至 60 目，这种变化趋势被截止或告一段落，这一粒级段部分元素质量分数出现较大的跳跃式变化，均在低质量分数区间出现，对整体元素的变化无明显影响。②以 60 目为分界线，向细粒级，元素质量分数呈现或升高或呈降低的特点，表现出在 60 目界线两侧元素质量分数随粒级呈差异明显的分布趋势，使 60 目粒级成为元素质量分数变化的拐点。

水系沉积物中部分元素质量分数反应平淡，或无变化，或变化微弱。在水系沉积物各粒级中质量分数变化不明显的元素，其质量分数较低，主要处于背景质量分数区间或与风成沙质量分数接近，粒级变化和风成沙掺入对其质量分数影响不易显现、识别。

冲江研究区水系沉积物各粒级元素质量分数变化较平稳（图 3 - 18）。除 Na、K 外，几乎所有元素质量分数从粗粒级至细粒级或略有升高，或无明显变化。在 -60 ~ +80 目，多数元素质量分数开始出现升高，向更细粒级，升高更明显。在元素质量分数变化曲线上，以 80 目为界，-60 ~ +80 目变化趋明显，-80 目细粒级变化明显。在水系沉积物 -4 ~ +60 目粒级段，以岩屑为主，元素质量分数变化平稳，主要为岩屑化学成分的反映。在偏粗的各粒

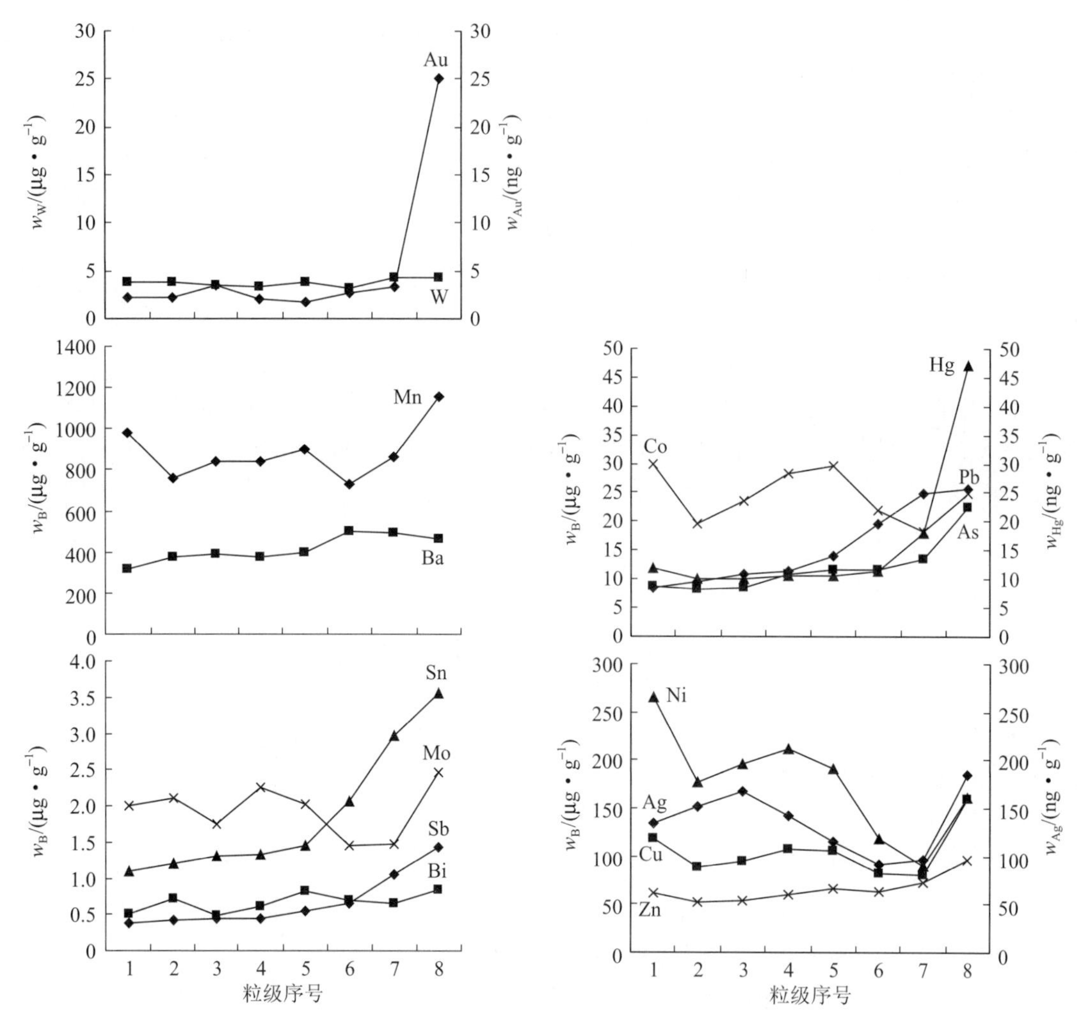

图 3－16 西藏亚卓水系沉积物（YSL3）各粒级中元素分布图

粒级序号：1—－5～+10 目；2—－10～+20 目；3—－20～+40 目；4—－40～+60 目；5—－60～+80 目；6—－80～+160；7—－160～+200 目；8—－200 目

级段，岩屑的化学成分较均衡，基本未出现明显的淋失和富集，以及重力分选现象。同时，在粗粒级段，尚看不出受到外界因素的明显干扰。在－60 目的三个粒级段，K、Na 质量分数略有降低，其他元素质量分数明显升高。这一结果与前两个研究区因风积物掺入而改变元素正常分布状态十分吻合。表明该区－60 目以下粒级段受到风积物较明显或明显干扰，使得多数元素质量分数明显升高。

驱龙研究区位于西藏中部的东侧，冈底斯山脉东段，水系具常年地表径流。水系沉积物各粒级元素质量分数呈现逐渐升高的特点（图 3－19），尽管 Co、Ni、Au、Ag 等质量分数在－4～+10 目粒级段出现跳跃，但元素质量分数总体趋势不变。多数元素至－60～+80 目质量分数分布较为正常，未发生突变现象。以 80 目为突变点，多数元素质量分数突然降低，出现较明显的不协调，尽管 Zn、Hg、Ni、As 等少数元素质量分数呈现逐渐升高的特点，但在－80～+160 目粒级段，质量分数仍然出现降低现象。在+80 目的偏粗粒级，元素呈现向偏细粒级富集的倾向。在－80 目细粒级，由于掺入风成物质，改变了样品中元素向细粒级富集的趋势，或因风成物质掺入的稀释作用，使元素向细粒级富集的趋势被破坏。这种较强烈

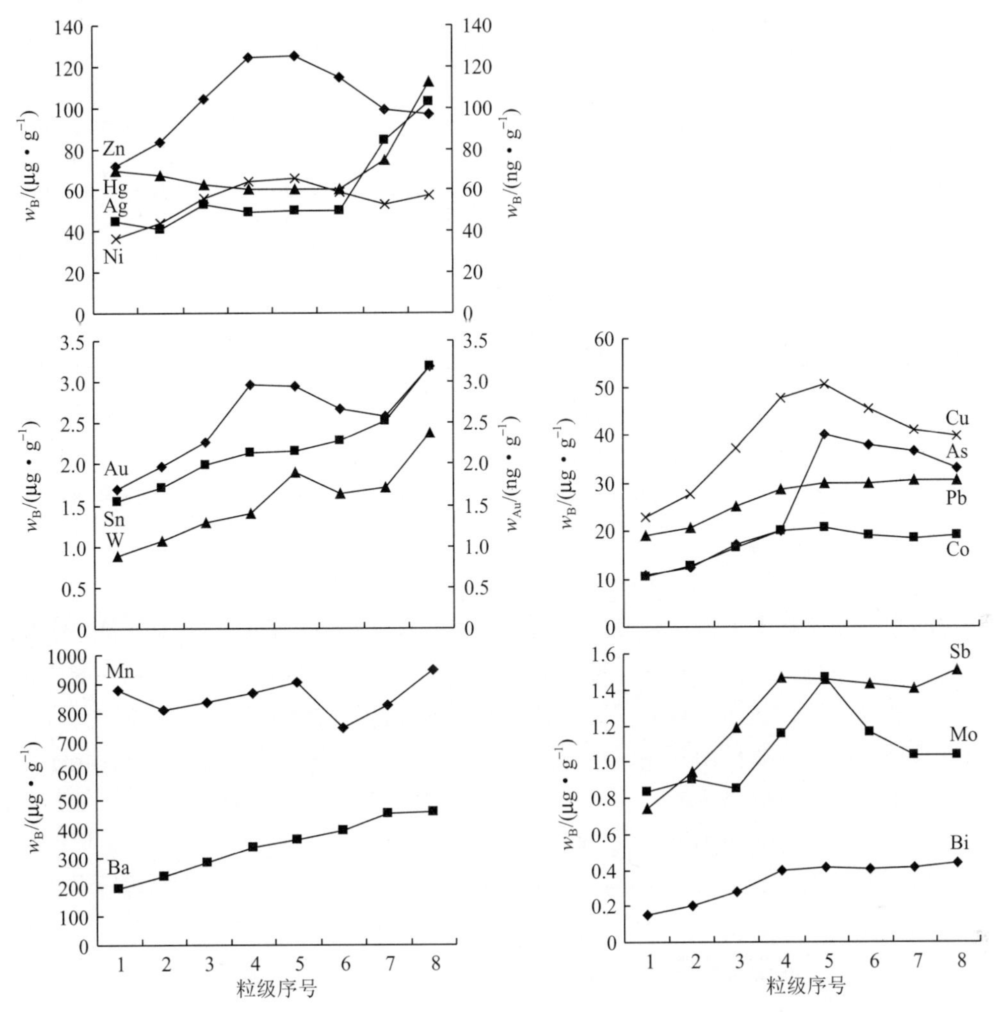

图 3-17 西藏白弄水系沉积物（BWSL2）各粒级中元素分布图

粒级序号：1——5～+10 目；2——10～+20 目；3——20～+40 目；4——40～+60 目；5——60～+80 目；6——80～+160；7——160～+200 目；8——200 目

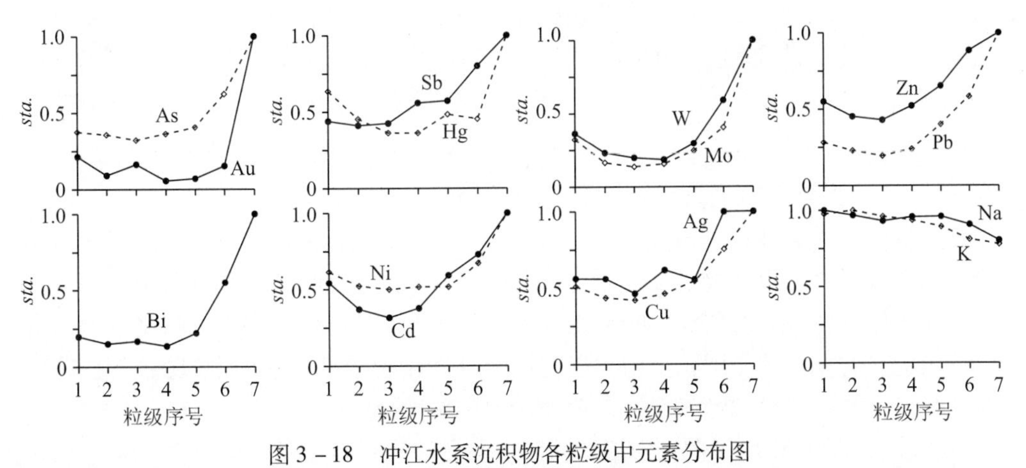

图 3-18 冲江水系沉积物各粒级中元素分布图

粒级序号：1——4～+10 目；2——10～+20 目；3——20～+40 目；4——40～+60 目；5——60～+80 目；6——80～+160 目；7——160 目

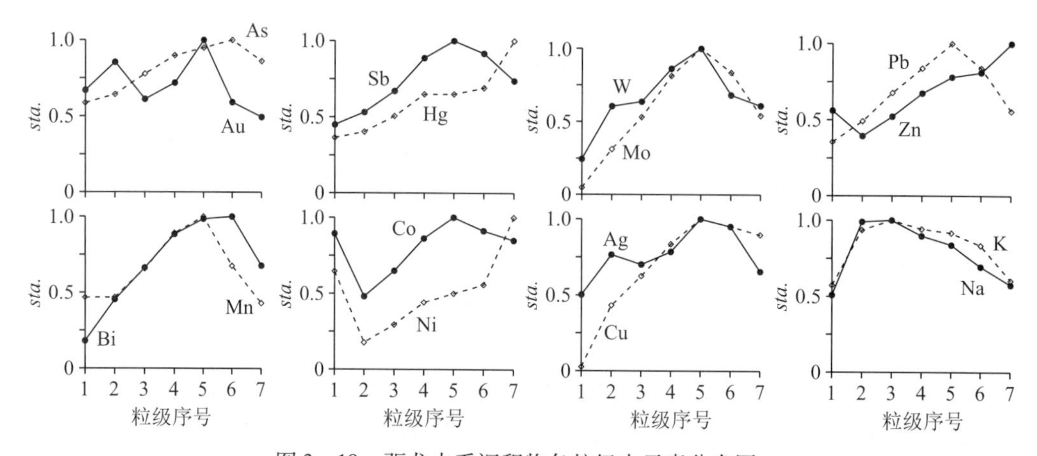

图 3-19 驱龙水系沉积物各粒级中元素分布图

粒级序号：1— -4~+10 目；2— -10~+20 目；3— -20~+40 目；4— -40~+60 目；5— -60~+80 目；6— -80~+160 目；7— -160 目

的稀释与破坏作用明显改变了元素的正常分布规律。

通过对多不杂、住浪、冲江和驱龙水系沉积物元素分布的综合研究，4 个研究区从西向东一字排列，降水量从西向东渐增，地形高差渐大，流水作用渐强。元素在水系沉积物中的分布具明显的规律性，从多不杂的“U”形分布，向东逐渐过渡至向细粒逐渐增高型。多不杂研究区为极干旱气候条件的高寒湖泊丘陵景观区，物理风化作用占主导地位，化学风化作用微弱，元素迁移与分散以机械方式为主，元素的淋溶和带入、带出作用微弱。随着研究区东移，降水量偏多，转为亚干旱气候条件，化学风化作用增强，元素活动性开始增强。驱龙研究区矿化范围较大，采集的粒级样品均分布在矿化区。气候偏湿润，硫化物易于氧化，加剧了元素的活动性。在表生条件下，淋溶的元素易形成较稳定的次生氧化矿物，或以其他氧化矿物为载体，或易向细粒级聚集，使得驱龙研究区元素在水系沉积物内的分布呈现较为单一的特点。

从多不杂等 4 个研究区水系沉积物元素分布特点可以看出，多不杂地区水系沉积物元素质量分数突然变化粒级段为 -40~+60 目，向东至驱龙逐渐变为 -60~+80 目。元素质量分数出现的不协调变化特点，与风成沙干扰密切相关。由于风成沙的掺入，可使水系沉积物元素质量分数明显降低或升高。向东至住浪研究区，水系沉积物内风成沙掺入主要出现在 -60 目。最东侧的驱龙研究区，风积物以风成黄土的方式出现，对水系沉积物产生影响的主要粒级为 -80 目。从西向东，风积物的干扰粒级逐渐变细，干扰作用也逐渐减弱。

2. 东昆仑、阿尔金山水系沉积物元素分布特征

该研究区样品采自阿尔金山、当金山口、龙尾沟、驼路沟和巴隆等 5 处。巴隆、龙尾沟和当金山口采集的水系沉积物样品元素分布具有较明显的相似性（图 3-20~图 3-22）。尽管 3 处位置距离较远，龙尾沟、当金山口位于柴达木盆地北缘，当金山口处于阿尔金山与祁连山交界处，龙尾沟位于阿尔金山中段南坡，巴隆位于柴达木盆地南缘昆仑山东段北坡，但三地均处于干旱半干旱山地景观区，自然地理景观相同。

3 处水系沉积物从粗粒级向细粒级，元素质量分数呈逐渐升高趋势，至 -60~+80 目升至最高，在 -80~+160 目之间多数元素质量分数开始降低，个别元素质量分数略升高，在 -160 目细粒级处，则或升高，或降低。

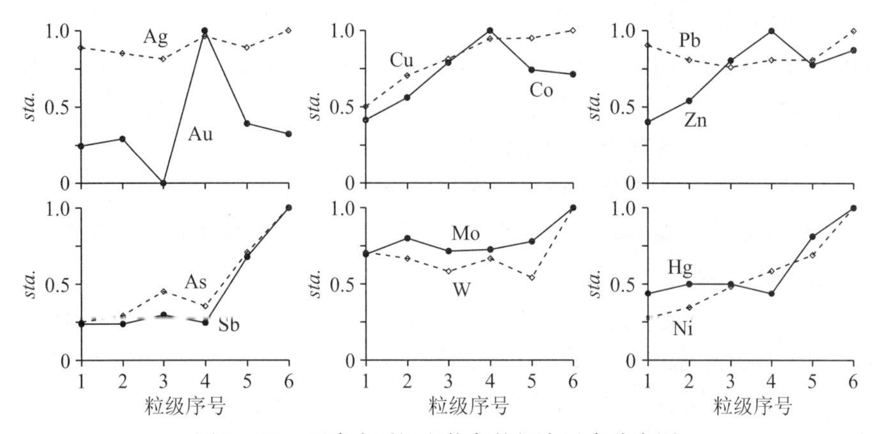

图 3－20　巴隆水系沉积物各粒级中元素分布图

粒级序号：1——10～+20 目；2——20～+40 目；3——40～+60 目；4——60～+80 目；5——80～+160 目；6——160 目

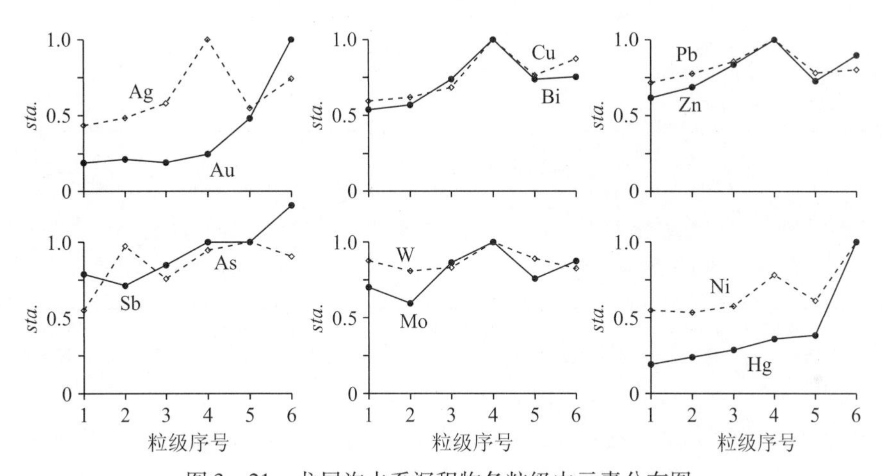

图 3－21　龙尾沟水系沉积物各粒级中元素分布图

粒级序号：1——10～+20 目；2——20～+40 目；3——40～+60 目；4——60～+80 目；5——80～+160 目；6——160 目

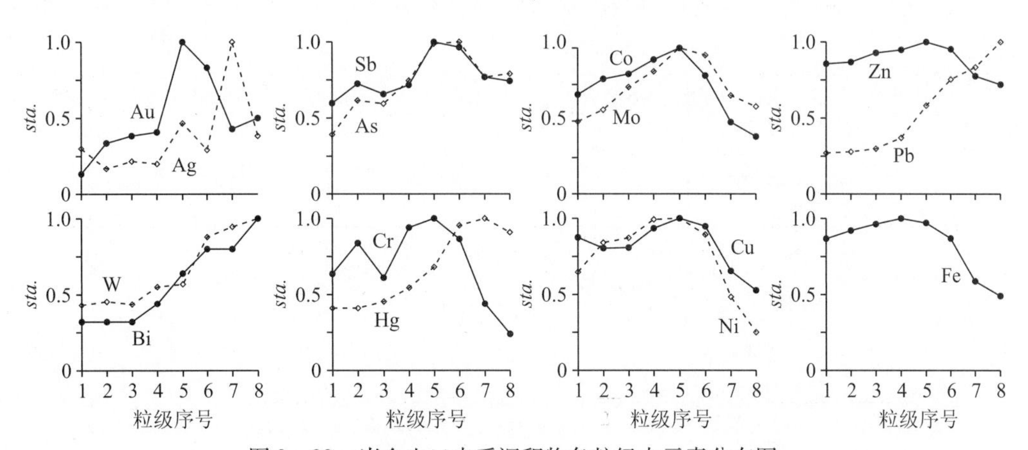

图 3－22　当金山口水系沉积物各粒级中元素分布图

粒级序号：1—+5 目；2——5～+10 目；3——10～+20 目；4——20～+40 目；5——40～+60 目；6——60～+80 目；7——80～+160 目；8——160 目

在－10～＋80目粒级段，元素质量分数呈稳定的变化趋势，只有个别元素质量分数出现跳跃。－80～＋160目样品中元素质量分数出现明显变化，主要来源于风成沙的影响。在东昆仑山、阿尔金山，风成沙主要以风成黄土的形式出现在－80目粒级段。当风成沙掺入比例较大时，可明显改变水系沉积物中元素平稳分布的特点。在3个地区中，风成沙掺入使大部分元素质量分数降低。在当金山口，元素质量分数在－60～＋80目即已出现降低的趋势。由于－60～＋80目风成沙掺入量偏少，使大多数元素质量分数有所降低。向细粒级，风成沙大量掺入，元素质量分数明显降低。

在阿尔金山西段，水系沉积物各粒级段元素质量分数变化十分平稳（图3－23）。在－80～＋160目，部分元素质量分数降低，部分元素升高。上述结果表明，在阿尔金山西段，风成沙掺入与巴隆、龙尾沟研究区十分相似。由于该地段为地球化学背景区，元素质量分数偏低，即使受到风成沙影响，但元素质量分数变化幅度不大。

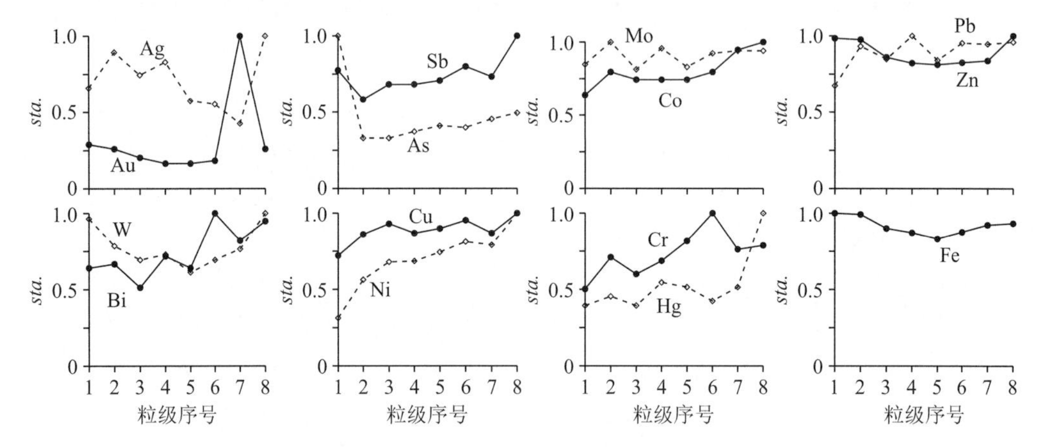

图3－23 阿尔金山西段水系沉积物各粒级中元素分布图

粒级序号：1—＋5目；2—－5～＋10目；3—－10～＋20目；4—－20～＋40目；5—－40～＋60目；6—－60～＋80目；7—－80～＋160目；8—－160目

在驼路沟研究区，部分元素质量分数出现跳跃式变化，其总体分布趋势与阿尔金山西段大体一致（图3－24），元素质量分数随水系沉积物粒级变细的变化不甚明显。在－80目细

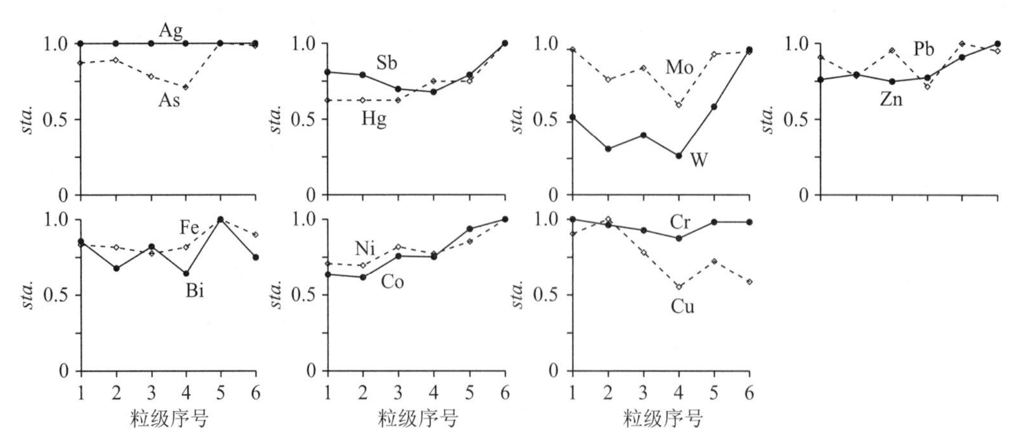

图3－24 驼路沟水系沉积物各粒级中元素分布图

粒级序号：1—－10～＋20目；2—－20～＋40目；3—－40～＋60目；4—－60～＋80目；5—－80～＋160目；6—－160目

粒级段，多数元素质量分数明显升高，Cu、Fe 等元素则明显降低。这一现象除反映出基岩风化物质沿水系运移的部分规律外，同时显现出风成沙掺入的基本特点。该区与前述四个研究区一样，风成沙主要以风成黄土的形式出现在 -80 目，并对元素质量分数分布产生明显干扰。

东昆仑、阿尔金山 5 个研究区均为干旱山区条件，水系沉积物元素分布具有共同点。在 +80 目以上各粒级段，元素质量分数变化较平稳，几乎未受到外界因素干扰，是汇水域内风化岩石碎屑的正常反应。在 -80 目细粒级段，元素质量分数发生明显变化，主要原因为风成沙掺入产生的影响。在上述地区，风成沙主要分布在 -80 目。风成沙掺入可明显改变水系沉积物的元素质量分数的分布。在东昆仑和阿尔金山，风成沙掺入可使多数元素质量分数明显降低或升高。

3. 北祁连山西段水系沉积物元素分布特征

北祁连山西段为干旱条件，向东至肃南县的石居里一带，逐渐过渡至半干旱气候条件。分布在其西侧的掉石沟、寒山和小柳沟均处于干旱气候区内。

研究区从西向东分别为掉石沟中型 Pb - Zn 矿区、寒山大型 Au 矿区、小柳沟大型 W 矿区和石居里小型 Cu 矿区。尽管从西向东四个研究区景观类型略有差异，但水系沉积物中元素质量分数分布具有十分明显的相似性（图 3 -25 ~ 图 3 -28）。这种相似性不因采样地点、地理景观差异和成矿类型变化而改变。在北祁连西段，水系沉积物各粒级元素质量分数呈现从粗粒级向细粒级或呈平缓曲线或呈缓慢升高或降低的特点。尽管个别元素质量分数发生较明显跳跃，但仍未改变多数元素的这种总体分布趋势。在 +80 目的粗粒级段，各区元素质量分数变化平稳，基本无特殊的变化。

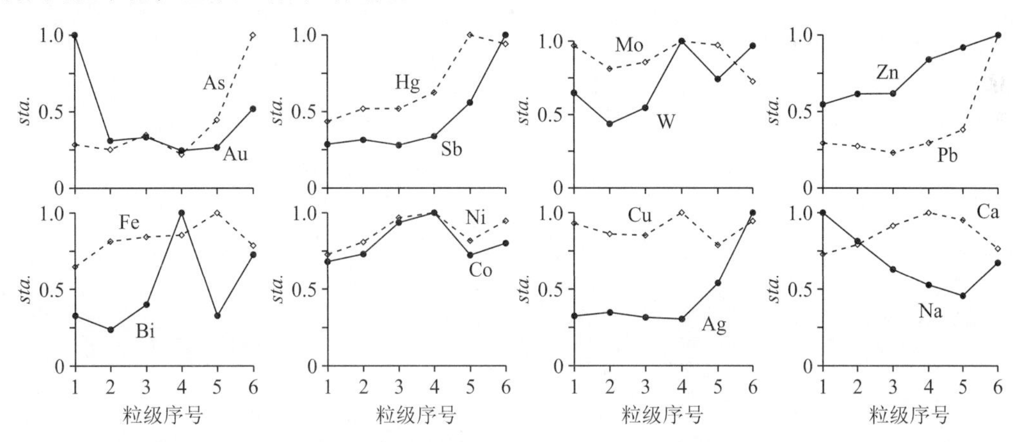

图 3 -25　掉石沟水系沉积物各粒级中元素分布图

粒级序号：1— -10 ~ +20 目；2— -20 ~ +40 目；3— -40 ~ +60 目；4— -60 ~ +80 目；5— -80 ~ +160 目；6— -160 目

4 个研究区水系沉积物各粒级元素分布的另一共同特点是：在 -80 ~ +160 目粒级段，多数元素质量分数或升高或降低，与 +80 目中元素分布并不协调。在更细的 -160 目粒级段，部分元素质量分数明显升高，部分元素则明显降低。水系沉积物 -80 目细粒级段出现的这种元素质量分数变化，与前述其他地区一样，是受风积物干扰的结果。北祁连西段，大风日明显少于羌塘高原，风积物主要为风成黄土，主要分布在山坡及沟谷两侧，其粒级为 -80 目。风积物以掺入的方式进入水系沉积物，使元素质量分数发生改变。尽管北祁连山

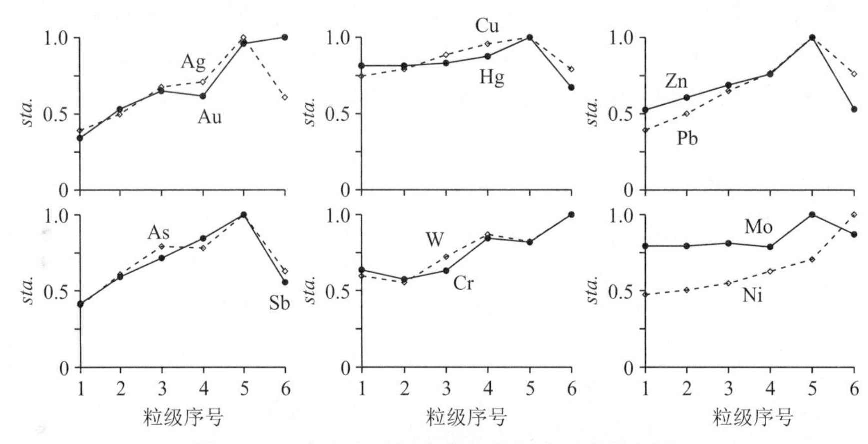

图 3-26　寒山水系沉积物各粒级中元素分布图

粒级序号：1—-10~+20 目；2—-20~+40 目；3—-40~+60 目；4—-60~+80 目；5—-80~+160 目；6—-160 目

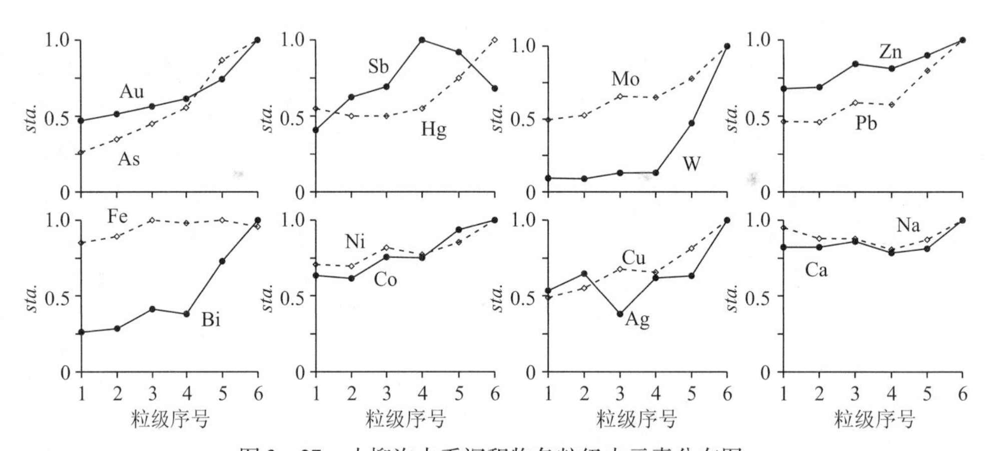

图 3-27　小柳沟水系沉积物各粒级中元素分布图

粒级序号：1—-10~+20 目；2—-20~+40 目；3—-40~+60 目；4—-60~+80 目；5—-80~+160 目；6—-160 目

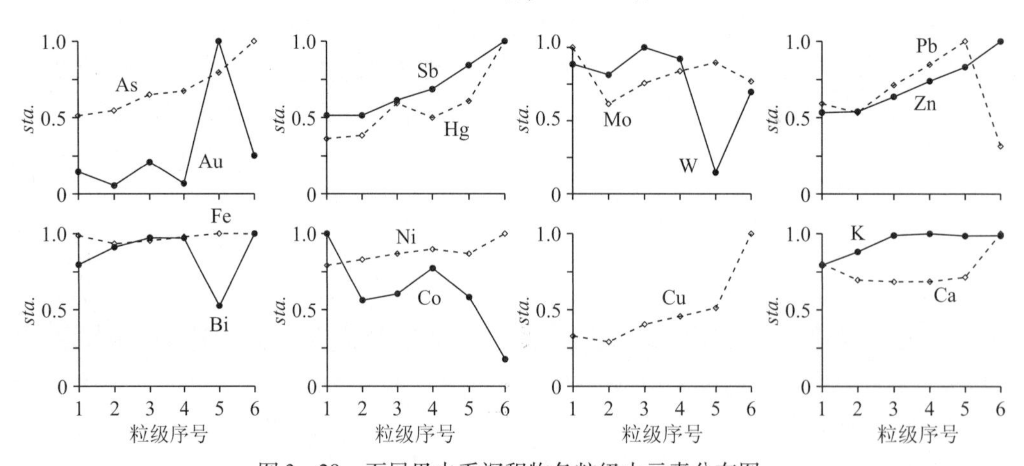

图 3-28　石居里水系沉积物各粒级中元素分布图

粒级序号：1—-10~+20 目；2—-20~+40 目；3—-40~+60 目；4—-60~+80 目；5—-80~+160 目；6—-160 目

西部为干旱条件，东部石居里为亚干旱条件，风成黄土的分布和干扰并没有发生变化，二者基本一致。

4. 西天山水系沉积物元素分布特征

对西天山地区的群吉铜矿、式可布台铁铜矿、精河3571钼铜矿、望峰金矿、卡恰金矿和喇嘛苏铜矿等6个研究区，开展水系沉积物不同粒级元素分布特征研究。其中，卡恰、望峰、式可布台研究区位于南西天山，喇嘛苏、群吉、3571研究区位于北西天山。

图3-29是尼勒克县群吉铜矿研究区主异常水系不同地段的采样分析结果。图中的QSL-1采样点距矿区最近，分布在矿体下游；QSL-2、QSL-4、QSL-7采样点依次远离矿体，QSL-7样点距矿体约8km。从图上可以看出，靠近矿区的样品QSL-1，主要成矿元素Cu、Ag、Pb具有异常值，主要伴生元素Mo、As、Sb等具有弱异常值。从QSL-1向下游，异常逐渐减弱，至QSL-4，除As、Sb尚保留弱异常外，其他元素异常基本消失。

群吉铜矿区水系沉积物各粒级元素分布具有较明显的特点（图3-29）：①在样品QSL-1中，Cu、Zn、Mo等与矿化相关的多数元素质量分数从粗粒级向细粒级呈逐渐升高的特点，Ag、Fe、Ni等质量分数与之相反，呈逐渐降低的趋势。②从粗粒级向细粒级，各元素质量分数不论是逐渐升高还是降低，在细粒级部分的分布曲线均出现了不协调现象。这一现象的主要拐点在80目，即在-80目的两个细粒级段，大多数元素质量分数呈下降趋势，或有所变化，其中主要成矿元素Cu、Mo、Pb和主要伴生元素As、Sb的变化尤为明显。③当采集的样品逐渐远离矿区后，各元素质量分数逐渐接近背景值，多数元素质量分数先高后低再升高，这时水系沉积物与掺入的风成黄土间元素质量分数的差异减少或逐渐消失，风成黄土对水系沉积物的稀释作用较难从元素质量分数的变化中辨别。

背景区段水系沉积物-80目细粒级段元素质量分数由于与风成黄土接近，使水系沉积物各粒级中元素质量分数变化的不协调现象几近不存在。这时水系沉积物-80目细粒级，特别是-160目细粒级段元素质量分数升高，这种元素质量分数变化是在背景范围内的升高，与风成沙在-160目元素质量分数升高相一致，并不是上游矿化在其远距离下游的表现。这一点认识十分重要，它关系到该区细粒级元素质量分数增高的原因和对面积性测量资料的综合认识。随着采样点与矿区距离的加大，各元素在水系沉积物细粒级的质量分数有逐渐增高的趋势，表明在下游背景区水系沉积物的细粒级部分除风积物掺入产生的干扰外，还可能存在次生富集。细粒级水系沉积物在流水搬运作用下以单矿物为主的物质发生分选，这种次生分选产生的富集与上游矿化无明确关系。

对照西天山风成黄土的粒级分配和元素分布，不难看出本区水系沉积物-80目细粒级元素质量分数出现不协调变化的主要原因。西天山地区风成黄土分布普遍，山体、河道两侧随处可见的风成黄土，在降水和风力等自然营力的作用下进入土壤和水系沉积物内，对水系沉积物-80目粒级段的元素质量分数产生明显的干扰作用，这种干扰以稀释作用为主，在背景区则表现为弱富集特点。

在北西天山的精河县3571钼铜矿研究区，沿主异常水系采集粒级研究样品，结果如图3-30所示。从上游至下游采样点的顺序为JSL-1、JSL-3、JSL-5、JSL-9。尽管3571钼铜矿区与尼勒克县群吉铜矿区分布在北西天山支脉的南麓和北麓，两地水系沉积物中不同粒级元素分布特点却十分相似，即元素质量分数从粗粒级向细粒级逐渐升高。在-80目，特别是在-160目样品中元素质量分数出现降低。随着向下游与矿区距离增大，主要成矿元素质量分数逐渐降低，并逐渐接近背景值，在细粒级段质量分数降低有所趋缓。所不同的是：

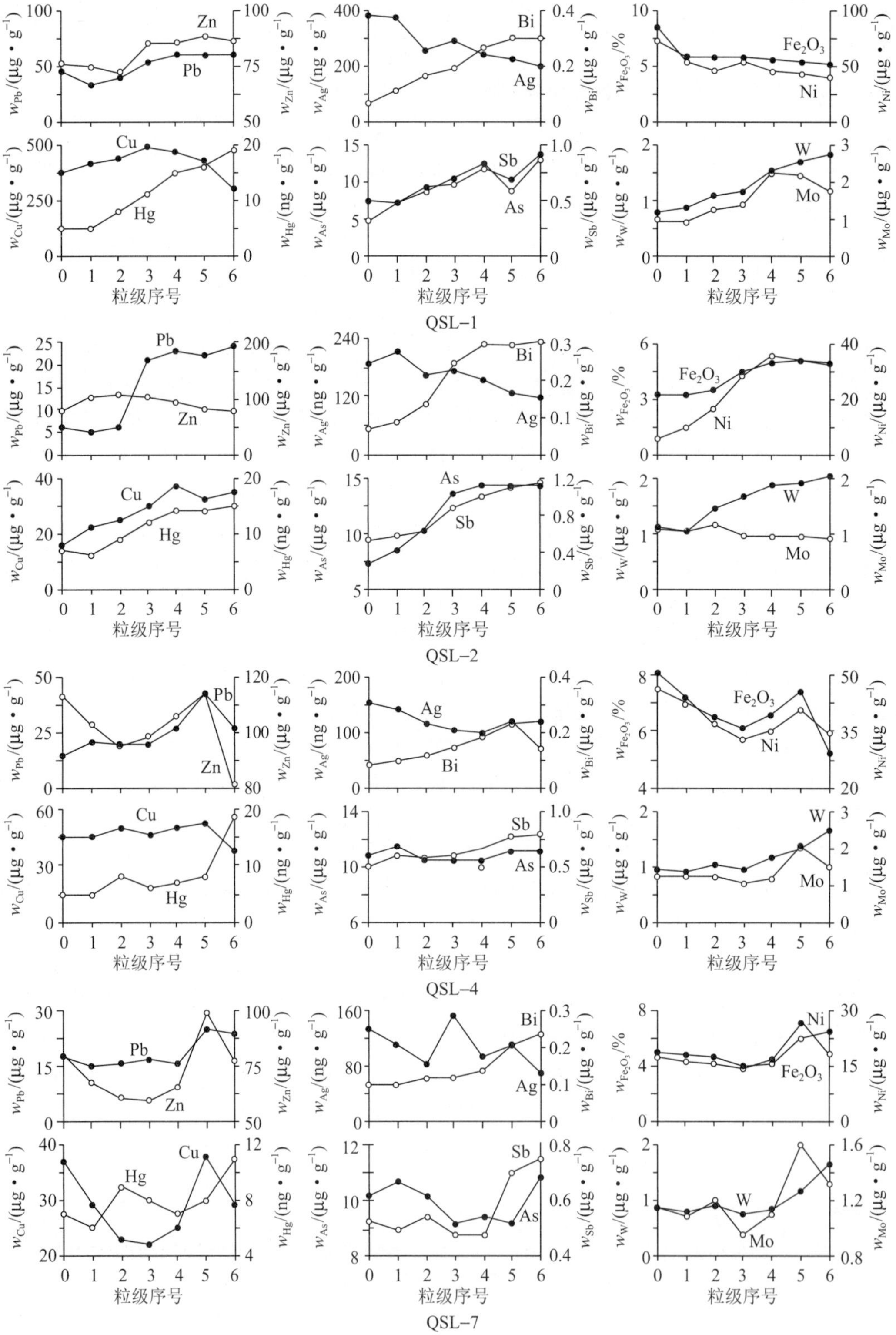

QSL-1

QSL-2

QSL-4

QSL-7

图 3-29　群吉铜矿区水系沉积物各粒级中元素分布图

粒级序号：0——4～+10 目；1——10～+20 目；2——20～+40 目；3——40～+60 目；4——60～+80 目；5——80～+160 目；6——160 目

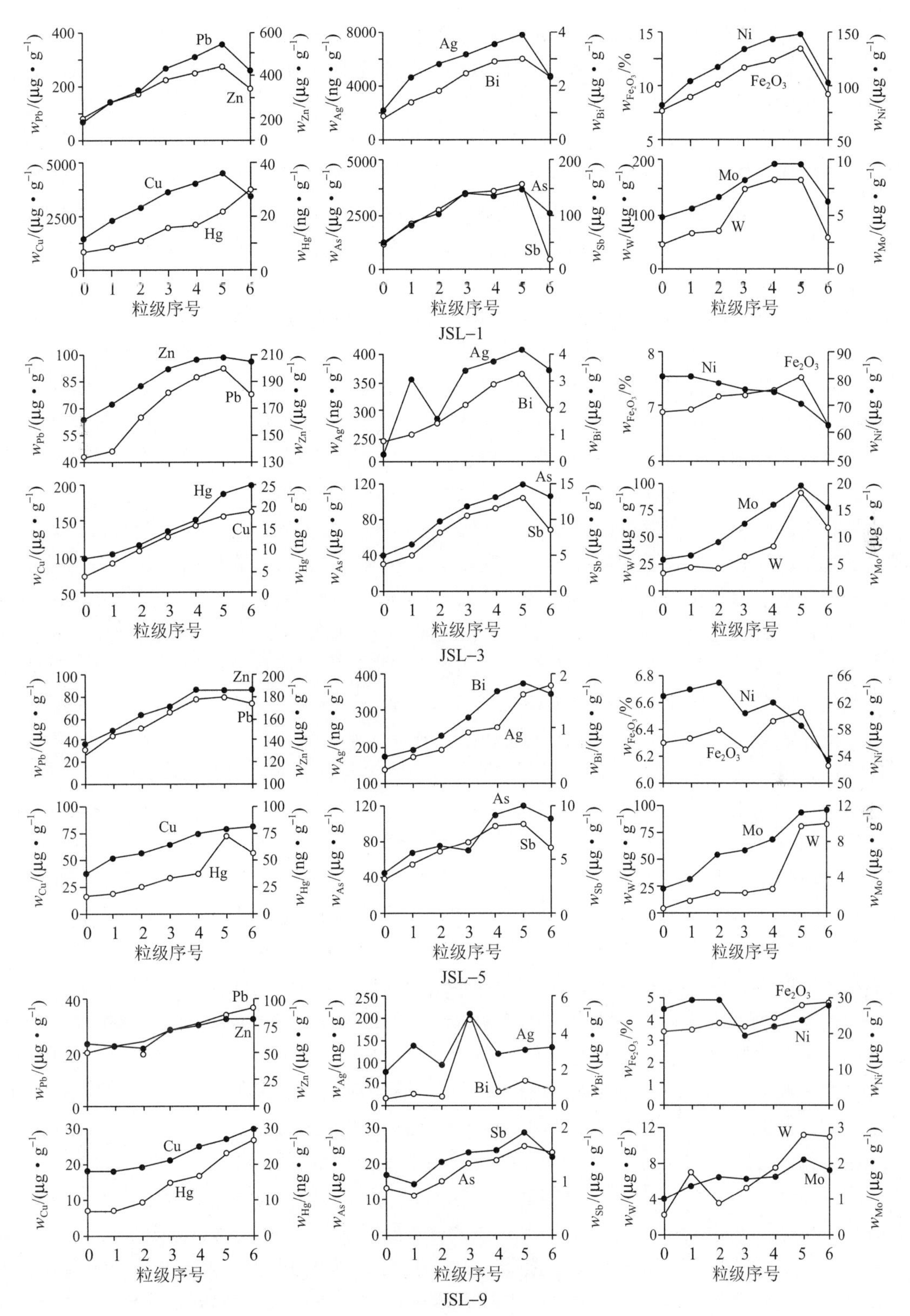

图3-30　3571钼铜矿研究区水系沉积物各粒级中元素分布图

粒级序号：0——4~+10目；1——10~+20目；2——20~+40目；3——40~+60目；4——60~+80目；5——80~+160目；6——160目

①在近 -160 目细粒级段，元素质量分数降低幅度明显增大。②下游样品中，元素质量分数接近或等于背景值后，水系沉积物中 -80 目细粒级部分元素质量分数并未明显升高，较粗粒级表现出明显的降低。

3571 钼铜矿研究区与群吉铜矿区之间出现的水系沉积物粒级间元素质量分数的差异，主要来自风成黄土的干扰和地质背景的差异。精河 3571 研究区位于北西天山北麓，受西准格尔盆地地势平缓的影响，其大风和沙尘暴日数较群吉明显偏多，使得 3571 研究区的风积物沉降的掺入量增大，加上地质背景的差异，从而直接影响了该区水系沉积物中 -80 目细粒级的元素质量分数。

北西天山地区的喇嘛苏铜矿研究区，位于科古琴山脉西北部余脉北麓，地势相对较低缓，受北部阿拉山口风力影响，研究区所在地区大风日数和沙尘暴日数偏多。在主异常水系采集水系沉积物粒级样品的结果表明（图 3 -31），在水系沉积物中，主要成矿元素和伴生元素从粗粒级向细粒级的变化规律与群吉和 3571 研究区十分相似，即元素质量分数从粗粒级向细粒级呈逐渐增高的特点。在 -60 ~ +80 目粒级段升至最高点，而后向细粒级呈逐渐下降趋势。在 -80 目和 -160 目两个细粒级段元素质量分数降低得尤为明显。

尽管北西天山 3 个研究区的分布位置不同，所处的自然地理环境差异较为明显，但 3 个研究区水系沉积物元素在不同粒级的分布规律基本一致。水系沉积物从粗粒级向细粒级，元素质量分数基本遵从由低向高逐渐变化，在 -60 ~ +80 目粒级段升至最高点，然后在 -80 目的两个细粒级段逐渐降低， -160 目降至最低点的分布趋势保持不变。个别研究区的个别元素质量分数变化与其有差别，但多数元素和多个研究区元素质量分数的这种变化总趋势未发生变化。对照风成黄土的主要粒级和其元素分布认为，水系沉积物中 -80 目细粒级多数元素质量分数降低的主要影响因素为风成黄土，其掺入水系沉积物中的粒级主要为 -80 目。因此，由于风成黄土的加入，使水系沉积物 -80 目细粒级元素质量分数逐渐降低。

由矿化区向下游采集样品，随着与矿区距离的增大，水系沉积物中元素质量分数逐渐由异常值向弱异常值乃至向背景值转变。风成黄土对水系沉积物 -80 目细粒级的影响由较为明显逐渐向较难识别转变。随着水系沉积物中元素质量分数逐渐降低，与风成黄土元素大体相当时， -80 目细粒级水系沉积物的部分元素质量分数不再呈降低趋势，转而升高。这种增高不是上游矿化物质加入所致，而是背景区细粒级段的次生富集。这种在背景区的元素的次生富集可使细粒级段元素背景值升高，从而抬高区域背景值，降低异常衬值。

在大风和沙尘暴日数偏多的地区，风成黄土掺入量较多，不仅对矿区的 -80 目水系沉积物影响明显，同时对距矿区较远且接近背景值的 -80 目水系沉积物亦有较明显的影响。尽管这种影响不易辨别，但在背景区由风成黄土干扰形成的水系沉积物元素质量分数已不再是原始的背景值，会较严重干扰测区的元素分布规律和异常衬值。

在南西天山地区，式可布台、卡恰和望峰 3 个研究区的结果如图 3 -32 ~ 图 3 -34 所示。式可布台研究区水系沉积物不同粒级元素分布（图 3 -32）与北西天山 3 个研究区取得的结果具有明显的相似性。①几乎所有元素质量分数随水系沉积物粒级变细而逐渐升高。②以 80 目为界线，元素质量分数发生明显变化，在 -80 目细粒级段开始下降或再次上升， -160 目细粒级表现尤为明显。③从上游矿化体向下游 SSL -1、SSL -2、SSL -4、SSL -6 各采样点，随着与矿化体距离的逐渐增大，水系沉积物中元素质量分数在细粒级的变化特点并未出现明显变化，但仍出现 -80 目与 +80 目两种粒级间不协调现象，元素质量分数或降低或升高，在 -160 目主要表现为明显降低，其次为升高。其中 W 的分布自成体系，可能主要与其

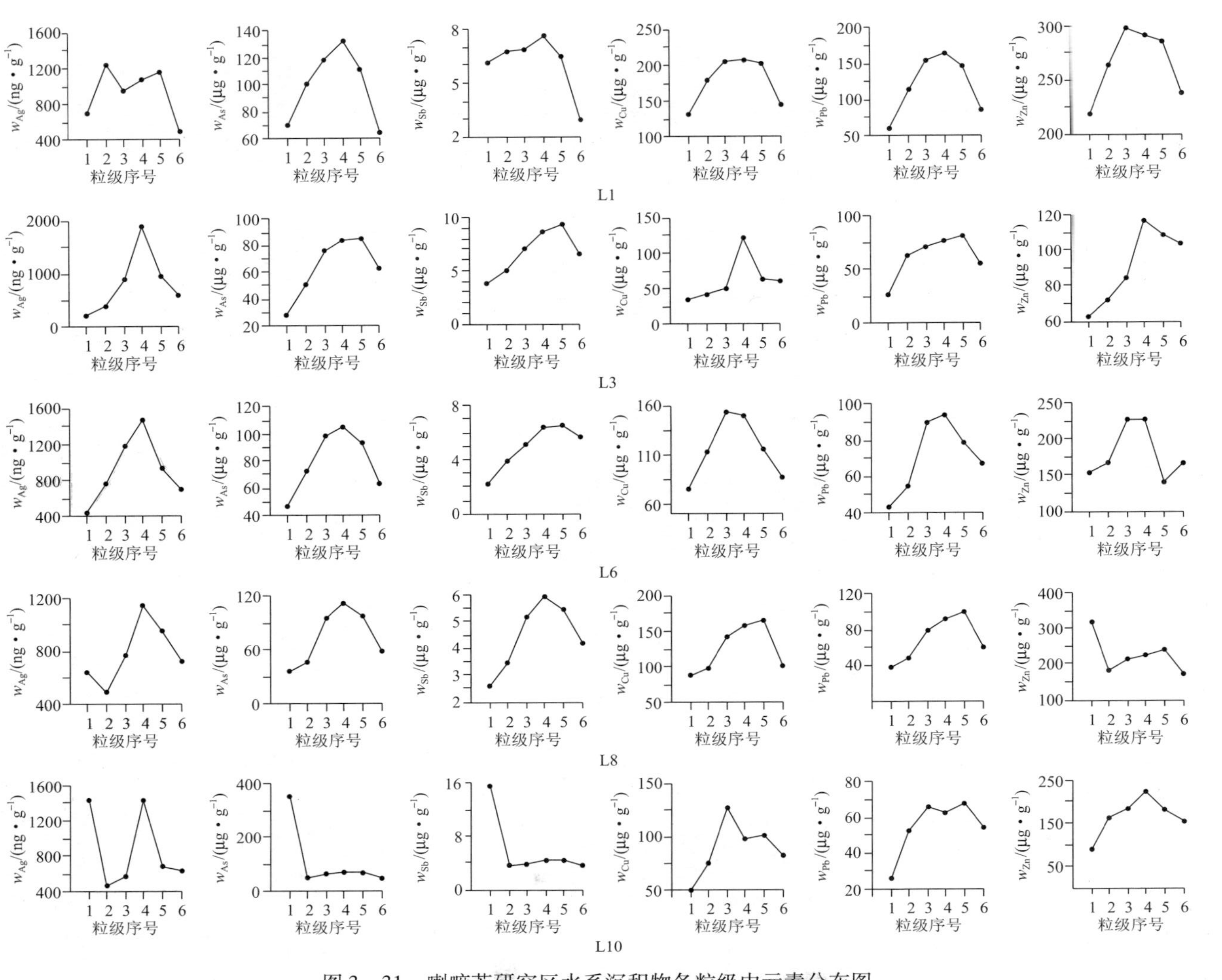

图 3-31 喇嘛苏研究区水系沉积物各粒级中元素分布图

粒级序号：1—-10~+20 目；2—-20~+40 目；3—-40~+60 目；4—-60~+80 目；5—-80~+160 目；6—-160 目

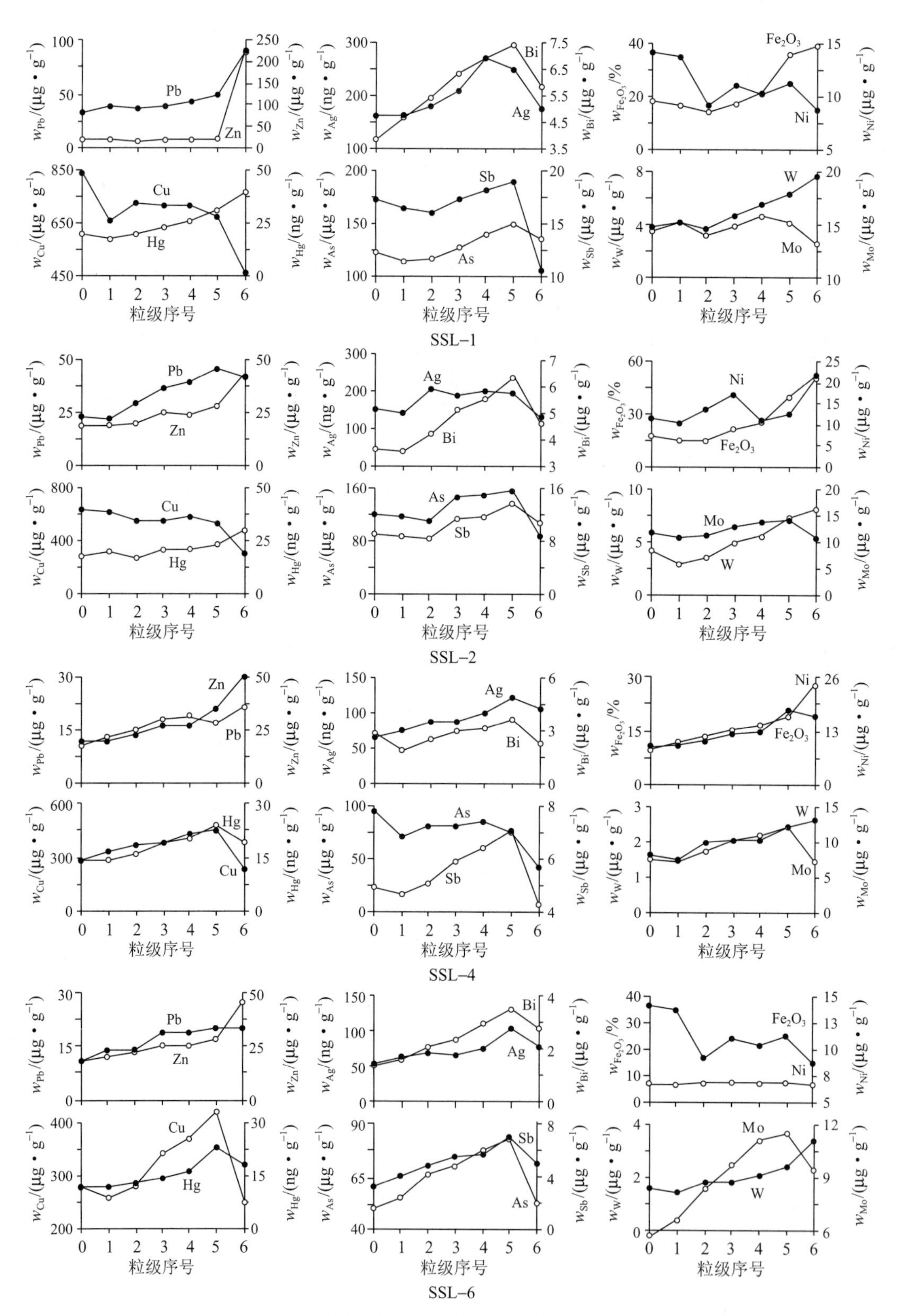

图 3-32 式可布台铁铜矿区水系沉积物各粒级中元素分布图

粒级序号：0—-4～+10 目；1—-10～+20 目；2—-20～+40 目；3—-40～+60 目；4—-60～+80 目；5—-80～+160 目；6—-160 目

较稳定的化学性质和表生条件下的载体物质有关，也可能与 W 在背景区的低值有关。

式可布台铁铜矿研究区，从矿体附近的 SSL－1 样品至远离矿体的 SSL－6 样品，距离约 7 km，主要成矿元素 Cu、Mo、Fe、As 均为异常值，质量分数变化不明显，其他元素多为背景值。主要成矿元素在 7 km 范围内的水系沉积物不同粒级以异常值为主的情况下，上游水系沉积物－80 目细粒级受风成黄土掺入的影响明显，随水系加长和元素值降低至背景值，这种干扰随之较难识别。

在南西天山的卡恰金矿研究区，沿主异常水系采集 7 个粒级大样（图 3－33）。L3 采自矿体下游约 150 m，L4 距矿体 650 m，处在流经矿体水系与另一较大背景水系交汇口下游 300 m 处。L5 距矿体 1250 m，L6 距矿体 2250 m，L7 距矿体 3250 m。

图 3－33　卡恰水系沉积物采样点位置

采自卡恰金矿研究区的 5 个样品中，Au、Ag 等 9 种元素在不同粒级中的质量分数见表 3－22。其中，L3 中 Au、As 为强异常，其他元素为异常。L3 中元素质量分数在各粒级的分布具有与式可布台相似的特点，即从粗粒级向细粒级，元素质量分数逐渐升高，Au、Ag、As、Sb 在－20～+60 目升至高点，多数元素在－60～+80 目粒级段升至高点，－80 目细粒级元素质量分数随粒级变细而逐渐降低，至－160 目细粒级降至最低点。元素在水系沉积物的－80 目细粒级出现的质量分数降低，反映了风积物掺入对－80 目细粒级段产生干扰，而且这种干扰十分明显。在卡恰金矿研究区，风积物干扰在强异常地段清晰可辨。当与背景水系汇合，进入较大级别水系后，在河床、河漫滩风成黄土堆积随处可见，这时水系沉积物中的 Au、As、Ag 等质量分数降至背景值，依据各粒级元素质量分数变化来识别风成黄土的干扰变得十分困难，或已无法辨别。从表 3－22 中可以看出，样品 L5 和 L6 中 $w(\mathrm{As})$ 变化仍隐约可发现风成黄土干扰的行迹，当 $w(\mathrm{As})$ 在－60 目细粒段升高后，又在－160 目有所降低，这种 $w(\mathrm{As})$ 是在达到弱异常时发生的微弱变化，显示出风成黄土干扰在该处水系沉积物中所起到的作用。

表 3－22　卡恰金矿研究区水系沉积物各粒级元素统计结果

样号	粒级/目	Au	Ag	As	Cu	Mo	Pb	Sb	W	Zn
L3	-4~+20	47.85	100	512.9	8	0.82	13	1.26	0.91	47
	-20~+40	55.43	121	638.1	15	1.44	20	1.52	1.04	78
	-40~+60	52.82	249	609.4	20	1.53	22	1.98	1.62	73
	-60~+80	30.06	158	553.6	29	1.95	32	1.72	2.32	94
	-80~+160	36.00	107	349.2	23	1.42	26	1.54	2.03	80
	-160	23.71	85	197.0	23	1.33	26	1.46	1.77	79
L4	-4~+20	0.65	72	2.5	2	0.41	3	0.42	0.28	9
	-20~+40	0.64	68	3.7	2	0.42	4	0.55	0.27	10
	-40~+60	1.09	74	5.6	3	0.39	4	0.71	0.30	12
	-60~+80	1.24	53	8.1	3	0.43	5	0.95	0.32	13
	-80~+160	1.17	60	6.4	3	0.40	6	0.86	0.27	14
	-160	1.41	77	8.2	9	0.54	11	0.77	0.70	28
L5	-4~+20	0.41	46	5.8	7	0.55	7	0.44	0.24	21
	-20~+40	0.49	71	6.1	8	0.55	7	0.44	0.35	23
	-40~+60	0.68	50	7.8	10	0.80	9	0.51	0.42	29
	-60~+80	0.90	54	12.8	11	0.84	10	0.66	0.62	32
	-80~+160	1.12	43	21.3	13	0.98	15	0.90	0.48	41
	-160	1.10	95	18.0	15	0.96	16	0.82	0.80	42
L6	-4~+20	0.28	36	6.3	6	0.55	7	0.44	0.28	20
	-20~+40	0.41	77	6.5	9	0.55	8	0.42	0.37	24
	-40~+60	0.81	60	9.0	10	0.61	10	0.55	0.44	29
	-60~+80	1.46	71	11.6	12	0.82	13	0.64	0.70	35
	-80~+160	1.22	96	16.9	12	0.91	13	0.79	0.65	38
	-160	1.30	57	15.5	13	0.86	15	0.93	0.66	41
L7	-4~+20	0.42	43	6.2	6	0.52	7	0.51	0.27	20
	-20~+40	0.50	36	7.7	8	0.60	8	5.69	0.37	23
	-40~+60	0.67	44	5.2	8	0.56	9	0.33	0.31	23
	-60~+80	0.78	60	9.7	10	0.65	10	0.62	0.51	29
	-80~+160	1.30	43	12.3	10	0.72	12	0.82	0.44	32
	-160	1.77	95	17.0	16	0.81	19	1.06	0.79	40

注：Au、Ag 单位为 ng/g，其他元素单位为 μg/g。

L4～L7 各样品中众多元素质量分数均为背景值。L4 处于流经矿体主异常水系与旁侧较大背景水系汇合后的下游，L4 中元素异常值受到强烈稀释，几乎所有元素质量分数均降至最低点。背景水系汇入产生的强稀释作用，使水系沉积物中元素质量分数降为背景值，接近风成黄土的质量分数，导致水系中的 L4、L5、L6、L7 中不同粒级元素质量分数从粗粒级向细粒级逐渐缓慢升高，并在 -160 目细粒级达到最高点。在细粒级段，元素质量分数升高均表现在背景区间，只是抬高了背景质量分数，这一特点在 Au 的质量分数变化中尤为明显。尽管 L5、L6 中部分元素在 -80 目或 -160 目细粒级质量分数出现略有降低的现象，但在背景区，元素质量分数随粒级变细而逐渐升高的总体趋势未发生明显变化。

望峰金矿研究区位于南西天山东部，天山主脊的一号冰川附近。该研究区地处天山腹地，地势较高，地形陡峭，次级景观条件与其他研究区略有差异。

望峰金矿区主异常水系内四个样品的分析结果如图 3 - 34 所示。依据水系沉积物各粒级元素分布的变化平缓判断，望峰研究区水系沉积物中存在风成黄土掺入形成的干扰。部分元素质量分数在 -80 目细粒级出现降低，而大多数元素则在 -80 目细粒级呈现质量分数明显升高的特点。在分析的元素中，只有 Au、Ag、As 为异常值，其他元素均为背景值。具异常值的元素分布明显存在风成黄土在 -80 目细粒级的干扰，而对那些质量分数接近背景值或为背景值的元素，风成黄土的干扰已变换方式，在 -80 目细粒级段，不是使元素质量分数降低，而是使其升高。不论在 -80 目元素质量分数降低还是升高，在该区风成黄土普遍存在的条件下，对水系沉积物细粒级元素质量分数的稀释作用较为明确。在望峰金矿研究区，随着采样点与矿体距离的加长，Au 等主要成矿元素的质量分数并未减弱，而且有所加强。在望峰的几个点采集的水系沉积物，多数元素质量分数随粒级变化不明显，显示的结果基本一致。

整个西天山地区水系沉积物各粒级元素分布为：在西天山地区，依据自然地理景观特点可将其划分为南西天山和北西天山两个区域。南西天山为高寒干旱山地景观区，降水稀少。北西天山为高寒半干旱山地景观区，降水明显多于南西天山。尽管西天山不同区域次级景观条件略有差异，但其共同特点是风成黄土分布普遍，且主要分布在 -80 目细粒级中。风成黄土对水系沉积物 -80 目细粒级的干扰较为明显，即在异常区使元素质量分数降低，在背景区使元素质量分数升高或降低。值得注意的是，北西天山地区为高寒半干旱山地景观区，降水量偏多，但由于来自北、西方向的风力较强，使该地区的大风和沙尘暴日数明显偏多，导致沉降的风成黄土偏多，对水系沉积物 -80 目细粒级元素质量分数的干扰较为明显。南西天山为高寒干旱山地景观区，气候干旱，风成黄土对水系沉积物 -80 目细粒级影响偏弱，其影响程度弱于北西天山。究其原因，尽管南西天山为干旱环境，但其地处西天山腹地和南麓，该区的大风和沙尘暴风向主要为西和北，西天山高大山脉的阻滞，北、西方向大风和沙尘暴较少到达该区。塔里木盆地塔克拉玛干沙漠的主体风向为北、北西和北东，少有南西向。因此，由北、西方向强风力吹蚀形成的风成黄土堆积偏少，对水系沉积物的影响偏弱。

尽管如此，在西天山地区，风成黄土分布仍然普遍，会对水系沉积物产生较明显的影响。对水系沉积物的影响普遍存在，并不因研究区位置和景观条件变化而产生本质区别。在天山地区，风成黄土对水系沉积物的影响主要集中在 -80 目细粒级。

5. 阿尔泰山水系沉积物不同粒级元素分布特征

哈腊苏和红山嘴研究结果如图 3 - 35 和图 3 - 36 所示。在哈腊苏研究区（图 3 - 35），水系沉积物各粒级中无论是主要成矿元素，还是伴生元素，质量分数出现拐点式变化的粒级段均为 -60 ~ +80 目，出现明显变化的粒级段为 -80 ~ +160 目，在 -160 目的细粒段元素

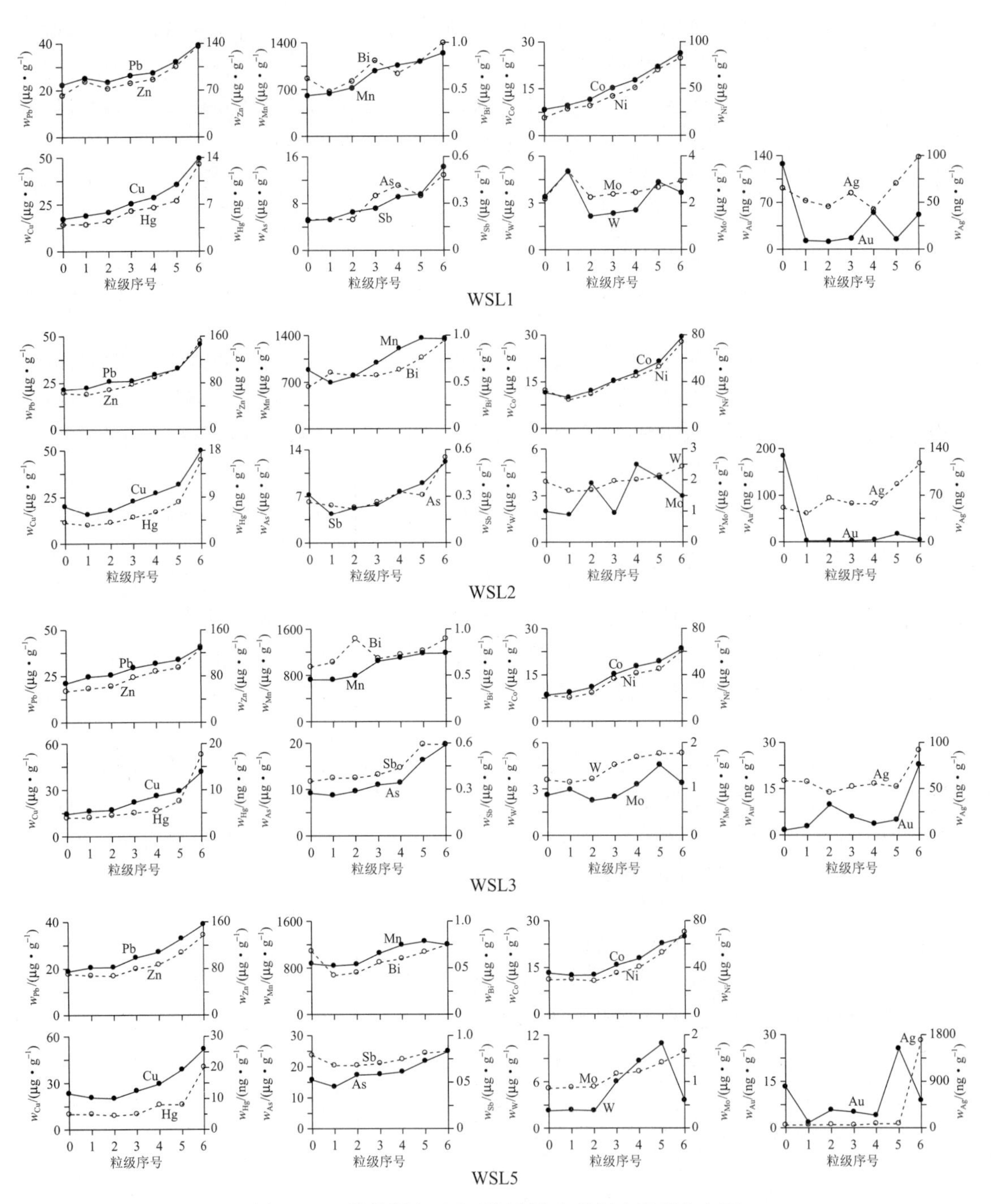

图 3-34 望峰研究区水系沉积物各粒级中元素分布图

粒级序号：0— -5 ~ +10 目；1— -10 ~ +20 目；2— -20 ~ +40 目；3— -40 ~ +60 目；4— -60 ~ +80 目；5— -80 ~ +160 目；6— -160 目

质量分数变化最为明显。具体分布特点为：从 -4 ~ +60 目的粗粒级段，多数元素质量分数变化较平缓。在不同样品中，元素质量分数或缓慢上升，或缓慢降低，或略有波动，总体呈平稳变化趋势。在 -60 目，特别是 -80 目以下细粒级段，以及在 -80 ~ +160 目之间，部分元素质量分数略有升高，在 -160 目细粒级段，多数元素质量分数明显降低或明显升高。

水系沉积物中不同粒级元素质量分数的变化表明， -4 ~ +60 目主要为汇水域内风化岩

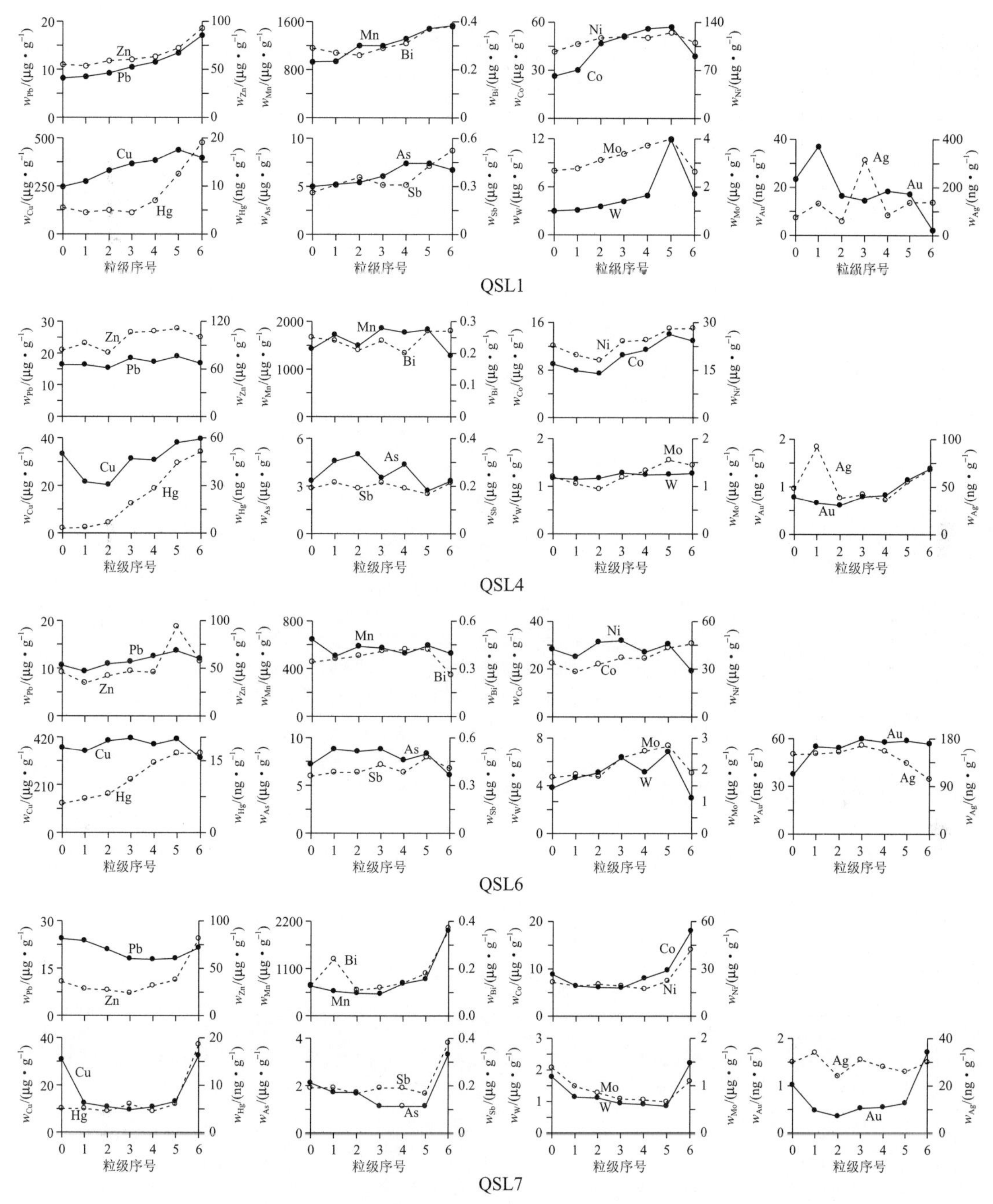

图 3-35 哈腊苏研究区水系沉积物各粒级中元素分布图

粒级序号：0—-5~+10 目；1—-10~+20 目；2—-20~+40 目；3—-40~+60 目；4—-60~+80 目；5—-80~+160 目；6—-160 目

屑，其元素质量分数基本代表了汇水域内风化基岩的质量分数水平。-60~+80 目粒级段，元素质量分数受到来自风成黄土掺入产生的较弱干扰，在-80 目以下两个细粒级段，受到明显的风成黄土的干扰，使得-60 目特别是-80 目细粒级水系沉积物中元素质量分数产生明显降低或升高的变化。

红山嘴研究区虽然分布在阿尔泰山中部主脊附近，其水系沉积物中不同粒级元素分布与

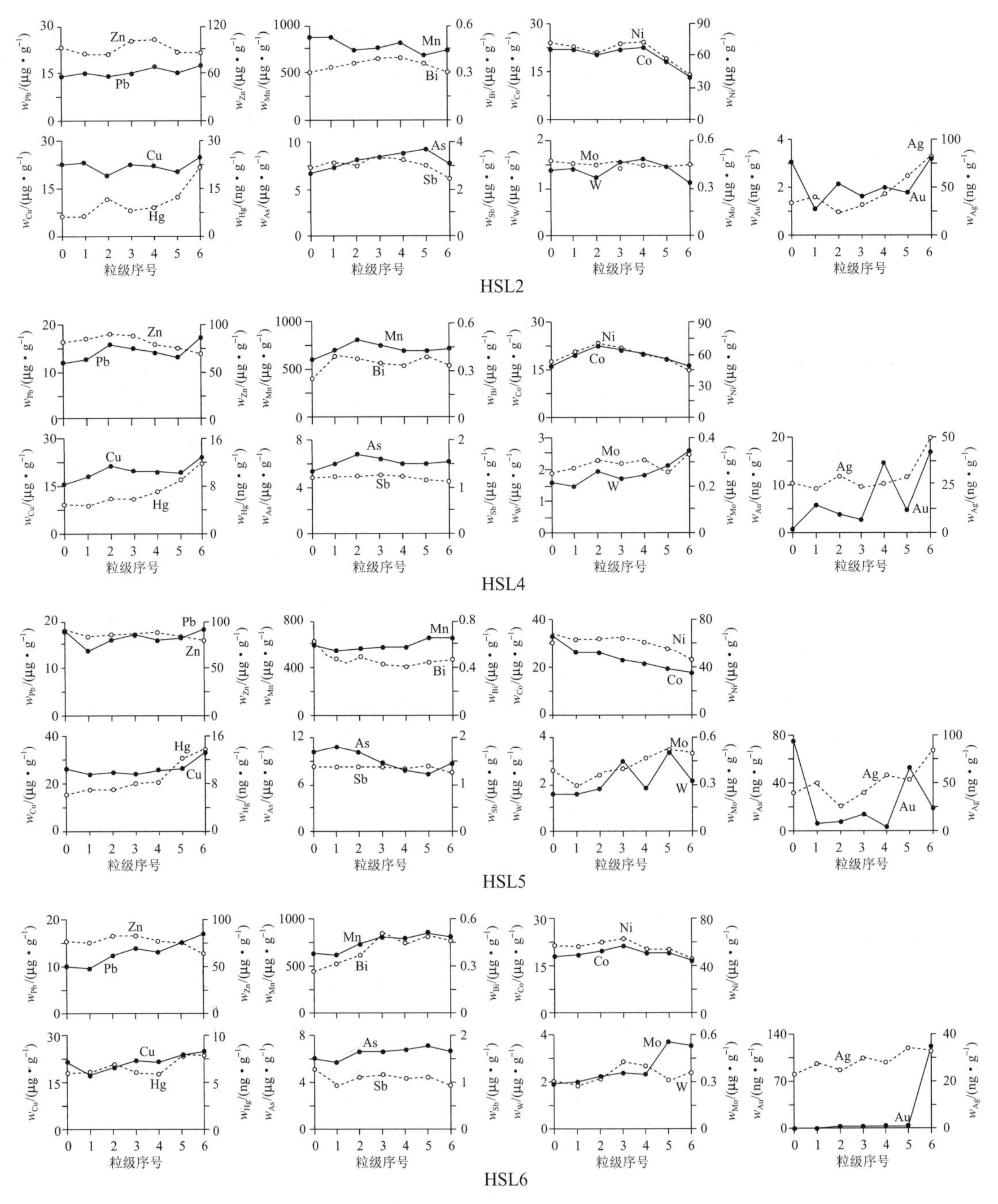

图 3-36 红山嘴研究区水系沉积物各粒级中元素分布图

粒级序号：0——5～+10 目；1——10～+20 目；2——20～+40 目；3——40～+60 目；4——60～+80 目；

5——80～+160 目；6——160 目

哈腊苏具明显的相似性（图 3-36）。即 -4～+80 目的 5 个粗粒级中元素质量分数变化平稳，其平稳程度超过哈腊苏研究区。在 -80 目的两个粒级中，元素质量分数出现明显变化，多数元素呈现下降趋势，但下降幅度不如哈腊苏研究区明显，表明红山嘴研究区同样存在风成黄土的干扰。由于风成黄土的干扰主要出现在 -80 目细粒级段，使得该粒级段水系沉积物中的元素质量分数发生了明显变化。将两地的结果进行比较，可明显看出风成黄土对红山嘴研究区的干扰程度偏弱，水系沉积物中元素质量分数变化较平稳。特别是在 -80 目细粒级，受风成黄土干扰较小，元素质量分数变化并不十分剧烈。

总结西天山和阿尔泰山水系沉积物元素分布特征可知，两地区尽管相距较远，次级景观特点略有差异，但两地的元素分布规律十分相似，即：①在水系沉积物中，以 -80 目为主，均会受到风成黄土的干扰，使元素质量分数在 -80 目细粒级段发生以降低为主的变化，+80 目较少受其影响。②尽管风成黄土对水系沉积物的影响因地区略有差异，但其影响是确定的，这种影响主要集中在 -80 目细粒级段。

6. 西昆仑山缘水系沉积物元素分布特征

阿克齐合研究区水系沉积物各粒级元素分布主要有三种类型（图 3-37）：①Ag、Hg、Cu、Ba、Zn、Cr 类型，-60～+80 目为元素质量分数拐点，粗粒级元素质量分数逐渐增高，向细粒级则明显降低。②W、Mo、Pb、As 类型，元素质量分数从粗粒级向细粒级一路抬升后，-80～+160 目处成为拐点，向 -160 目细粒级急剧下滑。③Sb 类型，元素质量分数一路抬升，只在 -80～+160 目粒级段，分布曲线出现波动。

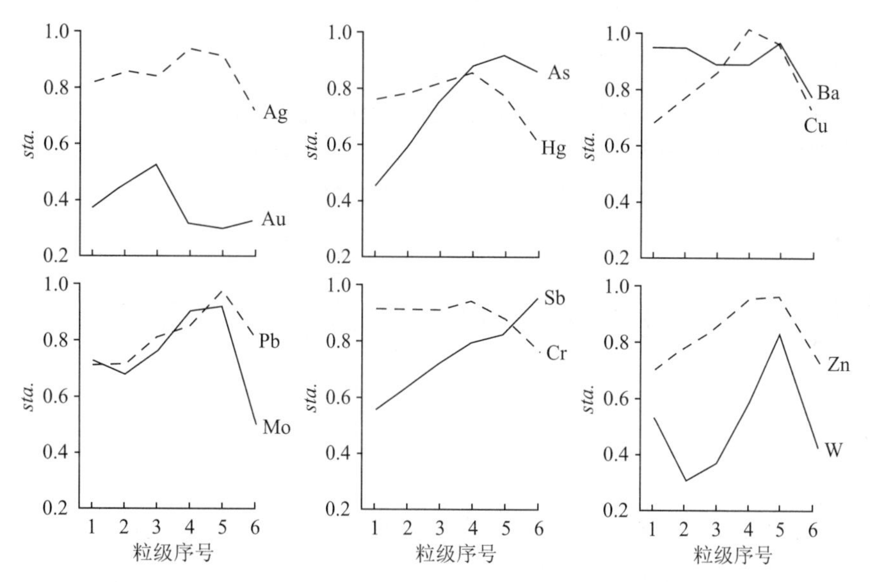

图 3-37　阿克齐合水系沉积物各粒级中元素分布图（$n=5$）

粒级序号：1—-10～+20 目；2—-20～+40 目；3—-40～+60 目；4—-60～+80 目；5—-80～+160 目；6—-160 目

观察元素分布的三种形式发现，不论元素质量分数从粗粒级至细粒级怎样变化，多数元素所具有的共同特征是以 -60～+80 目为拐点，向细粒级明显降低，不同程度地偏离了从粗粒级至细粒级元素质量分数逐渐增高的总体趋势。

奥依且克水系沉积物不同粒级元素分布曲线如图 3-38 所示。多数元素的分布曲线与阿克齐合具有明显差异，各元素的分布规律明显不一致。As、Ag、Sb 基本为一路降低，W 和 Hg 为一路抬升。多数元素经 -10～+160 目元素质量分数一路抬升后，在 -160 目处明显降低，-80～+160 目质量分数变化收敛。为了证实水系沉积物的细粒级段元素质量分数受到外来物质的干扰，将奥依且克单个水系沉积物与在奥依且克采集的风成沙各粒级元素质量分数作图（图 3-39），该区风成沙只有 40 目以下的 3 个粒级段，从图可以看出，在有风成沙出现的细粒级段，多数元素分布与风成沙惊人的相似。一些元素的分布曲线几乎与风成沙完全重合。一些水系沉积物细粒级元素质量分数随风成沙元素质量分数（或高或低）的变化而变化，在 -160 目处二者十分接近，是重合最好的粒级段。

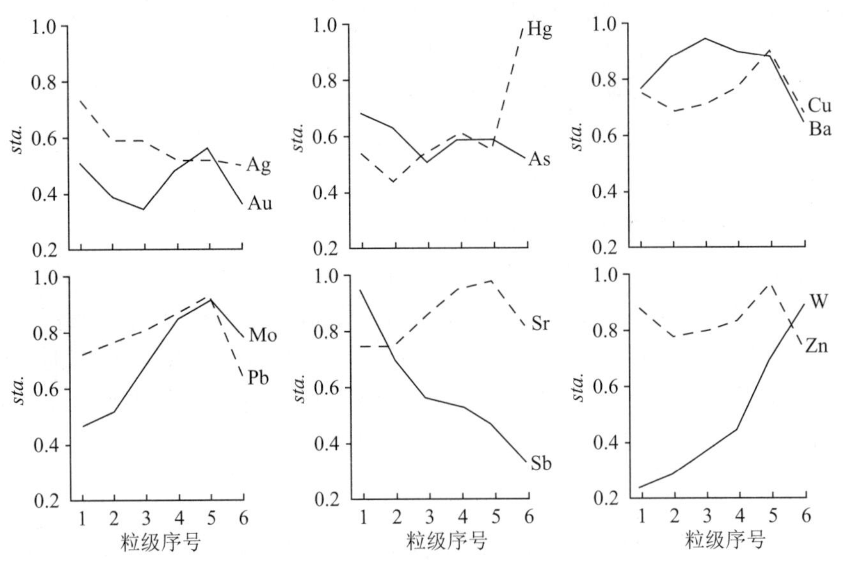

图 3-38　奥依且克水系沉积物各粒级中元素分布图（$n=5$）

粒级序号：1—-10~+20 目；2—-20~+40 目；3—-40~+60 目；4—-60~+80 目；5—-80~+160 目；6—-160 目

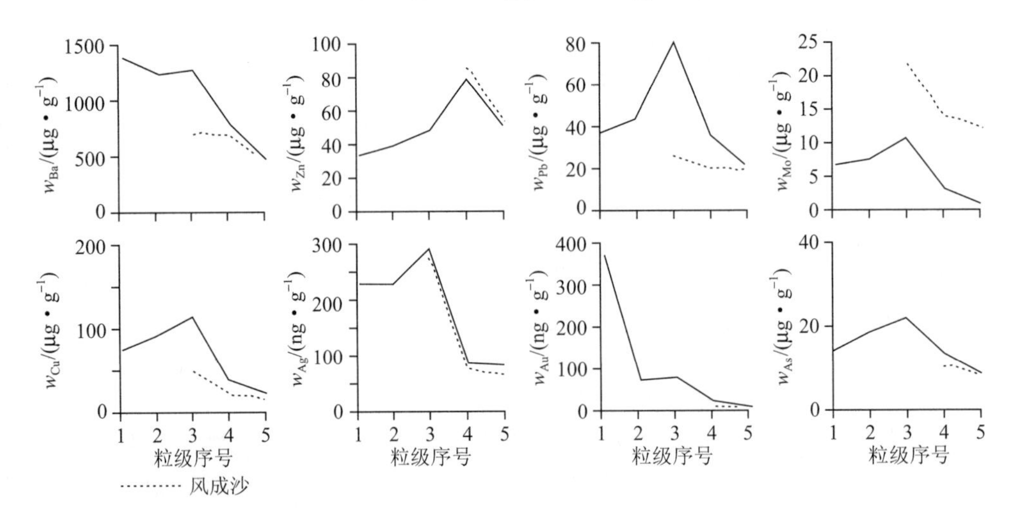

图 3-39　奥依且克水系沉积物及风成沙各粒级中元素分布图（$n=4$）

粒级序号：1—-5~+20 目；2—-20~+35 目；3—-35~+80 目；4—-80~+140 目；5—-140 目

尽管一些元素（如 Ag、Mo、Zn 等）在 -80~+140 目具有最高质量分数，但并不能说明就是水系沉积物的真实质量分数。这些元素的高质量分数恰好与风成沙的高质量分数吻合，应该说，-80 目以下元素高质量分数的大部分为风成沙所致。

坦木位于研究区的最西端，新疆喀什市西南昆仑山西端的帕米尔高原，为唯一的已知铅锌多金属矿床。该区出露基岩以灰岩为主。坦木异常区和背景区 2 件样品的元素分布如图 3-40 所示。

在异常区水系沉积物各粒级中，As、Pb、Zn、Mo、MgO、CaO 等元素及氧化物的质量分数从 -80 目开始下降，-140 目降至最低点。Ni、Cr、Mn、Ba、Sb 等质量分数变化基本

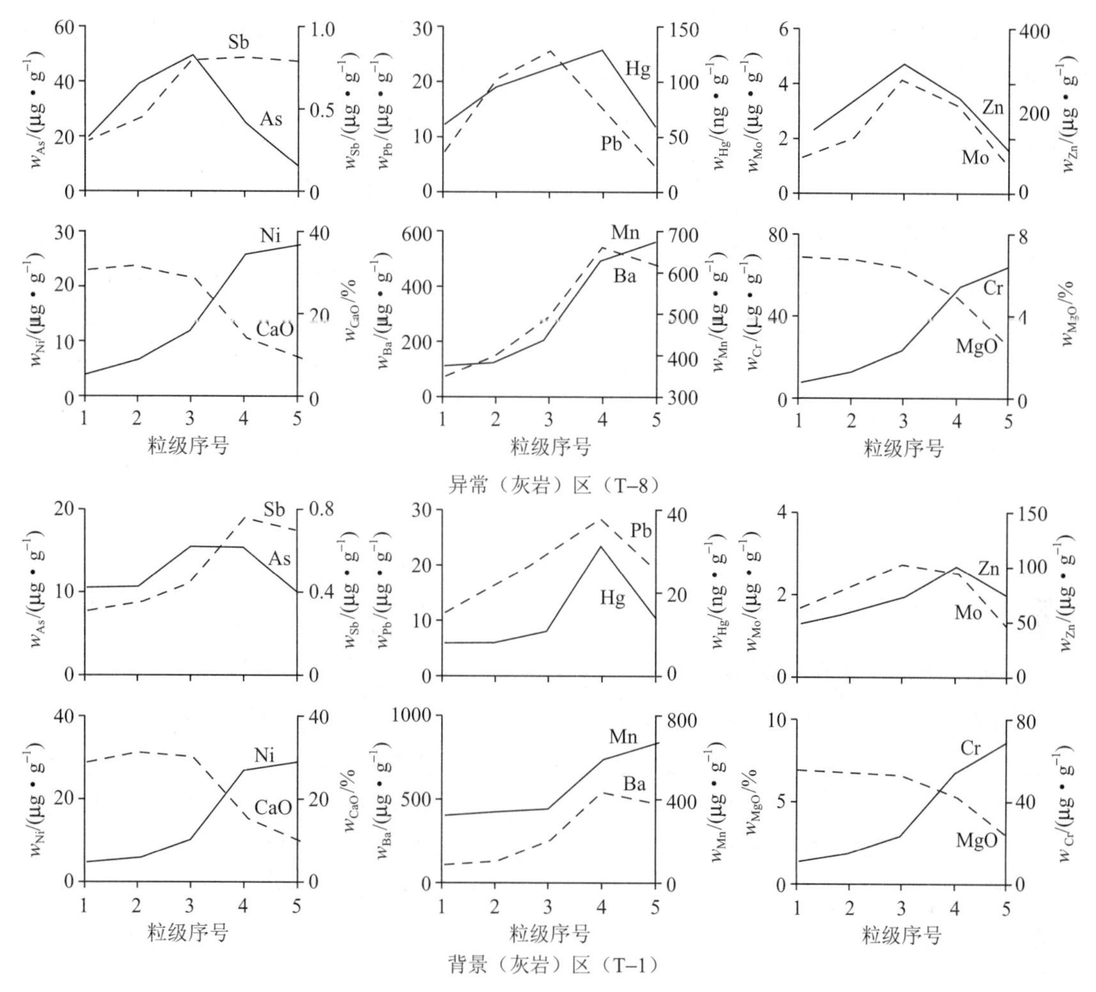

图3-40 坦木水系沉积物各粒级中元素分布图

粒级序号：1—-5~+10目；2—-10~+40目；3—-40~+80目；4—-80~+140目；5—-140目

呈上升趋势。在背景区，只有CaO、MgO可明显看出具有与异常区相似的变化特征，另外，As、Mo在异常区的分布特征也隐约可见。

在坦木研究区的异常区段，多数元素质量分数在-40目以下粒级发生变化，但仍有部分元素在该粒级段变化不明显。上述结果似乎较难分辨出风成沙掺入形成的干扰。但从粗粒级到细粒级，w(CaO) 变化可清晰判断风成沙的干扰及其干扰程度。坦木铅锌矿区产于石炭系厚层灰岩区内，矿区及外围基本为灰岩分布，样品采自坦木铅锌矿坑口旁侧的I级异常水系。w(CaO) 从-5目至+80目保持较平稳的状态，至80目其质量分数开始降低，-140目明显降低。在正常情况下，w(CaO) 从粗粒级至细粒应保持较平稳的变化趋势，即使在细粒级段出现变化，其差异应该不明显。本次研究结果表明，w(CaO) 在-80目粒级段出现降低的突然变化，可认为是和其他多数元素一样，在-80目粒级段的变化应主要来自风成沙掺入形成的干扰，在风积沙掺入粒级段，使其质量分数降低。

在背景区段，除CaO、MgO外，从其他元素质量分数变化中较难分辨由风成沙造成干扰这一现象。但并不能说明风成沙干扰不存在或干扰微弱。从背景区众多元素质量分数变化曲线中仍可发现风成沙干扰的痕迹。As、Sb、Hg、Zn、Mo、Cr、Mn、Ba等质量分数

在 -40 ~ +80 目粒级段均出现了拐点式变化，只不过在 -80 目细粒级中一些元素质量分数不是降低而是增高了，这种增高或降低应主要与风成沙有关。其中最具说服力的是 w(CaO) 变化曲线。

综合上述研究认为，西昆仑及其山前缘地带，水系沉积物中普遍存在风成沙的混入。从 -20 目或 -40 目开始，至 -80 目开始大量出现，-160 目达到最大量。由于风成沙掺入，可使水系沉积物从粗粒级至细粒级，元素质量分数变化趋势发生明显改变，主要粒级段为 -80 目。在异常区，风成沙的掺入可使异常减弱或消失。在背景区，风成沙的掺入可使元素质量分数降低或升高。水系沉积物细粒级中元素质量分数降低与升高，取决于风成沙中相应粒级元素质量分数是否低于或高于水系沉积物相应粒级元素质量分数。由于风成沙的掺入可不同程度地改变原有的区域地球化学变差，所以会直接影响地球化学勘查效果。

在 +80 目偏粗粒级段，风成沙掺入量比例甚微，一般小于 5%，不足以使水系沉积物中相应粒级元素质量分数发生明显变化。即使在该粒级段，元素质量分数出现了较弱的变化，但也不影响该粒级元素质量分数的整体变化趋势。

四、半干旱中低山景观区

1. 大兴安岭中南段水系沉积物元素分布特征

如图 3-41 所示，大兴安岭中南段各研究区水系沉积物各粒级元素分布特征为：主要成矿元素（如 Pb、Zn、Cu、As、Nb、Zr、Y、Sn 等）的质量分数由 -2 ~ +40 目，总的趋势是逐渐增加；-10 ~ +40 目质量分数最高，形成峰值；40 目以下细粒级，元素质量分数急剧下降，且下降幅度很大。矿物鉴定结果表明，水系沉积物中从 20 目开始便有风成沙混入，越向细粒级，混入量越多。因此，元素质量分数的降低主要是风成沙混入的结果，而粗粒级元素质量分数高低变化与风成沙没有直接关系。

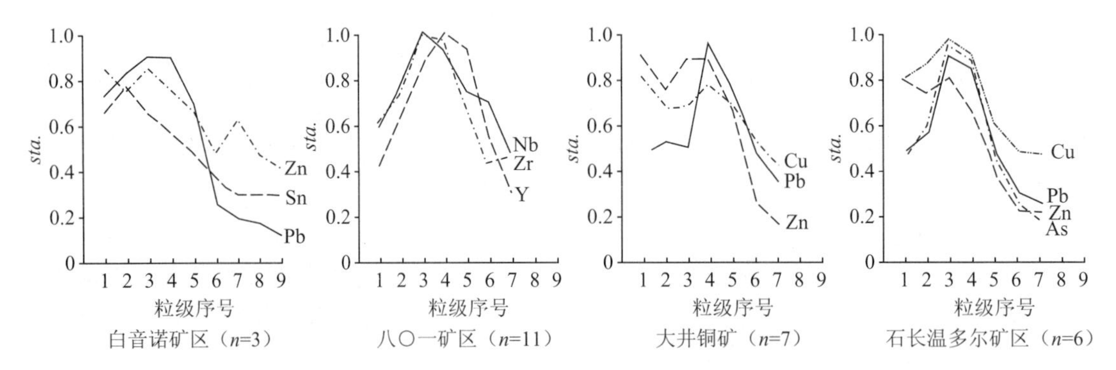

图 3-41 大兴安岭中南段水系沉积物各粒级中元素分布图

粒级序号：1— -2 ~ +4 目；2— -4 ~ +10 目；3— -10 ~ +20 目；4— -20 ~ +40 目；5— -40 ~ +80 目；6— -80 ~ +120 目；7— -120 ~ +160 目；8— -160 ~ +200 目；9— -200 目

2. 河北北部水系沉积物元素分布特征

河北北部三地研究区水系沉积物各粒级中元素质量分数见表 3-23，元素分布特点与大兴安岭中南段较为相近，均表现为 +40 目粗粒级和 -80 目细粒级两种粒级段元素质量分数偏高，中间粒级元素质量分数偏低。多地研究结果表明，这种变化特点表明水系沉积物从 -40 目开始已出现了风成沙，因风成沙的掺入产生了严重干扰，使水系沉积物 -40 目粒级段元素质量分数降低，且与风成沙中各元素质量分数逐渐接近。

表 3-23　河北北部水系沉积物各粒级中元素统计结果

粒级/目	宣化				崇礼中山沟				赤城南			
	CaO	MgO	Cu	Pb	CaO	Au	Ag	Pb	Cu	Pb	Zn	As
-10~+20	10.96	8.33	37	96	2.28	5	0.09	21	11.7	34	84	5.2
-20~+40	9.24	6.04	19	37	2.92	20	0.08	30	8.5	32	53	3.4
-40~+60	6.77	3.65	12	23	3.24	110	0.09	35	4.8	24	20	2.8
-60~+80	6.21	3.19	12	22	3.99	20	0.06	39	4.3	26	16	2.8
-80~+120	4.95	3.25	14	23	4.27	6	0.07	36	6.1	26	24	3.4
-120	5.58	2.64	14	27	4.32	4	0.07	28	13.0	31	45	6.4

注：Au、Ag 单位为 ng/g，氧化物单位为%，其他元素单位为 μg/g。

另外，在河北北部小窝铺和和顺店采集水系沉积物，分析结果如图 3-42 所示。两地水系沉积物各粒级中元素分布与大兴安岭中南段及河北宣化、崇礼等地元素分布略有差异，主要表现在 -10~+60 目粗粒级段，从粗粒级向细粒级元素质量分数逐渐升高，在 60 目处出现拐点。在 -60 目细粒级中，几乎所有元素质量分数逐渐降低，-120 目降至最低点。这种水系沉积物各粒级中元素分布特征表明了风成沙对水系沉积物产生明显干扰。在河北北部风口以外区段，风成沙以沉降为主，主要为由北部内蒙古长距离风力搬运产物，以石英、长石和云母等轻矿物为主，这些风积物掺入至水系沉积物和土壤内，可对水系沉积物 -60 目细粒级段产生较强的稀释作用，粒级越细，风成沙掺入越多，稀释作用越强。

3. 山西和辽西地区水系沉积物元素分布特征

主要选择辽宁西部和山西省的半干旱低山丘陵景观区。这些地区为较典型的风积物沉降区，为我国风成黄土的主要分布区和边缘地带。

在辽宁西部和山西省分别采集水系沉积物大样，筛分为 6 个粒级，图 3-43 是辽宁灰山屯钼矿水系沉积物粒级研究结果，与河北北部顺店、小窝铺的研究结果相似，均反映出风积物对水系沉积物的干扰特点。由于风积物颗粒主要分布在 -60 目，特别是 -80 目细粒级，掺入水系沉积物后，使水系沉积物在 -60~+80 目粒级段出现明显拐点，两边的粗粒级和细粒级中元素质量分数呈现相反分布。从 -4~+60 目，多数元素质量分数呈逐渐升高，-60 目细粒级段多数元素则表现为降低，尽管个别元素在 -160 目处质量分数增高，但其在 -60~+80 目粒级段向细粒级，元素质量分数发生明显变化的趋势仍较明显。这种分布特点是沉降区风积物掺入产生干扰的结果，是由风成沙转变为风成黄土后对水系沉积物产生干扰的另一种特点，这一特点与我国西天山和东、西昆仑等地的干扰特点十分相似。

图 3-44~图 3-46 分别为选自山西中条山区神仙岭多金属矿区、山西北部朱家沟铅锌矿区和同善铜矿区水系沉积物粒级元素分布（筛分方法同灰山屯）研究结果，山西省不同地点水系沉积物中风积物干扰特点与辽宁西部、河北北部十分相似，均具有风积物以沉降为主体产生干扰的共同特点，即在水系沉积物 -60 目粒级段，由于风积物掺入产生的干扰，使水系沉积物该粒级段的元素质量分数发生明显的拐点式变化，多数元素在水系沉积物 -60 目粒级段表现为质量分数降低，尽管部分元素质量分数在 -160 目细粒级段有所升高，但在 -60~+80 目粒级段出现拐点式变化的趋势并没有改变。

在辽宁西部和山西省，水系沉积物中 -60 目粒级段元素质量分数变化不如河北北部和顺

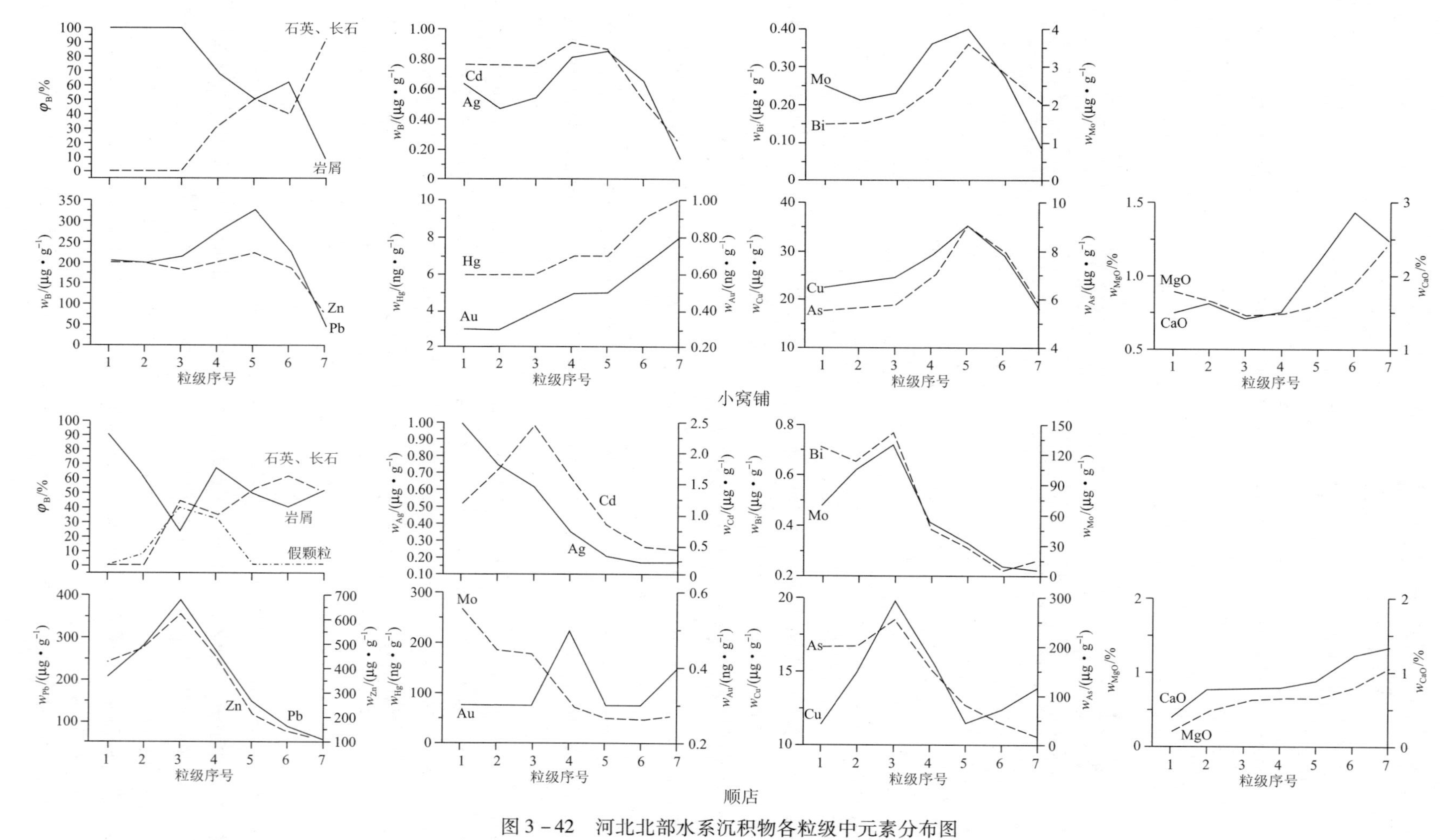

图 3-42 河北北部水系沉积物各粒级中元素分布图

粒级序号：1—-4~+10 目；2—-10~+20 目；3—-20~+40 目；4—-40~+60 目；5—-60~+80 目；6—-80~+120 目；7—-120 目

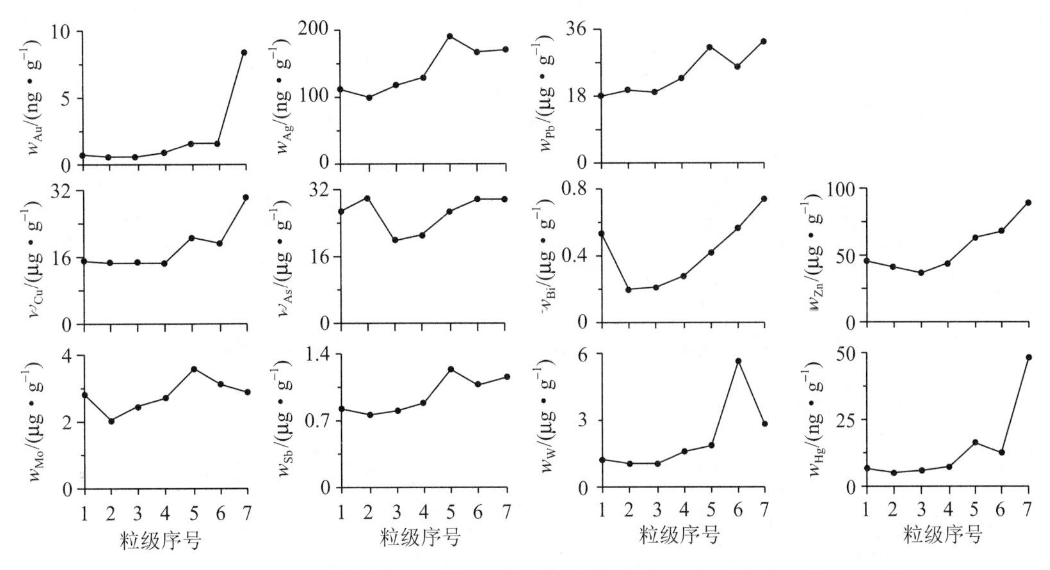

图 3－43　辽宁灰山屯钼矿水系沉积物各粒级中元素分布图

粒级序号：1—－4～+10 目；2—－10～+20 目；3—－20～+40 目；4—－40～+60 目；5—－60～+80 目；6—－80～+160 目；7—－160 目

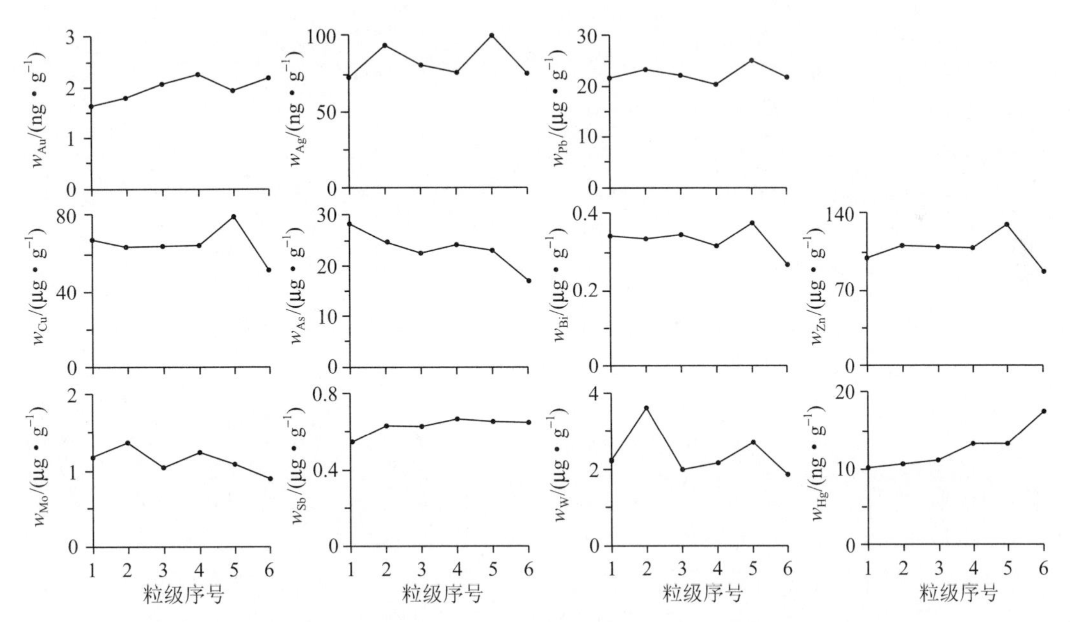

图 3－44　山西神仙岭水系沉积物各粒级中元素分布图

粒级序号：1—－10～+20 目；2—－20～+40 目；3—－40～+60 目；4—－60～+80 目；5—－80～+160 目；6—－160 目

店研究区的结果明显，但其变化趋势和分布特点较为相似。随着研究区南移，风成沙逐渐以沉降为主，且粒级略有偏细，掺入的量逐渐偏少，对水系沉积物的干扰作用逐渐减弱，但从水系沉积物元素分布中仍可看出风成沙对－60 目细粒级的明显干扰。

我国主要景观区水系沉积物的各粒级元素分布表现出多样化的特点，元素质量分数随粒级变细或逐渐升高或逐渐降低或呈粗粒级和细粒级两端元素质量分数高、中间低的总体特点。不论在水系沉积物中元素质量分数出现何种变化，元素分布仍具有共性，一是粗粒级中

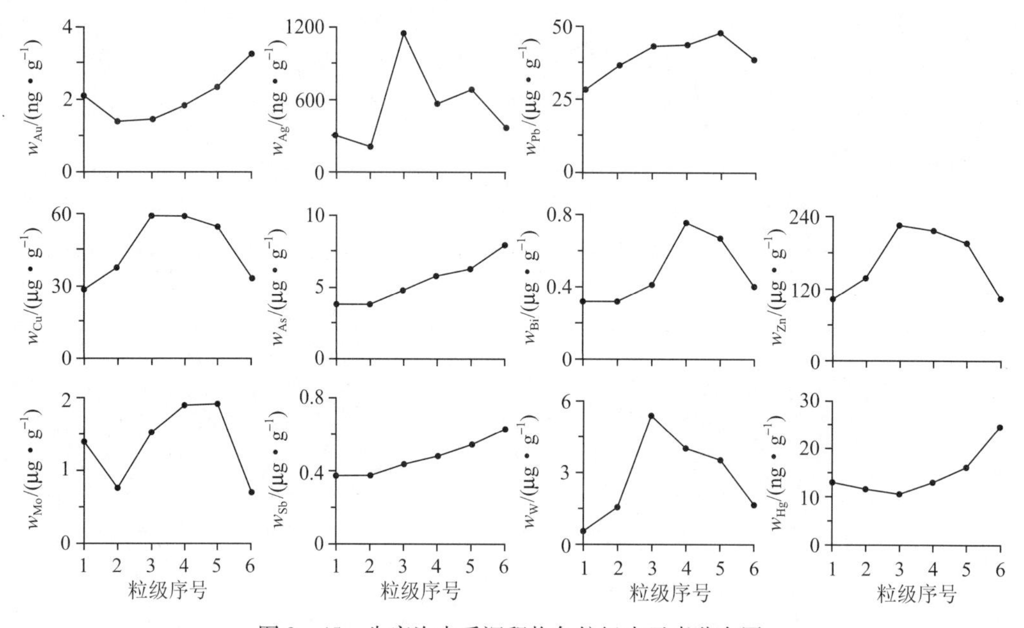

图 3 - 45　朱家沟水系沉积物各粒级中元素分布图

粒级序号：1— -10 ~ +20 目；2— -20 ~ +40 目；3— -40 ~ +60 目；4— -60 ~ +80 目；
5— -80 ~ +160 目；6— -160 目

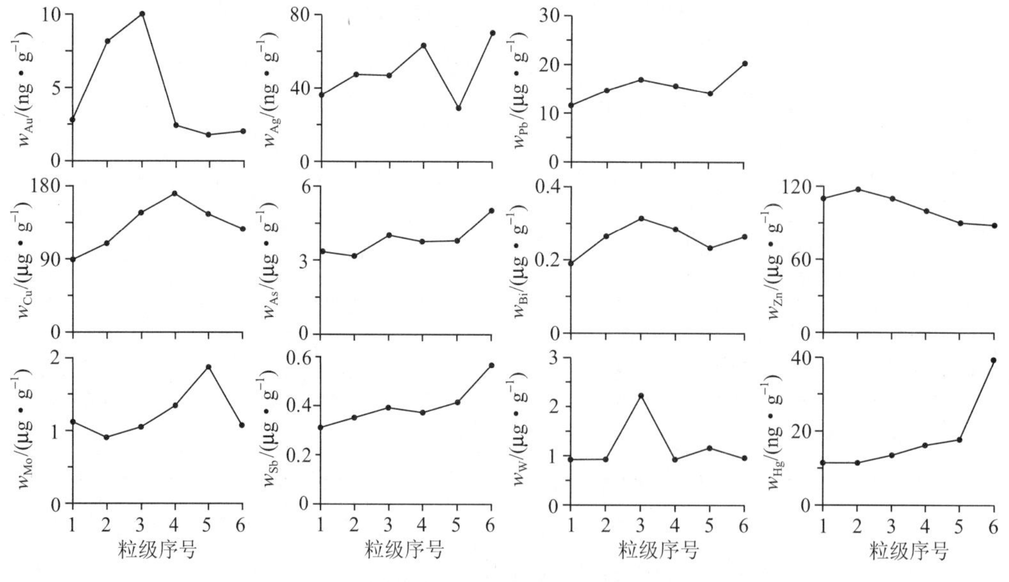

图 3 - 46　同善水系沉积物各粒级中元素分布图

粒级序号：1— -10 ~ +20 目；2— -20 ~ +40 目；3— -40 ~ +60 目；4— -60 ~ +80 目；
5— -80 ~ +160 目；6— -160 目

元素质量分数基本为岩屑所引起，为岩屑中元素的基本质量分数；二是从 40 目（或 60 目或 80 目）开始向细粒级，元素质量分数发生拐点式变化，或升高或降低，与粗粒级元素质量分数变化趋势不协调。这种变化在森林沼泽景观区主要出现在 60 目，半干旱中低山景观区的大兴安岭区出现在 40 目，昆仑山—阿尔金山—祁连山北坡以北，包括天山和阿尔泰山的高寒干旱半干旱山地出现在 -80 目，青藏高原等地区主要出现在 60 目。引起水系沉积物中元素质量分数在60目（或40目或80目）发生拐点式变化的主要原因为：①碎屑物质的颗粒成分由岩屑向单矿物转变，转变粒级出现在60目（或40目或80目）以下粒级；②外来物的加入产生干扰，外来物主要为风积物和有机质，这些外来物的粒级集中在-60目（或40目或80目）。

第三节 矿致异常在水系沉积物中的迁移距离

在水系沉积物中，成矿及主要伴生元素的迁移，特别是这些元素矿致异常的迁移特点、衰减模式，对于以找矿为主要目标之一的地球化学勘查是一项十分重要的研究内容。成矿和主要伴生元素的迁移与衰减特点关系地球化学勘查的方法技术取向，直接与方法技术的各要素相关，与其中的采样粒级和采样密度密切相关。

地球化学勘查的重要任务是发现与圈定矿致异常，识别矿致异常的重要标志是异常的元素组合、强度与结构特点，从而进一步认识、解释和正确评价异常。因此，各种异常的迁移长度是反映异常结构的重要因素，是勘查地球化学测量取得成效的重要组成部分。

一、高寒诸景观区矿致异常的迁移特点

选择喀喇昆仑山西段帕米尔高原北缘、英吉沙县南西约45 km小型坦木铅锌矿床，在流经矿床的水系，沿途采集粒级大样（图3-47）。其中，T-5位于坦木矿体采硐出口下方，T-10位于矿体下游主河道，T-12处在几条较大水系交汇口下游，距采矿硐口约3.5 km。

从图上可以看出，①在矿坑口的下方（T-5）出现强异常，$w(\mathrm{Pb})>2000\mu g/g$，$w(\mathrm{Zn})>2000\mu g/g$、$w(\mathrm{As})>200\mu g/g$；②异常值向下游明显降低，至T-10降低了90%，仅属中等异常强度，Mo、Hg则为弱异常；T-12距矿体约3.5 km，样品中各元素几乎均降至背景值。

各元素在各粒级中的质量分数在-40~+80目为最高值，向细粒级骤降，这一特点距矿体越近表现得越明显。随着与矿体距离的加长，一些元素质量分数降至背景值，上述特征完全消失；一些元素（如Hg、Pb、Mo、CaO等）则出现由粗粒级向细粒级质量分数升高的现象。

以上矿体下方的水系沉积物样品T-5，其$w(\mathrm{CaO})$在+40目以上基本保持平稳状态，至-80目处急剧下降，进入主水系后，$w(\mathrm{CaO})$这一特征即消失。水系沉积物样品T-12，其$w(\mathrm{CaO})$在各粒级的分布仍保持平稳态势，但质量分数有所下降。T-5位于灰岩分布区内，+40目粒级$w(\mathrm{CaO})$主要为灰岩碎屑含量，-80目以下由于掺入了不含灰岩碎屑的风成沙而使其质量分数下降。T-10和T-12分布在主河道内，其砾石和沙的成分复杂，砂岩类物质的加入不仅打乱了T-5所在水系下游CaO的正常分布规律，而且从T-10和T-12中CaO的分布曲线较难辨认出风成沙的干扰。

藏北羌塘高原的羌多铜矿化点，地势高而相对高差偏小，通常水系较为短小。在该区水系内，沿水系分别采集3件样品，其中QDL-1为上源，QDL-2为中游，二者均分布在异常中心，QDL-3分布在水系出山口，36号点分布在下游较大的冲洪积扇（图3-48）。

在羌多研究区，除As元素外，其他元素质量分数均表现为从异常中心向下游逐渐降低的趋势，在36号点，几乎所有元素质量分数均降至背景值，即异常沿水系至出山口便消失，

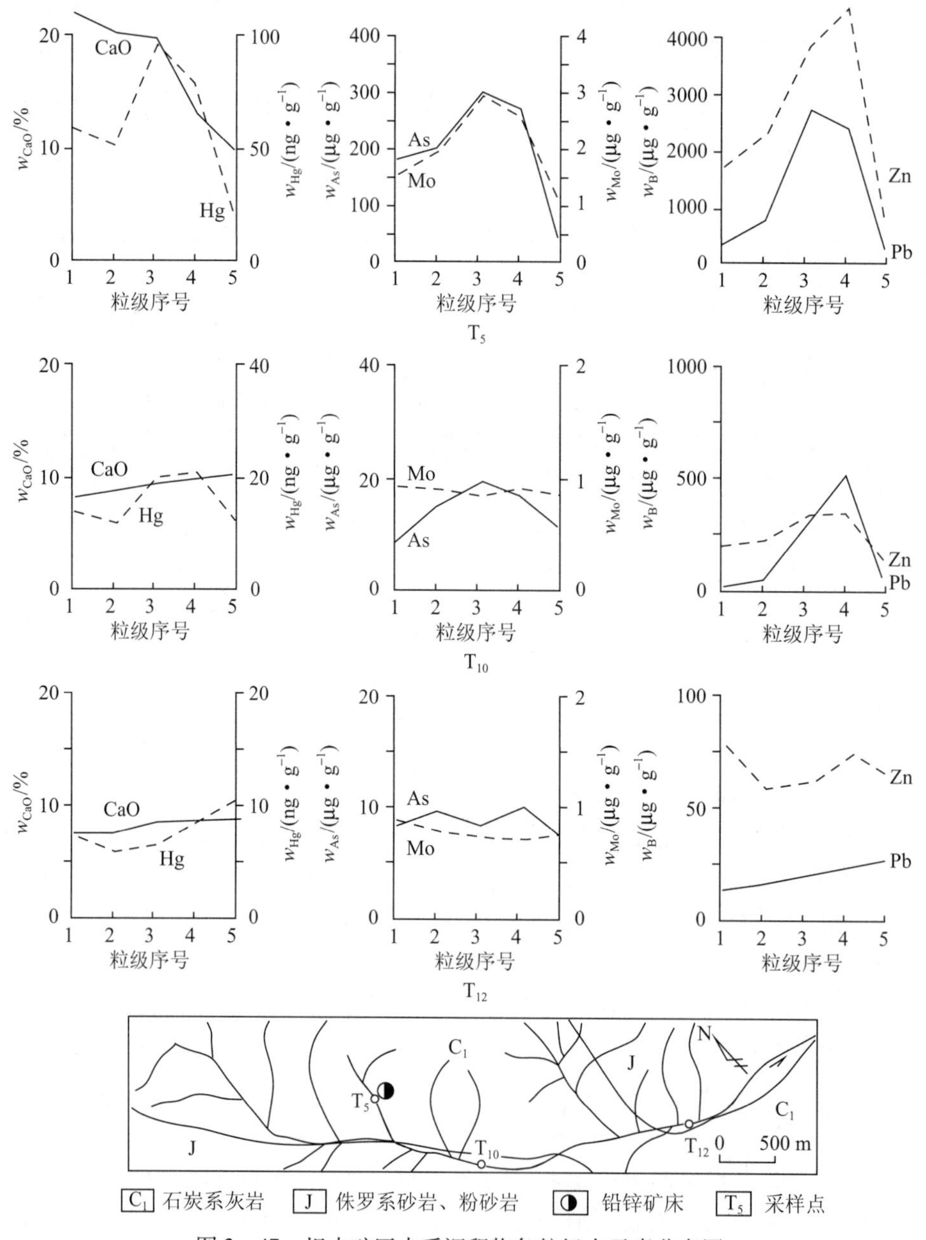

图 3-47　坦木矿区水系沉积物各粒级中元素分布图

粒级序号：1—-4~+20 目；2—-20~+40 目；3—-40~+80 目；4—-80~+140 目；5—-140 目

异常迁移距离约 2 km。其中 Au 出山口后仍具有弱异常，但其延伸距离未超过 1 km。Mo、Ag、Cu 元素在较短距离内即进入背景值。这种异常迁移距离较短主要受制于：①区内相对高差较小，流水的冲刷和携带能力偏弱，加上降水量稀少，在水系内偶成径流，使得原本偏小的水动力在干旱条件下显得无力。②在采样时观察，水系内普遍见有风成沙踪迹，多以混入的方式进入水系沉积物中，从而使水系沉积物 -40 目或 -60 目细粒级中元素降低，同时可阻滞上游风化碎屑进入水系。

图 3-49 ~ 图 3-51 分别为阿尔金山中段 26 号铬铁矿点、帕米尔高原北缘的卡兰古铅矿区和卡拉玛铜矿区的研究结果。其中，26 号铬铁矿点分布在阿尔金山中西段，矿化体由

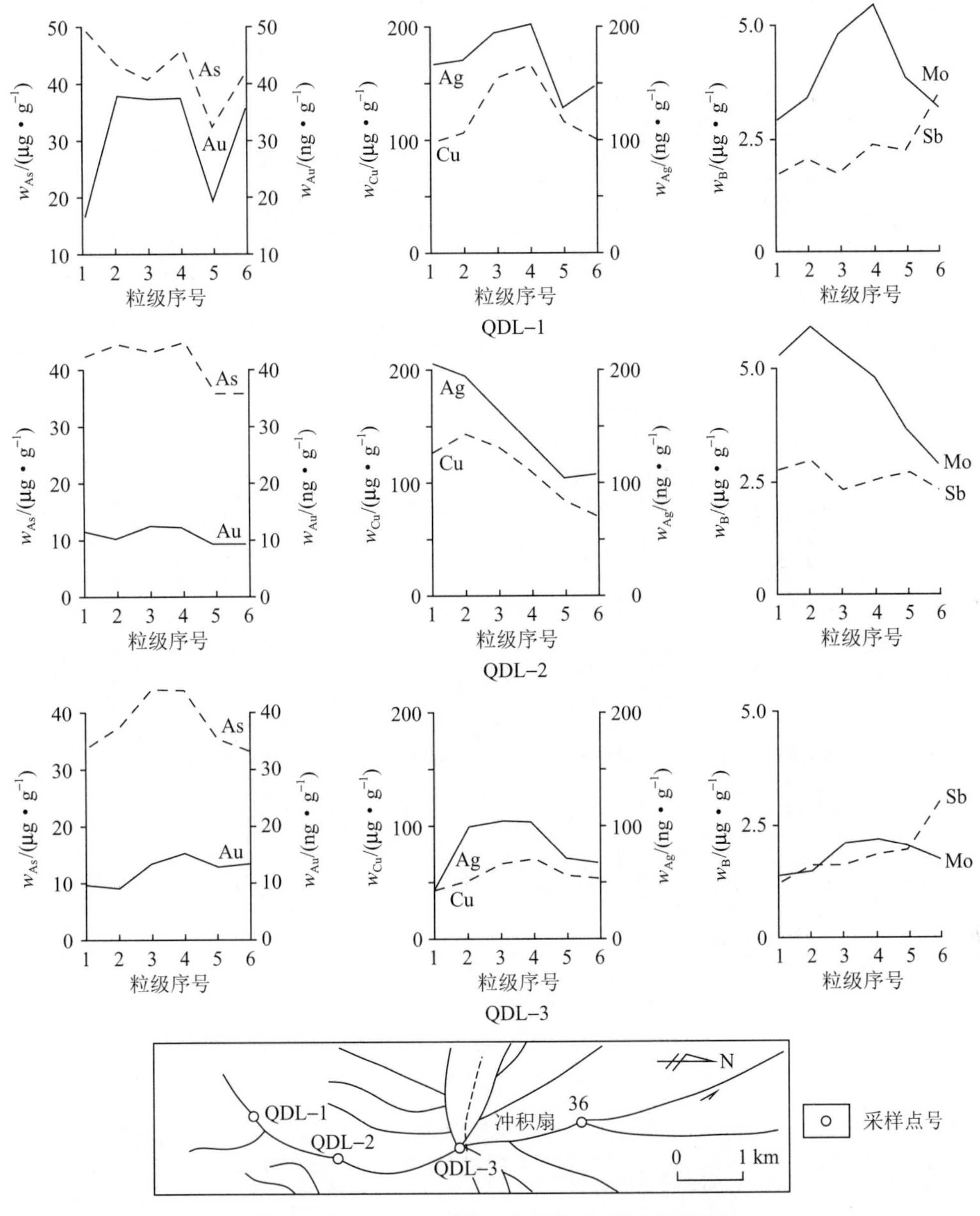

图 3–48　羌多水系沉积物各粒级中元素分布图

粒级序号：1—–4～+20 目；2—–20～+40 目；3—–40～+60 目；4—–60～+80 目；5—–80～+160 目；6—–160 目

侵位于侏罗系砂岩、粉砂岩的超基性岩体引起，主要含 Cr、Ni、Cu 矿化；卡兰古铅矿位于坦木铅锌矿南偏东约 40 km，矿床产于石炭系碳酸盐岩中，矿化以浸染状为主，次为细脉状，主矿体长 110 m，延深 340 m，为中型Pb–Zn 矿；卡拉玛铜矿位于中巴国界喀喇昆仑山主脊附近中国一侧，产于元古界石英片岩、片麻岩、绢云石英片岩中，主要矿物为黄铜矿、黄铁矿以及砷矿物，为中型 Cu 矿床。

在阿尔金山中西段的 26 号铬铁矿点（图 3–49），Cr、Ni、Co 异常在 +80 目粒级段沿水系均可迁移较长的距离。Cr 异常可达 6.4 km，而 Co、Ni 的迁移距离更长。这种长距离迁移得益于山势较陡和冬季积雪融化流水的冲洗。

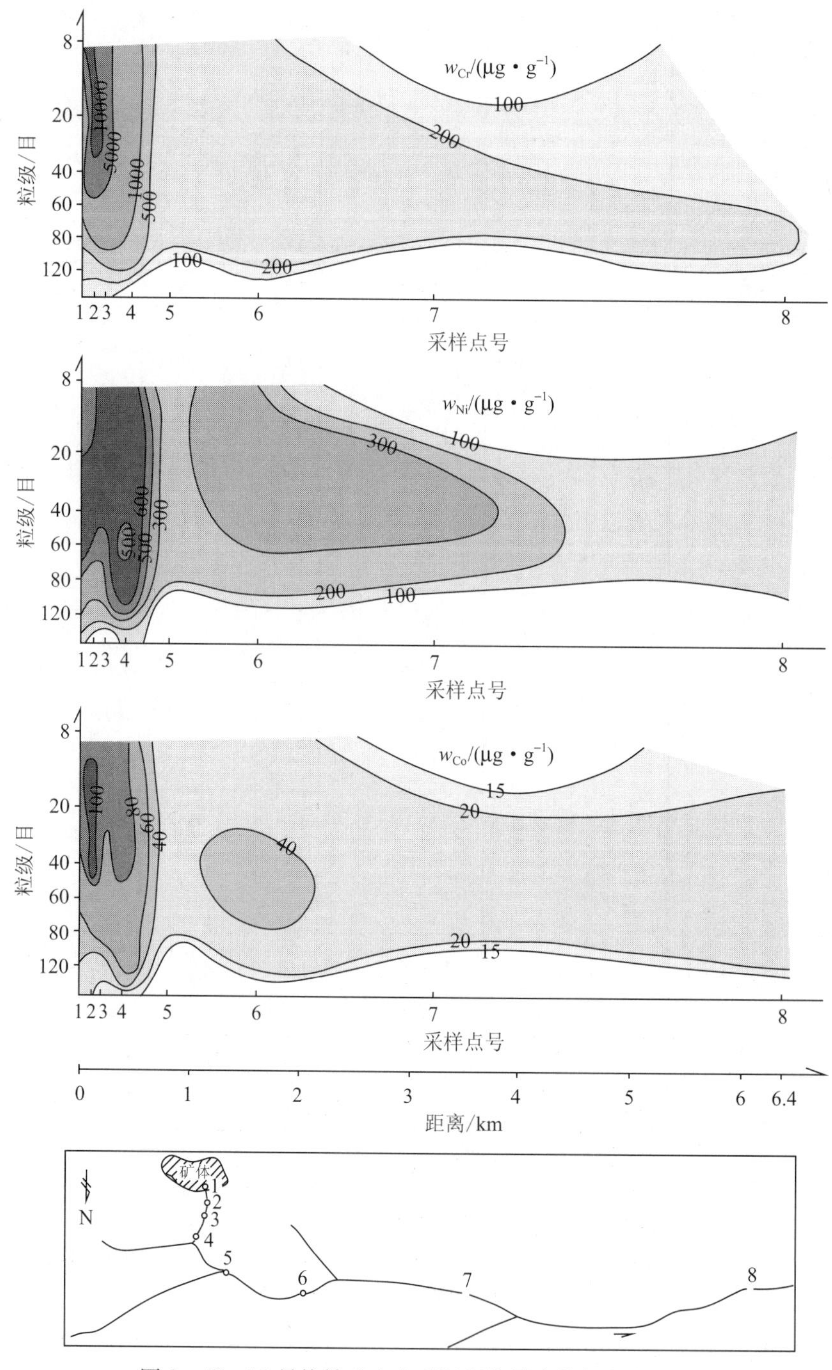

图3－49　26号铬铁矿点水系沉积物异常粒级段流长图

（据郭海龙等，1993）

使异常做较长距离迁移的粒级主要为＋80目的偏粗粒级，中等以上异常可迁移6～7 km，弱异常在水系内保持较长距离。更强异常出现在＋40目，迁移距离小于5 km。－80目的细粒级出现的异常很弱且几乎未做长距离迁移。

图3－50和图3－51中元素分布与图3－49具有一定的相似性。所不同的是，在－80目细粒级中，主要成矿元素和伴生元素仍可出现异常。与粗粒级异常相比较，－80目细粒级

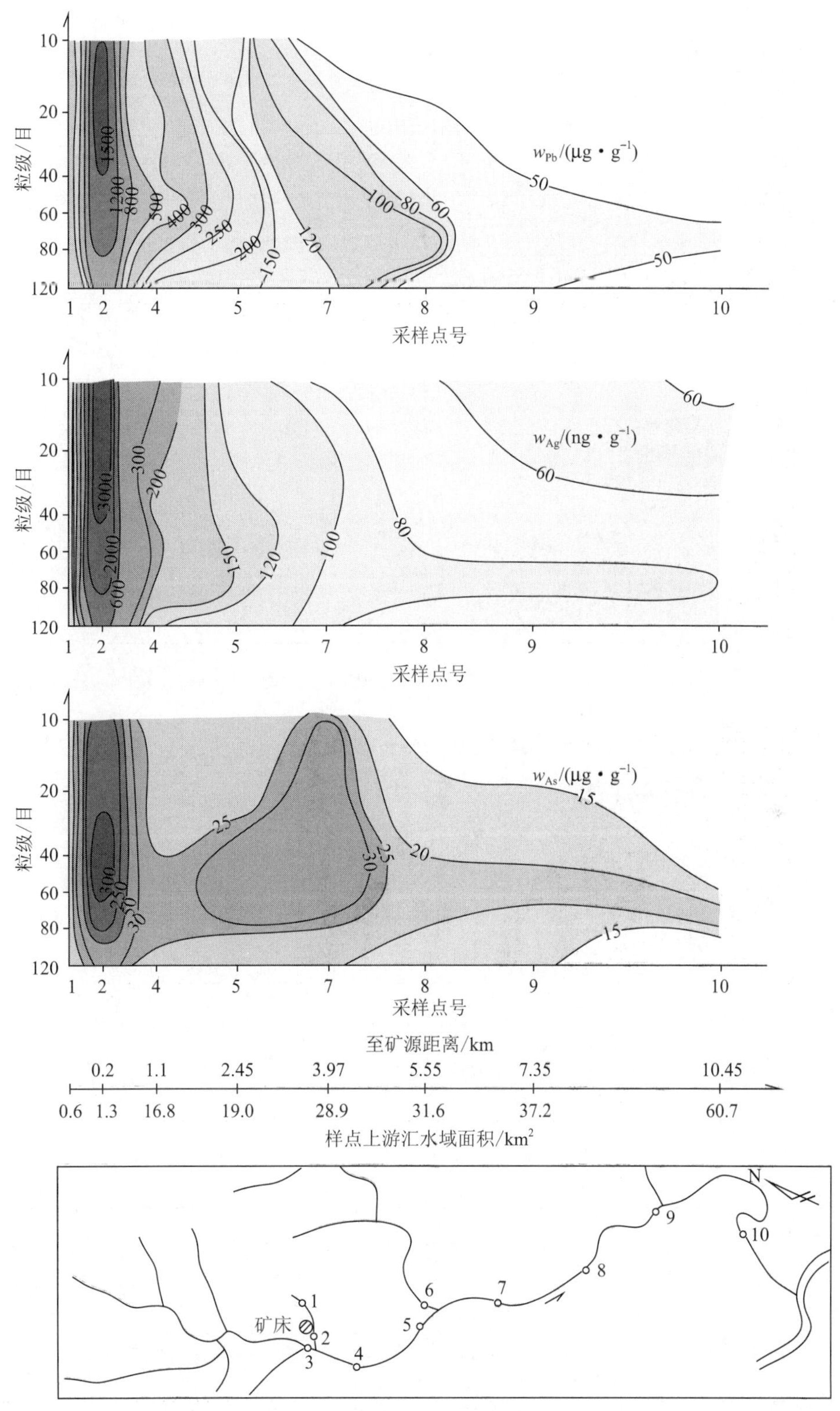

图 3－50　卡兰古铅矿区水系沉积物异常粒级段流长图

（据杨万志等，1992）

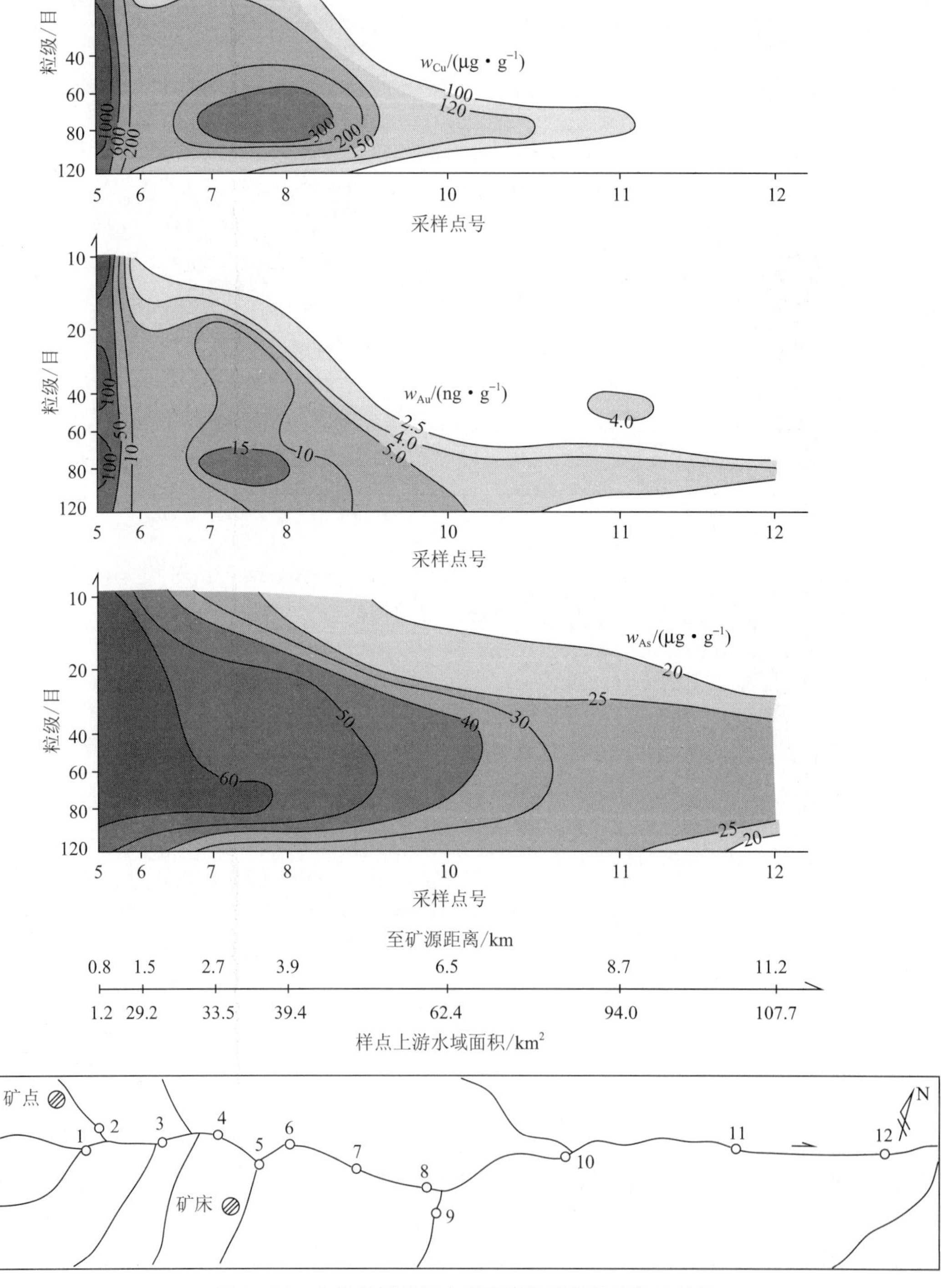

图3-51 卡拉玛铜矿区水系沉积物异常粒级段流长图

（据杨万志等，1992）

出现的异常，一是基本为弱异常；二是异常迁移距离短，一些元素异常在离开矿体后数千米内即消失，中等以上强度异常主要出现在 +80 目粗粒级，且迁移距离约为 7 km（卡兰古）或 8 km（卡拉玛）。

以上矿区或异常区元素的迁移特征表明，元素的迁移不仅与矿化规模和水系沉积物粒级有关，也与地形的相对高差具有十分密切的关系。在帕米尔高原的卡兰古和卡拉玛矿区，其地势较陡，流水的冲刷作用强，元素异常具有较长距离。相反，在藏北高原（羌多）和其他地势较缓地段（坦木），异常的迁移距离较短。通常情况下，流水作用强的地区，中型矿床主要元素异常可迁移 6 ~8 km，中等以上元素异常可迁移 4 ~6 km。在流水作用偏弱地区，异常迁移距离多为 2 ~4 km。

异常在迁移时，风成沙的掺入是不可忽视的因素。由于风成沙掺入，可使细粒级部分无异常，或出现弱异常，且这种弱异常只做近距离迁移。在藏北高原，由于风成沙干扰强和流水作用弱，-60 目水系沉积物的元素异常迁移距离明显缩短。

高寒诸景观区降水分布极不均匀，地形及相对高差差异较大，故分别选择北祁连西段东端的石居里小型 Cu 矿、西端的掉石沟中型 Pb - Zn 矿，阿尔金山的龙尾沟小型 Cu 矿，东昆仑的驼路沟大型 Co 矿，羌塘高原的多不杂大型 Cu 矿和冈底斯山东段的驱龙大型 Cu 矿作为研究区，研究主要异常元素沿主异常水系的分布特点，结果见表 3 - 24。样品粒级如下：驱龙为 -10 ~ +60 目，多不杂为 -10 ~ +40 目，其他为 -10 ~ +80 目。各研究区主要异常元素在水系沉积物中的质量分数分布各异。

驱龙大型铜矿床中的 Cu 元素具有最长的迁移距离，在矿化体下游约 10 km 处仍具有强异常，As 为中等异常，其他元素为弱异常，向下游，Mo、Au、Ag、Co 等异常呈渐减趋势，Cu 则呈渐增趋势。Cu 元素在下游出现强异常主要与下游表生环境的改变使大量河水中 Cu 离子形成孔雀石沉淀有关；或者可能在下游存在另一规模较大的隐伏或半隐伏矿床。

表 3 - 24　高寒景观区各研究区水系沉积物主要元素异常迁移长度

地区	样点	迁移长度/m	Cu	As	Co	Pb	Zn	Au	Ag	Sb	Mo	备注
石居里	S72	500	171	22.0	25	22.4	188	4.70				小型热液 Cu 矿床
	S68	2100	122	15.8	24	14.6	108	100				
	S67	3100	101	13.3	25	14.7	167	2.52				
	S64	5500	75	12.4	17	11.6	104	1.70				
掉石沟	DW27	700	52	3.3		1241	1683	1.60	1756			中型热液 Pb - Zn - Ag 矿床
	DW29	1700	25	2.1		890	1914	2.41	812			
	DW41	3000	39	2.1		655	1511	0.70	547			
	DW44	4800	35	1.8		230	471	0.80	186			
	DSL5	5500	30	1.7		30	103	0.64	76			
龙尾沟	T3 - 8	400	44	85.6				1.50		0.81		热液型 Cu 矿点
	T3 - 7	900	58	40.7				2.90		0.67		
	T3 - 5	1500	47	33.0				0.95		0.66		
	TSL - 5	2100	46	32.6				0.70		1.58		
	TSL - 6	2700	27	18.3				0.55		0.59		

续表

地区	样点	迁移长度/m	Cu	As	Co	Pb	Zn	Au	Ag	Sb	Mo	备注
多不杂	DS155	1200	785	19.5	25.2		165	10.81	249	1.22		斑岩型 Cu 矿区，目前正在勘探
	DS159	1600	147	52.9	16.2		112	8.75	126	1.30		
	L4	3800	352	50.0	16.9		206	37.55	265	2.21		
	L2	6900	61	27.9	11.5		108	4.54	164	1.21		
	L1	8900	61	30.3	11.2		110	4.03	153	1.61		
驱龙	Q108	500	438	32.0		182	248	5.1	331	1.40	6.33	大型斑岩 Cu、Mo 矿床
	Q105	2600	323	28.0		35.6	32	7.6	475	1.10	31.2	
	Q101	5200	1360	26.0		47.0	92	3.8	326	1.72	12.0	
	Q97	7000	3586	16.3		28.5	104	2.5	171	1.72	7.92	
	Q89	10500	5829	23.5		25.4	285	3.8	153	1.60	3.74	
驼路沟	ST1 - 17	600	57.0	38.5	13.3		90	4.25		1.25		正在勘探的 Co 矿区
	ST1 - 6	1900	27.6	22.6	11.4		59	4.55		0.83		
	ST1 - 3	3100	40.4	34.0	13.1		67	3.30		0.91		
	ST1 - 1	4100	35.2	35.1	15.1		64	4.82		1.27		

注：Au、Ag 单位为 ng/g，其他元素单位为 μg/g。

龙尾沟为小型 Cu 矿，且矿体分布在山脚，受塌积影响较大，其异常较弱，但 Cu 弱异常仍可迁移 2.1 km；As 异常较强，迁移距离超过 2.7 km。其次为驼路沟异常，其整体为弱异常，Cu、As、Au、Co 可迁移 4.1 km。

具有一定规模（小型以上）矿床的主要异常元素在主异常水系内的水系沉积物中迁移距离可在 2 ~4 km 范围内，甚至在 5 km 以上，随着矿床规模增大，其迁移距离变长，中等强度异常迁移距离一般为 3 ~5 km，这与国内外已知矿床的异常元素在水系沉积物中的运移统计结果基本一致。

二、天山地区矿致异常的迁移特点

在南北天山，选择具代表性的式可布台中型铁铜矿床、3571 中型铜钼矿、群吉小型铜矿床和卡恰小型金矿床开展成矿元素迁移距离研究（表 3 - 25 ~ 表 3 - 28）。

在天山地区，主要成矿元素和伴生元素沿水系的迁移长度与上游矿床规模密切相关，也与流水搬运强度有关。

式可布台铁铜矿床规模为中型，Cu、As 为中等强度异常（表 3 - 25），沿水系可迁移 5 km 以上，且异常衰减速度较慢。在即将汇入较大级别水系前，水系沉积物中的 Cu 仍具有大于 200 μg/g 的中等强度异常，As 和 Cd 则分别大于 50 μg/g 和 5 μg/g。由于伴生元素异常较弱，迁移距离多在 2 km 之内。Ag、Cu 在细粒级中衰减速度偏缓，这种现象可能是因为 Ag、Cu 在表生环境下化学性质较为活泼，使得 Ag、Cu 在离开矿区后随着距离加大，易于向 - 80 ~ + 160 目细粒级富集。

表 3－25　式可布台研究区水系沉积物中成矿元素迁移距离统计

元素	粒级/目	SSL1 (l=800 m)	SSL2 (l=1450 m)	SSL3 (l=1950 m)	SSL4 (l=2650 m)	SSL5 (l=3400 m)	SSL6 (l=4900 m)
Cu	－10～＋20	662	615	486	334	354	256
	－20～＋40	726	555	429	365	381	280
	－40～＋60	713	552	569	387	498	343
	－60～＋80	719	573	587	429	545	369
	－80～＋160	677	529	621	452	575	420
	－160	460	295	441	226	365	248
Ag	－10～＋20	163	142	95	76	66	65
	－20～＋40	179	205	65	89	75	70
	－40～＋60	209	186	110	87	107	68
	－60～＋80	269	199	119	100	117	75
	－80～＋160	247	195	135	122	130	104
	－160	174	128	130	105	100	79
As	－10～＋20	165	119	116	71	75	54
	－20～＋40	160	111	131	80	84	66
	－40～＋60	173	147	99	80	95	69
	－60～＋80	182	149	126	84	91	77
	－80～＋160	190	157	114	75	96	81
	－160	106	113	79	42	65	52
Mo	－10～＋20	15	11	14	8	9	7
	－20～＋40	14	11	16	9	11	8
	－40～＋60	15	13	17	10	12	9
	－60～＋80	16	14	17	11	15	11
	－80～＋160	15	14	19	12	17	11
	－160	13	11	16	7	13	9
Cd	－10～＋20	11	9	8	5	5	4
	－20～＋40	12	9	8	5	6	5
	－40～＋60	13	12	8	6	7	5
	－60～＋80	14	12	9	6	8	6
	－80～＋160	15	14	9	7	9	7
	－160	13	10	8	4	7	5

注：Ag、Cd 单位为 ng/g，其他元素单位为 μg/g。

在 3571 铜钼矿研究区，Cu、Ag、As、Mo 等主异常元素的迁移距离多在 8 km 以上（表 3－26），Cu 中等异常迁移距离约 2 km，As、Mo 中等异常迁移距离超过 6 km，Cd 异常强度不如 Mo、Ag、As，但其中等异常迁移距离仍可达 4 km。

表 3－26　3571 研究区水系沉积中成矿元素迁移距离统计

元素	粒级/目	JSL1 (l=600 m)	JSL2 (l=1000 m)	JSL3 (l=2000 m)	JSL5 (l=3700 m)	JSL6 (l=6100 m)	JSL7 (l=8100 m)
Cu	－10～＋20	2323	388	93	51	21	20
	－20～＋40	2895	496	110	57	23	20
	－40～＋60	3671	—	130	64	28	25
	－60～＋80	4039	—	146	74	32	33
	－80～＋160	4529	—	157	78	44	—
	－160	3429	—	164	81	58	49
Ag	－10～＋20	4600	625	358	173	91	91
	－20～＋40	5620	771	285	193	96	87
	－40～＋60	6400	1147	371	238	138	115
	－60～＋80	7100	1315	387	256	170	172
	－80～＋160	7790	1513	408	345	249	724
	－160	4710	1337	371	273	205	206
As	－10～＋20	2097	167	50	68	25	11
	－20～＋40	2509	178	77	76	41	15
	－40～＋60	3522	212	93	69	46	22
	－60～＋80	3358	233	104	109	51	28
	－80～＋160	3687	253	118	119	72	33
	－160	2600	396	104	104	92	43
Mo	－10～＋20	140	47	46	45	28	21
	－20～＋40	186	59	65	52	37	24
	－40～＋60	266	—	79	65	50	24
	－60～＋80	303	—	88	79	55	32
	－80～＋160	355	—	93	81	75	53
	－160	256	—	77	73	91	20
Cd	－10～＋20	5.6	2.1	8.9	3.9	2.1	1.5
	－20～＋40	6.6	2.7	12.3	6.6	2.9	1.6
	－40～＋60	8.3	3.1	15.8	7.0	4.4	2.0
	－60～＋80	9.7	3.7	19.5	8.2	4.7	2.8
	－80～＋160	9.7	4.8	15.3	11.3	7.9	5.4
	－160	6.1	4.2	12.2	11.5	11.4	4.1

注：Ag、Cd 单位为 ng/g，其他元素单位为 μg/g。

在群吉铜矿床研究区（表 3－27），上游为小型铜矿床。在矿体下方 1 km 处，可见中等偏强的 Cu 异常和中等偏弱的 Ag、As、Cd 异常。当异常沿水系向下游运移时，受背景水系汇入的影响，对异常产生了较强的稀释作用，使得距矿体下游 2.4 km 处的 Cu、Ag、Cd 等元素异常消失。在水系下游 3.5～6.6 km 处，Cu、Ag、As 等再次以弱异常出现，出现了较明显的脱节现象。

表 3－27　群吉研究区水系沉积物中成矿元素迁移距离统计

元素	粒级/目	QSL1 (l＝1000 m)	QSL3 (l＝2400 m)	QSL4 (l＝3500 m)	QSL5 (l＝5100 m)	QSL6 (l＝6600 m)	QSL7 (l＝9600 m)
Cu	－10～＋20	419	26	46	42	61	29
	－20～＋40	440	25	50	56	45	23
	－40～＋60	492	29	47	46	37	22
	－60～＋80	470	28	51	46	38	25
	－80～＋160	429	31	53	52	44	38
	－160	298	33	38	40	44	29
Ag	－10～＋20	375	88	143	132	195	112
	－20～＋40	254	81	117	171	143	84
	－40～＋60	292	86	105	136	132	153
	－60～＋80	243	76	99	117	128	86
	－80～＋160	222	88	120	136	104	112
	－160	197	94	71	105	72	71
As	－10～＋20	7.3	12.1	11.4	13.1	13.6	10.6
	－20～＋40	8.7	12.1	10.4	12.6	10.6	10.1
	－40～＋60	10.6	10.4	10.4	11.6	11.9	9.1
	－60～＋80	12.6	10.1	10.4	11.4	11.4	9.4
	－80～＋160	8.7	10.6	11.1	13.1	12.6	9.1
	－160	13.1	11.9	11.1	12.3	11.4	10.8
Mo	－10～＋20	0.93	1.19	1.26	1.11	1.34	1.08
	－20～＋40	1.29	1.10	1.23	1.15	1.35	1.21
	－40～＋60	1.41	0.88	1.05	1.03	1.29	0.95
	－60～＋80	2.27	0.86	1.15	1.06	1.42	1.10
	－80～＋160	2.19	0.94	2.06	1.21	1.72	1.60
	－160	1.75	1.06	1.49	1.11	1.80	1.32
Cd	－10～＋20	208	100	119	113	126	126
	－20～＋40	274	84	102	116	117	107
	－40～＋60	279	118	110	122	111	98
	－60～＋80	354	114	129	117	107	101
	－80～＋160	327	146	149	146	118	132
	－160	279	197	163	176	144	178

注：Ag、Cd 单位为 ng/g，其他元素单位为 μg/g。

卡恰金矿床研究区的情况较为特殊（表 3－28）。在距离矿体 100 余米的主异常水系内，Au 等主要成矿元素具有强异常。向下游，与另一较大背景水系汇合后，异常受到强烈的稀释，致使距矿体约 650 m 下游的样品 L4 中 Au 质量分数降至背景值。其他元素，如 Ag、Cu 等，质量分数均有明显降低。只有 As 异常在受到背景水系汇入产生的强烈稀释作用后，仍能保持在中弱异常范围内，As 异常可向下游延续 2 km 以上。

表3-28 卡恰研究区水系沉积物中成矿元素迁移距离统计

元素	粒级/目	L3（l=150 m）	L4（l=650 m）	L5（l=1250 m）	L6（l=2250 m）	L7（l=3250 m）
Au	-10~+20	48	0.65	0.41	0.28	0.42
	-20~+40	55	0.64	0.49	0.41	0.50
	-40~+60	53	1.1	0.68	0.81	0.67
	-60~+80	30	1.2	0.9	1.5	0.78
	-80~+160	36	1.2	1.1	1.2	1.3
	-160	24	1.4	1.1	1.3	1.8
Ag	-10~+20	100	72	46	36	43
	-20~+40	121	68	71	77	36
	-40~+60	249	74	50	60	44
	-60~+80	158	53	54	71	60
	-80~+160	107	60	43	96	43
	-160	85	77	95	57	95
As	-10~+20	513	2.0	5.8	6.3	6.2
	-20~+40	636	3.7	6.1	6.5	7.7
	-40~+60	609	5.6	7.8	9.0	5.2
	-60~+80	553	8.1	12.8	11.6	9.7
	-80~+160	349	6.4	21.3	16.9	12.3
	-160	197	8.2	18	15.5	17.0
Cu	-10~+20	8	2	7	6	6
	-20~+40	15	2	8	9	8
	-40~+60	20	3	10	10	8
	-60~+80	29	3	11	12	10
	-80~+160	23	3	13	12	10
	-160	23	9	15	13	16

注：Ag、Cd单位为ng/g，其他元素单位为μg/g。

因此，在天山地区，元素迁移受多种因素的影响。矿床的规模、矿化的强弱、主异常水系与背景水系的关系以及矿床产出的位置等均对异常的迁移产生不同程度的影响。通常情况下，小、中型矿床的矿化物质迁移引起的异常长度可大于2 km，大多数情况下，矿化物质可迁移数千米的较远距离，中等强度异常迁移长度约是弱异常的1/2至1/3，约1 km。上述结果表明，天山地区具有较强的水动力条件，流水作用对物质的搬运能力强，在水系中可形成数千米的中等异常。个别研究区因矿床规模和地形的原因，成矿元素迁移距离短，很难被发现，这也是一种正常现象。

各粒级元素质量分数的迁移与粒级间的关系表明。在上述四个研究区距矿体不同距离采集的样品中，各元素多在-20~+80目（160目）粒级中质量分数偏高，但在筛分的-10~+160目各粒级均为异常值，差异不十分明显。在多数情况下，具有强异常的主要成矿元素在强异常地段的-160目粒级均出现程度不等的质量分数降低。卡恰金矿区强异常地段Au及伴生元素高质量分数出现在-10~+80目粗粒级，向下游进入背景水系后，尽管水系沉积

物 -80 目中各元素质量分数偏高，但应是在背景区间的升高，与异常和矿化无关。细粒级中元素质量分数有所增高，多处于背景区间，且多为高背景。当元素质量分数普遍升高至高背景值时，这种偏高背景可使异常下限抬高，从而降低异常衬值，影响异常的圈定、判断和识别。

通过水系沉积物元素迁移特征研究认为，西天山区具有丰富的水动力条件，对物质的搬运能力强，矿化物质可运移数千米，在水系中形成明显的异常。即使在较大背景水系的稀释作用下，主成矿元素异常几近消失，但主要伴生元素异常仍可运移数千米，中等异常长度可达弱异常长度的 1/2 ~ 1/3。

通常，只出现弱异常的情况时，较难区分矿致异常和非矿异常以及岩性异常。在出现中等以上异常并具有明显浓集中心时，才有机会对异常进行识别与筛选，提取与成矿有关的信息进行异常筛选与评价。

第四章 干扰物质分布特点及干扰机理

干扰物质是指在地球化学勘查过程中，对样品中元素质量分数产生干扰，使其偏离正常分布状态、削弱或掩盖与基岩密切相关的地球化学分布规律以及异常特征的物质。通常，这些物质混入地球化学勘查正常的采样介质内，改变采样介质的物质构成和化学成分。因此，研究与识别干扰物质及其分布特点和干扰机理，最终达到排除这些干扰，最大限度地保障采集样品的真实性和与基岩的密切关系，以提高地球化学勘查的效果。

第一节 森林沼泽景观区有机质分布特点及干扰机理

一、有机质分布特点

有机质是指各种表生介质（土壤、水系沉积物等）中，植物、动物和微生物等死亡残体物质经腐殖分解转化逐渐形成的有机物质。有机质与岩石碎块以及分解的矿物质和黏土共同组成土壤和水系沉积物的固相部分。有机质可以分为两大类（王云等，1995）：第一类为非特殊性有机质，包括动植物残体的组成部分及其有机质分解的中间产物，如蛋白质、树脂、糖类、有机酸等；第二类为腐殖质，由动植物残体经微生物作用，发生复杂转化而成的具有复杂结构和组成的特殊有机化合物。通常，土壤和水系沉积物中腐殖质由胡敏酸、富里酸和存在于生物体残渣中的胡敏素等组成（文启孝等，1984）。

在表生介质（土壤、水系沉积物等）中，腐殖质可以呈游离的腐殖酸或腐殖酸盐类、与 Fe 和 Al 配合的凝胶、与黏粒（黏土）紧密结合的有机－无机复合体等形态存在。这些存在形态对土壤（包括水系沉积物）一系列的物理、化学性质有很大的影响（唐森本等，1996）。

在森林沼泽景观区，土壤和水系沉积物中有机质分布十分普遍，它们主要赋存在土壤的腐殖层、泥炭层和细粒水系沉积物中。在野外现场，除枯枝落叶层以外，可以观察到两种有机质：一部分为已经开始腐烂，但还没有完全分解的植物纤维及残物，如河道两侧与沼泽区的泥炭；另一部分是已经完全分解，与土壤有机结合形成腐殖层或水系沉积物中的黑色腐泥等。

泥炭和有机质主要以三种方式分布：在河道两侧及地势低洼地段的沼泽中，形成泥炭层或腐泥层；在各类土壤中，富集在其表层，形成腐殖层，并下渗到以下土壤各层位，主要在淀积（B）层；以掺入的方式富集在水系沉积物的细粒级或为水系沉积物的有机淤泥。

由于有机质的加入，形成了富含有机质的土壤和水系沉积物，从而改变了土壤和水系沉积物的物质结构与化学组分构成。森林沼泽景观区主要表生介质中有机质（以有机碳质量分数来度量，未乘以换算系数 1.724）分布状况见表 4－1。

表 4-1　森林沼泽景观区腐殖质（A）层和淀积（B）层有机碳统计参数

地区	层位	研究区	土类	样品数	平均值/%	有机碳累计率/%	标准偏差	变异系数
大兴安岭	腐殖质（A）层	得耳布尔		22	7.63	5.34	4.45	0.58
		塔源		4	11.00	8.03	0.98	0.09
		白卡鲁山*			4.43	5.03		
		黑龙江省漠河县前哨林场**	雏形土	3	19.28	21.66		
		黑龙江省呼玛县嘉鲁堡**	均腐土	3	4.34	8.35		
		加格达奇**	潜育土	2	16.04	5.77		
		平均值		35	9.12	9.03		
	淀积（B）层	得耳布尔		31	1.43		0.46	0.33
		塔源		12	1.37		1.23	0.90
		白卡鲁山*			0.88			
		黑龙江省漠河县前哨林场**	雏形土	1	0.89			
		黑龙江省呼玛县嘉鲁堡**	均腐土	4	0.52			
		加格达奇**	潜育土	2	2.78			
		平均值		51	1.38			
小兴安岭	腐殖质（A）层	多宝山*		8	3.50	2.78		
		黑龙江省孙吴县沿江乡**	雏形土	1	3.51	1.73		
		黑龙江省黑河市拉腰子**	均腐土	1	2.38	5.17		
		黑龙江省伊春市带岭**	淋溶土	3	2.86	8.67		
		平均值		13	3.27	4.59		
	淀积（B）层	多宝山*		13	1.26			
		黑龙江省孙吴县沿江乡**	雏形土	3	2.03			
		黑龙江省黑河市拉腰子**	均腐土	5	0.46			
		黑龙江省伊春市带岭**	淋溶土	4	0.33			
		平均值		25	1.04			
张广才岭-长白山	腐殖质（A）层	大荒沟		3	3.21	4.72	0.98	0.30
		四道河子		2	3.31	7.52	0.09	0.03
		吉林省通化市金厂镇**	淋溶土	1	2.50	5.56		
		黑龙江省宁安市兰岗乡**	淋溶土	1	1.47	2.49		
		黑龙江省宝清县853农场**	淋溶土	1	4.66	14.12		
		吉林省安图县长白山林区**	淋溶土	1	3.53	13.58		
		黑龙江省集贤县291农场**	潜育土	2	5.61	9.67		
		平均值		15	5.51	8.99		
	淀积（B）层	大荒沟		9	0.68		0.37	0.55
		四道河子		6	0.44		0.20	0.45
		吉林省通化市金厂镇**	淋溶土	3	0.45			
		黑龙江省宁安市兰岗乡**	淋溶土	3	0.59			

续表

地区	层位	研究区	土类	样品数	平均值/%	有机碳累计率/%	标准偏差	变异系数
张广才岭—长白山	淀积（B）层	黑龙江省宝清县853农场**	淋溶土	5	0.33			
		吉林省安图县长白山林区**	淋溶土	4	0.26			
		黑龙江省集贤县291农场**	潜育土	4	0.58			
		平均值		41	0.66			

*引自汪明启等（1994，1998）；**引自龚子同等（1999）。

各地的不同类型土壤中，有机碳平均质量分数差异十分明显（表4-1）。在大兴安岭，土壤腐殖质层有机碳平均质量分数可高达19%，较最低值高出4倍。有机碳质量分数具有从北部大兴安岭向南至小兴安岭和长白山呈降低的趋势，这一趋势不仅出现在腐殖层，在淀积（B）层也是如此。在各类土壤分层中，分布在腐殖质（A）层的有机碳质量分数明显高于淀积（B）层；腐殖质（A）层有机碳累计率［腐殖质（A）层有机碳质量分数/淀积（B）层有机碳质量分数］一般为5%~10%，南部的长白山地区与北部的大兴安岭地区较为接近（分别为8.99%和9.03%），最高累积率（21.66%）出现在大兴安岭地区漠河县前哨林场的雏形土中。

对比不同地区腐殖质（A）层有机碳平均值，大兴安岭地区最高，可达9.12%；小兴安岭地区最低，为3.27%；张广才岭—长白山地区介于两者之间，为5.51%。

森林沼泽景观区有机碳的积累速率主要与气候条件关系密切。在北部的大兴安岭地区，气温相对偏低，有机质分解速度较慢，流失速度相应减缓，有利于有机质的积累。在小兴安岭以南地区，随纬度降低，气温相对偏高，有机质分解速度相对加快，有机质堆积与消解的平衡体中，消解偏多，随降水量增加，流失速度加快，积累速率降低，使有机质质量分数偏低。

得耳布尔研究区-20目和-80目泥炭中有机碳质量分数平均值基本接近，分别为11.00%和9.47%（表4-2）。但其变异系数相差很大，分别是0.53和0.34，反映出-20目泥炭样品中有机碳分布具有明显的不均匀性。

在不同地区的水系沉积物中，有机碳质量分数平均值随粒级变细呈逐渐升高的特点（表4-2）。在中细混合粒级（-20目或-60目或-80目）的部分样品中，有机碳质量分数已接近泥炭的平均值，表明有机碳主要赋存在细粒级中。在截取的粗粒级段（-10~+60目和-10~+40目）中，有机碳质量分数最低，仅是混合细粒级段的1/3~1/4，说明截取粒级段主要代表上游汇水域基岩的风化碎屑物质，有机质掺入极少，出现的少量有机碳主要与样品中混入的植物残留体和有机质进入岩屑缝隙有关。

二、表生介质pH与电导率

1. pH和电导率特点

森林沼泽景观区的表生介质主要指水系沉积物（包括岸边泥炭）、土壤的风化碎石母质（C）层和腐殖质（A）层。

森林沼泽景观区水系沉积物的类型较为单一，主要为与冲洪积密切相关的物质，为现代

表4-2　森林沼泽景观区水系沉积物和泥炭中有机碳平均质量分数及参数

地区	研究区	介质	粒度/目	样品数	平均值/%	标准离差	变异系数
大兴安岭	得耳布尔	水系沉积物	-10~+60	8	1.09	0.86	0.79
			-60	8	3.26	1.75	0.54
			-80	79	7.44	6.85	0.92
		泥炭	-20	77	11.00	5.84	0.53
			-80	6	9.47	3.21	0.34
	塔源	水系沉积物	-10~+60	6	1.02	0.71	0.69
			-60	6	2.87	0.76	0.27
		泥炭	-80	6	7.16	4.15	0.58
	白卡鲁山*	水系沉积物	-20（砂质）		0.81		
		泥炭	-20		10.8		
小兴安岭	多宝山*	泥炭	-20		3.18		
长白山—张广才岭	大荒沟	水系沉积物	-10~+40	9	0.68	0.43	0.63
			-40~+80	9	0.88	0.62	0.70
			-80	9	1.75	1.04	0.59
	四道河子**	水系沉积物	-10~+40	6	0.56	0.21	0.37
			-40~+80	6	1.22	0.68	0.56
			-80	6	2.35	1.50	0.64

＊引自汪明启等（1994）。＊＊引自杨少平等（2002）

河道内的冲洪积物、河道岸边泥炭、河漫滩堆积物等。本书研究对象主要为冲洪积物（水系沉积物）和岸边泥炭，同时兼顾土壤。森林沼泽景观区因地域的差异土壤类型各有不同，主要有两大类：第一类为寒冻雏形土，主要分布在大兴安岭北段，以山脊附近最为典型。一般土壤厚度为50~90 cm，山脊和较陡山坡土壤层较薄，一般仅为20~40 cm。土壤表层有机碳质量分数较高，在2.9%以上。土壤呈酸性或中性—碱性，土壤表层以下50~80 cm存在永冻层。土壤质地较轻，成壤作用较弱，物质组成以岩石风化碎屑为主，未发生明显淀积黏化作用，矿物化学分解程度较低。黏土未成层，主要与岩石碎屑共生，黏土矿物以水云母或水云母夹层为主。第二类为冷凉淋溶土，主要分布在大兴安岭中段、小兴安岭和长白山—张广才岭地区的山地。具有腐殖质质量分数高的表层（Ah层）和黏化（黏土淀积）层（Bt层），在森林植被发育条件下土壤常有暗沃表层。大部分地区的黏化层呈微酸性反应，风化成土作用相对较弱，岩石碎屑保留较多。

研究区土壤表（A）层由于富含腐殖质，本书称为腐殖层。在部分山区和丘陵区，腐殖层和风化碎石母质（C）层之间存在淀积（B）层。

表生介质的pH和电导率研究分别采用盐浸和水浸测定方法。盐浸和水浸测定的pH在各类介质中的含量分布趋势一致，但两种方法测得的pH相差大约为1，盐浸测定的pH更接近于中国科学院南京土壤研究所发布的森林沼泽景观区土壤pH。因此，本书选用盐浸测定的pH。

盐浸和水浸电导率差异明显，盐浸结果高出水浸结果两个数量级以上，且在各类介质分布趋势中，盐浸结果均大于水浸结果。其原因是盐浸缓冲液中存在大量电解质，从而大大提高了溶液的电导率，一定程度掩盖了不同介质间电导率的变化趋势。因此，电导率选用水浸结果。

多种采样介质测量 pH 和电导率结果见表 4 -3。在森林沼泽景观区，pH 的变化从水系沉积物的粗粒级→ -60 目细粒级→泥炭层→母质（C）层→腐殖层，呈逐渐降低趋势，pH 由偏中性逐渐向弱酸性和酸性转变。

表 4 -3　森林沼泽景观区主要采样介质 pH、电导率（κ）一览表

介质	参数	pH	$\kappa/(\mu\cdot\Omega^{-1})$
水系沉积物（-10 ~ +60 目）($n=4$)	平均值	6.5	260
	标准离差	0.163	154
	变异系数	0.025	0.592
水系沉积物（-60 目）($n=8$)	平均值	6.01	305
	标准离差	0.822	80.9
	变异系数	0.137	0.265
泥炭层（-80 目）($n=10$)	平均值	5.32	397.8
	标准离差	0.396	119.4
	变异系数	0.074	0.300
母质（C）层（-20 目）($n=17$)	平均值	5.25	194.1
	标准离差	0.501	60.55
	变异系数	0.095	0.312
腐殖层（-20 目）($n=10$)	平均值	4.9	257.5
	标准离差	1.040	64.7
	变异系数	0.213	0.251

注：pH 为盐浸测定，缓冲液为 1 mol/L 的 KCl 溶液（pH = 5.8）；电导率为水浸测定，缓冲液为去离子水（κ = 500 $\mu\cdot\Omega^{-1}$）。

从母质（C）层到腐殖层，电导率明显升高（从 194.1 μS/cm 到 257.5 μS/cm），而且变异系数相对较小（表 4 -3）。在森林沼泽景观区，不同采样地点的土壤，同一层位的电导率分布比较均匀，基本一致。从粗粒水系沉积物（-10 ~ +60 目）→细粒水系沉积物（-60 目）→泥炭（-80 目），随着介质的改变和颗粒逐渐变细，电导率不断升高，从 260→305→397.8（表 4 -3）。

出现上述现象的原因，初步认为是介质中腐殖质质量分数不断增高，引起了腐殖酸的不断增加，使一些不活动组分趋向活动，为介质中有机酸配合离子的增加所致。

水系沉积物中，pH 整体呈酸性或偏中性，各地表现出一定的差异。大兴安岭地区 pH 低于张广才岭—长白山地区，粗粒级 pH 高于细粒级。在得耳布尔研究区，水系沉积物细粒级 pH 与泥炭 pH 十分接近，分别是 6.2 和 6.3（表 4 -4）。

小兴安岭多宝山研究区泥炭 pH 低于大兴安岭得耳布尔研究区，两者相差接近 2（表 4 -4），pH 差异明显。

森林沼泽景观区主要土壤类型（龚子同等，1999）典型剖面和研究区土壤不同层位中 pH 统计参数见表 4 -5。土壤基本呈酸性，只有大荒沟和四道河子两个研究区略有差异，母质（C）层和表（A）层土壤 pH 呈中偏酸性。

表 4-4　森林沼泽景观区不同粒级水系沉积物和泥炭 pH 及参数统计

地区	研究区	介质类型	粒级/目	样品数	pH 平均值	变异系数
大兴安岭	得耳布尔	水系沉积物	-10 ~ +60	3	6.67	0.046
			-60	3	6.20	0.016
		泥炭	-80	6	6.30	0.066
	塔源	水系沉积物	-10 ~ +60	12	6.95	0.147
			-60	8	5.89	0.114
小兴安岭	多宝山	泥炭	-20	12	4.58	0.115
长白山—张广才岭	大荒沟	水系沉积物	-10 ~ +40	11	7.51	0.104
			-40 ~ +80	9	7.27	0.085
			-80	6	7.08	0.065
	四道河子	水系沉积物	-10 ~ +40	6	7.77	0.068
			-40 ~ +80	6	7.55	0.036
			-80	3	7.83	

（据杨少平等，2004）

表 4-5　森林沼泽景观区腐殖质（A）层和淀积（B）层 pH 统计

地区	层位	研究区	土壤类型	样品数	pH 平均值	pH 最大值	pH 最小值
大兴安岭	腐殖质（A）层	西吉诺		26		6.2	4.5
		塔源		6	4.73	5.9	4.1
		白卡鲁山		21		4.2	2.2
		前哨林场	雏形土	3	3.53	3.8	3.4
		呼玛嘉鲁堡	均腐土	3	4.43	4.6	4.3
		加格达奇	潜育土	2	4.36	4.46	4.25
	淀积（B）层	西吉诺		26		5.8	4.2
		塔源		9	4.93	5.4	4.5
		白卡鲁山		5		5.1	3.1
		前哨林场	雏形土	1	4.0		
		呼玛嘉鲁堡	均腐土	4	4.4	4.4	4.4
		加格达奇	潜育土	2	3.59	3.70	3.48
小兴安岭	腐殖质（A）层	伊春带岭	淋溶土	3	4.73	5.7	4.4
		黑河拉腰子	均腐土	1	5.0		
	淀积（B）层	伊春带岭	淋溶土	4	4.15	4.3	4.1
		黑河拉腰子	均腐土	5	4.15	4.3	4.1
张广才岭—长白山	腐殖质（A）层	大荒沟		3	6.2	6.9	5.8
		四道河子		2	6.45	6.8	6.1
		宝清 853 农场	淋溶土	1	4.6		
		安图县长白山林区	淋溶土	1	4.2		
		宝清 853 农场 4 分场	潜育土	2	3.40	3.61	3.19
		同江洪河农场	潜育土	2	4.11	4.16	4.05

续表

地区	层位	研究区	土壤类型	样品数	pH 平均值	pH 最大值	pH 最小值
张广才岭—长白山	淀积（B）层	大荒沟		9	7.63	8.9	6.0
		四道河子		6	7.08	8.3	6.3
		宝清 853 农场	淋溶土	5	3.92	4.4	3.5
		安图县长白山林区	淋溶土	4	3.33	3.4	3.2
		宝清 853 农场 4 分场	潜育土	3	3.73	3.9	3.61
		同江洪河农场	潜育土	4	3.94	4.06	3.66

（据杨少平等，2004）

在主要类型土壤中，各类土壤的 pH 变化各不相同（表 4－5），雏形土和潜育土为最低；淋溶土和均腐土则较低。上述特点表明，土壤成壤作用对 pH 有影响，土壤成熟度高，有机质含量高，腐殖质分解趋于完全，则 pH 低；土壤成熟度低，则 pH 高。在森林沼泽景观区，腐殖层的存在和有机质的发育导致了土壤表（A）层 pH 不同程度的改变，呈现酸性，电导率明显升高，对基岩风化后的成土产生明显影响，同时对汇水域内水系沉积物的物质构成亦产生明显影响。随土壤和水系沉积物粒级变细，有机质的比例明显增高，产生的影响作用随之增强。

2. 有机碳与 pH 的关系

有机碳质量分数、pH 与水系沉积物粒级三者之间存在着明显的依存关系（表 4－6）。当水系沉积物粒级由粗逐渐变细时，有机碳质量分数逐渐升高。在塔源研究区，有机碳由 －4～＋40 目的 0.475% 升至 －160 目的 4.62%，高出近 10 倍。在得耳布尔研究区，水系沉积物各粒级有机碳质量分数变化与塔源十分相似，呈随粒级变细而有机碳值增高。pH 的变化由粗粒级的中偏酸性向酸性转变。在塔源研究区，当有机碳质量分数达到 1% 时，pH 突然下降，形成一个十分明显的台阶，这种突变出现在 －40～＋60 目粒级段，在 40 目以上粗粒级段，pH 大于 6，呈中性偏弱酸性；而 40 目以下细粒级段的 pH 均小于 6，呈酸性。在得耳布尔研究区，这一特点只出现在 －60 目粒级段，两地相似的变化趋势十分明显。

表 4－6 森林沼泽景观区水系沉积物 pH 和有机碳量关系

研究区	项目	粒级/目	－4～＋10	－10～＋20	－20～＋40	－40～＋60	－60～＋80	－80～＋160	－160
塔源（$n=4$）	有机碳	平均值/%	0.415	0.475	0.465	1.13	1.56	3.74	4.62
		变异系数	0.596	0.551	0.015	0.346	0.769	0.295	0.054
	pH	平均值	6.4	6.73	6.8	5.87	5.77	5.95	5.85
		变异系数	0.135	0.161	0.115	0.084	0.131	0.036	0.012
得耳布尔（$n=3$）	有机碳	平均值/%	0.38	0.37	0.54	0.73	1.09	1.73	3.18
		变异系数	0.158	0.215	0.373	0.498	0.584	0.547	0.526
	pH	平均值	6.6	7.0	6.4	6.2	6.3	6.1	

对土壤和水系沉积物 pH 研究表明，在森林沼泽景观区，由于植被发育，可产生有机质积累，随土壤成熟度增高，有机质分解，腐殖酸增高，pH 偏低，使土壤和水系沉积物呈酸性。随着土壤层位和水系沉积物粒级以及泥炭层的变化，pH 亦随之改变，土壤 pH 由上向下增高，水系沉积物由粗粒向细粒（或泥炭）pH 增高。显示出 pH 与各种采样介质间的密

切关系，与此同时，电导率亦随 pH 降低，土壤和水系沉积物酸度增高，游离的金属离子增加，电导率随之增高。

三、有机质的组分特点

有机碳是自然界物质中碳的一部分，由生物残留体和腐殖质碳组成，其中腐殖质碳是有机碳的主要组成部分。由胡敏素碳、胡敏酸碳和富里酸碳组成，是一种高分子量酸性深色有机化合物，其结构十分复杂，具有很强的化学活动性。腐殖酸是腐殖质的主要部分，是腐殖质中能溶于碱溶液的部分。腐殖酸中被无机酸（盐酸或硫酸）沉淀的为胡敏酸，酸化后不沉淀的部分为富里酸，二者具有弱酸性质。腐殖质对众多金属有沉淀与固定作用，同时对金属迁移具有阻滞和推动的双重影响。在腐殖质中，对金属元素产生影响的主要为富里酸碳和胡敏酸碳。在有黏土存在的条件下，可增强腐殖酸对 Cu、Zn、Ni 等元素的溶解度，富里酸对方铅矿等多金属矿物具有很强的溶解能力，当腐殖酸浓度较高时，有机质趋于凝聚而沉淀。因此，有机质的存在，是元素发生次生迁移与沉淀、分散和富集的重要影响因素。

对森林沼泽景观区土壤的腐殖质（A）层和淀积（B）层采集样品，分析、研究有机质的组分特点。土壤不同层位腐殖质组分分析结果见表 4－7。

表 4－7　森林沼泽景观区土壤不同层位腐殖质组分

土壤层位	研究区	统计参数	腐殖质全碳	胡敏酸和富里酸总碳	胡敏酸碳	富里酸碳	胡敏素碳
腐殖层	大兴安岭 ($n=7$)	平均值/%	11.77	3.55	1.03	2.51	8.22
		标准离差	6.54	1.99	0.89	1.41	4.69
		占全碳的比例/%		30.1	8.8	21.1	69.9
	张广才岭 ($n=3$)	平均值/%	3.24	1.17	0.64	0.53	2.07
		标准离差	0.78	0.24	0.23	0.05	0.54
		占全碳的比例/%		36.1	19.7	16.3	63.9
淀积层	大兴安岭 ($n=14$)	平均值/%	1.37	0.49	0.11	0.38	0.88
		标准离差	0.72	0.27	0.10	0.20	0.50
		占全碳的比例/%		35.6	7.7	27.9	65.3
	张广才岭 ($n=6$)	平均值/%	0.79	0.24	0.04	0.19	0.55
		标准离差	0.29	0.10	0.03	0.07	0.20
		占全碳的比例/%		29.9	5.4	24.6	70.1

在森林沼泽景观区，土壤中腐殖质的分布具有明显的规律性，土壤上部腐殖质（A）层的腐殖质明显高于下部的淀积（B）层。在腐殖质中，胡敏素碳约占总碳量的 63.9%～70.1%。胡敏酸碳与富里酸碳之和占总碳量的 30% 以上，胡敏酸碳和富里酸碳单一组分在总碳量的比例中，以富里酸碳具有明显优势，且因地区以及样品间的差异而相差明显。在土壤剖面的不同层位，腐殖质（A）层的腐殖质组分明显高于其下部淀积（B）层，通常可高出 3～10 倍。地域间的差异亦十分明显，大兴安岭地区腐殖质显著偏高。

与土壤各层腐殖质组分分布特点相比较，水系沉积物中腐殖质分布出现了较为明显变化（表 4－8）。在大兴安岭地区水系沉积物中，腐殖质主要赋存在 60 目以下细粒级，其质量分

数是 -10 ~ +60 目粗粒级的 5 倍；在水系岸边采集的泥炭堆积物，所含腐殖质高达 11.33%，是 -60 目水系沉积物的 5 倍、-10 ~ +60 目水系沉积物的近 30 倍。由此可见，水系沉积物中腐殖质主要来自岸边泥炭，且主要分布在 -60 目细粒级。由于细粒级腐殖质质量分数增高，直接对水系沉积物的 pH 和电导率产生影响，这种影响主要出现在富含腐殖质的细粒级中。据有关研究者的实验，在腐殖质溶液中，Cu^{2+}、Pb^{2+}、Zn^{2+}稳定于溶液中的 pH 为 4.2、3.5、5.8；在富里酸溶液中，Pb^{2+}、Zn^{2+}稳定于溶液中的 pH 为 4.08，故溶液 pH 升高可以提高腐殖酸结合 Cu^{2+}、Pb^{2+}、Zn^{2+} 的能力（王丹丽等，2003；卢家烂等，1995）。研究区不同介质中的 pH 均大于腐殖质溶液中 Cu^{2+}、Pb^{2+}、Zn^{2+} 的稳定边界，表明在研究区景观条件下，将有较多的 Cu、Pb、Zn 等元素被土壤和水系沉积物中腐殖质所吸附，结合成有机化合物，使这些介质中相关元素质量分数升高，同时可较大幅度提高电导率。

表 4-8 大兴安岭不同表生介质中腐殖质组分

介质	参数	腐殖质全碳	胡敏酸和富里酸总碳	胡敏酸碳	富里酸碳	胡敏素碳
土壤腐殖层（$n=7$）	平均值/%	11.77	3.55	1.03	2.51	8.22
	标准离差	6.54	1.99	0.89	1.41	4.69
土壤 B 层（$n=14$）	平均值/%	1.37	0.49	0.11	0.38	0.88
	标准离差	0.72	0.27	0.10	0.20	0.50
水系沉积物（-10 ~ +60 目）（$n=4$）	平均值/%	0.39	0.13	0.04	0.11	0.25
	标准离差	0.15	0.05	0.02	0.04	0.10
水系沉积物（-60 目）（$n=8$）	平均值/%	2.07	0.66	0.19	0.47	1.41
	标准离差	1.09	0.34	0.11	0.23	0.77
水系泥炭（-80 目）（$n=9$）	平均值/%	11.33	3.39	1.37	2.02	7.94
	标准离差	5.03	1.33	0.70	0.78	3.73

四、有机质中元素分布特点

1. 土壤有机质酸相的元素分布

为了较为详细的研究有机质对水系沉积物、土壤中元素的干扰特点和干扰程度，研究腐殖质对表生介质中元素分布的影响，选择粗粒级（-10 ~ +60 目）和细粒级（-60 目）水系沉积物、水系泥炭层以及土壤表（A）层（即腐殖质层）和母质（C）层样品，由中国科学院南京土壤研究所分析测试腐殖酸，而后利用腐殖酸（胡敏酸和富里酸）总碳提取液分析测试腐殖酸相 Cu、Pb、Zn、As、Hg 和富里酸相 Cu、Pb、Zn 的质量分数。

土壤不同层位样品中腐殖酸相各元素质量分数与富里酸相各元素质量分数的比值见表 4-9。

腐殖酸相元素质量分数占该样品全量的比例从 0.0n 至 0.66 不等，不同层位和不同元素间的比例差异十分显著。在土壤腐殖质（A）层中，腐殖酸相 Cu 和 Hg 质量分数可占全量的 19% ~22%，腐殖酸相 As 质量分数仅占全量的 7%，腐殖酸相 Pb、Zn 各占全量的 5% 和

8%。进入母质（C）层以后，只有 Hg 继续保持着高比例（即 21%），其他元素均程度不同地下降，As 下降了 28%，Cu 下降了 1/2（即 11%），Pb、Zn 则分别下降了 80% 和一个数量级左右。

表 4－9　森林沼泽景观区土壤中腐殖酸相/全量与富里酸相/腐殖酸相

层位	参数	腐殖酸相 As/全量 As	腐殖酸相 Hg/全量 Hg	腐殖酸相 Cu/全量 Cu	腐殖酸相 Pb/全量 Pb	腐殖酸相 Zn/全量 Zn	富里酸相 Cu/腐殖酸相 Cu	富里酸相 Pb/腐殖酸相 Pb	富里酸相 Zn/腐殖酸相 Zn
腐殖质（A）层	样品数	9	9	9	9	9	10	10	10
	最小值	0.0500	0.0900	0.0900	0.002	0.0030	0.0700	0.0700	未检出
	最大值	0.1200	0.2700	0.3900	0.1500	0.3300	0.9500	0.4700	1.0000
	平均值	0.0700	0.1900	0.2200	0.0500	0.0800	0.6600	0.1900	0.4800
	标准差	0.0300	0.0600	0.1000	0.0500	0.1100	0.3200	0.1500	0.4700
母质（C）层	样品数	19	19	19	19	19	19	18	19
	最小值	0.0300	0.0400	0.0200	0.0001	0.0004	0.3600	0.1000	0.0108
	最大值	0.1000	0.6900	0.2800	0.0300	0.0300	0.9600	1.0000	0.9000
	平均值	0.0500	0.2100	0.1100	0.0100	0.0050	0.6900	0.4800	0.4500
	标准差	0.0200	0.1500	0.0700	0.1000	0.0060	0.2100	0.3100	0.3400

上述比值变化特点表明：在森林沼泽景观区，土壤中腐殖质对各元素的配合作用因元素而异，其配合作用可以提高 Cu、Pb、Zn、As、Hg 在腐殖质中的质量分数，特别是 Cu 和 Hg，其贡献度可达 20% 以上。在土壤腐殖质（A）层中，由于腐殖质明显增加，大大增强了其对金属离子的影响能力，使 Pb、Zn 等与腐殖酸的结合量大幅度增加，这些元素在腐殖酸相中的比率从 0. n% 猛增至 n%。在腐殖酸的作用下，一方面可使元素向腐殖质中聚集，另一方面可大大增强元素的活动能力，有利于元素的迁移、扩散和次生富集。

在土壤母质（C）层中，与富里酸结合的 Cu、Pb、Zn 分别占腐殖酸相总量的 69%、48% 和 45%。而腐殖质（A）层中富里酸相 Cu 的比率略有降低（66%）、Pb 则大大降低（仅为 18.9%）；Zn 则略有升高（48%）。在土壤的母质（C）层，腐殖质对 Pb 等元素的作用明显减弱，而富里酸在腐殖酸中的贡献明显增强。

在森林沼泽景观区的土壤中，富里酸的配合作用是 Cu、Pb、Zn 等（特别是 Cu）富集和增强其表生活动性的主要因素之一，且不受土壤层位的限制（Pb 除外），表现出在不同土层中这些元素与腐殖酸间的亲和力较为稳定。或者认为，腐殖酸对 Cu、Zn 等的携带能力较均衡，其量的变化不影响其携带金属的能力。Pb 等元素与富里酸的亲和力较 Cu、Zn 等元素明显偏弱。在土壤腐殖质（A）层中，腐殖酸大量增加的情况下，相对母质（C）层富里酸相 Pb，比例反而大幅度降低。这种比值变化可能与 Pb 等元素的地球化学特性有关，因为在地表富含 CO_2 的环境中，更易于 Pb 以碳酸盐的形式形成稳定次生化合物。

2. 水系沉积物有机酸相的元素分布

将粗粒级（－10～＋60 目）和细粒级（－60 目）水系沉积物，以及水系泥炭（－80 目）等样品，依照土壤样品分析测试腐殖酸中元素的方法进行测试，然后计算腐殖酸与全量比值（表 4－10）。

腐殖酸相各元素质量分数与全量比值出现了明显的规律性：水系沉积物由粗粒级到细粒级，Cu、Pb、Zn 等的比值从低到高，从粗粒级（－10～＋60 目）→细粒级（－60 目）→水系泥炭（－80 目），Cu 的比值升高 3～4 倍；Pb 的比值升高 4～6 倍；Zn 的比值升高 1.1～12 倍。上述三元素的腐殖酸相与全量比值最高值出现在水系泥炭中。结合表 4－5 中水系泥炭样品的腐殖质全碳量高达 11%，水系沉积物样品中 Cu、Pb、Zn 在腐殖酸相中所占的比例随样品中有机质质量分数增加而升高。因此认为，除地质因素外，这种因有机质对元素产生的次生富集是影响元素分布的重要因素之一。

表 4－10 森林沼泽景观区水系沉积物和泥炭中腐殖酸相/全量

样品	粒级/目	参数	腐殖酸相 As/全量 As	腐殖酸相 Hg/全量 Hg	腐殖酸相 Cu/全量 Cu	腐殖酸相 Pb/全量 Pb	腐殖酸相 Zn/全量 Zn	富里酸相 Cu/腐殖酸相 Cu	富里酸相 Pb/腐殖酸相 Pb	富里酸相 Zn/腐殖酸相 Zn
水系沉积物	－10～+60	样品数	4	4	4	4	4	4	4	4
		最小值	0.1420	0.0348	0.0254	0.0006	0.0022	0.0088	0.3333	0.0063
		最大值	0.1532	0.3745	0.0856	0.0031	0.0056	0.0172	1.0000	0.0137
		平均值	0.1483	0.1780	0.0491	0.0016	0.0042	0.0137	0.5442	0.0108
		标准差	0.0049	0.1695	0.0284	0.0011	0.0017	0.0035	0.3070	0.0032
	－60	样品数	8	8	8	8	8	8	8	8
		最小值	0.0984	0.0682	0.0849	0.0004	0.0001	0.0085	0.1241	0.0083
		最大值	0.1801	0.3878	0.2102	0.0209	0.0113	0.5833	1.4275	0.6911
		平均值	0.1110	0.2010	0.1367	0.0071	0.0045	0.2767	0.4939	0.2973
		标准差	0.0262	0.1129	0.0386	0.0065	0.0043	0.2329	0.4515	0.2647
水系泥炭	－80	样品数	9	9	9	9	9	9	9	9
		最小值	0.1060	0.1029	0.2087	0.0216	0.0096	0.5799	0.0508	0.1960
		最大值	0.2130	0.3541	0.4258	0.0904	0.1758	0.9638	0.3151	0.9915
		平均值	0.1770	0.1766	0.3177	0.0496	0.0531	0.7771	0.1466	0.7205
		标准差	0.0312	0.0741	0.0763	0.0237	0.0543	0.1453	0.0789	0.2496

从表 4－10 可以看出，As、Hg 等的腐殖质相与全量比值偏高，且在各种介质中较为均衡，变化不明显，不因介质中腐殖质质量分数高低变化而改变。有机质质量分数变化对 As、Hg 等的影响比较小，表明有机质质量分数与 As、Hg 等元素间具有较确定的函数关系，其中 Hg 较 As 更为明显。

在水系沉积物中，有机质对其他各元素质量分数存在明显影响，这种影响因元素的地球化学特性而异，其中对 Cu、Pb、Zn 等的影响十分明显，对 As、Hg 等的影响偏低，这些元素均为研究区的主要矿化指示元素，与有机质关系的差异表明了有机质影响的重要性。由于腐殖酸对元素的亲和力具有选择性，对一些元素具有强或较强的亲和力，在元素质量分数上的表现，是以提高元素质量分数为基本特征。与元素亲和力强，则腐殖酸携带元素质量分数比例高，使元素质量分数升高的作用大；反之则作用偏小。当腐殖酸明显增多时，其携带元素的能力大大增强，Cu 甚至可达样品全量的 31.77%，但对 As、Hg 的亲和力偏弱，表现出对这两种元素基本无影响。

进一步研究腐殖酸中富里酸对元素的影响（表 4－10）表明，Cu 和 Zn 等元素在富里酸相中携带量占腐殖质相的比值随水系沉积物粒级变细而逐渐升高，在－80 目水系泥炭中最高。随着水系沉积物由粗粒级至细粒级至水系泥炭，腐殖质全碳量从 0.385% 至 2.06% 至 11.33%（表 4－8），其中所含富里酸携带 Cu 的比例从 1.37% 至 27.67% 至 77.71%，表明富里酸携带Cu的比例与腐殖质全碳量有关，但不属于同步增长，说明伴随腐殖质的增加，形成的富里酸增多，其携带的Cu、Zn等金属元素的量就会增大。因此，研究区Cu、Zn以及与其具有相似活动性元素的有机富集作用主要与富里酸的配合作用有关。富里酸是Cu、Zn等有机富集作用的主要参与者，是元素沿水系迁移富集的主要营力之一。

富里酸相与腐殖酸相Pb量的比值呈完全相反的特点，在泥炭中出现最小值，在-10~+60目粗粒水系沉积物中出现最大值。表明在森林沼泽景观条件下，Pb在有机质中的富集与富里酸关系不大，或无关。Pb在有机酸相态中的反常状态，可能与腐殖酸相中低提取率有关，或可能与Pb的化学性质及其他因素有关，目前尚不明确。

五、腐殖酸对元素的影响

1. 土壤腐殖酸对元素的影响

大兴安岭的绰尔和小兴安岭的小西林研究区土壤样品腐殖酸中胡敏酸相和富里酸相的元素提取率见表4-11和表4-12。

表4-11　绰尔研究区土壤中胡敏酸相平均提取率及变异系数

层位	统计参数	Cu	Pb	Zn	Ag	As	Sb	Hg
腐殖质（A）层（n=4）	平均提取率	9.61%	0.51%	0.65%	3.71%	3.75%	0.95%	42.01%
	变异系数	0.48	1.52	0.95	0.19	0.28	0.74	0.32
母质（C）层（n=6）	平均提取率	7.79%	0.24%	0.70%	1.97%	3.52%	0.46%	33.68%
	变异系数	0.28	1.00	0.48	1.10	0.42	0.57	0.50
层位	统计参数	Mo	Ni	Mn	La	Ce	Y	Yb
腐殖质（A）层（n=4）	平均提取率	3.66%	0.99%	0.04%	0.06%	0.07%	0.24%	0.27%
	变异系数	0.83	0.57	0.85	0.68	0.61	0.80	0.77
母质（C）层（n=6）	平均提取率	6.93%	0.50%	0.20%	0.19%	0.19%	0.57%	0.66%
	变异系数	2.06	1.12	1.53	1.65	1.49	1.06	0.99

（据金浚，2006）

表4-12　绰尔研究区土壤中富里酸相平均提取率及变异系数

层位	统计参数	Cu	Pb	Zn	Ag	As	Sb	Hg
腐殖质（A）层（n=4）	平均提取率	10.52%	1.38%	1.46%	0.51%	9.39%	1.48%	3.63%
	变异系数	0.45	0.62	0.44	0.78	0.77	0.68	1.04
母质（C）层（n=6）	平均提取率	8.21%	1.25%	1.32%	1.74%	7.10%	1.84%	16.62%
	变异系数	0.28	0.18	0.31	0.69	0.31	0.36	0.80
层位	统计参数	Mo	Ni	Mn	La	Ce	Y	Yb
腐殖质（A）层（n=4）	平均提取率	7.08%	1.81%	0.14%	0.21%	0.19%	0.74%	0.73%
	变异系数	0.83	0.61	1.07	1.36	1.19	1.38	1.33
母质（C）层（n=6）	平均提取率	13.27%	1.25%	0.26%	0.22%	0.25%	0.64%	0.66%
	变异系数	1.29	0.30	1.23	1.50	1.23	1.08	1.05

（据金浚，2006）

在绰尔研究区，从土壤中提取的胡敏酸相和富里酸相元素分布特点为：以提取率1%为界，胡敏酸相中元素提取率大于1%的元素以Hg、Cu、Mo、As、Ag为主，其他元素胡敏酸相提取率均小于1%；富里酸相中Cu、As、Mo、Hg、Ni、Pb、Sb、Zn（Ag）等提取率大于1%。在两种腐殖酸相中，除富集Hg、Cu、Mo、As外，富里酸相富集的元素中又增加了Ni、Pb、Zn、Sb，Ag等元素呈略富集状态。两种有机酸相元素的提取率具较明显的差异性及选择性。以元素提取率大小作为衡量富集程度，富里酸除对Ag、Hg的富集程度不如胡敏酸外，对其他元素的富集作用明显强于胡敏酸。胡敏酸相富集的多金属矿化元素主要分布在土壤上部的腐殖质（A）层，富里酸相中Cu、As等倾向于在土壤上部的腐殖层富集，Hg、Mo等则倾向于在母质（C）层富集。两种腐殖酸相富集因元素和土壤层位各异，取决于土壤结构、腐殖质的分布特点和元素的地球化学性质等。尽管土壤中与腐殖酸相富集元素的层位出现差异，以Cu、Pb、As、Ag等多金属矿化元素主要在腐殖层富集，Mn、Mo和稀土元素多在母质（C）层富集。土壤中的胡敏酸和富里酸富集的元素，Hg富集量可达45%，Cu、As、Mo等富集总量大于10%。依据两种腐殖酸富集元素的总量，对元素的影响程度，或元素与腐殖酸的关系排序为：Hg > Cu > Mo > As > Ag > Sb > Zn > Ni > Pb > Yb > Y > Mn > La（Ce）。其中，Hg、Cu、Mo、As、Ag与腐殖酸关系最为密切，其他元素与腐殖酸的关系密切程度明显降低。

小西林研究区腐殖酸相元素提取率结果（表4－13，表4－14）与绰尔研究区大同小异。小西林研究区与绰尔研究区分处小兴安岭和大兴安岭，相距近千米，但胡敏酸相和富里酸相Cu、Hg、Mo、As的提取率大体相当，差异并不显著，亦与腐殖酸关系密切，其他元素与腐殖酸的关系不甚密切或不密切，两地各元素的提取率差异也不大。

表4－13　小西林研究区土壤中胡敏酸相平均提取率及变异系数

层位	统计参数	Cu	Pb	Zn	Ag	As	Sb	Hg
腐殖质（A）层（n=5）	平均提取率	5.99%	0.78%	0.14%	3.06%	2.23%	0.30%	40.52%
	变异系数	0.62	1.57	1.14	0.52	0.69	0.72	0.61
母质（C）层（n=4）	平均提取率	5.59%	1.06%	0.26%	0.79%	2.53%	0.59%	24.64%
	变异系数	1.21	1.40	0.38	1.14	0.50	1.01	0.21

层位	统计参数	Mo	Ni	Mn	La	Ce	Y	Yb
腐殖质（A）层（n=5）	平均提取率	3.38%	1.28%	0.10%				
	变异系数	0.43	0.44	0.55				
母质（C）层（n=4）	平均提取率	5.31%	6.74%	0.26%	0.05%	0.19%	10.11%	0.10%
	变异系数	1.34	1.51	0.90				

注：稀土元素提取率样品数为1。（据金浚，2006）

上述结果表明，在森林沼泽景观区，腐殖酸相中元素在各单腐殖酸相的提取率基本一致，总体变化不大，即腐殖酸对元素的作用是恒定的，且因元素而具有选择性，不因地区的变化而改变。腐殖酸对元素的影响主要表现在各单项腐殖酸对元素亲和力具有选择性，而每个样品中单项腐殖酸比例分配差异较大，导致各单项腐殖酸相富集的元素种类和质量分数差异明显。

2. 水系沉积物腐殖酸对元素的影响

水系沉积物的有机碳主要赋存于－60目细粒级中，而细粒级与有机碳质量分数变化具有密切关系，随粒级逐渐变细，有机碳质量分数逐渐升高，对元素的影响随之增强。

表 4-14　小西林研究区土壤中富里酸相平均提取率及变异系数

层位	统计参数	Cu	Pb	Zn	Ag	As	Sb	Hg
腐殖质（A）层（n=5）	平均提取率	6.73%	0.65%	0.73%	0.71%	9.28%	1.06%	3.34%
	变异系数	0.57	0.73	0.67	0.75	0.74	0.78	0.83
母质（C）层（n=4）	平均提取率	5.89%	1.31%	1.17%	0.87%	14.72%	1.33%	8.22%
	变异系数	1.24	1.15	0.33	0.64	0.65	0.73	0.77
层位	统计参数	Mo	Ni	Mn	La	Ce	Y	Yb
腐殖质（A）层（n=5）	平均提取率	9.05%	2.43%	0.37%				
	变异系数	0.18	0.21	0.69				
母质（C）层（n=4）	平均提取率	7.16%	2.40%	0.46%	0.13%	0.58%	1.19%	1.35%
	变异系数	0.80	0.38	0.80				

注：稀土元素提取率样品数为1。　（据金浚，2006）

在小西林研究区，对水系沉积物截取 -10～+60 目和 -60 目两种粒级，提取富里酸相和胡敏酸相，结果见表 4-15 和表 4-16。

表 4-15　小西林研究区水系沉积物中胡敏酸相平均提取率及变异系数

粒级/目	统计参数	Cu	Pb	Zn	Ag	As	Sb	Hg
-10～+60（n=9）	平均提取率	4.95%	0.18%	0.33%	0.31%	1.68%	0.44%	3.39%
	变异系数	1.15	1.08	0.67	1.47	0.58	0.81	1.55
-60（n=6）	平均提取率	8.90%	1.05%	0.53%	2.28%	2.88%	1.51%	34.56%
	变异系数	0.58	0.60	0.80	0.58	0.98	0.44	0.51
粒级/目	统计参数	Mo	Ni	Mn	La	Ce	Y	Yb
-10～+60（n=9）	平均提取率	2.06%	1.98%	0.13%	0.06%	0.08%	0.14%	0.10%
	变异系数	0.60	0.59	1.89	1.99	1.95	1.02	0.77
-60（n=6）	平均提取率	7.50%	3.27%	0.47%	0.45%	0.58%	1.88%	2.01%
	变异系数	0.83	0.68	1.23	1.70	1.39	1.49	1.62

（据金浚，2006）

表 4-16　小西林研究区水系沉积物中富里酸相平均提取率及变异系数

粒级/目	统计参数	Cu	Pb	Zn	Ag	As	Sb	Hg
-10～-+60（n=9）	平均提取率	5.13%	0.37%	1.82%	0.30%	7.64%	3.22%	1.26%
	变异系数	1.15	1.25	0.68	1.06	0.63	0.48	0.62
-60（n=6）	平均提取率	15.66%	3.22%	2.62%	0.86%	13.05%	3.40%	7.31%
	变异系数	0.30	0.38	0.27	0.58	0.42	0.37	1.48
粒级/目	统计参数	Mo	Ni	Mn	La	Ce	Y	Yb
-10～-+60（n=9）	平均提取率	11.88%	5.12%	0.20%	0.14%	0.16%	0.30%	0.28%
	变异系数	0.23	0.35	1.61	1.30	1.33	0.98	0.77
-60（n=6）	平均提取率	10.11%	7.71%	1.05%	1.49%	2.3%	5.27%	4.97%
	变异系数	0.18	0.13	0.60	0.53	0.37	0.54	0.61

（据金浚，2006）

将水系沉积物中胡敏酸和富里酸对元素质量分数变化及粒级的影响与土壤中相对应腐殖酸相元素分布比较，胡敏酸和富里酸对元素影响中，Cu、Mo、Hg、As 等主要元素未发生变化，仅是影响的程度出现差异。对于水系沉积物 -60 目细粒级，胡敏酸和富里酸对元素的影响显著性增强，且影响范围明显增大，影响元素增多。

在水系沉积物 -10 ~ +60 目粒级段中，胡敏酸相和富里酸相元素的提取率略显偏高，主要是由于样品加工时未经过水洗，部分黏土和有机质仍附着在颗粒表面，因而使该粒级段有机碳质量分数及与之相关的元素偏提取率略有增高。即使如此，-10 ~ +60 目粗粒级胡敏酸相和富里酸相元素提取率仍然明显低于 -60 目细粒级。-10 ~ +60 目粗粒级胡敏酸相各元素提取率与土壤大体相当，提取率大于 1% 和小于 1% 的元素数量无明显变化；富里酸相各元素提取率大于 1% 的元素数量明显增加，如增加了 Zn、Sb，且其他元素的提取率明显增高。在 -60 目细粒级段，胡敏酸相和富里酸相元素提取的比例升高，提取率大于 1% 的元素数量明显增加，富里酸相提取率大于 1% 的元素更多。

土壤与水系沉积物 -60 目样品腐殖酸相元素提取率大体相当，-60 目水系沉积物的多数元素（如 Cu、As、Hg、Pb、Zn、Ce、M、Ag、La 等）腐殖酸相提取率明显升高，升高幅度可达 1 个数量级。在这些元素中，腐殖酸相元素提取率超过 5% 的有 7 种，而且分析的所有元素的提取率均大于 1%。在 -60 目细粒级水系沉积物中，腐殖酸对元素的影响显著大于 -10 ~ +60 目粗粒级水系沉积物，尽管粗粒级水系沉积物尚未经过水洗，未去除有机质，筛分时混入的黏土与有机质结成假颗粒，岩屑表面仍附着较多有机质和黏土，使该粒级的元素在腐殖酸中提取率升高，但与 -60 目细粒级水系沉积物相比，其提取率仍相差甚远。由此可见，在森林沼泽景观区，腐殖酸对 -10 ~ +60 目水系沉积物的影响微弱。

六、腐殖质与元素的关系及特点

1. 土壤中腐殖质与元素的关系

土壤不同层位中元素全量与腐殖质全碳和富里酸碳关系散点图如图 4 -1 所示。母质（C）层土壤样品中的腐殖质全碳和富里酸碳质量分数很低，代表腐殖酸碳或富里酸碳与元素全量关系的散点十分集中，基本分布在散点图的左侧，无明显的线性分布，显示出样品中元素全量与腐殖质全碳和富里酸碳质量分数高低关系不大或不明显，反映出母质（C）层土壤样品中各元素质量分数受腐殖酸影响不明显。腐殖质（A）层土壤样品中的腐殖质明显增多，但样品元素全量与腐殖质全碳和富里酸碳质量分数高低的关系也没有明显的规律性。换言之，腐殖质全碳和富里酸碳的大量加入与剧增，并未使样品中元素质量分数随之出现有规律的线性升高或降低。

上述结果表明，在森林沼泽景观区，土壤中因植物残体的腐殖化，使腐殖质大量淀积，对元素进行吸附，进而使元素发生富集。大量研究的结论表明，腐殖酸可在元素质量分数的任一区间发生作用。图 4 -1 表明，样品中元素全量与腐殖质全碳以及富里酸碳之间的关系并不明显，无明显的线性关系。元素全量的高低不受腐殖质的制约，由此认为，影响元素全量高低的主要因素不是腐殖质，而是其他更为主要的因素。

进一步研究土壤样品中同一元素在腐殖酸相偏量与全量和富里酸相偏量与全量的关系（图 4 -2）表明，腐殖酸相中元素质量分数与样品元素全量间的关系发生了一定程度的变化。从散点图上可以看出，部分元素全量与腐殖酸相元素间存在一定程度的相关性。Hg、

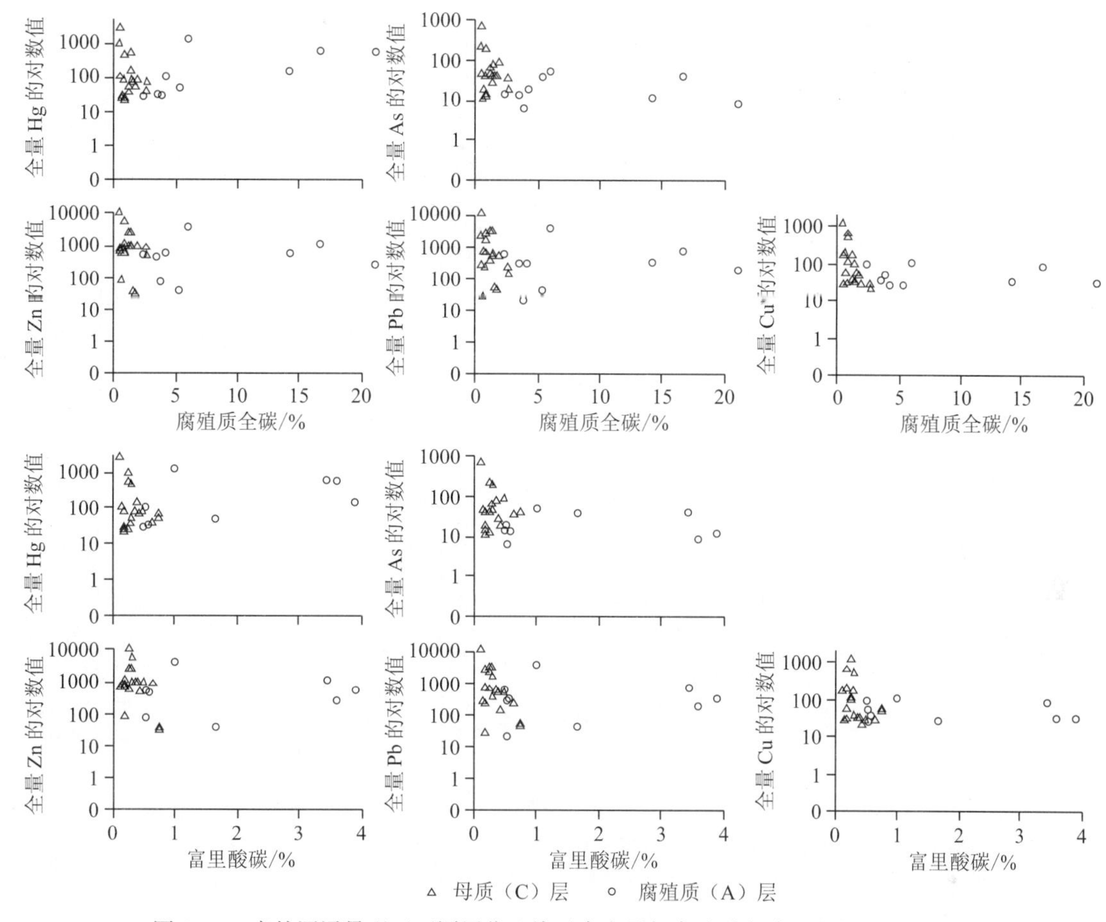

图 4－1　森林沼泽景观区不同层位土壤元素全量与腐殖质全碳和富里酸碳关系图

As 等元素在样品全量和腐殖酸相偏量和富里酸相偏量间的关系较密切，呈较明显的线性关系。Cu、Zn、Pb 在图上分布较为散乱，线性关系不明显。

研究元素全量与腐殖酸相偏量散点图发现，不论具有较明显相关关系的元素，还是关系不明显的元素，其散点分布趋势均明显偏向腐殖酸相偏量一侧，二者的相关线性过多倚重腐殖酸相偏量，说明这种线性关系依赖性很强。

上述结果表明，尽管样品中腐殖质与元素全量无明显关系，当进一步将腐殖质分解腐殖酸相偏量和富里酸相偏量提取液分别分析元素质量分数以后，两种腐殖酸相中的少部分元素质量分数与全量间存在一定的相关性，其中富里酸相偏量较腐殖酸相偏量与全量的关系略为明显。在散点图的中部，即元素高质量分数区间，二者的相关性明显减弱，表明在该区间腐殖酸的多少对元素质量分数的制约性很小或无影响。

2. 水系沉积物中腐殖质与元素的关系

在森林沼泽景观区，腐殖质主要掺入土壤表层、水系沉积物细粒级和水系泥炭中，从而对其中元素质量分数产生影响。两种粒级水系沉积物中元素全量与腐殖质全碳和富里酸碳的关系如图 4－3 所示。粗粒级（－10～+60 目）水系沉积物中腐殖质很少，一般在 0.5% 以下，腐殖质全碳和富里酸碳与元素全量关系的散点集中于图左侧，几乎辨认不出，表明粗粒级水系沉积物中元素质量分数基本为样品中的碎屑引起，与腐殖质基本无关。－60 目细粒

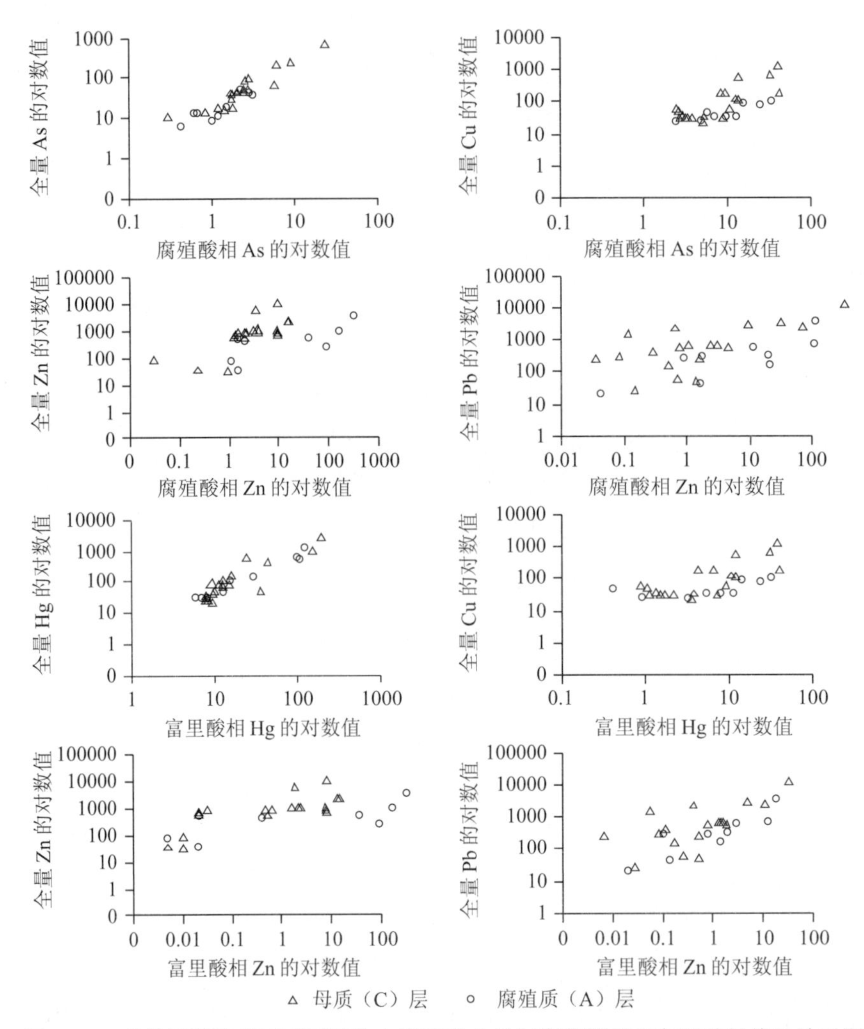

图4－2 森林沼泽景观区不同层位土壤元素全量与腐殖酸相和富里酸相偏量关系图

级水系沉积物中元素全量与腐殖质全碳关系的散点分布在图的中部及右侧，形态发散，元素全量与腐殖质全碳的线性关系不明显，只有富里酸相的Cu与全量可见线性关系。对－20目水系沉积物和水系泥炭进行分析，元素质量分数与有机碳质量分数的关系亦呈星散状，无规律可循，具有图4－3中与－60目粒级水系沉积物元素全量和富里酸碳之间关系基本一致的特点（图4－4），只有CaO和Se的全量，在有机碳含量小于10%时，与有机碳呈现比较明显的线性关系，而当有机碳含量大于10%时，这种线性关系又不复存在。

上述结果表明，有机碳的掺入可对少部分元素质量分数产生影响，在一定的有机碳质量分数区间，个别元素质量分数与有机碳质量分数存在线性关系。当离开这一区间，有机碳质量分数与元素质量分数的关系不再呈线性，有机碳质量分数的多少与样品中元素全量的高低没有直接关系。

将－20目水系沉积物与泥炭样品相比较（图4－4），二者元素全量与有机碳质量分数的关系具有相似性，即无明显的线性关系，散点图上分布较为杂乱，－20目水系沉积物中元素质量分数并未随有机碳量增加而增高。所不同的是，－20目水系沉积物样品中Mo、Bi、Sb、Pb等元素全量随有机碳量增加而质量分数降低。这一特点表明，在－20目水系沉积物中，影响元素质量分数的主要因素可能不是有机碳。

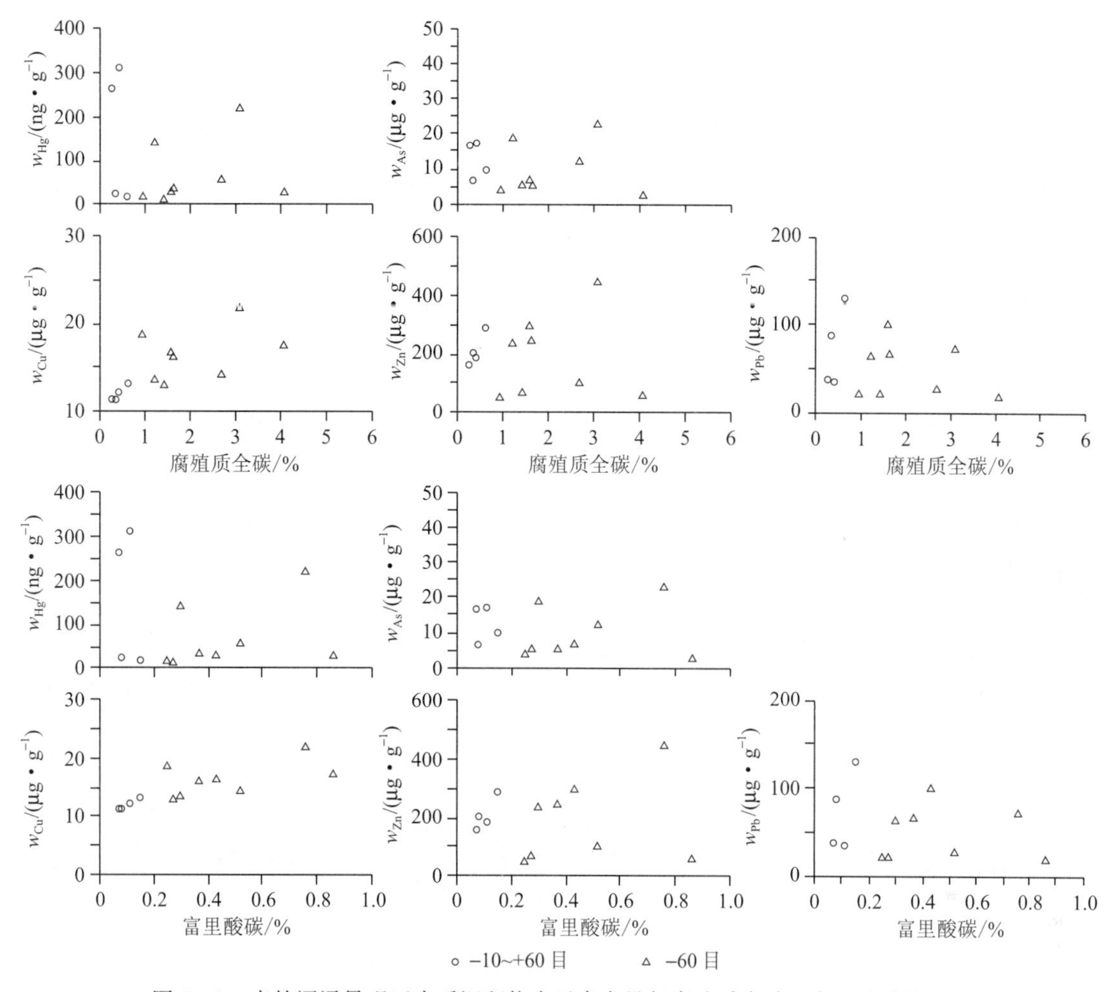

图 4－3　森林沼泽景观区水系沉积物中元素全量与腐殖质全碳和富里酸碳关系图

在－80 目水系泥炭中，腐殖质质量分数（即腐殖质全碳和富里酸碳）很高，随着腐殖质质量分数的增加，样品中元素全量并未随之增加（图 4－5）。多数元素与腐殖质全碳的关系零乱，无明显规律性，只有 Hg 与富里酸碳见有线性关系的趋势。这种散点的离散分布状态表明水系泥炭中元素全量与腐殖质全碳和富里酸碳质量分数之间基本不存在线性关系，即水系泥炭可吸附并富集元素，这种因腐殖质大量存在而发生的富集作用并不与元素全量的高低直接相关，二者间质量分数大小无因果关系。

除对水系沉积物的粗、细粒级分析元素全量外，对两种粒级样品又分别浸提，并分析腐殖酸相和富里酸相中元素的质量分数，散点图如图 4－6 所示。腐殖酸相 As、Cu、Zn 的散点分布具有一定的规律性，其中 As 的规律性较明显，具有一定的线性关系，Cu、Zn 的线性关系较模糊。富里酸相 Cu 也具有与前述类似的分布模式。这种模糊的线性关系主要出现在水系沉积物细粒级段，而粗粒级中元素全量与腐殖酸相偏量的这种关系较弱。即便水系沉积物－10～+60 目样品中混入了有机质和黏土假颗粒，碎屑颗粒表面黏附有有机质和黏土质，但仍未对该粒级段元素全量与腐殖质碳偏量之间的关系产生重要影响。两种相态的 Pb 和富里酸相 Zn、Pb 与全量的关系较为模糊，在散点图上各点呈离散分布状态，不呈线性分布。

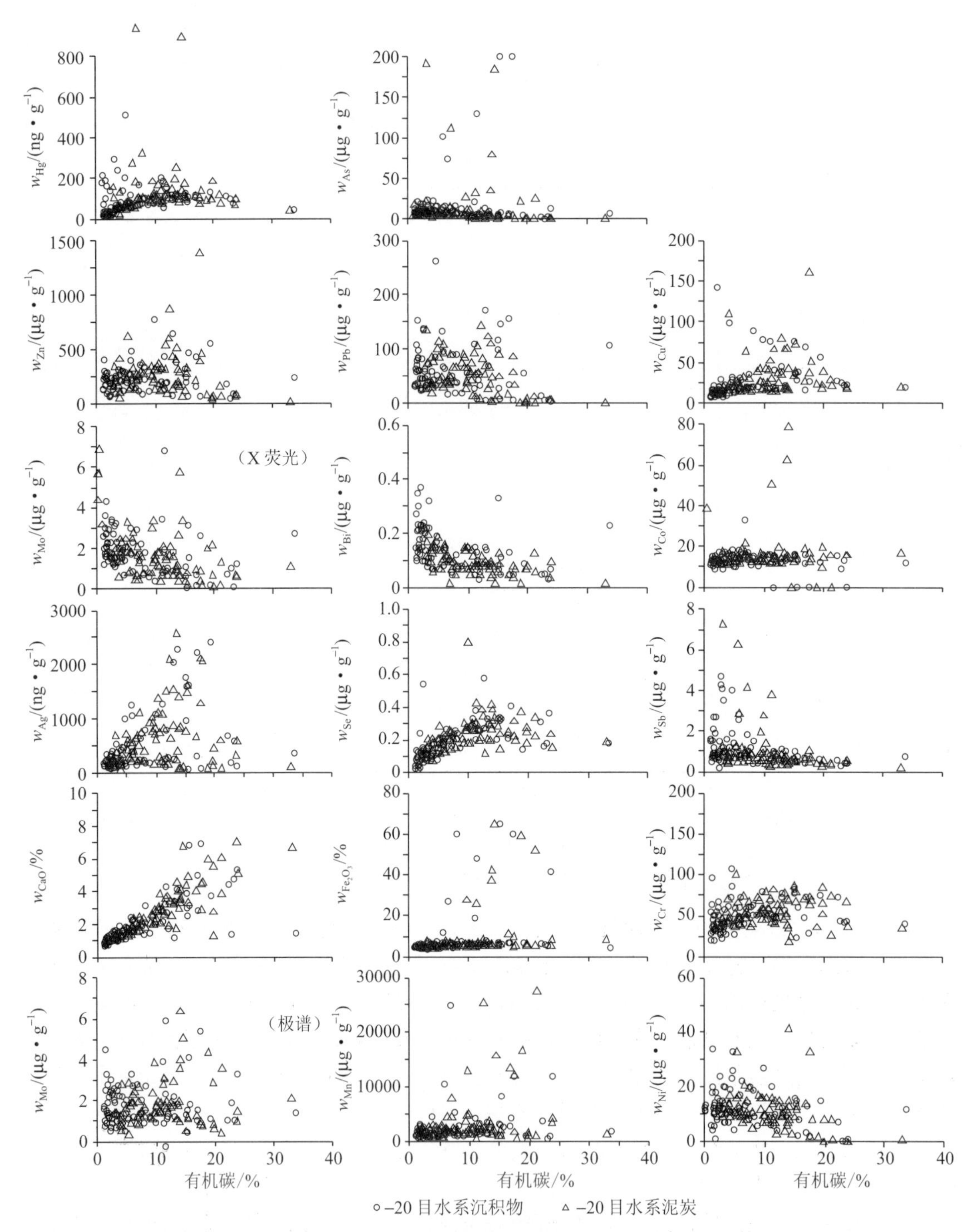

图4-4 得耳布尔铅锌矿区水系沉积物和泥炭中元素全量与有机碳量关系图

水系泥炭中元素腐殖酸相和富里酸相与全量的关系如图4-7所示。As、Cu腐殖酸相偏量与全量关系与水系沉积物中元素全量与腐殖酸关系相似，具有一定的相似的线性分布趋势。只是水系泥炭中存在的这种趋势更为清晰，反映出As、Cu在腐殖酸相中质量分数与全量具有的相关性。除Cu、As外，Pb、Zn、Hg在腐殖酸相中的质量分数与全量线性关系不明显。

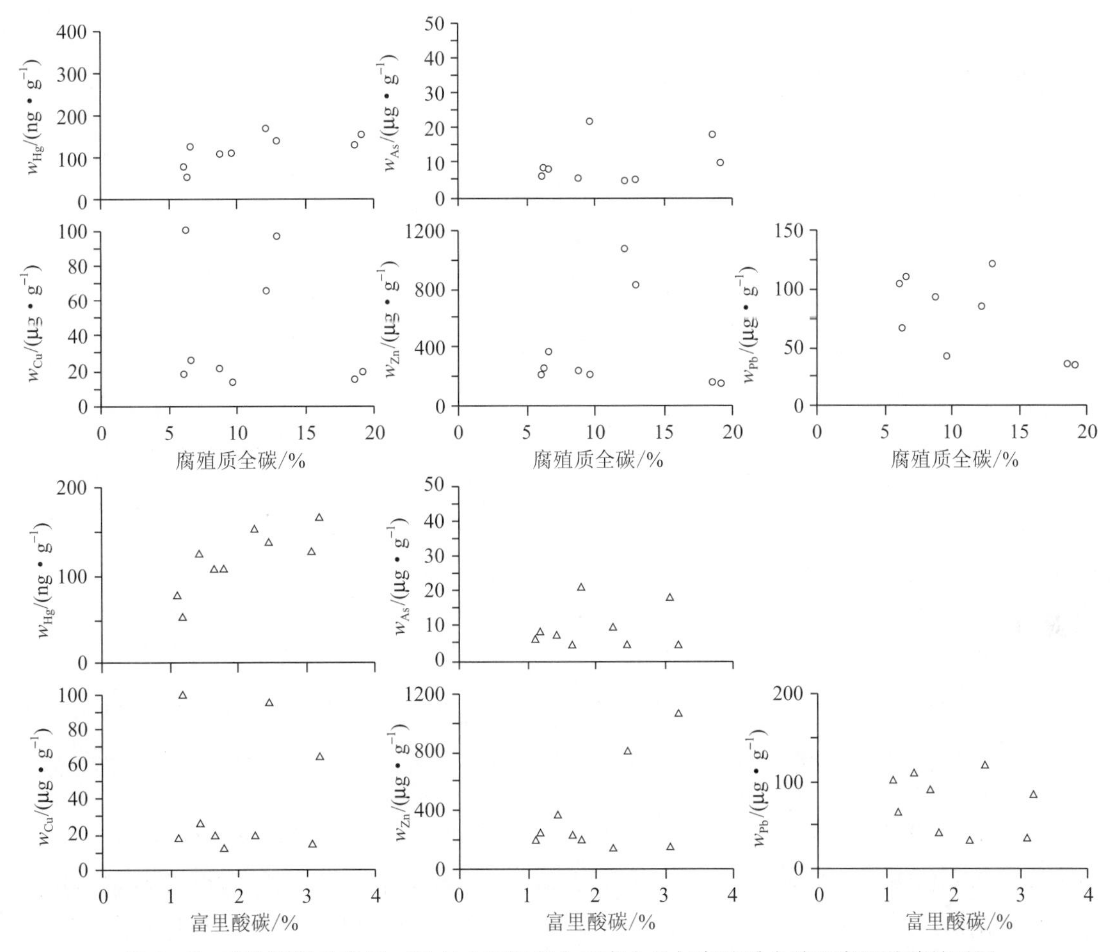

图 4－5　森林沼泽景观区－80 目水系泥炭中元素全量与腐殖质全碳和富里酸碳关系图

七、小结

在森林沼泽景观区，对有机质的分布特点，与元素的关系以及有机质对元素质量分数及分布的影响等一系列的讨论结果认为，对于森林沼泽景观区地球化学勘查工作，有机质是重要的干扰物之一，它对地球化学勘查的结果会产生重要的影响。

1）森林沼泽景观区有机质普遍分布在土壤、水系沉积物和河道两边沼泽泥炭中，主要分布在水系沉积物细粒级、土壤上部腐殖层和泥炭内，最高可达 19%。在各种介质中，有机质质量分数均大于 1%。土壤中的腐殖层有机质明显高于其下部淀积（B）层和母质（C）层。水系沉积物中细粒级有机质量显著高于－10～+60 目粗粒级，泥炭中有机质量高于水系沉积物细粒级。森林沼泽景观区各表生介质普遍呈酸性，测得的 pH 和电导率随有机质含量增加而降低和增高，即 pH 从中偏酸性增至酸性，表明有机质的存在与 pH 降低和电导率升高具有密切的关系。

2）有机质是分析测得的有机碳的统称，腐殖质碳是有机碳的重要组成部分，是对金属元素产生影响的主要物质与因素，其中的富里酸碳和胡敏酸碳是腐殖酸碳的最主要成员，约占腐殖酸碳的 30% 以上，富里酸碳占有大部分比例。两种腐殖酸碳是腐殖酸碳中对元素最具影响的腐殖质，主要赋存在土壤的腐殖质（A）层、水系沉积物的细粒级以及泥炭中。在

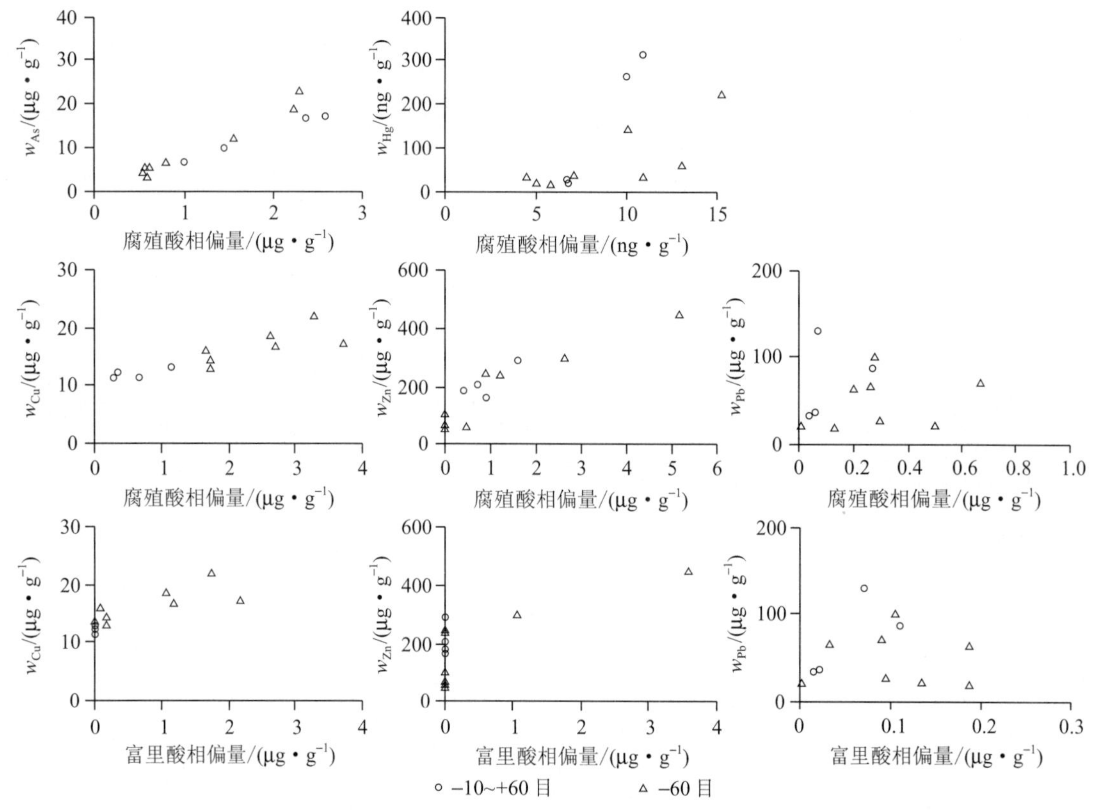

图 4-6 森林沼泽景观区水系沉积物中元素全量与腐殖酸相和富里酸相偏量关系图

土壤和水系沉积物中，腐殖质及富里酸与元素全量无线性关系，即元素全量不受腐殖质和富里酸量的制约。在土壤中，腐殖酸对 Cu、Hg 有明显的配合作用，对 Zn 的作用次之。而富里酸与 Cu、Zn 的配合可占整个有机配合量的 50% 左右，腐殖酸和富里酸对 As、Pb 等元素的作用明显减弱。在水系沉积物的细粒级和泥炭中，腐殖酸和富里酸主要对 Hg、Cu、Zn 等的配合作用十分明显，对 As 和 Pb 的作用偏弱。腐殖酸及其分相对元素的作用具有选择性，与易配合的元素关系密切，与不易配合的元素关系不密切。依据腐殖酸相和富里酸相中每种元素的总含量，将元素与腐殖酸的密切关系排序为：Hg > Cu > Mo > As > Ag > Sb > Zn > Ni > Pb > Yb > Y > Mn > La（Ce）。

3）土壤和水系沉积物中腐殖质碳及富里酸碳量的多少与元素全量基本无关，二者不存在线性关系。提取腐殖酸相和富里酸相中元素质量分数，只有土壤中腐殖酸相 As、富里酸相 Hg 和水系沉积物细粒级中富里酸相 Cu 与全量具有一定的线性关系，Se 和 CaO 的全量与有机碳量存在线性关系，其他元素的腐殖酸相和富里酸相与全量的关系不明显。表明有机碳、腐殖酸和富里酸对少量元素的吸附具有较明确的线性关系，对大多数元素的作用有限或杂乱无章。总结腐殖酸对元素的影响，按腐殖酸相提取率（括号中的数值）排序为：

土壤中：$\mathrm{Hg}_{(43.85)} \rightarrow \mathrm{Cu}_{(12.72)} \rightarrow \mathrm{Mo}_{(12.23)} \rightarrow \mathrm{As}_{(11.51)} \rightarrow \mathrm{Y}_{(11.30)} \rightarrow \mathrm{Ag}_{(3.77)} \rightarrow \mathrm{Ni}_{(3.71)} \rightarrow \mathrm{Pb}_{(1.43)} \rightarrow \mathrm{Yb}_{(1.42)} \rightarrow \mathrm{Sb}_{(1.36)} \rightarrow \mathrm{Zn}_{(0.84)} \rightarrow \mathrm{Ce}_{(0.77)} \rightarrow \mathrm{Mn}_{(0.47)} \rightarrow \mathrm{La}_{(0.18)}$。

水系沉积物（-60 目）中：$\mathrm{Hg}_{(41.87)} \rightarrow \mathrm{Cu}_{(24.56)} \rightarrow \mathrm{Mo}_{(17.61)} \rightarrow \mathrm{As}_{(15.94)} \rightarrow \mathrm{Ni}_{(10.98)} \rightarrow \mathrm{Y}_{(7.15)} \rightarrow \mathrm{Yb}_{(6.98)} \rightarrow \mathrm{Sb}_{(4.91)} \rightarrow \mathrm{Pb}_{(4.72)} \rightarrow \mathrm{Zn}_{(3.15)} \rightarrow \mathrm{Ag}_{(3.14)} \rightarrow \mathrm{Ce}_{(2.88)} \rightarrow \mathrm{La}_{(1.94)} \rightarrow \mathrm{Mn}_{(1.52)}$。

水系沉积物（-10 ~ +60 目）中：$\mathrm{Mo}_{(13.94)} \rightarrow \mathrm{Cu}_{(10.08)} \rightarrow \mathrm{As}_{(9.32)} \rightarrow \mathrm{Ni}_{(7.10)} \rightarrow \mathrm{Hg}_{(4.65)} \rightarrow$

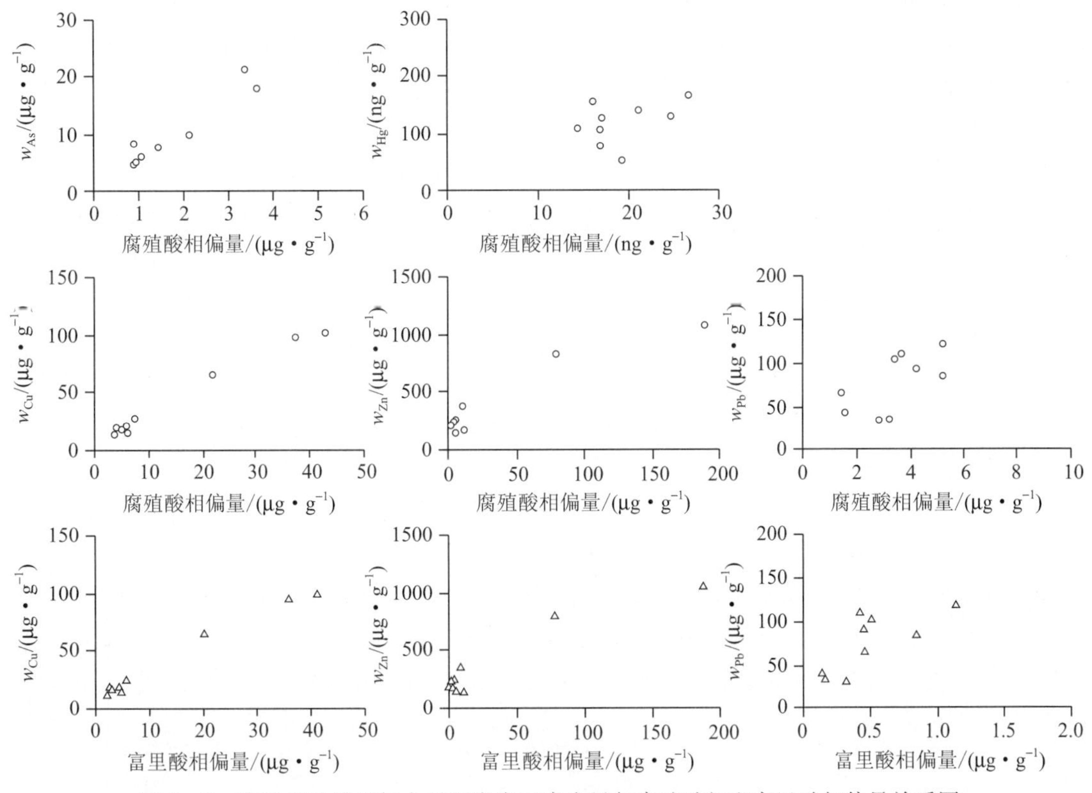

图 4-7　森林沼泽景观区水系泥炭中元素全量与腐殖酸相和富里酸相偏量关系图

$Sb_{(3.66)} \rightarrow Zn_{(2.15)} \rightarrow Ag_{(0.61)} \rightarrow Pb_{(0.55)} \rightarrow Y_{(0.44)} \rightarrow Yb_{(0.38)} \rightarrow Mn_{(0.33)} \rightarrow Ce_{(0.24)} \rightarrow La_{(0.20)}$。

4）腐殖酸在土壤和水系沉积物以及泥炭中的分布比例不是恒定的，因采样地区和森林沼泽景观区亚景观特点差异较大，组成腐殖酸的主要成分胡敏酸和富里酸的比例亦不稳定。腐殖酸以及主要成分对元素的吸附具有选择性，对元素的影响程度因元素各异，且在不同介质中对同一元素的影响具有较大差异，特别是腐殖酸与元素全量间的线性关系不明显，腐殖酸对元素的作用具有不确定性，受所处的微环境、地理条件、地质条件等众多因素制约。因此，腐殖质对元素影响的不确定性和不均衡性，对地球化学勘查的影响和干扰尤其明显，可导致局部或单一样品元素质量分数的突变，直接影响元素的区域性地球化学分布和异常分布。有机质或腐殖质主要赋存在土壤表（A）层和水系沉积物的 -60 目细粒级中，其干扰作用亦主要发生在土壤表（A）层和水系沉积物的 -60 目细粒级。

第二节　风积物分布特点及干扰机理

一、风力吹蚀概况

由于受大陆性气候的影响，我国西、北半部的主要区域处于干旱半干旱气候区，冬春季西、北季风的盛行使约占中国大陆近 3/5 的面积分布有风积物。在风积物分布区，因风力吹蚀特点可分为风蚀区、风积物沉降区和风蚀与沉降过渡区。其显著特点是大风日数多，风力大，风力吹蚀和风积十分普遍。风力吹蚀与搬运，形成的堆积区主要出现在准噶尔盆地、塔里木盆地、河西走廊北缘，内蒙古高原南缘等地的沙漠、沙地。主要有塔克拉玛干沙漠、库尔班通古特沙漠、库木塔格沙漠、巴丹吉林沙漠、腾格里沙漠、乌兰布和沙漠、塞克雷坦沙漠、毛乌素沙漠、浑善达克沙地、科尔沁沙地、海拉尔沙地、库布齐沙地等。

除风积物主要堆积区外，其他区段主要为风力吹蚀的风蚀区与风蚀沉降堆积混合区。在风蚀区和风蚀沉降混合区，少见明显的风成沙丘，风积物多以掺入的方式出现在土壤层、水系沉积物内的表面砾石的下方、沟谷及山体的背风面。由于该区风力吹蚀搬运能力较强，风积物颗粒偏粗，多在20目（1 mm）左右，少数颗粒粒径为2～3 mm，个别达10 mm以上，在部分风口附近风积物颗粒径达20 mm。风成沙中以0.5～1 mm粒级为主，由西向东，风成沙颗粒粒径略减小。进入山区，风积物以风成黄土为主，粒径小于0.25 mm。

风积物分布区大致以昆仑山、祁连山主脊为界，以南区域大风日数偏多，以北区域大风日数相对偏少。青藏高原风速超过17 m/s的分布范围广泛，大风日数较全国其他地区明显偏多，且主要集中在西藏北部、青海西南部、青海中东部、四川西北部和西藏东部，其他地区大风日数虽然不集中，但亦明显偏多。上述地区处于青藏高原中心地带，四周由昆仑山、祁连山、唐古拉山和喜马拉雅山等高大山脉围绕，使其内部形成近乎封闭的环境。藏北高原地形较为平缓，高大的阻隔式山脉几乎不见。高原内部强烈的空气对流形成的高原高空气旋易形成较大风速，具较强的风蚀和风积作用。受四周高大山脉的阻挡，南部印度洋暖湿气流极少到达，形成少雨的干旱与极干旱气候条件，从而加剧区内风蚀和风力搬运。高寒诸景观区大风日明显多于其他区域，向四周，大风日逐渐减少。大风日的增多有利于风成沙的形成与搬运。

该景观区风积物分布十分普遍。由于该区分布面积大，约数百万平方千米，受高原、高空气旋和风力作用的影响，风积物分布特点具有差异性。在昆仑山及祁连山主脊以北的山地，大风日数明显偏少，取而代之的是，山地成为沙尘暴携带的沙尘沉降的主要区段。作者于2000年在昆仑山北缘于田地区野外工作时经历过一次沙尘暴沉降，1 h左右在汽车机盖上沙尘沉降堆积厚度近1 mm。风蚀区主要分布在戈壁平缓区和风口风力集中区。在山区，风力受山体阻滞，风力减弱，风沙的携带能力降低，细粒风积物在山区沉降，形成风成黄土堆积。

二、风积物粒级分布特征

1. 风成沙粒级分布特点

（1）内蒙古中西部干旱荒漠区风成沙粒级分配

风成沙各粒级质量分配见表4－17，从－4目开始出现，至－20目中大量出现，主要集中出现在－20～+120目，约占总量的90%，－120目中比例又显著减少。根据现场观察，大于20目的风积物颗粒主要为半棱角状，具一定磨圆度，反映其搬运或运移距离较近。

我国西北部多大风和沙尘暴，主要分布在干旱荒漠戈壁残山景观区。大风更多出现在盆地周边和风口区段，内蒙古西部大风日多于50 d，沙尘暴日数大于20 d，大风的吹蚀力可使大于1 mm的颗粒做长距离搬运，且多被磨蚀成磨圆状或半磨圆状。

（2）北山地区风成沙粒级分配

甘肃北山地区分布在内蒙古中西部以西，处于我国风成沙分布区的以风力吹蚀为主、辅以风成沙沉降的区段。由于区内为我国大风日数最多的地区，区内少见风成沙堆积，风积物以掺入方式进入土壤和水系沉积物内或在岗丘等背风处堆积。在研究区的条山子和老虎山两处不十分明显的风成沙堆积地分别采集2个风成沙大样，将其筛分为7种粒级（图4－8）。

表4－17　内蒙古区段各地风成沙各粒级质量分配

粒级/目	白乃庙（n＝4）	霍各气（n＝4）	红古尔玉林（n＝6）	东七一山（n＝5）	平均（n＝19）
－4～＋10	0.32%	1.02%		3.50%	1.20%
－10～＋20	0.84%	5.45%	0.35%	7.06%	3.29%
－20～＋40	13.70%	66.72%	18.31%	34.64%	31.83%
－40～＋80	32.15%	16.17%	57.03%	27.47%	35.41%
－80～＋120	36.00%	7.20%	20.64%	22.07%	21.42%
－120～＋160	12.68%	1.18%	2.93%	4.37%	4.99%
－160～＋200	0.90%	0.68%	0.15%	0.44%	0.50%
－200	3.41%	1.58%	0.59%	0.45%	1.36%

区内的风成沙颗粒分配具有以下几个特点：①风成沙在－4目以下各粒级中均有分布，尽管各粒级所占比例相差悬殊，但从粗粒级至细粒级均有程度不等的分布。②分配比例具有从粗粒级向细粒级逐渐增高的趋势，尽管在－20～＋40目的中间粒级比例出现跳跃式起伏，但总体趋势未受影响。③风成沙最大粒级分配出现在－80～＋160目，在LF－1中居于次高，但并不影响总体的分配比例。④尽管风成沙的粒级分配从粗粒级向细粒级逐渐升高，但在－160目的最细粒级段比例降至最低或次低。

出现上述风成沙粒级分配的主要原因是：①在甘肃北山地区以风力吹蚀为主，风力较强，可将较粗粒岩石碎屑吹动搬运；②将细粒物质吹扬进入高空，并做长距离搬运，在长期强风力的作用下，较难见到十分明显的风成沙丘堆积，所存留的风成沙颗粒明显偏粗，－160目细粒级少见。

从图4－8还可以看出，因所处地段不同，风成沙粒级分布略有差异。LF－1和LF－2样品来自北山地区偏东部的金塔县老虎山研究区，AF1和AF2样品来自北山地区西部的瓜州县条山子研究区。老虎山研究区的风成沙略粗于条山子，其主要是因为老虎山研究区为风蚀区，而条山子研究区靠近风成沙沉降与风蚀混合区。

（3）东天山地区风成沙粒级分配

东天山地区为我国极干旱区域之一，其显著特征之一是植被稀疏，风力吹蚀强劲，风成沙分布十分普遍。尽管其北侧有天山等高大山脉的阻滞，但是由于受到北西向和北东向气流的交替影响，天山山口和北东方向无高山及山口地段的短期或瞬间风力巨大，风的吹蚀搬运作用十分强烈，风成沙堆积随处可见。样品采自少见的风成沙丘，一部分采自托克逊附近，一部分采自哈密南的土屋铜矿区附近（图4－9）。

两地风成沙的粒级分布具较明显差异，反映出在东天山地区风力搬运和吹蚀作用的不均匀性。在托克逊地区采集到的风成沙粒级偏细，主要集中在－60目以下，这部分粒级占样品总量的85%以上，－5目开始出现风成沙，＋40目的较粗粒级所占比例接近10%。这样的风成沙粒级分布表明，托克逊地区风力的搬运和风蚀作用较土屋地区偏小，主要表现为风蚀后吹扬与沉降的风成物质的颗粒分配。这种沉降作用的结果使风成沙粒级偏细。

土屋一带风成沙粒级分布较为均衡，颗粒组成明显较托克逊地区偏粗，表明该区风力搬运作用较强。在土屋地区，＋40目较粗粒级约占36%，如加上－40～＋60目部分，较粗粒

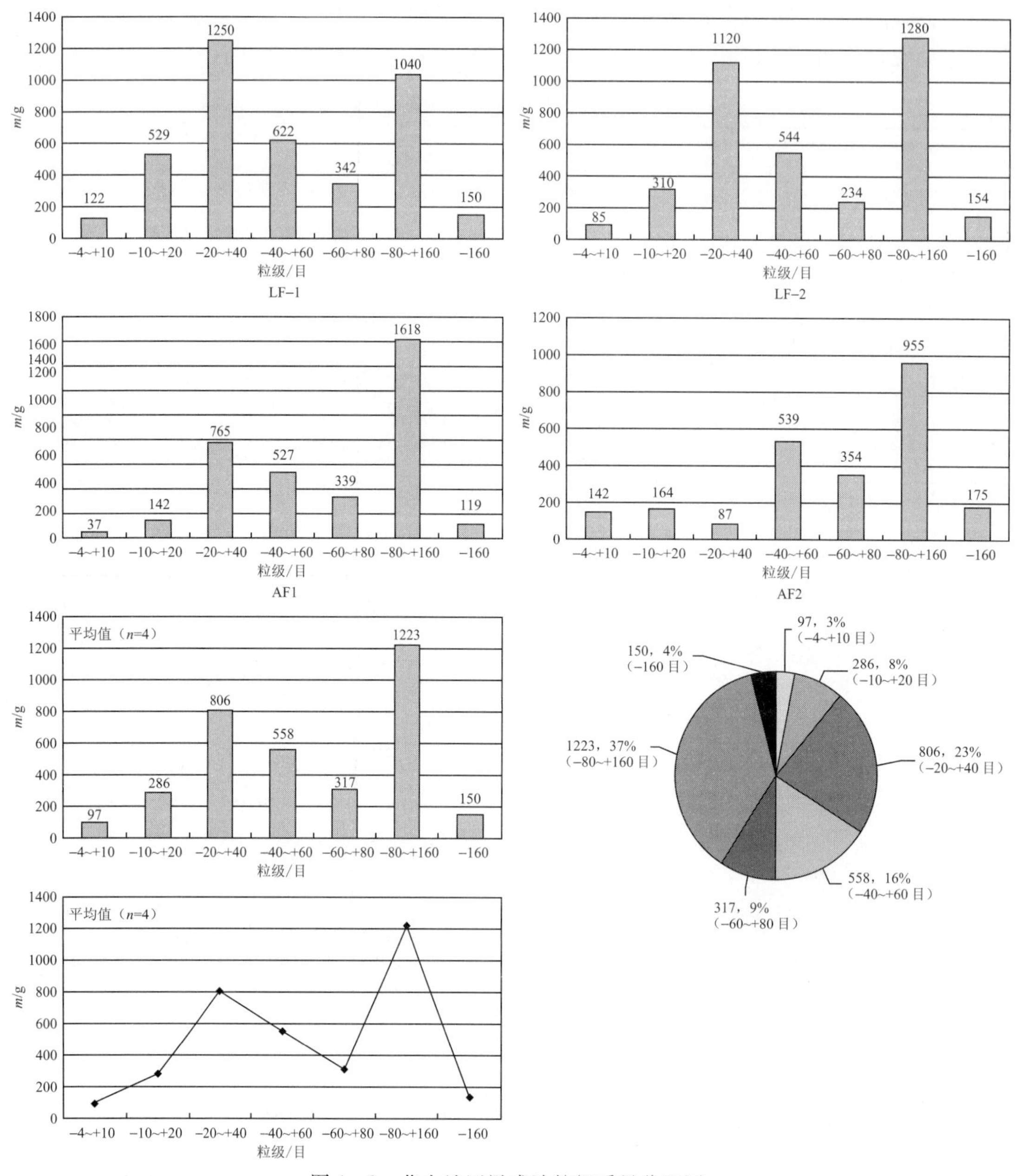

图 4－8 北山地区风成沙粒级质量分配图

级部分可占风成沙总量的 46%，接近半数，－60 目部分约占 50%，风成沙的最高比例出现在－80～＋160 目。占最多比例的粒级段较托克逊略显偏细，二者差异明显。

即便是在同一地区采集的风成沙样品，它们之间的粒级分配也会因采样位置显示出一定的差异性（表 4－18）。

由表 4－18 可以看出，沙－1 中的粗粒级明显多于沙－3，F2 中的粗粒级明显多于 F1。在东天山这种同一景观条件下，由于风蚀作用的不均匀性，各地风力、风向间的差异，均会导致不同地点风成物质颗粒间的差异。在东天山地区，风力分布不均匀，因局部地形、地貌和风力作用而产生的风蚀与沉降间的差异是绝对的，并不因在同类景观类型而发生改变。风成沙的形成主要取决于干旱的气候、荒漠景观和多风的天气与风力大小。地势较为平缓有助

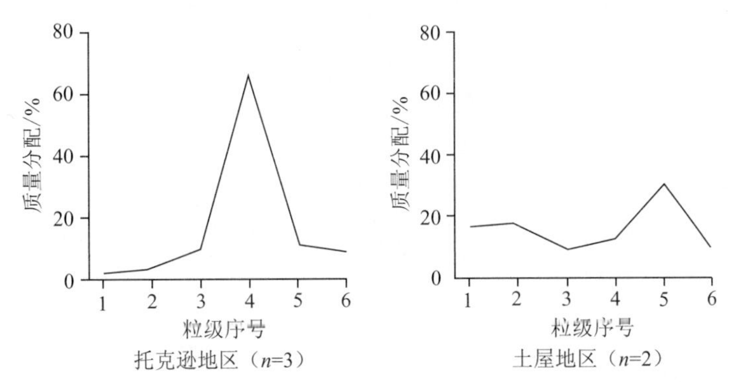

图 4－9　东天山地区风成沙粒级分配图

粒级序号：1——5～+20 目；2——20～+40 目；3——40～+60 目；

4——60～+80 目；5——80～+160 目；6——160 目

于强风的吹蚀和搬运，通常风成物质颗粒的大小主要与风力的大小有关。

表 4－18　托克逊和土屋地区风成沙各粒级质量分配

粒级/目	托克逊地区				土屋地区		
	沙－1	沙－2	沙－3	平均值	F1	F2	平均值
－5～+20	6%		2.0%	2.67%	12%	23%	17.50%
－20～+40	8%	3%	1.5%	4.17%	10%	29%	19.50%
－40～+60	17%	11%	2.0%	10.00%	7%	13%	10.00%
－60～+80	58%	67%	68.0%	64.33%	12%	14%	13.00%
－80～+160	7%	11%	15.0%	11.00%	42%	19%	30.50%
－160	4%	8%	11.5%	7.83%	17%	2%	9.50%

对景观区风成沙粒级的研究表明，在干旱荒漠戈壁残山景观区，风成沙颗粒主要分布在－20 目以下，且集中在－20～+120 目之间，各地风成沙颗粒因所在位置及取样对象的差异而出现不一致，尽管风成沙粒级分布有从西向东逐渐变细的趋势，但其变化趋势较弱，其整体规律基本相同。

（4）昆仑山—阿尔金山以南地区风成沙粒级分配

昆仑山和阿尔金山以南主要指青藏高原的核心区域，风积物分布十分广泛，主要以风成沙和风成黄土两种形式出现。受干旱半干旱气候和青藏高原内高空气旋的强烈影响，地表风化产物和河床冲积物经风力搬运，可在河道两侧、山体的背风处、风口附近的山坡等地段出现大量的风积物堆积。风积物分布界线可向东达林芝或更远。林芝县城周边山脚和山坡随处可见十分明显的风成黄土堆积层，其厚度不一，在山坡处约 50 cm，在山脚处约 1～2 m。林芝县位于西藏东部雅鲁藏布江大拐弯西偏北侧，所在气候区为我国高原气候区高原温带横断山脉气候分区，属亚湿润气候类型，年均降水量大于 650 mm。这样气候条件下的林芝县城周边仍可见到明显的风积物堆积，足以可见青藏高原风力吹蚀、搬运与堆积作用的强烈程度和分布的普遍性。由于强烈的风蚀与搬运作用，使青藏高原风积物分布十分广泛。

A. 青藏高原北纬 30°以南风积物分布特点

青藏高原北纬 30°大约分布在冈底斯山脉主脊附近，向东经共布江达至波密一线。北纬

30°以南系指此带以南，包括雅鲁藏布江流域和喜马拉雅山脉的广大区域。当乘坐飞机飞过横断山进入西藏时，从舷窗下视，随处可见山坡、河谷堆积的风成沙。表4－19为风成沙经粒级筛分获得的各粒级质量占比统计结果。在青藏高原北纬30°线以南分布的风成沙粒级分配，粗粒级比例较小，主要为细粒级段。－10～+20目几乎不见风积物，－20～+60目粗粒级段风成沙比例约为8%～18%，平均约占12%，－60目混合细粒级风成沙占总重的83%～92%，平均约占88%，可见西藏北纬30°以南分布的风成沙主要以－60目细粒级为主。以60目为界线，+60目粗粒级与－60目细粒级风成沙的质量占比发生了突然变化，即－60目细粒段质量占比突然升高，形成十分明显的变化。－160目（或－150目）更细粒级段占比约为42.87%，是风成沙的主要聚集粒级区间。

表4－19 青藏高原北纬30°以南风成沙各粒级质量分配

采样地	样品数	粒级/目				
		－20～+40	－40～+60	－60～+80	－80～+160	－160
雅江河谷	$n=9$	2.88%	8.35%	21.19%	20.80%	46.78%
拉萨河谷	$n=1$	2.41%	5.50%	34.71%	17.17%	40.21%
普兰河	$n=1$	5.20%	11.56%	28.90%	12.72%	41.62%
平均值	$n=11$	3.50%	8.47%	28.26%	16.90%	42.87%

青藏高原北纬30°以南的地区，受青藏高原高空气旋和河谷局部气流的双重影响，河谷堆积的冲积物和基岩表面风化产物在风力作用下进行迁移。由于青藏高原大风的风力略小于我国北方干旱荒漠景观区，其吹蚀与搬运能力偏小，使得风成沙的粒级分配主要集中在－60目的混合细粒级段。

B. 藏北高原风成沙粒级分配

藏北高原主要指西藏冈底斯山以北的广大地区。2005年以前，在藏西北、青海三江源与可可西里和青藏高原内部及其周边，张华、杨少平、孙忠军等对风积物的分布做了大量研究，基本查明了风积物的分布特点。藏北高原不同区段风成沙的粒级质量分配占比见表4－20。在北纬30°以北的高原地区，风成沙粒级总体较北纬30°以南略粗，除日土县羌多地区1件风成沙样品粒级较细外，其他地点风成沙粒级较北纬30°以南略显偏粗，但差异不大，主要表现在－60目细粒级段质量所占比例超过80%，而+60目粗粒级段的－20～+40目和－40～+60目两个粒级段所占比例在10%左右，这一点与北纬30°以南风成沙粒级分配

表4－20 青藏高原北纬30°以北风成沙各粒级质量分配

采样地点	样品数	粒级/目					
		－10～+20	－20～+40	－40～+60	－60～+80	－80～+160	－160
羌多	$n=1$		0.02%	1.30%	81.28%		17.40%
措勤	$n=4$	1.40%	11.18%	8.39%	26.11%	21.53%	31.39%
公珠错	$n=2$	1.83%	10.42%	12.12%	19.56%	25.48%	30.59%
噶尔河	$n=2$	0.21%	10.62%	10.95%	18.80%	10.40%	49.02%
东坡巧	$n=3$	0.53%	8.23%	9.10%	18.50%	9.76%	53.88%
拉萨河	$n=1$		2.41%	5.50%	34.71%	17.18%	40.2%
平均值	$n=13$	0.87%	8.76%	8.75%	24.34%	18.51%	38.77%

比例略有差异。两地风成沙粒级分布的差异主要受风力吹蚀与搬运作用和地形的影响。藏北高原主要为高原丘陵地貌，整体相对高差约200 m，个别高差较大山峰多呈孤岛状，地势起伏相对较小，使得同等风力条件下的吹蚀与搬运作用增强。在北纬30°以南的雅江两岸，分布有冈底斯山和喜马拉雅山两大山系，相对高差多在1000 m或以上，地形起伏较大，对风力的阻滞作用明显大于地势起伏偏小的藏北高原地区，使该区段风力减小，风力吹蚀与搬运作用偏弱。

C. 关于双层风成沙的认识

在青藏公路西藏段3451 km处东侧发现风成沙堆积的双层结构。上层风成沙厚1.2 m，下层风成沙（上部腐殖层向下）厚度大于1.5 m（未见底）。在下层风成沙的顶部见厚约30 cm的黑色腐殖质沙土层，腐殖质沙土层之上为上层现代风成沙覆盖。双层风成沙堆积地点位于西藏中东部，为西藏半干旱与半湿润气候区的过渡带附近。上层现代风成沙表面已生长稀疏杂草，但未出现明显腐殖化堆积层，表明该层风成沙堆积的时间并不很久远，为现代风成沙堆积的产物，植物残骸残留和腐殖化堆积较少，尚未形成明显的腐殖层。下层风成沙土的上部出现明显且较厚腐殖层，表明两层风成沙不是同期产物，下层风成沙为早期风力堆积结果。据双层风成沙堆积特点和下层风成沙的上部出现腐殖层推测，在早期风成沙堆积后，出现一较湿润、风蚀作用较小，且利于植物生长和植物残留体腐殖化的时期，大量植物生长且较茂密，有利于植物残留体腐殖化及堆积。参考土壤学腐殖化堆积速率（2~4 cm/100 a）推算，约30 cm厚腐殖化堆积至少需近千年或更长时间，风成沙上部出现腐殖化层堆积应比一般土壤更为困难，同样堆积腐殖层厚度所需时间更长。因此，推断风成沙出现的时代更为久远。同一地点两层沙土层的出现，表明青藏高原在近千年以前或更早时期即已出现沙漠化的风积物堆积现象。下层风成沙表层约30 cm厚的腐殖层表明，在两次沙漠化时期之间出现过一个较漫长的风积物堆积或沙漠化间歇期。

分别取上、下层风成沙，筛分的粒级质量占比统计结果见表4-21。对两层风成沙的粒级分布进行比较，上层风成沙粒级明显偏细，-160目可占84%，+60目占比极少；下层风成沙-160目明显较上层偏少，而+60目粗粒级比例可占12%。这种上、下层风成沙粒级分配比例的差异表明，在早期沙漠化过程中的风力吹蚀与搬运能力明显强于上层现代风成沙堆积时期，即早期形成风成沙的风力明显大于现代。在青藏高原寒冻条件下，腐殖化过程十分缓慢，二三十厘米厚腐殖土层的形成可能至少需要千年或更长的时间，而在风成沙之上形成腐殖质层较一般土壤更为漫长。在青藏高原，风成沙及荒漠化不仅是现代的产物，至少在近千年前或更早以前就已出现风成沙堆积及荒漠化。从风成沙粒级偏粗的现象推测，青藏高原千年以前沙漠化较现代强烈，形成风成沙的风力明显更大，风蚀和堆积作用明显偏强，不仅吹蚀的风成沙颗粒偏粗，而且影响范围明显大于现代。在林芝县附近堆积的风积物有可能与早期荒漠化及风力搬运有关，其影响范围应更大，超过现代可见风成沙的分布范围。

表4-21　西藏地区双层风成沙各粒级质量分配

双层沙	粒级/目				
	-20~+40	-40~+60	-60~+80	-80~+160	-160
上层	0.09%	0.79%	5.92%	9.08%	84.12%
下层	7.26%	5.42%	9.78%	6.62%	70.92%

研究青藏高原全区风成沙颗粒分配特点认为，风成沙的颗粒比例分配与区内大风日数有

关，风力增大，对风成沙搬运能力增强，使得风成沙分布十分普遍，且风口附近风成沙颗粒略粗。除与大风日数有关外，与地形、地貌及位置的关系也尤为密切，在地势较平缓的地方、盆地或山缘，风力吹蚀和携带能力强，风成沙颗粒偏粗；在山区内，风力吹蚀和风力携带能力减弱，风成沙颗粒则偏细。

（5）昆仑山以北地区风成沙粒级分配

主要指昆仑山主脊以北的广大地区，包括阿尔金山、祁连山、天山和阿尔泰山地区。青海东昆仑、阿尔金山和甘肃北祁连西段风成沙粒级分配比例见表4－22。在青海和甘肃两地，除寒山和柴达木盆地北缘外，其他各地风成沙颗粒明显偏细，风成沙主要分布在－60目细粒级段，该细粒级段约占风成沙比例的80%左右。使用双目镜对－60目细粒级成分进行观察，风成沙颗粒主要为石英、长石，约占90%以上；其次为暗色矿物，主要为角闪石、绿帘石、云母及其他重矿物。观察结果与中科院沙漠所朱震达等（1980）研究的沙漠物质矿物组成十分吻合，仅缺少金属矿物和风化矿物。采自寒山和柴达木盆地北缘的样品为风成沙丘的组合样，其颗粒明显偏粗。在西大滩和沙柳河等地，风成沙样品采自主河道两侧，其中掺入了较多水系沉积物，使得其颗粒明显增粗；龙尾沟样品采自山缘主河道沟口；昆仑山北坡样品采自山体内，龙尾沟和昆仑山北坡两处风成沙样品颗粒比例中细粒级明显增多。当风携带风成沙粒进入山区后，受山体阻挡，风力减弱，较粗颗粒降落在山缘部分后，粗粒已明显减少，进入山区内部粗粒再次减少。上述结果表明，在山缘地势较平缓区段形成并堆积的风成沙，通常颗粒偏粗，进入山区后，携带风成沙的风力受山体阻滞其影响减弱，挟沙能力变小，使山区内的风成沙颗粒变细。

表4－22　东昆仑、阿尔金山和北祁连西段风成沙各粒级质量分配

<table>
<tr><th>粒级/目</th><th>龙尾沟
（n＝1）</th><th>寒山
（n＝1）</th><th>西大滩
（n＝1）</th><th>北麓河
（n＝1）</th><th>沙柳河
（n＝1，岸边）</th><th>柴北缘
（n＝1）</th><th>昆仑山北坡
（n＝1）</th></tr>
<tr><td>－4～＋10</td><td></td><td></td><td></td><td></td><td>0.28%</td><td>0.3%</td><td>0.6%</td></tr>
<tr><td>－10～＋20</td><td></td><td>2.00%</td><td>0.57%</td><td></td><td>1.06%</td><td>1.8%</td><td>1.9%</td></tr>
<tr><td>－20～＋40</td><td>3.00%</td><td>17.00%</td><td rowspan="2">1.71%</td><td rowspan="2">0.08%</td><td rowspan="2">2.19%</td><td>17.8%</td><td>2.1%</td></tr>
<tr><td>－40～＋60</td><td>5.00%</td><td>11.00%</td><td>16.3%</td><td>6.9%</td></tr>
<tr><td>－60～＋80</td><td>15.00%</td><td>16.00%</td><td>73.72%</td><td>19.09%</td><td>15.75%</td><td>33.9%</td><td>9.8%</td></tr>
<tr><td>－80～＋160</td><td>55.00%</td><td>36.00%</td><td>21.71%</td><td>77.47%</td><td>36.06%</td><td>26.2%</td><td>36.9%</td></tr>
<tr><td>－160</td><td>22.00%</td><td>18.00%</td><td>2.29%</td><td>3.36%</td><td>44.66%</td><td>3.7%</td><td>41.8%</td></tr>
</table>

（据于兆云，1989；张文秦等，1989）

西昆仑山地北坡各地风成沙粒级分布见表4－23。样品分别采自各研究区风成沙丘和风成黄土堆积，其总体特征为：颗粒明显偏细，且细颗粒相对较为集中。－80目质量可占全样重的88%～97%。多数样品＋80目所占比例小于10%，只有1件河谷样品＋80目所占比例最大，达12%。这一点充分说明，来自于北侧塔里木盆地塔克拉玛干沙漠的沙尘暴，在昆仑山地的阻挡下，风力骤减时，所携带的沙尘大量沉降，而这些经过远距离搬运的沙尘颗粒中－80目占有绝对主导地位。

对比表4－23中不同部位的风成物粒级发现，河谷沙丘的风成沙颗粒略显偏粗，风成黄土的颗粒略偏细。表明风成物在经过河流冲刷搬运、混合和分选后，更细粒级部分被携带至更远的下游，偏粗颗粒搬运距离相对较近。

表 4-23　西昆仑地区风成沙各粒级质量分配

粒级/目	坎埃孜			杜瓦	奥依且克	坦木
	小沙丘 ($n=1$)	河谷沙丘 ($n=1$)	岸边黄土 ($n=1$)	小沙丘 ($n=1$)	小沙丘 ($n=1$)	山坡黄土 ($n=1$)
-4 ~ +20	—	—	—	—	—	—
-20 ~ +35	—	5%	—	1%	—	—
-35 ~ +80	9%	7%	4%	8%	3%	5%
-80 ~ +140	21%	28%	16%	62%	17%	20%
-140	70%	60%	80%	29%	80%	75%

(6) 内蒙古东部风成沙粒级分配

内蒙古东部主要指大兴安岭中南段和海拉尔盆地西侧。该区段的风成沙粒级研究主要在大兴安岭东南坡展开。

在区内采集风成沙样品及其他表生介质进行对比研究，寻找风成沙干扰特点及排除风积物的途径。如图 4-10 所示，①风成沙粒级质量分配曲线呈单峰状，粒径一般小于 10 目，主要分布于 -20 ~ +160 目之间，占总质量的 90% 以上。但不同区域的风成沙峰值区存在差异，在北部地区的八八一矿区、八大关矿区、孟恩陶勒盖矿区等地，峰值出现在 -20 ~ +80 目之间，而在南部地区的白音诺尔矿区等地，风成沙峰值在 -20 ~ +120 目之间，北部风成沙粒级较南部偏粗。②腐殖化风成沙细粒级部分增多。③残积物与冲洪积物的粒级分布基本相同，均以粗粒级为主，峰值在 -4 ~ +10 目之间。但在南部地区，-20 ~ +40 目出现第二个峰值，而这个区间正是区内风成沙聚集的粒级区间，与风成沙的混入叠加有关，而北部地区风成沙的混入则不明显。

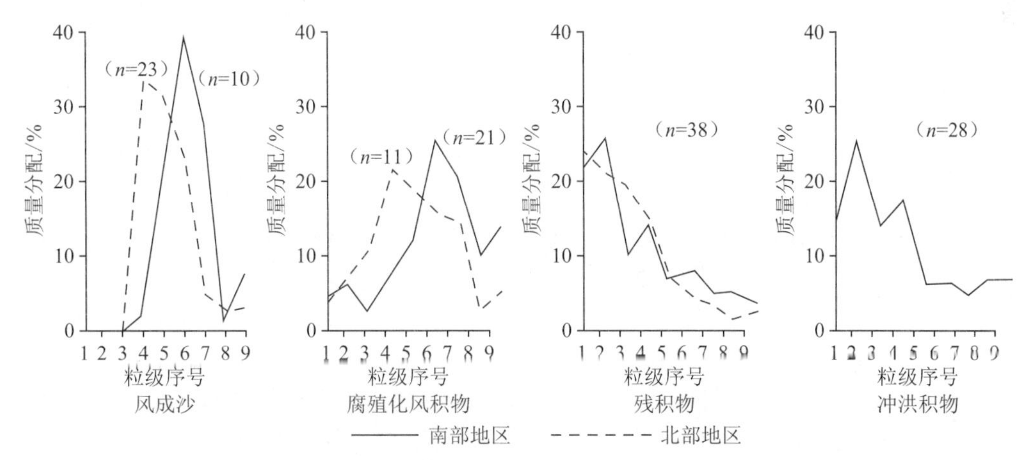

图 4-10　内蒙古东部风成沙及表生物质粒级频率分布曲线

粒级序号：1— -2 ~ +4 目；2— -4 ~ +10 目；3— -10 ~ +20 目；4— -20 ~ +40 目；5— -40 ~ +80 目；6— -80 ~ +120 目；7— -120 ~ +160 目；8— -160 ~ +200 目；9— -200 目

风成沙矿物鉴定（表 4-24）表明，在风成沙主要分布的 -20 ~ +160 目粒级区间，以滚圆状、次滚圆状的石英和长石为主，占 80% 以上，滚圆状矿物比例随粒级的变细不断增加，-160 目风成沙几乎全部由滚圆状矿物组成，具有远源搬运的特征。在粗粒级部分（-4 ~ +20 目），以次棱角状、次滚圆状的岩屑成分为主，占 50% ~ 80%，显然这部分物质有可能来自附近的疏松层，属于近源搬运。

表 4－24 内蒙古东部风成沙（$n=9$）各粒级不同矿物磨圆度分布比例

粒级/目	（次）棱角状			次滚圆状			滚圆状		
	石英	长石	岩屑	石英	长石	岩屑	石英	长石	岩屑
－2～+4			100%						
－4～+10	4%	4%	53%	14%		25%			
－10～+20	3%	9%	24%	24%	13%	24%	3%		
－20～+40			2%	41%	16%	16%	20%	3%	2%
－40～+80				27%	11%	18%	34%	8%	2%
－80～+120				20%	7%	11%	40%	13%	9%
－120～+160					4%	10%	39%	34%	13%
－160～+200							60%	20%	20%
－200							60%	20%	20%

（据李清等，1986）

由于各地区在风速、地形及小气候等方面具有差异性，风成沙粒级分布亦存在一些不同的特征。

从图 4－11 可以看出，在流动、半流动型风成沙分布区，风成沙粒级分布峰值在－20～+40 目之间；在固定、半固定风成沙丘分布区，其峰值在－80～+120 目之间。即使在同一地区内，地形位置不同，粒级分布亦不完全相同。如图 4－11 所示，处于迎风地段的风成沙粒级峰值在－20～+40 目之间，而背风地段的风成沙粒级峰值在－80～+120 目之间。

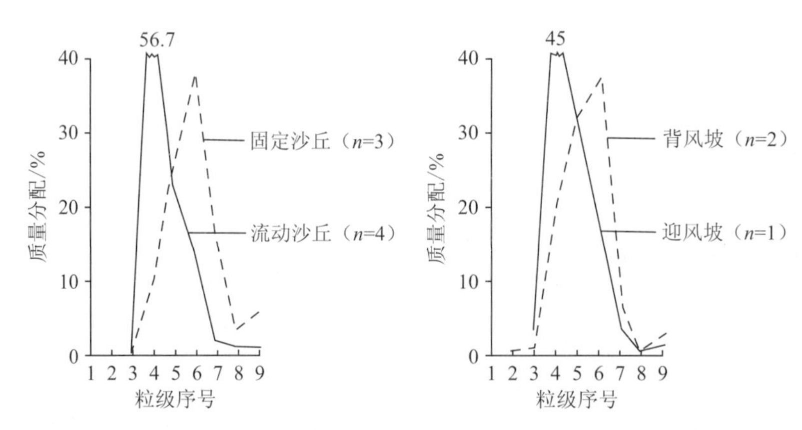

图 4－11 内蒙古东部不同地区及部位风成沙粒级频率分布曲线

粒级序号：1—－2～+4 目；2—－4～+10 目；3—－10～+20 目；4—－20～+40 目；5—－40～+80 目；6—－80～+120 目；7—－120～+160 目；8—－160～+200 目；9—－200 目

水系级别具有一定差异时，即地形开阔程度不同，大级别水系所处地形较小级别所处地形开阔，则风成沙的粒级分布特点亦不相同。由表 4－25 看出，Ⅱ级水系沉积物各粒级中风成沙混入量均多于Ⅰ级水系，表明开阔地形更易受到风成沙干扰。

风成沙粒级分布的差异，明显受风速影响。在乌兰浩特附近进行风沙吹扬试验（图 4－12）表明：当风速为 2 m/s 时，仅吹扬少量小于 80 目样品；当风速为 5 m/s 时，吹扬全部小于 80 目及部分粗粒级样品。由此推测，在冬、春风季中，风速有时多达 17 m/s，则可以吹扬更粗粒级部分。

表 4-25　白音诺矿区不同级别水系冲洪积物各粒级中风成沙比例

水系级别	-2～+4目	-4～+10目	-10～+20目	-20～+40目	-40～+80目	-80～+120目	-120～+160目	-160～+200目	-200目
一级水系	0	0	15%	35%	60%	80%	90%	>95%	>95%
二级水系	0	0	20%	40%	60%	>95%	>95%	>95%	>95%

在上述流动、半流动风成沙地区，迎风坡及较大的水系往往是强风波及地带（段），因而风成沙峰值出现在较粗粒级区间。

在山区，土壤化作用增强，风力作用受到抑制。一般在山区及其附近地区，因山体和茂密植被的阻滞，风成沙易于壤化成腐殖土壤，风力吹蚀扰动作用减弱，沉降的细粒级风成沙明显增多。通过固定沙丘上部腐殖化风成沙和下部未腐殖化风成沙的粒级分布曲线（图 4-13）可以看出，腐殖化风成沙细粒级部分质量频率显著上升。使用水筛方法加工腐殖化风成沙样品，细粒级质量频率较干筛结果更为提高（图 4-14），小于-160 目可多达 70%。其原因是腐殖化作用使部分风成沙胶结成土壤团粒，或附着在颗粒表面，干筛方法不易使其分离，这部分假颗粒物质得以保留；而水筛法可使土壤团粒组成的假粒、盐粒以及附着在颗粒表面的盐壳与细粒黏土物质在水中溶解而被分离，表现出风积物的原有粒级分布特点。

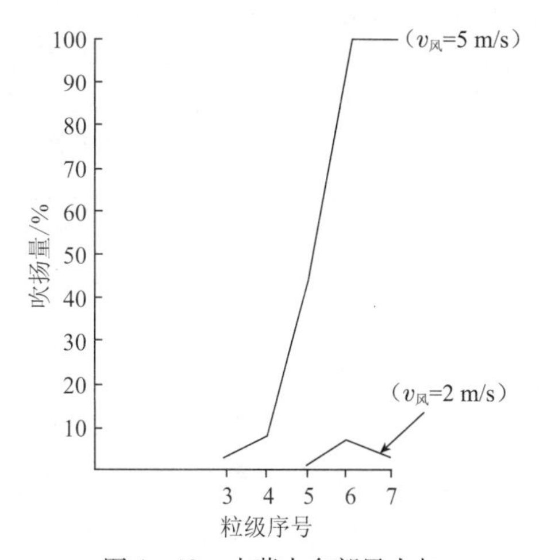

图 4-12　内蒙古东部风力与风成沙各粒级的关系

粒级序号：3—-10～+20 目；4—-20～+40 目；5—-40～+80 目；6—-80～+120 目；7—-120～+160 目

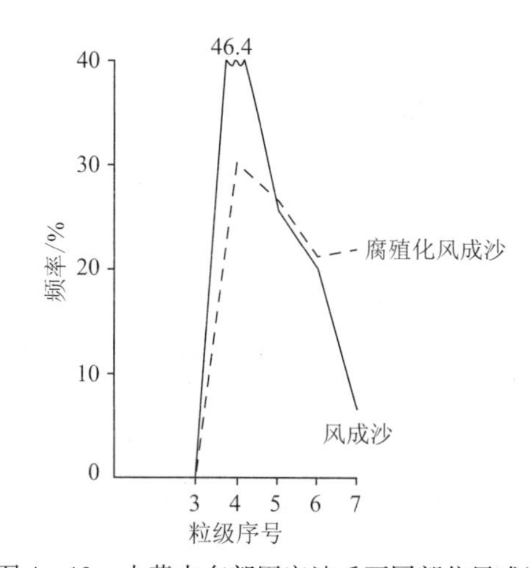

图 4-13　内蒙古东部固定沙丘不同部位风成沙粒级频率分布曲线

粒级序号：3—-20～+40 目；4—-40～+80 目；5—-80～+120 目；6—-120～+200 目；7—-200 目

2. 风成黄土粒级分布特征

(1) 青藏高原区

在青藏高原，除风成沙随处可见外，还存在另一种风积产物，即风成黄土。主要分布在山区内的山坡及河道岸边等处。各地山体内和河床两侧风成黄土粒级分布见表 4-26，可以看出各地风成黄土粒级分布差异十分明显。其中，采自西大滩、托拉海、驼路沟、拉萨河、

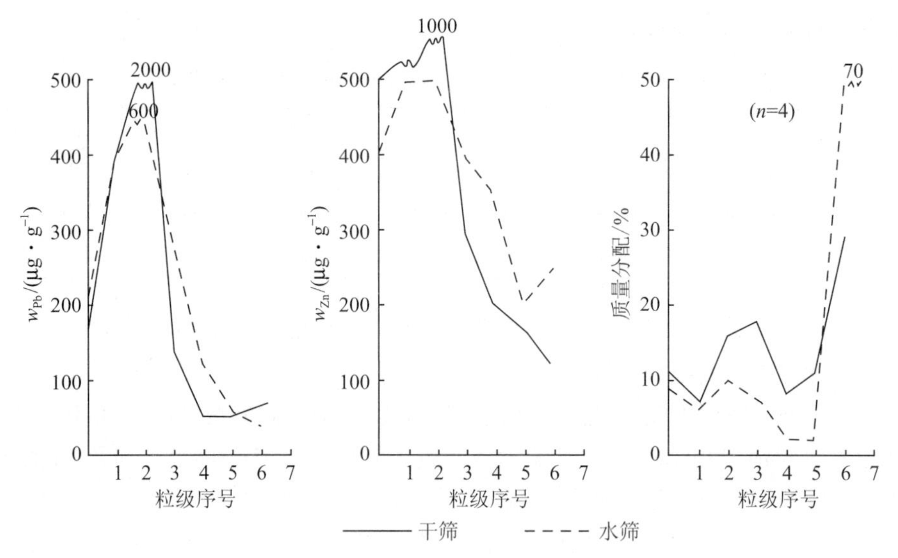

图4-14　白音诺矿区沟系中腐殖化冲风积物各粒级干筛与水筛对比图

粒级序号：1—-4~+10目；2—-10~+20目；3—-20~+40目；4—-40~+80目；5—-80~+120目；6—-120~+200目；7—-200目

羌塘高原与雅江河谷的风成黄土样品，其粒级分布特征较为相近。它们的粒级分配代表了风成黄土堆积的基本特点，即风成黄土以-80目细粒级为主，占风成黄土的85%~90%或以上。纳赤台和多不杂的风成黄土样品中由于混入了较多的残坡积岩石碎屑（纳赤台）或冲积碎屑（多不杂），使得两处样品中+80目的比例偏高。特别是多不杂样品中混入的冲积碎屑较多，使-40~+60目粒级段比例明显偏高。

表4-26　青藏高原风成黄土粒级质量分配

粒级/目	纳赤台* (n=1)	西大滩* (n=1)	托拉海* (n=1)	驼路沟 (n=1)	多不杂 (n=1)	拉萨河 (n=1)	羌塘高原 (n=1)	雅江河谷 (n=1)
-20~+40			3.06%	4%		0.85%	3.72%	1.42%
-40~+60	18.42%	7.84%	7.96%	3%	22.92%	1.68%	1.75%	1.18%
-60~+80				5%	7.62%	2.58%	3.51%	1.18%
-80~+160	39.16%	16.34%	19.59%	13%	37.50%	10.55%	8.56%	2.50%
-160	42.42%	75.82%	69.39%	75%	31.96%	84.34%	82.46%	93.72%

*引自张文秦等（1989）。

风成黄土主要与风力长距离搬运和山体阻滞有关，且主要分布在山区和河谷岸边。山区风成黄土直接来自风力搬运，而河谷岸边除了沉降的风成黄土外，流水冲刷并携带的黄土也是其重要组成部分。比较可知，山麓堆积黄土风积成分较单纯，河谷岸边黄土除风积外，还掺入部分冲积物质。尽管两处黄土成因略有差异，但二者具有相同的特点，即粒级分布主要集中在-80目的细粒级，该部分粒级占总量的85%~90%或以上。

（2）天山地区

西天山地区以风成沙为代表的风积物分布极少，未见明显的风成沙堆积，普遍可见风成黄土堆积，且主要分布在山坡和沟谷两侧。这种风成黄土成分较单一，颗粒均匀且集中。山坡风成黄土主要掺入至土壤剖面，在个别地段形成以风成黄土为主的堆积。沟谷内主要为冲积与风成黄土形成的混合堆积。

采自西天山的风成黄土样品，其粒级分布特征见表4－27，主要为－80目细粒级，其中－80～＋160目的粉沙级粒级段占有较大优势，表明西天山地区风力搬运偏弱。

表4－27　西天山地区风成黄土粒级质量分配

研究区	－10～＋20目	－20～＋40目	－40～＋60目	－60～＋80目	－80～＋160目	－160目
望峰（$n=3$）	0.5%	0.4%	0.8%	3.0%	65%	30.3%
群吉（$n=2$）	1.0%	1.2%	1.5%	2.2%	54.0%	40.1%

在我国西北地区，大于8级风力的年大风日数和沙尘暴日数各地差异显著。在西天山地区，年大风日数和沙尘暴日数与气候和降水量关系并不密切。北西天山大风日数与沙尘暴日数明显高于南西天山，而南西天山的大风日数和沙尘暴日数约1 d/a。尽管两地的大风日数及沙尘暴日数有所差异，但相对于我国西北部其他地区，西天山地区的大风日数明显偏少，且南、北西天山有所差异，但不显著，由此产生的风成黄土分布差异并不明显。一方面，南西天山为干旱荒漠山地景观，气候干旱，但大风日数和沙尘暴日数偏少；北西天山为半干旱草原山地景观，大风日数和沙尘暴日数偏多。尽管两地的气候条件、景观条件及植被条件等存在一定差异，但在沙尘暴的作用下，使得南西天山和北西天山两地风成黄土堆积的差异不显著。

三、风积物粒级成分特征

在研究风成沙颗粒成分时，采用双目镜对风成沙各粒级的颗粒主要矿物成分进行观察，计算其颗粒数量。观察的颗粒主要为石英、长石及岩屑，此三种颗粒在风成沙中最为常见，且占有主导地位。表4－28是风成沙中主要颗粒成分观察统计结果，＋20目中石英、长石所占比例较少，颗粒以岩屑为主，其比例可达75%以上；随着风成沙颗粒变细，石英、长石比例明显增高，而岩屑比例显著下降；在－80目中，岩屑主要为暗色矿物所取代，比例降至10%左右。在－20～＋40目粒级段，石英、长石比例增高或岩屑比例下降最为明显，呈现突变特点。风成沙源主要有两部分：其一，为远程搬运沉降的风成物质，这部分物质主要以相对密度较轻且具较强耐磨蚀性的石英、长石组成。在－20～＋40目粒级段，石英、长石比例突然增加，且石英、长石具很好的磨圆度，说明风成物质主要来源于远距离搬运。其二，在风力吹蚀和搬运过程中，近源物质加入，且成为重要的组成部分，在各粒级中岩屑的分配和加入证明了这一点。从表4－28中可以看出，＋20目风成沙以岩屑为主，表明较粗粒级风成沙的一部分来自于近源。

应该指出的是，在风成沙各粒级中的石英、长石并不完全来源于远距离搬运，其中的一部分也来自于近源含石英、长石岩石碎屑的破碎。在石英、长石颗粒中存在少量的棱角状颗粒可以证明。近源石英、长石颗粒的加入随颗粒变细、磨圆度增加而逐渐减少。

石英、长石与岩屑的比例在各样品中存在较明显差异。在沙－3样品中，＋60目风成沙中岩屑成分明显高于另外2件样品，是由于该样品所在地段以风成沙沉降为主，＋60目中很大部分来源于近源岩石风化。沙－1和沙－2样品颗粒偏粗，其风力吹蚀作用偏强，岩屑比例偏少主要与较强风力搬运有关。风成沙颗粒成分以石英、长石为主，岩屑为辅，岩屑比例增高主要出现在＋40目或＋20目两种粒级中。

表 4-28 青藏高原风成沙颗粒成分统计

$\varphi_B/\%$

粒级/目	沙-1		沙-2		沙-3		平均值	
	石英、长石	岩屑	石英、长石	岩屑	石英、长石	岩屑	石英、长石	岩屑
-5~+20					24.3%	75.7%	24.30%	75.70%
-20~+40	79.3%	20.7%	78.8%	21.2%	27.1%	72.9%	61.73%	38.27%
-40~+60	90.6%	9.4%	84.4%	15.6%	77.2%	22.8%	84.07%	15.93%
-60~+80	89.5%	10.5%	85.4%	14.6%	80.3%	19.7%	85.07%	14.93%
-80~+160	90.3%	9.7%	89.4%	10.6%	89.0%	11.0%	89.57%	10.43%
-160	91.4%	8.6%	90.6%	9.4%	91.3%	8.7%	91.10%	8.90%

不同地段风成沙各粒级中主要颗粒成分石英、长石、云母及岩屑颗粒的统计结果见表4-29。风成沙中各种成分颗粒分布具较明显的规律性：①由粗粒级向细粒级，石英、长石颗粒的比例逐渐增高；与之相反，由岩屑组成的颗粒比例则逐渐降低。②因采样地点不同，云母的颗粒分布出现较明显的差异，坎埃孜-5、奥依且克-5和杜瓦-8采自固定沙丘，其细粒云母比例偏少，其他样品采自河床，流水冲刷和沉积作用中的云母对其具有较明显的影响，近源云母的加入，使该地段细粒级风成沙中云母比例增高。③在同一粒级段，石英、长石和岩屑亦出现明显的规律性。较粗粒级段石英、长石与岩屑之间比例的差异性较细粒级段偏小。换言之，在细粒级段，随颗粒度变小，单矿物的分离，石英、长石比例明显增高，而岩屑比例则明显减少。

表 4-29 青藏高原不同研究区风成沙颗粒成分统计

$\varphi_B/\%$

研究区	成分	-5~+20 目	-20~+35 目	-35~+80 目	-80~+140 目	-140 目
坎埃孜-5	石英、长石			66%	90%	91%
	云母			4%	5%	5%
	岩屑			30%	5%	4%
坎埃孜-7	石英、长石			73.4%	80%	80%
	云母			9%	15%	15%
	岩屑			17.6%	5%	5%
坎埃孜-11	石英、长石			68%	85%	80%
	云母			5%	10%	12%
	岩屑			27%	5%	8%
奥依且克-5	石英、长石	10%	15%	30%	90%	95%
	云母		10%	45.5%	7%	3%
	岩屑	90%	75%	24.5%	3%	2%
杜瓦-8	石英、长石	—	73.1%	57%	90%	93%
	云母	—	—	29.3%	5%	5%
	岩屑	—	26.9%	13.7%	5%	2%

风成沙中的石英、长石因其相对密度较小，有利于风力的吹扬和搬运，故主要来自于风力搬运，但水系上游汇水域内岩石风化破碎分解产生的石英、长石亦占有一定比例。观察石英、长石的磨圆度，+60目风成沙中的石英、长石多为磨圆—半磨圆，棱角状少量，-80

目中则以棱角状为主，半磨圆少量。这一点不能说明细粒级石英、长石为近距离搬运的产物。作者曾对廊坊沙尘暴期间，飘落在办公室窗台上的沙尘进行双目镜观察，该沙尘主要由石英、长石、粉煤灰、沥青碎末、汽车轮胎粉末及其他灰尘组成，其中石英、长石占绝大部分，粒径多为 -80 目，颗粒的绝大部分为棱角状。因此可以从另一角度证明，在研究区内风成沙细粒级中的石英、长石很大一部分应为长距离风力搬运的产物。

风成沙中的岩屑一部分来自于上游汇水域近源的水系沉积物和部分残坡积物，一部分来自风力长距离搬运。粗、细颗粒岩屑的比例表明岩屑随粒径变化的基本特点。云母的来源尚不完全明确，可能来自上游汇水域近源水系沉积物，也可能来自远源风力搬运。

在高寒诸景观区内，风积物分布十分普遍，各地的粒级构成差异明显，主要表现在昆仑山—阿尔金山—祁连山主脊一线南北两部分。在该分界线以南，受高原高空气旋影响，大风日数明显偏多，风力吹蚀与搬运能力强，风积物以 -60 目为主。发现的风积物双层结构表明，青藏高原在近千年乃至以前，已出现沙漠化，风积物分布已十分普遍，其粒级偏粗的特点表明，早期的风力吹蚀强劲，风成沙分布范围广。在山地，受山体阻滞，分界线以北风力减弱，搬运能力降低，主要表现为以风成沙或风成黄土沉降为主，使昆仑山、阿尔金山和祁连山北麓、天山和阿尔泰山等地山区风积物粒级主要集中在 -80 目。

四、风积物中元素分布特征

1. 风成沙元素分布特点

（1）干旱荒漠景观区

分析风成沙全粒级样品，除个别元素外，风成沙中大多数元素质量分数均低于当地岩石和残积土的背景值（表 4 -30），有些元素质量分数甚至低至 50%。显然，疏松层中风成沙的混入，将导致多数元素质量分数降低，而少数元素质量分数升高。

表 4 -30　干旱荒漠景观区风成沙、当地岩石和残积土背景值　$w_B/(\mu g \cdot g^{-1})$

元素	东七一山			红古尔玉林		
	岩石 (n=146)	残积土 (n=146)	风成沙 (n=4)	岩石 (n=160)	残积土 (n=160)	风成沙 (n=6)
Cu	17.0	18.4	12.6	9.0	13.8	6.6
Pb	21.3	27.1	18.0	11.9	15.1	7.8
Zn	40.0	36.3	23.6	38.8	44.5	33.2
Ni	24.0	25.7	16.6	9.7	16.9	16.4
Co	15.7	15.8	9.9	9.0	12.8	4.0
Mn	292	288	301	305	338	133
As	2.8	7.1	5.2	<1.0	8.9	
Mo	0.84	1.1	1.41			

实际情况可能更为复杂，因为不同元素在风成沙各粒级中的分布具有很大的差异性。从图 4 -15 可以看出：① +20 目风成沙中元素质量分数较高，比较接近当地的岩石背景值，可能是近源岩屑掺入的结果；② -20 ~ +120 目风成沙中各个元素均出现最低值；③ -120 目风成沙中，特别是在 -200 目的细粒级中，除 Mo 外，多数元素随粒级变细，质量分数逐

渐升高，-200 目中达到最高值，是-20～+120 目的 1～2 倍，甚至 3～4 倍（如 Zn、Mn、Ni 等），并且普遍高于当地岩石和土壤的背景值。显然，-20 目风成沙中元素质量分数降低或升高与本地岩石质量分数无关，而与风积物掺入量密切相关。

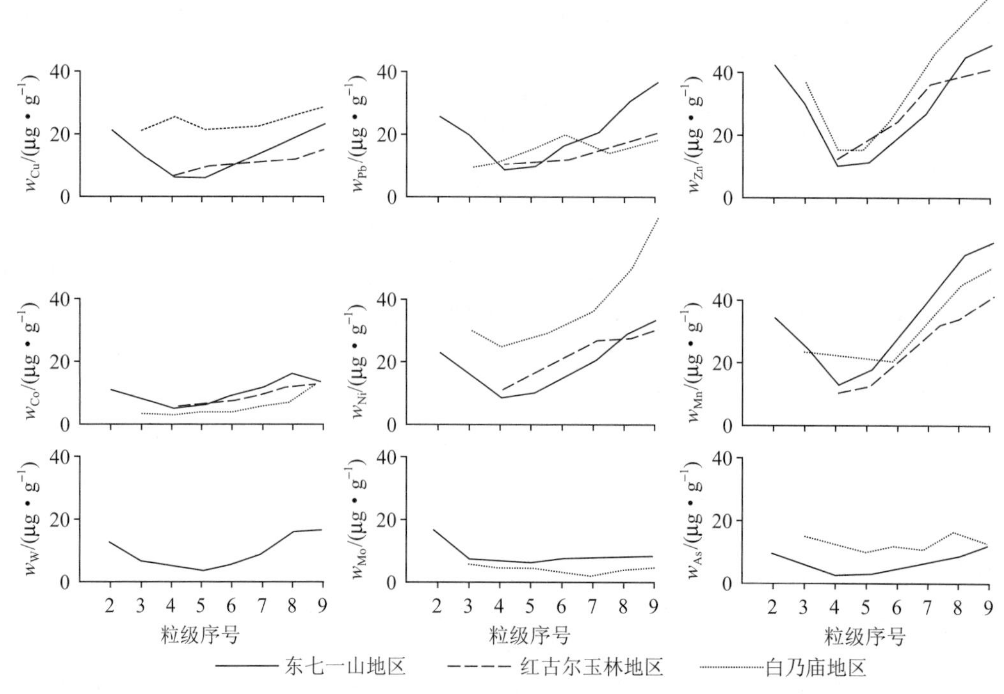

图 4-15　干旱荒漠景观区不同地区风成沙各粒级中元素分布图

粒级序号：2—-4～+10 目；3—-10～+20 目；4—-20～+40 目；5—-40～+80 目；6—-80～+120 目；7—-120～+160 目；8—-160～+200 目；9—-200 目

甘肃北山风成沙粒级元素分布具十分明显的特点（图 4-16）：①几乎所有元素在-4～+60 目粒级段的质量分数差异不大，各粒级的元素质量分数十分接近，部分元素质量分数在-40～+60 目或略有升高或略有降低，均在较小范围内变化。②从-60～+80 目开始，向细粒级，除 Ag 外，其他元素质量分数均呈逐渐升高的特点，-160 目升至最高点。③Ag 在各粒级中分布表现出明显的特殊性，即从-60～+80 目开始，向细粒级呈逐渐降低的特点。

风成沙中元素的上述分布特点表明，在风成沙中粗粒级段，近源岩屑的掺入成为影响元素质量分数的主要原因，尽管未对粗颗粒的岩石性质进行鉴定，但从众多元素质量分数表现出分布趋势的一致性可以做出判断，+60 目以上的各粗粒级，基本以近源岩屑为主，且成分较为均一，元素质量分数并不因为粒级变化而产生跳跃。

甘肃北山风成沙中元素质量分数发生明显变化的粒级主要出现在-60～+80 目以下细粒级中，表现为细粒级中几乎所有元素质量分数均呈升高趋势。

在东天山地区的土屋和托克逊研究区分别采集具代表性的样品沙-3 和 F2 作为主要研究对象（图 4-17，图 4-18）。

东天山土屋研究区风成沙元素分布具十分明显的规律性：①Cu、Ag、Zn、W、Mn、Cd、Mo、Ni、Bi、Pb 等元素分布特点相似，即元素在粗粒级具有偏高质量分数，向细粒级，质量分数逐渐降低，在-40～+60 目或-60～+80 目降到最低点，然后再次逐渐抬升，至-160目升到最高值，形成“U”形分布类型。具有类似分布规律的元素还有 As、Sb 等，它

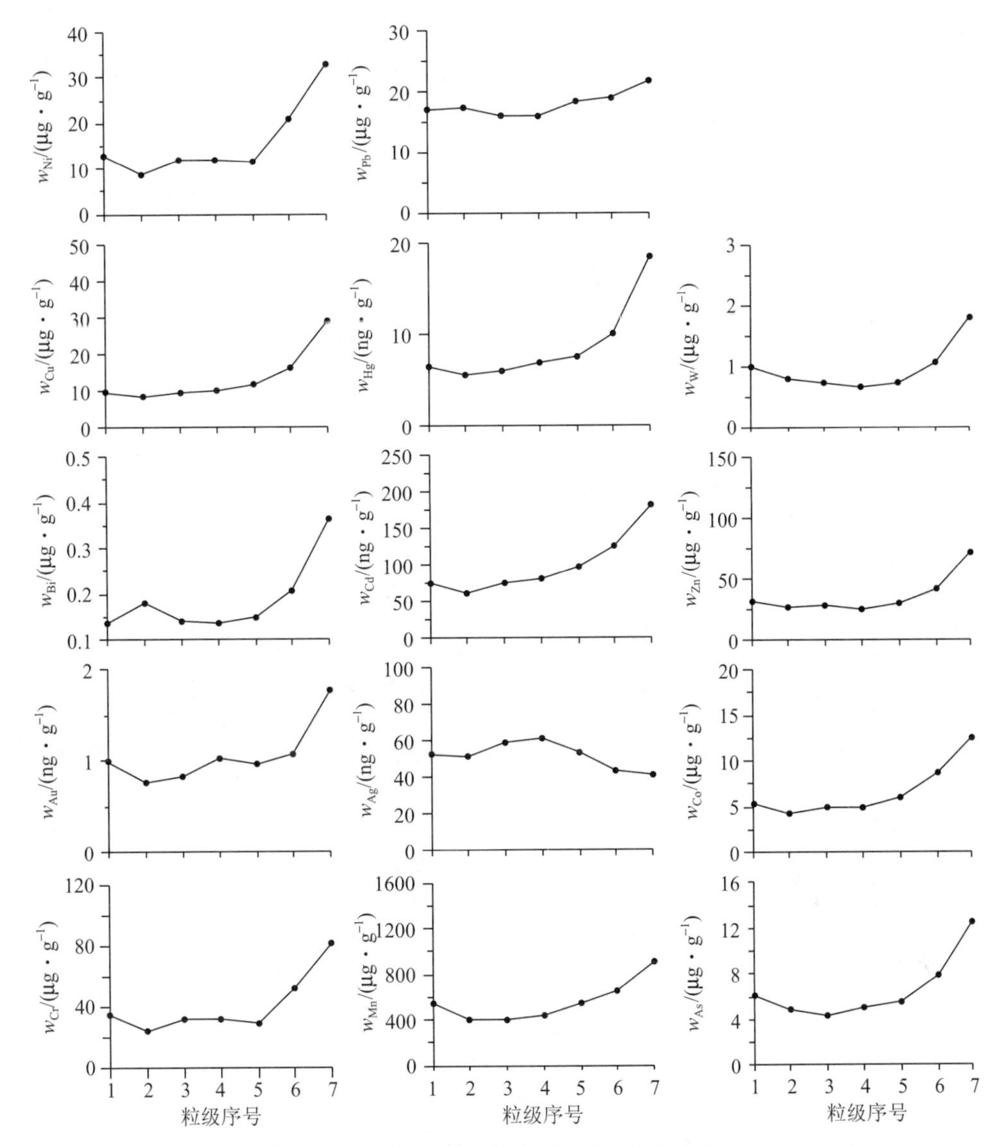

图4-16 干旱荒漠景观区风成沙各粒级中元素分布图（$n=4$）

粒级序号：1—-4～+10目；2—-10～+20目；3—-20～+40目；4—-40～+60目；5—-60～+80目；6—-80～+160目；7—-160目

们从粗粒级至细粒级的元素质量分数变化，虽然不如前述元素那样明显，但基本规律一致，即再现粗粒级和细粒级元素质量分数偏高，在中间粒级元素质量分数偏低，具“U”形分布特点。②元素质量分数不受粒级粗细变化的影响，表现出粗粒级至细粒级元素质量分数基本保持在同一水平上，出现这种现象的元素只有Au。③在较粗粒级，元素质量分数基本无变化，如在-80目，特别是在-160目细粒级，元素质量分数明显增高。

托克逊研究区风成沙粒级较土屋明显偏细。即便如此，各粒级元素分布与土屋研究区具较明显的一致性，即多数元素质量分数从粗粒级至细粒级表现为逐渐降低，在-60～+80目降至最低点后，向细粒级再次抬升，呈“U”形分布特点，个别元素如Au、Ag等出现不规律的分布状况。

上述大多数元素的分布特点表明，粗粒级中元素质量分数偏高主要与掺入了一定量的近

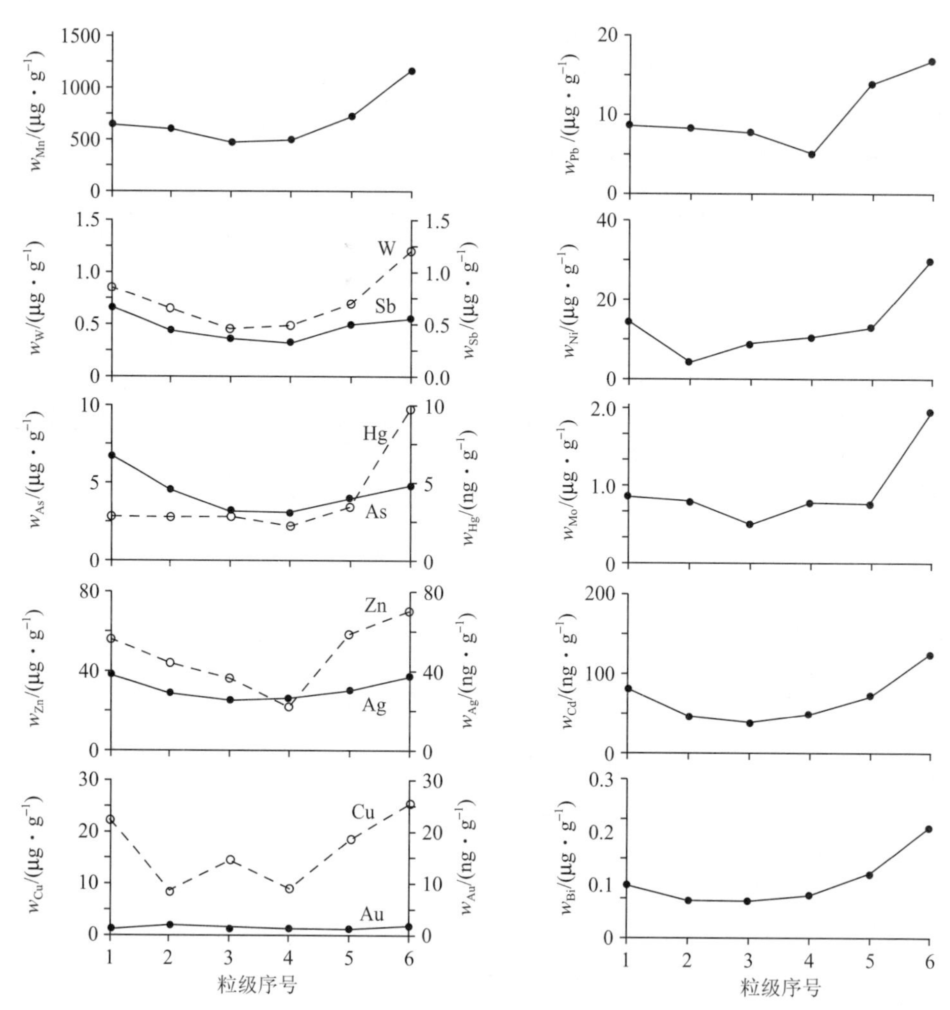

图4－17　土屋研究区风成沙（沙－3）各粒级中元素分布图

粒级序号：1——5～+20目；2——20～+40目；3——40～+60目；4——60～+80目；5——80～+160目；6——160目

源岩屑有关。近源岩屑的加入，可使风成沙中粗粒级部分元素质量分数接近附近基岩质量分数。随着岩屑在风力的作用下不断破碎和磨蚀，逐渐被耐磨蚀的石英、长石所取代，石英、长石中微量元素普遍偏低。在风成沙－80目或－160目细粒级中，颗粒变小后，轻矿物部分有利于在风力作用下做远距离运移，而相对密度较大的重矿物等则运移距离偏小，滞留于原地附近或主要呈近距离搬运，可使重矿物在－80目粒级段出现一定程度的富集。

在东天山地区，尽管土屋和托克逊两地相距数百千米，形成风成沙源地的岩性不一，但在风力作用下，岩石破碎后经风力吹扬、分选，也可产生近乎一致的结果，其共性是在粗、细两种粒级中元素质量分数偏高，在－40目或－60～+80目的中间粒级中元素质量分数偏低。

（2）高寒诸景观区

A. 风积物的元素平均质量分数特点

高寒诸景观区包括青藏高原和新疆东天山及阿尔泰山等广大区域。风成沙和风成黄土的元素质量分数平均值见表4－31。各地风成沙中元素质量分数平均值差异较大，相互关联度也不高，反映了风成沙元素质量分数具有各自地域的分布特点。

B. 风成沙各粒级元素分布特征

各地风成沙各粒级元素分布具有较明显的差异（图4-19~图4-25）。东巧和土门两地位于藏东北青藏公路西侧，由于两地距离较近，风成沙各粒级的元素分布具明显的相似性（图4-19，图4-20）。与东天山和北山地区风成沙中元素分布类似，Cu、Sb、Co、Ni、Mo、W、Zn、As等多数元素质量分数从粗粒级向细粒级逐渐降低，在-60~+80目降到最低点后，向更细粒级逐渐抬升，呈“U”形分布。尽管Cu、Zn、As、Mo在-80目细粒级抬升的幅度不大，或略有变化，但其总体抬升的趋势尚存。Pb、Ag、Hg、Au等分布曲线各异，其中Hg、Au、Pb等仍具有上述元素分布的微弱特点，只是Ag与其他元素分布差异较大。

表4-31　高寒诸景观区不同地区风成沙中各元素统计结果

研究区	参数	Au	Ag	As	Sb	Hg	Bi	Co
龙尾沟—寒山（n=2）	平均质量分数	1.70	37	11.0	0.70	6.80	0.18	
	质量分数区间	0.64~3.80	28~44	7.10~17.0	0.46~1.30	3.10~13.0	0.13~0.28	
措勤—多不杂—狮泉河（n=7）	平均质量分数	0.62	63	16.0	0.71	22.0	0.24	5.80
	质量分数区间	0.38~0.94	38~99	9.90~33.0	0.51~1.20	8.00~81.0	0.17~0.36	2.80~11.0
土门—东巧（n=6）	平均质量分数	0.65	72	14.6	0.90	19.0	0.17	4.6
	质量分数区间	0.46~1.00	51~103	4.00~8.60	0.46~1.40	11.0~27.0	0.11~0.22	2.70~7.30
总平均值	n=15	1.00	57	15.0	0.77	16.0	0.20	5.00

研究区	参数	Cr	Cu	Mo	Ni	Pb	W	Zn
龙尾沟—寒山（n=2）	平均质量分数	44.0	21.0	1.20	22.0	19	1.10	51
	质量分数区间	31.0~64.0	16.0~33.0	0.65~2.30	18.0~29.0	15~22	0.64~1.80	35~63
措勤—多不杂—狮泉河（n=7）	平均质量分数	35.0	14.0	0.61	28.0	20	1.60	31
	质量分数区间	7.80~101	7.90~33.0	0.37~1.40	7.50~63.0	15~26	0.90~3.40	22~55
土门—东巧（n=6）	平均质量分数	33.0	12.0	0.59	25.0	14	0.99	28
	质量分数区间	16.0~61.0	7.20~26.0	0.40~0.83	7.50~54.0	11~22	0.58~1.40	8~93
总平均值	n=15	38.0	16.0	0.79	25.0	19	1.30	37

注：Au、Ag、Hg单位为ng/g，其他元素单位为μg/g。

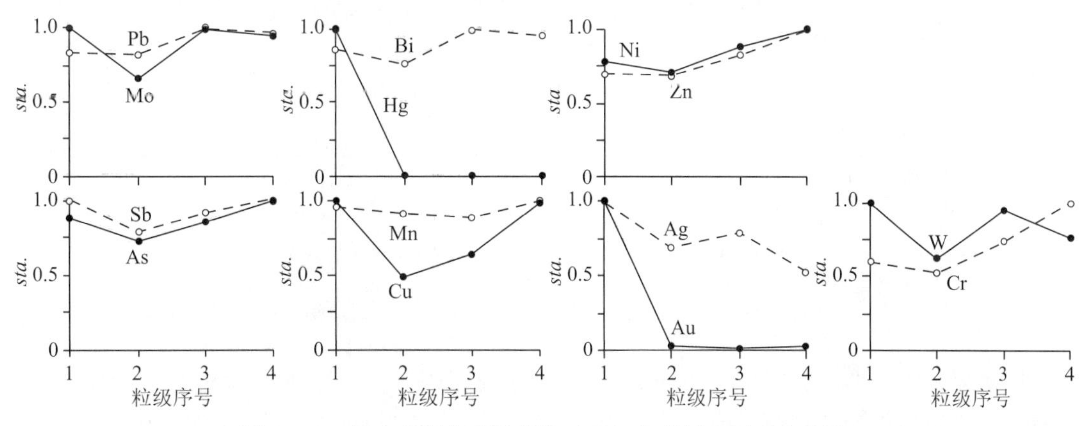

图4-18　托克逊研究区风成沙（F2）各粒级中元素分布图

粒级序号：1—-40~+60目；2—-60~+80目；3—-80~+160目；4—-160目

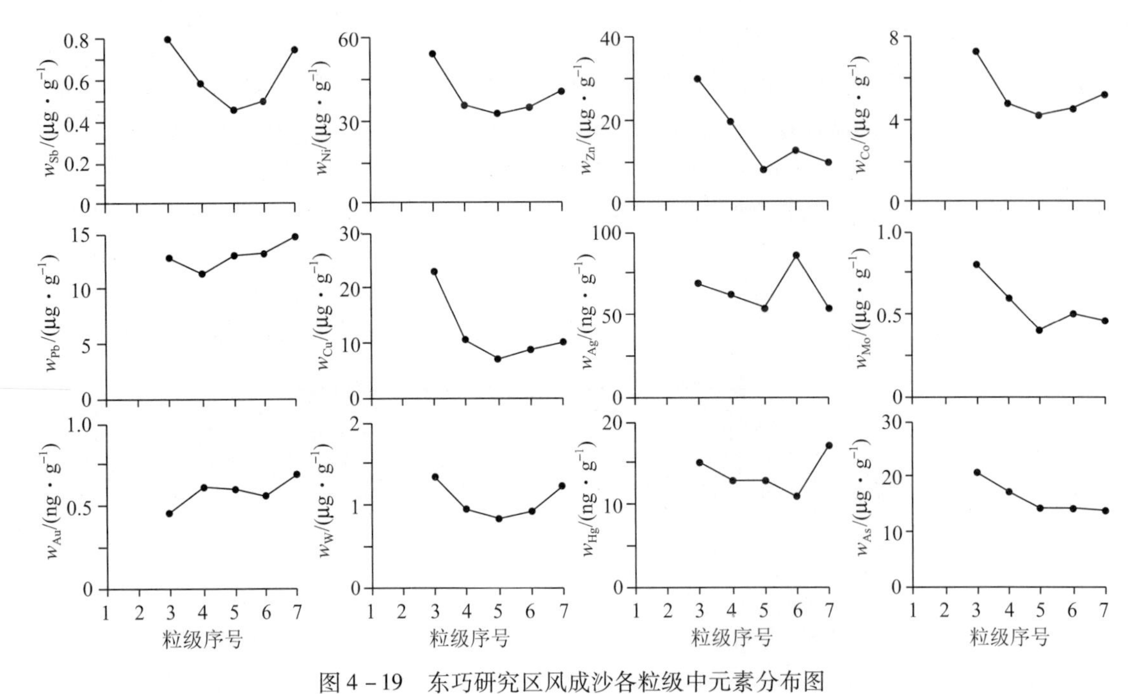

图 4－19　东巧研究区风成沙各粒级中元素分布图

粒级序号：1—－4～+10 目；2—－10～+20 目；3—－20～+40 目；4—－40～+60 目；5—－60～+80 目；6—－80～+160 目；7—－160 目

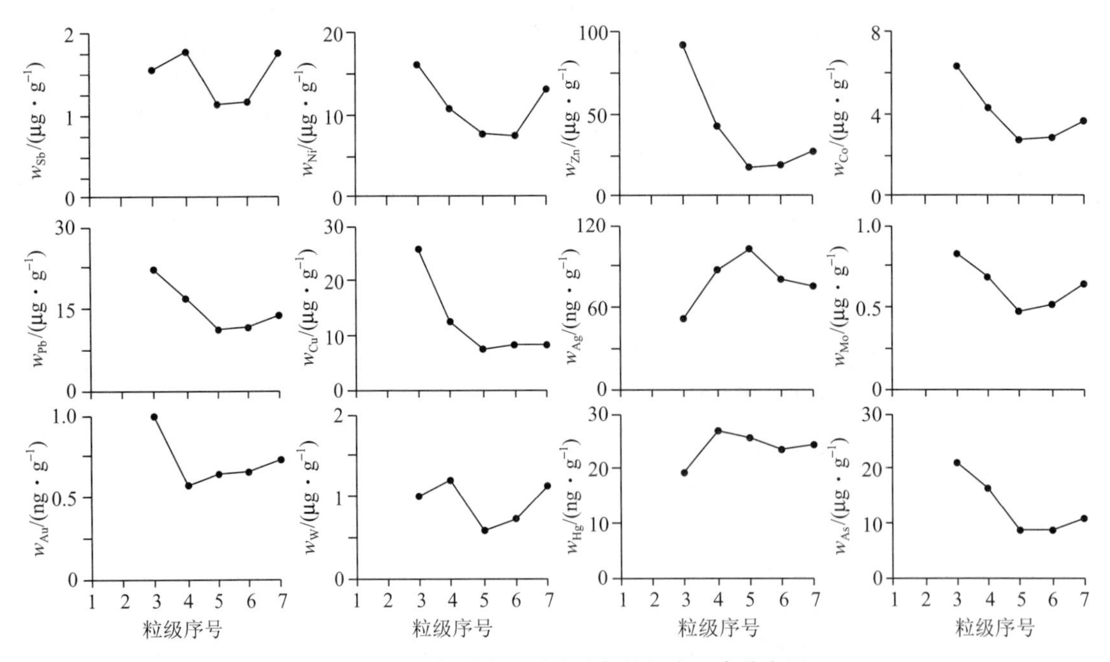

图 4－20　土门研究区风成沙各粒级中元素分布图

粒级序号：1—－4～+10 目；2—－10～+20 目；3—－20～+40 目；4—－40～+60 目；5—－60～+80 目；6—－80～+160 目；7—－160 目

狮泉河、多不杂研究区位于羌塘高原腹地，措勤研究区位于羌塘高原南部边缘冈底斯山北坡。在三地风成沙各粒级元素分布曲线中，狮泉河和多不杂两地结果较为一致，措勤与两地差异较明显（图 4－21～图 4－23）。在狮泉河和多不杂两地采集的风成沙样品中，Sb、

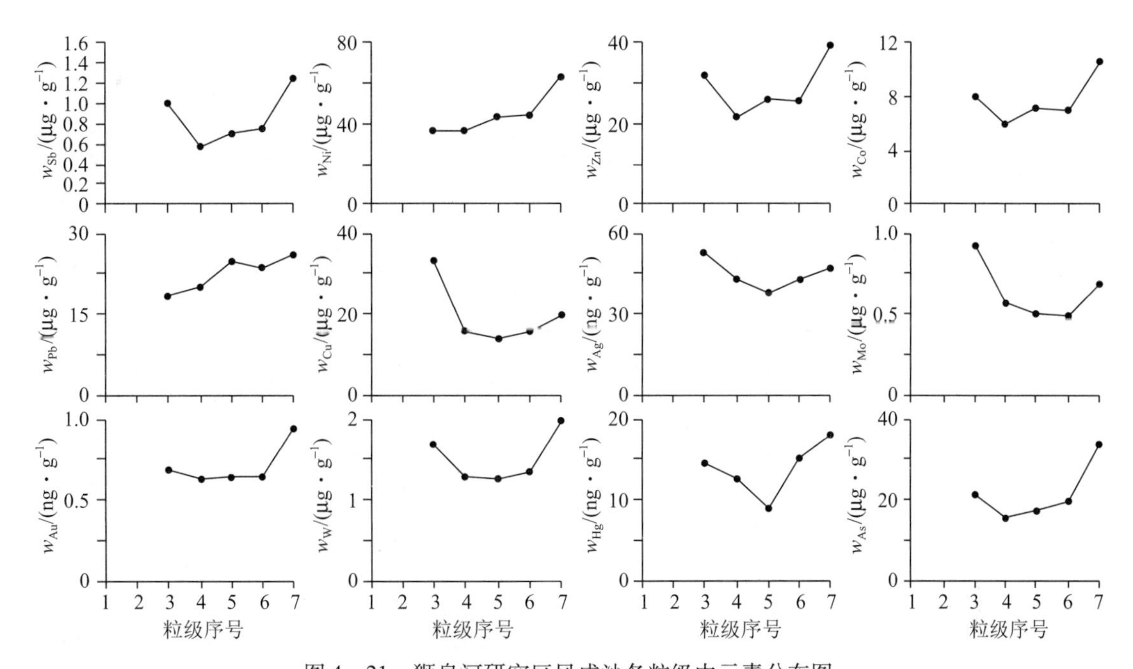

图 4-21 狮泉河研究区风成沙各粒级中元素分布图

粒级序号：1—-4～+10 目；2—-10～+20 目；3—-20～+40 目；4—-40～+60 目；5—-60～+80 目；6—-80～+160 目；7—-160 目

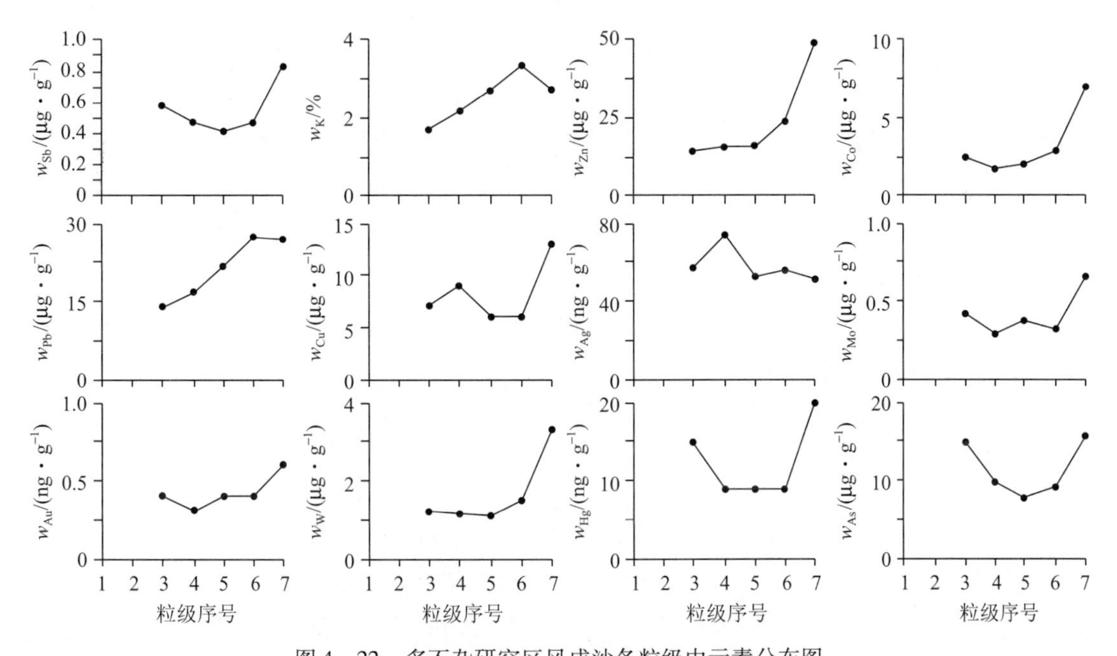

图 4-22 多不杂研究区风成沙各粒级中元素分布图

粒级序号：1—-4～+10 目；2—-10～+20 目；3—-20～+40 目；4—-40～+60 目；5—-60～+80 目；6—-80～+160 目；7—-160 目

Co、Mo、W、Hg、Cu、As、Au 等多数元素质量分数具有从粗粒级向细粒级逐渐降低，在 -40～+60 目或 -60～+80 目达到最低值，再向细粒级，质量分数升高，且增高的幅度较大，呈“U”形或单边上扬型。Pb 和多不杂的 K 等少数元素质量分数则从粗粒级向细粒级逐渐升高，中间很少有降低的变化。措勤地区风成沙样品中，Sb、Co、Ni、Mo、W、Hg、

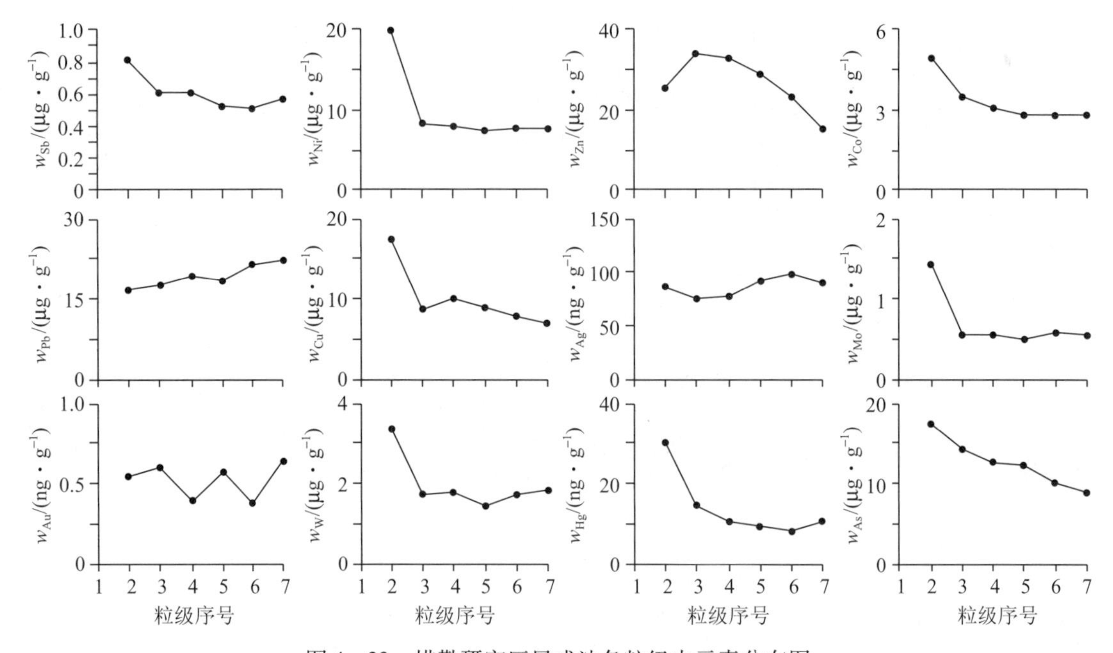

图 4-23　措勤研究区风成沙各粒级中元素分布图

粒级序号：1—-4~+10 目；2—-10~+20 目；3—-20~+40 目；4—-40~+60 目；5—-60~+80 目；6—-80~+160 目；7—-160 目

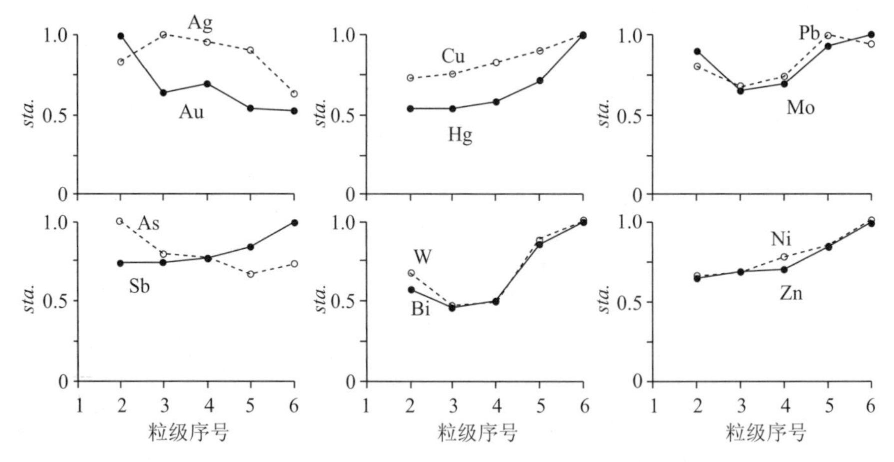

图 4-24　寒山研究区风成沙各粒级中元素分布图

粒级序号：1—-10~+20 目；2—-20~+40 目；3—-40~+60 目；4—-60~+80 目；5—-80~+160 目；6—-160 目

Zn、Cu、As 等诸多元素主要体现从粗粒级向细粒级逐渐降低的分布特点，这些元素质量分数从 -10~+20 目开始向细粒级降低，速度缓慢，变化平稳，其中 Co、Zn、Cu、As 质量分数降低较明显，Pb、Ag 等主要表现为其质量分数向细粒级缓慢升高，Au 无明显变化。

在甘肃北祁连西段寒山金矿附近采集的风成沙样品中，如图 4-24 所示，Au、Ag、As 等元素质量分数从粗粒级向细粒级逐渐降低，Sb、Bi、Hg、Pb、Mo、W、Cu、Zn、Ni 等大多数元素质量分数从粗粒级向细粒级逐渐升高，-160 目升至最高。

在阿尔金山龙尾沟铜矿区风成沙样品中，如图 4-25 所示，Cu、Bi、Ni、As、Hg、Sb、Zn 等多数元素分布呈不对称“U”形，粗、细粒级质量分数偏高，-60~+80 目粒级段为

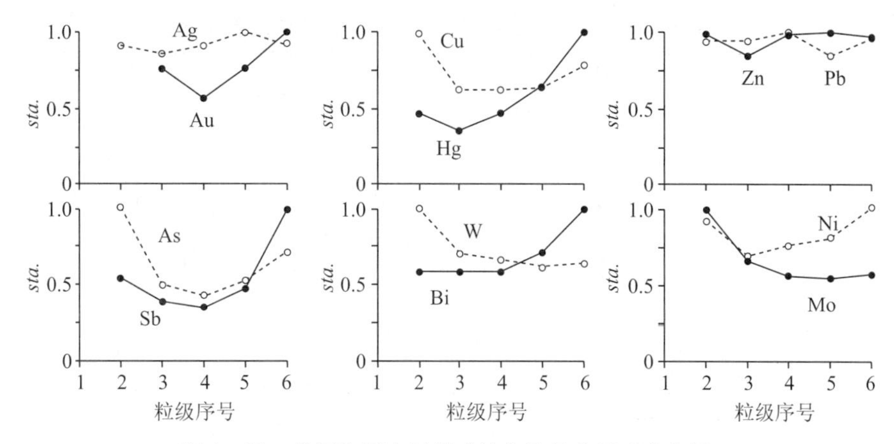

图4－25 龙尾沟研究区风成沙各粒级中元素分布图

粒级序号：1——10～+20目；2——20～+40目；3——40～+60目；4——60～+80目；5——80～+160目；6——160目

谷底，元素质量分数最低。

综合上述青藏高原七地风成沙不同粒级元素分布特点认为，尽管各地风成沙元素质量分数因采样地点不同而分布具明显差异，但仍具较明显的相似性。各地风成沙中元素质量分数变化的转折粒级基本集中在－80～+160目或－60～+80目，青藏高原内风成沙样品主要集中在－60～+80目，昆仑山以北风成沙样品主要集中在－80～+160目偏细粒级段，这两种粒级是元素质量分数变化的主要拐点。绝大多数元素质量分数在细粒级段（－160目或－80目）普遍偏高，部分地区或部分元素质量分数可达到最高值。+80目或+60目粗粒级，各地元素质量分数变化或差异性十分明显。对各地风成沙样品中粗粒级部分元素质量分数出现差异性可做如下解释：风成沙中大部分粗粒级来自近源岩石风化的碎屑，而各地的基岩岩性各异，风化后产生的碎屑仍具有基岩物质成分的基本特点，经风力搬运后，掺入风成沙中，使粗粒级部分元素质量分数仍与原基岩具有明显的继承性。

在风力作用下，岩石碎屑经搬运、吹蚀、碰撞、磨损，由粗颗粒逐渐变为细颗粒。由粗颗粒的岩石碎屑逐渐变成单矿物，相对密度较大的重矿物与相对密度较小的轻矿物在风力作用下产生分选。风成沙样品中－60～+80目部分，石英、长石矿物所占比例较大，多数元素质量分数在该粒级段普遍偏低，在－80目细粒级段，风力分选使石英、长石所占比例下降，重矿物偏多，因为重矿物是多数微量元素的载体，使得元素质量分数在细粒级偏高。粗粒级段矿物尚未分解，轻、重矿物尚未发生分选，元素质量分数带有近源风化基岩的特点。

（3）半干旱中低山景观区

在大兴安岭东南坡科尔沁沙地采集风成沙样品，统计结果见表4－32。区内风成沙中微量元素质量分数较低，大部分元素低于丰度值1～2个数量级，仅Ag质量分数较高，各元素离差值均较小。

风成沙各粒级中元素分布特征见表4－33。无论在大兴安岭中部西坡海拉尔沙地南缘（北部地区）和南部科尔沁沙地（南部）地区，在风成沙聚集的粒级区间，元素质量分数亦最低。如图4－26所示，风成沙各粒级元素质量分数呈“V”形分布，与粒级分布的倒“V”形曲线相对应。粗粒级部分由于含较多的岩屑成分，元素质量分数略有升高，而极细粒级部分元素质量分数升高则可能与重矿物富集有关。

表 4-32 大兴安岭东南坡风成沙中元素特征值统计

元素	几何（$n=13$）			算术（$n=13$）			丰度值* μg·g^{-1}
	$\bar{x}$	σ	CV	$\bar{x}$	σ	CV	
Cu	6.58	1.65	0.25	6.77	1.64	0.24	63
Pb	6.00	3.79	0.63	6.77	3.70	0.55	12
Zn	12.00	3.89	0.32	12.49	3.86	0.31	94
Ag	0.12	0.13	1.10	0.15	0.12	0.81	0.08
Ni	9.26	1.74	0.19	9.42	1.73	0.18	89
Co	5.00	1.29	0.26	5.14	1.28	0.25	25
Fe	0.63	0.16	0.26	0.65	0.16	0.25	5.8
Mn	75.40	27.88	0.37	79.54	27.55	0.35	1300

注：Fe 单位为%，其他元素单位为 μg/g。$\bar{x}$ 为平均值；σ 为标准离差；CV 为变异系数。＊据黎彤（1976）

表 4-33 大兴安岭东南坡风成沙各粒级中元素统计结果

元素	南部地区（$n=13$）					
	-20～+40 目	-40～+80 目	-80～+120 目	-120～+160 目	-160～+200 目	-200 目
Cu	8.28	6.77	6.86	6.92	7.72	9.72
Pb	11.23	6.77	10.00	12.77	19.85	27.38
Zn	15.60	12.49	15.51	24.18	39.82	57.12
Ag	0.28	0.13	0.20	0.30	0.38	0.46
Co	5.94	5.14	5.42	5.72	7.14	8.40
Ni	11.85	9.42	10.65	11.85	12.95	16.65
Fe	0.85	0.65	0.71	0.74	0.90	1.16
Mn	90.92	79.54	100.46	119.08	175.38	238.15
元素	北部地区（$n=4$）					
	-20～+40 目	-40～+80 目	-80～+120 目	-120～+160 目	-160～+200 目	-200 目
Cu	29.6	18.0	15.4	16.0	19.5	22.4
Pb	25.00	20.00	18.30	18.30	22.30	25.00
Zn	57.40	49.30	44.00	45.00	56.00	65.00
Co	14.20	12.00	10.70	10.80	12.80	14.00
Ni	28.60	24.30	20.90	20.10	25.20	27.80
Fe	2.60	1.93	1.66	1.71	2.14	2.36
Mn	675.00	495.00	431.50	415.00	475.00	511.50
Mo	1.23	0.70	0.54	0.53	0.55	0.64
W	2.30	1.10	1.15	1.03	1.45	1.30

注：Fe 单位为%，其他元素单位为 μg/g。

在河北北部围场附近，在偶见的风成沙堆上采集样品，经筛分并分析测试，主要元素在风成沙各粒级中的质量分数见表 4-34。由表可知，在河北北部，+20 目风成沙已出现，并集中在-60 目细粒级，该粒级段可占风成沙总量的 70%以上。风成沙中主要成分为石英、长石和岩屑，偶见黏土胶结的假颗粒。岩屑随粒级变细以及石英、长石等矿物分离明显减

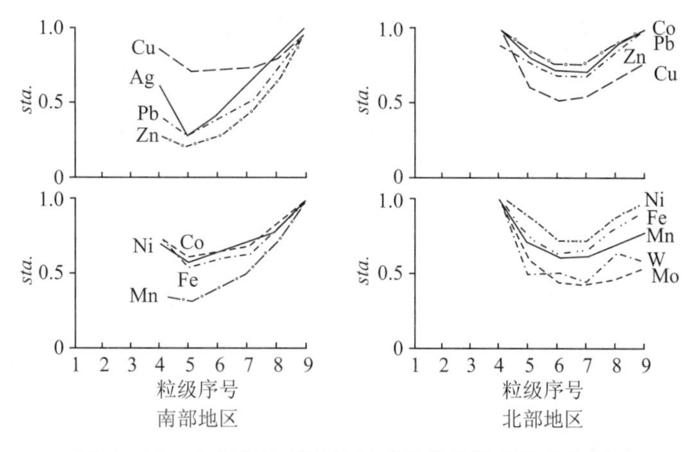

图4－26　大兴安岭东南坡风成沙各粒级元素分布图

粒级序号：1—－2～+4目；2—－4～+10目；3—－10～+20目；4—－20～+40目；5—－40～+80目；6—－80～+120目；7—－120～+160目；8—－160～+200目；9—－200目

少。各元素在+40目和－80目粗、细两端粒级中质量分数偏高，在－40～+80目粒级段元素质量分数偏低，呈“U”形分布，表现出粗粒级段近源岩屑混入和细粒段经风力分选产生的结果。

表4－34　河北北部风成沙不同粒级成分及主要元素统计

粒级/目	质量/g	φ_B/%			元素统计结果							
		石英、长石	岩屑	假颗粒	Cu	Pb	Zn	Ag	As	Mo	CaO	MgO
－10～+20	1.3		100		11.5	31.0	55.0	0.20	5.0	0.7	2.48	1.06
－20～+40	3.1	40	44.5	15.5	8.1	29.0	43.0	0.09	3.8	0.7	1.52	0.67
－40～+60	7.7	78	18	4	4.0	29.0	16.6	0.08	2.2	0.5	1.05	0.19
－60～+80	37.0	92	8		4.0	30.6	14.4	0.05	2.2	0.5	1.31	0.27
－80～+120	12.9	95	5		5.3	32.0	20.2	0.07	2.8	0.6	1.98	0.56
－120	28.3	94	6		11.3	36.6	50.0	0.07	5.8	0.6	2.78	1.37

注：氧化物单位为%，其他元素单位为μg/g。

2. 风成黄土元素分布特点

（1）藏北高原区

藏北高原区主要指高寒湖泊丘陵景观区以及与其相邻的高寒干旱半干旱山地景观区。风成黄土各粒级元素分布可分为两种主要类型：

以多不杂和达热布措两处风成黄土元素分布为一种类型，如图4－27，图4－28所示，其主要特点是在风成黄土－160目细粒级中，几乎所有元素质量分数均呈增高的特点。尽管在达热布措研究区风成黄土中，细粒级部分元素质量分数增高程度不如多不杂，但趋势仍较明显。而在偏粗粒级段，元素在各粒级的质量分数各异。达热布措研究区风成黄土各粒级间元素质量分数差异较明显，曲线变化较大，由粗粒级向细粒级元素质量分数变化的总趋势为或略升高或略降低。这一趋势与多不杂矿区偏粗粒级元素质量分数变化趋势具明显的相似性，只不过多不杂研究区风成黄土各粒级元素质量分数变化相对较平稳。

驼路沟研究区风成黄土各粒级中元素分布（图4－29）具有双重特点，As、Ag、Fe、Mo等质量分数从粗粒级向细粒级呈逐渐降低的趋势；Sb、Hg、Cu、Cr、Co、Bi、Zn、W、

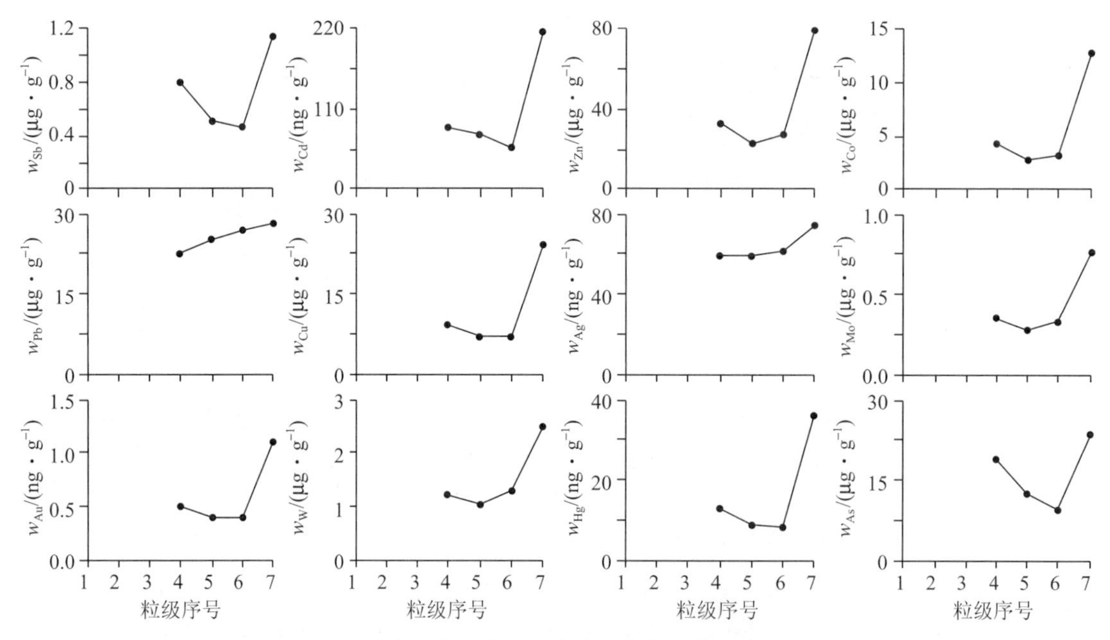

图 4－27 多不杂研究区风成黄土各粒级中元素分布图

粒级序号：1—－4～+10 目；2—－10～+20 目；3—－20～+40 目；4—－40～+60 目；5—－60～+80 目；6—－80～+160 目；7—－160 目

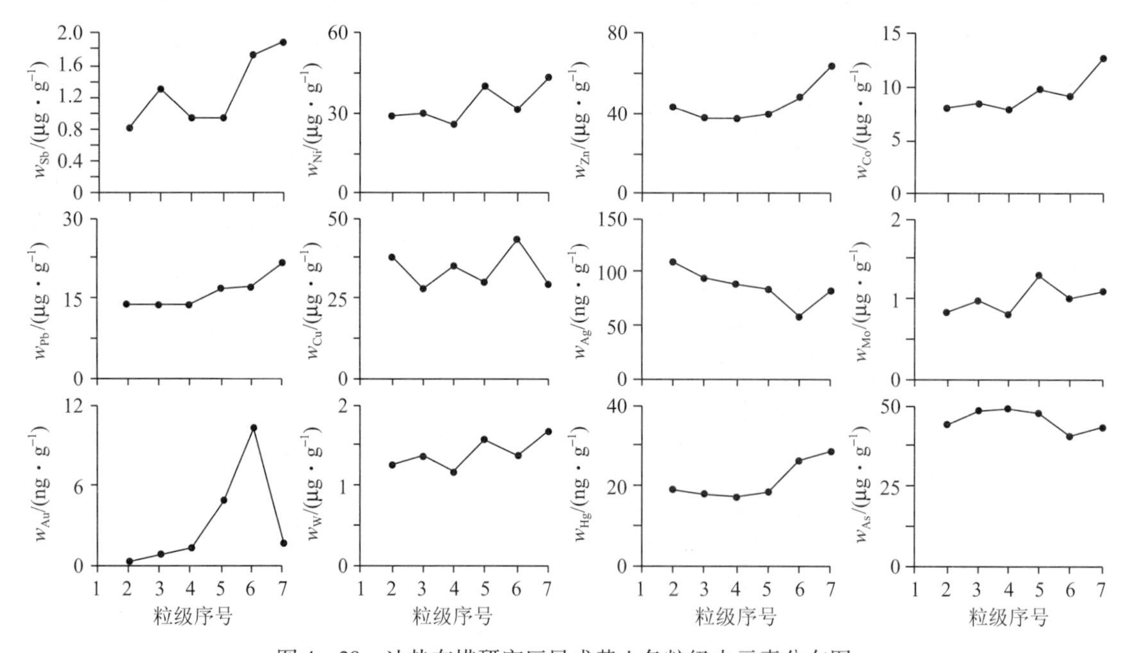

图 4－28 达热布措研究区风成黄土各粒级中元素分布图

粒级序号：1—－4～+10 目；2—－10～+20 目；3—－20～+40 目；4—－40～+60 目；5—－60～+80 目；6—－80～+160 目；7—－160 目

Pb、Ni 从－20～+40 目向细粒级，其质量分数逐渐增高，其中部分元素在中间粒级的质量分数有所降低，但细粒级中元素质量分数增高这一特点与多不杂研究区风成黄土元素质量分数变化非常相近。

以上研究区风成黄土主要分布在山坡、河谷阶地和河道岸边，不同程度受坡积和冲积的

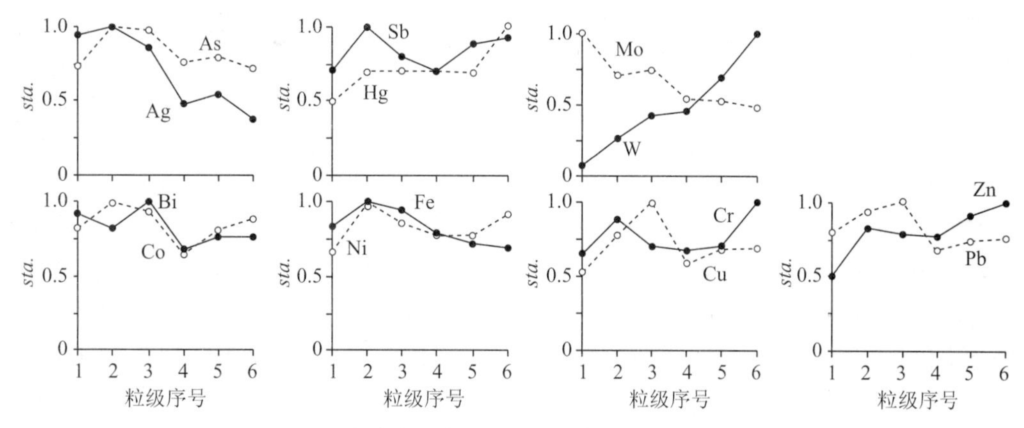

图4-29　骆路沟研究区风成黄土各粒级中元素分布图

粒级序号：1—-10~+20目；2—-20~+40目；3—-40~+60目；4—-60~+80目；5—-80~+160目；6—-160目

影响。风成黄土中出现的多种元素分布类型，带有明显的地域特点。尽管如此，风成黄土的主体应来自于远距离风力搬运的物质。因此，风成黄土元素分布的主要特点是：在+60目或+80目粗粒级，元素质量分数变化各异，明显带有非黄土的痕迹；在-80目（-60目）或-160目，元素质量分数呈增高特点，各地风成黄土的这种元素质量分数变化具有一致性，形成的原因主要与风成黄土及其中的矿物有关。

（2）天山地区

在天山地区，仅在南西天山的望峰及以南区段采集到2件风成黄土样品（FH01和FH02）。该区风成黄土的分析结果见表4-35。为了便于研究与比较，表4-35中列出了西藏雅鲁藏布江岸边黄土和黄河中游马兰黄土的元素质量分数。4处黄土样品因采集的地点不同而元素质量分数差异明显，其中马兰黄土代表黄河中游大范围黄土的元素平均质量分数，具有较强的代表性。雅江黄土和本次采集的2件黄土样品均显示出局部的地区特色。由于受当地风积物沉降、流水作用和坡积作用等多种因素的影响，使得两地黄土元素质量分数水平不一。观察可以看出，风成黄土的元素质量分数均表现出偏低的特点，尽管两地黄土中元素质量分数差异明显，但其质量分数偏低的总特点是一致的。

表4-35　天山地区风成黄土各粒级中元素统计结果

元素	FH01			FH02			西藏雅鲁藏布江岸边黄土		马兰
	+80目	-80~+160目	-160目	+80目	-80~+160目	-160目	-80~+100目	-100目	黄土*
Cu	46	43	30	36	35	32	43	30	24.2
Pb	39.1	37.1	27.0	23.2	20.4	18.6	17	21	30
Zn	104	120	93	92	86	76	48	64	65.8
Mo	1.01	0.98	0.90	1.12	1.08	1.01	1.01	1.09	0.72
As	12.2	15.5	12.1	13.6	12.4	9.0	40.6	43.7	2.1
Sb	0.90	0.82	0.71	0.91	0.82	0.73	1.73	1.89	
Hg	40	30	18	22	21	15	26.5	28.5	
W	1.04	1.42	1.01	1.42	1.31	1.32	1.38	1.67	
Cr	76	92	73	81	82	70			79.9

注：Hg单位为ng/g，其他元素单位为μg/g。*引自余素华（1982）。

FH01 和 FH02 各粒级中元素质量分数具有自己的特点，即从粗粒级向细粒级，元素质量分数逐渐降低。这一特点因元素而异，其中 Zn 降低幅度偏大，其他元素降低幅度偏小。形成上述元素分布特点的可能原因是：①风成黄土主要是风力吹扬的远源物质沉降的结果，这些物质主要由相对密度较轻的石英、长石等矿物组成，粒级越细，石英、长石颗粒所占比例越大。通常石英、长石中多数微量元素质量分数偏低。②风成黄土主要分布在山坡，其中会掺入一定量的坡积物。通常坡积物以粗颗粒岩屑为主，岩石中元素质量分数普遍高于风积物。风积物中元素由细粒级向粗粒级质量分数增高，可能是坡积岩屑的加入。③在风成黄土中，风成黄土与坡积岩屑互为消长，且随颗粒变细，风成黄土量增多。由于风成黄土元素质量分数低于所在地岩石的元素质量分数，当风成黄土比例增高时，该部分粒级样品的元素质量分数会被较强烈稀释。

（3）西昆仑地区

西昆仑山北的风成黄土主要来自塔里木盆地塔克拉玛干沙漠，各研究区风成黄土不同粒级的元素质量分数见表 4－36。风成黄土各粒级元素质量分数大致可分三类：从粗粒级至细粒级，元素质量分数呈逐渐降低趋势，尽管部分研究区个别粒级元素质量分数脱离上述趋势，但总趋势仍得以保留，出现这种趋势的元素主要有 Ag、As、Ba、Cu、Mo、Pb 等，为测试元素的大多数；从粗粒级至细粒级，元素质量分数呈逐渐增高趋势，尽管有些元素质量分数增高的幅度不大，但趋势犹存，出现这种趋势的元素为 Cr、Zn、W、SiO_2 等；在各粒级段规律性不甚明显的元素主要为 Au。

表 4－36　西昆仑地区风成黄土各粒级中元素统计结果

研究区	粒级/目	Au	Ag	As	Ba	Cr	Cu	Mo	Zn	SiO_2	W	Pb
杜瓦（DW8）	－20～＋35	—	76	8.9	202	14.0	13.6	1.23	31	50.9	0.98	18.5
	－35～＋80	—	143	6.4	327	48.3	13.6	0.76	41	49.4	1.54	17.0
	－80～＋140	1.0	72	4.7	620	50.7	15.5	0.66	45	56.5	1.58	18.5
	－140	1.0	44	5.5	198	53.4	14.3	0.61	39	55.8	1.40	16.7
奥依且克（AQ5）	－35～＋80		277		701		48.3	1.09			3.74	25.3
	－80～＋140	2.1	79	10.6	682	67.7	22.6	0.80	86	53.4	2.05	20.5
	－140	1.8	67	8.8	482	58.9	17.7	0.72	54	53.1	2.15	20.1
坎埃孜（KZ－11）	－20～＋35	0.3	54	2.8	2444	35.7	19.0	1.14	53	62.6	1.64	23.7
	－35～＋80	—	105	7	824	43.5	17.7	0.87	53	53.5	1.67	15.1
	－80～＋140	1.0	89	7	625	35.8	18.3	0.81	53	59.1	1.44	16.8
	－140	0.8	58	7	519	70.9	16.7	0.70	38	55.2	1.62	15.9

注：Au、Ag 单位为 ng/g，SiO_2 单位为%，其他元素单位为 μg/g。

上述风成黄土各粒级元素质量分数变化中，粗粒级段少数元素质量分数出现跳跃式变化，其原因可能主要与较多粗粒岩屑的加入有关。如采自奥依且克和坎埃孜的风成黄土中粗粒级段 Ba 质量分数可能与该区大面积出现的基性岩或基性火山岩有关。

3 个研究区风成黄土中元素质量分数的总体趋势差异不显著，多数元素质量分数保持在同一水平，只有个别元素质量分数在不同区段略有差异。上述风成黄土中各元素质量分数具有较好的相似度，表明西昆仑地区的风成黄土可能属于同一来源，最大可能来源于北侧的塔克拉玛干沙漠。

表 4－37 是喀喇昆仑帕米尔高原坦木研究区山坡风成黄土各粒级元素质量分数。2 件风

成黄土样品中各粒级元素质量分数的变化具有相同的规律性：Cr、Mo、Pb、Sb、Hg、Zn 等向细粒级逐渐降低，尽管各自降低的程度不一，但趋势相同；As、W、Cu 等元素在 -80 ~ +140 目之间质量分数增高，向两端则渐低。尽管 2 件样品中各粒级元素质量分数不尽相同，但反映趋势相似。

表 4-37　坦木研究区山坡风成黄土各粒级中元素统计结果

样号	粒级/目	As	Sb	Hg	Cr	Cu	Mo	Pb	W	Zn
T19	-40 ~ +80	12.6	1.00	42	79	48	1.08	39.7	1.24	114
	-80 ~ +140	16.0	0.88	30	95	46	1.03	37.3	1.67	136
	-140	12.3	0.72	13	78	34	0.92	27.6	1.21	83
T20	-40 ~ +80	13.9	0.94	20	83	38	1.22	22.2	1.61	91
	-80 ~ +140	12.8	0.86	20	84	38	1.16	19.1	1.51	74
	-140	9.0	0.78	15	72	35	1.09	17.5	1.55	66

注：Hg 单位为 ng/g，其他元素单位为 μg/g。

T19 和 T20 两件样品相距数千米，一件采自山坡，一件采自坡脚，两者元素分布的一致性表明，它们属于同一来源，且近源物质加入量较少。

20 世纪 90 年代中期，中国科学院兰州高原大气物理研究所和黄土与第四纪地质国家重点实验室在青海五道梁（海拔 5000 m）共采集 49 组大气气溶胶样品，分析测试 Al、Fe、Mg、Mn 等 28 种元素和稀土元素的质量浓度（ng/m^3）。结果表明，高原大气粉尘主要由远源高空西北粉尘和高原局地粉尘组成，其中高空西北粉尘占 25%，高原局地粉尘占 70%，非地壳源粉尘占 5.2%。经过进一步研究表明，高空西北粉尘对风成黄土的形成贡献较小，主要贡献者为高原局地粉尘。

因此，西昆仑地区各研究区风成黄土各粒级中元素质量分数出现较明显差异的主要影响因素是高原内部或近源风成物质。

五、风积物中元素质量分数探讨

1. 风成沙物源及元素质量分数与矿物的关系

在甘肃北山条山子和老虎山采集不同粒级风成沙样品，分析元素质量分数（图 4-30），尽管条山子和老虎山两地距离数百千米，且两地的地质背景差异明显，但采自两地的风成沙样品各粒级中的元素分布具有十分明显的一致性。各地风成沙中元素质量分数略有差异，但这种差异均在小范围内波动，差异不十分明显，同时元素在各粒级的分布特点并不因采样地区不同而发生改变。

（1）稀土配分模式特点

通常，地质和地球化学工作者多利用稀土元素具有的稳定的地球化学特性和 Eu、Ce 的丰缺程度，以及稀土元素在矿物中的配分类型等指标来划分岩石成因类型、矿化特点、规模，或研究采集的样品对原始成分的分异程度。

为了研究风成沙中的物质来源及其对地球化学采样介质的干扰特点，借鉴球粒陨石标准化稀土配分模式，探讨风成物质来源，对不同粒级样品中稀土元素进行分析，并采用球粒陨石标准化后的数据绘制稀土元素配分模式图（图 4-31）。不同粒级风成沙中稀土配分模式

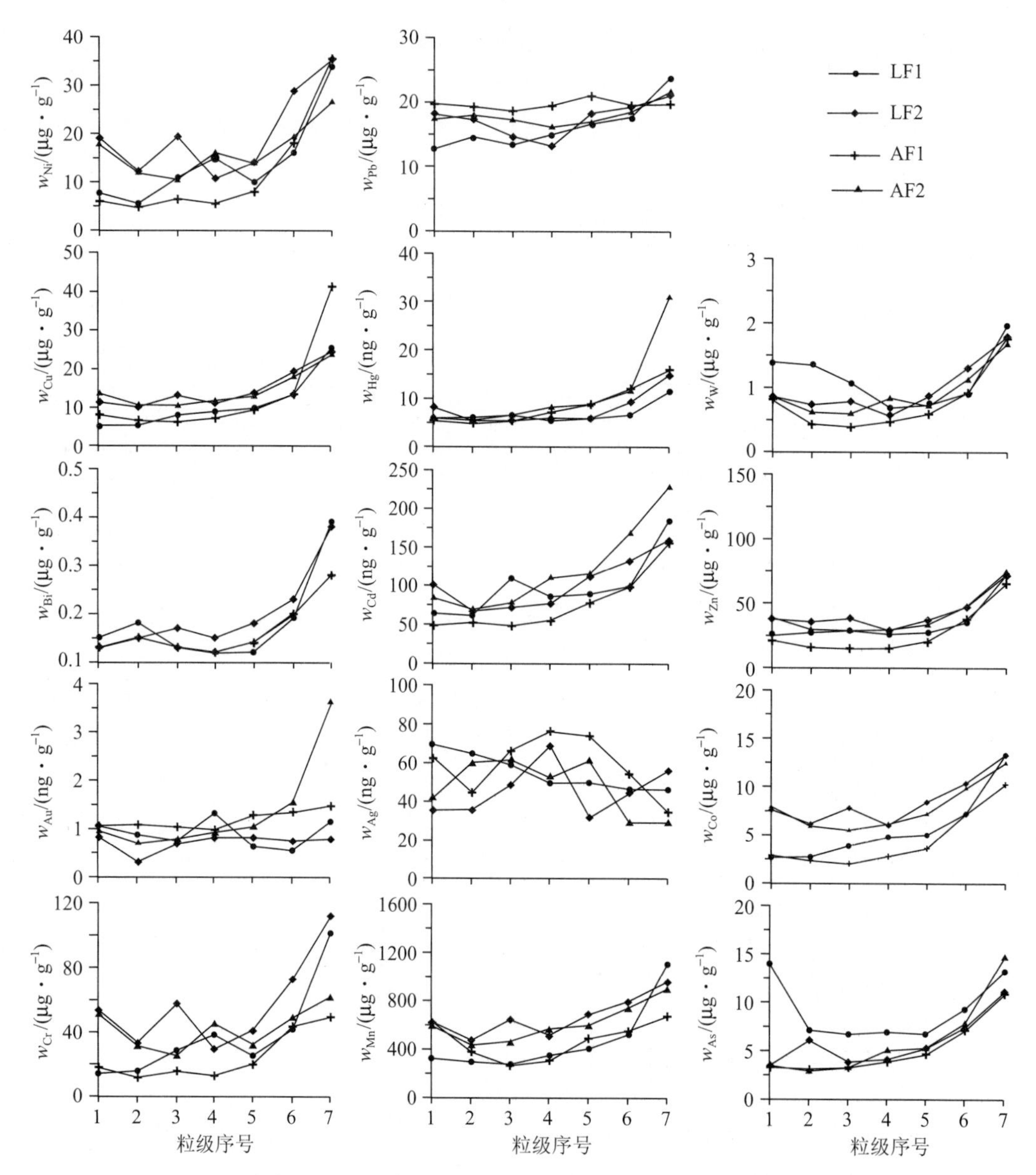

图 4-30 甘肃北山地区风成沙各粒级中元素分布图

粒级序号：1—-4~+10 目；2—-10~+20 目；3—-20~+40 目；4—-40~+60 目；5—-60~+80 目；6—-80~+160 目；7—-160 目

具明显差异，主要表现为：①不同样品所有粒级中轻稀土元素相对富集，曲线为右倾型，同时 Ce 亏损，Eu 不仅未亏损，而且部分样品出现弱的正异常，如 AF1、AF2 和 LF2。②在 -4~+80 目 5 个较粗粒级段中，北山地区所有风成沙样品中的稀土元素配分模式十分接近，虽然也表现为右倾型，但较轻稀土元素富集程度相对偏低。③在 -80 目细粒级部分，所有风成沙样品稀土元素配分模式明显不同于粗粒级部分，不仅稀土元素质量分数增高，而且更富集轻稀土元素。随着粒度变细，稀土元素总量和轻稀土元素富集程度增加。

与地球表面物质平均球粒陨石标准化稀土配分模式图对照，风成沙 -80 目粒级部分的稀土配分模式接近于陆台黏土、河流悬浮物和大气降尘，同时，以石英、长石为主的物质成分接近于花岗岩及中酸性岩，与其他粒级差异明显。风成沙各粒级稀土配分模式差异可反映

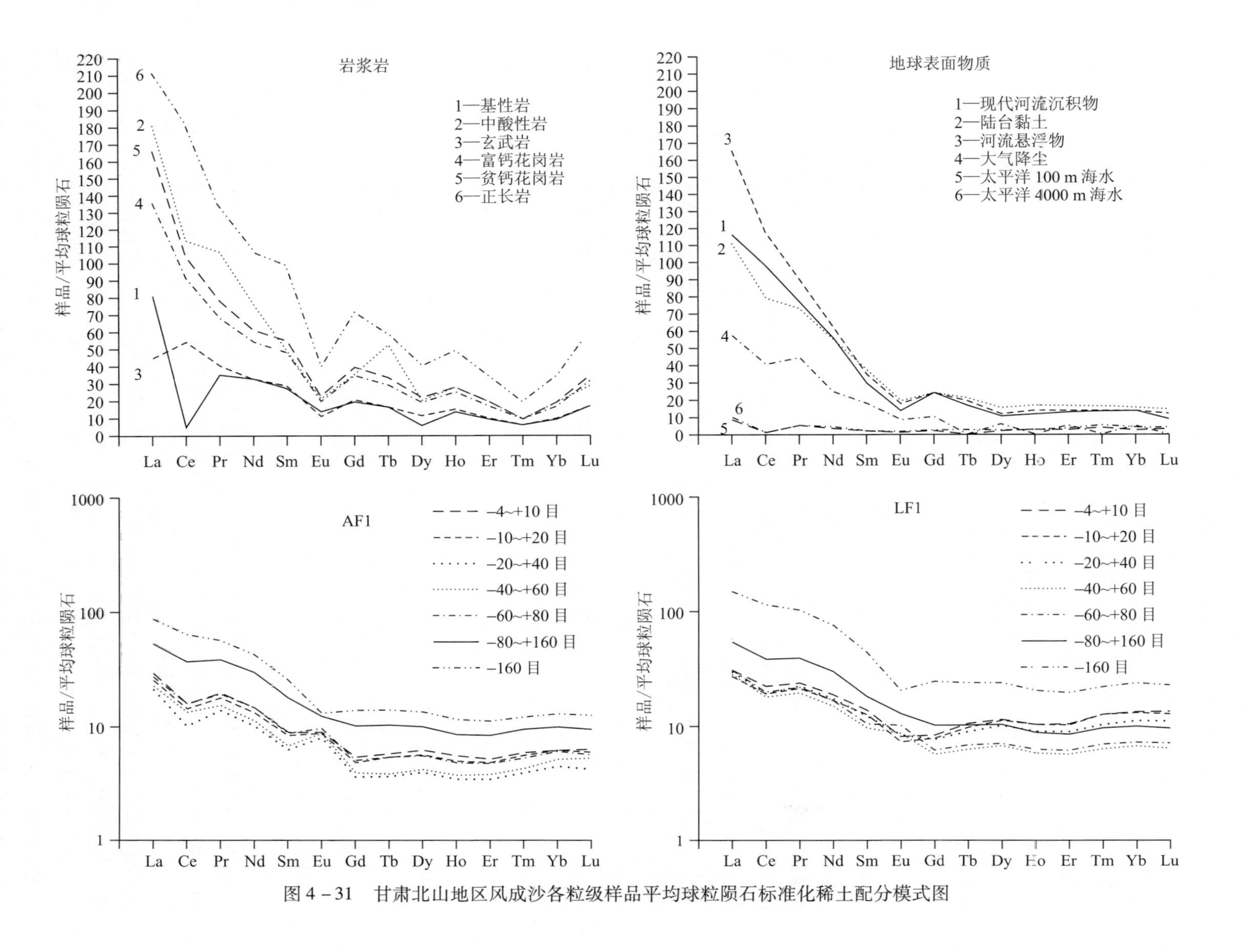

图 4－31　甘肃北山地区风成沙各粒级样品平均球粒陨石标准化稀土配分模式图

物质来源的差异。较粗粒级（-4~+80目）风成沙主要来自近源岩屑，由于区内风力搬运以风蚀为主，细粒物质较少沉积，形成风成沙处在较初始的近源阶段，故风成沙的-4~+80目粒级段各粒级稀土配分曲线十分接近，明显区别于-80目的各粒级分布。研究区虽处在风蚀区，但也存在少量-80目细粒级部分风成沙，而这部分风成沙主要由远源大气降尘组成，其物质成分明显不同于粗粒部分，且随粒级变细，黏土物质的增加，差异的显著性增强。风成沙各粒级段稀土元素配分模式清晰地反映出其来源间的差异，利用稀土元素配分模式可较好地进行物质来源示踪。

（2）风成沙元素质量分数与矿物的关系

对东天山和北山的2件风成物质样品细粒级（-80目）进行磁性矿物分离，并分选出磁性矿物、去磁性矿物和全样，分析结果见表4-38。除Hg（Au）外，其他元素（如As、Sb、Bi、Cd、Cu、Mo、Pb、W、Zn以及Ag、Mn、Ni等）在磁性矿物中的质量分数明显高于全样和去除磁性矿物剩余部分中的元素质量分数，而去除磁性矿物的样品中元素质量分数明显低于全样。在风成沙细粒级（-80目）部分，影响元素质量分数变化的主要因素之一是磁性矿物。由于磁性矿物的去除，可使样品中大多数元素质量分数降低10%~20%，磁性矿物中多数元素质量分数可高出全样20%~40%。去除磁性矿物对-80~+160目或-160目的影响基本保持在一种均衡状态，粒级间的差异并未对上述结果产生明显影响，两种颗粒细小，存有的磁性矿物差异不明显。

表4-38　东天山和北山地区风成沙细粒级（-80目）全样及不同矿物中元素统计结果

样品号	粒级/目	性质	As	Sb	Hg	Bi	Cd	Cu	Mo	Pb	W	Zn
F1	-80~+160	全样	5.3	0.48	6.9	0.13	93	24.1	0.74	9.2	0.73	64
	-160		6.3	0.70	16.0	0.26	183	26.4	1.32	18.9	1.36	91
	-80~+160	去磁性矿物	5.3	0.52	8.0	0.12	89	17.5	0.65	9.5	0.70	48
	-160		6.3	0.68	14.8	0.23	156	29.5	1.09	12.0	1.20	61
	-80	磁性矿物	6.7	0.80	13.8	1.12	242	52.5	3.33	47.0	2.11	342
F2	-80~+160	全样	4.0	0.49	3.4	0.12	73	18.5	0.76	14.2	0.68	59
	-160		4.8	0.55	9.8	0.21	126	25.3	1.94	17.1	1.19	71
	-80~+160	去磁性矿物	3.7	0.37	4.0	0.10	60	12.7	0.88	11.9	0.70	35
	-160		4.5	0.46	8.6	0.15	107	13.1	1.49	16.8	1.01	49
	-80	磁性矿物	6.1	0.58	8.0	0.32	133	33.1	1.37	21.5	1.27	138

注：Hg和Cd单位为ng/g，其他元素单位为μg/g。

去除磁性矿物对样品中的Au、Hg等元素质量分数的影响很小。这一点可能主要取决于Au、Hg等元素的化学性状和在自然界中矿物的赋存状态。Au在表生条件下通常多以自然金的形式存在，在质量分数很低时，多以乳滴状自然金或呈类质同象形式存在于矿物中，与磁性矿物的关系并不密切。Hg在细粒级中富集时主要呈细粒吸附态或结合态形式，而不受磁性矿物的制约。

对托克逊研究区3件风成沙样品沙-1、沙-2、沙-3的-80目粒级段进行矿物分离，分离出磁性矿物、重矿物、电磁性（强电磁和弱电磁）矿物，并进行鉴定，测试元素质量分数。各类重矿物测试结果见表4-39。由于分离的部分重矿物质量极小，故将磁性矿物和无磁性重矿物两部分合并。

表4-39　托克逊研究区风成沙细粒级（-80目）不同矿物中元素统计结果

样号	矿物分类	Ag	As	Sb	Hg	Bi	Mo	Pb	W
沙-1	磁性矿物+无磁重矿物	45	5.6	0.48	11	0.40	2.17	24	2.73
	电磁性矿物	51	22.7	1.38	11	1.06	2.91	37	3.07
	轻矿物	106	1.5	0.12	10	0.03	0.90	14	0.96
沙-2	磁性矿物+无磁重矿物	46	5.1	0.55	652	0.52	2.01	24	3.56
	电磁性矿物	37	23.5	1.47	52	1.14	3.25	39	3.01
	轻矿物	56	1.5	0.09	10	0.03	1.26	14	0.88
沙-3	磁性矿物+无磁重矿物	50	6.6	0.53	15	0.34	2.13	27	11.86
	电磁性矿物	43	26.0	1.49	17	1.58	4.24	49	4.92
	轻矿物	55	1.7	0.12	9	0.10	1.13	14	2.33
样号	矿物分类	Co	Cr	Cu	Fe_2O_3	K_2O	Mn	Ni	Zn
沙-1	磁性矿物+无磁重矿物	33.0	413	32	13.36	1.31	1487	153	136
	电磁性矿物	32.7	136	53	9.56	1.66	2152	48	105
	轻矿物	1.3	6.3	3.8	0.32	1.78	96	1.9	15
沙-2	磁性矿物+无磁重矿物	36.9	543	27	19.55	1.09	1724	142	167
	电磁性矿物	39.0	134	112	10.40	1.58	2606	51	113
	轻矿物	1.0	7.5	4.8	0.30	1.69	90	3.1	16
沙-3	磁性矿物+无磁重矿物	35.8	434	37	17.13	1.28	1653	129	160
	电磁性矿物	45.3	145	72	11.27	1.49	2967	54	118
	轻矿物	1.4	7.2	6.7	0.41	1.74	117	3.6	16

注：Ag和Hg单位为ng/g，氧化物单位为%，其他元素单位为μg/g。

表中的磁性矿物主要为磁铁矿；无磁重矿物为黄铁矿、金红石、锐钛矿、磷灰石、锆石和白钛石，其中锆石所占比例最大，占重矿物的60%左右；电磁性矿物有赤褐铁矿、角闪石、榍石、石榴子石、绿帘石、钛铁矿和十字石，其中以赤褐铁矿、角闪石和绿帘石为主，约占电磁性矿物的80%左右；轻矿物主要为石英、长石及少量岩屑。

除Ag和K_2O外，其他大多数元素在磁性、重矿物和电磁性矿物中质量分数明显偏高，通常是轻矿物的2~3倍，部分元素含量可高出10倍乃至数十倍。Ag和K_2O质量分数则呈现与上述元素分布的相反特征，反而在轻矿物中偏高。由于轻矿物中的组成矿物主要为石英和长石，容易引起K_2O质量分数偏高，Ag在轻矿物中质量分数偏高则出乎意料。尽管当前尚未查清Ag在轻矿物中质量分数偏高的原因，但这种现象可能与Ag在干旱碱性环境下的地球化学性质有关，是干旱区风成沙元素分布的一个特点。

由表4-39可以看出，不同矿物元素分布可分为两种类型：第一种类型以As、Sb、Bi、Mo、Pb、Co、Cu、Mn等为一组，这些元素多与金属或多金属矿化密切相关，它们的最高质量分数出现在电磁性矿物中，磁性矿物中元素质量分数则明显偏低，但高于轻矿物中元素质量分数；第二种类型以Cr、Fe_2O_3、Ni、Zn、Hg等为一组，这类元素以铁族元素为主，其最高质量分数分布在磁性矿物和重矿物中，电磁性矿物中的质量分数次之，轻矿物中的质量分数最低。W在三种重矿物中具有高质量分数，因样品各异，W在重矿物中的倾向各异。

As、Sb、Cu等为与多金属矿化关系密切的一类元素，其质量分数偏高主要与重矿物中的电磁性矿物有关，风成沙中的电磁性矿物是As、Sb、Cu、Bi、Mn、Co、Pb等的主要载体矿物。电磁性矿物中的一部分与多金属矿化蚀变关系较为密切，并在风成沙细粒级中引起高质量分数，在一定程度上会造成该类元素高质量分数与矿化有关的假象。Fe、Ni、Cr等铁族元素高质量分数主要分布在磁性矿物和重矿物中。通常Zn、Hg应与Cu、As等组成多金属元素组合，但Zn、Hg等元素与铁族元素成为一类，在风成沙中，当Zn质量分数为低背景值时，可能主要与磁性矿物有关，而Hg分布的矿物种类较广。

风力吹蚀与分选作用使风成沙-80目细粒级中富集重矿物，导致-80目细粒级中元素质量分数逐渐增高。地表物质在风力的长期吹蚀作用下，各地风成沙-80目细粒级的物质组成差异不明显，导致各地元素分布具有很大的相似性。

在-80目细粒级风成沙中，多数元素质量分数在强磁、无磁重矿物和电磁性重矿物中富集。尽管上述三种重矿物因元素自身的地球化学性质不同而富集的各元素的高质量分数略有差异，但他们在重矿物中具有高质量分数这一特点不会改变。

风成沙中Ag的高质量分数主要与轻矿物有关，在重矿物中质量分数偏低或较低。目前对于风成沙中Ag的这种分布特征有待在今后的研究中查明其原因。

对众多元素在-80目细粒风成沙中质量分数增高和Ag质量分数降低可进行如下解释：在风成沙中，元素质量分数均处在背景值或低背景值区间。在风蚀区和风蚀与沉降混合区，地表物质在风力作用下进行迁移，或进入大气被吹扬，或迁移后留在地表。风蚀吹扬过程中，相对密度小的矿物颗粒被吹扬进行远距离运移，而相对密度大的矿物，迁移距离近。风力吹蚀的这种分选作用使-80目细粒级中重矿物比例增加，且随颗粒变细增加的幅度增大；相反，轻矿物比例变低，因此出现风成沙细粒级中多数元素质量分数增高的分布特点，风成沙中元素质量分数的高低变化均是在背景值区间的变化。

2. 水系沉积物中风成黄土物源分析

为了从另一个侧面论证水系沉积物-80目细粒级因掺入风成黄土而有别于+80目粗粒级部分，对群吉和3571两个研究区的样品进行稀土元素测试，并绘制水系沉积物不同粒级平均球粒陨石标准化稀土配分模式图，为进行比较，同时绘制了岩浆岩与地球表面物质平均球粒陨石标准化稀土配分模式图（图4-32）。以期利用稀土元素的特性来研究水系沉积物各粒级来源，判断风积物是否对水系沉积物产生干扰。研究区水系沉积物稀土配分模式图中5、6号样品曲线右倾明显，Eu呈亏损或较亏损，与岩浆岩和地球表面物质稀土配分模式图相对照，与图中的正长岩、贫钙花岗岩和中酸性岩曲线相似，与地球表面物质中的现代河流沉积物、陆台黏土和河流悬浮物曲线相似。

上述结果表明，所有稀土配分模式曲线均呈右倾，说明水系沉积物经流水作用后，上游物质已混匀，使采样地点的样品接近中性至富钙岩浆岩的成分。随着粒级变细，石英、长石等矿物在-80目聚集，5、6号样品曲线，即-80目两个细粒级段曲线明显脱离群体，具有向右陡倾斜状，反映出该两粒级段的化学成分更趋向中酸性岩、花岗岩与大气降尘。水系沉积物-80目细粒级部分以石英、长石为主，而石英、长石是组成酸性花岗岩的最主要矿物，也是大气降尘的主要颗粒物。两个粒级段大量出现的石英、长石矿物的来源有岩石碎屑在运移中的破碎分离，以及外来石英、长石的加入。-80目细粒级稀土配分模式曲线与+80目明显脱离，表明该细粒级段有较多外来物质加入，主要以石英、长石为主，这一点与风成黄土中石英、长石占绝大多数十分吻合。

两地样品Eu均出现亏损，在-80目两个粒级段亏损明显区别于其他粒级，表明-80

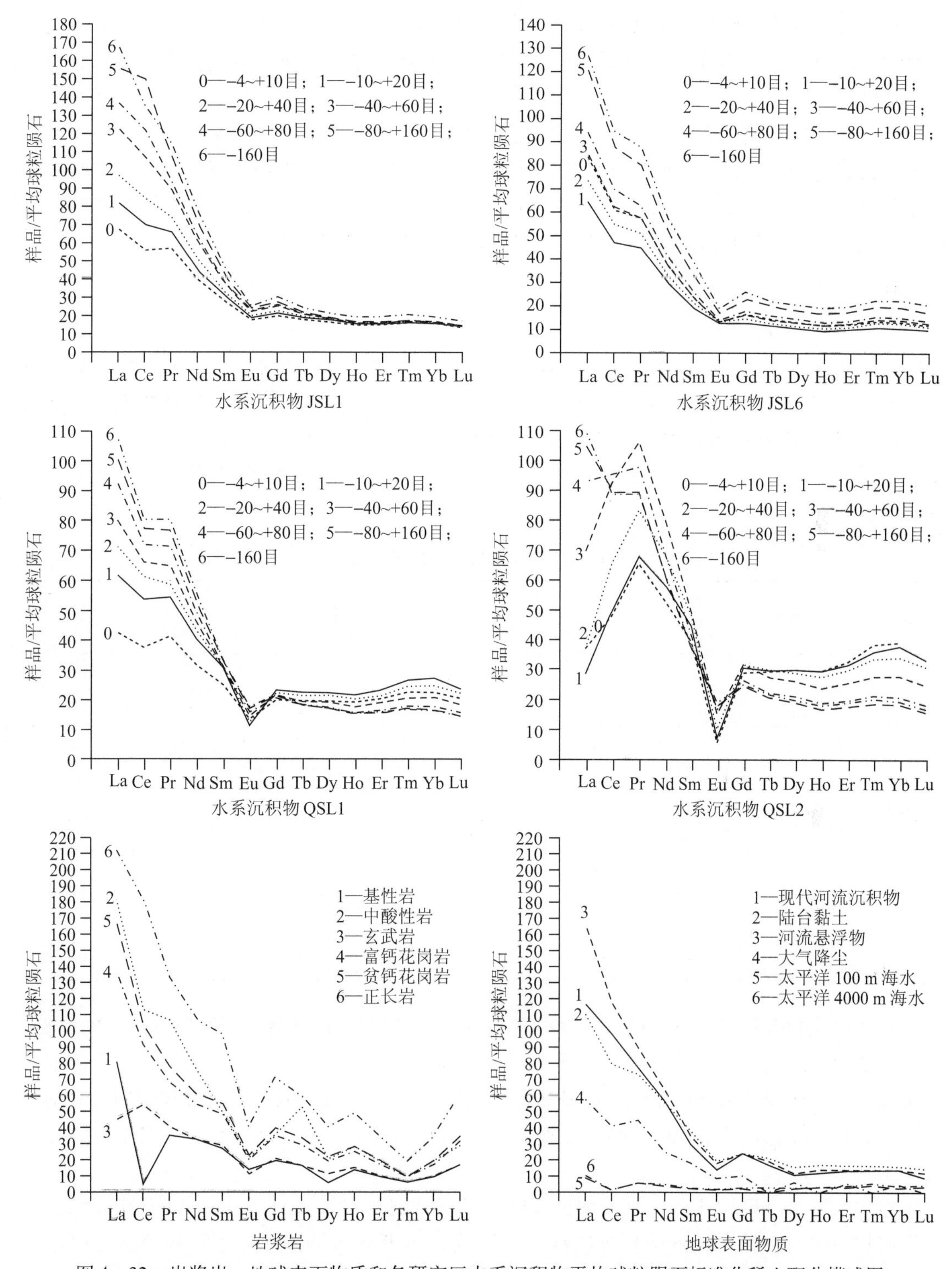

图 4－32　岩浆岩、地球表面物质和各研究区水系沉积物平均球粒陨石标准化稀土配分模式图

目两个细粒级与其他粒级的物质成分与来源具有十分明显的差异。水系沉积物－80 目与＋80 目粒级部分间出现的显著性差异主要来自风成黄土的加入，从而使得样品的组成成分发生显著性变化，稀土配分模式也出现明显差异。依据各粒级稀土配分模式曲线的相似性和 Eu 亏损程度判断，在－40～＋60 目之间，风成黄土开始进入水系沉积物，向细粒级，随风

成黄土掺入量的明显增多，干扰作用逐渐加强。图 4 - 32 中 3 件样品的 5、6 号粒级稀土配分曲线与河流悬浮物曲线十分相近，河流悬浮物与长距离搬运黄土具有相似性，来源有别于其他粒级，应是大气中长距离悬浮后沉积的物质。

利用稀土配分模式来研究水系沉积物的物质来源和风成黄土掺入量是一种尝试，但是取得了令人满意的结果，反映的风成黄土掺入状况较细致，水系沉积物中粗粒级与细粒级中的主体分别来自上游汇水域基岩风化碎屑和风成黄土，两种粒级的稀土元素配分模式差异明显，风成黄土掺入的粒级在稀土元素配分模式图上可较清晰地展现。

3. 风成沙干扰机制

A. 内蒙古东部

在内蒙古东部大兴安岭中南段，通过研究各类表生介质不同粒级中风成沙的混入量（表 4 - 40）发现，风成沙一般从 - 10 ~ + 20 目开始出现，约占 10%；在细粒级部分逐渐增加，小于 40 目的各粒级，由 50% 增至 95% 以上，几乎以风成沙为主。这一特点在风成沙分布的不同地区基本一致。显然，细粒级风成沙的掺入对水系沉积物和土壤的干扰是主要和普遍的。

表 4 - 40　大兴安岭中南段表生介质各粒级风成沙比例

采样介质	研究区	- 10 ~ + 20 目	- 20 ~ + 40 目	- 40 ~ + 80 目	- 80 ~ + 120 目	- 120 ~ + 160 目	- 160 ~ + 200 目	- 200 目
残积土	布敦花	12%	19%	29%	16%	15%	5%	4%
	莲花山	10%	20%	30%	20%	10%	6%	4%
	白音诺	13%	14%	23%	20%	20%	7%	3%
	孟恩陶力盖	10%	20%	30%	20%	10%	7%	3%
冲洪积物	白音诺	13%	22%	25%	25%	10%	3%	2%
腐殖土化风成沙	布敦花	17%	20%	27%	19%	12%	4%	1%
	莲花山	0%	30%	20%	20%	20%	7%	3%
	白音诺	20%	20%	20%	20%	16%	3%	1%
	孟恩陶力盖	15%	20%	20%	20%	15%	6%	4%

从元素质量分数（图 4 - 33）可以清楚地看出，表生介质由粗粒级到细粒级，随着风成沙混入量的增加，元素质量分数急剧降低（或升高）。这种反消长关系，在水系沉积物中尤为明显，表明区内风成沙的干扰，主要表现为对元素异常质量分数强烈的稀释作用。个别元素（如 Zn）质量分数在细粒级下降明显，主要与这些元素在表生带易于形成次生矿物，且较均衡地分布在各粒级中有关。

对大兴安岭中南段各类介质几种粒级进行风成沙混入量统计（表 4 - 41），在残积土及水系沉积物中，- 40 目细粒级段风成沙质量分数高达 70% ~ 80% 或以上，属风成沙严重干扰的粒级区间；- 4 ~ + 40 目粗粒级段风成沙占 10% 左右，属轻微干扰；- 2 ~ + 4 目粒级段风成沙占 1% ~ 4%，基本无干扰。

由于选择采样粒级不适当，存在风成沙的干扰，从而影响地球化学勘查效果。由表 4 - 42 可知，两次区域化探采样时分别在矿区范围内采集 - 4 ~ + 40 目（1983 年）和 - 40 目（1980 年）粗、细两种粒级样品，所统计的各种特征值相差甚远，- 40 目细粒级样品的结

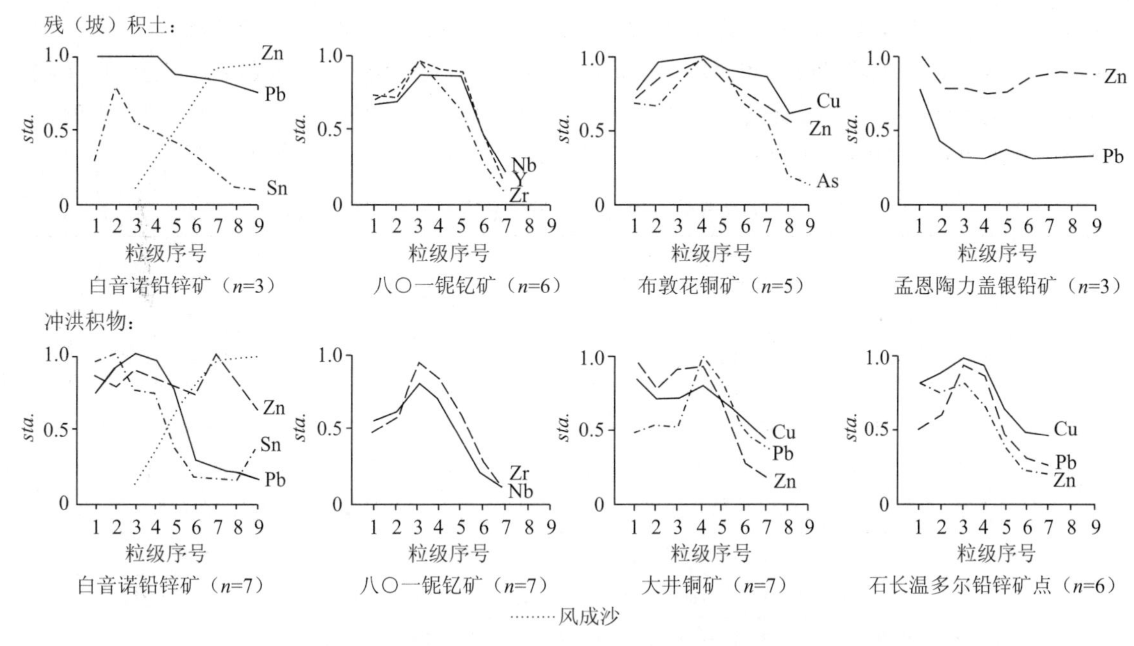

图4－33　大兴安岭中南段表生介质及风成沙各粒级中元素分布图

粒级序号：1—－2～+4目；2—－4～+10目；3—－10～+20目；4—－20～+40目；5—－40～+80目；6—－80～+120目；7—－120～+160目；8—－160～+200目；9—－200目

果，一方面反映出成矿元素质量分数降低，平均值（$\bar{x}$）几乎接近于背景值。另一方面，元素标准离差（σ）和变异系数（CV）极低，表明对元素质量分数的平抑作用十分明显，无法真实反映与矿化有关的异常存在。

表4－41　大兴安岭中南段表生介质各截取粒级中风成沙的混入量及风成沙分布特征

采样介质	研究区	风成沙比例			风成沙分布特征
		－2～+4目	－4～+40目	－40目	
残积土	布敦花（$n=5$）	3.34%	9.88%	86.78%	固定、半固定型
	孟恩陶力盖（$n=4$）	7.88%	19.38%	72.74%	流动、半流动型
水系沉积物	白音诺（$n=5$）	7.08%	17.38%	75.54%	固定、半固定型
腐殖土化风成沙	布敦花（$n=5$）	2.88%	16.94%	80.18%	
	孟恩陶力盖（$n=4$）	4.25%	21.65%	74.10%	流动、半流动型

在科尔沁右翼中旗约上千平方千米范围采样，结果与矿区采样不同，大量背景区样品（表4－43）参加统计，－4～+40目粗粒级和－40目细粒级Cu、Pb、Zn等质量分数平均值（$\bar{x}$）差别缩小，与风成沙部分为近源物质有关。但标准离差（σ）仍相差显著。－40目样品中各元素的标准离差甚小，数据变化微小，表明－40目样品中元素质量分数因风成沙掺入受到平抑，元素质量分数有所升高，平抑了背景变化，降低了异常衬度，使区域背景与区域异常之间，以及区域异常与局部异常之间的变化起伏难以辨认。

B. 东天山地区

在东天山的土屋研究区，对分布在水系上游、中游、下游等不同点位的水系沉积物样品和30个不同点位采集的土壤样品，筛取－4～+20目粒级段，进行颗粒分布和元素质量分数的对比，研究风积物的干扰机理与特点。其中土壤样品分两个层位采集，分别是以风积物为主的表（A）层和以残积物为主的母质（C）层，将每个样品混匀后倒在不锈钢盘子中，用双目镜观察样品的颗粒组成，按照颗粒的磨圆程度，将其分为棱角状、滚圆状两类。棱角状颗粒为土壤母质（C）层物质或汇水域内风化基岩碎屑。在双目镜下分出两类颗粒，同时每个样品数出500个颗粒，每个样品重复进行3次计数，并称重，计算平均值。

表4-42 大兴安岭中南段土壤测量不同粒级元素统计结果

元素	粒径/目	布敦花矿区					莲花山矿区				
		平均值	标准离差	异常下限	变异系数	样品数	平均值	标准离差	异常下限	变异系数	样品数
Cu	-4～+40	62.45	152.67	367.79	2.44	35	35.55	17.53	70.62	0.49	90
	-40	33.97	4.04	42.06	0.12	68	31.41	2.74	36.90	0.09	48
Pb	-4～+40	16.08	7.32	30.73	0.46	34	11.53	2.59	16.72	0.22	90
	-40	12.34	1.43	15.21	0.12	73	13.11	1.08	15.27	0.08	47
Zn	-4～+40	134.27	316.23	766.73	2.36	36	47.01	18.18	83.38	0.39	90
	-40	48.76	11.14	71.03	0.23	62	32.28	4.23	40.74	0.13	44
Ag	-4～+40	0.14	0.13	0.39	0.91	32	0.08	0.01	0.11	0.17	
	-40	（痕量）					（痕量）				
As	-4～+40	68.48	166.97	402.42	2.44	34	15.74	1.88	19.49	0.12	
	-40	15.59	1.72	19.03	0.11	58	（低于检出限）				
Ni	-4～+40	21.87	7.90	37.68	0.36	38					
	-40	34.74	3.67	42.07	0.11	71	35.62	3.56	42.74	0.10	50
Co	-4～+40	9.99	3.54	17.07	0.35	34	10.78	3.22	17.22	0.30	
	-40	11.63	1.92	15.46	0.16	69	11.42	1.53	14.47	0.13	50
Mn	-4～+40	360.76	186.07	732.89	0.52	34	546.55	388.83	1324.20	0.71	
	-40	350.04	148.26	646.57	0.42	65	340.93	37.87	416.66	0.11	50
Fe	-4～+40						2.12	0.82	3.76	0.39	
	-40										

注：Fe单位为%，其他元素单位为μg/g。

表4-43 科尔沁右翼中旗地区土壤测量不同粒级元素统计结果 $w_B/(\mu g \cdot g^{-1})$

元素	粒径/目	特征值				样品数
		平均值	标准离差	异常下限	变异系数	
Cu	-4～+40	29.86	8.45	46.76	0.28	241
	-40	28	6.90	42	0.24	230
Pb	-4～+40	14.18	8.20	30.59	0.57	140
	-40	13	2.10	18	0.15	230
Zn	-4～+40	43.14	27.11	97.36	0.62	234
	-40	38	18.58	75	0.49	230

表4-44和表4-45分别为不同采样位置水系沉积物样品的颗粒分布及元素质量分数统计。

表 4-44　土屋研究区水系沉积物特征

采样位置	磨圆程度	颗粒数/颗	平均质量/g	质量分配/%
上游，距分水岭 50 m	棱角状	402	63.6	80.40
	滚圆状	98	15.5	19.60
中游，距分水岭 800 m	棱角状	303	46.3	64.57
	滚圆状	197	25.4	35.43
下游，距分水岭 1600 m	棱角状	241	39.9	56.92
	滚圆状	259	30.2	43.08

（据杨帆等，2014）

表 4-45　土屋研究区不同采样位置水系沉积物中元素质量分数统计结果

采样位置	Au	Ag	As	Zn	Cd	Co	Cu
上游，距分水岭 50 m	12.07	103.14	17.72	57.79	178.12	15.19	45.39
中游，距分水岭 800 m	5.43	35.92	12.23	24.76	139.80	7.90	15.47
下游，距分水岭 1600 m	0.92	21.17	3.13	13.35	47.58	3.83	13.75
采样位置	Hg	Mo	Ni	Pb	Sb	Sn	W
上游，距分水岭 50 m	5.45	1.29	30.16	31.64	0.75	3.20	1.51
中游，距分水岭 800 m	7.59	0.96	12.95	19.37	0.51	2.03	1.34
下游，距分水岭 1600 m	6.40	0.43	5.77	17.12	0.38	2.41	0.33

注：Au、Ag、Cd、Hg 单位为 ng/g，其他元素单位为 μg/g。　　（据杨帆等，2016）

从表 4-44 和表 4-45 可以看出，水系沉积物样品颗粒组成和样品中元素质量分数因采样位置出现明显差异。上游的水系沉积物中因风积作用较小，大部分颗粒为棱角状，随着采样位置向下游移动，风积作用增强，样品中棱角状颗粒逐渐减少，滚圆状颗粒逐渐增多，从上游 50 m 的 19.60% 增至下游 1600 m 的 43.08%。棱角状颗粒为汇水域内风化基岩碎屑，未经长距离搬运，代表了汇水域内的基岩风化物质；滚圆状颗粒磨圆程度高，是受风力搬运一定距离或较远距离，经磨蚀的产物，代表了远源外来物质。干旱荒漠景观区降水较为稀少，水系不发育，多为季节性阵发流水，区内物质搬运营力以风力为主。因此，水系沉积物中的滚圆状颗粒基本为风积物。从表 4-45 可以看出，汇水域内基岩风化物质在向下游运移过程中，在风力作用下，逐渐掺入具滚圆状的风积物颗粒，越向下游，地形越有利于风积物掺入，由于风积物掺入的影响，水系沉积物样品中大多数元素质量分数逐渐降低。Hg 等为背景低质量分数，受风积物掺入的影响微弱。

表 4-46 和表 4-47 分别为不同采样层位土壤样品的颗粒分布及元素质量分数统计。

表 4-46　土屋研究区土壤颗粒特征

样品层位	磨圆程度	颗粒数/颗	平均质量/g	质量分配/%
表（A）层	棱角状	73	13.9	19.94
	滚圆状	427	55.8	80.06
残积母质（C）层	棱角状	486	64.8	96.86
	滚圆状	14	2.1	3.14

（据杨帆等，2014）

表 4-47　土屋研究区不同采样位置土壤样品的元素质量分数统计

土壤层位	Au	Ag	As	Bi	Cd	Co	Cu
表（A）层	0.86	55.94	2.21	1.75	53.39	2.68	27.05
残积母质（C）层	95.20	150.50	75.60	3.19	291.59	13.28	88.13
土壤层位	Hg	Ni	Pb	Sb	Sn	W	Zn
表（A）层	4.62	5.06	26.96	0.21	0.60	0.53	24.99
残积母质（C）层	10.75	34.81	80.63	0.33	1.45	1.67	59.9

注：Au、Ag、Cd、Hg 单位为 ng/g，其他元素单位为 μg/g。　　（据杨帆等，2016）

从表 4-46 和表 4-47 可以看出，表（A）层土壤以滚圆状风积物颗粒为主，所占比例达 80.06%，基本为风积产物，且颗粒度大；残积母质（C）层土壤绝大多数为棱角状的颗粒，为风化母质（C）层物质，仅掺入了极少量风积物，基本不受风积物干扰。表（A）层土壤样品中大多数元素质量分数明显低于残积母质（C）层样品。

4. 风积物干扰效果对比

（1）莲花山—长春岭矿区

采样面积 99 km^2，第一次采样密度为 1.6 个点/km^2，取样深度 30 cm，采样粒级 -60 目；第二次采样密度为 1 个点/km^2，截取 -4～+40 目，结果如图 4-34 所示。从图中可以看出，前后两次采样之间产生的差异，第一次采样在已知矿段上只有点状弱小异常或根本没有异常

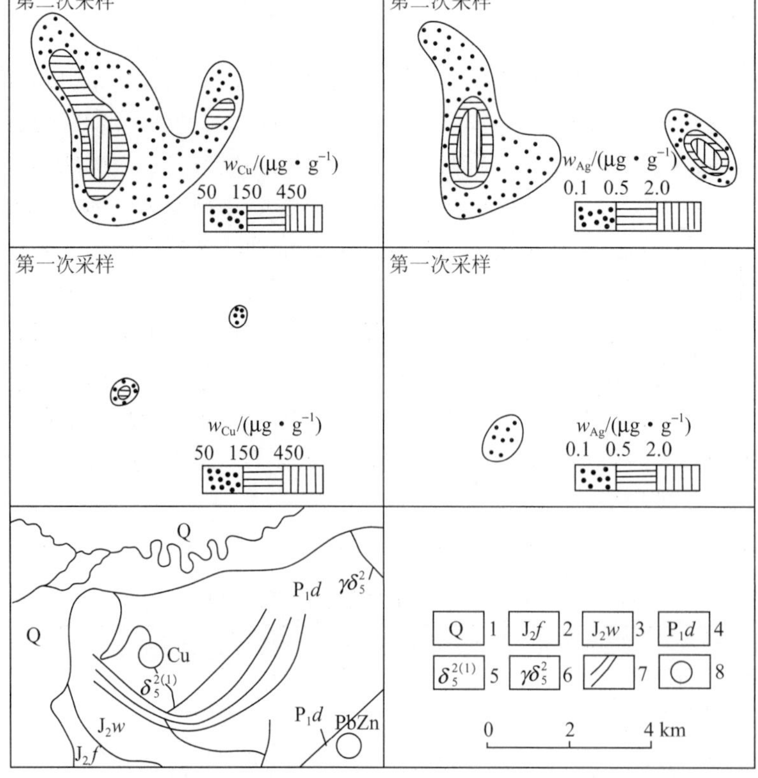

图 4-34　莲花山—长春岭矿区两次土壤测量异常对比图

1—第四纪堆积物；2—中酸性火山岩；3—砂砾岩；4—沉积砂岩；5—闪长岩；6—黑云母斜长花岗岩；7—断裂；8—矿床

反应，第二次采样在矿体上方出现了规模大、强度高、浓集中心明显的异常，对比效果显著。由此说明，采集的 -60 目样品中实际上多为风成沙，其结果不理想是必然的。

（2）布敦花铜矿区

在布敦花铜矿区采用土壤测量，将第二次采集的残积母质（C）层样品，截取 -4 ~ +40 目，采样密度为 1 个点/km^2，与第一次采集的 -40 目样品，采样密度为 3 ~ 4 个点/km^2 的结果进行比较（图 4 - 35），第一次虽然采用高密度采样方法，但采样部位及截取样品的粒级出现问题，未能达到有效排除风积物的干扰，结果在中型矿床上也只出现豆状弱小异常，对矿体几乎没有什么反映；第二次采集土壤粗粒级样品后，即使采样密度降低为 1 个点/km^2，在同一矿体上却能圈出规模大、强度高、浓集中心明显的异常，效果十分显著。

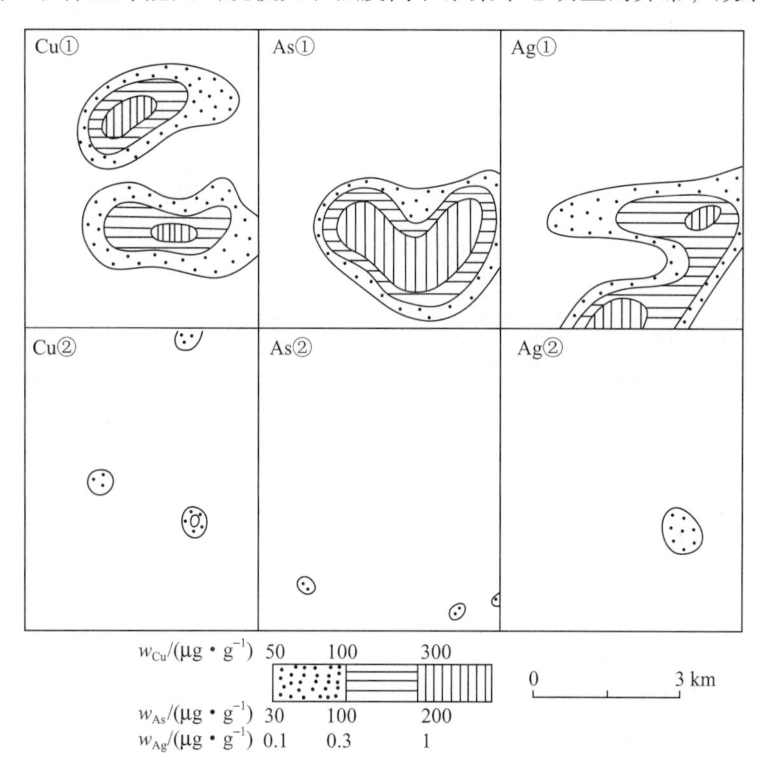

图 4 - 35　布敦花铜矿区土壤测量不同粒级中元素异常对比图

①采样粒级为 -4 ~ +40 目，采样密度 1 点/km^2；②采样粒级为 -40 目，采样密度 3 ~ 4 点/km^2

（3）乌奴格吐山铜钼矿区

在乌奴格吐山铜钼矿区，采样面积为 114 km^2，采样密度为 4 个点/km^2，采集母质（C）层残积物为样品，室内加工时筛分为 +40 目和 -40 目两种粒级（图 4 - 36）。+40 目所圈定的异常范围大，强度和异常数比 -40 目圈出的异常强度高，有较强的异常反映，而 -40 目样品因掺入了较多风积物，在测区北部没有或仅有弱小点状异常出现。因此可见，粗粒级样品可有效排除风成沙的干扰。

（4）白音诺铅锌矿区

如图 4 - 37 所示，-40 目细粒级样品中掺入大量风成沙，在铅锌矿区仅圈出 Pb、Zn 弱异常，且异常不够完整，异常特征值均较差。-4 ~ +40 目粒级样品所圈定的异常面积大、形态完整、强度高、规模大，能客观反映矿体的存在。

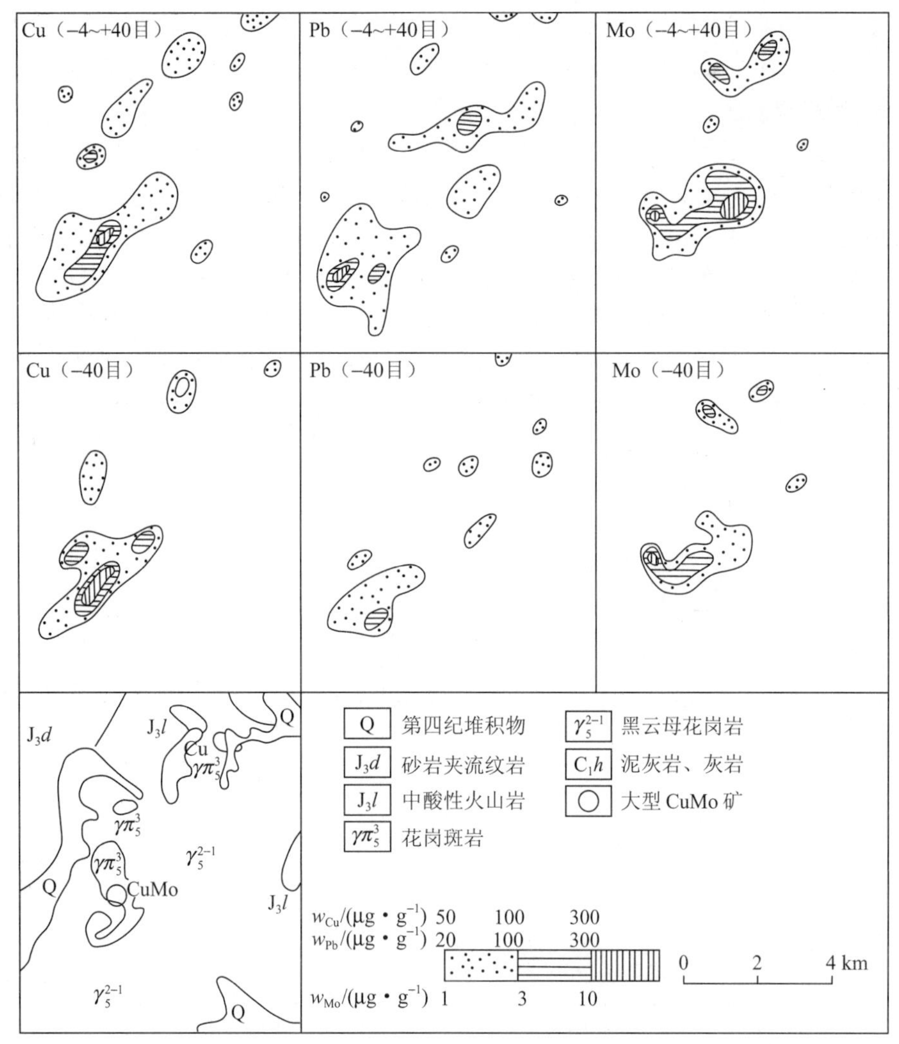

图4-36　乌奴格吐山铜钼矿区土壤测量粗细粒级中元素异常对比图

（5）东哲里木10号异常区

如图4-38所示，+40目样品所圈出的Cu、Pb、Zn、As等异常面积大、强度高、浓集中心明显，而-40目粒级样品所圈定的异常与之相差较大，几乎全部为一级异常，且无浓集中心。

通过对风积物的系统研究表明，对于土壤和水系沉积物测量，风积物是十分重要的干扰物质。在我国，风积物主要分布在大兴安岭中南段及其以西、秦岭以北、横断山以西，包括四川中西部、山西、河北和辽宁西部广大干旱半干旱及少量半湿润的区域，约占我国大陆面积的五分之三。风积物主要以风成沙和风成黄土两种形式出现。在风力吹蚀强烈、地形起伏趋缓和风口附近的区域主要分布为风成沙。在山地，受高大山脉的阻滞，风力骤减，携带风成沙能力下降，分布的风积物主要为风成黄土。风积物的粒级分配，各区差异明显，在干旱荒漠戈壁残山景观区主要分布在-20目；半干旱中低山景观区的大兴安岭中南段主要为-40目；在山西、河北和辽宁西部，风成沙粒级主要为-60目；以昆仑山、阿尔金山和西祁连主脊一线为界，以南的高寒诸景观区风成沙粒级主要为-60目，以北的高寒诸景观区风积物主要为风成黄土，粒级主要为-80目。风积物以掺入的方式进入土壤和水系沉积物

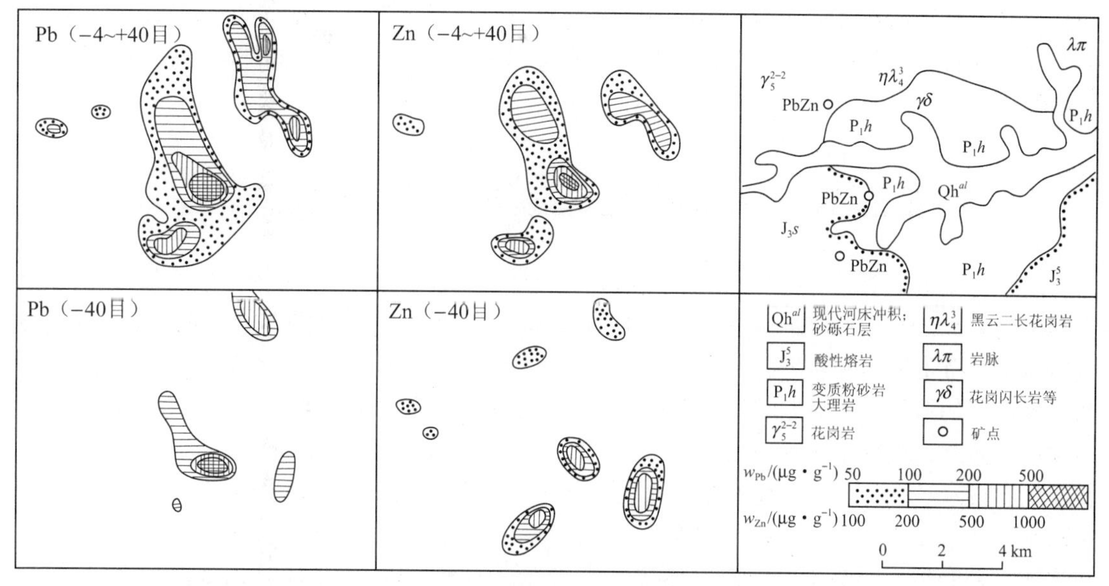

图4－37　白音诺水系沉积物测量粗细粒级中元素异常对比图

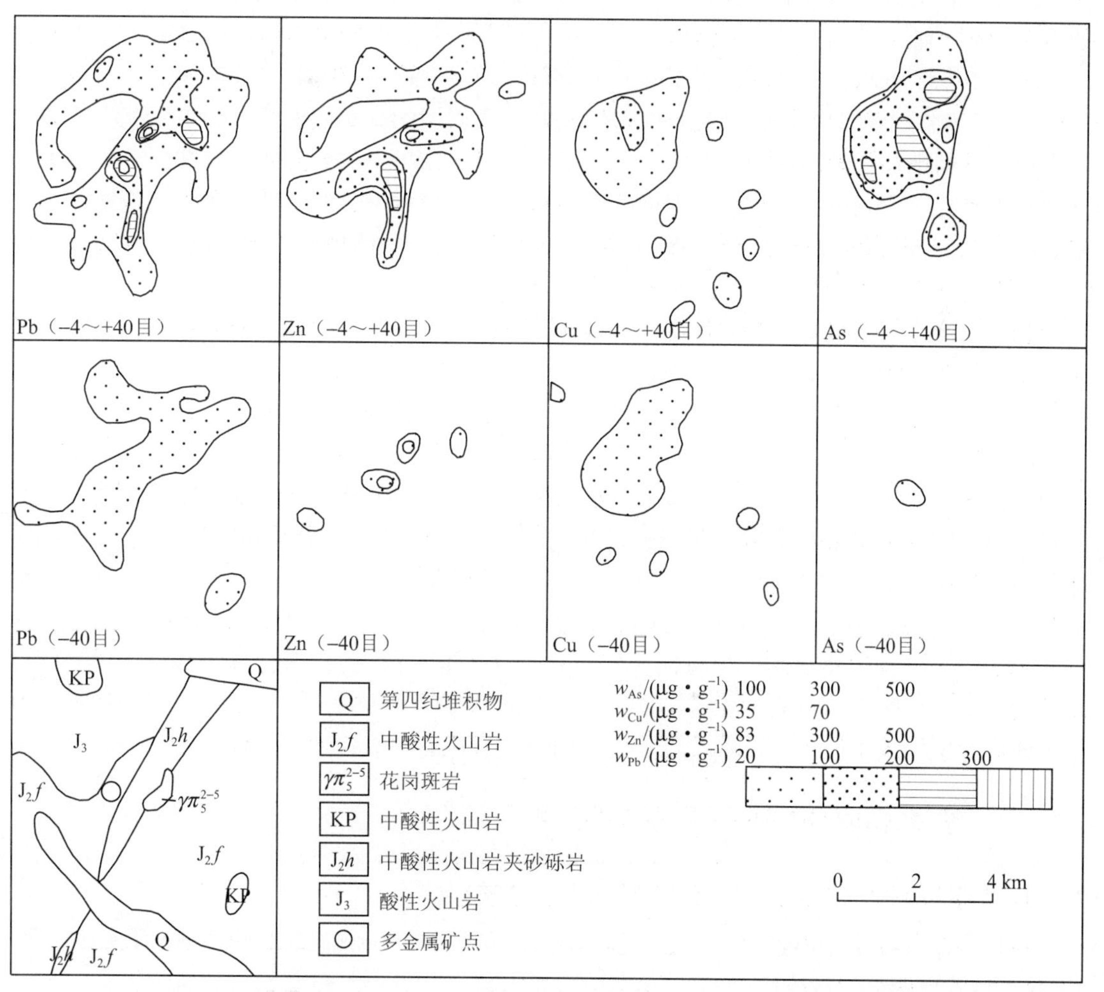

图4－38　东哲里木沟头10号异常水系沉积物不同粒级中元素异常对比图

内，改变了土壤和水系沉积物的颗粒分配、物质成分和元素质量分数，对土壤和水系沉积物中的元素分布及变化规律具有平抑、削弱、掩盖和降低等作用，是地球化学勘查中最重要的干扰物质之一。

第三节 流水搬运分散与分选及干扰机理

流水作用下的机械分散是上游汇水域物质运移的主要方式之一，是沿流水线形成水系沉积物的动力。汇水域内基岩风化碎屑物质在运移分散过程中，元素在表生环境发生机械分散、淋溶、沉淀重组和再分配，发生了机械（物理）和化学的运移与融汇，元素的质量分数以及元素的载体在原有基岩和基岩碎屑的基础上发生了一定程度的改变。水系的流水作用对物质的搬运、破碎和磨蚀等机械作用，使风化岩石碎屑由碎块为主的粗颗粒向细粒级不断转变。在汇水域内，基岩风化和成壤作用条件下，物理风化和化学风化产物在流水作用下进入水系，在水系内主要以水系沉积物的形式保留下来。流水搬运过程中的机械分散主要发生在进入水系的岩石碎屑部分。在自然界中，岩石由矿物组成，矿物由元素组成。元素的性质、相互结合的分子结构的差异，形成了众多种不同的矿物。水系沉积物由岩石碎屑、分离的单矿物和更细小的黏土等物质组成。在流水作用下，水系沉积物中的碎屑物质发生明显变化，粗砾沿水系沉积，经破碎从岩石碎屑中分离的独立矿物将发生重力分选。研究与了解由机械分散产生的水系沉积物的这种自然现象及其内部规律的真实面貌，对以水系沉积物为主要采样介质的地球化学勘查十分重要。开展水系中流水作用下机械分散与元素分布等相关机理的基础研究，深入研究风化基岩碎屑物质在流水搬运过程中发生了什么变化，这些变化对基岩物质成分与元素质量分数产生什么影响，破解这些技术性难题，为地球化学勘查方法技术提供理论依据支撑，具有十分重要的现实和理论意义。

研究流水作用下机械分散机理与元素含量关系时，选择同一采样点采集水系沉积物 -10 目和 +10 目两种粒级样品，将其视为可代表上游汇水域各类岩石的天然组合与参比对象，对两者物质成分和元素分布进行比较，进一步发现机械分散的特点与规律。具体做法是：对采集的全粒级（-10 目）水系沉积物大样（100 kg）筛分成 -10 ~ +20 目、-20 ~ +40 目、-40 ~ +60 目、-60 ~ +80 目、-80 ~ +160 目和 -160 目共 6 个粒级（简称自然粒级），然后对未经分选的 +10 目的粗粒级岩石碎屑用对辊破碎机进行人工破碎至 -10 目，再用上述筛分法筛分成 6 个粒级（简称人工粒级）。将上述所有筛分后的样品分成两份，一份送实验室测试元素含量，另一份送实验室进行矿物分离鉴定。矿物鉴定样品将按岩屑、轻矿物（石英和长石）、无磁重矿物、电磁性重矿物和强磁性重矿物分类，进行单矿物鉴定与分离，单矿物鉴定后再送实验室测试元素含量。其中自然粒级代表天然合成的水系沉积物粒级，为主要研究对象，人工粒级为汇水域各类岩石的天然合成后的人为加工，为参比对象。

一、水系沉积物中元素分布特征

1. 水系沉积物人工粒级与自然粒级元素分布特点

在甘肃肃南县石居里铜矿区，靠近上游一级水系口采样（SSL1），元素质量分数结果（图 4-39）显示出明显的规律性。

对样品的 +10 目粗粒级人工破碎筛分后分析结果显示，从粗粒级向细粒级，几乎所有

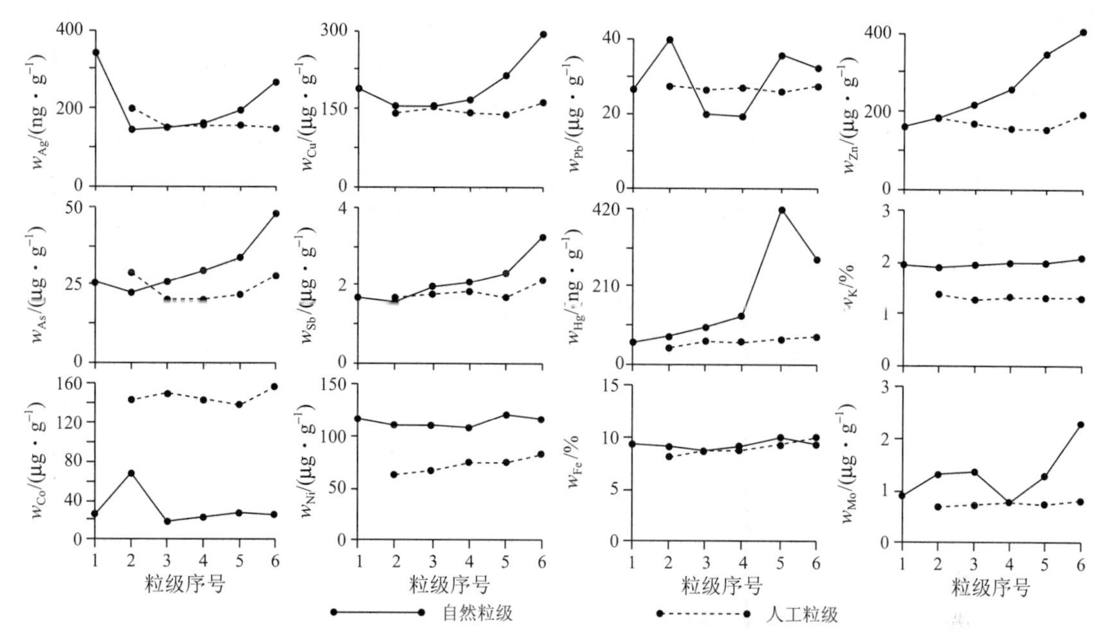

图 4－39　石居里研究区水系沉积物各粒级中元素分布图

粒级序号：1—－10～+20 目；2—－20～+40 目；3—－40～+60 目；4—－60～+80 目；5—－80～+160 目；6—－160 目

元素质量分数变化平稳，即各粒级元素质量分数未出现明显差异。只有 Cu、Sb、Ni、Fe、As 等元素有向细粒级富集的极微弱趋势。上述结果表明：粗粒岩石碎屑经基岩风化和流水搬运，对元素的溶蚀与带入带出影响微弱；粗粒级内岩屑的元素质量分数稳定，未因颗粒粗、代表性差，元素质量分数出现跳跃式变化，基本保持汇水域内岩石碎屑元素质量分数的原貌，部分元素向细粒级呈极微弱的富集趋势，这种极微弱的富集趋势并不影响其整体分布特点。由于人工粒级的初始样品为大于 10 目的粗砾，由岩石碎屑组成，流水搬运过程极少对其产生重力分选，基本保持了汇水域基岩物质构成的初始特点。

自然粒级是上游汇水域岩石碎屑经流水作用，发生磨蚀、碰撞、破碎而自然形成的水系沉积物颗粒的总汇。自然粒级与人工粒级相比较（图 4－39），自然粒级中元素质量分数除 Fe、Ni、Co、K 未发生明显的变化，几乎所有元素质量分数向细粒级均呈现逐渐增高的趋势。这种变化主要出现在－80 目细粒级中；多数元素质量分数在 +60 目或 80 目时，人工粒级和自然粒级两者间差异不大或不明显；Co、Fe、K、Ni 在自然粒级中质量分数变化平稳，与（粗）人工粒级的元素质量分数变化相比较，出现明显的整体性差异，Co 在自然粒级中表现为明显的整体贫化，K、Ni 与 Co 相反，表现为整体富集，粗、细粒级的这种变化对元素质量分数几乎无影响。

自然粒级多数元素表现出向细粒级明显富集的特点，应主要与流水作用搬运过程中冲积物的次生富集有关。水系沉积物是各元素的载体，载体可分为岩屑、矿物、黏土和有机质，其中的岩屑和矿物组成了水系沉积物的主体，尽管黏土和有机质仍占有较大比例，但与岩屑和矿物相比，其所占比例很小。水系沉积物以机械分散的颗粒状物质为主，而颗粒状物质间的相对密度具有差异性，特别在－60 目或－80 目粒级段，为多矿物集合体的岩屑中的矿物逐渐被剥离，形成了以单矿物为主的粒级。在流水搬运过程中，水流可能对水系沉积物产生分选，这种分选主要发生在以单矿物为主的－80 目粒级段。此外，黏土和有机质对元素的影响亦不可忽视，它们的大量存在可引起元素质量分数发生变化。

在掉石沟铅锌多金属矿研究区，水系沉积物人工粒级元素分布与石居里具有相似的特点（图4-40），即：人工破碎获得的各粒级元素质量分数变化较平稳；多数元素均具有向细粒级微弱富集的趋势。石居里和掉石沟两地人工粒级元素分布间的差异主要为：掉石沟矿区Ag、Hg、Co、Zn、Ni、Cu等元素向细粒级富集的趋势较为明显。出现差异的原因，可能主要因为两地地质背景与矿化条件不同，掉石沟为中型铅锌矿，围岩为侵入岩、片麻岩和大理岩类；石居里为铜矿点，围岩主要为火山-碎屑岩质的千枚岩、细碧硅质岩与石英砂岩等，两者岩性不一，矿体规模与矿物组合各异，其矿物颗粒差异明显，石居里与矿化有关的细粒矿物偏少，而掉石沟与矿化有关的细粒物质偏多，同时矿体的氧化作用使一些元素呈次生易溶状态，有利于向细粒聚集或呈微细的分散状态，使得这种聚集在粗粒岩屑中得以保留。

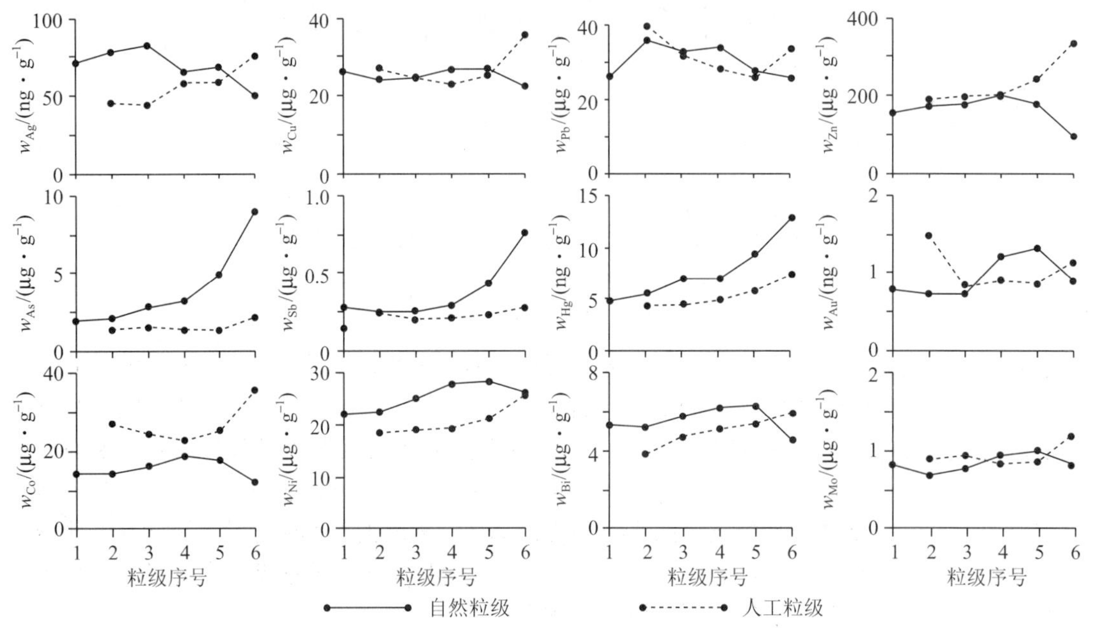

图4-40 掉石沟研究区水系沉积物各粒级中元素分布图

粒级序号：1—-10～+20目；2—-20～+40目；3—-40～+60目；4—-60～+80目；5—-80～+160目；6—-160目

在掉石沟矿区，自然粒级的元素质量分数不仅与人工粒级差异明显，且与石居里亦不尽相同，可大致划分为三种特点：①多数元素有向细粒级弱富集的趋势。②As、Sb、Hg等由粗粒级向细粒级明显富集，其他元素如Ag、Cu、Pb、Zn、Co等与石居里截然不同，表现出向细粒级质量分数降低的特点，Mo在人工粒级和自然粒级中分布差异不大，只是在-160目出现相反分布特点。③Co和Ni在人工粒级和自然粒级中的变化与石居里相似。综观元素在自然粒级中的质量分数分布，尽管它们在自然粒级或富集或贫化，除As、Sb、Hg外，其余多数元素在-80目细粒级段的共同点是质量分数降低或略有降低。这种-80目元素质量分数变化脱离了各粒级的正常分布趋势。引起细粒级多数元素质量分数降低，少数元素质量分数偏高的主要因素可能是风积物的干扰。

水系沉积物人工粒级和自然粒级中元素的分布特点，与区内出现的岩石种类和所含矿物种类与颗粒粒径有关，也与区内矿化类型及主矿化元素和伴生元素的化学性质有关，最主要的是与水的搬运作用的机械分选密切相关。这些原生条件和表生条件，是不同地区自然粒级与人工粒级元素分布产生变化和出现明显差异的主要因素。在 +10 目粗粒级岩石碎屑中，氧化作用、淋溶作用与带入带出作用微弱，破碎后筛分的各粒级元素质量分数整体变化平稳，元素质量分数分布均匀。水系沉积物在流水作用下，岩石碎屑逐渐破碎，有利于一些矿物及其所载元素向细粒级富集，同时也容易受到外来风积物大量掺入产生的干扰。

2. 流水搬运与元素分布特征

沿石居里主矿化水系分别采集样品，SL3 采自矿体下方的二级水系上游（图 4 - 41），SL9 采自下游四级水系（图 4 - 42），二者间距离约 12 km。

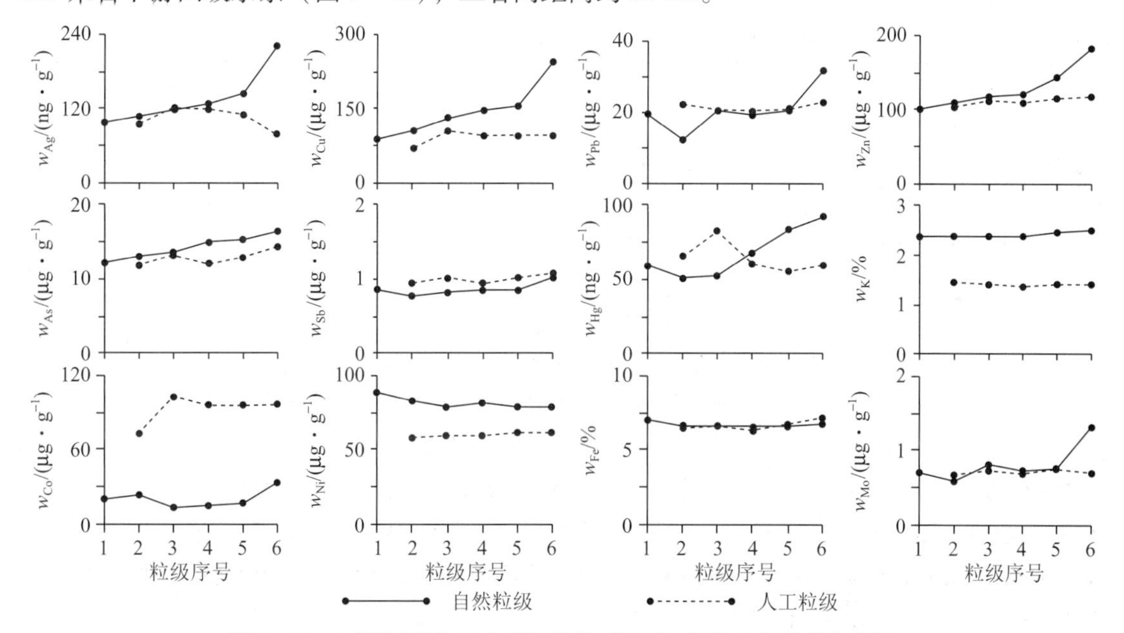

图 4 - 41　石居里研究区水系沉积物（SL3）各粒级中元素分布图

粒级序号：1— -10 ~ +20 目；2— -20 ~ +40 目；3— -40 ~ +60 目；4— -60 ~ +80 目；5— -80 ~ +160 目；6— -160 目

从水系上游到下游，每件样品人工各粒级的元素分布无明显变化。尽管元素质量分数经历了从上游向下游的强异常→弱异常→背景值的变化，但在每一件样品的各人工粒级内的元素质量分数不受异常强弱的影响，变化平稳，未发生跳跃式变化。由于元素质量分数在粗粒级内受风化作用和风积物掺入的影响较小，经人工破碎后的元素质量分数仍保持分布较均匀的特点，流水搬运作用对该类样品各粒级影响微弱。因此，元素质量分数变化与粒级粗细关系不大。

自然粒级元素质量分数随水系距离延长，在上游矿化的异常区间，从粗粒级向细粒级，Ag、Cu、Pb、Hg、As、Mo 等多数元素仍呈明显富集。下游元素的变化较小，元素质量分数降低未影响整体变化趋势，只有 Cu、Zn 变化较明显，曲线呈“U”形粗细粒级两端高的分布特点；从上游至下游，大多数元素随粒级变细基本无变化。在自然粒级中，Ni、K、Co 等仍然具有石居里的贫化、富集特征。多数元素随搬运距离加大，由异常质量分数转为背景质量分数，基本保持在整体或贫化或富集的稳定状态，不受水系搬运距离和元素质量分数及水系沉积物颗粒粒度及成分的制约。

在掉石沟研究区，其矿化类型为 Pb、Zn、Ag 矿。采样点附近矿化强弱对自然粒级的元素分布（图 4 - 43）具有明显的影响，且影响主要集中在主要矿化元素和矿化伴生元素。在

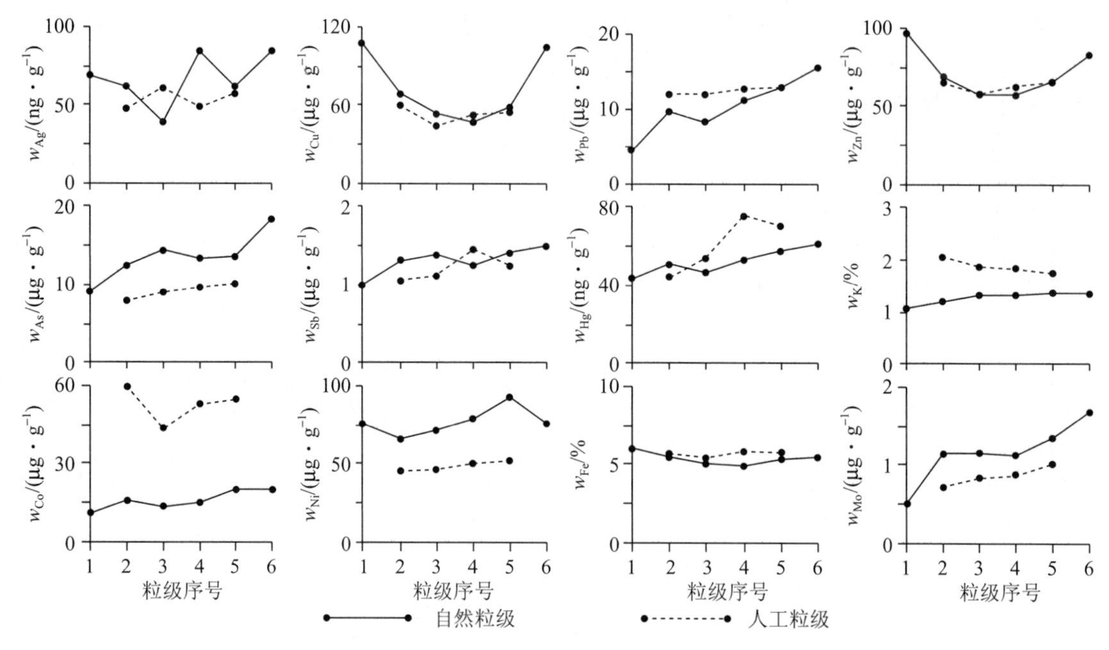

图 4-42 石居里研究区水系沉积物（SL9）各粒级中元素分布图

粒级序号：1——10～+20 目；2——20～+40 目；3——40～+60 目；4——60～+80 目；5——80～+160 目；6——160 目

强矿化地段，被氧化后的主异常元素易于向细粒级聚集，使自然粒级中细粒部分元素质量分数逐渐增高。随水系延长，与矿化地段距离增大，异常明显减弱或消失，这些矿化影响渐弱，矿化元素质量分数降低（图 4-44），载体由硫化物向硅酸盐和其他较稳定的次生氧化矿物转移，主异常元素向细粒级聚集的机会减少。值得注意的是，在掉石沟和石居里研究区，风积物干扰明显增强，其干扰粒级主要出现在 -80 目。由于风积物的加入可使水系沉

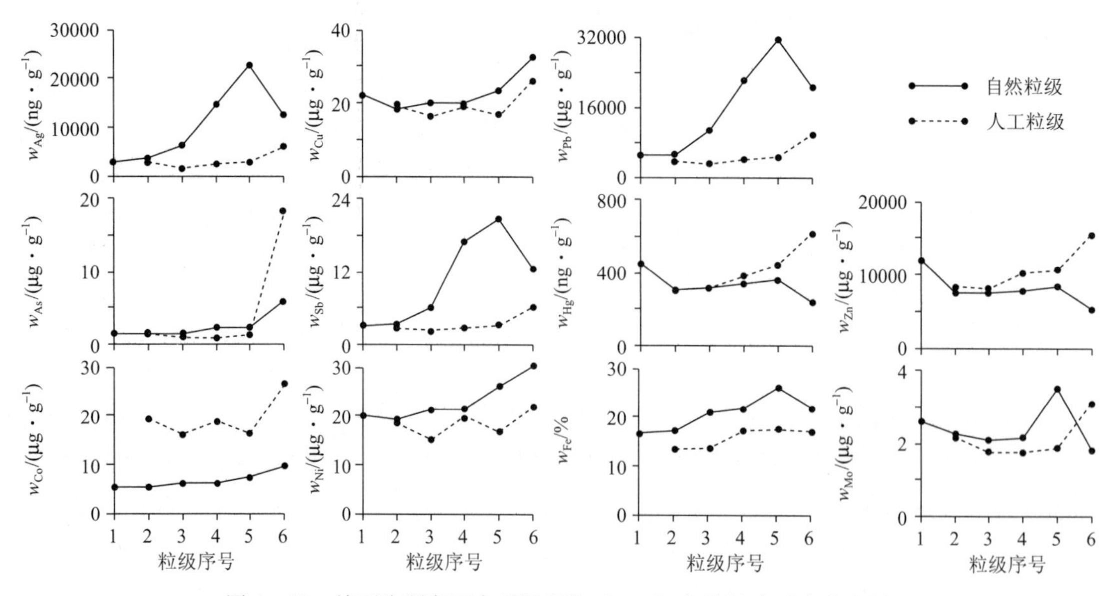

图 4-43 掉石沟研究区水系沉积物（DL2）各粒级中元素分布图

粒级序号：1——10～+20 目；2——20～+40 目；3——40～+60 目；4——60～+80 目；5——80～+160 目；6——160 目

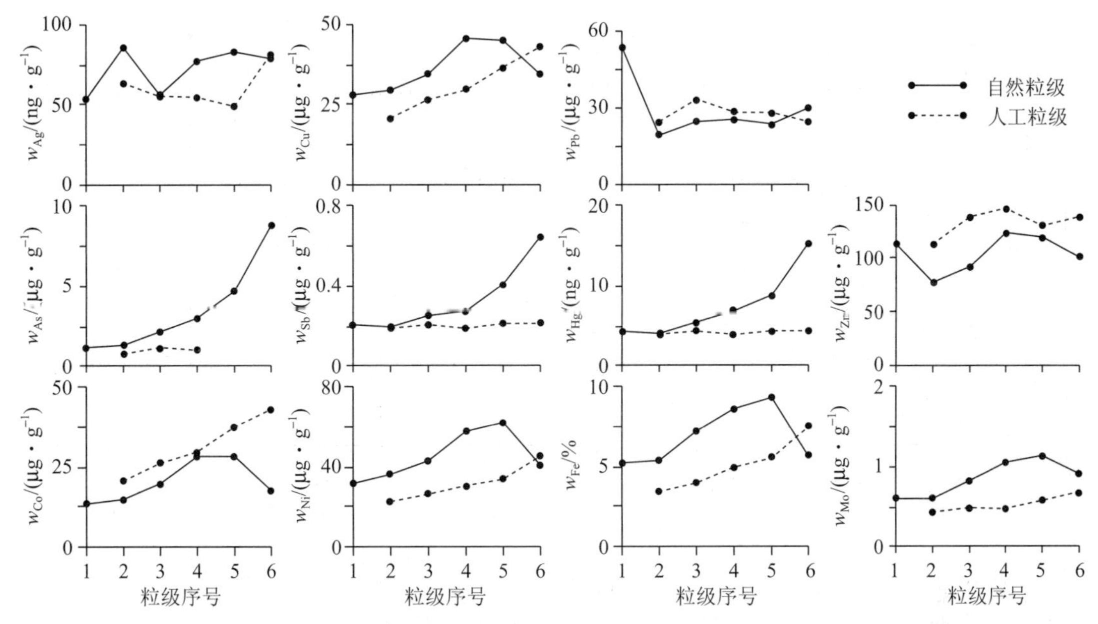

图4－44　掉石沟研究区水系沉积物（DL5）各粒级中元素分布图

粒级序号：1——10～+20目；2——20～+40目；3——40～+60目；4——60～+80目；5——80～+160目；6——160目

积物中元素的正常分布发生变化，使元素质量分数在－80目或升高或降低。同时，使流水做机械分散特点复杂化。在自然粒级中元素质量分数的变化，特别是在－160目中的变化，与风积物干扰关系密切。

二、水系沉积物中矿物分布特征

在研究水系沉积物元素分布的同时，对水系沉积物不同粒级的颗粒与矿物成分进行鉴定，研究元素载体矿物、元素的分散与分布特点及其相互关系。对筛分的自然粒级和人工粒级样进行岩屑、轻矿物（石英、长石）、无磁性重矿物、强磁性重矿物和电磁性重矿物进行分选和鉴定。

如图4－45所示，为石居里铜矿区主异常水系沉积物颗粒及重矿物分布。样品L2、L4、L6采自主异常水系内的上游至下游，其中L2采自矿体附近，L4采自下游二级水系，L6采自L4下游约2 km处的二级水系。L8采自下游四级水系，与L2相距8 km。

1. 岩屑的分布特点

在石居里研究区，自然粒级和人工粒级中的岩屑均占有较大比例（图4－45），向细粒级岩屑比例明显降低，自然粒级的降低幅度更大，比人工粒级分解得更完全。随水系加长，岩屑比例降低，单矿物比例明显增加，岩屑逐渐被单矿物所取代。其中，人工粒级岩屑比例偏高，这与人工破碎矿物分离不彻底有关。在掉石沟研究区，因流水作用、气候和地质背景的差异（图4－46），岩屑及单矿物分布总体趋势与石居里基本相似，但两地间仍存在较明显差异，人工粒级和自然粒级中的岩屑分布较接近，只有在最下游的样品DL6，人工粒级中的岩屑略显升高。上述结果表明，自然形成与人工颗粒岩屑的粒级分布具有一致性，尽管个别粒级岩屑分布曲线略有摆动，但两者总体分布趋势不变。在掉石沟研究区，从粗粒级至细

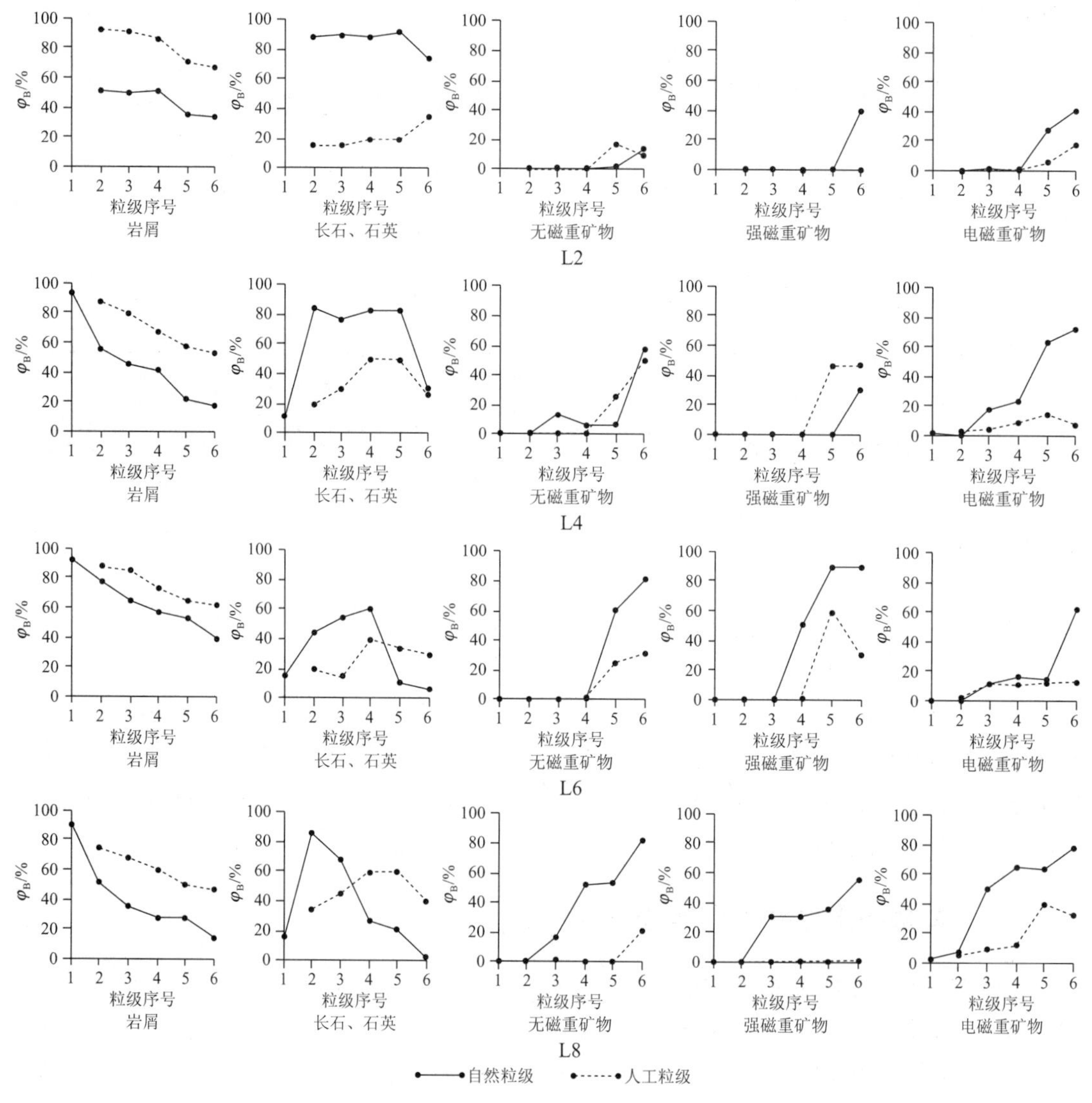

图4－45 石居里水系沉积物颗粒成分分布图

粒级序号：1—－10～+20目；2—－20～+40目；3—－40～+60目；4—－60～+80目；5—－80～+160目；6—－160目

粒级，岩屑逐渐减少并逐渐被单矿物所取代，这一分布趋势与石居里十分相似。

2. 石英、长石分布特点

在单矿物中，石英、长石所占比例最大。在石居里水系沉积物矿物成分分布图（图4－45）上，最上游的样品L2受上游汇水域灰岩的影响，水系沉积物人工粒级中的石英和长石所占比例明显低于自然粒级；向下游，其比例分配和在各粒级中的质量分数变化不大，只是随水系加长，有其他岩性的岩屑加入，使石英、长石所占比例略有升高。石英、长石主要分布在－20～+160目粒级段，向粗粒级和向细粒级则相对降低。

水系沉积物自然粒级中，石英、长石的分布与人工粒级差异明显（图4－45）。在上游水系沉积物自然粒级中，石英、长石在各粒级分布均衡，随水系加长，下游水系沉积物自然粒级中石英、长石分布的粒级变窄，逐渐向中间粒级集中，采自四级水系的样品L8主要集

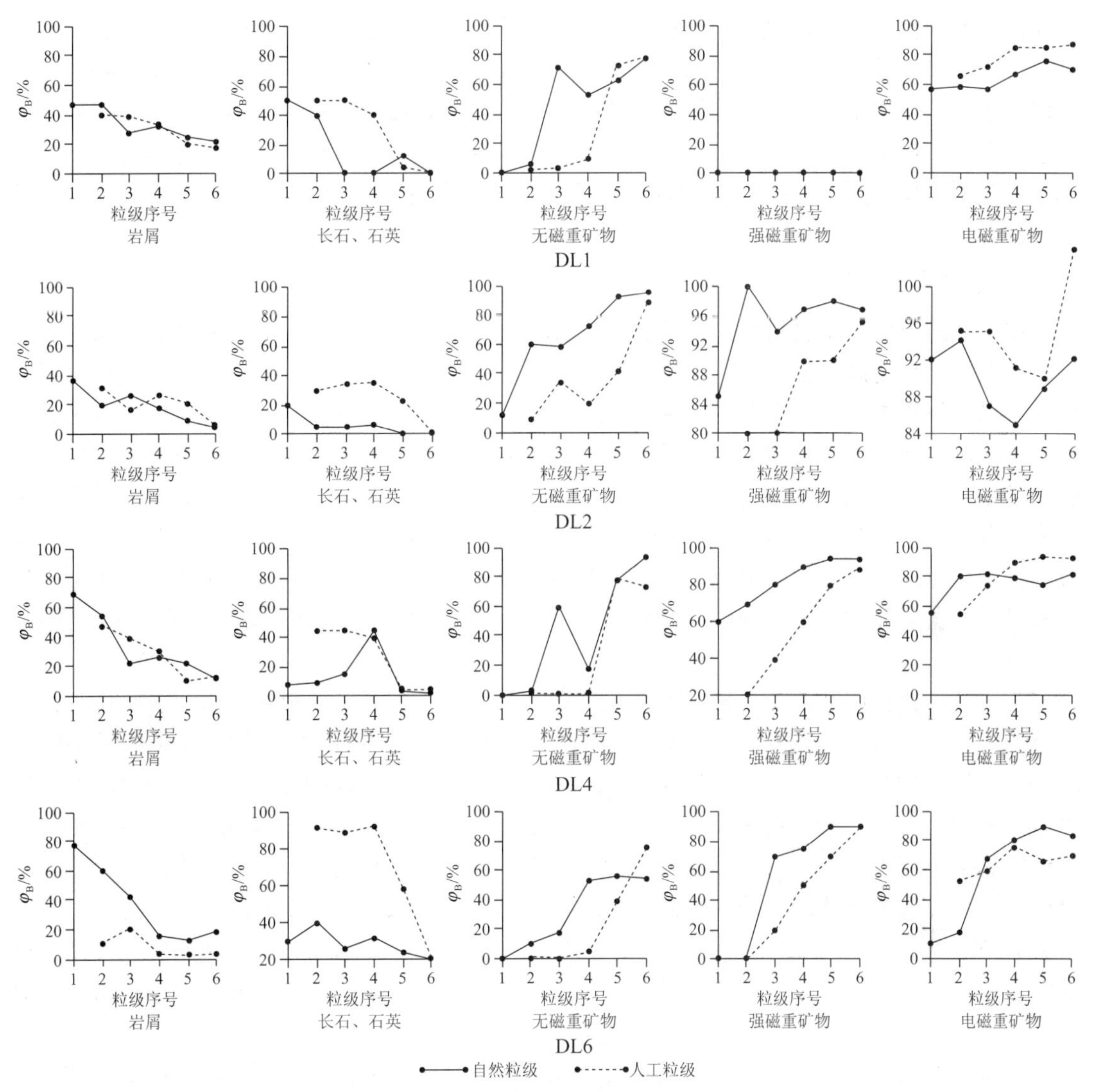

图4-46 掉石沟水系沉积物粒级成分分布图

粒级序号：1— -10~+20目；2— -20~+40目；3— -40~+60目；4— -60~+80目；5— -80~+160目；6— -160目

中在-20~+80目之间。

上述结果表明，在水系沉积物自然粒级中，从上游向下游，石英、长石质量分数逐渐降低；上游水系沉积物自然粒级中石英、长石质量分数明显高于人工粒级，至下游-80目又明显低于人工粒级；上游各粒级中石英、长石分布较均衡，向下游逐渐向-20~+80目的中间粒级收缩聚集，在+20目和-80目粗、细两端粒级明显减少。石英、长石随水系迁移发生的质量分数分布变化表明，在上游汇水域，风化岩屑经流水搬运进入水系后仍较多保持原有风化的初始状态，并出现初步分选，流水的分选作用较弱，这时的石英、长石分布的粒级较宽。随着水系加长，搬运距离加大，流水分选作用增强，粗粒级逐渐破碎变小，-80目部分向更远距离运移，相对密度较小的石英、长石逐渐向最利于存在的-40~+80目粒级段集中。

在掉石沟研究区，从水系上游至下游，水系沉积物人工粒级中的石英、长石体积分数总体变化不大（图4－46），从粗粒级向细粒级逐渐减少，明显减少处出现在－80目细粒级段。自然粒级中的石英、长石从上游向下游有整体增高的趋势，这一特点与人工粒级具一定的相似性，但在水系下游，石英、长石增多幅度与人工粒级差异显著。石英、长石相对密度较小，在流水作用下易于向下游运移，并在下游某一区段富集。在干旱少雨地表径流较短的条件下尤为明显。人工粒级中的石英、长石受流水作用很小，产生的微弱分选对各粒级石英、长石几乎不产生影响。

3. 重矿物分布特点

样品中的重矿物主要划分为三种类型：无磁性重矿物、强磁性重矿物和电磁性重矿物。

在石居里研究区，如图4－45所示，这些重矿物分布具有共同特点：在水系沉积物人工粒级和自然粒级中，三类重矿物在－60目开始出现，－80目大量增加。电磁性矿物在20目开始出现，主要与褐铁矿化及较大颗粒的副矿物有关；从上游至下游，随水系增长，岩石碎屑逐渐破碎分解，粒级变细，重矿物从岩石块中被逐渐分离，与上游的距离越长，分离的重矿物越多。且在－80目细粒级段，重矿物所占比例显著增加，这一特点突出表现在自然粒级中；自然粒级与人工粒级中重矿物质量分数在上游差异并不十分明显，至下游两者则差异十分显著。自然粒级中重矿物质量分数明显增高，表现出向细粒级，特别是在－80目中重矿物出现明显的富集。

在掉石沟铅锌矿区，沿主异常水系采集的水系沉积物，其自然粒级和人工粒级中重矿物分布如图4－46所示。在没有其他较大水系汇入的情况下，从上游向下游采集样品DL1～DL6，各样品中重矿物质量分数逐渐增多，增长幅度虽不如石居里研究区，但趋势较明显。水系沉积物人工粒级和自然粒级中的重矿物开始出现的粒级较石居里明显偏粗，在20目或更粗粒级中就已出现，这与掉石沟矿化蚀变类型及矿床规模有关。人工粒级中的重矿物，电磁性重矿物开始出现的粒级偏粗，磁性和无磁性重矿物主要在40目开始出现，向细粒级质量分数渐增。从上游向下游，自然粒级中重矿物质量分数明显增多，随水系延长，逐渐向细粒级富集且较明显，尽管在个别粒级中重矿物质量分数出现跳跃，但其向细粒级的富集趋势不变。

在流水作用下，汇水域岩石风化碎屑在流水作用下进行运移，经过磨蚀、碰撞、破碎形成了以机械破碎颗粒为主的水系沉积物。在水系沉积物内，岩屑和单矿物等混杂在一起。在掉石沟矿区，Pb－Zn矿化的主要矿物及伴生矿物多呈团块状矿石或矿化转石，且其中的单矿物颗粒较大，进入水系后，大多数重矿物从40目开始被剥离，－80目细粒级单矿物大量出现，且粒级越细，剥离的单矿物越完全，最终全部由单矿物取代。由于掉石沟矿区成矿作用强，有别于石居里矿区，使与矿化相关的重矿物颗粒明显偏粗，在水系沉积物内的分布亦受到影响。80目是岩屑和单矿物出现的重要分界线，－80目以单矿物为主。单矿物主要由石英、长石、无磁性重矿物、强磁性重矿物和电磁性重矿物组成，是风化基岩碎屑在水系内逐渐破碎、单矿物逐渐分离的结果。＋80目亦见较多比例单矿物，但其所占比例不足1/2。＋10目岩屑经人工破碎后的重矿物分布是基岩中各类矿物集合的综合体现。在水系沉积物自然粒级中，重矿物由粗粒级向细粒级逐渐富集，主要为自然作用力中流水作用的结果，在－40目特别是－80目中，重矿物所占比例明显高于人工粒级也说明了这一点。在水系最上游由于流水搬运对水系沉积物的分选作用刚刚开始，石英、长石普遍分布，随水系延长，分选作用增强，逐渐向－40～＋80目粒级段集中，进入更大级别水系后，这种分选作用更为明显。汇水域内，岩石风化碎屑经流水搬运使粗粒级中原有的矿物分布发生变化，经破碎分解的单矿物随水流向下游运移，相对密度大的矿物迁移距离近，相对密度小的矿物迁移距离远，使原基岩中共生的矿物组合因矿物分离而发生改变，且因各自相对密度的差异在流水作用下发生分选。这种分选从40目即已开始，且随粒级变细，分选作用增强，在-80目细粒级分选作用强烈。

据1921年加拿大学者Mackay研究冲积砂矿的结果（图4-47）可知，石英脉型铅矿的下游，当单矿物分离后，与矿有关的矿物发生明显分选，相对密度大的方铅矿（$d=7.5$）迁移近，且主要分布在河漫滩的头部附近和水动力较强的部位；石榴子石（$d=3.65$）迁移稍远，主要分布在方铅矿沉积下游；石英（$d=2.65$）迁移远，主要分布在河漫滩尾部或更下游。这种在矿体中的共生矿物在水系内分解为单矿物后发生了分离，水系的机械分散产生的分选强烈。

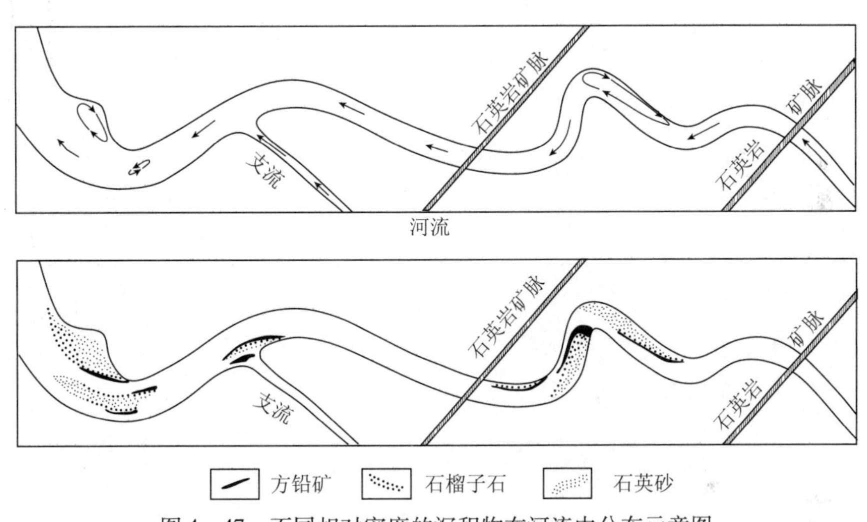

图4-47　不同相对密度的沉积物在河流中分布示意图

三、水系沉积物中元素与重矿物的关系

分析鉴定石居里和掉石沟研究区水系沉积物中分选出的轻矿物、无磁性重矿物、强磁性重矿物和电磁性重矿物。轻矿物主要为石英、长石，部分为碳酸盐矿物，如方解石、白云石等；无磁性重矿物主要为锆石、磷灰石、金红石、锐钛矿、榍石、重晶石、白钛石、黄铁矿、毒砂、方铅矿、辰砂、刚玉等；强磁性矿物主要为磁铁矿、磁黄铁矿等；电磁性重矿物主要为石榴子石、角闪石、绿帘石、透闪石、电气石、辉石、黄铁矿、赤褐铁矿、闪锌矿、黄铜矿、孔雀石、硬（软）锰矿、铬铁矿等。各种矿物为微量元素的主要载体。

与轻矿物密切相关的元素主要为K、Ca、Na、Al、Si等。经过对分离的轻矿物进行分析测试，在石英、长石中K、Ca、Na、Al、Si的质量分数显著高于其他类矿物，成为K、Ca、Na、Al、Si的主要载体矿物。

其他重矿物类型中元素的分布具有明显的倾向性，同时存在一定程度的多变性。掉石沟矿区为中型热液型Pb-Zn矿。矿区主要矿化地段水系沉积物中主要矿物类型与元素质量分数见表4-48，其中人工粒级样品RDSL2-2粒级为-20～+40目，RDSL2-5粒级为-80～+160目。-160目样品因粒级和黏土相对密度较大，未做鉴定。

在-20～+40目粗粒级段，Ag、Pb、Sb主要出现在无磁性重矿物中，约为其他矿物中质量分数的4倍，表明Ag、Pb、Sb与无磁性重矿物密切相关；W、Zn主要赋存在电磁性重矿物中，Pb、Co、Cu、Ni亦具有较高质量分数；强磁性重矿物中，Cu、Bi、Co、Ni、Mo具有高质量分数，Ag、Pb、Sb、Zn等亦具有偏高质量分数。除轻矿物外，三种重矿物与元素的关系具有明显差异，元素的主要载体各异，相互间有交叉。依据各重矿物所载元素数量与质量分数进行排序，为：无磁性重矿物→电磁性重矿物→强磁性重矿物。

表4-48　掉石沟研究区人工颗粒各类矿物中元素统计结果

样号	矿物类型	Ag	Bi	Co	Cu	Mo	Ni	Pb	Sb	W	Zn
RDSL2-2（-20~+40目）	无磁性重矿物	28028	0.39	2.5	14	1.61	9.6	43032	23.45	0.36	3727
	电磁性重矿物	5915	0.10	5.8	28	1.93	15.3	9178	6.41	0.97	37383
	强磁性重矿物	3532	0.41	6.7	45	2.83	38.1	6933	3.95	0.50	5995
	轻矿物	554	0.03	1.2	8	1.13	7.3	1003	0.63	0.34	350
RDSL2-5（-80~+160目）	无磁性重矿物	271950	2.67	1.8	17	19.70	2.0	173416	164.52	0.68	825
	电磁性重矿物	4678	0.06	6.9	21	1.68	16.8	5362	3.75	0.45	39323
	强磁性重矿物	2320	0.16	8.1	39	2.26	41.8	3354	2.71	0.92	3009
	轻矿物	217	0	0.8	5	0.60	2.0	410	0.38	0.22	577

注：Ag单位为ng/g，其他元素单位为μg/g。

主矿化地段水系沉积物粗粒级经人工破碎后进行测试，结果表明粗粒级中元素的载体与矿化关系十分密切。Ag、Pb、Zn、Sb等主要赋存于无磁性重矿物、电磁性重矿物中，其中无磁性重矿物为Pb、Ag、Sb的主要载体，样品中出现的方铅矿为Ag、Pb的主要载体，Sb主要以黄铁矿及方铅矿为主要载体。Zn则主要出现在电磁性重矿物中，除闪锌矿外，（赤）褐铁矿与高质量分数Zn关系密切。Bi、Co、Cu、Mo、Ni的质量分数在背景区间，这些元素主要与强磁性矿物有关。

-80~+160目细粒级段是重矿物的主要聚集粒级段。在三种重矿物内，Ag、Pb、Mo、Bi、Sb仍然趋向赋存于无磁性重矿物集中；而Zn仍主要赋存于电磁性矿物内；Mo、Bi、W的主要载体发生了改变，Mo、Bi由粗粒级中的以磁性矿物为主，转变为细粒级的以无磁性重矿物为主，W则由赋存于电磁性矿物向赋存于强磁性矿物转移，其他元素的矿物载体变化较小。出现Mo、Bi、W载体的变化，主要从粗粒级向细粒级矿物类型发生了转变。在水系沉积物中，重矿物是元素的主要载体，元素的载体基本以一种矿物为主，同时也具有多元化的趋势，部分元素有随粒级变化，其矿物载体也发生改变。

与上述人工粒级相比较，在掉石沟研究区，水系沉积物自然粒级中的元素与重矿物载体的关系发生较明显的改变（表4-49）。在-20~+40目粗粒级段，Ag、Bi、Pb、Sb等元素高质量分数主要出现在无磁性重矿物中，增加了Bi元素；W偏向赋存于轻矿物中；Zn、Co、Cu、Mo、Ni等偏向赋存于电磁性矿物中。Ag、Bi、Pb、Sb等质量分数增高显著，且增高幅度明显大于人工粒级，而Co、Cu、Ni、Zn等质量分数则呈明显降低态势。因载体变化，元素质量分数也发生较明显的变化，表明自然粒级中的元素在水系迁移中发生了富集与贫化。在自然粒级的细粒级段（-80~+160目），Ag、Bi、Pb、Sb等在无磁性重矿物中仍具最高质量分数，但有向电磁性重矿物中富集的趋势；Mo、Ni的主要载体矿物分别转变为无磁性重矿物和强磁性重矿物，元素的载体矿物呈多元化的趋势明显。Ag、Bi、Mo、Pb、

Sb 等在各矿物中质量分数明显升高，Ag 升高近 10 倍，Bi 升高近 2 倍，Mo 升高近 10 倍，Sb、Ni 升高近 2 倍，Pb 升高近 2 倍，这一现象不仅出现在重矿物中，轻矿物中的 Ag、Bi、Co、Cu、Mo、Ni、Pb、Sb、W、Zn 等也具有偏高质量分数。

表 4-49　掉石沟研究区水系沉积物自然粒级中各类矿物中元素统计结果

样号	矿物类	Ag	Bi	Co	Cu	Mo	Ni	Pb	Sb	W	Zn
DSL2-2 (-20~+40 目)	无磁性重矿物	42841	1.66	1.4	8	1.59	1.4	167349	172.36	0.31	2072
	电磁性重矿物	8624	0.27	8.1	26	3.47	25.1	12044	7.62	0.36	30027
	强磁性重矿物	2394	0.13	5.2	22	3.26	23.3	3646	2.72	0.33	4295
	轻矿物	283	0.57	2.8	10	1.80	8.2	544	0.74	0.67	729
DSL2-5 (-80~+160 目)	无磁性重矿物	457790	2.88	0.5	8	17.67	2.4	173268	341.95	0.22	731
	电磁性重矿物	10955	0.27	10.5	50	3.50	34.3	27013	17.25	0.34	21834
	强磁性重矿物	2635	0.07	7.3	28	3.07	40.9	3344	3.40	0.28	2762
	轻矿物	1096	0.09	3.5	18	1.65	12.9	881	0.99	0.54	5899

注：Ag 单位为 ng/g，CaO、Fe_2O_3、Na_2O 单位为%，其他元素单位为 μg/g。

在石居里研究区，对水系沉积物自然粒级进行矿物分选时只分选出三类矿物，即无磁性重矿物、电磁性重矿物和轻矿物。在 -20~+40 目粗粒级段中，多数元素赋存于电磁性重矿物中，见表 4-50，只有 Pb 和 Sb 的载体以无磁性重矿物为主。在 -80~+160 目细粒级段，多数元素的载体矿物发生了十分明显的变化。几乎所有元素均转向赋存于无磁性重矿物中，以无磁性重矿物为主要载体，而电磁性重矿物成为元素的次要载体。元素与重矿物间的关系变化表明：进入自然粒级细粒级部分，来自汇水域的岩屑在流水作用下，经过破碎、磨蚀与分选，分离出的无磁性重矿物稳定，易于保留。电磁性矿物在流水及表生作用下，化学及物理性质不稳定，且易破碎，出现矿物内部组分分解和淋溶与带出，使矿物易向更细粒级集中，这种矿物的物理化学变化使元素质量分数明显降低，故以电磁性矿物为载体的元素数量和质量分数降低，并随粒级变细而逐渐退出主要载体的地位，相对较稳定的无磁性重矿物中的元素则表现出细粒级的弱富集。

表 4-50　石居里研究区水系沉积物自然粒级中各类矿物中元素统计结果

样号	矿物类	Ag	Bi	Co	Cu	Mo	Ni	Pb	Sb	W	Zn
SSL2-2 (-20~+40 目)	无磁性重矿物	88	0.14	6.3	21	0.30	19.0	31	1.86	1.64	33
	电磁性重矿物	99	0.24	18.9	62	0.93	55.9	21	1.50	2.35	75
	轻矿物	40	0.11	5.7	17	0.29	17.6	14	1.31	1.27	26
SSL2-5 (-80~+160 目)	无磁性重矿物	467	1.27	44.2	218	1.76	73.5	99	6.15	8.13	218
	电磁性重矿物	88	0.17	16.2	40	0.32	47.4	18	1.20	1.70	72
	轻矿物	136	0.10	5.0	14	0.27	16.5	13	1.24	1.03	31

注：Ag 单位为 ng/g，其他元素单位为 μg/g。

在石居里研究区，水系沉积物人工粒级 -20~+40 目粗粒级段只分选出二类矿物，元素质量分数与矿物间关系较为简单，多数元素的偏高质量分数主要分布于电磁性重矿物中，见表 4-51，Ag、Pb 赋存于无磁性重矿物中。在 -80~+160 目细粒级段中，元素赋存矿物出现明显变化，Mo、Sb、W、Zn 等由粗粒级（-20～+40 目）的电磁性矿富集转向无磁性重矿物富集，使-80～+160 目细粒级矿物中的元素质量分数明显高于粗粒级，两者形成较为鲜明的对比。

表 4-51 石居里研究区水系沉积物人工粒级中各类矿物中元素统计结果

样号	矿物类	Ag	Bi	Co	Cu	Mo	Ni	Pb	Sb	W	Zn
RSSL2-2（-20～+40 目）	无磁性重矿物	162	0.20	3.6	11	0.04	9.4	16	0.81	3.03	31
	电磁性重矿物	65	0.23	16.1	40	0.36	48.2	12	0.93	3.38	75
RSSL2-5（-80～+160 目）	无磁性重矿物	516	0.28	43.4	473	1.00	77.9	49	6.19	1.29	267
	电磁性重矿物	316	0.32	48.8	610	0.73	112.8	28	1.70	1.12	236
	轻矿物	163	0.10	4.0	35	0.20	12.9	8	0.75	0.66	36

注：Ag 单位为 ng/g，其他元素单位为 μg/g。

四、流水作用下水系沉积物机械分散与元素分布特征

通过研究，获得关于流水作用下水系沉积物机械分散与元素分布特征的认识如下：

1）地球化学勘查，特别是区域勘查以水系沉积物为主要采样介质之一。水系沉积物是大自然的产物，是流水作用沿流水线产生的分散流。在流水作用下，机械分散过程中由风化基岩碎屑组成的水系沉积物发生明显变化，经破碎后，颗粒逐渐变小，单矿物逐渐分离。水系沉积物中岩石碎屑发生的变化，对地球化学勘查将产生重要影响。为了查明水系沉积物中各种机械产物的分布、分散特点以及与元素的关系，开展的关于流水作用下的机械分散等基础性研究取得了意想不到的效果。

2）三、四级及其上游水系沉积物以砾石为主，汇水域内岩石风化碎屑在流水作用下进入水系，除岩石经氧化使元素部分质量分数以易溶形式流失外，进入水系后的岩石碎屑基本保留了各自岩性体的结构、构造、矿物组合和元素质量分数特征。运移过程中，部分元素的带出并未影响其代表上游基岩化学组分的基本特点。因此，水系沉积物粗粒砾石是上游汇水域各类岩性体岩石与化学组分的集合，其中的矿物组合仍基本保留上游各岩性体的共生特点。

3）以+10 目水系沉积物岩石碎屑经人工破碎筛分成 6 个粒级的元素质量分数、矿物组合及其相互关系为参照，与同一点位的水系沉积物筛分成自然粒级进行对比。在自然粒级和人工粒级-40 目中开始出现重矿物的单矿物，向细粒级单（重）矿物逐渐增多，-80 目基本以分解的各类单矿物为主。在流水作用下，各种单矿物发生明显的分选，相对密度小的矿物易向远距离迁移，相对密度大的重矿物则迁移较近距离并聚集。无磁性重矿物、电磁性重矿物和强磁性重矿物等迁移距离近，且向细粒级聚集，并主要聚集在-80 目细粒级中。在流水作用下产生的矿物分选和富集十分明显，石英、长石颗粒在源头附近水系粒级中分选初始分布广泛，随水系延长，分选作用增强，在更远的下游向-40～+80 目集中，重矿物迁移相对较近，在靠近上游沉积，基岩（含矿化体）物质或岩石碎屑破碎逐渐分解成单矿物后，原有岩石中的矿物共生组合因单矿物分离与分选发生分离，矿物的沉积区段和位置差异明显，发生矿物分选。

4）以矿物为主要载体的各元素质量分数分布具有明显的规律性。水系沉积物粗粒级部分经人工破碎后筛分的各粒级中，元素质量分数变化平稳，受粒级影响微弱，只存在部分元

素质量分数略有增高的趋势，基本保留了风化基岩元素分布特点。与之比较，自然粒级中重矿物在 -80 目细粒级段明显聚集，元素质量分数随之增高，这种元素质量分数增高主要与水系内流水作用对水系沉积物中矿物分选和次生富集作用有关。Co、Ni、Fe 等以铁族元素为主的元素，其质量分数基本不受流水搬运与矿物分选的影响，主要与自身地球化学性质及基岩风化的带入带出有关，也与分选出的大量磁铁矿等矿物大量分布在各粒级有关。

5）元素因其地球化学性质差异，与各矿物的密切程度各异，主要与（重）矿物关系密切。无磁性重矿物、电磁性重矿物和强磁性重矿物与元素的高质量分数关系最为密切，所载元素各异。元素与载体矿物以一类为主，同时具有向其他类矿物辐射的多元化分布趋势。随着水系加长，元素质量分数降至背景值，矿化元素的偏高质量分数有向强磁性矿物和轻矿物转移的趋势。这种元素质量分数与重矿物关系的变化在矿化区段和背景区段各异，主要受矿物类型影响。

综上所述，流水的机械搬运对水系沉积物形成的分选与富集作用明显，可使重矿物在单矿物分离的细粒级聚集，增高与之相承载的元素质量分数，形成部分元素在细粒级富集。流水作用产生的机械分散，使单矿物发生分选与次生富集，迁移与沉积部位发生明显改变，使原岩矿物共生组合与分布特点发生改变，与之共生的元素组合发生分离（如 Pb、Zn 等），由此改变了承载的元素质量分数、共生元素组合与分布特点，改变了原有的地球化学分布和异常的正常空间分布特征。加上风积物、有机质和黏土质的加入，干扰了水系沉积物中细粒级重矿物分布特征，在风积物等干扰物掺入的粒级段，加重了元素的次生富集与贫化，使元素质量分数发生以降低为主的变化。

这种在流水作用下对水系沉积物细粒级物质的机械分散产生的分选以及迁移沉淀、贫化与富集，对元素的质量分数与分布产生明显的破坏，尽管这种破坏作用尚未达到完全的程度，但这种因机械分选对水系沉积物产生的严重干扰，是一种重要的干扰作用。

第四节　水系沉积物中金的分散机制

一、研究区基本概况

研究区分布在阿尔泰山地区。20 世纪 80～90 年代，在阿尔泰山地区开展区域地球化学勘查（采样粒级 -60 目），圈出大面积水系沉积物金异常，其特点是：低异常面积巨大，约上千乃至数千平方千米；无或很少有浓集中心；异常衬值偏低；异常元素较单一。这类异常的区域性分布无规律性，浓集中心不明显，几经查证无果，异常综合评价很难给出明确结论。因此，在阿尔泰地区选择六处研究区开展金异常成因的相关研究。

（1）阿克其什坎研究区

南距富蕴县 110 km，为高寒半干旱山地景观区的高山地貌类型，水系发育。阿克其什坎矿区为已知层控蚀变岩型金矿点，矿层长 300 m，宽数米至十米不等，其下游 10 km 外大级别水系为沙金采区。

（2）蒙克研究区

该区为 1:20 万水系沉积物测量（采样粒级 -60 目）金低值异常区。大级别水系重砂测量发现沙金，1:5 万水系沉积物测量（采样粒级 -60 目）分解成孤立弱小金异常。

(3) 他尔特赛依研究区

1∶20 万水系沉积物测量（采样粒级 -60 目）为大规模金异常区，中心异常约 30 km^2，查证发现金铜矿化断裂破碎带，最高金品位 26.7 g/t。下游为沙金矿床。

(4) 塔拉克泰依研究区

为沙金矿化区。分布在 1∶20 万水系沉积物测量（采样粒级 -60 目）金异常区内的金浓集中心附近。异常区内分布有夷平面残留地貌，河谷发育大规模阶地。

(5) 新金沟研究区

为沙金矿床的过采区，分布在大范围金区域异常内。沙金矿层为冰川槽谷底部含金块状冰碛和古河床冲积，埋深约 10 m。

(6) 阿克萨拉研究区

沙金矿床过采区，1∶20 万水系沉积物测量（采样粒级 -60 目）金异常近千平方千米，含金层为块状冰碛和古河床冲积，埋深 10 ~ 15 m。

二、水系沉积物各粒级中金的分布特点

1. 水系沉积物粒级分配

在阿克其什坎研究区采集水系沉积物样品，筛分为 7 个粒级段（表 4 -52），结果表明水系沉积物样品不论采自表层还是采自 50 cm 以下深度，粒级分配仍然以粗粒级为主， +60 目所占比例为 60% ~80%，甚至可超过 80%。

表 4 -52 阿克其什坎地区水系沉积物各粒级质量分配

样品位置/cm		粒级/目						
		-4 ~ +10	-10 ~ +20	-20 ~ +40	-40 ~ +60	-60 ~ +80	-80 ~ +160	-160
原生金矿化区	0 ~ 20	13.78%	27.55%	20.18%	11.49%	6.44%	9.54%	11.02%
	≥50	16.18%	31.56%	20.46%	10.34%	5.84%	7.34%	8.28%
	0 ~ 20	14.21%	30.83%	19.44%	9.52%	6.55%	8.07%	11.38%
	≥50	12.58%	33.60%	18.47%	10.31%	5.84%	7.35%	11.85%
	0 ~ 20	14.71%	26.54%	12.35%	8.85%	7.10%	14.92%	15.53%
	≥50	14.17%	31.25%	19.79%	12.60%	5.63%	7.29%	9.27%
	0 ~ 20	12.00%	25.91%	27.22%	9.10%	7.28%	9.81%	8.68%
	≥50	9.68%	36.12%	25.18%	12.48%	6.35%	5.47%	4.72%
	支沟平均	13.45%	30.01%	20.46%	10.50%	6.43%	8.90%	10.25%
沙金矿化区	0 ~ 20	5.90%	35.15%	35.98%	13.79%	5.20%	2.50%	1.48%
	≥50	5.54%	30.51%	31.09%	19.22%	7.63%	3.87%	2.14%
	0 ~ 20	3.83%	17.89%	25.12%	24.24%	15.12%	9.56%	4.24%
	≥50	10.81%	24.31%	24.02%	16.29%	10.06%	8.61%	5.90%
	0 ~ 20	17.55%	37.10%	22.42%	9.80%	5.38%	5.02%	2.73%
	≥50	12.61%	36.77%	19.39%	9.50%	7.26%	9.50%	4.97%
	大河平均	9.42%	30.24%	26.26%	15.53%	8.45%	6.52%	3.58%

2. 水系沉积物中金质量分数分布特点

阿克其什坎研究区水系沉积物不同粒级中 Au 质量分数见表 4－53。R1～R4 是支流水系，其上游为金铜矿点。在靠近原生金铜矿点 0～20 cm 正常水系沉积物样品（R1～R4）中，Au 的高质量分数在各粒级的分布具有广泛性，4 件样品中均在不同粒级出现 Au 的偏高质量分数，但并不十分集中，说明 Au 在不同粒级中的分布较分散且较为稳定。

表 4－53　阿克其什坎地区水系沉积物各粒级中的金质量分数　$w_B/(ng \cdot g^{-1})$

样品			－4～+10 目	－10～+20 目	－20～+40 目	－40～+60 目	－60～+80 目	－80～+160 目	160 目
原生金矿化区	R1	0～20 cm	1.20	0.846	4.69	0.752	0.523	2.54	11.5
		≥50 cm	2.65	1.02	2.52	0.982	1.10	0.973	1.43
	R2	0～20 cm	2.89	0.737	0.795	0.814	0.609	1.18	0.917
		≥50 cm	0.953	10.70	6.41	37.5	2.18	17.10	4.28
	R3	0～20 cm	1.30	0.774	1.23	7.15	0.788	1.65	3.63
		≥50 cm	1.28	0.884	0.692	1.04	42.15	2.70	1.21
	R4	0～20 cm	0.613	0.879	1.54	1.49	1.35	1.16	1.06
		≥50 cm	0.702	0.854	1.07	1.68	1.86	0.887	1.24
	平均值		1.45	2.09	2.37	6.43	6.32	3.53	3.16
沙金矿化区	R5	0～20 cm	0.396	0.806	0.755	1.06	1.28	1.12	4.83
		≥50 cm	0.822	0.821	1.85	0.724	1.30	0.776	55.65
	R6	0～20 cm	1.66	0.628	0.46	0.757	2.55	1.38	2.24
		≥50 cm	0.831	5.03	0.619	2.03	0.819	0.651	36.54
	R7	0～20 cm	0.579	1.25	0.59	0.492	0.499	1.09	21.30
		≥50 cm	0.558	0.474	0.473	0.471	0.55	0.622	1.32
	平均值		0.81	1.43	0.79	0.92	1.16	0.94	20.31

在上述支流水系的水系沉积物表层样品（0～20 cm）中，Au 略有向细粒级富集的趋势。在少数样品中，－80 目或－160 目细粒级段中 Au 质量分数有所增高。在背景区段或接近背景区段（R3、R4），金向细粒级富集稍显明显。在大于或等于 50 cm 深度的水系沉积物样品中，Au 主要在＋80 目粗粒级中具有高质量分数或较高质量分数，只是在靠近支流水系下游的 R4 样品中，Au 具有向细粒级富集的不甚明显趋势。

在进入大级别水系后，不论是 0～20 cm 表层样品，还是采自深度大于或等于 50 cm 处的样品中，Au 有明显向细粒级富集的特点（表 4－54）。在沙金矿区样品（R5～R7）中，Au 在各粒级的质量分数显示出向细粒级富集程度显著大于上游与原生金矿化密切的支流水系的样品。在沙金矿化区，Au 向细粒级富集与样品采集的部位无关，在 0～20 cm 表层和深度大于或等于 50 cm 水系沉积物处的样品中，Au 向细粒级富集无十分明显差异。

对比水系上游与原生金矿化具密切关系的各采样点（R1～R4）和下游沙金矿化区采样点（R5～R7）水系沉积物中的 Au 质量分数，在沙金矿化区，Au 向细粒级富集十分显著，而与上游原生金矿化关系密切的水系沉积物的 Au 主要分布在－10～＋80 目粒级段。尽管在上游水系样品中 Au 在－80 目细粒级段略有富集，但与沙金矿化区比较，Au 在靠近原生金矿化区的水系沉积物中的细粒富集相差甚远，金在靠近原生矿化的水系沉积物各粒级中的分配总体较均衡。

表4－54是另外两个研究区水系沉积物不同粒级中Au的分布。其中，他尔特赛依为金铜矿化区，蒙克为Au的弱异常区。在他尔特赛依金铜矿化区，Au的富集粒度不十分明显，主要出现在－10～+60目，但仍存在－80目细粒级略有富集的趋势。蒙克地区Au质量分数在不同粒级中的分布较均衡。

表4－54　他尔特赛依和蒙克水系沉积物各粒级中的金质量分数　$w_B/(ng \cdot g^{-1})$

粒级/目	他尔特赛依			蒙克		
	他B8	他D5	平均	蒙1	蒙2	平均
－4～+10	1.31	8.47	4.89	2.01	1.48	1.75
－10～+20	2.53	2.95	2.74	4.39	1.10	2.75
－20～+40	23.3	1.94	12.62	1.56	5.48	3.52
－40～+60	2.68	31.8	17.2	1.88	1.58	1.73
－60～+80	1.70	1.89	1.80	2.68	2.28	2.48
－80～+160	20.9	2.90	11.9	2.05	1.77	1.91
－160	5.59	5.57	5.58	2.23	2.01	2.12

在塔拉克泰依沙金矿化区（表4－55），分别在河床阶地坡面（塔I7）、阶地坡面冲沟（塔II7）、阶地剖面上部（塔J）和河床的砾石滩采集样品（塔I9和塔II10），这些样品采自沙金矿化区的不同部位。Au质量分数具有的共同特点是：Au明显向－80目细粒级富集，其向细粒级富集的特点与前述几个研究区的结果十分一致。所不同的是，在塔拉克泰依沙金矿化区水系沉积物中Au向细粒级富集更趋明显。尽管这种总趋势未发生变化，但在不同地段（或部位）样品中Au的分布仍具有各自的特点。在阶地冲沟（塔II7）和阶地剖面上部（塔J）的样品中Au有在粗粒级富集的倾向，而在沙金矿化区的现代河床（塔I9和塔II10）的样品中金在细粒级中富集显著性增强。

表4－55　塔拉克泰依沙金矿化区不同地点水系沉积物中的金质量分数　$w_B/(ng \cdot g^{-1})$

粒级/目	冲沟（塔II7）	阶地上部（塔J）	阶地坡（塔I7）	河床（塔I9）	河床（塔II10）	平均值
－4～+10	7.85	3.61	1.15	9.17	1.45	4.64
－10～+20	11.6	4.02	1.42	2.79	1.37	4.24
－20～+40	4.66	1.26	1.72	28.0	3.22	7.77
－40～+60	2.06	6.34	2.01	24.5	1.20	7.22
－60～+80	2.40	8.75	3.94	2.88	7.75	5.14
－80～+160	3.12	2.14	1.08	876	26.0	181
－160	3.82	3.12	1.63	27.5	786	164

3. 沙金过采区水系沉积物Au的分布特点

在沙金矿区的过采区，如在新金沟和阿克萨拉沙金矿床过采区，分别在新金沟过采区不同部位的矿前缘（新15）上游段（新11）、中游段（新18）和下游段（新5）及阿克萨拉沙金矿区过采区的上游段（萨4）、中游段（萨3）、下游段（萨2）和下游（萨1）采集样品。

新金沟和阿克萨拉沙金矿过采区水系沉积物不同粒级的金分布（表4－56）表明，在沙金矿床过采区，水系沉积物中Au主要呈细粒或微细粒分布在－80目以下的细粒级中。除了样品新15和萨2中Au向细粒级的富集不甚明显外，其他样品中Au向细粒级富集十分强烈。出现上述特点的主要原因为：①样品新15来自沙金矿床前缘，该处受沙金矿床影响较弱或不受影响，多数情况与上游背景汇水域Au的分布有关。②样品萨2采自沙金矿床近尾部，该处出现的Au在各粒级分布偏离了沙金矿区水系沉积物内向细粒级富集的趋势。③沙金矿过采区，经过淘洗法开采沙金，大多数粗粒沙金已被淘洗选出，而那些细颗粒或微细颗粒金在淘洗过程中，多随尾沙一起再次进入河道，微细粒金混合在水系沉积物内，当在该部位采集水系沉积物时，Au在细粒级出现高质量分数是正常现象。④通常，在沙金矿（化）区，沙金矿层多赋存在数米至10 m以下冲积层的适宜部位。该区段特有的物理和化学环境，可影响至地表水系沉积物，在其内部可形成Au的细或微细粒沉淀。

表4－56　新金沟和阿克萨拉沙金过采区不同地点水系沉积物粒级中的金质量分数

$w_B/(ng \cdot g^{-1})$

粒级/目	新15	新11	新8	新5	萨4	萨3	萨2	萨1	平均值
－4～+10	7.18	1.13	1.93	1.32	2.51	3.35	23.6	5.84	5.86
－10～+20	1.73	1.17	2.34	4.33	2.42	4.66	9.12	4.48	3.78
－20～+40	1.18	1.62	2.26	1.44	1.01	3.17	7.37	2.30	2.54
－40～+60	1.22	1.26	0.64	1.24	1.27	1.78	7.02	4.88	2.41
－60～+80	6.33	1.19	2.22	1.66	1.57	1.92	6.05	3.24	3.02
－80～+160	1.52	3.48	3.34	2.65	3.72	1.47	4.71	761	97.7
－160	3.13	2.11	3.01	91.7	10.8	469	7.61	494	135

通过上述水系沉积物不同粒级Au的分布的研究认为：Au在水系沉积物中不同粒级的分布与矿床类型和与其所在部位关系密切。在以原生金矿化为主的区域或Au的背景区内，Au在岩石中主要以微细粒存在，即使在细粒级被分解出来，Au在水系沉积物不同粒级段的分布也较为均衡，质量分数分配差异不明显，但仍有在－10～+80目以岩石碎屑为主的粒级区间富集的趋势。在较大水系的沙金矿（化）区和沙金矿床过采区，水系沉积物中Au具有较强烈向细粒级富集的特点，导致Au质量分数在水系沉积物中不同区段出现显著性差异。在金的原生矿化地段，以微细粒自然Au颗粒和赋存在岩石内部为主要赋存状态，在流水作用下向下游运移过程中，Au多在岩石内部以岩屑或以Au的独立矿物的形式迁移，被分离出的微细颗粒Au或其他形式Au的比例较少，使得Au较均匀地分布在各个粒级中。在阿尔泰山地区，水系沉积物以粗粒为主，+80目粒级段组成以岩石碎屑为主体，尽管其中含有极少量金颗粒，但Au主要被保存在粗粒岩石碎屑内。在－80目细粒段，主要为分离出的与Au有关的单矿物，所占比例较小，不可能发生明显的富集。

在沙金矿区或过采区，开采沙金过程中，机械淘洗截留了颗粒偏粗或直径比较大的金颗粒，微细粒金得以再次进入水系沉积物内，导致水系沉积物细粒级中金的富集。在大级别水系，长距离搬运的岩屑经碰撞破碎、磨蚀等作用，使水系沉积物中与上游原生金矿（化）相关的金粒被剥离，沙金矿区和沙金矿过采区通常分布在较大级别水系，特有的物理与化学环境，促使Au发生沉淀和富集，并对表层水系沉积物产生影响。

4. 金的粒级分布特征

为了对比水系沉积物中Au在各粒级中的分布特点，在阿尔泰山的蒙克、塔拉克泰依、他尔特赛依和萨木苏沙金矿区采集沙金矿层的样品。除哈拉乔拉和萨木苏砂样采自废沙金砂石堆的人工淘洗样品外，其他沙金矿区样品均取自淘洗沙金的溜槽。

沙金矿物鉴定在高倍实体显微镜下完成，并进行粒径测量。部分沙金标本在扫描电镜下进行矿物学研究。

沙金粒级鉴定统计结果见表4－57。沙金矿层金粒径分布的样品采自矿床的沙金矿层，水系金粒径分布的样品采自地表水系沉积物。通常沙金矿层出现在10 m以下冲积层。沙金含矿层与地表水系沉积物中淘洗的沙金粒径出现显著差异。沙金矿床的金颗粒主要约为－4～+25目的粗颗粒，并可延续至80目，－80目沙金极少，表明沙金矿床金颗粒粗大，以粗粒级为主体。沙金矿区地表水系沉积物中沙金颗粒主要出现在25～120目内，与沙金矿层金粒径相比较，地表水系沉积物中金颗粒明显偏细。按出现的金粒数量统计（不是质量），在沙金矿层，金颗粒≥+25目占78.19%，40目以上占86.52%，+80目占96.57%。而地表水系沉积物中沙金颗粒+20目仅占16.13%，+80目占70.97%。将沙金矿区地表水系沉积物中沙金颗粒与沙金矿床比较，两者沙金颗粒粒径大小相差甚远。水系沉积物中金粒明显偏细，主要集中在+120目。

表4－57 阿尔泰山地区沙金矿区粒径频率分布统计

沙金矿层金粒径频率分布				水系金粒径频率分布			
d/mm	频数（n）	频率（f）/%	Σf/%	d/mm	频数（n）	频率（f）/%	Σf/%
>5.01～7.94	5	1.23	1.23	1.26～2.00	2	3.23	3.23
>3.16～5.01	35	8.58	9.80	0.79～1.26	2	3.23	6.45
>2.00～3.16	69	16.91	26.72	0.50～0.79	6	9.68	16.13
>1.26～2.00	118	28.92	55.64	0.32～0.50	13	20.97	37.10
>0.79～1.26	92	22.55	78.19	0.20～0.32	21	33.87	70.97
>0.50～0.79	34	8.33	86.52	0.13～0.20	12	19.35	90.32
>0.32～0.50	21	5.15	91.67	0.08～0.13	5	8.06	98.39
>0.20～0.32	20	4.90	96.57	0.05～0.079	1	1.61	100.00
>0.13～0.20	8	1.96	98.53				
>0.08～0.13	6	1.47	100.00				

阿尔泰山地区沙金主要来源于基岩的风化、剥蚀及搬运，以及在风化、剥蚀、沉积及形成沙金矿床后的再次搬运与沉积。使用扫描电镜对现代水系沉积物金粒和沙金矿床沙金的“指纹”特征进行观测，两者的“指纹”特征具有较明显的一致性。尽管基岩经风化、剥蚀与搬运，以及长期的演化过程，但均未改变沙金颗粒的基本“指纹”特征。由此可见，原生金矿床经分散作用进入水系的金颗粒、水系沉积物中的金颗粒和沙金矿床金粒间存在密切的亲缘关系。

经过对阿尔泰山地区金在水系沉积物各粒级间的分布及沙金粒径的研究表明，在与上游原生金矿化关系密切的水系沉积物中，金较均衡地分布在各粒级中，且具有在－10～+80目粗粒级富集的趋势。在下游的沙金矿（化）区和沙金矿床过采区，金较强烈富集于－80目细粒级中。通常，金较强烈富集地段多分布于大级别水系，与原生矿化距离较远，追索原生矿化十分困难。沙金矿区地表水系沉积物和沙金矿床的金颗粒统计结果表明，两者均偏向在粗粒级集中，只是水系沉积物中金颗粒主要集中在 -40～+80 目偏细粒级段。沙金矿层中金颗粒主要富集在 -10～+40 目，并向 +80 目延续。在沙金矿区的这种沙金粒级富集，是在流水搬运过程中，沙金在水动力条件下的重力分选的结果。在河道内，流水的涡流和簸选使金粒沉降，颗粒偏大的金粒受重力影响趋于向河床底部富集形成沙金矿层，细粒和微细粒金则混杂在其上部沉淀，少量的微细金粒可混杂在地表水系沉积物内，使沙金矿区的水系沉积物发生细粒级富集。本书采集的沙金矿层样品来自深达 10 m 的河床底部，水系沉积物样品来自现代冲积物的表层。金在不同粒级水系沉积物中的分布和沙金粒径分布印证了这一点。

第五节　总　　结

影响地球化学勘查的干扰物质主要为有机质、风积物和流水搬运下的机械分选，这些干扰物与地球化学勘查的主要采样介质如影随形，混杂在一起，从而对地球化学勘查结果产生严重干扰。经过多年的详细研究，破解了困扰地球化学勘查多年的难题，基本查明了对地球化学勘查产生干扰的物质的存在与分布特点，以及干扰机理。

1）有机质作为森林沼泽景观区最重要的干扰物质，主要分布在水系沉积物和土壤的细粒级和泥炭中，对元素质量分数具有清除和富集作用。有机质在各样品中分布不均衡，与样品中元素质量分数不存在线性关系。有机质中的腐殖质以及胡敏酸与富里酸对元素的富集具有选择性，并与少数元素质量分数存在线性关系，由有机质富集的元素及其质量分数无规律可循，使正常的元素质量分数及分布发生变化，元素的低质量分数抬升，高质量分数平抑。由此，对地球化学勘查样品中的元素质量分数产生十分明显的干扰，使区域地球化学分布不清晰，异常减弱或消失。有机质主要分布在水系沉积物和土壤 -60 目细粒级段，产生的干扰主要发生在细粒级有机质富集粒级段。对于地球化学勘查，有机质干扰并不仅限于森林沼泽景观区，在植被发育的景观区也应存在。

2）风成沙是地球化学勘查重要的干扰物质。认识风积物对地球化学勘查产生干扰从 20 世纪 70～80 年代就已经开始，真正破解这一难题应在 20 世纪 80 年代早、中期及其以后。我国风积物分布十分广泛，几乎占据我国北方全部和青藏高原，约占我国大陆面积的五分之三。风积物分布粒级因风力吹蚀程度和风积沉降区而出现差异。在风力吹蚀强劲的干旱荒漠戈壁残山景观区及其相邻景观区，风积物颗粒主要在 20 目和 40 目以下，其周边为 60 目以下，在青藏高原腹地，受高空气旋的影响，风积物主要在 60 目以下，在青藏高原周边及新疆、祁连山和阿尔金山北坡，受高大山体阻滞，风力减弱，风成沙粒级主要在 80 目以下。风积物中元素含量处于背景值和低背景值，由于风力分选，使 -80 目细粒级中元素质量分数明显升高。风积物的掺入可使水系沉积物和土壤中元素质量分数增高或降低，具有十分明显的掩盖和平抑作用，使区域地球化学分布减弱、消失或改变原始状态，使异常减弱或消失。风积物的干扰粒级因地各异，主要出现在 20 目或 40 目或 60 目或 80 目以下。

3）流水作用下机械分散产生的分选是近几年发现的对水系沉积物产生干扰的又一重要因素，是一种没有像有机质、风积物等具体实物的一种干扰，是通过对水系沉积物的机械分散中的重力分选实现的干扰。众所周知，水系沉积物是上游汇水域风化基岩碎屑经流水搬运后在水系中的物质总汇。水系沉积物中细粒级多数元素质量分数偏高的主要原因是流水作用下机械分选次生富集的结果。风化基岩碎屑在流水冲刷下，随水流进行迁移，其间经过碰撞、破碎、磨蚀，大块岩石破碎后逐渐变小，其中的单矿物逐渐分离，60 目以上主要为岩石碎屑，60 目时单矿物分离，80 目时大部分单物分离，使基岩或岩屑中共生的矿物组合逐渐分离成相对密度各异的单矿物。随水流运移过程中，分离的单矿物因相对密度差异，迁移的距离和沉积的地点或河道部位不尽相同。相对密度大的矿物迁移距离短、沉积部位水流冲刷力较大，相对密度小的矿物不易沉积，迁移距离长，在水流冲刷力较弱部位沉积，使原来在岩石中共生的矿物组合因岩块分解分离成单矿物后，再次分离或发生分选，沉积部位各异。以矿物为载体的元素因其化学性质各异而形成的矿物载体差异明显，矿物粒径变化使部分元素的载体发生改变。在流水作用下，分离的单矿物因相对密度差异发生分选，沉积的部位各异，使基岩中共生的矿物组合发生分离与分选，以矿物为载体的元素亦发生分离，共生的元素组合因矿物的沉积部位差异而分解。导致元素组合分解的主要原因是矿物的分选与分离。由于基岩共生矿物组合的分离使共生元素分解与分异，元素的共生组合被破坏分解；元素质量分数因载体矿物改变而降低。最终导致元素质量分数降低或被平抑，地球化学分布规律模糊或消失，异常减弱，原始的异常共生组合受到破坏或歪曲，对地球化学勘查结果产生明显干扰。这种干扰使部分原始地球化学信息得以保留，但保留的信息不完整、被削弱，或存在一定程度假象。这种干扰主要发生在水系沉积物的 -60 目细粒级中，与有机质的干扰粒级一致，与风积物干扰基本一致，往往因看到或注重了有机质和风积物干扰而忽略了机械分选产生的干扰，或对其认识不够准确。流水作用下对水系沉积物细粒级的机械分选贯穿整个流水过程。在水系上游因岩石碎屑刚刚开始分解单矿物，较少机械分选，程度较轻，产生的干扰偏弱，保留的原始信息偏多。随水系加长，单矿物分解增多，-80 目细粒级绝大部分为单矿物，这时机械分散作用增强，矿物分选明显，产生的干扰强烈。机械分选的强弱与单矿物分解的多少成正比。

4）流水作用下的机械分散对水系沉积物中 Au 产生干扰是一种对单元素产生的干扰。在矿化岩石中，Au 主要以微细粒形式存在，当从基岩中分离进入水系迁移时，因 Au 相对密度大，在流水冲刷、扰动和蠕动等作用下，易顺砂砾间向沉积物下部沉积。在矿化体下游水系沉积物中，金较均衡分布在各粒级中，具有向 -10～+80 目微富集的趋势。在沙金矿区和沙金过采区，因这些区段多分布在较大级别水系，在流水作用下，粗粒金下沉至水系沉积物底部，水系沉积物表层以 -80 目微细粒金为主，由此引起的金异常面积大、组合元素单一、浓集中心不明确，追索原生 Au 十分困难。流水作用使下游大级别水系出现大规模金异常主要发生在水系沉积物 -60 目细粒级中。对于寻找原生金矿床，流水作用的机械分散、分选对水系沉积物中的金分布也是一种干扰，其干扰的主要粒级出现在 -60 目。

综上所述，在地球化学勘查中，对其结果产生干扰的物质和因素多种多样，干扰程度各异，可同时存在一种或多种干扰，正确认识干扰特点和干扰机理，制定排除干扰的方法技术，是使地球化学勘查发展和取得更大实效的基本保障。

第五章　主要景观区区域地球化学勘查方法技术总结与示范测量效果

第一节　主要景观区区域地球化学勘查方法技术总结

通过对采样介质地球化学分布特征、干扰物分布特点和干扰机理的研究，制定各景观区排除干扰的区域地球化学勘查技术。

一、森林沼泽景观区

森林沼泽景观区水系十分发育，区域化探应以水系沉积物测量为主，土壤测量为辅。

（1）采样粒级

-10～+60 目。截取粒级可有效排除有机质等及其产生的干扰。当混有黏土和有机物胶结的假颗粒和颗粒表面附着有机物时，应采用无污染水进行水筛。

（2）采样密度

1～2 点/4 km^2。森林沼泽景观区水系十分发育，植被茂密，通行十分困难。采样密度可依据交通的难易程度适当放稀和加密。

（3）采样部位

样品应采自现代主河道流水线冲积物分选性差的部位，不应在河漫滩、阶地、泥炭堆积区采集样品。流水线不明显或十分分散时，可在低洼处下挖至早期冲积层采样，或在采样点上游五点沿山坡采集残积碎屑组成 1 件样品进行替代。

（4）样品采集

在采样点及上下游 50 m 范围内 3～5 点采集组合样，当出现多条流水线时，应在 3～5 条主要流水线上采集组合样。

二、干旱荒漠戈壁残山景观区

该景观区水系较发育或不发育，剥蚀戈壁区水系不发育，在残山区进行区域地球化学勘查可选择水系沉积物测量或土壤测量，在剥蚀戈壁区选择土壤测量。

（1）采样粒级

-4～+20 目，可基本排除风成沙及其产生的干扰，土壤测量样品中除附着细粒风成沙外，盐积物以被膜、结皮和胶结物的方式混入样品内，因此在样品采集和加工时应去除风成沙和盐积物。

（2）采样密度

水系沉积物测量为 1～2 点/km^2，土壤测量为 2 点/km^2（水系沉积物测量采样密度的 2 倍）。

(3) 采样部位

水系沉积物测量应在现代主流水线冲积物分选性差的部位采样，注意避开风成沙堆积物。土壤测量应采集基岩上部风化碎石母质（C）层样品，注意去除风积物和盐积物。

(4) 样品采集

水系沉积物测量样品应采自现代主流水线冲积物分选性差的河道，在采样点上下游 50 m 范围内 3 ~5 点采集组合样，或在多条主流水线上采集 3 ~5 个样品组成组合样。土壤样品应在采样单元内均匀采集 5 点样品组成组合样。

三、高寒诸景观区

高寒诸景观区包括高寒湖泊丘陵景观区、高寒干旱半干旱山地景观区和高寒湿润半湿润山地景观区，以上景观区主要分布在青藏高原，为主体海拔在 3000 m 以上的山地，其方法技术等方面存在共性，均适于以水系沉积物测量为主。

(1) 采样粒级

以昆仑山—阿尔金山—祁连山主脊一线为界，北坡以北包括天山山脉和阿尔泰山，风积物以风成黄土为主，主要粒级为 -80 目；南坡以南的青藏高原风积物以风成沙为主，主要粒级为 -60 目，故采样粒级应为：以昆仑山—阿尔金山—祁连山主脊为界，以南广大地区为 -10 ~ +60 目；以北为 -10 ~ +80 目。

(2) 采样密度

1 ~2 点/4 km^2，平均采样密度不得低于 1.5 点/4 km^2。在通行较方便区可适当加密，在通行困难区，如雪线附近、地形切割强烈区域，可适当放稀，通常不能低于 1 点/25 km^2。

(3) 采样部位

在现代流水线上冲积物分选差的部位采集样品，禁止在河漫滩、河床阶地采集样品，避开风积物和有机质。

(4) 样品采集

在采样点上下游 50 m 范围或多条流水线 3 ~5 点采集组合样。在草皮沟无法采集水系沉积物样品时，可在两侧上游汇水域沿山坡 5 处采集残积碎屑组成组合样。

四、半干旱中低山景观区

该景观区水系发育和较发育，应以水系沉积物测量为主，在山缘地势平缓区段辅以土壤测量，浅覆盖区应施以机动钻取残积样品。

(1) 采样粒级

大兴安岭中南段，即乌兰浩特以南至河北、辽宁省界的广大区域为 -4 ~ +40 目；河北、山西和辽宁西部为 -10 ~ +60 目。

(2) 采样密度

1 ~2 点/km^2，交通不便区段可适当放稀，大兴安岭两侧山缘地势平缓区段可适当加密。土壤测量采样点集中区的采样密度应增加至 2 倍，机动钻采样区可选择 1 点/4 km^2。

(3) 采样部位

水系沉积物样品采自现代流水线冲积物分选性差的部位，在草皮茂密，无明显流水线的沟谷，选择低处下挖至早期冲积层采集样品或在采样点上游汇水域山坡 5 处采集残积碎屑组成组合样，不应在河漫滩和阶地采集样品。

（4）样品采集

在采样点及上下游50 m范围3～5点采集组合样；当出现多条流水线时，应在3～5条主要流水线上采集组合样。机动浅钻采样为单点样。

第二节　主要景观区区域地球化学勘查技术示范测量

一、森林沼泽景观区

1. 黑龙江北部

（1）基本概况

研究区位于黑龙江省北部，大兴安岭最北端。示范测量区面积约6000 km^2。

选择该区作为研究示范区，主要是在该区进行过两次区域化探，第一次于1988年完成，采样密度为1～2点/km^2，采样粒级为-60目；第二次于2002年完成，采样密度为1点/4 km^2，采样粒级为-10～+60目。研究的目的在于两次区域化探的采样粒级不同，是否可以排除有机质的干扰。

（2）示范区自然地理与景观概况

示范区为低山与丘陵过渡带偏丘陵一侧，在全国景观划分中属森林沼泽景观区一级景观中的二级丘陵区。年均气温-4.5 ℃，极端气温可达-52.3 ℃，为我国寒温带，常年（永久）冻土带分布区。全年降水量459 mm，主要集中在六、七、八月份。

区内地势趋于平缓，海拔400～900 m，呈西南高、东北低的特点，相对高差50～300 m，为浅切割流水作用丘陵地貌类型。水系发育，呈树枝状，多数水系具常年地表径流。在一、二级水系趋缓地段沼泽发育，三、四级较大水系两岸多数地段见沼泽成片分布。水系沉积物中除风化岩石碎屑外，细粒级多见呈黑或黑褐色有机质质量分数很高的淤泥。

土壤主要为淋溶土（灰化土）类，在较大河道两侧地势趋缓区段为潜育土（沼泽土）类。全区以落叶松、樟子松等针叶落叶林为主，有白桦、柞和杨等阔叶落叶林等森林覆盖，间或见冬青、榛榛类灌木，为寒温带山地落叶针叶混交林植被。

综合研究区的地貌、地形、地质、水系、土壤等因素，本区可划分为三个二级景观区（图5-1）。

A. 低山区

分布于测区中南部，北部亦有零星分布，面积约1920 km^2。地表为森林覆盖，地形以低山为主，沟谷为浅切割，一般200～500 m，相对较深。区内次生阔叶林和针阔混交林茂密，沟谷宽阔，一、二级水系上游较平缓地段和主河道两侧沼泽发育，部分宽河道为草甸沼泽。部分地势起伏较大，火山岩发育地段有厚度不等的岩块堆积。水系沉积物以粗粒级的砂砾质为主，并夹有较多细粒级的有机质，冲积物分选较差。区内土壤层不甚发育，沟谷陡壁基岩裸露。

B. 丘陵区

区内分布广泛，面积约4200 km^2。该区以丘陵为主。相对高差50～300 m，地势趋缓，属浅切割湿润流水作用丘陵地貌类型。水系发育或较发育，一、二级水系上游和地形趋缓处

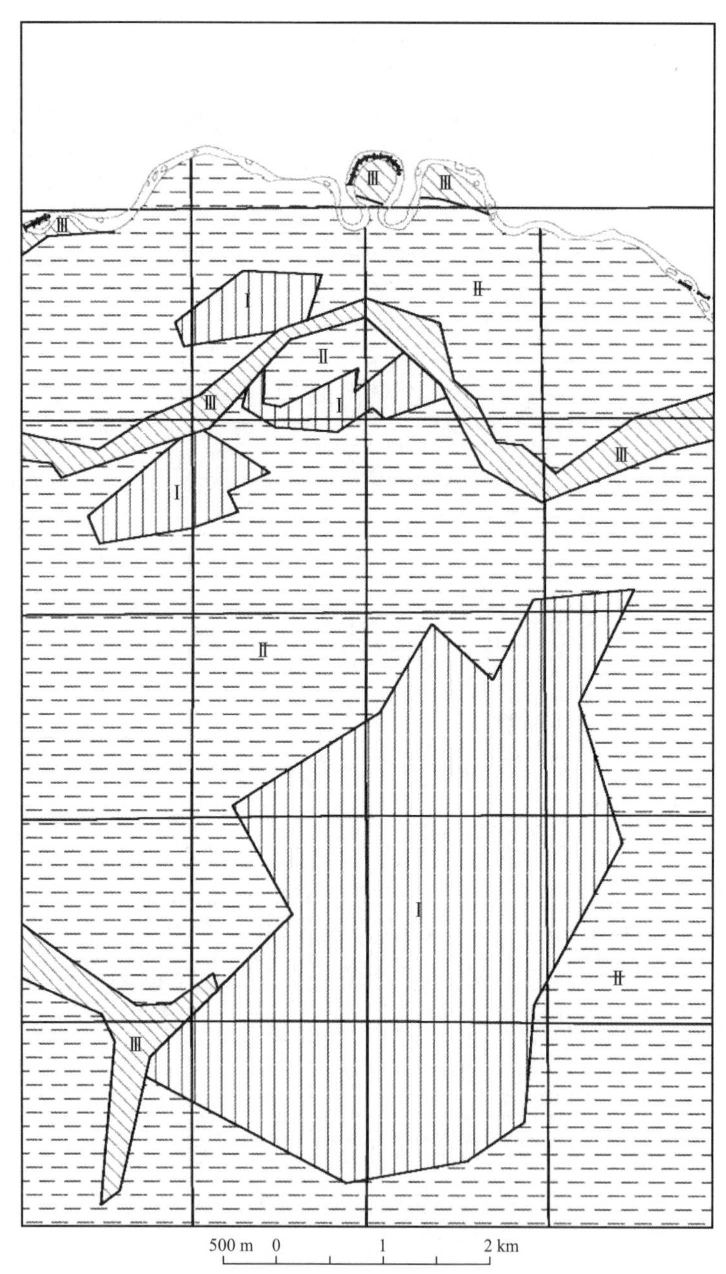

图 5－1　黑龙江北部示范区地球化学景观简图

Ⅰ—低山区；Ⅱ—丘陵区；Ⅲ—冲积平原区

多见沼泽。区内植被为次生阔叶林和针阔混交林及矮半灌木等，植被茂密，沟谷较宽阔。水系沉积物以粗砾石、砂为主，细粒部分夹有较多的暗黑色腐殖质，分选性差。土壤层较发育，很少有基岩裸露。

C. 冲积平原区

主要分布于测区北部的额木尔河下游及西南部额木尔河中游的宽河道两侧，为第四纪松散堆积物，沼泽化和两岸泥炭十分发育。植被为针阔叶林、冬青类灌木和草甸。水系发育，流水线为主河道。

(3) 区域地质概况

研究区大地构造位置属于蒙古断褶系额尔古纳断褶带上黑龙江凹陷。区内大部分出露中生代陆相沉积岩、火山岩及零星中酸性侵入体，新生代陆相松散堆积只见于河道和低洼地段。构造类型属于断裂构造、褶皱构造和火山构造（图5－2）。

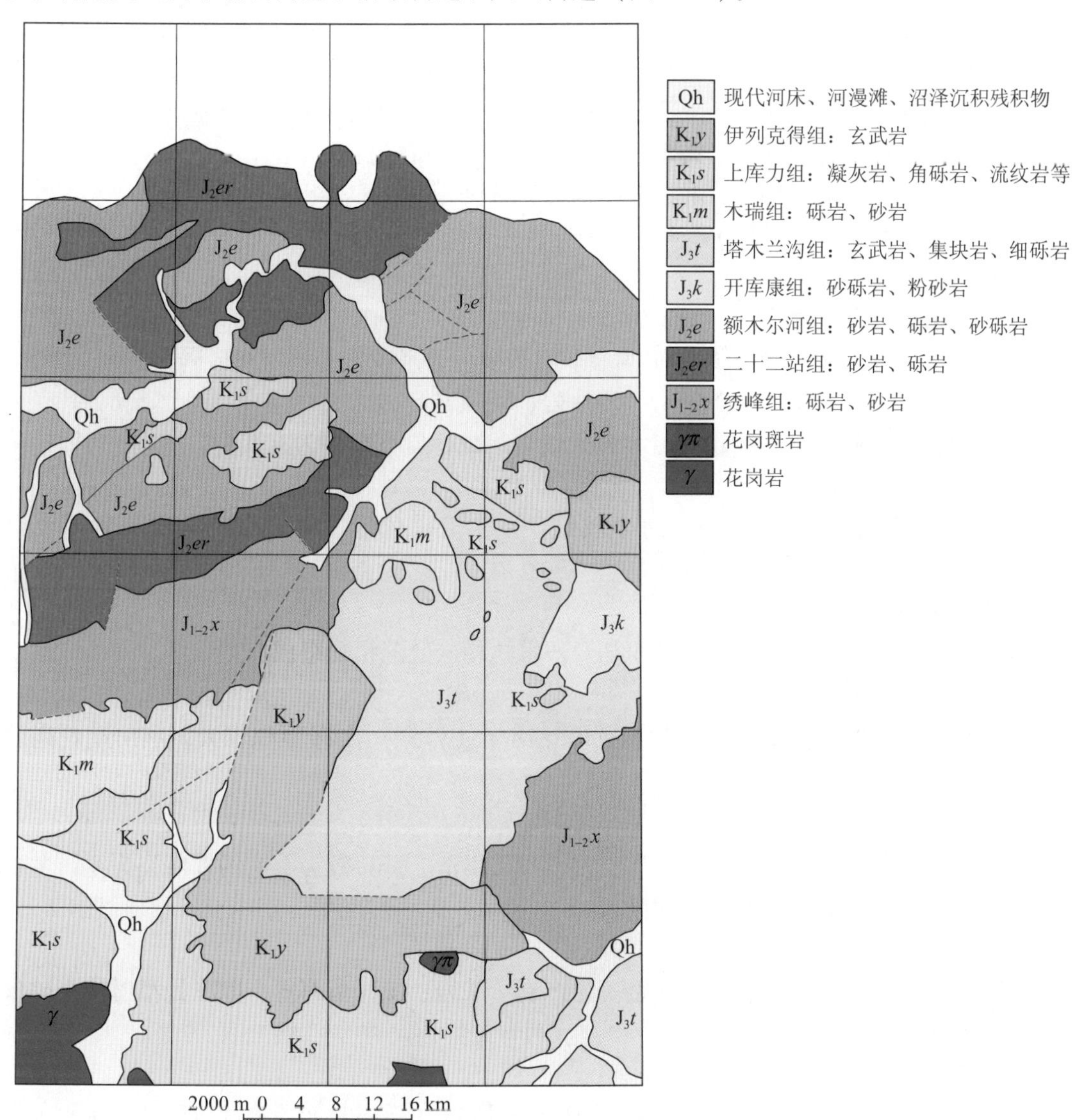

图5－2　黑龙江北部示范区区域地质简图

A. 地层

区内出露地层有中元古界兴华渡口群下兴华组，中生界侏罗系和下白垩统，新生界古近－新近系和第四系。

中元古界兴华渡口群下兴华组（Pt_2x）

分布在研究区南部阿尔巴音河西岸，樟岭有部分出露。以各种类型混合岩、斜长角闪岩及片麻岩类为主，其次为片岩和变粒岩。

中生界侏罗系（J）

区内分布广泛，约占总面积70%，主要由陆相山间砾岩、河道相和湖泊相沉积岩、中基性火山喷出岩和熔岩及火山碎屑岩构成，主要有：

下－中侏罗统绣峰组（$J_{1-2}x$）：底部是一套砾岩、砂砾岩，厚层状长石岩屑砂岩、岩屑长石砂岩夹砾岩、透镜状砂岩、薄层煤线及薄层状凝灰岩；中部以砂岩为主，夹砾岩、砂岩和凝灰岩及薄层煤线。

中侏罗统二十二站组（J_2er）：以长石岩屑砂岩、砂砾岩为主，夹细砂岩、粉砂岩、泥质岩及煤线。

中侏罗统额木尔河组（J_2e）：受推覆构造影响，岩层叠瓦状逆冲叠加强烈，由以砾岩、砂岩、细砂岩、粉砂岩、泥质岩夹煤线为特征的沉积碎屑岩组成。

上侏罗统开库康组（J_3k）：由中粗粒砂岩、细砂岩和砂砾岩组成。

上侏罗统塔木兰沟组（J_3t）：主要由一套气孔杏仁状玄武岩组成。

中生界白垩系（K）

区内仅出露下白垩统，自下而上为：

木瑞组（K_1m）：岩性为砾岩，砂岩、长石岩屑砂岩及少量晶屑凝灰砂岩。

上库力组（K_1s）：主要为英安岩、流纹岩、凝灰岩等。

伊列克得组（K_1y）：主要由一套中基性熔岩组成，岩石类型为玄武岩。

新生界古近－新近系

中－上新统金山组（$N_{1-2}j$）：为半胶结，黄、黄褐色砂、粉砂、砂砾岩和含砾亚黏土层。

新生界第四系

分布广泛，由现代河流冲积、洪积相及残坡积相松散沉积物组成。

B. 侵入岩

测区内侵入岩出露很少，以澄江期巨斑花岗岩（γ_2^{2-4c}）出露面积较大，燕山期花岗岩则以岩株、岩脉状产出。

C. 构造

区内褶皱为复向斜，已被严重破坏，基本辨认不清。分布较为普遍的以断裂为主，主要为北东东、北北东、北西和北西西向断裂。

D. 矿产

区内金属矿产主要有金、铁，非金属矿产有珍珠岩、煤、萤石等，除三处小型沙金矿床外，其他均为矿点、矿化点。

（4）示范测量结果

为了更好地显示示范测量结果，将2002年和1988年不同时期的测量结果进行对比，如图5－3所示，二者差异十分显著。主要表现在元素质量分数变化、衬度、区域地球化学分布的规律性和与区域地质特征的吻合程度，以及圈定的区域地球化学异常的特点、结构及其与矿化的关系等方面。

－10～＋60目粗粒级水系沉积物测量结果显示出元素质量分数高低变化十分明显和具有非常清晰的地球化学区域分布特征。在区内中东部侏罗系火山岩区出现众多元素的区域性高值分布，在其内部，多元素的质量分数变化与该处火山岩的岩性、岩相变化密切相关。在西南角花岗岩体以及北东向和其他方向断裂构造带上，均出现众多元素有规律、清晰的分布，表明粗粒级水系沉积物测量结果与区域地质分布关系十分密切，清晰地显示了区内区域地球化学和地质分布特征，二者具高度吻合性，为该区的区域地质调查与研究提供了十分重要的

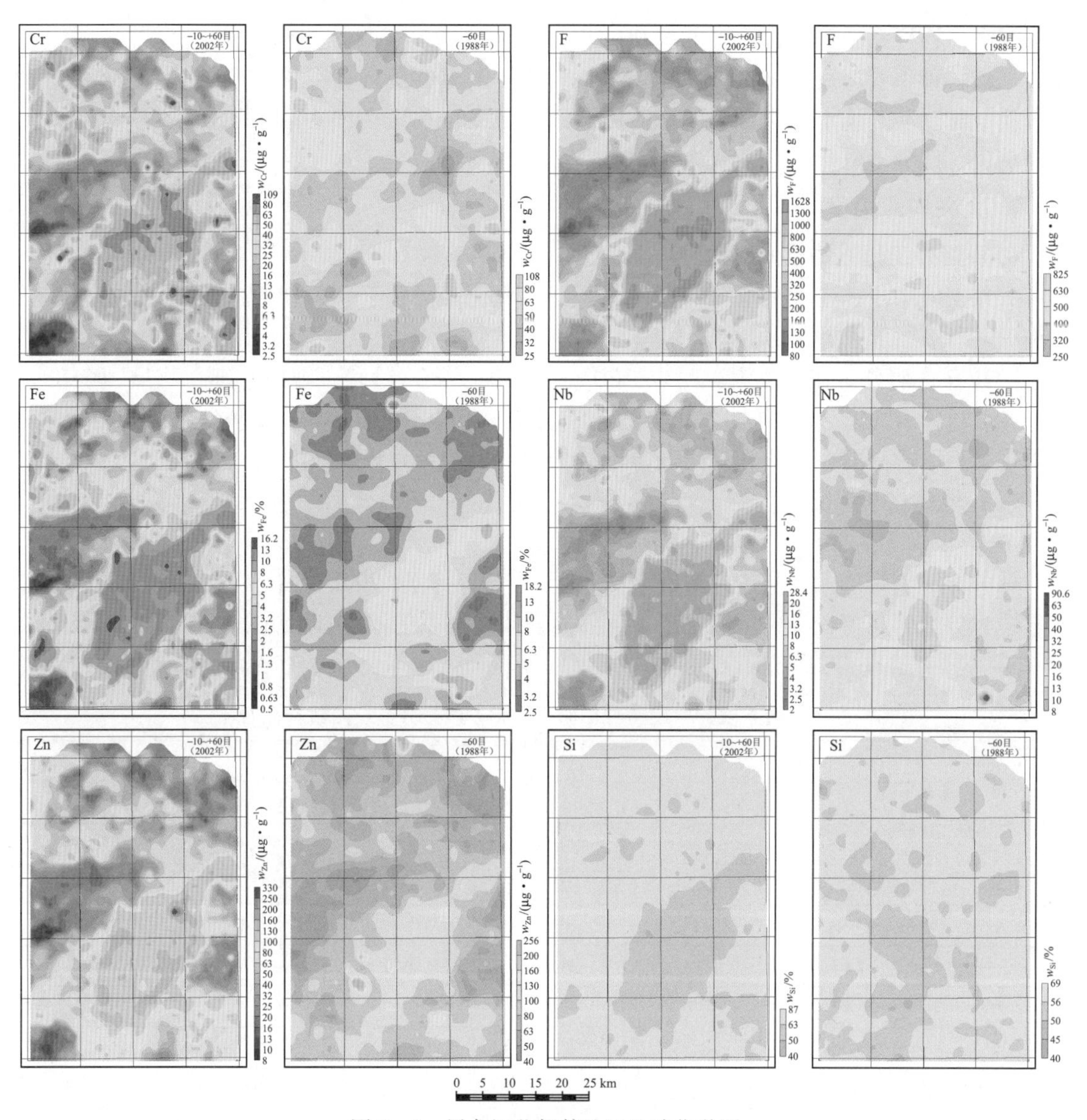

图 5-3　黑龙江北部某地区地球化学图

地球化学信息。-60 目细粒级水系沉积物测量结果与 -10～+60 目水系沉积物测量结果比较，在区域地球化学分布与圈定异常的清晰程度方面相差甚远。其中，-60 目细粒级水系沉积物的少部分元素可见与区域地质分布的相似规律，但其清晰程度较低，边界参差不齐，十分模糊，反映的地质体界限不清，也不完整。与区域性断裂构造对比，基本看不清各元素分布与断裂构造的关系。其他元素的区域性分布几乎无任何规律，与区域地质间的关系也不明显。

水系沉积物两种采样粒级的巨大差异来源于样品中的物质构成。-10～+60 目粗粒级的物质主要为汇水域内各种岩石风化碎屑的天然混合，其中即使出现少量的单矿物，这些矿物应主要为岩石中粗颗粒的长石与石英等，与岩石风化碎屑间的差异不明显，其他类型单矿物，如岩石中的榍石、锆石等副矿物，与多金属矿化有关的矿物基本以赋存于岩石碎屑中的形式出现。同时，-10～+60 目水系沉积物经水洗过筛后，几乎不见有机质和黏土质，有效排除了干扰，保留了汇水域内基岩的基本地球化学信息，具有很高的可靠性和真实性。-60

目水系沉积物样品中除含有较多的有机质以外，分离的单矿物占50%～70%，另外，其中的黏土是一种不容忽视的物质，黏土质的次生富集作用也是具有干扰作用的重要因素之一。有机质与黏土质和流水作用对单矿物的机械分选导致的干扰可以使区域地球化学分布规律改变或消失，使异常弱化，甚至消失。

2. 大兴安岭中段

(1) 野外工作方法技术对比

大兴安岭中段东南坡示范区（同一面积）区域化探分别于1991年和2002年完成，面积5400 km^2，采用水系沉积物测量。

1991年的野外工作方法为：筛取－20目，采集淤泥、粉砂、细砂等细粒物质，全粒级为基本分析样；2002年的野外工作方法为：筛取－10～＋60目，样品为粗粒级岩石碎屑，并采用就地水筛去除腐殖质和黏土质等干扰物质，粗粒级为基本分析样。

(2) 地球化学特征对比

A. 地球化学参数对比

两种方法测得的元素质量分数有较大差异（表5－1）。2002年采样方法采集样品中的元素质量分数背景值较高，多数主要成矿元素及指示元素的离差和变异系数明显增大，说明2002年采样方法获得的地球化学数据的离散程度较高，地球化学变差较大，异常衬度较大。

表5－1　大兴安岭中段两种扫面方法元素质量分数及参数特征对比

元素	质量分数		变异系数		标准离差	
	2002年方法	1991年方法	2002年方法	1991年方法	2002年方法	1991年方法
Ag	62.24	57.74	0.26	0.28	16.47	15.98
Al	11.77	14.38	0.18	0.12	2.16	1.70
As	14.41	8.24	0.78	0.46	11.23	3.79
Au	0.67	1.24	0.48	0.21	0.32	0.26
B	7.57	20.73	0.37	0.53	2.81	10.95
Ba	904.00	778.73	0.33	0.22	296.32	169.23
Be	2.40	3.01	0.28	0.26	0.66	0.77
Bi	0.11	0.20	0.51	0.44	0.06	0.09
Ca	1.27	1.17	0.86	0.52	1.09	0.61
Cd	80.99	66.73	0.51	0.13	41.63	8.44
Co	32.55	16.59	0.88	0.54	28.50	8.94
Cr	33.40	44.25	0.71	0.54	23.77	23.89
Cu	10.06	18.24	0.59	0.43	5.97	7.86
F	344.69	433.51	0.45	0.30	153.44	129.45
Fe	5.64	5.60	0.72	0.47	4.05	2.61
Hg	11.64	12.36	0.48	0.34	5.58	4.20
K	3.41	2.99	0.22	0.19	0.74	0.56
La	28.51	40.05	0.48	0.33	13.55	13.32
Li	15.24	22.25	0.39	0.42	5.87	9.44
Mg	0.61	1.00	0.85	0.50	0.52	0.50

续表

元素	质量分数		变异系数		标准离差	
	2002 年方法	1991 年方法	2002 年方法	1991 年方法	2002 年方法	1991 年方法
Mn	2061.48	1186.71	0.80	0.60	1639.65	707.93
Mo	1.59	1.19	0.61	0.38	0.97	0.45
Na	2.72	2.14	0.38	0.44	1.02	0.94
Nb	10.80	13.57	0.37	0.28	4.01	3.86
Ni	16.58	17.45	0.87	0.50	14.43	8.80
P	1173.19	852.14	0.90	0.51	1054.38	437.87
Pb	31.48	24.48	0.41	0.31	12.87	7.63
Sb	0.60	0.50	0.62	0.50	0.37	0.25
Si	69.45	63.77	0.13	0.10	8.76	6.25
Sn	2.25	3.25	0.21	0.30	0.48	0.97
Sr	301.07	264.61	0.66	0.51	199.73	134.40
Th	6.61	8.12	0.35	0.40	2.30	3.25
Ti	3155.46	4513.86	0.80	0.47	2519.95	2108.73
U	1.75	1.85	0.39	0.27	0.69	0.50
V	98.01	96.13	0.77	0.53	75.12	51.08
W	0.98	1.54	0.39	0.37	0.38	0.58
Y	15.48	20.45	0.41	0.31	6.38	6.37
Zn	46.67	60.57	0.60	0.34	27.98	20.53
Zr	182.35	225.59	0.50	0.28	91.71	63.10

注：Au、Ag、Cd、Hg 单位为 ng/g，Al、Ca、K、Na、Fe、Mg、Si 单位为%，其他元素单位为 μg/g。

B. 地球化学背景的展布特征

选择部分造岩元素和铁族元素，采用相同的色区标准（累频法）绘制地球化学图，研究评价两种方法产生的元素质量分数空间展布特征的差异性（图 5－4）。

两种方法在空间上虽然有一定继承性，2002 年采样方法成图效果更能充分反映不同地质母体的地球化学特征，高、低背景与地质界线吻合度较高；背景场对线性断裂构造的反映也较为明显，为解决基础地质问题提供了重要的区域性地球化学依据。1991 年采样方法选用了混合粒级（－20 目），样品中掺入了较多有机质等干扰物质，使区域地球化学分布的规律性较为模糊，与区域地质各地质单元的关系不确定，地球化学异常不清晰，其地质与找矿效果较 2002 年的结果相差明显。

（3）地球化学异常特征

使用相同方法对两套数据圈定主要成矿元素综合异常（图 5－5），通过对比，发现 2002 年新方法能有效地圈定区域性地球化学异常和局部地球化学异常，异常面积适中，展布规律性较强。圈出的异常信息丰富，异常浓度分带较清晰，对矿化（点）及地质体、构造反映清晰、直观。在测区西北角同一区段，HS－2（1991）异常面积较大；HS－1（2002）异常面积较小，浓集中心明显，异常区内有一铅锌矿化点，圈出的异常基本可以直接指示矿化位置。而 1991 年采样方法圈出的异常范围明显太大，不仅使对异常的识别与判

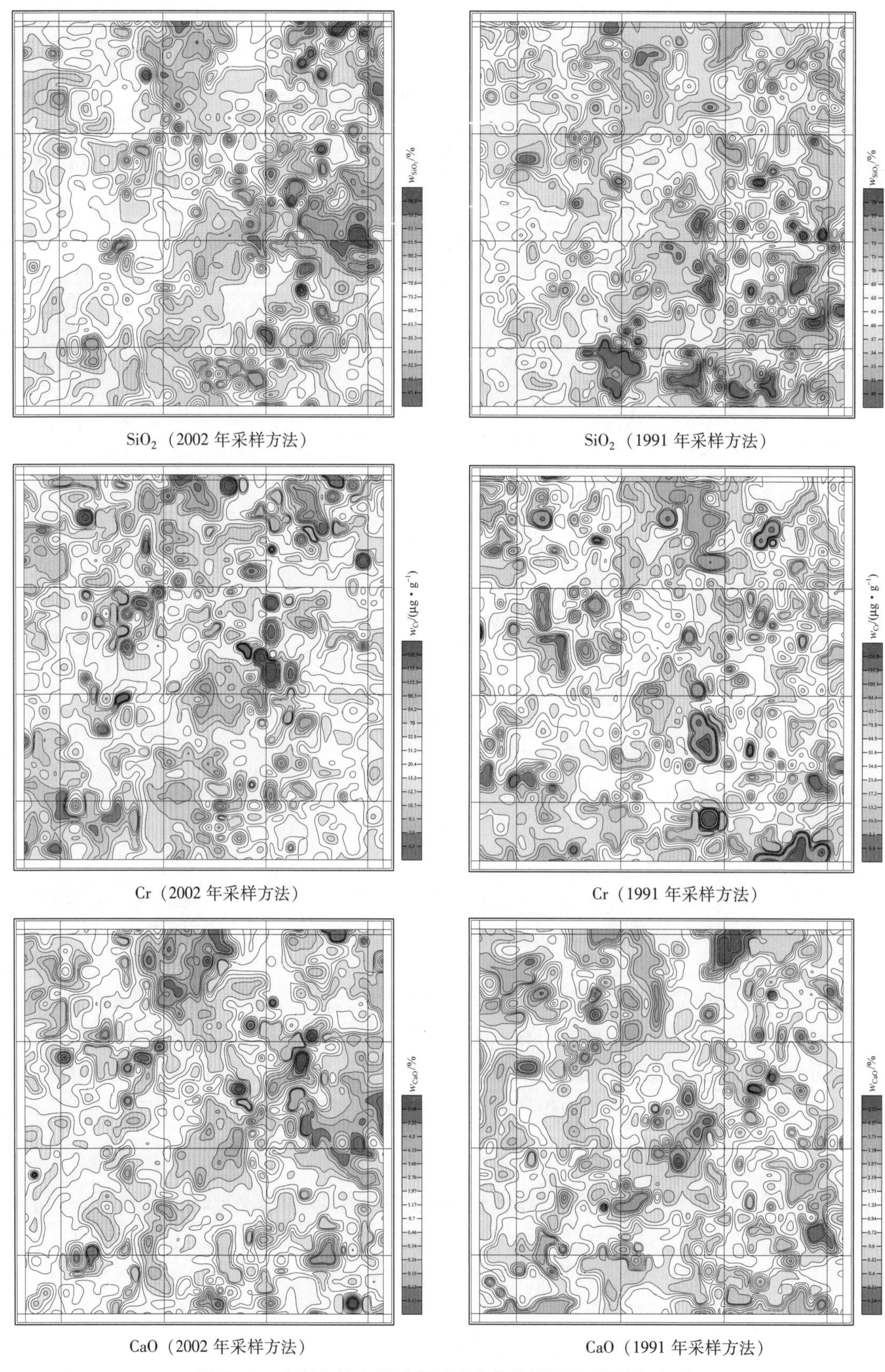

图 5－4　大兴安岭中段示范区地球化学图及地质简图（一）

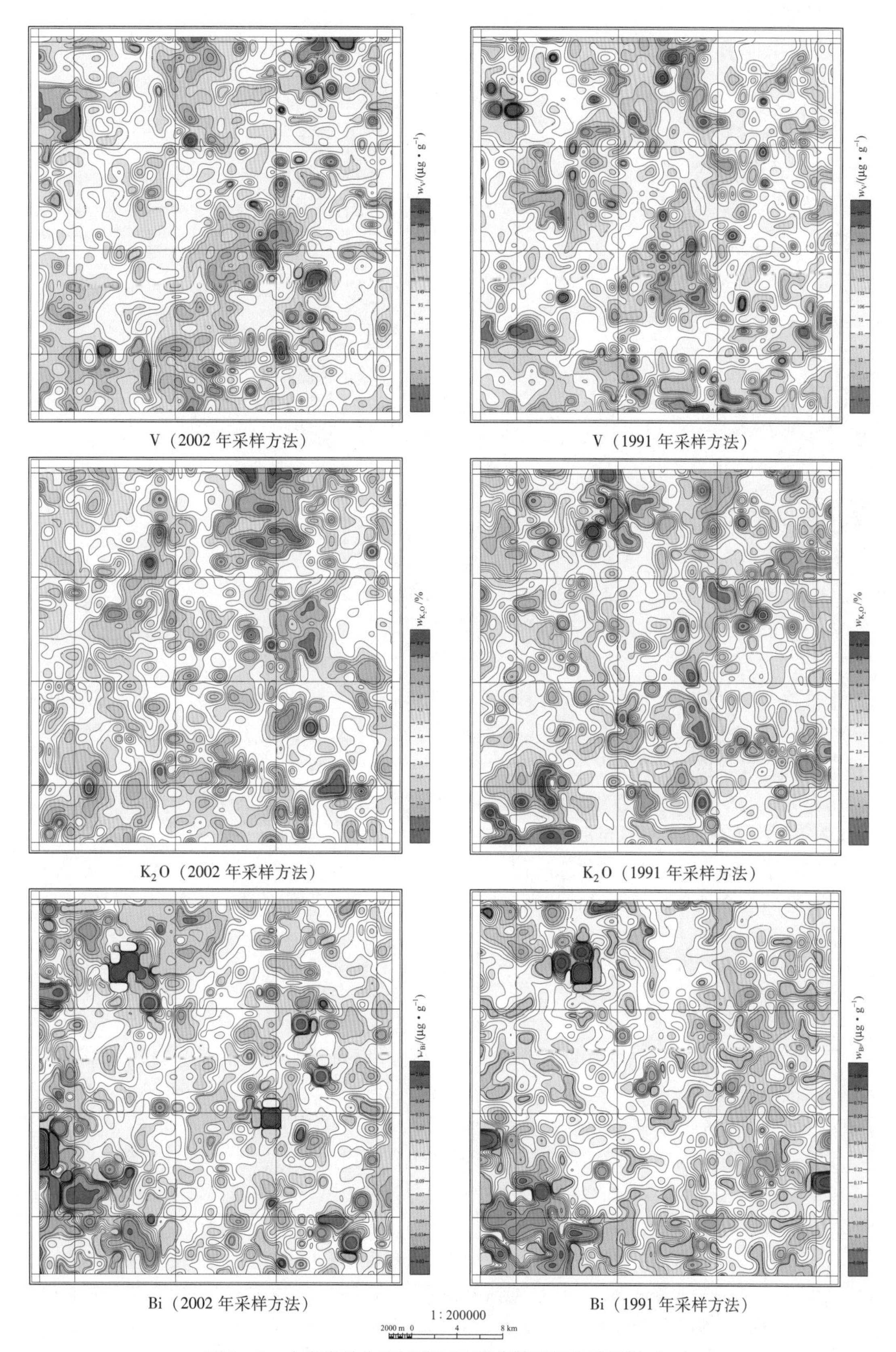

图 5－4　大兴安岭中段示范区地球化学图及地质简图（二）

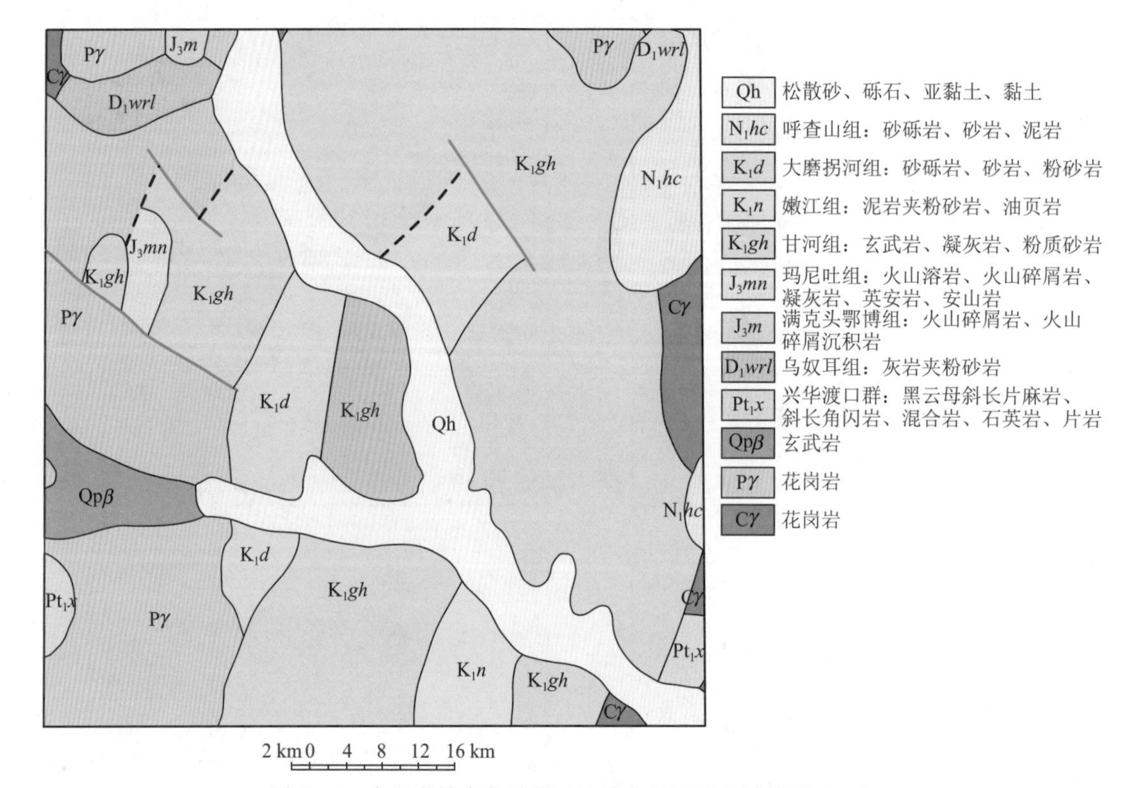

图 5－4　大兴安岭中段示范区地球化学图及地质简图（三）

断产生错觉，同时增加了异常检查的难度。在测区西南角 HS－12（1991）异常面积很大，而 2002 年采样方法圈出的异常直接把异常分解为 HS－25、HS－27（2002）两个面积适当的异常，通过异常检查，发现钼矿化正好在 HS－25、HS－27（2002）异常区内。

HS－19（2002）异常为新发现的金多金属矿化点，而 1991 年采样方法未圈出异常，证明 2002 年采样方法所圈出的异常信息较丰富。

总之，采用 2002 年的区域化探扫面工作方法能很好地排除有机质的干扰，所获得的地球化学信息较客观地反映了测区地质背景特征，异常信息丰富，找矿效果好。

二、干旱荒漠戈壁残山景观区

1. 霍各气铜矿区

霍各气铜矿位于狼山中段西北坡，海拔 1500～1900 m，为干旱荒漠戈壁残山景观区的低山区。区内有霍各气沉积复变质型（层控）铜（铅、锌）矿床。矿区由三个矿床组成：南部为一号矿床，是本矿区的主体，具大型规模；北部为二号中型铅（锌）矿床；东部为三号小型铁（铜）矿床。矿床均产于渣尔泰群阿古鲁沟组碳质板岩、千枚岩和石英岩中。

1982 年在矿区进行了 40 km^2 水系沉积物测量。采样粒级 －2～＋20 目。采样密度为 2 点/km^2（图 5－6）。

与 1981 年 6 点/km^2、截取粒级 －40～＋100 目水系沉积物测量结果比较，两者效果差异明显。1981 年细粒级水系沉积物测量，异常强度低，范围小，异常面积为 5～10 km^2，异常主要出现在一级水系。1982 年粗粒级水系沉积物测量获得的异常强度高，Cu、Pb、Zn 的异常范围均超过 10 km^2，异常沿水系延伸达 5～7 km，二、三级水系中均有明显的异常显示。

图5-5　大兴安岭中段示范区两种采样方法圈定的主要成矿元素综合异常对比图

Cu、Pb（200 μg/g）及Zn（320 μg/g）异常圈定了一、二号矿床的矿化范围。根据异常规模，将采样点放稀至1点/（2~4）km^2。同样可以圈出中强的矿致异常。

2. 狼山西段

地貌特点与霍各气类似，山区部分地段为中深切割，是典型的干旱荒漠戈壁残山景观区的石质山区。

1982年在狼山示范区1∶20万化探面积1100 km^2。采集-4~+20目粗粒级水系沉积物，采样密度为1.3点/km^2。之前刚结束1∶50 000水系沉积物测量，采样密度6点/km^2，采样粒级为-40~+160目，粗、细粒级两种测量结果对比，两者差异显著（图5-7）。-4~+20目粗粒级水系沉积物测量，在测区中部出现一条断续长28 km的Cu异常带。异常分布受NE向断裂构造控制，在东北部被近SN向断层错开。已知多金属矿除见强或偏弱的Mo、As、Pb等异常外，异常的展布规律清晰，浓集中心明显，与-40~+160目水系沉积物测量相比，其效果大为改观。

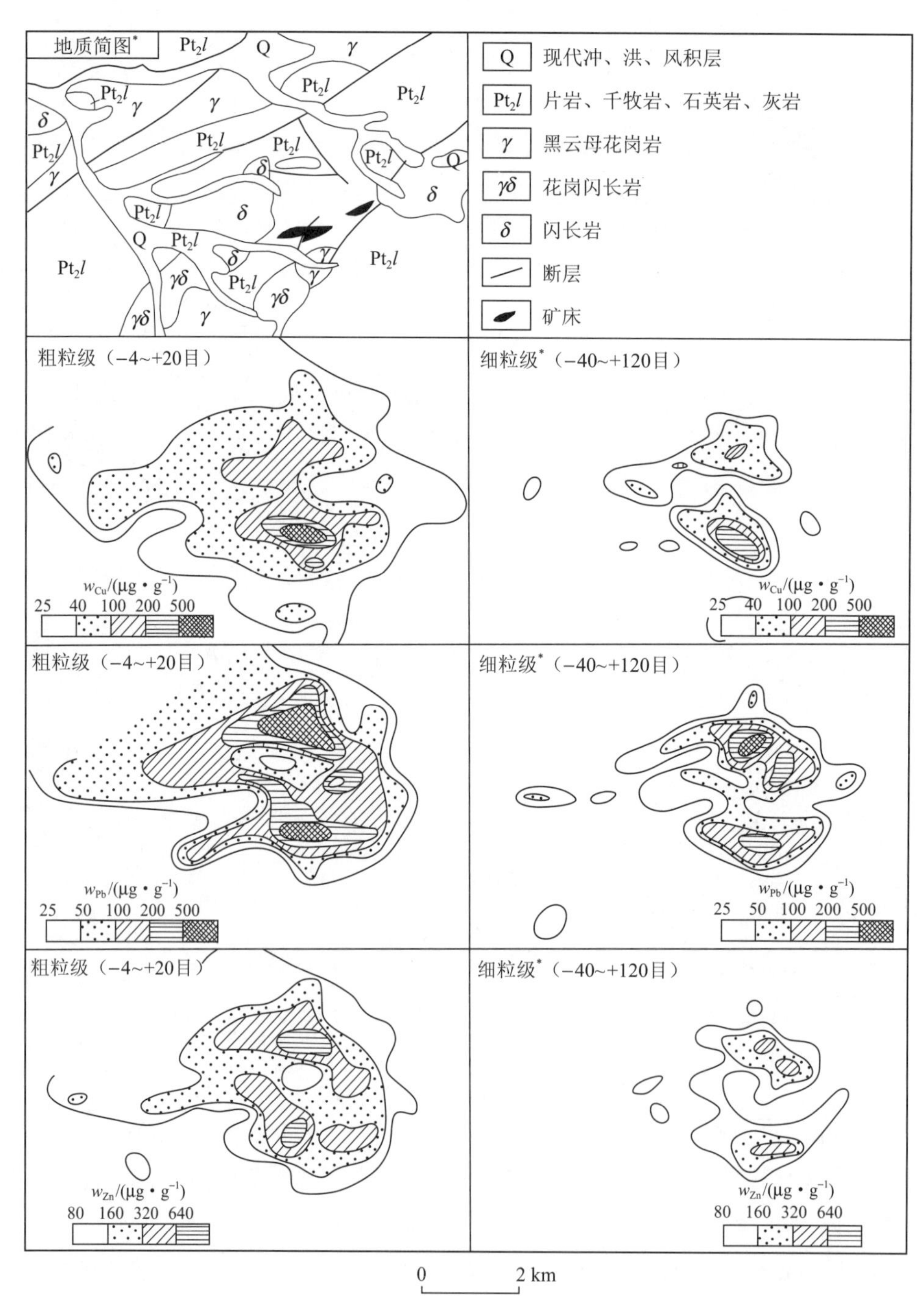

图5-6 霍各气水系沉积物测量粗细粒级元素异常对比图

*据冶金部第一物探队（1981）资料编绘

-4~+20目粗粒级示范测量结果还发现了良好的Au、As异常，其分布主要受S构造控制，其次受NW向构造控制，有明显的浓集中心。经对阿贵庙附近一个Au质量分数为37 ng/g的异常进行追索，进一步圈出了一个面积5~6 km^{2}的Au异常。异常中心地段见褐铁矿化破碎带和石英脉，拣块样Au最高值为1000 ng/g，伴有强As、Sb、Bi异常，中等Cu、Zn、Ag异常和弱Pb、Mo异常。本次示范圈出的各类异常明显增多，经查证，多数异常为矿化（体）引起。

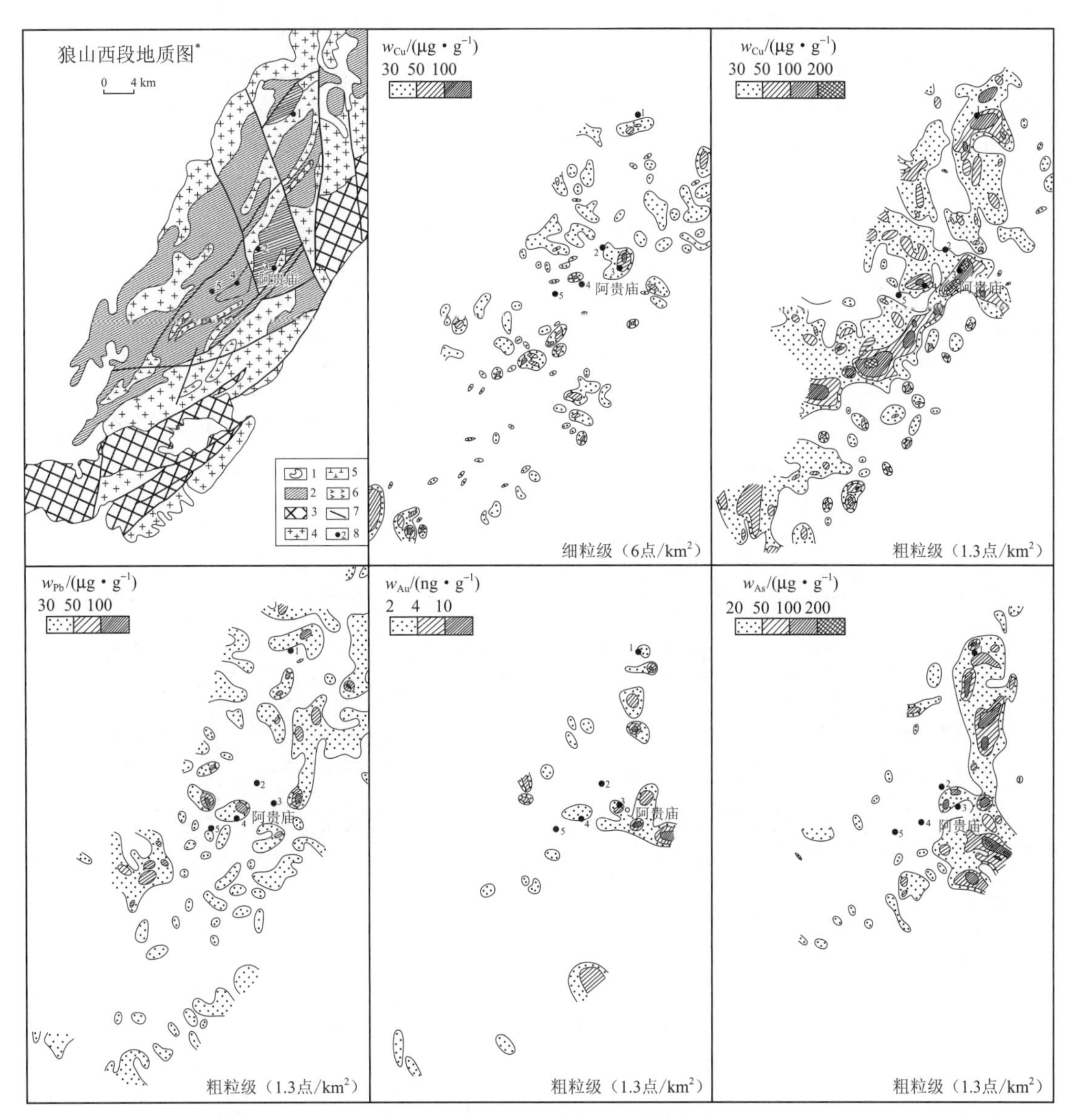

图5－7　狼山西段水系沉积物示范测量异常对比图

＊据内蒙古地矿局108地质队（1982）资料编绘

1—中－新生界；2—渣尔泰群；3—阿拉善群；4—花岗岩类；5—闪长岩类；6—基性岩；7—断层；8—铜矿（化）点及编号

3. 白乃庙示范区

位于二连浩特南约200 km，海拔1400～1600 m，属于干旱荒漠戈壁残山景观区的残山丘陵区。区内见白乃庙大型铜钼矿床，矿床分南北两个矿带，北矿带的矿体产于花岗闪长斑岩的内外接触带，南矿带的矿体赋存于白乃庙群下寒武统绿色片岩中。矿带东部出露地表，西部矿体呈隐伏状产出。北部矿带受风成沙覆盖严重，水系内多为风成沙，少见冲积物。

1983年开展水系沉积物示范测量，面积248 km²，采样粒级－4～＋20目，采样密度为1.2点/km²。该区1977年曾进行过1∶5万水系沉积物测量，采样粒级为－60目，采样密度为4.6点/km²。对比两次测量结果，－4～＋20目粗粒级水系沉积物示范测量效果（图5－8）

令人满意。Cu 异常圈出了包括西部隐伏矿在内的全部矿化范围，异常面积达 60 km^2，浓集中心明显，浓度分带和组分分带清晰。Cu 异常在水系中延伸距离超过 5 km，直至干沟在戈壁滩的风积沙丘处消失为止，1977 年细粒级水系沉积物测量仅在一级水系上游圈出异常，Cu 异常面积 6 km^2，Mo 异常范围更小，未圈出白乃庙 Cu、Mo 矿化范围。

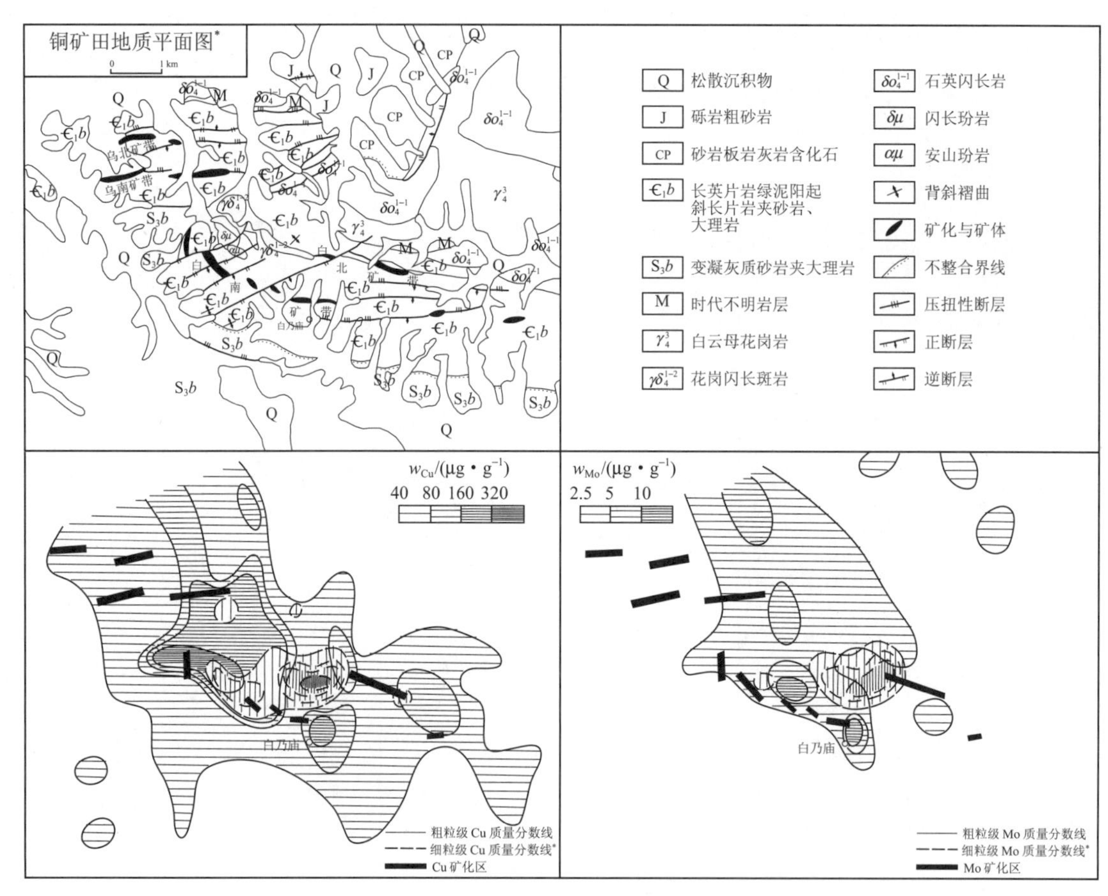

图 5-8 白乃庙地区水系沉积物示范测量异常图

* 据赵伦山等（1983）资料编绘

4. 白云鄂博示范区

白云鄂博示范区位于包头市北约 200 km，为干旱荒漠戈壁残山景观区内的剥蚀戈壁二级景观区，地形略有起伏。土壤测量面积 100 km^2，采样网为 1000 m×500 m，采样粒级为 -4～+20 目。测量结果图 5-9 所示，效果十分明显，La、Ce、Nb 等主要成矿元素异常呈东西向延展，长度超过 10 km，宽 2～3 km，浓集中心突出，与东部出露地表的铁-稀土矿主矿、东矿和西部的隐伏矿范围一致。其中，2000 μg/g 的 Ce、1000 μg/g 的 La、200 μg/g 的 Nb 基本圈出了矿化带的边界。Pb、Mo、Zn、Cu、Mn 等元素与上述异常密切伴生。根据异常规模，将采样网再放大至 4 倍（即 2000 m×1000 m），仍然可以准确地圈定和发现这类大型铁-稀土矿床。测区东北角的 Mo、Pb、Zn 异常是北边一个正在勘探的中型金矿床的异常显示。

5. 小西弓示范区

小西弓示范区位于兰新公路桥湾北约 70 km，为干旱荒漠戈壁残山景观区内的剥蚀戈壁

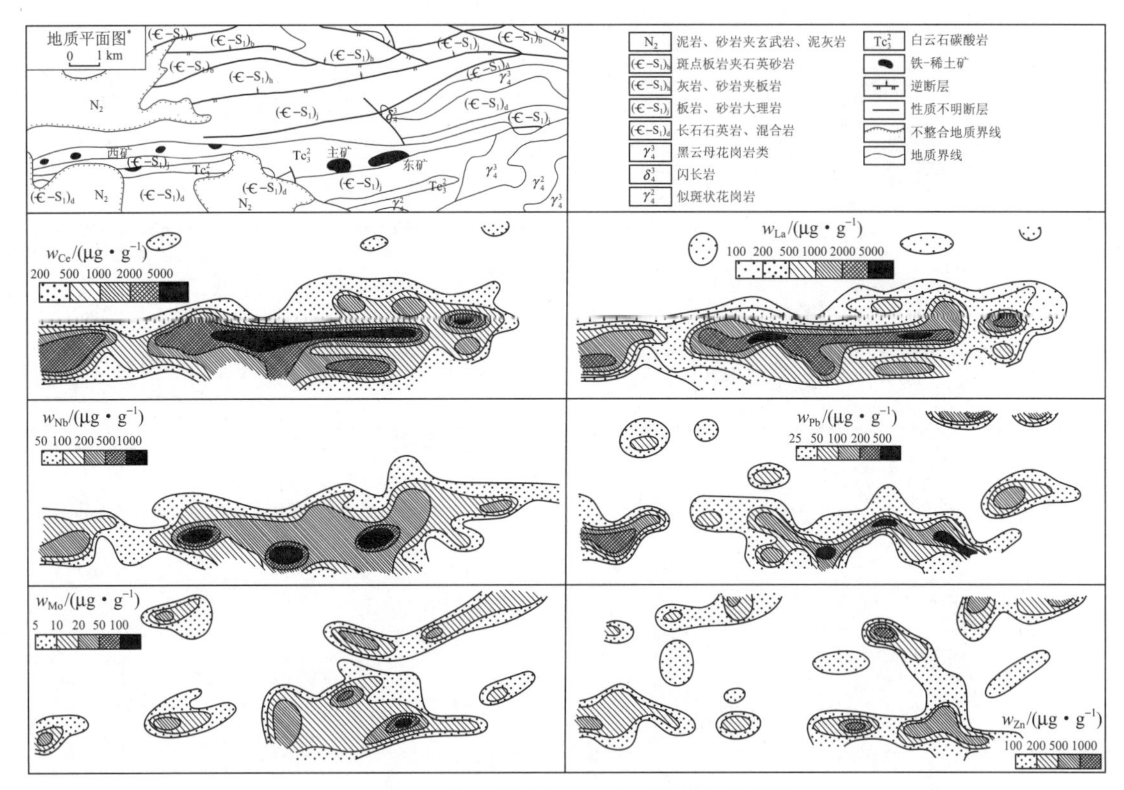

图 5-9 白云鄂博地区土壤示范测量异常图

* 据内蒙古第一区调队（1966）资料编绘

与残山过渡带，水系较发育。为了与水系沉积物测量进行对比，在示范区 100 km^2 内同时开展水系沉积物测量和土壤测量。

（1）采用的方法技术

采样粒级：-4 ~ +20 目。为对比风积物干扰，土壤测量在相同采样点同时筛取 -20目。

采样密度：土壤测量为 2 点/km^2，采用规则 1000 m × 500 m 测网；水系沉积物测量为 1 点/km^2。

采样部位：土壤样品采自基岩上部风化碎石母质（C）层，岩石碎屑具棱角状；水系沉积物样品采自现代多豪流流水线，为组合样。

采样方法：土壤测量沿测线在采样点距内约 2/3 范围内 5 点采集组合样品；水系沉积物测量采集 3 ~ 5 点组合为 1 件样品，或在多条流水线上采集组合样。

（2）土壤测量结果

在小西弓示范区 100 km^2 范围内，圈出 Au、Ag、As、Sb、Pb、Zn、Cd、Co、Cu、Mo、W 异常（图 5-10）。土壤测量诸多元素异常中以 Au 异常最强，异常最高衬值可达 64。Au 异常由 3 个浓集中心组成，分别和 3 个金矿段相对应，是小西弓金矿区 3 个不同金矿段的反映。金异常整体沿金矿带呈北西向展布，明显受北西向构造及矿化带控制。与该矿带 Au 异常相伴，见有较强的 As、Sb 异常，和中等偏弱的 Ag、Cu、Pb、Zn、Mo、W、Cd、Co 异常。大多数元素异常分布与 Au 相似，异常浓集中心分布在小西弓 3 个主要金矿段附近。其中，As、Sb 异常不仅异常较强，且具有最大的范围，依据国内外金矿元素分带研究结果，As、Sb 为金矿床的前缘指示元素。小西弓金矿区 As、Sb 异常较强，且 Cu、W、Mo 等与矿

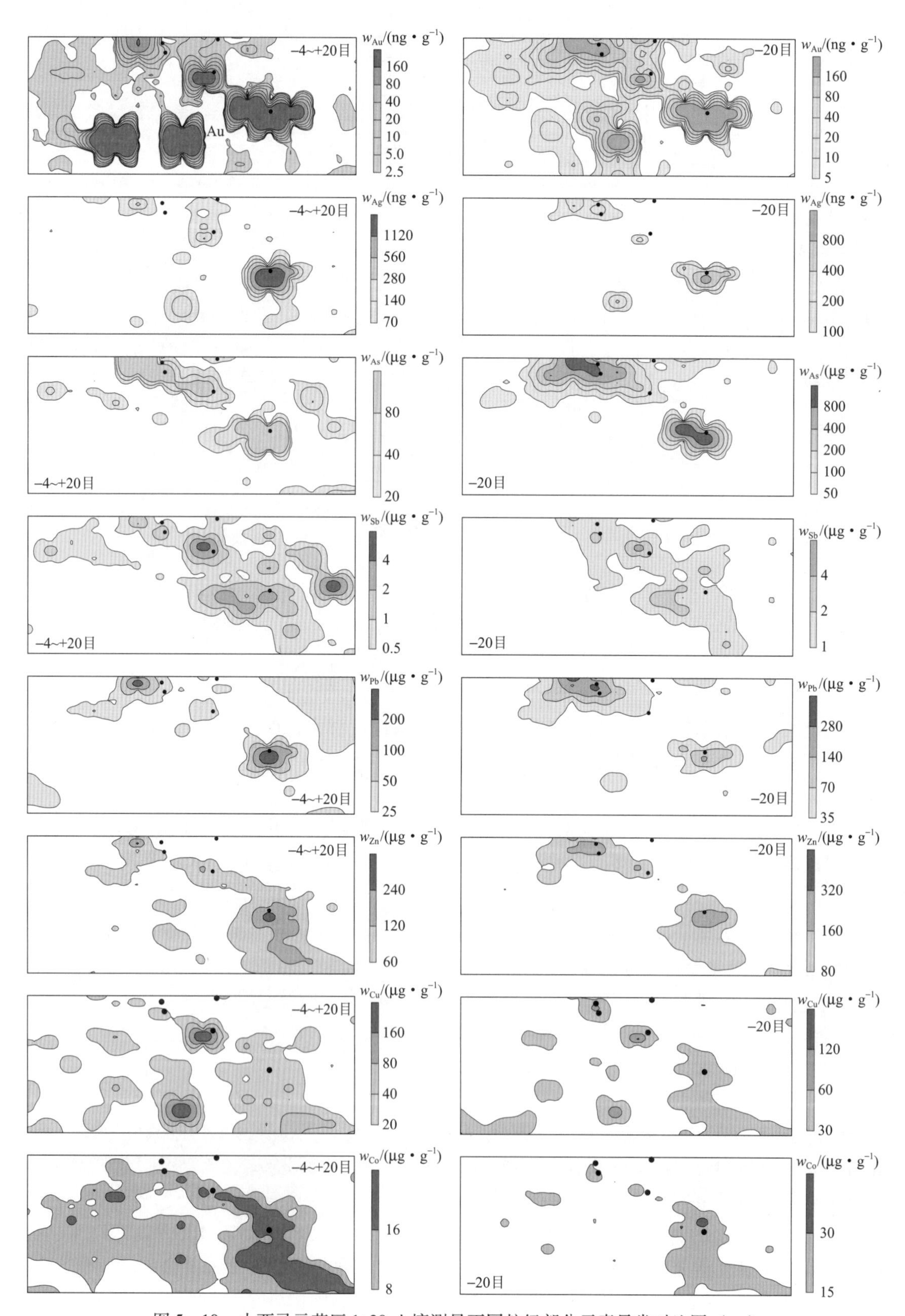

图 5-10 小西弓示范区 1∶20 土壤测量不同粒级部分元素异常对比图（一）

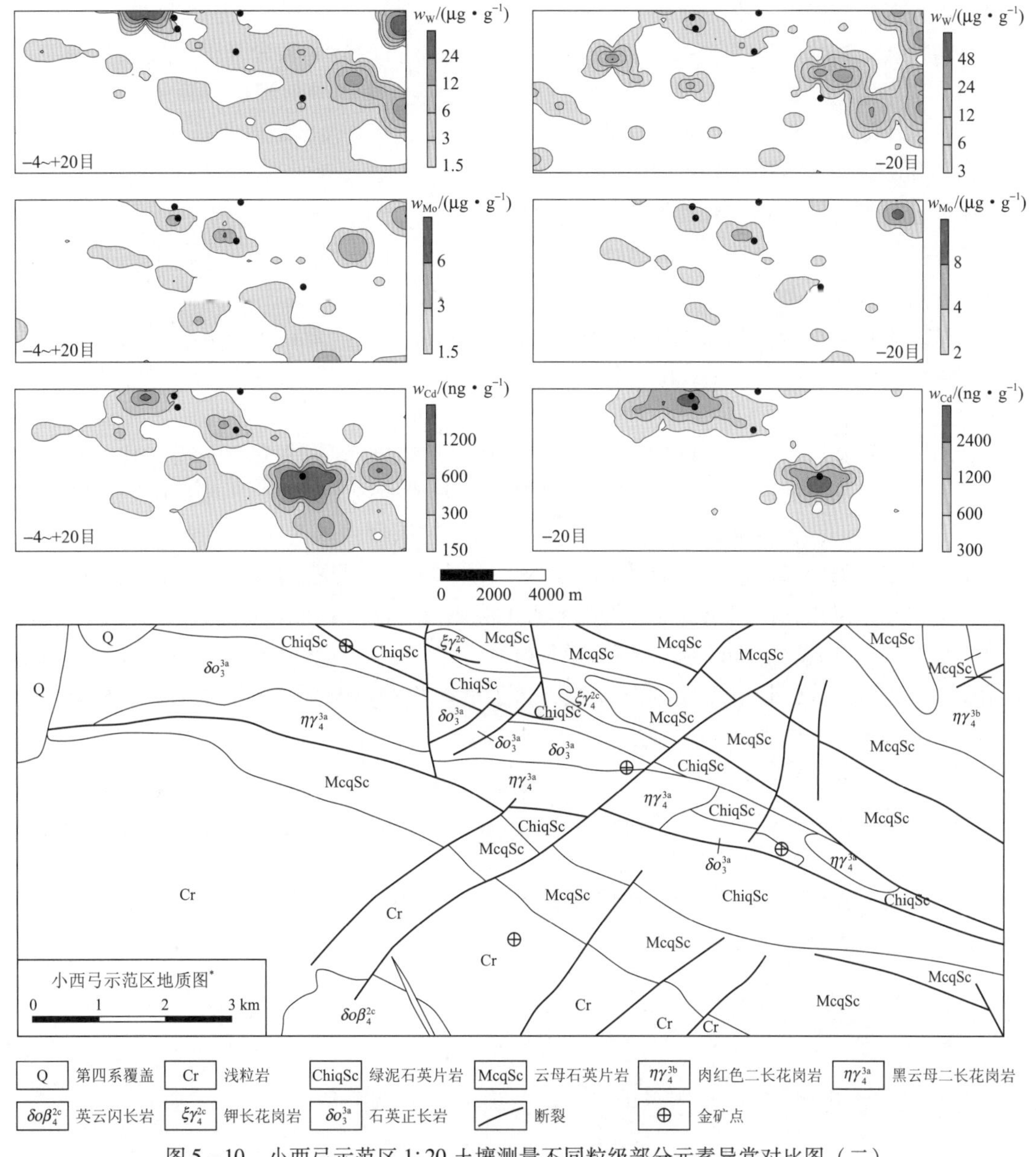

图5-10　小西弓示范区1:20土壤测量不同粒级部分元素异常对比图（二）

*据甘肃地矿局（2000）资料编绘

尾部晕相关的异常偏弱，说明该区金矿化剥蚀程度较浅。

在小西弓矿区除获得北西向以金为主的多元素组合异常带外，在示范区南部也出现两处高浓集值Au异常，其他元素异常很弱或消失。这两处Au异常附近见金矿堆浸废矿石堆，应当是受废弃堆浸矿渣堆的影响，使得Au异常很强，实际与矿化无关。

-20目土壤测量结果与-4~+20目粗粒级土壤测量结果相比，-20目土壤As、W、Cd等元素背景质量分数明显增高。在圈出的各元素异常中，除As和Cd异常形态与-4~+20目差异较小外，其他如Au、Ag、Sb、Zn、Co、W等异常明显偏弱，或异常不连续，或在东部矿段异常不显示，其中Ag、Co等元素异常减弱最为明显。

两种粒级土壤测量是同一样品采用20目筛上和筛下筛取的，即便如此，差异仍然十分明显。在两者均能圈出异常的情况下，无论是异常强度、元素组合，还是异常范围，-4～+20目粗粒级结果均明显优于-20目细粒级。粗粒级获得的背景和异常下限偏低是排除了风积物平抑作用的结果，有利于显示区域地球化学分布规律和异常圈定，而-20目细粒级土壤因风成沙的掺入，抬高了元素质量分数和异常下限，将淹没区域低背景变化，降低异常衬值，不利于区域地球化学分布规律的研究。

（3）土壤测量与水系沉积物测量对比

在干旱荒漠戈壁残山景观区的剥蚀戈壁区，水系较发育或不发育，水系沉积物中会掺入大量风积物，且随水系延长，下游水系中掺入的风积物明显增多，+20目粗粒级中仍可见具磨圆度的砾石，这些具有风积物特点的岩石碎屑的掺入会严重影响水系沉积物测量的效果。在剥蚀戈壁区，水系只在残山区分布，对于整个剥蚀戈壁区，水系沉积物测量覆盖度明显小于土壤测量。

在小西弓示范区，选择水系沉积物测量和土壤测量结果（图5-11）进行对比，可明显看出，土壤测量圈定的Au异常，无论从异常浓度、异常范围，以及对矿带反映的清晰程度均明显好于水系沉积物测量。其主要原因为：①水系沉积物内掺入一定量的粗粒级风成沙，且下游水系沉积物中风成沙掺入量增多。虽然采用-4～+20目截取粒级可以消除风积物的干扰，但在水系沉积物的粗粒级部分仍不可避免混入风积物，从而对水系沉积物具有稀释作用。土壤样品采自基岩上部的风化母质碎石（C）层，样品颗粒为棱角状，粗粒级风积物基本无混入，通过截取-4～+20目粒级土壤，可消除风积物影响。②干旱环境降水稀少，侵

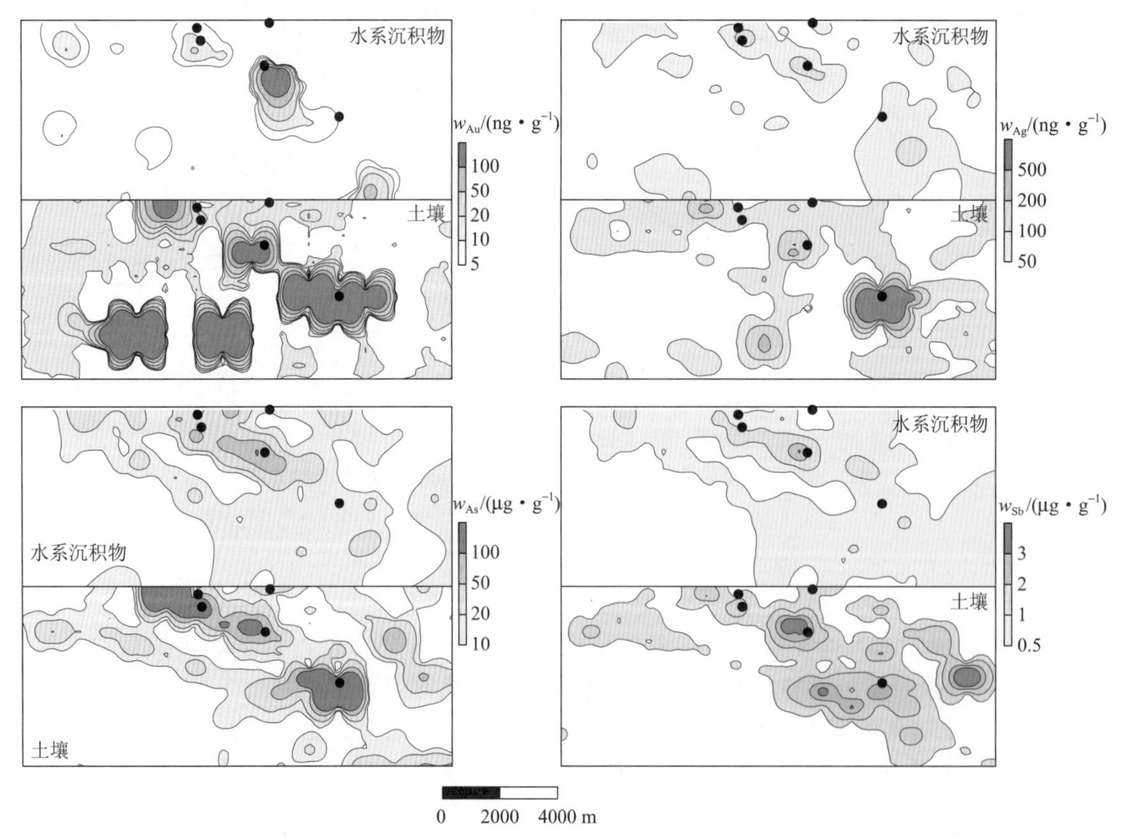

图5-11 小西弓示范区水系沉积物测量与土壤测量效果对比图

土壤和水系沉积物的粒级均为-40～+20目

蚀切割作用和流水搬运能力很弱，使借助流水侵蚀搬运的水系沉积物的迁移与分散受到严重制约，汇水域内上游物质迁移距离短，向下游迁移的物质较少和掺入的风成沙增多。在以剥蚀戈壁区为主，水系不甚发育的地区，区域性水系沉积物测量最上游样点主要分布在一级水系口或二级水系上游，距上游分水岭至少500～1000 m，进入水系的异常物质偏少而使异常减弱。一级水系沉积物中风积物的掺入比例可达20%～30%，随水系级别增大，地形趋缓，掺入的风积物可达50%以上，严重影响了水系沉积物测量的效果。

在进行土壤测量时，注意采集基岩风化碎石层棱角状样品，筛取－4～＋20目，以避免风积物干扰。在点2/3点距范围内沿线采集5处组合样，以弥补土壤样品迁移距离短、代表性差的缺点。但是在干旱荒漠戈壁残山景观条件下，水系沉积物中存在的欠缺，基本无法弥补。

6. 新疆雅满苏示范区

（1）地质概况

示范区位于新疆哈密市南，地质概况（图5－12）为：古元古界北山岩群（$Pt_1B.$）为一套中深变质岩系灰、灰黑色、黑云堇青石片麻岩、混合岩化黑云斜长片麻岩、混合岩化花岗质片麻岩、角闪斜长片麻岩、斜长角闪岩夹大理岩。中元古界古硐岩群（$Pt_2G.$）为一套浅变质的片岩系及碎屑岩系，岩性为斜长黑云石英片岩、黑云电气石石英片岩、斜长阳起石英岩、长石绿泥石英片岩、绿泥阳起斜长片岩及变质砂岩、变质石英砂岩、变质长石砂岩、变质岩屑砂岩、石英岩、白云石大理岩及变质玄武岩、变质流纹岩等；中元古界蓟县系卡瓦布拉克群（JxK）为一套变质碳酸盐岩，岩性以大理岩为主夹变质岩类的片岩。下寒武统双鹰山组（ϵ_1s）为一套硅质岩建造，主要岩性为中－薄层硅质板岩、含碳硅质板岩、含磷硅质板岩、含铁硅质板岩、含碳石英板岩、石英岩、含铁石英岩、石英质砂砾岩等；中上寒武统西双鹰山组（$\epsilon_{2+3}x$）为一套极浅变质岩系的含铁石英岩。下奥陶统罗雅楚山群（$O_{1-2}L$）为一套石英岩等。下二叠统红柳河组（P_1h）由长石岩屑砂岩－泥质粉砂岩建造和双峰式火山岩建造组成，主要岩性为玄武岩、粗玄岩、安山岩、英安岩、流纹岩、辉绿岩、火山灰凝灰岩、岩屑砂岩、长石岩屑砂岩、长石砂岩夹薄层灰岩；中二叠统骆驼沟组（P_2l）岩性为砾岩、粗砂岩、砂岩、细砂岩夹灰岩等。新近系上新统库车组（N_2k）主要岩性为橘黄、橘红色砂质泥岩、粉砂岩夹灰白色砂砾岩、淡紫色砂质泥岩夹砂砾岩、砾岩及石膏层。第四系上更新统－全新统冲洪积砂砾堆积；全新统冲积、洪积堆积、冲洪积堆积、化学堆积、风成堆积。

火山岩主要在磁海分布区，岩性为玄武岩类和安山岩类，英安岩和流纹岩类岩石分布较少。侵入岩较发育，主要为钾长花岗岩、二长花岗岩、花岗闪长岩、英云闪长岩、辉橄岩、辉长辉绿岩等。示范区构造以近东西向断裂和韧性剪切带为主，个别断裂为北东东向。区内分布中型铁矿和最近发现及正在勘探的清白山铅锌矿。

（2）示范测量结果

新疆地调院2014年完成的雅满苏示范区区域化探土壤测量，采样粒级－4～＋20目，采样部位为基岩上部风化母质碎石（C）层，采样密度为2点/km^2（1000 m×500 m），在点距2/3距离范围内沿测线采集5点组成组合样，样品在驻地用当地饮用水浸泡24 h后去除盐积物。测量结果与陕西地矿局物化探大队1989年的区域化探成果资料进行比较，测量方法为水系沉积物（岩屑）测量，采样粒级同样为－4～＋20目，采样密度为1～2点/km^2。

对比结果如图5－12所示，两次测量结果差异十分明显，尽管两次测量选用的测量手段

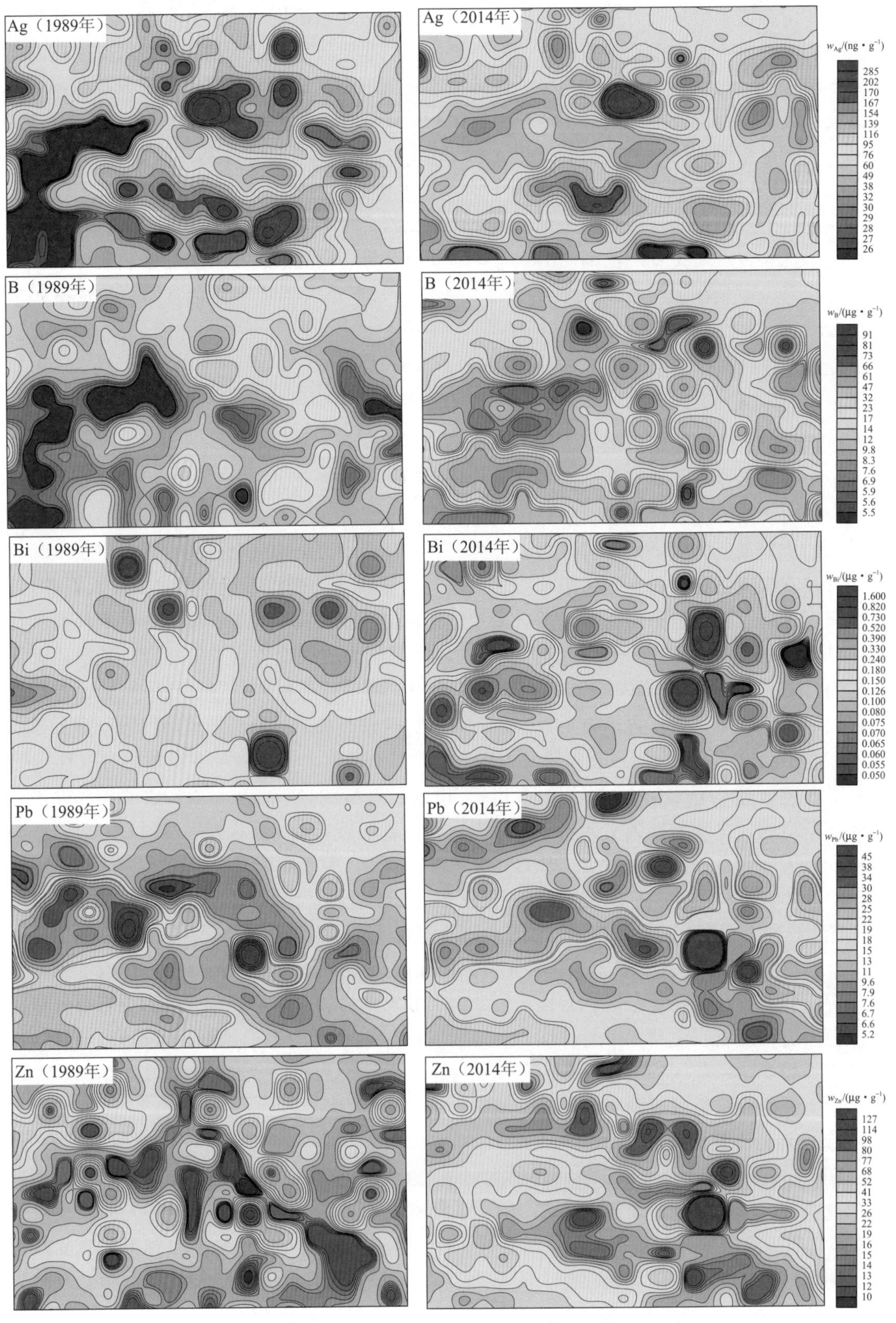

图5－12　新疆雅满苏示范区土壤与水系沉积物测量结果对比图（一）

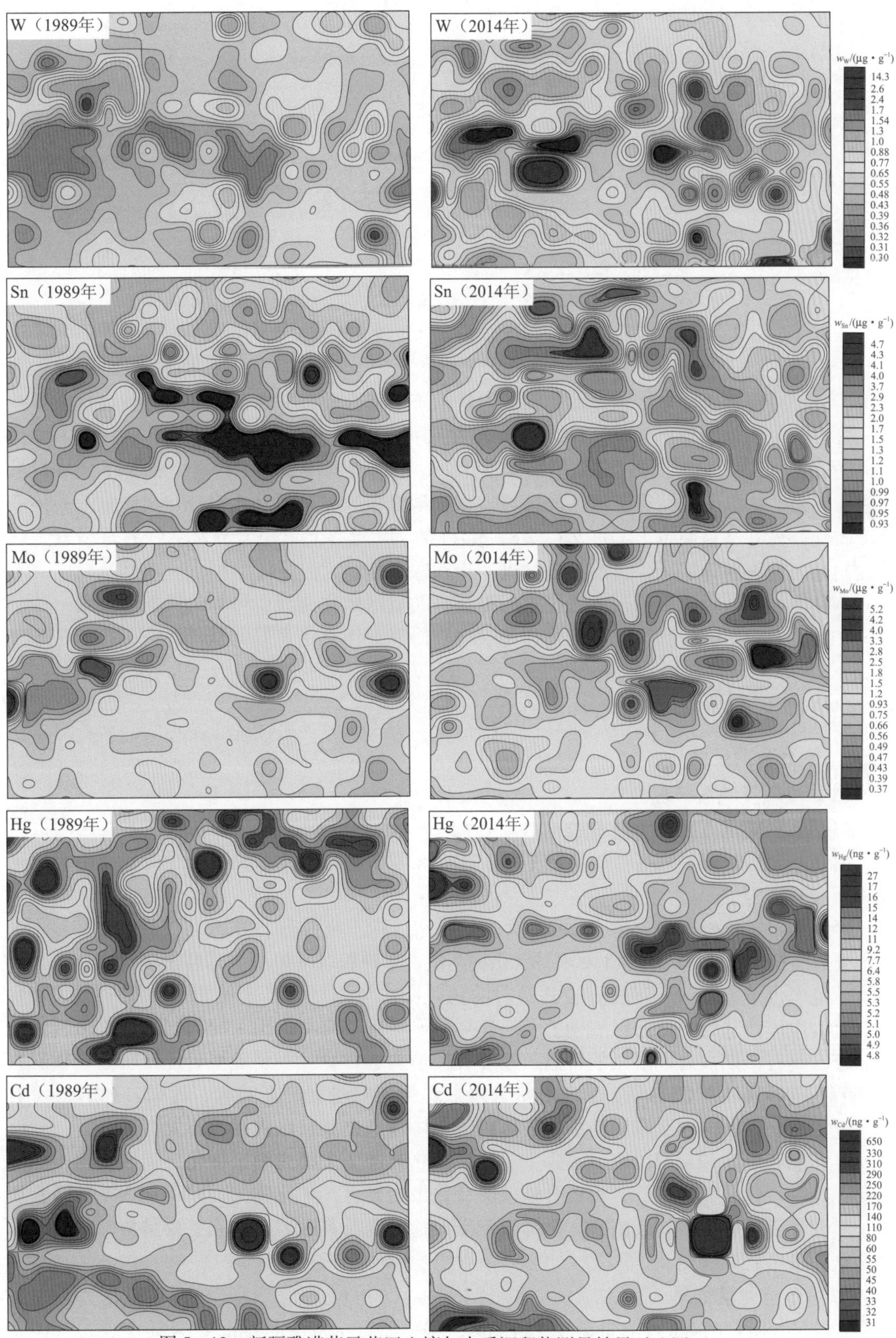

图5－12　新疆雅满苏示范区土壤与水系沉积物测量结果对比图（二）

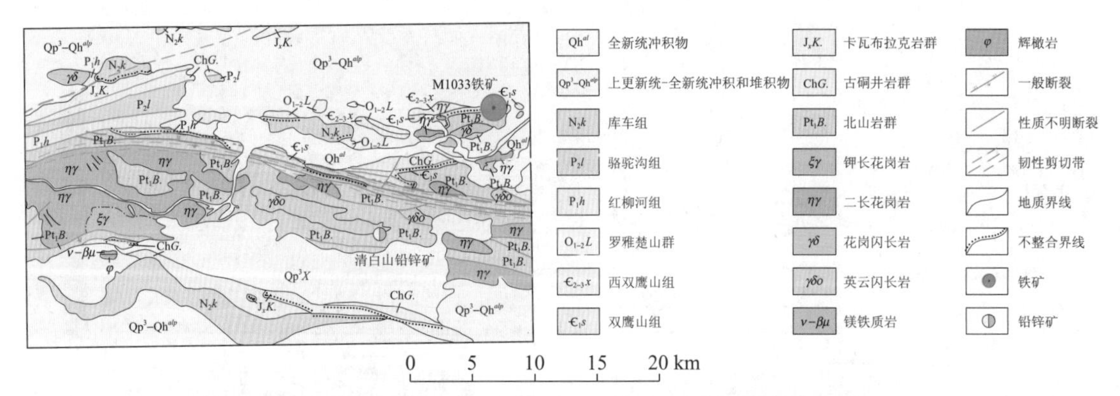

图5-12 新疆雅满苏示范区土壤与水系沉积物测量结果对比图（三）
（资料引自新疆地调院周军等，2014新；对比资料引自陕西物探队资料，1989）

相近，采样粒级和采样密度也基本相同，但是由于采样介质、采样部位和采样代表性出现差异，导致两次测量结果出现差异性。2014年在采样部位进行了改进，强调采集基岩上部风化母质碎石（C）层样品，同时采用采样单元2/3距离范围内5点组合样，弥补了土壤样品代表性不强的缺点，既获得了清晰的区域地球化学分布规律，而且元素分布与区域地质体吻合度较高，另外又新圈定了Pb、Zn、Ag、Mo、W、Bi等多元素组合异常。经异常检查，在清白山地区发现铅锌矿床，目前正进行进一步勘探工作。

两种测量方法对比表明，方法技术的更新有助于区域化探获得可靠的资料，发现一些新的与矿有关的异常，为后续找矿工作和各项地质研究工作奠定良好的基础。

三、高寒诸景观区

1. 多不杂铜矿区

（1）地理及地质概况

多不杂铜矿示范区位于西藏改则县北西约100 km，位于羌塘高原腹地，无人区南部边缘，属高寒湖泊丘陵景观区。地势较平缓，水系较发育，部分水系见地表径流，补给源以融化积雪和降水为主。

经群众报矿，发现斑岩型Cu、Mo为主的矿床。1999年中国地质大学（武汉）在多不杂等地开展面积约300 km^2的1:5万水系沉积物测量，采样粒级-40目，采样密度4点/km^2。

示范区位于羌塘-三江复合板片西段的色哇陆缘坳陷区，其南侧为班公湖-怒江结合带。区内主体建造为中低级区域动力变质作用的侏罗系滨海相火山-碎屑岩系，火山岩浆活动频繁，具有多期次岩性复杂的特点，线性和环形构造发育。主要地层岩性为粉砂质板岩夹变长石石英砂岩和灰岩条带。区内出露岩体主要为英安玢岩、玄武岩、辉绿岩和闪长玢岩等。北西向、东西向和北东向断裂构成区内的主体构造格架，区内褶皱不发育。

矿化蚀变以富Si、Al、K、Ca为主要特征，热液蚀变主要为绢云母化、碳酸盐化、绿泥石化、绿帘石化、硅化等，其中以含铁碳酸盐化最为发育。矿化体主要赋存在NWW向断裂中，主要为铜矿化，矿体及围岩岩性为含铜碳酸盐化变石英砂岩。矿石主要呈角砾状、稀疏浸染状、条带状和蜂窝状。

（2）示范测量结果

2004年区域化探示范测量面积224 km^2，采样密度为0.7点/km^2，采样粒级为-10~+40目和-40目两种（图5-13）。

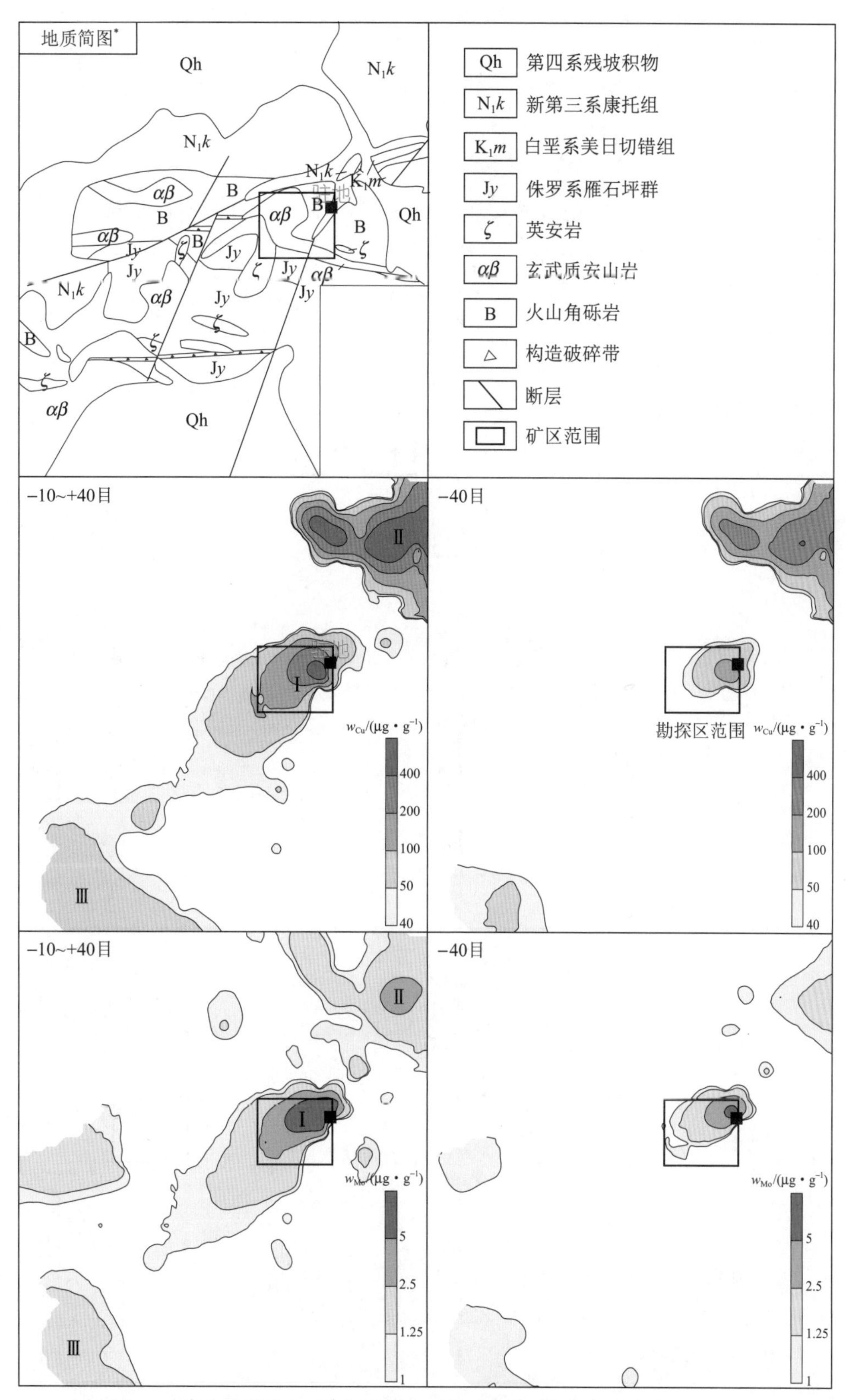

图 5－13　多不杂铜矿示范区不同粒级水系沉积物测量结果对比图（一）

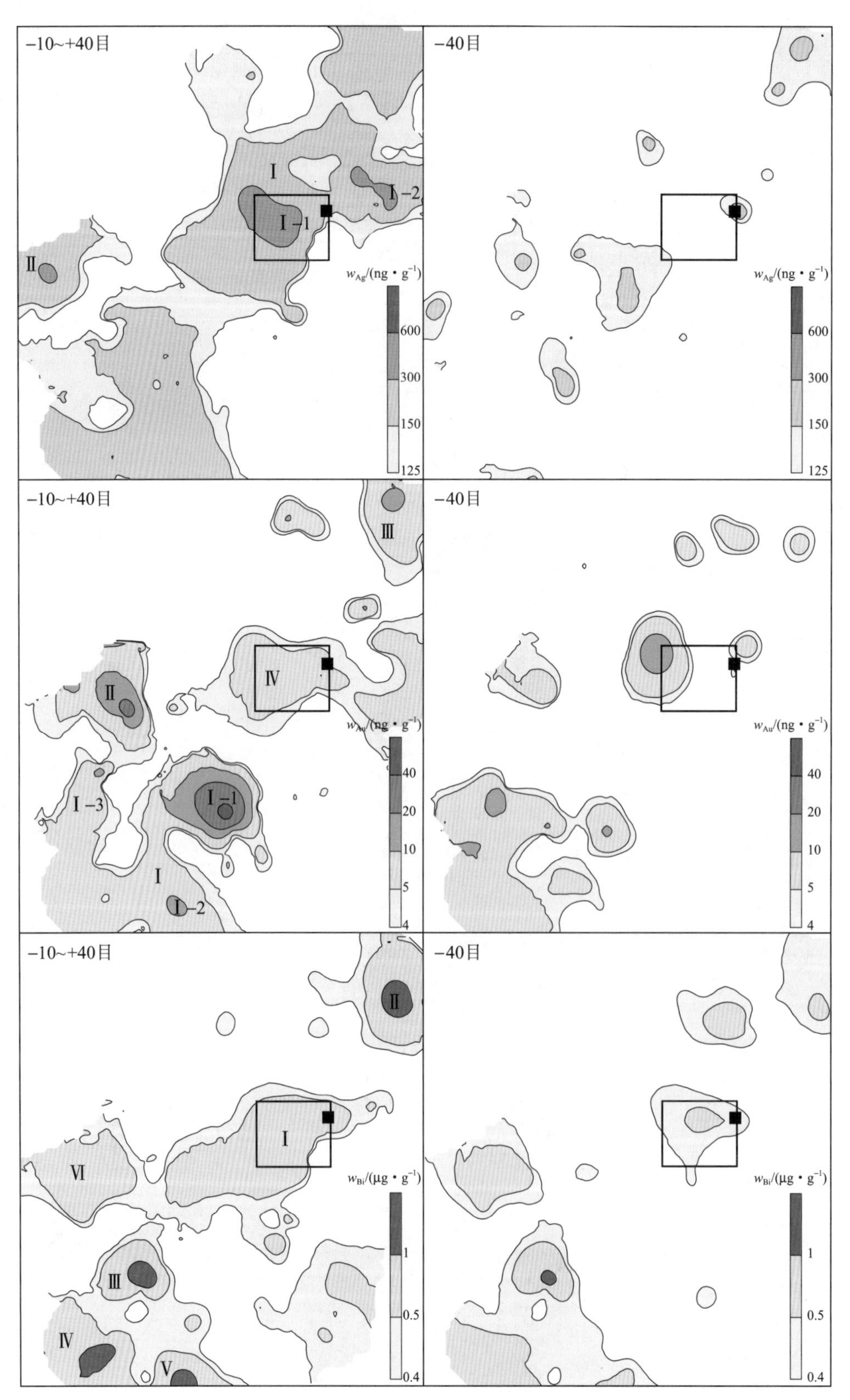

图5-13　多不杂铜矿示范区不同粒级水系沉积物测量结果对比图（二）

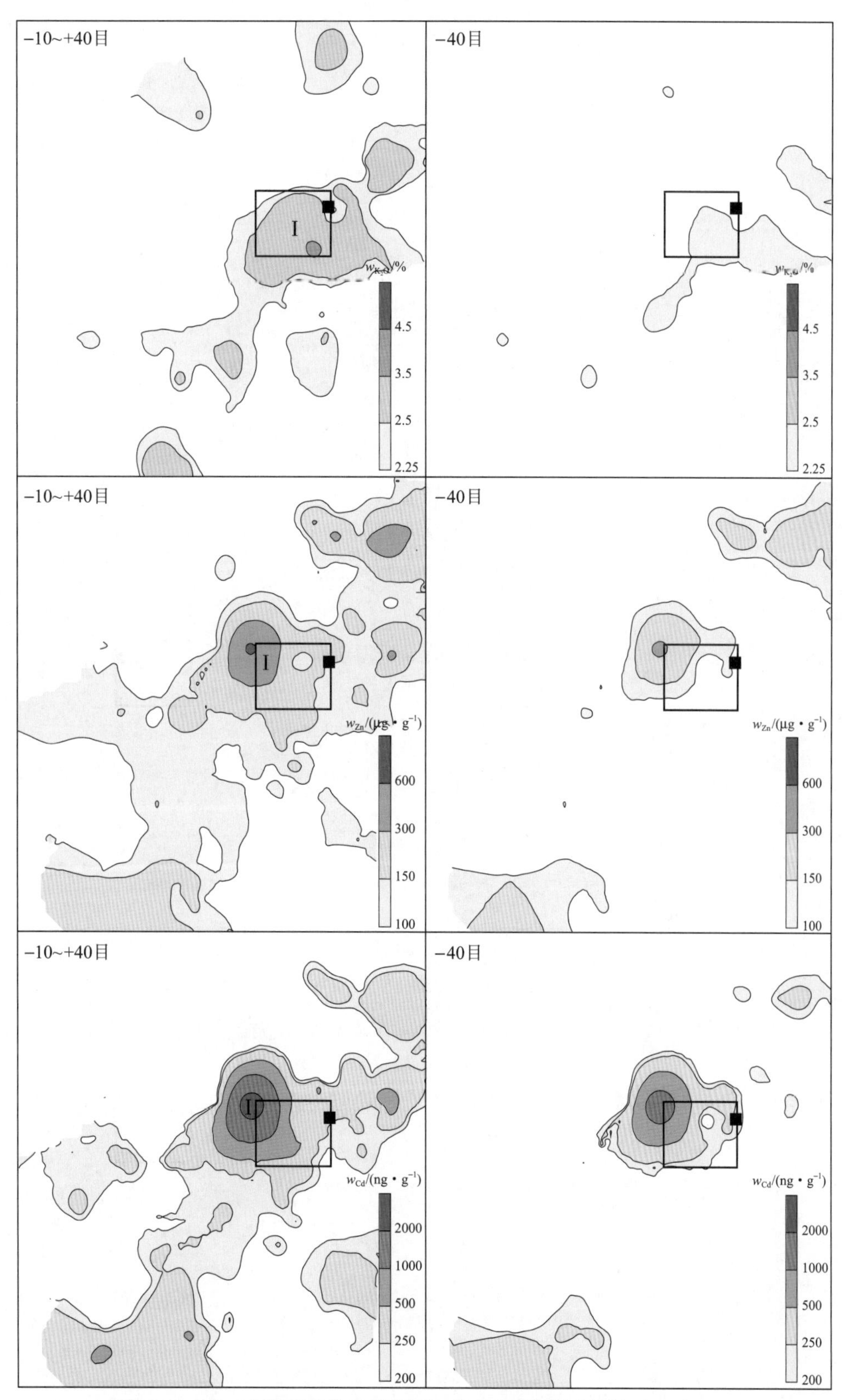

图5-13　多不杂铜矿示范区不同粒级水系沉积物测量结果对比图（三）

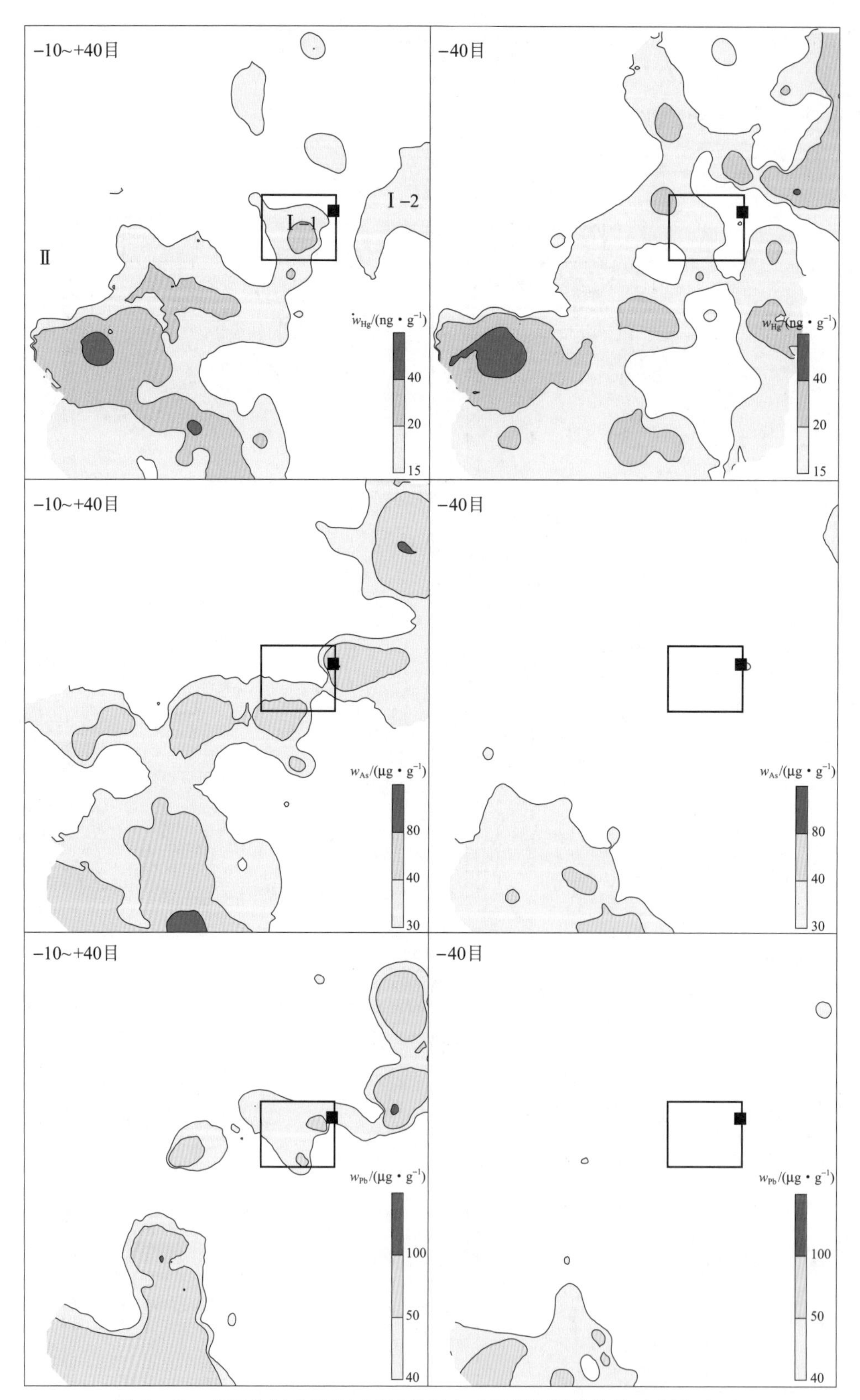

图5-13 多不杂铜矿示范区不同粒级水系沉积物测量结果对比图（四）

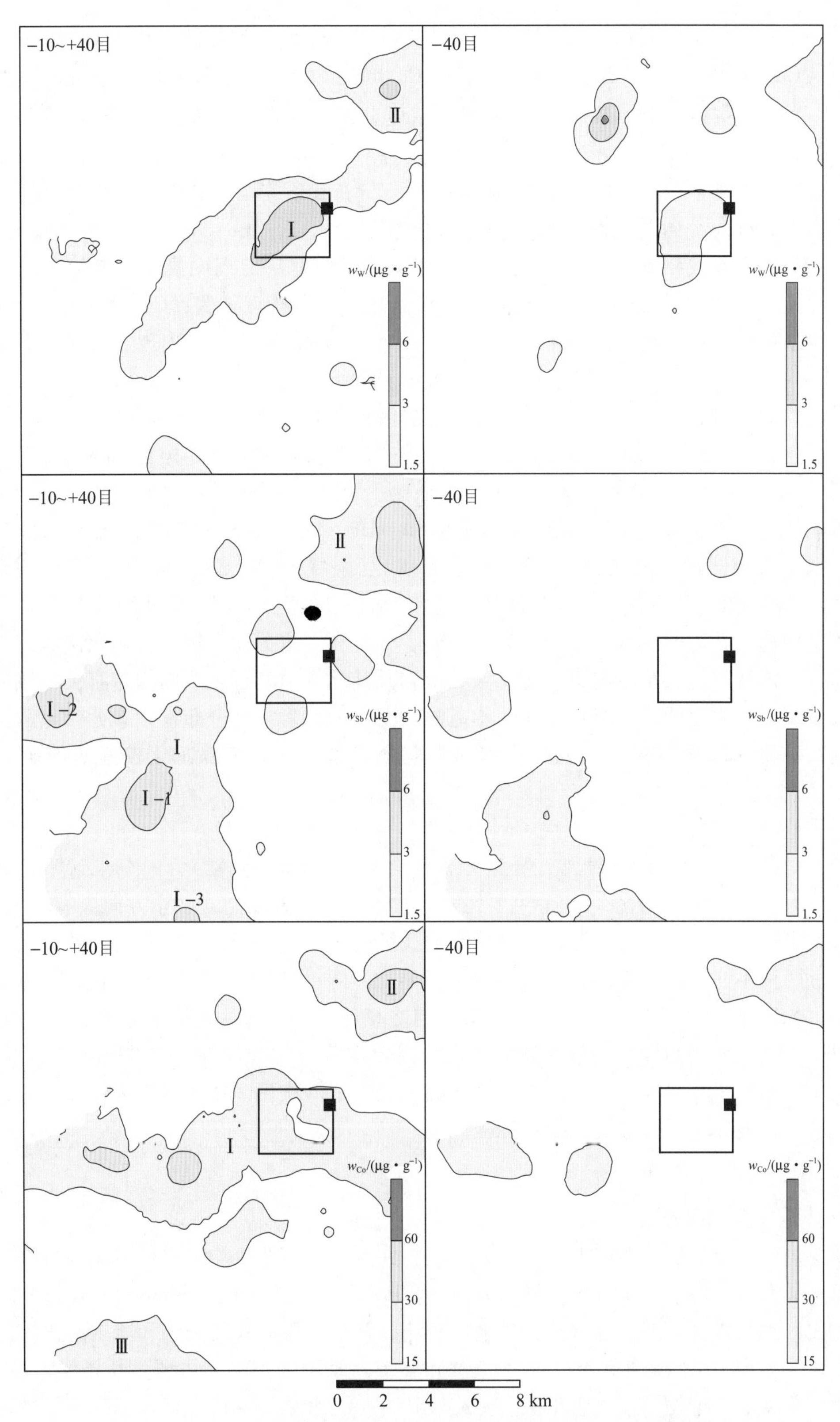

图 5-13　多不杂铜矿示范区不同粒级水系沉积物测量结果对比图（五）

*据西藏地调院肖润等（2003）资料编绘

-10～+40目粗粒级水系沉积物测量效果令人满意，圈出明显的Cu、Mo、W、Au、Bi、Ag、Zn、Cd、K_2O和弱的Hg、Sb、As、Pb、Co异常。Cu、Mo、W、Bi形态完整，面积约18 km^2，为异常主体。Cu、Mo异常具有四级浓度分带，异常浓度高；W、Bi异常只有二级浓度分带，浓度相对偏低。Ag异常范围最大，将Cu、Mo、W异常全部覆盖，并超出其异常范围。K_2O异常在东南方向超出Cu异常范围，与玄武质安山岩分布大体一致。异常整体展布方向为北东向，向北东和南西方向均有异常延展。Cu、Mo、W、Bi等浓集中心吻合，浓集中心与区内玄武质安山（玢）岩关系密切。安山玢岩呈北西向展布，勘探区内为一膨大体，浓集中心在安山岩体上方。依据各元素异常的分布特点认为，Cu、Mo、W、Bi具有较规整且浓集中心相互吻合的异常，该区主矿化元素应以Cu为主，出现Ag、Zn、Cd、As、Sb、Pb异常与Cu、Mo、W、Bi等组成该地段的异常组合。该异常元素组合复杂，主体异常受北东向构造控制，主要与以Cu为主的含矿热液或岩体有关。组合异常中W、Mo、Bi异常清晰，且具多级浓度梯度，但异常值较低，伴有较强Ag、Zn、Cd异常和弱Sb、Hg、Pb、As异常，Sb、As和Hg异常分布在Cu异常外侧。上述元素异常分布组成以Cu、Mo、W、Bi异常为中心，Ag、Zn、Cd异常在偏外侧，Sb、Hg、Pb、As异常在外围的不十分明显的分带。据此认为，该示范区异常Cu、Mo、Au相互叠置，Pb、Zn、Mn、Ag等环绕在Cu、Mo、Au异常外侧，具有斑岩铜钼矿床和热液矿床的共同特征，该处矿化可能为斑岩及热液矿化等多种类型叠加的复合成矿类型，于找矿十分有利。依据元素组合并对照矿床元素分带序列认为，该处矿化已基本出露，矿化与安山岩及其北东向和近东西向构造有关。该区元素组合具有斑岩型矿化的元素组合特征，示范测量获得的元素空间分布及元素分带显示出该区矿化处在矿化前缘晕位置，其主矿化体尚未完全出露，且北东部矿化较南西部矿化剥蚀偏浅。

在示范区东北角，见一高强度Cu（CuⅡ）和中等偏强的Mo、Zn、Sb、As、W、Au、Cd、Co、Pb、Bi等元素组合异常，异常元素组合复杂（CuⅡ异常），向东未封闭。该异常分布范围大，浓集中心明显，Cu等主要元素异常浓度高，推断向北、东方向应有较大扩展。目前仅就出现的不完整异常推测，该处异常的找矿前景可能大于目前正在勘探的工区。

通过两种不同粒级水系沉积物对比可清晰看出，-40目水系沉积物测量圈出的异常明显减弱，As、Sb、Co、Pb、Zn等异常消失。与之相比较，-10～+40目水系沉积物测量不仅可以圈出十分明显的异常，且能清晰地反映出异常分布的规律性。主要是由于-40目水系沉积物中掺入了较多风成沙，产生了明显的掩盖和平抑作用，使元素质量分数降低，异常消失或减弱，地球化学及异常规律被掩盖。

2. 驱龙铜矿示范区

（1）地理及地质概况

驱龙铜矿示范区位于冈底斯山东段，属墨竹共卡县管辖。年均降水量400～500 mm，属高原亚干旱大区藏南亚干旱分区。区内海拔4200 m以上，工作区海拔4800～5100 m，山势起伏较大，水系发育，多数水系具常年地表径流，补给主要为大气降水和冰雪融化。区内植被较发育，属高山垫状矮半灌木、草本植被和温带高寒草甸类型。主要生长蚤缀、点地梅、园叶柳、藏蒿草等植物。在一级水系上游或较开阔一级水系，草甸发育，部分地段被草甸覆盖，无明显流水线。

驱龙铜矿示范区处于冈底斯火山岩浆弧东段与拉萨-日多弧内盆地交界的边缘。区内出露地层岩性主要为中侏罗统叶巴组一套英安－流纹质火山岩、火山碎屑沉积岩、硅质岩与碳酸盐岩建造，经区域变质作用形成一套千枚岩、片岩、片麻岩组合。主体构造线方向为近东西向，控制区内地层、侵入岩及含矿岩体的分布。区内出露的岩体为黑云母二长花岗岩、斑状黑云母二长花岗岩、二长花岗岩、石英斑岩、辉绿玢岩等。侵入岩岩性较为复杂，构成复杂的侵入杂岩体。矿化主要与二长花岗斑岩、黑云母二长花岗岩、石英斑岩和黑云母花岗岩有关。矿化体主要产于二长花岗斑岩与黑云母二长花岗岩接触带附近。主矿体为隐伏状，斑岩体全岩矿化，以铜矿化为主，并见有铅、钼、锌等矿化。矿石构造具浸染状、团块状、细脉状和细脉浸染状，蚀变强烈，为钾化、石英绢云母化、硬石膏化、黏土化、青磐岩化。目前驱龙铜矿正处于勘探中前期。

（2）示范测量结果

在驱龙铜矿示范区开展水系沉积物测量，面积约 112 km^2，采样密度为 1.02 点/km^2，采样粒级为 －10～＋60 目。测量结果如图 5－14 所示，圈出以 Cu 为主的多元素组合异常。Cu 异常范围约 50 km^2，呈似长方形，整体北西向，浓集中心为两个（CuⅠ－1，CuⅠ－2）。位于勘探区的浓集中心（CuⅠ－1）最大，呈北东向展布，向北东方向，铜异常增强。该处为水系下游，砂砾表面普遍沉淀有孔雀石，在该地段 Cu 异常值很高，主要是表生沉淀的孔雀石所引起。同时，不排除在该地段深部存在较大 Cu 矿化体的可能，深部 Cu 矿体氧化后，形成的 Cu 离子向上运移，在地表环境改变后发生沉淀。

在铜异常范围内见有 Mo、W、Ag、Pb、Bi、Au 异常。Mo 异常范围较 Cu 偏小，但浓集中心明显，具四级异常浓度分带；W 异常范围与 Cu 大体相当，但异常偏弱；中等偏弱的 Au、Ag、Bi、Pb 异常范围与 Cu 大体相当。除上述异常外，还见有 Zn、Hg、As、Sb 等异

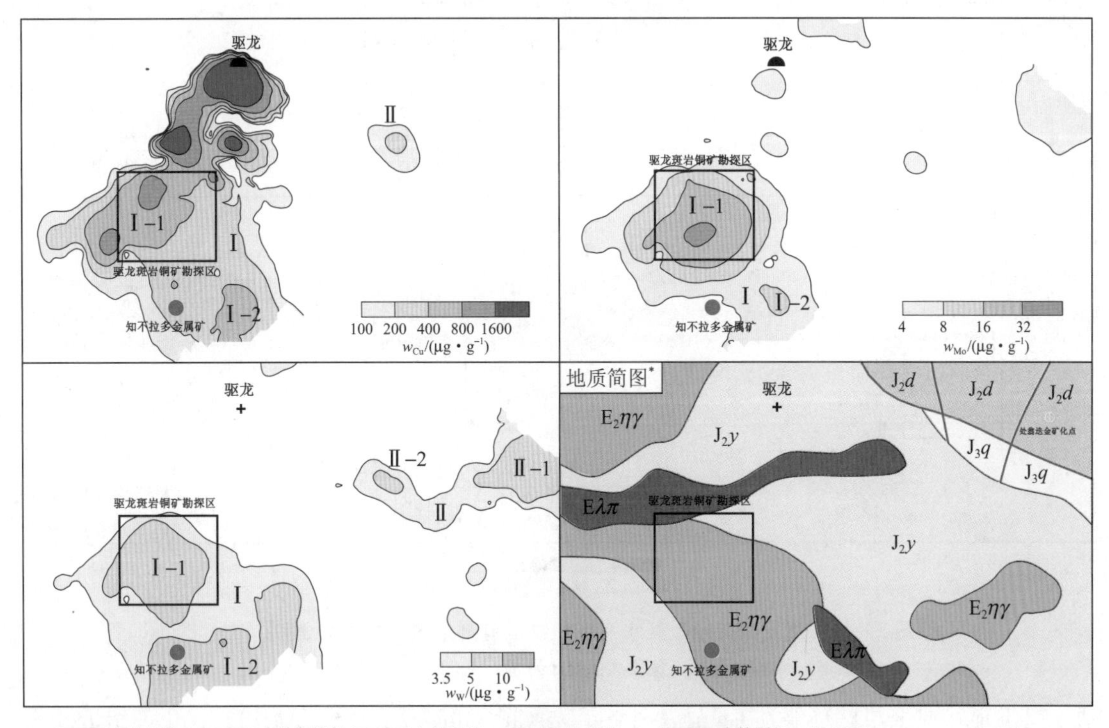

图 5－14　驱龙铜矿示范区水系沉积物示范测量地球化学异常图（一）

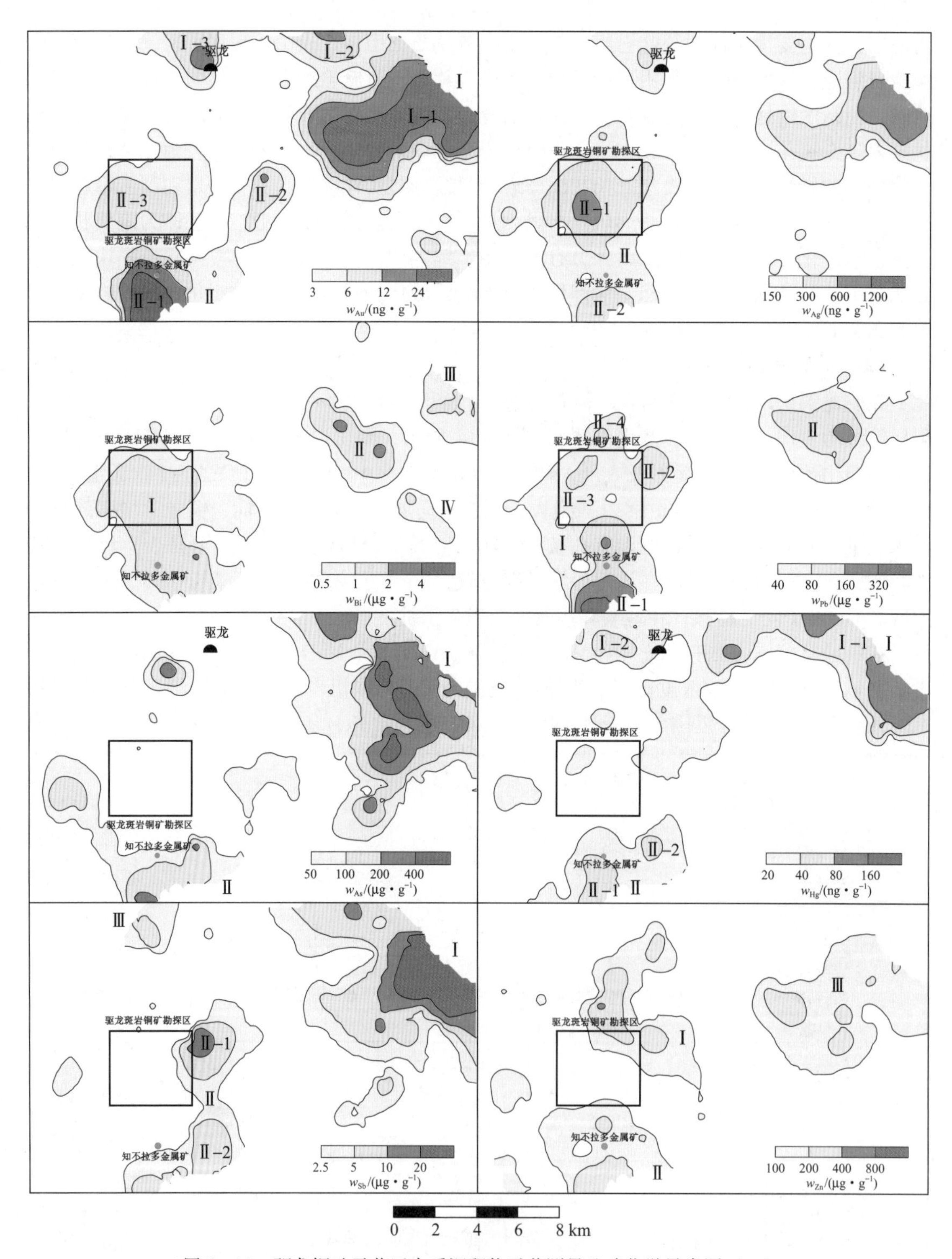

图5-14 驱龙铜矿示范区水系沉积物示范测量地球化学异常图（二）

*据西藏第二地质大队樊子珲等（2002）资料编绘

常，呈半环状或卫星状环绕在Cu异常外围，与Cu、Mo、W、Au、Ag、Pb、Bi等组成十分清晰的异常水平分带。依据异常的位置及分布范围，驱龙铜矿示范区区域异常从内向外水平分带为Mo、W、Bi、Cu→Ag、Au、Pb→Zn、Cd、Sb、As、Hg，其中Mo、W、Bi、Cu异常在中间，其他依次向外排列，分带特征明显。该处异常浓集中心分布有二长花岗斑岩和黑云母二长花岗岩含矿岩体，异常由含矿岩体引起。对照国内其他主要斑岩型铜钼矿床元素分布特征，依据上述异常分带推断，在驱龙铜矿示范区，引起异常的矿化体已出露，地表及近地表矿体为头部，主矿化体仍在地下深部，矿体属浅剥蚀。由于矿床前缘晕元素 As、Sb、Hg、Cd 等呈卫星状或半环状，形态较完整，显示出矿化体已出露地表浅剥蚀特点。

在勘探区东南侧出现的 Cu 偏弱浓集中心（Cu Ⅰ-2），伴有 Mo（Ⅰ-2）、W（Ⅰ-2）、Au（Ⅱ-1）、Ag（Ⅱ-2）、Bi、Zn、Pb、As、Hg（Ⅱ-2）、Sb 等多元素异常，这些异常浓集中心基本吻合。在该处异常西侧分布有知不拉矽卡岩型多金属矿点，其中，知不拉矽卡岩型 Cu 矿点分布在 Cu 等多元素组成的异常区内，与该处的多元素异常浓集中心偏离，在知不拉矿点东南侧浓集中心，以 Au、Pb 异常最强，Cu 次之，Ag、Sb、Zn、Hg 异常中等，W、Mo 异常偏弱，该异常向南未封闭，该异常元素组合与驱龙铜矿示范区十分相近，推测该区引起异常的矿化可能为斑岩型或矽卡岩型。在组合元素中，以 Au、Pb 为主，伴有 Cu、Sb、Ag、As 等，多为矿化的前缘指示元素。与 Hg、As、Sb 等指示前缘晕异常重合，推断该处具有寻找斑岩型矿体的良好前景。

在示范区东北角，出现一个高浓度的 Au（Ⅰ）、As（Ⅰ）、Ag（Ⅰ）、Hg（Ⅰ-1）、Sb（Ⅰ）异常，伴有 W、Mo、Pb、Zn、Bi 等多元素的中等或偏弱异常。该异常浓集中心处 $w(\mathrm{Au})>24$ ng/g、$w(\mathrm{Ag})>600$ ng/g、$w(\mathrm{As})>200$ μg/g、$w(\mathrm{Sb})>20$ μg/g，异常范围大，面积百余平方千米，向东尚未封闭，异常形态不规则，呈似北东向展布。As、Sb 异常面积大，与 Au、Ag、Hg、W 等浓集中心重合，Pb 与 Zn 浓集中心分布在 Au 浓集中心的西南部位。异常整体分布在驱龙铜矿示范区北东侧，再向北东几千米即为甲马多金属矿床，该异常位于驱龙铜矿与甲马多金属矿之间，偏甲马一侧。在驱龙与甲马矿床间出现的规模约 100 km^2 的 Au、Ag、As、Sb、Hg、W、Mo、Pb、Zn、Bi、Cu 等多元素组合异常，浓集中心明显且重合，推断该处异常可能为热液（以 Au、Ag 为主）多金属矿化体引起，矿化规模巨大。在我国斑岩铜钼矿附近发现大型 Au、Ag 及多金属矿床已有多例，此处出现的以 Au、Ag、As、Sb、Hg 为主，伴有 Pb、Zn、W、Bi、Mo 等多元素异常，表明该区段具有很好的找矿前景，且颇具规模。依据异常元素组合分析，该异常除 Au、Ag 外，见有强 As、Sb、Hg 异常，As、Sb 异常范围大于 Au、Ag 异常，主要为前缘指示元素，出现大范围强异常，则预示主要矿体尚未完全出露或未出露。

3. 石居里示范区

（1）地理概况

石居里铜矿示范区位于祁连山北坡，肃南县西约 40 km，年均降水量约 400 mm，水系发育，多数水系见地表径流。植被发育，山体阴坡生长冷杉、桦树等乔木及锦鸡等灌木，阳坡多为蒿草草甸植被。区内海拔 2000～4000 m，相对高差 500～1000 m，部分区段大于 1000 m，属中深至深切割地貌类型。山坡及草丛根部多见风成黄土堆积。

（2）地质概况

示范区含矿岩体受北西向祁连主体构造影响，呈北西向展布。出露的地层岩性主要为下古生界志留-奥陶系的绿色变质砂岩和千枚岩，局部见玄武岩和细碧岩，安山玄武玢岩、细碧岩夹硅质岩和千枚岩，该套地层为示范区内主要赋矿地层，其上部为千枚岩、英安质凝灰岩、安山质凝灰岩；上古生界石炭-泥盆系为一套砂岩、粉砂岩、页岩、灰岩夹煤系地层。岩体主要分布在示范区西南部，为加里东期花岗岩基。

铜矿化体主要分布在奥陶系细碧岩内，似层状产出，具沉积热液成矿的特点，矿体分布较零星，品位较富。蚀变规模不大，主要为硅化、绢云母化和绿泥石化等。

（3）示范测量结果

2003 年水系沉积物测量面积约 170 km^2，采样密度约 0.84 点/km^2，采样粒级为 -10～+80 目和 -80 目，为同一样品 80 目筛上和筛下两个样品。

-10～+80 目水系沉积物测量在石居里铜矿示范区圈出明显的多元素组合异常（图 5-15），Cu、Hg 的低值异常呈北西向展布，与区内奥陶系的千枚岩、细碧岩的分布大体一致，向东南方向，Cu 异常明显增强，可划分出 3 个浓集中心，Ⅱ号浓集中心分布在石居里沟内，是目前民采铜矿的主要区段，该浓集中心 $w(Cu)>200$ μg/g，且分布范围较大，在Ⅱ号浓集中心部位出现有 Hg、As、Zn 等弱异常。Ⅱ号异常受早期采矿影响，Cu 质量分数特别高。104 号点 $w(Cu)>1000$ μg/g，与 106 号点共同组成了Ⅰ号浓集中心，其中 104 号点的 Cu 异

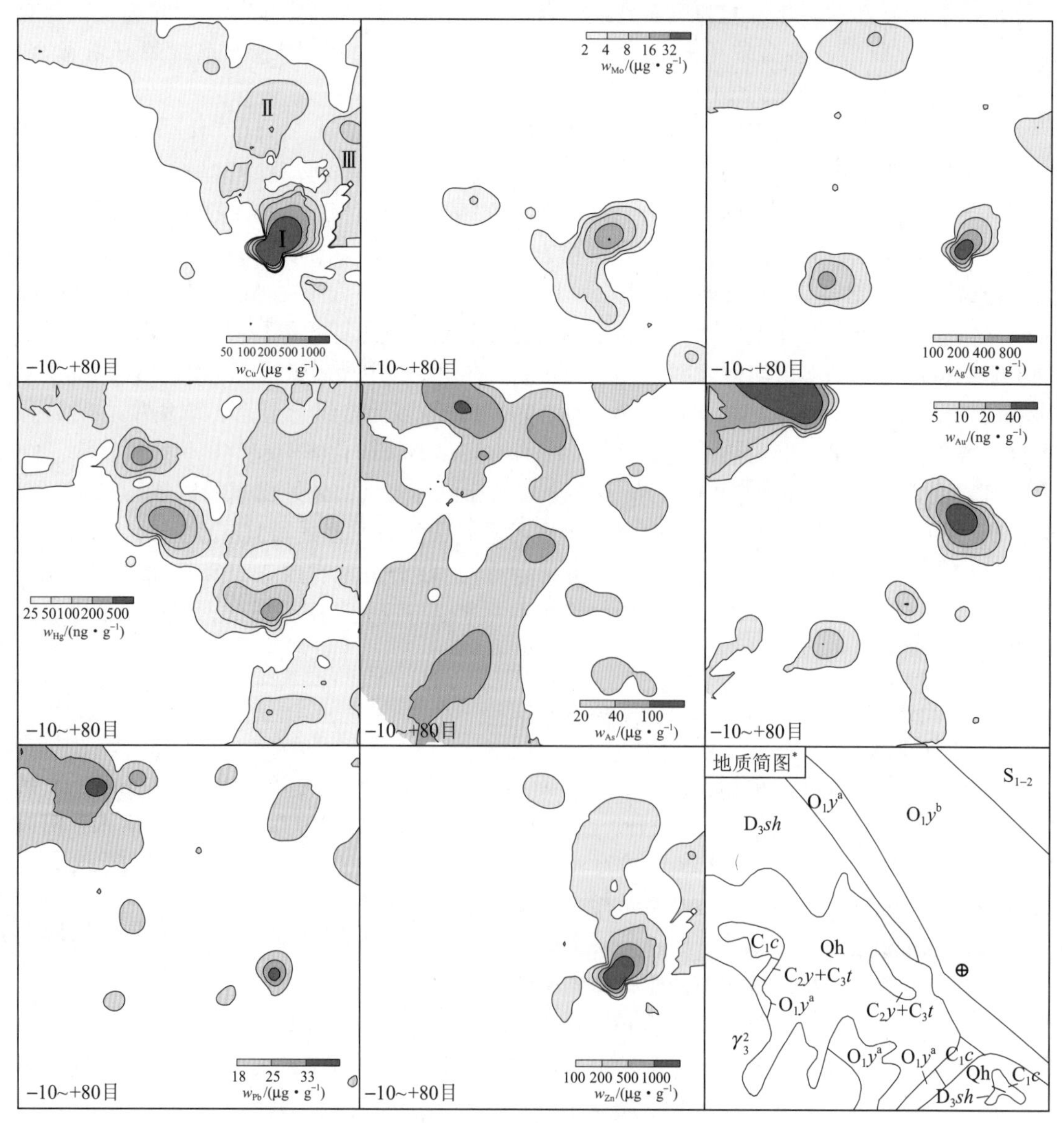

图 5-15 石居里铜矿示范区水系沉积物测量异常图（一）

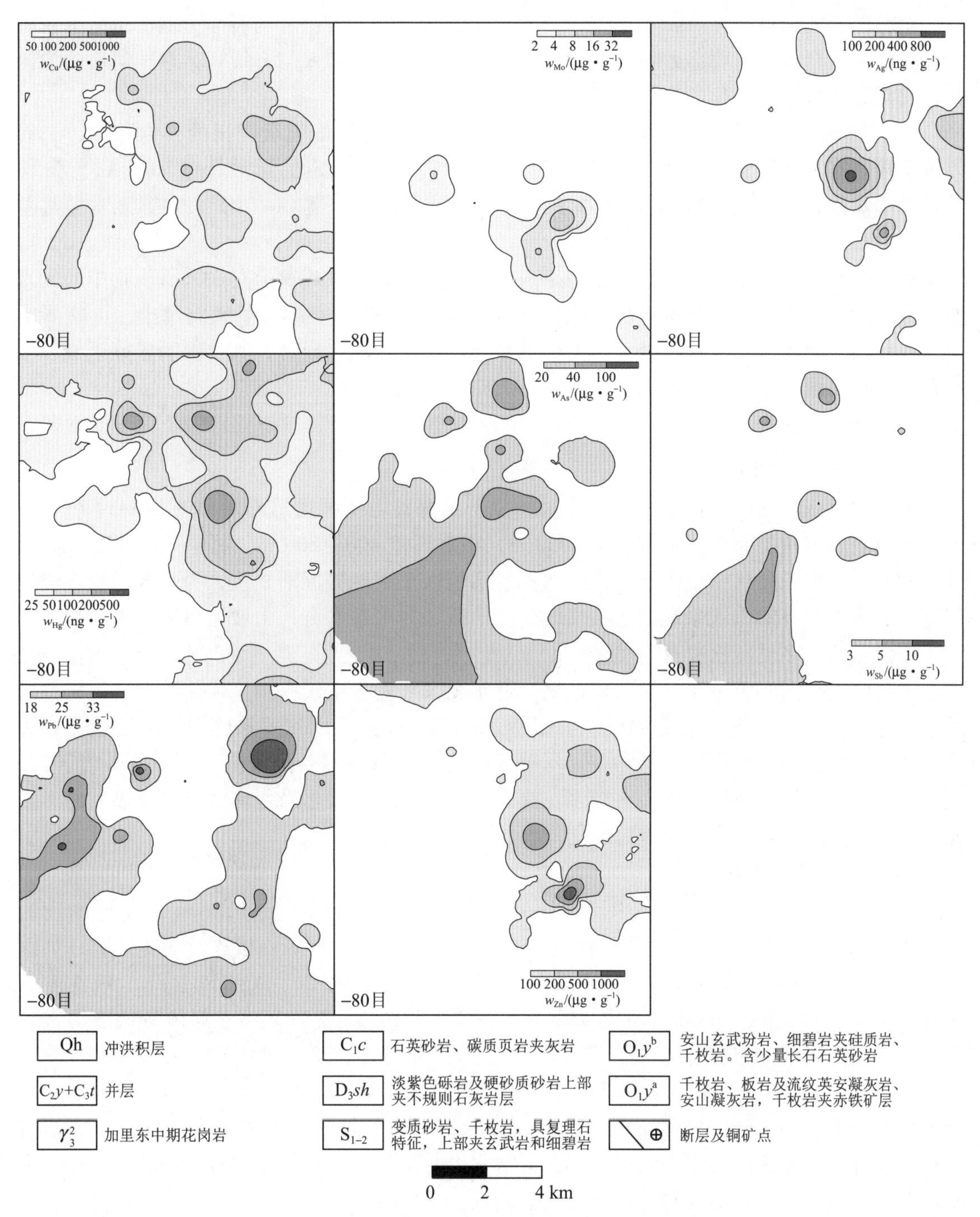

图5-15　石居里铜矿示范区水系沉积物测量异常图（二）

*据甘肃省第一地质大队王发明等（1971）资料编绘

常可能由未知矿体引起。Ⅲ号浓集中心分布在示范区东北边缘，向东未封闭，该浓集中心处 $w(\mathrm{Cu})>300\ \mu g/g$，浓集中心较明显。在Ⅲ号异常内见不完整的Ag、Hg、Pb、Zn异常。

示范区各元素异常以Cu的Ⅰ、Ⅱ号为中心，As、Hg、Sb、Pb、Ag异常围绕其呈卫星状分布，不甚明显，常分布在Cu、Mo异常的外侧，构成中心以Cu、Mo为主，向外侧为Pb、Ag、As、Sb、Hg的元素组合分布特征。

示范区西北角见Pb、As、Hg、Ag、Cu异常，该异常元素组合与石居里铜矿示范区主矿化地段异常组合具有较明显差异，异常以As、Pb为主，伴有Ag、Cu、Hg等异常。认为该异常具有寻找多金属矿化的良好前景。

-80目水系沉积物圈出的各元素异常（图5-15）与粗细粒级圈出的异常相比，二者差异明显。在-10~+80目粗粒级圈定的异常中，-80目圈定的异常只有Mo、Ag、Zn保留或基本保留，Mo异常的基本特征基本未变，仅异常减弱，但Cu、Hg、Pb等元素异常基本消失。

粗、细两种粒级水系沉积物测量结果表明，该区分布的风成黄土对水系沉积物中的元素质量分数产生影响，元素异常差异明显，-80目水系沉积物中掺入了风成黄土，可使异常消失或减弱，而粗粒级更能反映元素的区域分布规律，并圈定异常，其效果明显好于细粒级水系沉积物测量。

4. 木乃示范区

（1）景观及地质概况

木乃示范区为在勘铜银矿普查工作区，位于青海省109国道雁石坪镇东偏南约70 km。工作区地处唐古拉山北坡，平均海拔5000 m，相对高差400~800 m，属中—深切割极高山区。木乃雪山似孤岛状，位于示范区北西侧。示范区东南地势逐渐平缓，为高寒湖泊丘陵景观与高寒半干旱高寒山地景观的过渡带附近。示范区内水系发育，山坡见风成黄土堆积，平缓沟内河道两侧多见藏松草草甸植被。

示范区位于冈底斯-喜马拉雅构造区、泛华夏大陆晚古生代-中生代羌塘-三沟构造区的塔仁库尔干-甜水海-北羌塘陆块。出露地层的岩性主要以侏罗系碎屑岩、碳酸盐岩为主，构造以北西和北西西向断层为主。示范区西北部分布有木乃黑云辉石石英二长岩岩体，规模较大。在木乃岩体四周分布有较多花岗斑岩脉和小岩株，木乃岩体外接触带多见矽卡岩化和银、铜矿化体等（图5-16）。

（2）示范测量结果

木乃铜银多金属矿示范区（图5-16）水系沉积物测量面积约120 km^2，采样密度为1点/2 km^2，每个采样点分别采集-10~+60目和-60目两种粒级，以进行对比研究，如图5-17所示，-10~+60目粗粒级水系沉积物测量圈出明显的Cu、Ag、Pb、Zn、As、Sb等多元素组合异常，并伴有Au、Ni等中等偏弱异常，Hg在异常浓集中心部位呈低值异常分布，高或较高异常分布在Cu、Ag、Pb多元素组合异常外围，呈卫星状展布。

上述元素分布特点表明，在木乃示范区，水系沉积物测量异常具有多元素组合特点，各元素异常浓集中心吻合，异常面积约50 km^2，形态近似等轴状。主要元素异常具有二级或三级浓度分带，异常浓集中心明显，多元素浓集中心重叠，元素分布具有一定的分带性，表明木乃铜银多金属矿示范区具有良好的找矿前景。

水系沉积物测量获得的异常浓集中心与目前正在勘探的工区不甚吻合，依据异常浓集中心所处位置推测，在铜银多金属矿勘探区，水系沉积物异常中心位置可能存在新的矿化体，或可能为整个勘探区的主要矿化体所在位置。

-60目细粒级水系沉积物测量获得的异常不论是异常强度还是异常分布的形态特点，与-10~+60目粗粒级水系沉积物测量结果差异十分明显。众多元素异常明显偏弱，部分元素无明显浓集中心，异常展布的形态呈现不规则状，或似条带状。其中，Au在测区西南部出现高强度、大面积异常，与-10~+60目粗粒级水系沉积物异常相比较，其分布范围、异

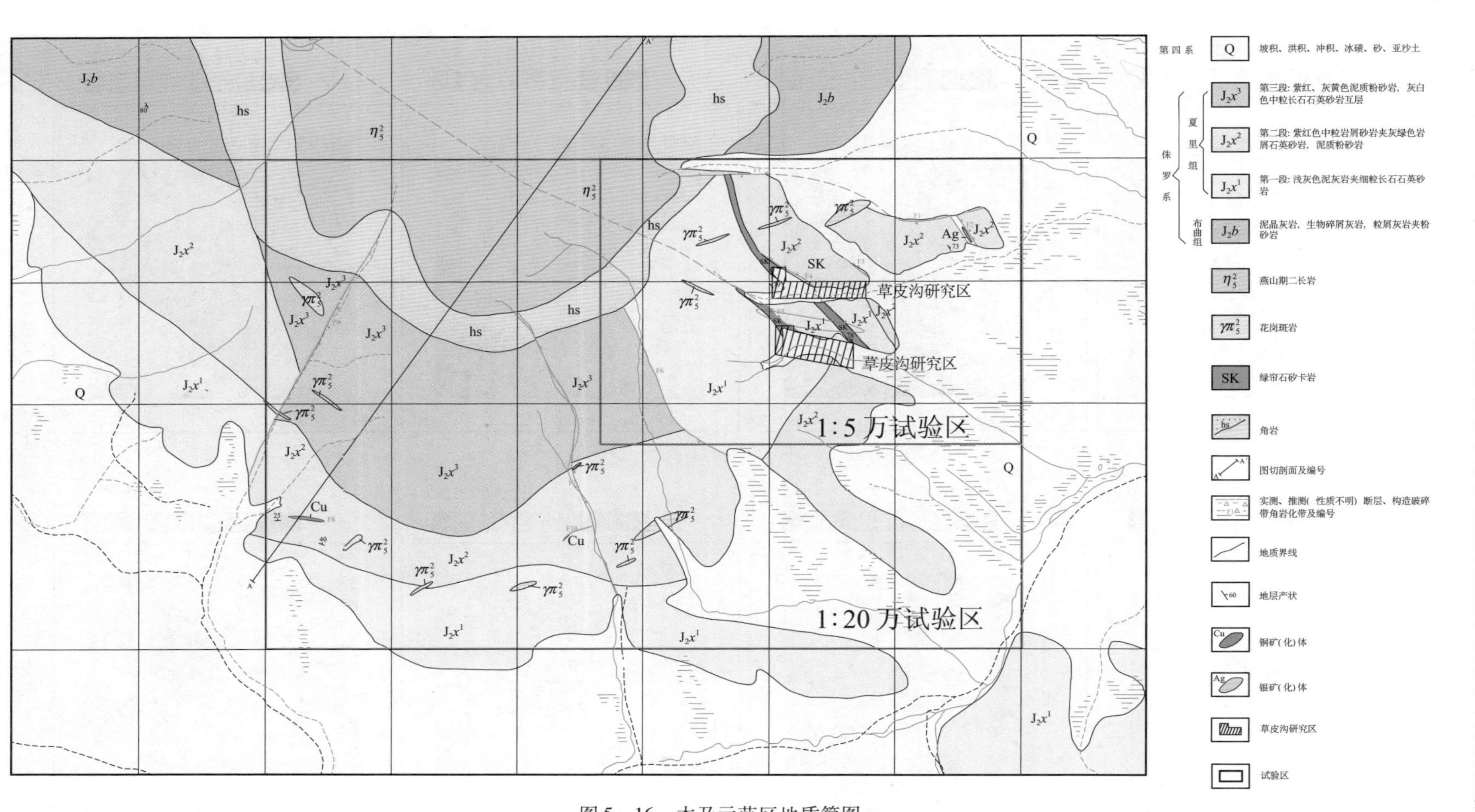

图5-16 木乃示范区地质简图

（据西藏自治区地质矿产勘查开发局第五地质大队，2010）

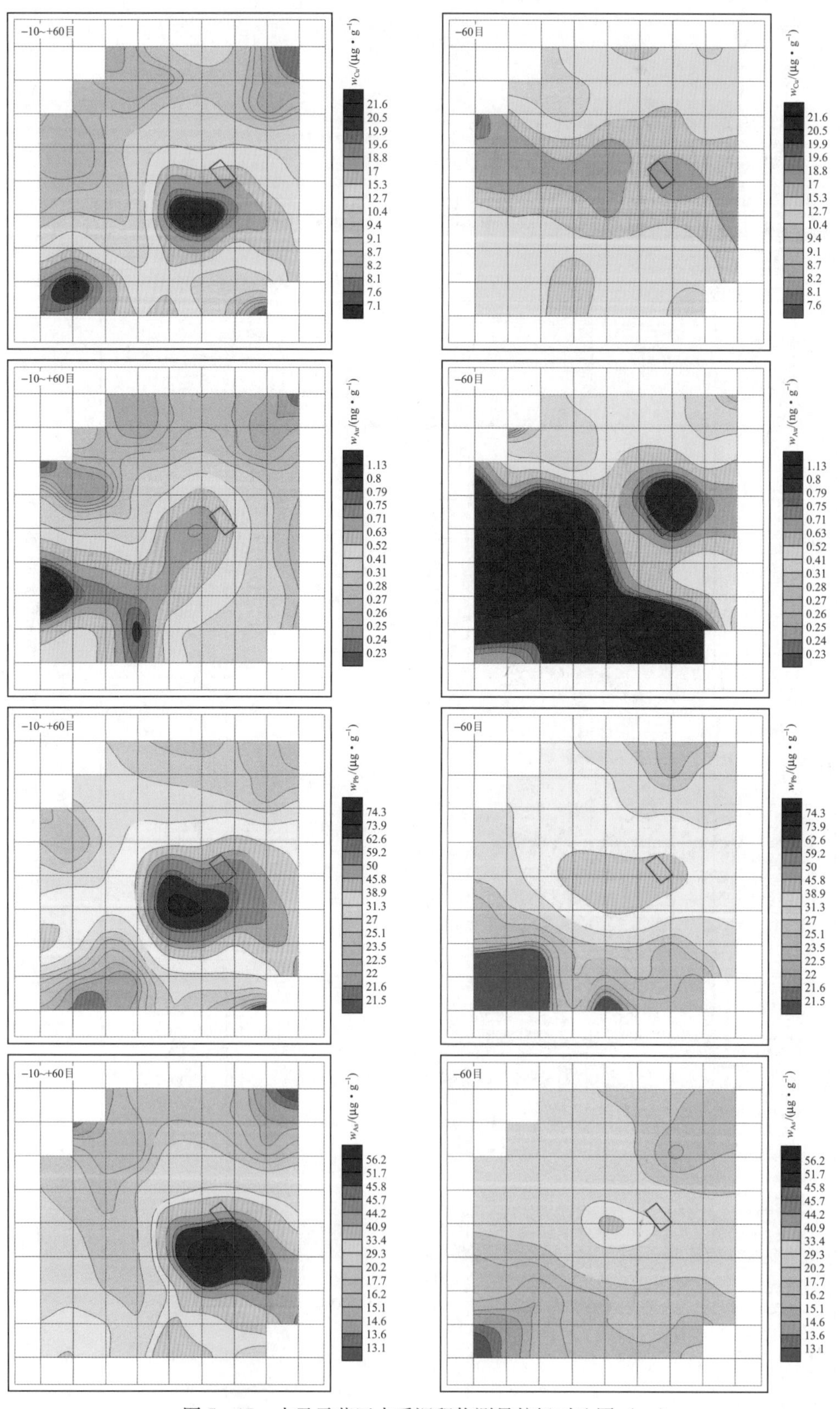

图 5-17　木乃示范区水系沉积物测量粒级对比图（一）

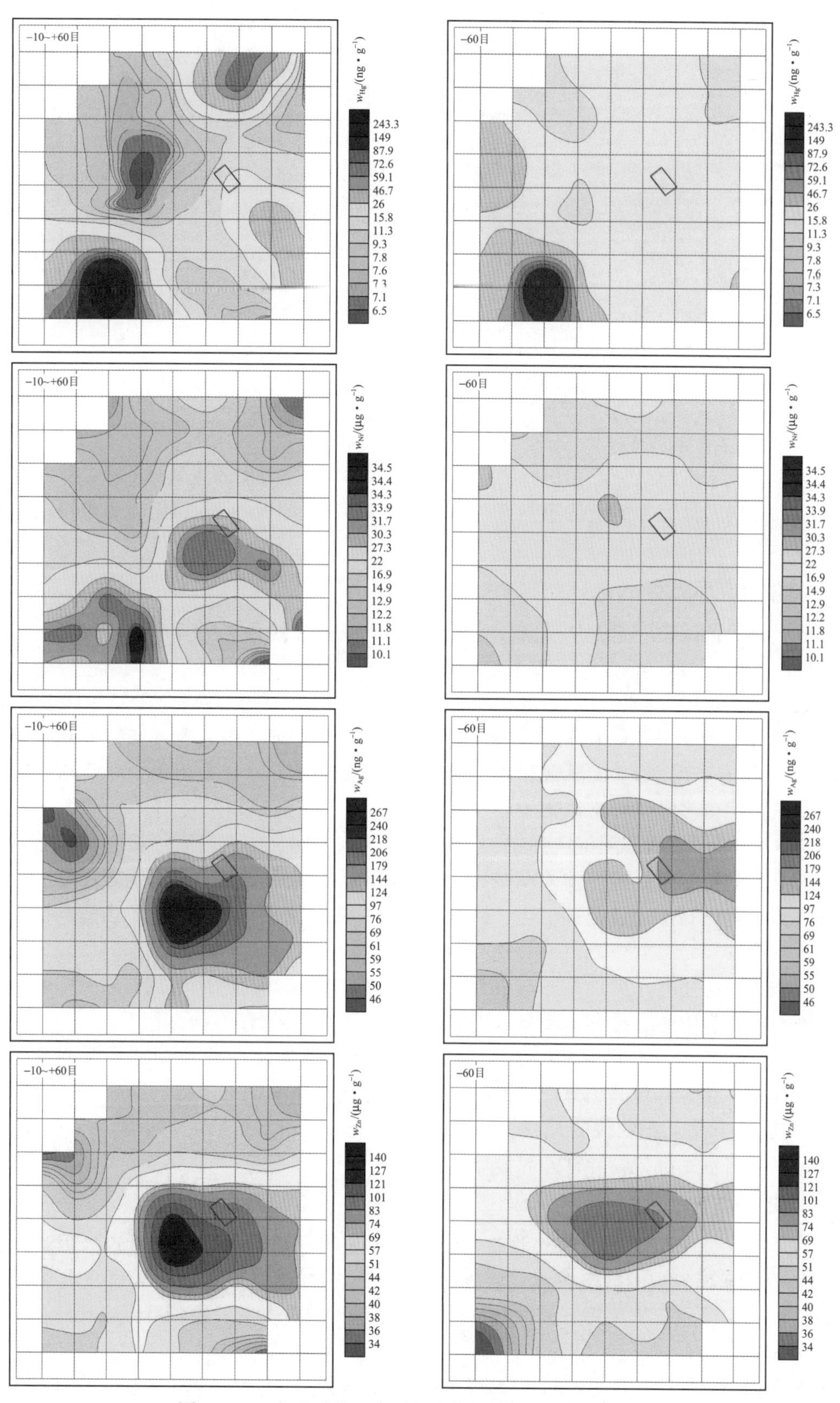

图 5-17　木乃示范区水系沉积物测量粒级对比图（二）

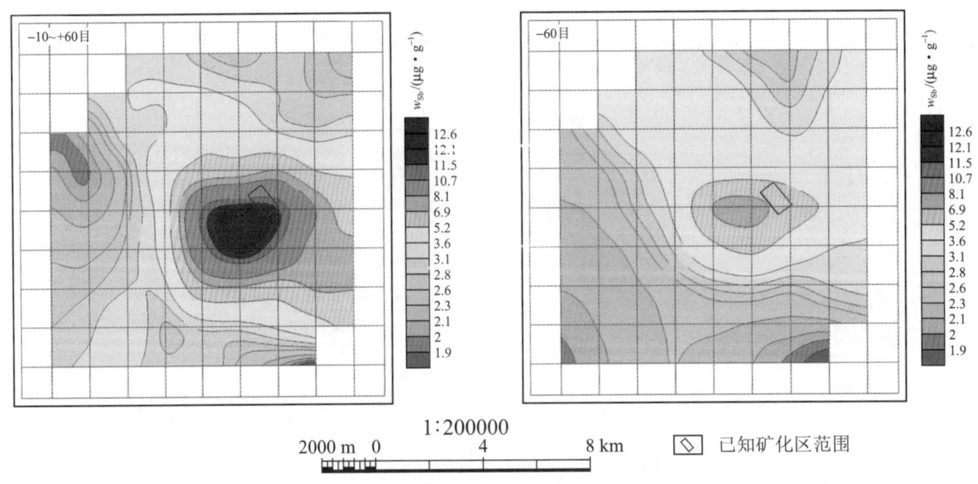

图5-17 木乃示范区水系沉积物测量粒级对比图（三）

常强度均显著大于细粒级。除在已知矿区出现强异常外，大面积的主体Au异常分布在第四系与侏罗系碎屑岩接触带附近偏第四系一侧，与之对应的-10~+60目粗粒级水系沉积物异常范围较小。

5. 奥依且克示范区

奥依且克示范区位于西昆仑北麓，开展水系沉积物测量面积约200 km^2，采样密度为1点/4 km^2，采样粒级为-10~+80目和-80目。

结果表明，-10~+80目水系沉积物测量取得了十分明显的效果，如图5-18所示，圈出Au、Cu、As、Ag、Pb、Sb等元素组合异常。依据异常强度和范围可知，该异常以Au、Cu为主，并伴有高强度的As异常和Ag、Pb、Sb等元素异常，异常浓集中心清晰，主要集中在示范区中部，多元素异常浓集中心与其吻合。

以Au、Cu为主的浓集中心分布在北东向断裂的南东侧、华力西期闪长岩和辉绿岩与中元古界蓟县系的接触带附近。前人在该处已进行过矿点检查和评价，并有为数不多的槽探揭露。地表可见孔雀石矿化、蓝铜矿化、褐铁矿化等。从已见矿化地段向西的山脊均被较厚层风成黄土覆盖。

异常浓集中心呈北东向展布，与中元古界蓟县系关系密切。西南部较弱浓集中心可见华力西期石英闪长岩出露，推测该较弱浓集中心可能与岩体侵入有关。

-10~+80目和-80目两种粒级对比效果如图5-19所示。-80目水系沉积物尽管在水系上游靠近矿化源部位圈出Au异常，但其异常浓度和范围则远不如-10~+80目粗粒级水系沉积物Au异常。细粒级的Cu只在矿化源附近圈出弱而零星异常，Sb几乎未出现异常。与-10~+80目水系沉积物异常差异显著。

6. 布琼示范区

布琼示范区位于西昆仑山西部北麓，该区地势陡峻，切割剧烈，交通较为困难，见有1958年群众报矿而发现的铁铜矿点，后查明为一小型铁矿床。区内地层岩性主要为元古宇绢云石英片岩、绿泥石英片岩、云母石英片岩等一套浅变质岩系。铁矿呈似层状产在绿泥石英片岩内。

水系沉积物测量面积约15 km^2，采样密度为2.23点/km^2，采样粒级为-10~+80目和-80目。水系从东向西流经示范区，东部因大山阻隔无法通行，没有进行采样。

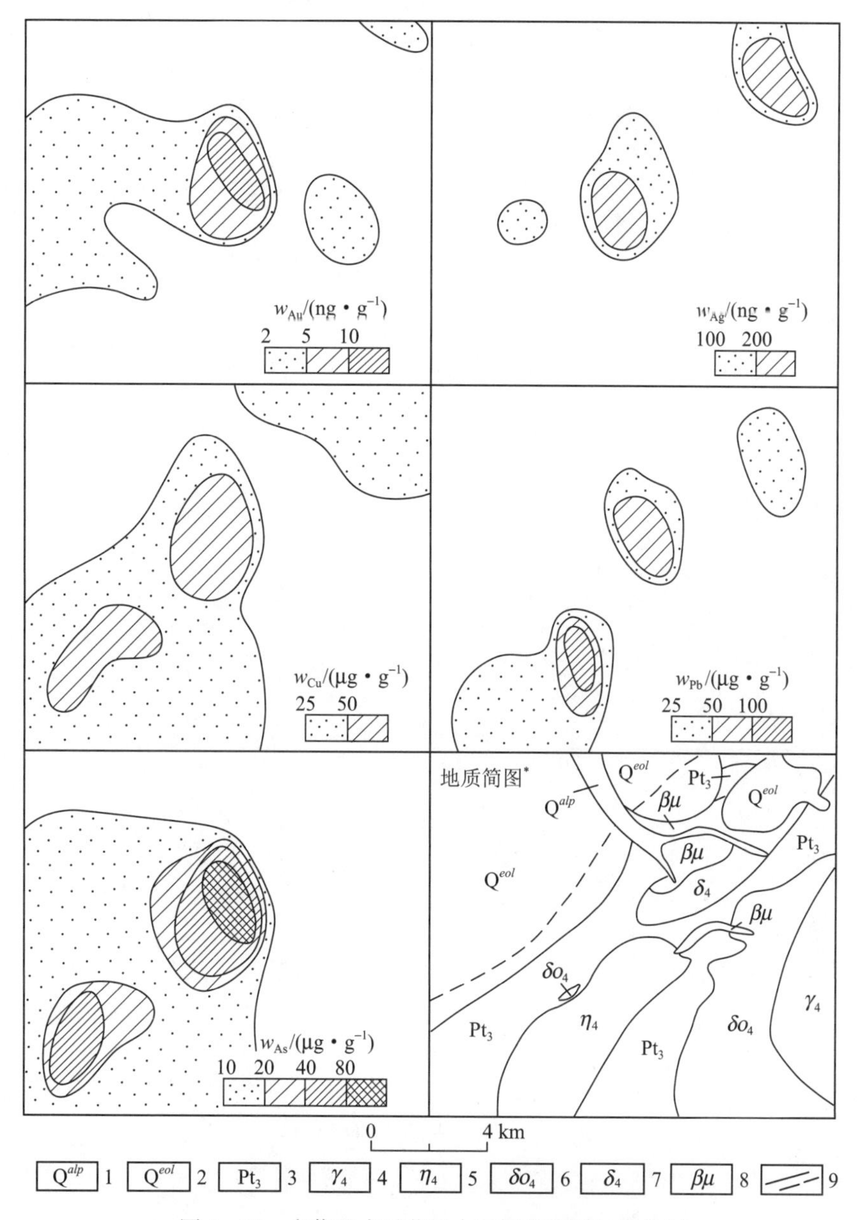

图 5-18　奥依且克示范区水系沉积物测量异常图

*据新疆地质十队（1999）资料编绘

1—冲洪积物；2—风积物；3—蓟县系：泥质灰岩、砂岩、绢云板岩、白云岩、粉砂岩；4—花岗岩；5—二长岩；6—石英闪长岩；7—闪长岩；8—辉绿岩；9—断层

该示范区圈出 Cu、Pb、Au、Ag、As、Zn、Hg 等多元素组合异常（图 5-20）。其中，Cu、Pb、Zn、Au、As 具有相似的异常强度和衬值，且异常较强，为主要异常元素，Hg、Ag 异常偏弱。异常浓集中心与含铜磁铁石英岩分布位置吻合，在含铜磁铁石英岩与片岩的接触带附近，可见铜及褐铁矿化，但其矿化强度偏弱。在含铜磁铁石英岩外侧的片岩中，上述元素质量分数基本为正常背景值。区内出现的含铜磁铁石英岩是引起 Cu、Au、Pb、Zn、As、Ag、Hg 等多元素异常的主要原因。出现的元素组合主体为 Cu、Au、Pb、Zn 等矿化元素，元素之间分带不明显，据此认为，该地段矿化规模可能不大。

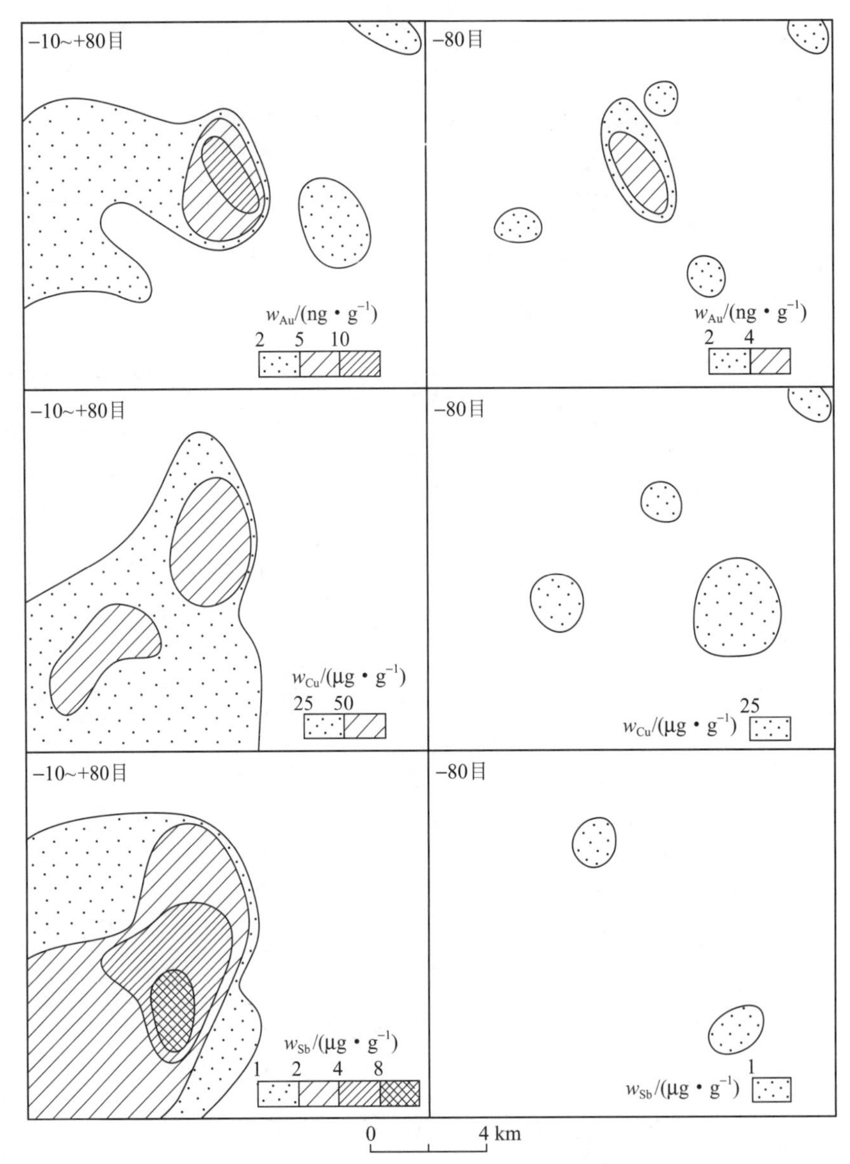

图 5－19　奥依且克示范区水系沉积物粒级对比图

布琼示范区水系沉积物－10～+80 目和－80 目两种粒级的对比结果（图 5－20）如奥依且克示范区一样，差异明显，仅选择 Cu、Au、Ag 进行对比、成图。－10～+80 目水系沉积物圈出的异常质量分数高、范围大、浓集中心明显、衬值大。－80 目水系沉积物圈出的异常则范围小、异常弱，勉强圈出浓集中心。

四、半干旱中低山景观区

由于大兴安岭地区区域化探对比实例已在前风成沙干扰机制中有了较多讨论不再重复。

1. 河北某示范区

示范区面积约 5700 km^2，选择－10～+60 目（2003 年）和－60 目（1988 年）两种粒级水系沉积物测量结果进行对比。

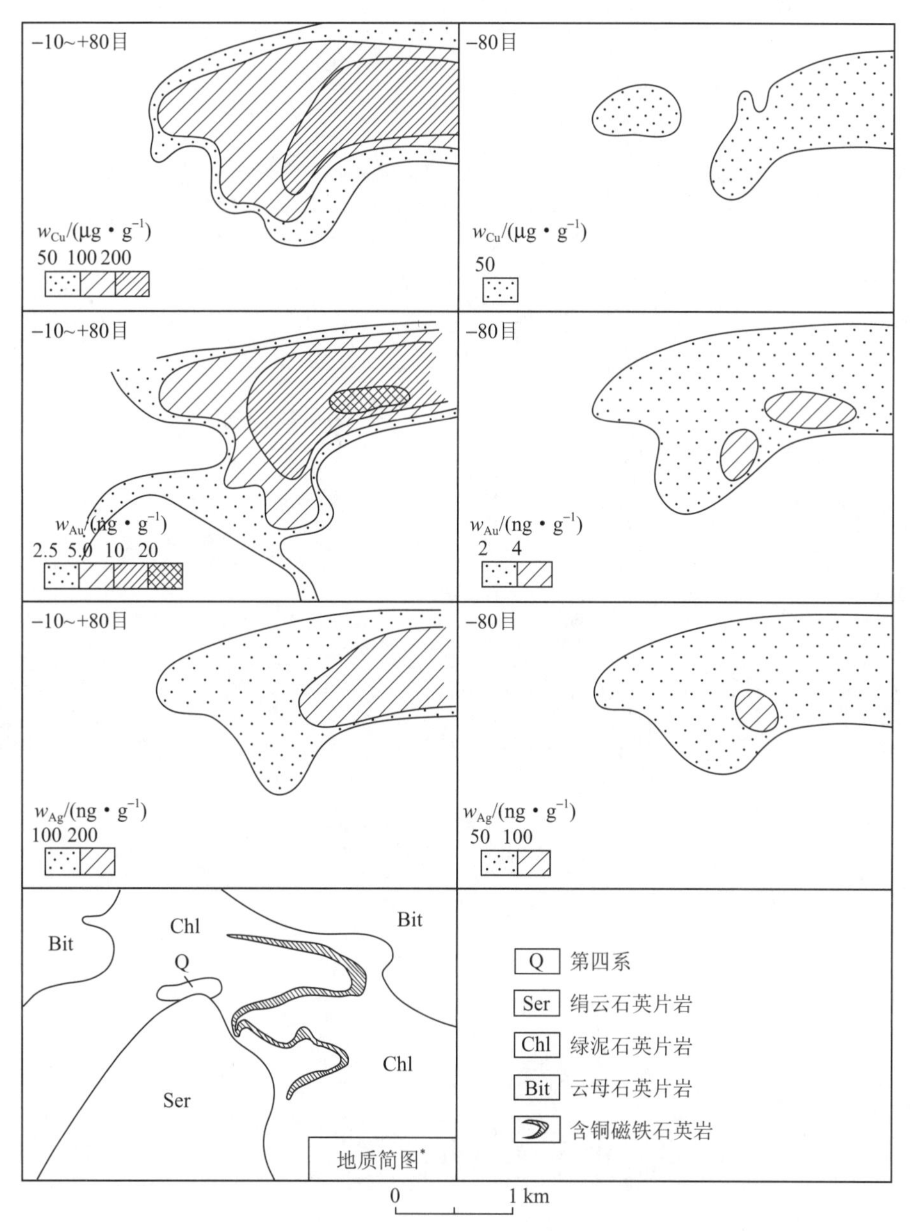

图 5-20　布琼示范区水系沉积物粒级对比图

* 据新疆地质十队（1999）资料编绘

从 39 种元素中随机选出 4 种元素进行讨论，结果如图 5-21 所示，采用 -10~+60 目水系沉积物获得的各元素区域地球化学分布具有明显的规律性。以 Fe 为主的铁族元素高值区主要与白垩系火山岩和南部太古宇变质岩分布区相吻合，低值区主要与燕山期花岗岩和侏罗系火山-碎屑沉积岩有关。

以 Pb、Cu、Mo、W 等多金属矿化指示元素为主的区域地球化学分布具明显规律性，异常形态规整、规模大，元素组合复杂。在出露的花岗岩体内，Pb 为低质量分数，并呈北东向展布。在区内圈出的异常规模和衬度较 -60 目细粒级具有明显改善。除在已知的北岔沟门大型铅锌矿圈出面积百余平方千米的 Pb、Cu、Mo、W 等多金属元素组合异常外，在其东南侧约 20 km 处和示范区东偏南部还圈出两处 Pb、Cu、Ag、Mo 等多元素组合异常。其中北

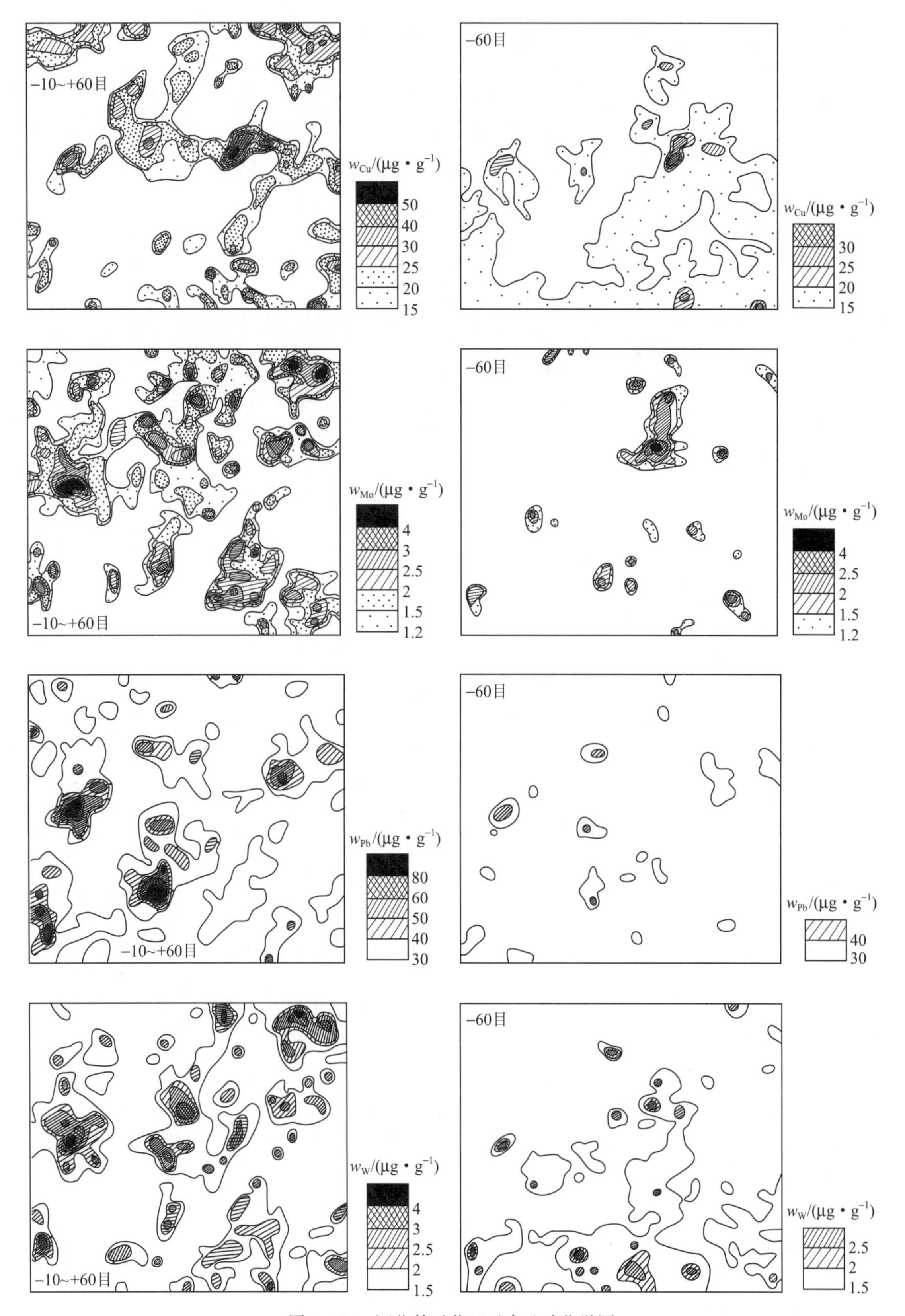

图5-21　河北某示范区元素地球化学图

岔沟门东南约20 km处Pb、Mo等异常分布在花岗岩体东南侧，与北岔沟门隔花岗岩体遥相呼应，其规模和衬度与北岔沟门矿致异常不相上下，具有良好的找矿前景。经初步查证，在异常区内已见较大规模的Cu、Mo、Pb、W矿化体。

区内-60目细粒级水系沉积物测量中，Cu、Mo、Pb、W等元素分布失去了-10~+60目的规律性，全区从南向北质量分数逐渐降低，显示出该地区内南北的差异性。这种差异表明风积物掺入有从南向北渐强的特点。风积物的掺入使Pb、Mo等成矿元素的区域分布规律消失，异常明显减弱，地区内多数异常性质不明。

2. 神仙岭示范区

在山西中条山的神仙岭示范区开展面积性区域化探示范性测量，该区见一铜铅锌矿点。

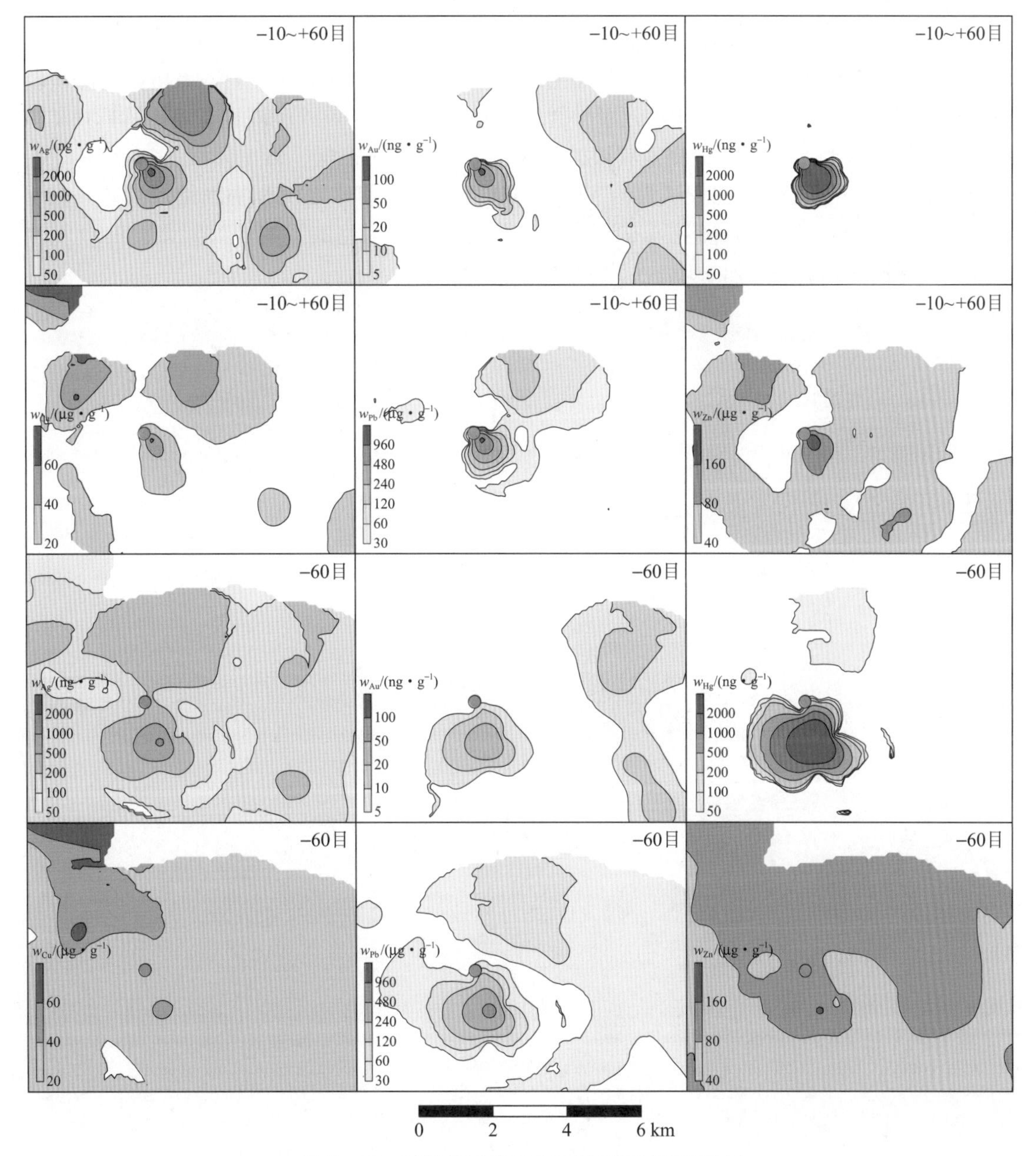

图5-22　神仙岭示范区水系沉积物粒级对比图

采用水系沉积物测量，采样粒级为 -10～+60 目和 -60 目。

神仙岭示范区 -10～+60 目水系沉积物圈出明显异常，如图 5-22 所示，与已知矿化点十分吻合，各元素异常衬值高，浓集中心重合。在异常浓集中心的北东侧另见有面积较大的 Ag、Cu、Pb、Zn、Bi、Sb、As 等多元素异常，该处异常元素组合多，浓集中心虽不如已知矿点明显，但较为清晰，异常衬值较高，显示出该异常具有良好的找矿前景。

与 -10～+60 目水系沉积物测量结果比较（图 5-22），-60 目细粒级水系沉积物测量圈出以 Ag、Au、Hg、Pb 为主，伴有 Cu、Zn、As、Bi 等多元素异常。-60 目水系沉积物测量获得的异常范围明显偏大，Ag、Cu、Pb、Zn 等背景值明显偏高，但异常衬值明显偏低，浓集中心脱离已知矿点，对铅锌矿点北东侧异常显示不甚明显，与 -10～+60 目粗粒级水系沉积物测量结果差异较明显。

神仙岭铜铅锌矿示范区测量结果表明，在山西南部中条山区，采用 -10～+60 目和 -60 目粗、细两种粒级水系沉积物测量均可圈出主要元素异常；-10～+60 目水系沉积物测量获得的异常衬值高，背景偏低，伴生元素异常较为明显，可在矿点外围圈定有规律的具找矿前景的异常；-60 目水系沉积物测量获得的异常背景偏高，衬值低，伴生元素异常几近消失，Cu、Zn 异常不明显。经过比较认为，-10～+60 目和 -60 目水系沉积物测量效果差异较明显，在山西南部中条山区同样受风成沙（风成黄土）掺入产生的影响较为明显，-60 目水系沉积物测量效果明显不如 -10～+60 目。

第六章　结　　论

我国陆地幅员辽阔，自然地理及气候多变，形成的与地球化学勘查密切相关的景观区复杂多样。在总结前人地理景观区划分的基础上，依据表生地球化学、地形、气候、植被等相关要素，结合区域地球化学勘查技术特点，对我国一级景观区重新进行划分，共划分出一级地球化学景观区12个。同时，针对地球化学勘查的难易程度、测量方法选择和工作部署的具体要求，对一级地球化学景观区进行较为详细的划分，再划分出若干个二级景观区。一级景观区和二级景观区的划分和界定将为我国地球化学勘查方法技术选择、地球化学勘查工作部署和具体工作布置、资料的解释与推断以及成果的应用提供重要的参考。本书涉及的景观区主要分布在我国北部和西部为：森林沼泽景观区、半干旱中低山景观区、干旱荒漠戈壁残山景观区、高寒湖泊丘陵景观区、干旱半干旱高寒山区景观区和湿润半湿润高寒山区景观区等。

我国北部和西部主要景观区土壤整体发育趋原始，主要以粗骨架为基本特征。由于涉及的景观区基本分布在干旱半干旱气候区，成壤作用较为原始，干旱半干旱气候条件使土壤中盐（钙）积十分发育，土壤具有明显的盐（钙）积特点，极易形成盐（钙）积层或盐磐。盐（钙）积广泛分布在干旱或半干旱气候条件下的各类土壤内，盐（钙）积以孔壳结皮、网脉状、团块状、糖粒状、被膜状和盐磐与钙质层等方式存在于土壤内或胶结细颗粒与黏土或在砂砾石表面形成被膜。由于成壤作用较为原始，从森林沼泽景观区向西至半干旱干旱气候区、土壤下部残积的颗粒组成以基岩风化碎屑与粗砂为主，-60目细粒级所占比例很小，表明所研究涉及的景观区内风化作用以物理风化为主、化学风化作用为辅。

土壤各粒级元素质量分数分布因各景观区和各研究区的特点各异，呈现或从粗粒级向细粒级逐渐升高（降低），或在粗粒级和细粒级两端质量分数高（或低）中间粒级质量分数低（或高），不论土壤各粒级元素质量分数怎样变化，但各景观区土壤中+60目以岩屑为主的粗粒级部分，元素质量分数较为平稳，随粒级由粗向偏细增高或降低，基本反映了景观区内基岩风化过程中化学风化作用偏弱的特点。基岩以物理风化为主，使土壤中的由岩屑组成的粗粒级部分，元素质量分数基本代表了下伏基岩的化学成分。虽然经过了化学风化作用，但由于作用较弱，对其化学组分及元素质量分数的影响并不大。-60目细粒级主要由风化剥离的单矿物和黏土及有机质组成，化学风化的淋失作用使化学不稳定矿物和元素分解、淋溶并进行迁移，在剩余单矿物和黏土中仍保留有基岩的部分成分，但淋溶使部分组分被带入或带出，使部分元素质量分数升高或降低，土壤中元素的初始质量分数受到明显影响。

土壤剖面元素分布整体呈弱淋失状态，表现为基岩风化后以风化碎石为母质的土壤剖面从下至上元素质量分数呈逐渐降低的特点。这种特点各景观区略有差异，森林沼泽景观区降水偏多，成壤和淋失作用偏强。在森林沼泽景观区，土壤的明显特点为表层有机质十分发育，导致pH降低，电导率增高，元素的淋溶性增强。有机质对元素具有选择性吸附作用，Ag、Cu、Zn等较活泼元素与有机质关系密切，Pb、As、Sb等不活泼元素与有机质关系不密切，在有机质富集表层易出现富集与清除两种作用。其他景观区普遍分布有风积物，多数土壤剖面风积物堆积层与下伏基岩风化碎石层间随风积物掺入量的增加而关系渐减。在以风积物为主的表（A）层，元素质量分数与基岩上部风化碎石母质（C）层关系不大。在干旱半干旱条件下，土壤中存在盐（钙）积，盐积物主要为钙盐、钠盐和钾盐，与三种盐类沉淀密切相关的元素各异。盐（钙）积可形成碱性地球化学障，元素随各类盐的淀积出现微弱富集。不同元素在不同盐积部位的富集可使剖面上元素质量分数分布差异明显，这种富集并未改变土壤剖面元素的基本分布特点，影响剖面元素质量分数的仍然为样品全量。在山区，土壤剖面元素分布易受坡积作用影响，常使元素分布产生位移、脱节现象。

各景观区水系沉积物的粒级分布以粗粒级为主，-60目细粒级所占总量比例基本低于30%。我国主要景观区水系沉积物粒级分布特点虽出现差异，但以粗粒级为主的总趋势没有改变。-60目细粒级段掺入了较多风积物使分配比例升高。各粒级元素分布受两种因素制约，在无风成沙掺入的粗粒级段，元素质量分数变化平稳，或部分元素有向偏细粒级微富集的趋势，其总体变化不大，可基本代表汇水域风化基岩的成分。在风成沙掺入粒级段，当处于高质量分数区时，多数元素质量分数随粒级变细逐渐降低，在背景区细粒级段，使元素质量分数增高，其变化拐点为风成沙掺入的起始粒级，或20目或40目或60目或80目，因地各异。

有机质以掺入的方式进入水系沉积物、土壤和水系岸边泥炭中，主要集中在-60目的细粒级中。对元素具有配合或吸附作用的主要为腐殖酸，胡敏酸和富里酸是腐殖酸的主要成分。水系沉积物随粒级变细，有机质增加，pH降低，电导率增高，元素质量分数随之增高。在对元素配合过程中，腐殖酸对元素具有选择性，与一些元素关系密切，而与另一些元素关系不密切。腐殖酸碳、腐殖酸相元素和富里酸碳、富里酸相元素与绝大多数元素全量关系不密切，它们之间不存在线性关系。这一点十分重要，使得腐殖酸及腐殖酸相元素与元素全量之间无规律可循。在腐殖酸相中，少数元素与全量存在一定的线性关系，但不能代表大多数元素与腐殖酸的关系。由于有机质的掺入，产生对元素的吸附与清除，以及对背景的抬升和对高质量分数的平抑作用，因此有机质对地球化学勘查结果产生的干扰十分严重。有机质富集元素可抬升背景质量分数，压低高质量分数，平抑区域地球化学变化，降低异常衬值，甚至完全掩盖地球化学异常，使地球化学勘查效果受到严重干扰。有机质的干扰不仅存在于森林沼泽景观区，在其他植被茂密、有机质发育的景观区应同样存在。

风积物对地球化学勘查的干扰已众所周知。风积物主要来源于长距离的风力搬运，并以掺入的方式进入水系沉积物和土壤中。风积物中元素质量分数整体偏低，-80目细粒级中元素质量分数升高主要与磁性矿物有关。风积物掺入土壤和水系沉积物中，可使背景区因风积物掺入而使细粒级元素质量分数增高，异常区-80目细粒级中元素质量分数降低。各景观区或各地风积物分布各异，西昆仑山、阿尔金山、祁连山、天山和阿尔泰山主要为风成黄土，其他区域主要为风成沙。在干旱荒漠戈壁残山景观区，风成沙主要为-20目，西昆仑山—阿尔金山—祁连山主脊一线以北风成黄土粒级为-80目，西昆仑山—阿尔金山—祁连山主脊一线以南的青藏高原，以及山西、河北和辽宁西部风成沙粒级为-60目，大兴安岭中南段风成沙粒级为-40目。

流水作用下水系沉积物的机械分散与分选，主要作用于水系沉积物中分离的单矿物。风化基岩碎屑随流水进入水系，经磨蚀、碰撞，分解的单矿物逐渐从共生的岩石碎块中分离，形成单独矿物颗粒，随水系沉积物颗粒变细，分离出的单矿物越多，至-60目，大部分单矿物分离，至-80目，单矿物基本分离。分离的单矿物因其元素组成、矿物结构等不同，其相对密度差异明显。在流水作用下，原来在基岩中共生的矿物和以矿物为载体的元素分离后因矿物相对密度的差异，迁移距离和沉积部位发生变化，相对密度小的矿物迁移距离远，相对密度大的矿物迁移距离近，共生元素的分离随之发生。在同一河道因流水动力的差异使相对密度不同的各矿物沉积部位差异很大，使原本共生的矿物组合因分离的单矿物相对密度差异而发生分选，沉积部位分离。在基岩中以矿物为载体的元素共生组合因矿物分离而随之发生分离，同时，因载体矿物的分选，同一元素质量分数随之降低。以铁族元素为主的元素组中，元素在各粒级的变化或整体偏高或整体偏低，因磁（铁矿）性矿物分布普遍，受粒级变化和流水作用影响较小，而其他多数元素受流水作用影响明显。其主要原因是，流水对水系沉积物的单矿物分选作用在靠近源头时因水流冲刷刚刚开始，矿物分离少而作用弱，随水系延长，矿物分解完全而作用增强，所保留的地球化学信息随水系延长而减少。这种对地球化学勘查技术效果的干扰不是实物，而是一种自然作用，而这种作用往往被忽略或未被认识。流水搬运中的机械分选可不程度地破坏原有的地球化学分布规律和异常分布特征，平抑地球化学变化，压低异常衬值，严重地影响地球化学勘查效果。

经过示范性测量和对比性研究，基本确认地球化学测量选用粗粒级样品的结果明显优于细粒级。在细粒级段，特别是水系沉积物的细粒级（-20目或-40目或-80目），是干扰物质主要出现或聚集的粒级区间，干扰物主要以一种或多种方式产生干扰。示范测量结果表明，细粒级水系沉积物测量虽然可以取得一定的效果，但与粗粒级测量结果相比较，由于受到多种因素干扰明显，其效果大打折扣。尽管细粒级测量仍可显示区域地球化学分布的部分规律，仍可圈定矿致异常，但在多种因素的干扰作用下，获得的大多数元素区域地球化学分布规律较为模糊，部分元素分布规律消失，圈定的异常衬值降低，多元素组合异常的结构特点被掩盖或破坏，更有甚者则使异常消失。

在上述诸项研究的基础上，本书研究成果破解了困扰地球化学勘查多年的理论与技术难题，制定出排除干扰的适合各自景观特点的区域地球化学勘查方法技术，经过示范性测量，确认了方法技术的正确性和可靠性。我国主要景观区区域地球化学勘查理论与方法技术的完善，排除了各种干扰，取得的样品更接近基岩的物质成分，可清晰地展示区域地球化学分布特点和规律性，客观地圈定各种矿致异常以及成矿作用形成的异常结构特点。经全国各景观区十余年大规模推广应用，在地质找矿方面取得显著效果，填补了我国在相应景观区区域地球化学勘查理论与方法的空白。

在区域地球化学勘查理论与方法方面虽然取得了重要突破，其成效显著，但由于种种原因，仍存在一些重大或较为重大的问题（如黏土质的影响等）尚需研究，与其相关的方法技术也有待进一步完善。

参考文献及参考资料

参考文献

波利卡尔波奇金 B B. 1981. 次生分散晕和分散流. 北京：地质出版社.

博伊尔 R W. 1984. 金的地球化学及金矿床. 北京：地质出版社.

岑况，叶荣，沉镛立，等. 2003. 北山戈壁荒漠地区 1∶5 万植物地球化学测量效果. 地质与勘探，39（6）：86－89.

陈俊，等. 2004. 地球化学. 北京：科学出版社.

程裕淇. 1994. 中国区域地质概论. 北京：地质出版社.

初绍华. 1980. 国内外区域化探及地球化学编图. 地质与勘探（10）：58－63.

地图出版社. 1994. 中华人民共和国地图集. 北京：地图出版社.

地图出版社. 1979. 中华人民共和国地图集. 北京：地图出版社.

杜恒俭，等. 1980. 地貌学及第四纪地质学. 北京：地质出版社.

龚美菱，等. 1994. 相态分析与地质找矿. 北京：地质出版社.

龚子同，等. 1999. 中国土壤系统分类. 北京：科学出版社.

金兹堡. 1960. 地球化学普查与方法理论基础. 北京：地质出版社.

金浚，杨少平，等. 2006. 森林沼泽区矿产资源地球化学勘查技术方法研究. 北京：地质出版社.

晋淑兰，等. 2003. 中国地图集. 北京：中国地图出版社.

雷文进，顾国安. 1992. 我国干旱土的发生和主要诊断层划分的理论基础. 北京：科学出版社：73－79.

李矩章. 1982. 试论地貌分类问题. 地理科学，2（4）：327－335.

李明喜，张文秦. 1996. 青藏高原水系沉积物地球化学衰减模式与区域地球化学勘查对策. 青海地质，5（1）：53－72.

李善芳. 1989. 地球化学勘查工作的进展. 物探与化探，13（5）：333－346.

李天杰，等. 1983. 土壤地理学. 北京：高等教育出版社.

李天杰，等. 1979. 土壤地理学. 北京：人民教育出版社.

李锡林，等. 1966. 硫化矿床氧化带研究. 北京：科学出版社.

李韵珠. 1998. 土壤溶质运移. 北京：科学出版社.

刘明光，等. 1998. 中国自然地理图集. 北京：中国地图出版社.

刘英俊. 1987. 勘查地球化学. 北京：科学出版社：321－335.

刘英俊，等. 1984. 元素地球化学. 北京：科学出版社.

刘英俊，等. 1979. 地球化学. 北京：科学出版社.

卢家灿，傅家谟，等. 2003. 腐殖质与铅锌相互作用的实验地球化学. 矿床地质，14（4）：362－368.

卢卡舍夫 K N. 1960. 苏联境内风化壳的地带性地球化学类型. 北京：科学出版社.

南京大学地质系. 1977. 地球化学. 北京：科学出版社.

青海地矿局. 1991. 青海省区域地质志. 北京：地质出版社.

裘善文，李风华. 1987. 中国地貌基本形态划分的探讨. 地理研究，6（2）：32－39.

任天祥，等. 1998. 区域化探异常筛选与查证的方法技术. 北京：地质出版社.

任天祥，赵云，张华，等. 1984. 内蒙古干旱荒漠区域化探工作方法初步研究. 物探与化探（5）：284－296.

任天祥，李明喜，徐耀先，等. 1983. 高寒山区表生作用地球化学及区域化探方法的初步研究. 地质论评，29（5）：428－438.

孙东怀. 2000. 中国黄土粒度的双峰分布及其古气候意义. 沉积学报，18（3）：327－335.

孙世忠. 1977. 内蒙古四子王旗白乃庙地区水系沉积物测量普查找矿报告.

孙忠军，刘华忠，于兆云，等. 2003. 青海高寒湖沼景观区风成沙对成矿元素迁移的扰动机制的研究. 物探与化探，27（3）：167－170.

唐森本，等. 1996. 环境有机污染化学. 北京：冶金工业出版社.

汪彩芳，张文秦. 2000. 青海省区域地球化学勘查工作回顾. 青海国土经略，9（2）：51－58.

王丹丽，关子川，等. 2003. 腐殖质对金属离子的吸附作用. 黄金，24（1）：47－49.

王瑞廷，欧阳建平，蒋敬业．2000. 内蒙古东部半干旱草原残丘景观区敖格道仁诺尔铜多金属矿（化）区表生地球化学异常特征．西北地质，33（3）：8－12.

王学求，迟清华，孙宏伟．2001. 荒漠戈壁区超低密度地球化学调查与评价——以东天山为例．新疆地质，19（3）：200－206.

王云，等．1995. 中国土壤环境化学．北京：中国环境科学出版社：6－7.

文启孝，等．1984. 土壤有机质研究法．北京：农业出版社．

武汉地院地球化学教研室．1979. 地球化学．北京：地质出版社．

西藏地矿局．1992. 西藏区域地质志．北京：地质出版社．

西藏自治区测绘局．2005. 西藏自治区地图集．北京：中国地图出版社．

向运川，任天祥，牟绪赞，等．2010. 化探资料应用技术要求．北京：地质出版社：1－82.

谢学锦．1979. 区域化探．北京：地质出版社．

谢学锦，任天祥，奚小环，等．2009. 中国区域化探全国扫面计划三十年．地球学报，30（6）：700－716.

杨帆，等．2014. 甘肃北山干旱荒漠区地球化学勘查方法对比研究．物探与化探，38（2）：205－210.

杨少平，任天祥．1995. 新疆阿舍勒铜矿区及外围表生地球化学分散特征．物探与化探（1）：16－27.

于天仁．1988. 土壤分析化学．北京：科学出版社．

余平．1981. 景观地球化学的理论与方法在化探找矿中的应用．地质与勘探（9）：60－65.

张本仁，等．1979. 地球化学．北京：地质出版社

张华，张玉领，史新民．2004. 河北围场幅 1∶20 万化探方法技术讨论．物探与化探，28（1）：35－38.

张华，杨少平，刘应汉，等．2001. 新疆西昆仑地区干旱荒漠景观区域化探方法技术初步研究．新疆地质，19（3）：221－227.

张建华，等．1994. 中华人民共和国地图集．北京：中国地图出版社．

张小曳，张光宇，陈拓，等．1996. 青藏高原远源西风粉尘与黄土堆积．中国科学，26（2）：147－153.

中国 1∶100 万地貌图编辑委员会．1988. 中国 1∶100 万地貌图（J－50，北京）．哈尔滨：哈尔滨地图出版社．

中国地质科学院成都地质矿产研究所．1988. 青藏高原及邻区地质图．北京：地质出版社．

中国科学院林业土壤研究所．1980. 中国东北土壤．北京：科学出版社．

中科院南京土壤所．1980. 中国土壤．北京：科学出版社．

周斌，等．2005. 东天山戈壁荒漠景观区地球化学勘查中某些工作方法研究．矿产地质，19（6）：643－646.

朱震达，等．1980. 中国沙漠概论．北京：科学出版社．

Cameron E M, et al. 1980. Yeeli－rrie Calcvete uranium deposit, Murchison Region, W. A. Exploration（2－3）：305－353.

Cameron E M. 1978. Hydrogeochemical methods for base metal explorations in the northern Canadian shield. Exploration, 10（3）：219－243.

Davy R, Azzucchelli R H M. 1984. Geochemical exploration arid and deeply weathered environment. Amsterdam：Elsevier.

Filipek L H, Theobald P K. 1981. Sequential extraction techniques applied to a porphyry copper deposit in the Basin and Range province. Journal of Geochemical. 14：155－174.

Hassaan M M, et al. 1978. Geochemical orientation survey for manganese deposits in arid conditions, Eastern Desert, Egypt. 7th Int. Geoch Expl. Sym., 93－101.

Hawkes H E, Webb J S. 1962. Geochemistry in mineral exploration. NEW YORK, EVANSTON：HARPER & ROW PUBLISHERS.

Levinson A A. 1980. Introduction to exploration geochemistry（2nd）. Calgary：Applied Publishing Ltd：672－681.

Levinson A A. 1974. Introduction to exploration geochemistry. Calgary：Applied Publishing Ltd.

Overstreet W C, et al. 1981. Some concepts and techniques in geochemical exploration. Economic Geology 75th Anniversary Volume：775－805.

Rose A W, et al. 1980. Geochemistry in mineral exploration（2nd）London, New York：Academic Press.

Shazly E M, et al. 1977. Geochemical exploration under extremely arid conditions. Journal of Geoch emical Exploration, 8：305－323.

Solovov A P. 1987. Geochemical prospecting for mineral deposit. Moscow：Mir Publishers.

参考资料

岑矿，叶荣，等. 2002. 西北北山戈壁荒漠景观 1∶5 万地球化学测量方法研究.
甘肃地质局. 1976. 甘肃省地质图矿产图说明书（1∶50 万）.
甘肃省第一地质大队. 1971. 甘肃省肃南裕固族自治县区域地质调查报告.
甘肃物探队. 1982. 内蒙古自治区额济纳旗东七一山矿区及外围物化探工作成果报告.
甘肃物探队. 1980. 甘肃安西县花牛山一带物化探普查工作简报.
郭海龙，等. 1993. 阿尔金山 1/50 万甚低密度化探扫面方法技术研究报告.
国家地图编纂委员会. 1965. 中华人民共和国自然地图集.
韩清. 1980. 乌兰布和沙漠的土壤化学地理特征.
河北省地调院. 2002. 围场幅（1∶20 万）地球化学图说明书.
胡思贵，等. 1982. 内蒙额济纳旗东七一山一带化探工作总结.
霍克斯 H E，韦布 J S. 1974. 矿产勘查的地球化学.
莱文森 A A. 1977. 找矿地球化学入门. 中国冶金地质总局，中国地质学会，地质与勘探编辑部.
冷福荣. 1982. 内蒙中部干旱半干旱地区区域化探方法的初步探讨.
李惠，等. 1981. 内蒙狼山有色金属成矿带层控矿床的某些地球化学特征及地球化学找矿标志.
李明喜，等. 1989. 青海高寒山区干旱荒漠残山区区域化探方法技术应用总结.
李清，等. 1986. 内蒙古东部半干旱景观区区域化探扫面方法研究报告.
刘琴柱，等. 1979. 甘肃省安西县狼山至肃北县长流水一带物化探工作成果报告.
内蒙古地矿局地质研究队. 1982. 内蒙古 1∶100 万地质矿产图及说明书.
内蒙古地质局研究队. 1979. 内蒙古自治区中部地区构造体系与铜矿分布规律图说明书.
内蒙古第一区调队. 1966. 内蒙古自治区白云鄂博幅区域地质调查报告.
内蒙古冶金第一地质队. 1980. 霍各气铜矿区勘探报告.
任天祥，张华，等. 1986. 内蒙西部荒漠、半荒漠区区域化探扫面方法技术研究.
任天祥，等. 1984. 内蒙西部干旱荒漠区域化探方法研究. 第二届勘查地球化学讨论会论文选编.
陕西省物探大队. 1989. 新疆雅满苏铁矿幅区域地球化学测量报告.
吴兴法，等. 1978. 宁夏阿左旗红古尔玉林地区化探普查报告.
西藏地勘局第五地质大队. 2010. 青海海西州木乃银铜矿区地质普查报告.
新疆一区调三分队. 1996. 新疆东昆仑地区 1∶50 万化探扫面补充方法技术试验成果报告.
杨少平，等. 2004. 东北森林沼泽景观区区域化探资料评估研究报告.
杨少平，等. 1995. 西藏阿里地区革吉—日土一带金矿化探普查报告.
杨万志，等. 1992. 新疆西昆仑山 1∶50 万甚低密度化探扫面方法技术试验报告.
于兆云，等. 1992. 青海可可西里高寒荒漠化草原区区域化探扫面方法研究报告.
张华，等. 2005. 青藏高原地球化学勘查技术及资源潜力评价方法研究成果报告.
张华，等. 2005. 新疆西天山阿尔泰山干旱荒漠景观区化探方法研究成果报告.
张华，等. 2002. 新疆东天山地区地球化学勘查技术及资源潜力评价方法研究.
张华，等. 2001. 我国青藏高原西北部干旱荒漠景观区域化探方法技术研究成果报告.
张华，等. 1989. 用地球化学方法评价西藏阿里部分地区金矿资源.
张文秦，等. 1989. 昆仑山北坡地区风沙对水系沉积物测量的影响及相应对策.
赵俊田. 1984. 周丽沂译. 偏提取技术在勘查地球化学中的应用.
赵伦山，等. 1983. 内蒙古白乃庙铜矿带地质地球化学特征及化探找矿研究.
中国科学院冶沙队. 1969. 西北及内蒙古六省（区）沙区土壤区划图说明书.
周军，杨万志，等. 2014. 新疆 1∶25 万哈密幅、雅满苏幅区域地球化学调查报告.